SOLIDWORKS 2020 中文版机械设计从入门到精通

胡仁喜　刘昌丽　等编著

机械工业出版社

本书重点介绍了 SOLIDWORKS 2020 中文版在机械设计中的应用方法与技巧。全书共 18 章，分别介绍了 SOLIDWORKS 2020 概述、草图相关技术、基于草图的特征、基于特征的特征、螺纹联接件设计、盘盖类零件设计、轴类零件设计、齿轮设计、叉架类零件设计、箱体类零件设计、装配和基于装配的设计技术、轴承设计、齿轮泵装配、工程图基础、齿轮泵工程图、运动仿真、有限元分析和流场分析等内容。全书内容翔实，图文并茂，语言简洁，思路清晰。

本书可作为大中专院校工科学生自学辅导教材，也可以作为 SOLIDWORKS 爱好者和机械设计工程技术人员的参考书。

图书在版编目（CIP）数据

solidworks 2020 中文版机械设计从入门到精通/胡仁喜等编著. —北京：机械工业出版社，2021.10

ISBN 978-7-111-68424-4

Ⅰ. ①s… Ⅱ. ①胡… Ⅲ. ①机械设计—计算机辅助设计—应用软件—教材 Ⅳ. ①TH122

中国版本图书馆 CIP 数据核字（2021）第 110364 号

机械工业出版社（北京市百万庄大街 22 号 邮政编码 100037）

责任编辑：曲彩云　　责任印制：李　昂

策划编辑：曲彩云　　责任校对：刘秀华

北京中兴印刷有限公司印刷

2021 年 10 月第 1 版第 1 次印刷

184mm×260mm · 27.25 印张 · 675 千字

0001—2500 册

标准书号：ISBN 978-7-111-68424-4

定价：99.00 元

电话服务　　网络服务

客服电话：010-88361066　　机　工　官　网：www.cmpbook.com

010-88379833　　机　工　官　博：weibo.com/cmp1952

010-68326294　　金　　书　　网：www.golden-book.com

封底无防伪标均为盗版

机工教育服务网：www.cmpedu.com

前　言

SOLIDWORKS 是由三维 CAD 软件开发供应商达索公司发布的 3D 机械设计软件，可以最大限度地激发机械、模具、消费品设计师们的创造力，使得他们只须花费较少的时间即可设计出更好、更有吸引力、更有创新力，在市场上更受欢迎的产品。面对各种新产品的不断升级和改进，SOLIDWORKS 已成为市场上扩展性最佳的软件产品之一，也是集 3D 设计、分析、产品数据管理、多用户协作及注塑件确认等功能于一体的软件。

SOLIDWORKS 2020 的推出，在其功能实用性上是一个飞跃。SOLIDWORKS 家族在市场上的应用越来越广，已经逐渐成为主流 3D 机械设计的首选，其强大的绘图功能、空前的易用性，以及一系列旨在提升设计效率的新特性，不断推进业界对三维设计的采用，也加速了整个 3D 行业的发展步伐。

本书的编者都是从事计算机辅助设计教学研究或工程设计的一线人员，他们具有丰富的教学实践经验与教材编写经验。多年的教学工作使他们能够准确地把握学生的学习心理与实际需求。书中处处凝结着教育者的经验与体会，贯彻着他们的教学思想，希望能够对广大读者的学习起到抛砖引玉的作用，为读者的学习提供一个捷径。

本书重点介绍了 SOLIDWORKS 2020 中文版在机械设计中的应用方法与技巧。全书共 18 章，分别介绍了 SOLIDWORKS 2020 概述、草图相关技术、基于草图的特征、基于特征的特征、螺纹联接件设计、盘盖类零件设计、轴类零件设计、齿轮设计、叉架类零件设计、箱体类零件设计、装配和基于装配的设计技术、轴承设计、齿轮泵装配、工程图基础、齿轮泵工程图、运动仿真、有限元分析和流场分析等内容。由浅入深，从易到难。本书内容翔实，图文并茂，语言简洁，思路清晰。

为了配合学校师生利用本书进行教学，随书配赠了电子资料包，包含了全书实例操作过程 AVI 文件和实例源文件，可以帮助读者更加形象直观地学习本书。读者可以登录百度网盘地址：https://pan.baidu.com/s/14Wl_hP6sfdm3Pqgozkxg1g 下载，密码：swsw。

由于编者水平有限，书中不足之处在所难免，望广大读者批评指正，编者将不胜感激。有任何问题可以登录网站 www.sjzswsw.com 或发送邮件到 714491436@qq.com 批评指正。也欢迎加入三维书屋图书学习交流群（QQ：828475667）交流探讨。

编　者

目　　录

第 1 章

SOLIDWORKS 2020 概述

本章首先通过对界面和工具栏的介绍，使读者对SOLIDWORKS有了初步的了解；然后在1.3设置系统属性一节里重点介绍了一般的属性设置，使读者能通过阅读1.3节设置适合自己习惯的设定；最后分析了SOLIDWORKS的设计思想，并介绍了SOLIDWORKS学习中会遇到的术语，使读者在使用SOLIDWORKS 2020时能更加快捷、流畅而且灵活运用。

- 初识 SOLIDWORKS 2020
- SOLIDWORKS 的设计思想
- SOLIDWORKS 术语

1.1 初识 SOLIDWORKS 2020

SOLIDWORKS 是一家专注于三维 CAD 技术的专业化软件公司，它把三维 CAD 作为公司唯一的开发方向，将三维CAD软件雕琢得尽善尽美是他们始终不渝的目的。SOLIDWORKS 自创办之日起，就非常明确自己的宗旨——三维机械 CAD 软件，工程师人手一套。正是基于这样一个思路，SOLIDWORKS 以性能优越、易学易用、价格平易而在微机三维 CAD 市场中称雄。SOLIDWORKS 软件是 Windows 原创软件的典型代表，它是在总结和继承了大型机械 CAD 软件的基础上、在 Windows 环境下实现的第一个机械 CAD 软件。SOLIDWORKS 软件是面向产品级的机械设计工具，它全面采用非全约束的特征建模技术，为设计师提供了极强的设计灵活性。其设计过程的全相关性，使设计师可以在设计过程的任何阶段修改设计，同时牵动相关部分的改变。SOLIDWORKS 完整的机械设计软件包包括了设计师必备的设计工具：零件设计、装配设计和工程制图。

机械工程师使用三维CAD技术进行产品设计是一种手段，而不是产品的终结。三维实体能够直接用于工程分析和数控加工，并直接进入电子仓库存档，这才是三维CAD的目的。SOLIDWORKS在分析、制造和产品数据管理领域采用全面开放、战略联合的策略，并配有黄金合作伙伴的优选机制，能够将各个专业领域中的优秀应用软件直接集成到SOLIDWORKS统一的界面下。由于SOLIDWORKS是Windows原创的三维设计软件，充分利用了Windows的底层技术，因此集成其他Windows原创软件一蹴而就。所以，在不脱离SOLIDWORKS工作环境的情况下可以直接启动各个专业的应用程序，实现了三维设计、工程分析、数控加工、产品数据管理的全相关性。SOLIDWORKS不仅是设计部门的设计工具，也是企业各个部门产品信息交流的核心。三维数据将会从设计工程部门延伸到市场营销、生产制造、供货商、客户以及产品维修等各个部门，在整个产品的生命周期中，所有的工作人员都将从三维实体中获益。因此，SOLIDWORKS公司的宗旨将由“三维机械CAD软件，工程师人手一套”，延伸为“制造行业的各个部门，每一个人、每一瞬间、每一地点，三维机械CAD软件人手一套”。

经过10年多的发展，SOLIDWORKS软件不仅为机械设计工程师提供了便利的工具，加快了设计开发的速度，而且随着互联网时代的发展、电子商务的兴起，SOLIDWORKS开始为制造业的各方提供三维的电子商务平台，为制造业的各个环节提供服务。

SOLIDWORKS 2020 是对 CAD 行业的又一次技术创新。据美国 Daratech 咨询公司的评论，“SOLIDWORKS 是三维 CAD 软件快速增长的领导者，是三维 CAD 软件的第一品牌”，SOLIDWORKS 2020 已成为三维解决方案、三维协同工作、三维电子商务解决方案的领导者。

1.2 SOLIDWORKS 2020 界面介绍

如果说 SOLIDWORKS 最初的产品确立了在 Windows 平台上三维设计的主流方向的话，

那么今天 SOLIDWORKS 2020 则向人们展示了 Windows 原创软件已经成为大规模产品设计和复杂形状产品的高性能工具。

由于SOLIDWORKS软件是在Windows环境下重新开发的，它能够充分利用Windows的优秀界面，为设计师提供简便的工作界面。SOLIDWORKS首创的特征管理员，能够将设计过程的每一步记录下来，并形成特征管理树，放在屏幕的左侧。设计师可以随时点取任意一个特征进行修改，还可以随意调整特征树的顺序，以改变零件的形状。由于SOLIDWORKS全面采用Windows的技术，因此在零件设计时可以对零件的特征进行剪切、复制和粘贴等操作。SOLIDWORKS软件中的每一个零件都带有一个拖动手柄，能够实时动态地改变零件的形状和大小。

1.2.1　界面简介

崭新的用户界面最强大的功能是：它同时让初学者和有经验的老用户都能够有效地使用。新的用户界面连贯的功能，减少了创建零件、装配体和工程图所需要的操作。此外，新的用户界面还最大程度地利用了屏幕区，减少了许多遮挡的对话框。

通过 SOLIDWORKS 2020 可以建立 3 种不同的文件形式——零件图、工程图和装配图，针对这 3 种文件在创建中的不同，SOLIDWORKS 2020 提供了对应的界面。这样做的目的只是为了方便用户的编辑。下面介绍零件图编辑状态下的 SOLIDWORKS 2020 界面，如图 1-1 所示。

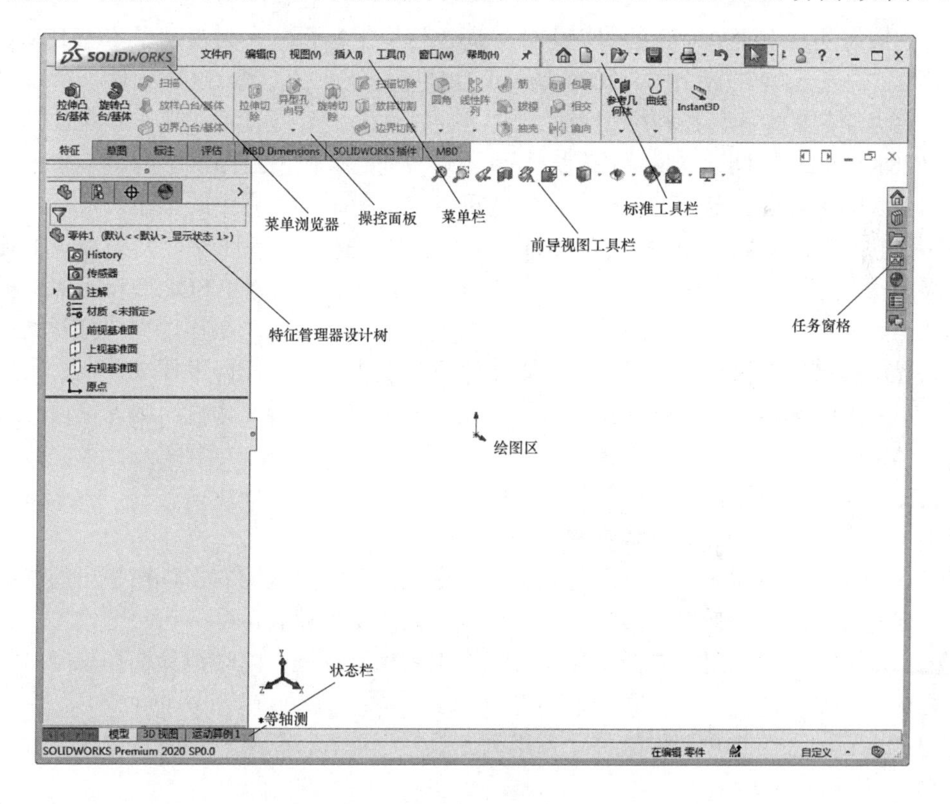

图1-1　SOLIDWORKS 2020界面

由于 SOLIDWORKS 2020 是一个功能十分强大的三维 CAD 软件，所以对应的工具栏就很多，在本节中只介绍部分常用工具栏，其他专业工具栏将在以后的章节中逐步介绍。

菜单栏：这里包含SOLIDWORKS所有的操作命令。

➢ 标准工具栏：同其他标准的 Windows 程序一样，标准工具栏中的工具按钮用来对文件执行最基本的操作，如“新建”“打开”“保存”“打印”等。
➢ 特征管理器设计树：SOLIDWORKS 中最著名技术就是它的特征管理器（FeatureManager），该技术已经成为 Windows 平台三维 CAD 软件的标准。此项技术震撼了整个 CAD 界，SOLIDWORKS 不再是一个配角，而是企业赖以生存的主流设计工具。设计树就是这项技术最直接的体现，对于不同的操作类型（零件设计、工程图、装配图）其内容是不同的，但设计树真实地记录了操作中所做的每一步（如添加一个特征、加入一个视图或插入一个零件等）。通过对设计树的管理，可以方便地对三维模型进行修改和设计。
➢ 绘图区：是进行零件设计、制作工程图、装配的主要操作窗口。后面提到的草图绘制、零件装配、工程图的绘制等操作均在这个区域中完成。
➢ 状态栏：标明了目前操作的状态。

1.2.2 工具栏的设置

工具栏按钮是常用菜单命令的快捷方式。通过使用工具栏，大大提高了 SOLIDWORKS 的设计效率。由于 SOLIDWORKS 2020 是一个功能十分强大的三维 CAD 软件，所以它所具有的工具栏也非常多。如何在利用工具栏操作方便特性的同时，又不让操作界面过于复杂？SOLIDWORKS 2020 的设计者早已为用户想到了这个问题，他们还提供了解决方案——用户可以根据个人的习惯自己定义工具栏，同时还可以定义单个工具栏中的按钮。

01 自定义工具栏。可根据文件类型（零件、装配体或工程图文件）来设定工具栏的放置和显示状态，还可以设定哪些工具栏在没有文件打开时可显示。SOLIDWORKS 可记住显示哪些工具栏，以及根据每个文件类型在什么地方显示。例如，在零件文件打开状态下，可选择只显示标准工具栏和特征工具栏，则无论何时生成或打开任何零件文件，将只显示这些工具栏；对于装配体文件，可选择只显示装配体和选择过滤器工具栏，则无论何时生成或打开装配体文件，将只显示这些工具栏。

要自定义零件、装配体或工程图显示哪些工具栏，可做如下操作：

❶打开零件、工程图或装配体文件。

❷选择菜单栏中的“工具”→“自定义”命令或在工具栏区域右击，在弹出的快捷菜单中选择“自定义”选项，弹出“自定义”对话框，如图 1-2 所示。

❸在“工具栏”选项组中选择想显示的每个工具栏复选框，同时消除选择想隐藏的工具栏复选框。

❹在“图标大小”选项组中选择“使用大工具栏”单选按钮，系统将以大尺寸显示工具栏按钮。

❺选择“显示工具提示”复选框后，当光标指针指在工具按钮时，就会出现对此工具的

说明。

❻选择“自动激活草图工具栏”复选框后，在零件文件的设计中会自动显示草图工具栏。

图1-2　“自定义”对话框的“工具栏”选项卡

如果显示的工具栏的位置不理想，可以将光标指向工具栏上按钮之间的空白处，然后拖动工具栏到想要的位置。如果将工具栏拖动到SOLIDWORKS窗口的边缘，工具栏就会自动定位在该边缘。

02 自定义工具栏中的按钮。通过 SOLIDWORKS 2020 提供的自定义命令，还可以对工具栏中的按钮进行重新安排，可以将按钮从一个工具栏移到另一个工具栏，将不用的按钮从工具栏中删除。

如果要自定义工具栏中的按钮，可做如下操作：

❶选择菜单栏中的“工具”→“自定义”命令或在工具栏区域右击，在弹出的快捷菜单中选择“自定义”，从而打开“自定义”对话框。

❷单击“命令”标签，打开“命令”选项卡，如图 1-3 所示。

❸在“类别”列表框中选择要改变的工具栏。

❹在“按钮”列表框中选择要改变的按钮，同时在“说明”方框内可以看到对该按钮的功能说明。

❺在对话框内单击要使用的按钮图标，将其拖动放置到工具栏上的新位置，从而实现重新安排工具栏上按钮的目的。

❻在对话框内单击要使用的按钮图标，将其拖动放置到不同的工具栏上，就实现了将按钮从一个工具栏移到另一个工具栏的目的。

❼若要删除工具栏上的按钮，只要单击要删除的按钮并将其从工具栏拖动放回绘图区中

即可。

❽更改结束后，单击“确定”按钮。

图1-3　“自定义”对话框的“命令”选项卡

1.3　设置系统属性

用户可以根据使用习惯或国家标准进行必要的设置。例如，可以在“文档属性”中设置绘图标准为 GB，当设置生效后，在随后的设计工作中就会全部按照中华人民共和国国家标准来绘制图形。设置系统的属性时，选择菜单栏中的“工具”→“选项”命令，弹出“系统选项”对话框。SOLIDWORKS 2020 的“系统选项”对话框强调了系统选项和文件属性之间的不同：

- “系统选项”：在该选项卡中设置的内容都将保存在注册表中，它不是文档的一部分。因此，这些更改会影响当前和将来的所有文件。
- “文档属性”：在该选项卡中设置的内容仅应用于当前文件。

每个选项卡上列出的选项以树型格式显示在选项卡的左侧。单击其中一个项目时，该项目所包含的所有选项就会出现在选项卡右侧。

1.3.1　设置系统选项

选择菜单栏中的“工具”→“选项”命令，在弹出“系统选项”对话框中选择“系统选项”选项卡，如图1-4所示。

图1-4　“系统选项”选项卡

“系统选项”选项卡中有很多项目，它们以树型格式显示在选项卡的左侧，对应的选项出现在右侧。下面介绍几个常用的项目：

01　“普通”项目的设定。

- “启动时打开上次所使用的文档”：如果希望在打开 SOLIDWORKS 时自动打开最近使用的文件，在该下拉列表框中选择“总是”，否则选择“从不”。
- “输入尺寸值”：建议选择该复选框。选择该复选框后，当对一个新的尺寸进行标注后，会自动显示尺寸值修改框；否则，必须在双击标注尺寸后才会显示该框。
- “每选择一个命令仅一次有效”：选择该复选框后，当每次使用草图绘制或尺寸标注工具进行操作之后，系统会自动取消其选择状态，从而避免该命令的连续执行。双击某工具可使其保持为选择状态以继续使用。
- “采用上色面高亮显示”：选择该复选框后，当使用选择工具选择面时，系统会将该面用单色显示（默认为绿色）；否则，系统会用将面的边线用蓝色虚线高亮度显示。
- “在资源管理器中显示缩略图”：在建立装配体文件时，经常会遇到只知其名、不知何物的尴尬情况。如果选择该复选框后，在 Windows 资源管理器中会显示每个 SOLIDWORKS 零件或装配体文件的缩略图，而不是图标。该缩略图将以文件保存时的模型视图为基础，并使用 16 色的调色板，如果其中没有模型使用的颜色，则用相似的颜色代替。此外，该缩略图也可以在“打开”对话框中使用。

➢ “为尺寸使用系统分隔符”：选择该复选框后，系统将使用默认的系统小数点分隔符来显示小数数值。如果要使用不同于系统默认的小数分隔符，则选择取消该复选框，此时其右侧的文本框便被激活，可以在其中输入作为小数分隔符的符号。

➢ “使用英文菜单”：SOLIDWORKS 支持多种语言（如中文、俄文、西班牙语等）。如果在安装 SOLIDWORKS 时已指定使用其他语言，通过选择此复选框可以改为英文版本。

 **注意**

必须退出并重新启动 SOLIDWORKS 后，此更改才会生效。

➢ “激活确认角落”：选择该复选框后，当进行某些需要进行确认的操作时，在图形窗口的右上方将会显示确认角落，如图 1-5 所示。

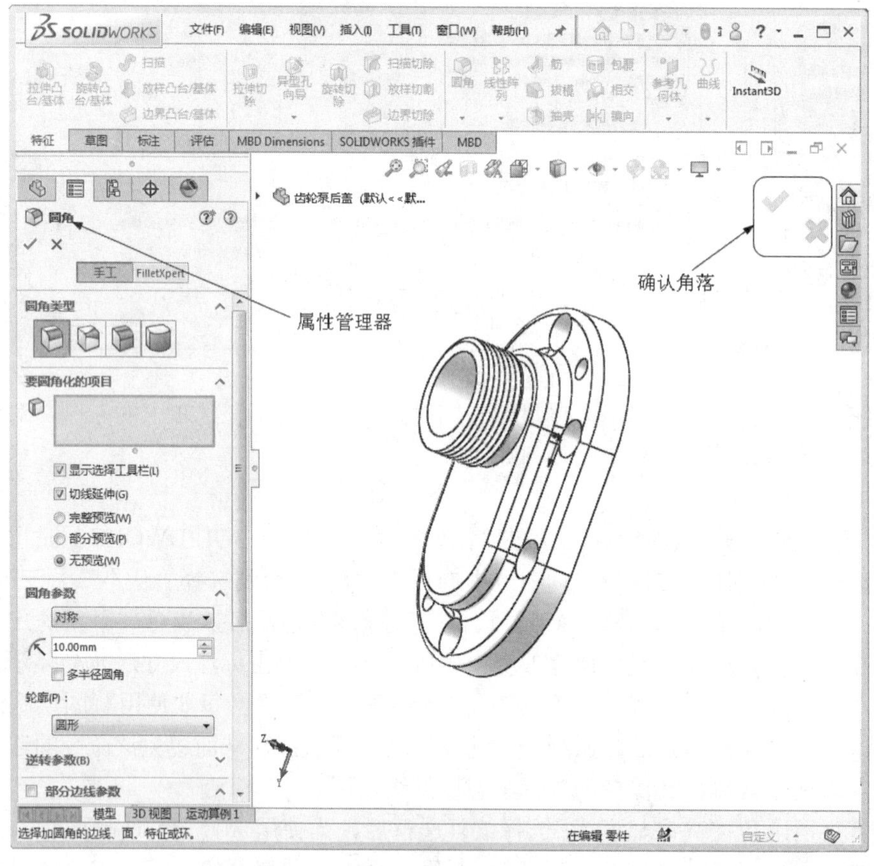

图1-5　确认角落

➢ “自动显示 PropertyManager”：选择该复选框后，在对特征进行编辑时，系统将自动显示该特征的属性管理器。例如，如果选择了一个草图特征进行编辑，则所选草图特征的属性管理器将自动出现。

02 “工程图”项目的设定。SOLIDWORKS 是一个基于造型的三维机械设计软件，它的基本设计思路是：实体造型－虚拟装配－二维图样。

SOLIDWORKS 2020 推出了更加方便的二维转换工具。通过它能够在保留原有数据的基础上，让用户方便地将二维图样转换到 SOLIDWORKS 的环境中，从而完成详细的工程图。此外，利用它独有的快速制图功能，迅速生成与三维零件和装配体暂时脱开的二维工程图，但依然保持与三维的全相关性。这样的功能使得从三维到二维转换的瓶颈问题得以彻底解决。

下面介绍“工程图”项目中的选项，如图1-6所示。

- “自动缩放新工程视图比例”：选择该复选框后，当插入零件或装配体的标准三视图到工程图时，在三维零件或装配体中标注的尺寸将自动放置于距视图中几何体的适当距离处。
- “显示新的局部视图图标为圆”：选择该复选框后，新的局部视图轮廓显示为圆。取消选择此复选框时，显示为草图轮廓。这样做可以提高系统的显示性能。

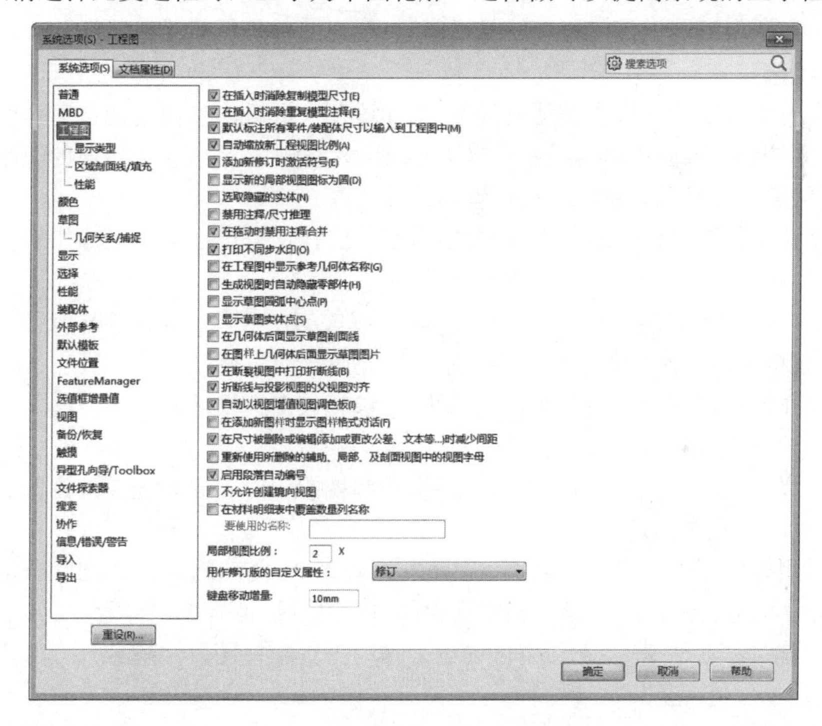

图1-6　“工程图”项目中的选项

- “选取隐藏的实体”：选择该复选框后，用户可以选择隐藏实体的切边和边线。当光标经过隐藏的边线时，边线将以双点画线显示。
- “禁用注释/尺寸推理”：选择该复选框后，将对注释和尺寸推理进行限制。
- “打印不同步水印”：SOLIDWORKS 的工程制图中有一个分离制图功能。它能迅速生成与三维零件和装配体暂时脱开的二维工程图，但依然保持与三维的全相关性。这个功能使得从三维到二维的转换瓶颈得以彻底解决。当选择该复选框后，如果工程图与模型不同步，分离工程图在打印输出时会自动印上一个“SOLIDWORKS 不同步打印”的水印。系统默认设置为选择状态。

- “在工程图中显示参考几何体名称”：选择该复选框后，当将参考几何实体输入工程图时，它们的名称将在工程图中显示出来。
- “生成视图时自动隐藏零部件”：选择该复选框后，当生成新的视图时，装配体的任何隐藏零部件将自动列出显示在“工程视图属性”对话框中的“隐藏 / 显示零部件”选项卡上。
- “显示草图圆弧中心点”：选择该复选框后，将在工程图中显示模型中草图圆弧的中心点。
- “显示草图实体点”：选择该复选框后，草图中的实体点将在工程图中一同显示。
- “在几何体后面显示草图剖面线”：选择该复选框后，模型的几何体将在剖面线上显示。
- “在图样上几何体后面显示草图图片”：选择该复选框后，模型的几何体将在剖面线上显示。
- “在断裂视图中打印折断线”：打印断裂视图中的折断线。系统默认设置为选择状态。
- “自动以视图增值查看调色板”：选择该复选框后，当使用选择工具选择面时，系统会将该面用单色显示（默认为绿色）；否则，系统会将该面的边线用蓝色虚线高亮度显示。系统默认设置为选择状态。
- “在添加新图样时显示图样格式对话”：选择该复选框后，当添加新的图样时将显示图样格式对话，从而对图样格式进行编辑。
- “在尺寸被删除或编辑（添加或更改公差、文本等...）时减少间距”：选择该复选框后，间距会随着尺寸和文本的变化而自动调整。
- “在材料明细表中覆盖数量列名称”：选择该复选框后，在下方的文本框中要求输入要使用的名称，用于覆盖。
- “局部视图比例”：局部视图比例指局部视图相对于原工程图的比例，在其右侧的文本框中指定该比例。
- “用作修正版的自定义属性”：在将文件载入 PDMWorks（ SOLIDWORKS Office Professional 产品）时，指定文件的自定义属性被看成修订数据。
- “键盘移动增量”：当使用方向键来移动工程图视图、注解或尺寸时，指定移动的单位值。

03 “草图”项目的设定。SOLIDWORKS 软件中所有的零件都是建立在草图基础上的，大部分 SOLIDWORKS 的特征也都是从二维草图绘制开始。提高草图的功能会直接影响到对零件编辑能力的提升，所以能够熟练地使用草图绘制工具绘制草图是一件非常重要的事。

下面介绍“草图”项目中的选项，如图1-7所示。

- “使用完全定义草图”：所谓完全定义草图指草图中所有的直线和曲线及其位置均由尺寸或几何关系进行定义或两者说明。选择此复选框后，草图用来生成特征之前必须是完全定义的。
- “在零件/装配体草图中显示圆弧中心点”：选择此复选框后，草图中所有的圆弧圆心点都将显示在草图中。

图1-7　“草图”项目中的选项

- “在零件/装配体草图中显示实体点”：选择此复选框，草图中实体的端点将以实心圆点的方式显示。该圆点的颜色反映草图中该实体的状态，如下所示：
  - ☑　黑色表示该实体是完全定义的。
  - ☑　蓝色表示该实体是欠定义的，即草图中实体的一些尺寸或几何关系未定义，可以随意改变。
  - ☑　红色表示该实体是过定义的，即草图中的实体中有些尺寸、几何关系或两者处于冲突中，或者是多余的。
- “提示关闭草图”：选择此复选框后，当利用具有开环轮廓的草图来生成凸台时，如果此草图可以用模型的边线来封闭，系统就会显示“封闭草图到模型边线？”对话框。选择“是”，即选择用模型的边线来封闭草图轮廓，同时还可选择封闭草图的方向。
- “打开新零件时直接打开草图”：选择此复选框后，新建零件时可以直接使用草图绘制区域和草图绘制工具。
- “尺寸随拖动/移动修改”：选择此复选框后，可以通过拖动草图中的实体，或者在“移动/复制 属性管理器”选项卡中移动实体来修改尺寸值。拖动完成后，尺寸会自动更新。

注意

生成几何关系时，其中至少必须有一个项目是草图实体。其他项目可以是草图实体或边线、面、顶点、原点、基准面、轴，也可以是其他草图的曲线投影到草图基准面上形成的直线或圆弧。

➢ “上色时显示基准面”：选择此复选框后，如果在上色模式下编辑草图，网格线显示的基准面看起来也上了色。

➢ “以 3d 在虚拟交点之间所测量的直线长度”：系统默认设置为选择状态。从虚拟交点测量直线长度，而非 3D 草图中的端点。

➢ “激活样条曲线相切和曲率控标”：系统默认设置为选择状态。为相切和曲率显示样条曲线控标，样条曲线的点可少至两个点，可在端点指定相切，通过单击每个通过点来生成样条曲线，然后在样条曲线完成时双击。

➢ “默认显示样条曲线控制多边形”：显示控制多边形以操纵样条曲线的形状。系统默认设置为选择状态。

➢ “拖动时的幻影图像”：选择此复选框后，在拖动图形时会显示被拖动的图形。

➢ “显示曲率梳形图边界曲线”：选择此复选框后，将显示曲率梳形图边界曲线。

➢ “在生成实体时启用屏幕上数字输入”：选择此复选框后，可以在生成实体时随时更改尺寸。

➢ “提示设定从动状态”：所谓从动尺寸指该尺寸是由其他尺寸或条件所驱动的，不能被修改。选定此复选框后，当添加一个过定义尺寸到草图时，会出现图 1-8 所示的对话框，询问尺寸是否设为从动。

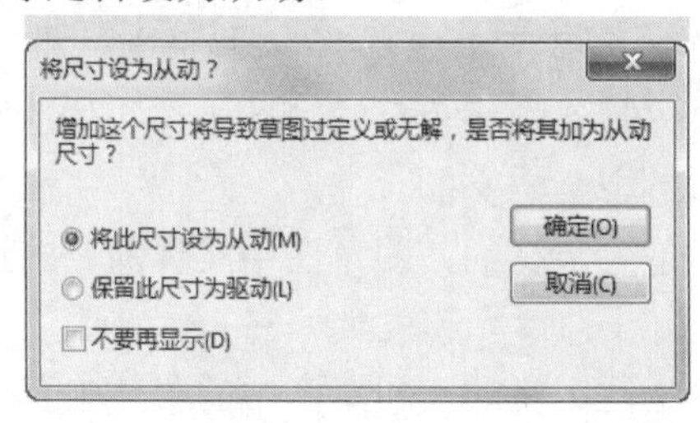

图1-8 “将尺寸设为从动？”对话框

➢ “默认为从动”：选定此复选框后，当添加一个过定义尺寸到草图时，尺寸会被默认为从动。

04 “显示”“选择”项目的设定。任何一个零件的轮廓都是一个复杂的闭合边线回路，在 SOLIDWORKS 的操作中离不开对边线的操作。该项目就是为边线显示和边线选择设定系统的默认值。

下面介绍“显示”和“选择”项目中的选项，如图1-9所示。

➢ “隐藏边线显示为”：这组单选按钮只有在“隐藏线变暗”模式下才有效。选择“实线”，则将零件或装配体中的隐藏线以实线显示。所谓“隐藏线变暗”模式指以浅灰色线条显示视图中不可见的边线，而可见的边线仍正常显示。

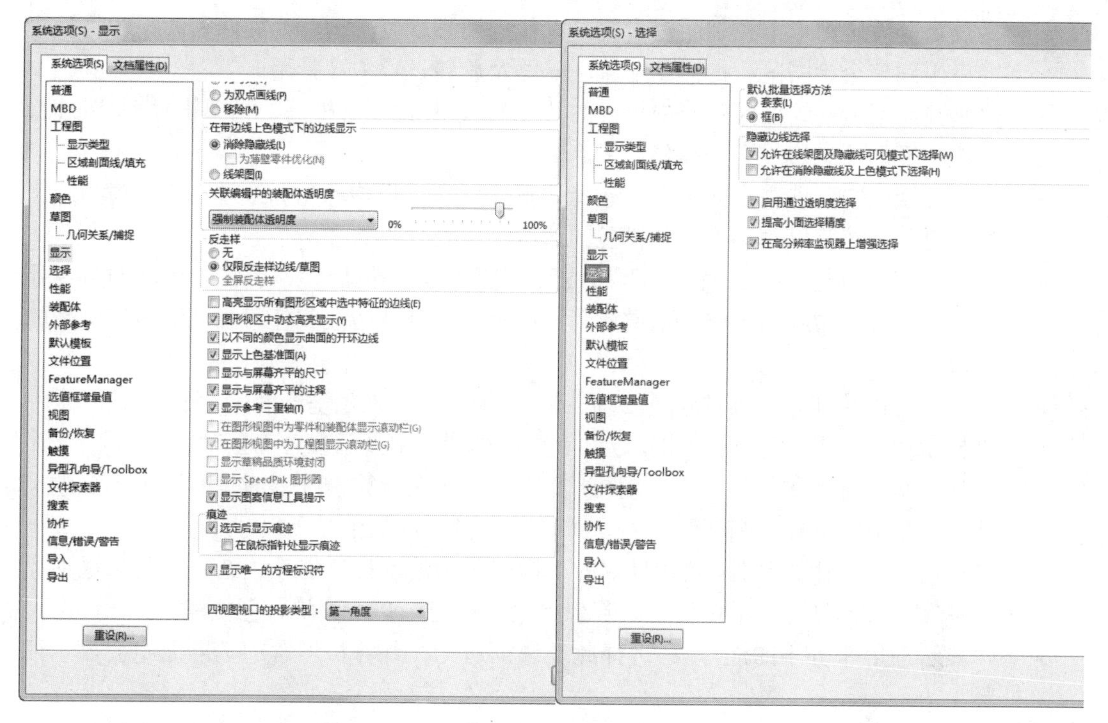

图1-9　“显示”项目和“选择”项目中的选项

➢　“隐藏边线选择”选项组有两个复选框。

● “允许在线架图及隐藏线可见模式下选择”：选择该复选框后，则在这两种模式下可以选择隐藏的边线或顶点。“线架图”模式指显示零件或装配体的所有边线。

● “允许在消除隐藏线及上色模式下选择”：选择该复选框后，则在这两种模式下可以选择隐藏的边线或顶点。消除隐藏线模式指系统仅显示在模型旋转到的角度下可见的线条，不可见的线条将被消除。上色模式指系统将对模型使用颜色渲染。

➢ “零件/装配体上的相切边线显示”：这组单选按钮用来控制在消除隐藏线和隐藏线变暗模式下，模型切边的显示状态。

➢ “在带边线上色模式下的边线显示选项组”：这组单选按钮用来控制在上色模式下，模型边线的显示状态。

➢ “关联编辑中的装配体透明度” 选项组：该下拉列表框用来设置在关联中编辑装配体的透明度，可以选择“保持装配体透明度”和“强制装配体透明度”，其右侧的移动滑块用来设置透明度的值。所谓关联指在装配体中，在零部件中生成一个参考其他零部件几何特征的关联特征。则此关联特征对其他零部件进行了外部参考。如果改变了参考零部件的几何特征，则相关的关联特征也会相应改变。

➢ “反走样”选项组：“无”选项，禁用反走样；“仅限反走样边线/草图”选项，使带边线上色、线架图、消除隐藏线及隐藏线可见模式中的锯齿状边线平滑；“全屏反走样”选项，如果视频卡支持全屏反走样并已通过稳定性测试则可供使用。必须为反走样设定图形卡控制面板设置，以使应用程序可控制。为零件和装配体将反走样应用到整个绘图区。走样在缩放、平移及旋转过程中被禁用。

- “高亮显示所有绘图区中选中特征的边线”：选择此复选框后，当单击模型特征时，所选特征的所有边线会以高亮显示。
- “图形视区中动态高亮显示”：选择此复选框后，当移动光标经过草图、模型或工程图时，系统将以高亮度显示模型的边线、面及顶点。
- “以不同的颜色显示曲面的开环边线”：选择此复选框后，系统将以不同的颜色显示曲面的开环边线，这样可以更容易地区分曲面开环边线和任何相切边线或侧影轮廓边线。
- “显示上色基准面”：选择此复选框后，系统将显示上色基准面。
- “显示参考三重轴”：选择此复选框后，在绘图区中显示参考三重轴。
- “显示与屏幕齐平的尺寸”：选择此复选框后，在计算机屏幕的基准面中会显示尺寸文字；消除选择，则在尺寸的 3D 注解视图基准面中显示尺寸文字。
- “在图形视图中为零件和装配体/为工程图显示滚动栏”选项：选择此复选框后，该选项在文档打开时不可使用。若想更改此设定，必须关闭所有文档。
- “显示与屏幕齐平的注释”：选择此复选框后，在计算机屏幕的基准面中会显示注释。
- “四视图视口的投影类型”：控制四视图显示。其中，“第一角度”选项有前视、左视、上视和等轴测。“第三角度”选项有前视、右视、上视和等轴测。

1.3.2 设置文档属性

“文档属性”选项卡中设置的内容仅应用于当前的文件，该选项卡仅在文件打开时可用。对于新建文件，如果没有特别指定该文件属性，将使用建立该文件的模板中的文件设置（如网格线、边线显示、单位等）。

选择菜单栏中的“工具→选项”命令，弹出“系统选项”对话框。选择“文档属性”选项，在“文档属性”选项卡中设置文档属性，如图1-10所示。

选项卡中列出的项目以树形格式显示在选项卡的左侧。单击其中一个项目时，该项目的选项就会出现在右侧。下面介绍几个常用的项目：

01 “尺寸”项目的设定。单击“尺寸”项目后，该项目的选项就会出现在选项卡右侧，如图 1-10 所示。

- “添加默认括号”：选择该复选框后，将添加默认括号并在括号中显示工程图的参考尺寸。
- “置中于延伸线之间”：选择该复选框后，标注的尺寸文字将被置于尺寸界线的中间位置。
- “等距距离”：该选项组用来设置标准尺寸间的距离。
- “箭头”：该选项组用来指定标注尺寸中箭头的显示状态。
- “水平折线”：“引线长度”指在工程图中如果尺寸界线彼此交叉，需要穿越其他尺寸界线时，即可折断尺寸界线。

图1-10　“文档属性”选项卡“尺寸”项目

➢　“主要精度”：用设置主要尺寸、角度尺寸以及替换单位的尺寸精度和公差值。

02　“单位”项目的设定。该项目用来指定激活的零件、装配体或工程图文件所使用的线性单位类型和角度单位类型，如图 1-11 所示。

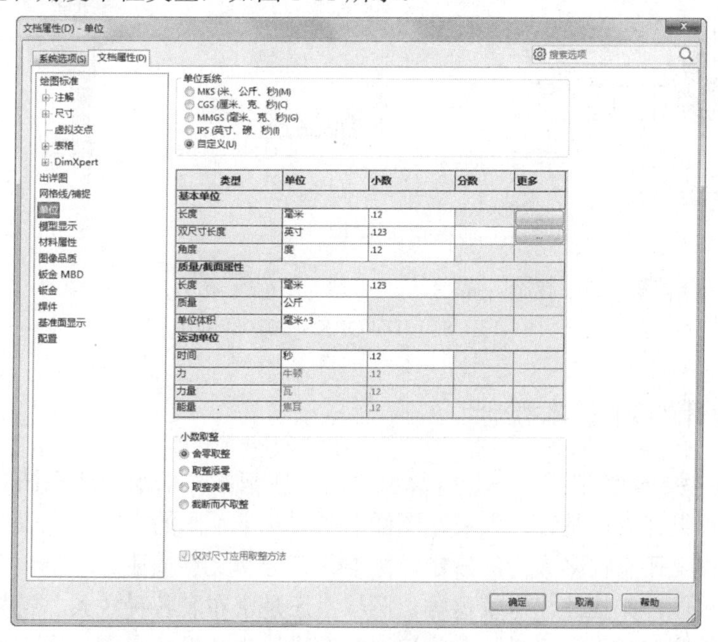

图1-11　“单位”项目

- “单位系统”：该选项组用来设置文件的单位系统。如果选择了“自定义”单选按钮，则激活了其余的选项。
- “双尺寸长度”：用来指定系统的第二种长度单位。
- “角度单位”：该下拉列表框用来设置角度单位的类型。其中可选择的单位有度、度／分、度／分／秒或弧度。只有在选择单位为度或弧度时，才可以选择“小数位数”。

1.4 SOLIDWORKS 的设计思想

SOLIDWORKS 2020 是一套机械设计自动化软件，它采用了大家所熟悉的 Microsoft Windows 图形用户界面。使用这套简单易学的工具，机械设计工程师能快速地按照其设计思想绘制出草图，尝试运用特征与尺寸制作模型和详细的工程图。

利用 SOLIDWORKS 2020 不仅可以生成二维工程图，而且可以生成三维零件图，并可以利用这些三维零件图来生成二维工程图及三维装配体，如图 1-12 所示。

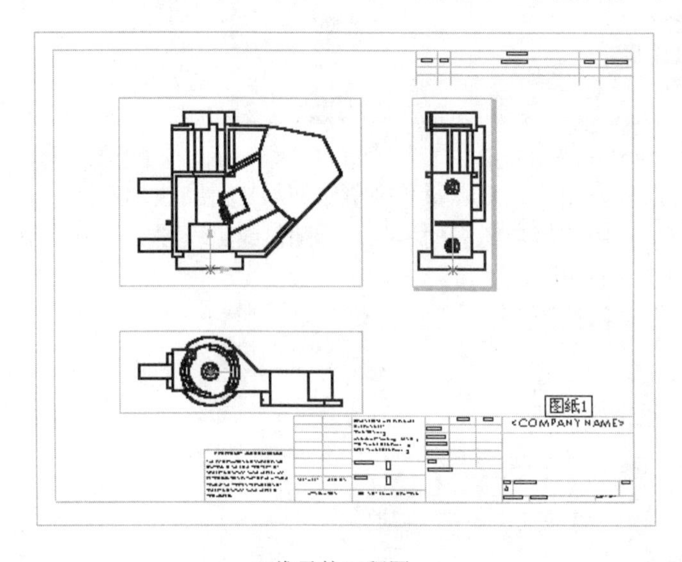

二维零件工程图

三维装配体

图1-12　SOLIDWORKS 2020实例

1.4.1 三维设计的3个基本概念

01 实体造型。实体造型就是在计算机中用一些基本元素来构造机械零件的完整几何模型。传统的工程设计方法是设计人员在图样上利用几个不同的投影图来表示一个三维产品的设计模型，图样上还有很多人为的规定、标准、符号和文字描述。对于一个较为复杂的零部件，要用若干张图样来描述。尽管这样，图样上还是密布着各种线条、符号和标记等。工艺、生产和管理等部门的人员再去认真阅读这些图样，理解设计意图，通过不同视图的描述想象出设计模型的每一个细节。这项工作非常艰苦，由于一个人的能力有限，设计人员不可能保证图样的每个细节都正确。尽管经过层层设计主管检查和审批，图样上的错误还是在所难免。

对于过于复杂的零件，设计人员有时只能采用代用毛坯，边加工、边设计、边修改，经过长时间的艰苦工作后才能给出产品的最终设计图样。所以，传统的设计方法严重影响着产品的设计、制造周期和产品质量。

利用实体造型软件进行产品设计时，设计人员可以在计算机上直接进行三维设计，在屏幕上能够见到产品的真实三维模型，所以这是工程设计方法的一个突破。在产品设计中的一个总趋势就是：产品的形状和结构越复杂，更改越频繁，采用三维实体软件进行设计的优越性越突出。

当在计算机中建立零件模型后，工程师就可以在计算机上很方便地进行后续环节的设计工作，如部件的模拟装配、总体布置、管路铺设、运动模拟、干涉检查，以及数控加工与模拟等。所以，它为在计算机集成制造和并行工程思想指导下实现整个生产环节采用统一的产品信息模型奠定了基础。

表示实体的方法大体上有6种：

- 单元分解法。
- 空间枚举法。
- 射线表示法。
- 半空间表示法。
- 构造实体几何（CSG）。
- 边界表示法（B-rep）。

仅后两种方法能正确地表示机械零件的几何实体模型，但仍有不足之处。

02 参数化。传统的CAD绘图技术都用固定的尺寸值定义几何元素。输入的每一条线都有确定的位置。要想修改图面内容，只有删除原有线条后重画。而新产品的开发设计需要多次反复修改，进行零件形状和尺寸的综合协调和优化。对于定型产品的设计，需要形成系列，以便针对用户的生产特点提供不同吨位、功率、规格的产品型号。参数化设计可使产品的设计图随着某些结构尺寸的修改和使用环境的变化而自动修改图形。

参数化设计一般指设计对象的结构形状比较定型，可以用一组参数来约束尺寸关系。参数的求解较为简单，参数与设计对象的控制尺寸有着显式的对应关系，设计结果的修改受到尺寸的驱动。生产中最常用的系列化标准件就属于这一类型。

03 特征。特征是一个专业术语，它兼有形状和功能两种属性，包括特定几何形状、拓扑关系、典型功能、绘图表示方法、制造技术和公差要求。特征是产品设计与制造者最关注的对象，是产品局部信息的集合。特征模型利用高一层次的具有过程意义的实体（如孔、槽、内腔等）来描述零件。

基于特征的设计是把特征作为产品设计的基本单元，并将机械产品描述成特征的有机集合。

特征设计有突出的优点，在设计阶段就可以把很多后续环节要使用的有关信息放到数据库中。这样便于实现并行工程，使设计绘图、计算分析、工艺性审查到数控加工等后续环节工作都能顺利完成。

1.4.2 设计过程

在SOLIDWORKS系统中，零件、装配体和工程图都属于对象，它采用了自顶向下的设计方法创建对象，如图1-13所示。

图1-13所示的层次关系充分说明，在SOLIDWORKS系统中，零件设计是核心，特征设计是关键，草图设计是基础。

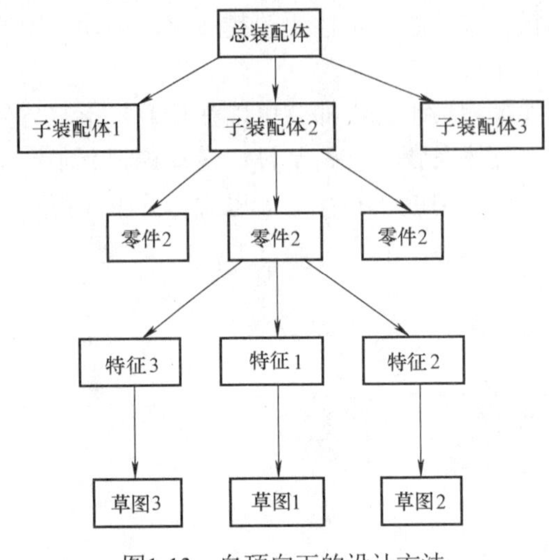

图1-13　自顶向下的设计方法

草图指的是二维轮廓或横截面。对草图进行拉伸、旋转、放样或沿某一路径扫描等操作后即生成特征，如图1-14所示。

特征指可以通过组合生成零件的各种形状（如凸台、切除、孔等）及操作（如圆角、倒角、抽壳等），图1-15所示为几种特征。

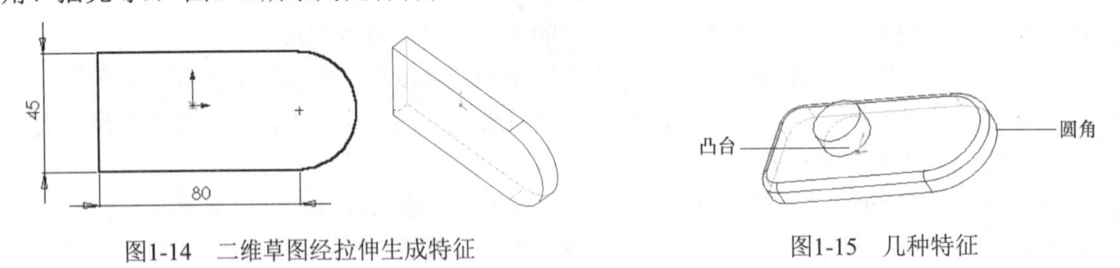

图1-14　二维草图经拉伸生成特征

图1-15　几种特征

1.4.3 设计方法

零件是SOLIDWORKS系统中最主要的对象。传统的CAD设计方法是由平面工程图（二维）到立体（三维模型），如图1-16所示。工程师首先设计出图样，工艺人员或加工人员根据图样还原出实际零件，但在SOLIDWORKS系统中，首先由工程师直接设计出三维模型，然后根据需要生成相关的工程图，如图1-17所示。

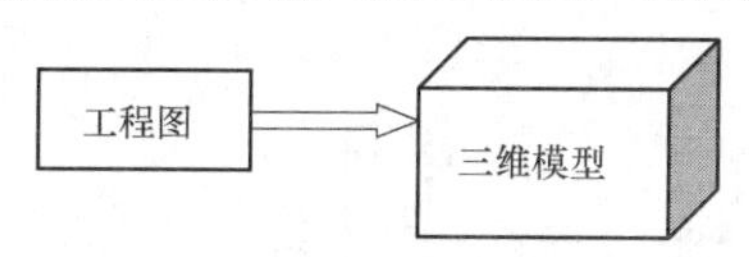

图1-16　传统的CAD设计方法

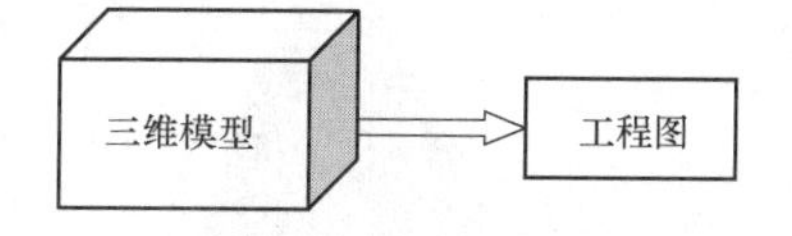

图1-17　SOLIDWORKS的设计方法

此外，SOLIDWORKS系统中的零件设计构造过程类似于真实制造环境下的生产过程，如图1-18所示。

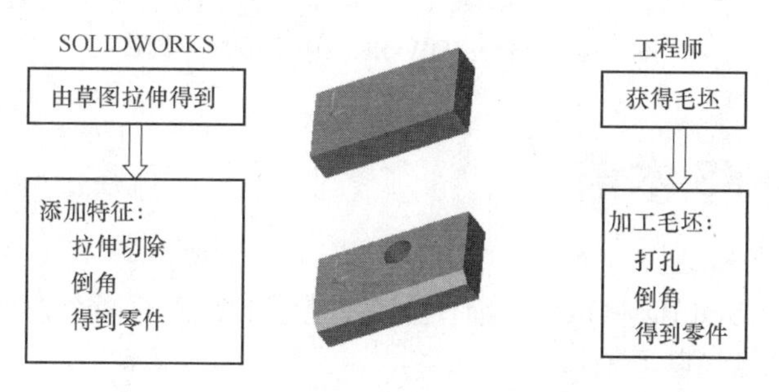

图1-18　在SOLIDWORKS中生成零件

装配件是若干零件的组合，是SOLIDWORKS系统中的对象，通常用来实现一定的设计功能。在SOLIDWORKS系统中，用户先设计好所需的零件，然后根据配合关系和约束条件将零件组装在一起，生成装配件。使用配合关系，可相对于其他零部件来精确地定位零部件，还可定义零部件如何相对于其他的零部件移动和旋转。通过继续添加配合关系，还可以将零部件移到所需的位置。配合会在零部件之间建立几何关系，如共点、垂直、相切等。每种配合关系对于特定的几何实体组合有效。

图1-19所示为在SOLIDWORKS中生成的装配体，由顶盖和底座两个零件组成。其设计、装配过程如下：

首先设计出两个零件，然后新建一个装配体文件。将两个零件分别拖入到新建的装配体文件中。使顶盖底面和底座顶面“重合”，顶盖底一个侧面和底座对应的侧面“重合”，将顶盖和底座装配在一起，从而完成装配工作。

工程图是SOLIDWORKS系统中的对象，用来记录和描述设计结果，是工程设计中的主要档案文件。

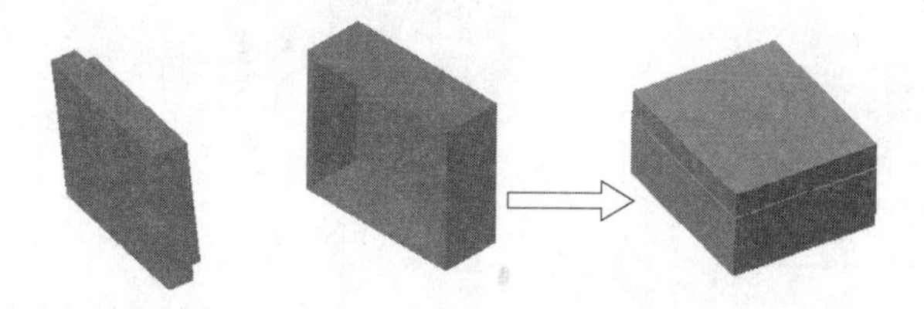

图1-19　在SOLIDWORKS中生成的装配体

用户将设计好的零件和装配件，按照图样的表达需要，通过SOLIDWORKS系统中的命令，生成各种视图、剖面图、轴测图等，然后添加尺寸说明，得到最终的工程图。图1-20所示为在SOLIDWORKS中生成的工程图。它们都是由实体零件自动生成的，无须进行二维绘图设计，这也体现了三维设计的优越性。此外，当对零件或装配体进行修改时，对应的工程图文件也会相应地修改。

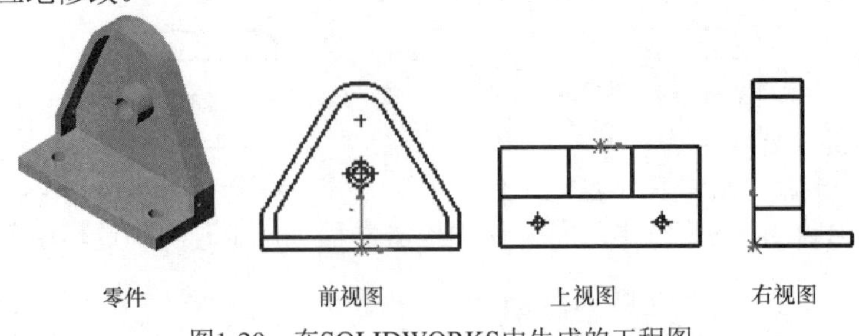

图1-20　在SOLIDWORKS中生成的工程图

1.5　SOLIDWORKS 术语

01 文件窗口。SOLIDWORKS 文件窗口（见图 1-21）有两个窗格：

窗口的左侧窗格包含以下项目：

- 特征管理器设计树列出了零件、装配体或工程图的结构。
- 属性管理器提供了绘制草图及与 SOLIDWORKS 2020 应用程序交互的另一种方法。
- ConfigurationManager 提供了在文件中生成、选择和查看零件及装配体的多种配置方法。

窗口的右侧窗格为绘图区，此窗格用于生成和操纵零件、装配体或工程图。

02 控标。控标允许用户在不退出绘图区的情形下，动态地拖动和设置某些参数，如图 1-22 所示。

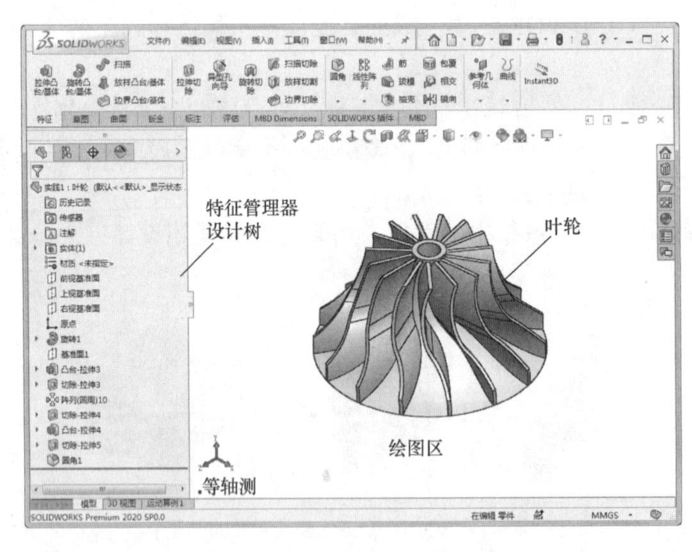

图1-21　SOLIDWORKS文件窗口

03 常用模型术语（见图 1-23）。

- 顶点：顶点为两条或多条直线或边线相交处的点。顶点可选作绘制草图、标注尺寸以及许多其他用途。

➢ 面：面为模型或曲面的所选区域（平面或曲面），模型或曲面带有边界，可帮助定义模型或曲面的形状。例如，矩形实体有6个面。

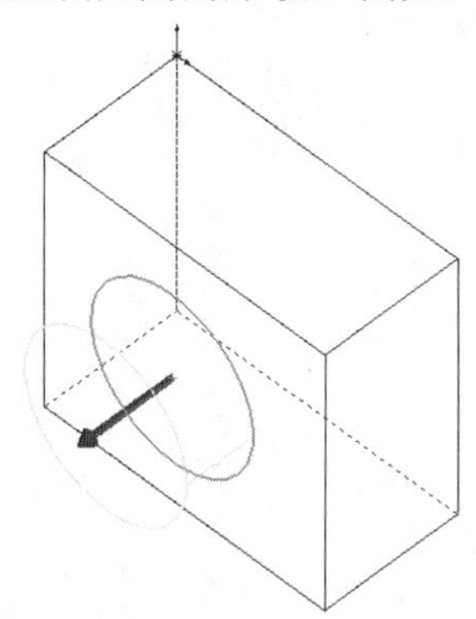

图1-22　控标

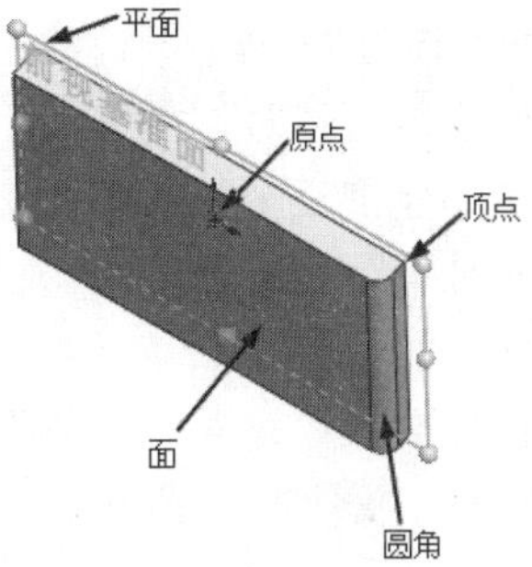

图1-23　常用模型术语

➢ 原点：模型原点显示为灰色，代表模型的（0，0，0）坐标。当激活草图时，草图原点显示为红色，代表草图的（0，0，0）坐标。尺寸和几何关系可以加入到模型原点，但不能加入到草图原点。

➢ 平面：平面是平的构造几何体。平面可用于绘制草图、生成模型的剖面视图以及用于拔模特征中的中性面等。

➢ 轴：轴为穿过圆锥面、圆柱体或圆周阵列中心的直线。插入轴有助于建造模型特征或阵列。

➢ 圆角：圆角为草图内的曲面或实体上的角或边的内部圆形。

➢ 特征：特征为单个形状，如与其他特征结合则构成零件。有些特征，如凸台和切除，则由草图生成。有些特征，如抽壳和圆角，则为修改特征而生成的几何体。

➢ 几何关系：几何关系为草图实体之间或草图实体与基准面、基准轴、边线或顶点之间的几何约束，可以自动或手动添加这些项目。

➢ 模型：模型为零件或装配体文件中的三维实体几何体。

➢ 自由度：没有由尺寸或几何关系定义的几何体可自由移动。在二维草图中，有3个自由度：沿X轴和Y轴移动以及绕Z轴旋转（垂直于草图平面的轴）；在三维草图中，有6个自由度：沿X轴、Y轴和Z轴移动，以及绕X轴、Y轴和Z轴旋转。

➢ 坐标系：坐标系为平面系统，用来给特征、零件和装配体指定笛卡儿坐标。零件和装配体文件包含默认坐标系；其他坐标系可以用参考几何体定义，用于测量工具以及将文件输出到其他文件格式。

1.6　定位特征

定位特征是用来创建与坐标系相关的特征，即基准面、基准轴和参考点，它们分别对应于坐标平面、坐标轴和坐标原点。SOLIDWORKS中已经带有这样的结构，在零件、装配、钣金环境中，都有默认存在的基础坐标系，包括前视、上视和右视三个基准面和坐标原点。

1.6.1 基准面

基准面是无限伸展的二维平面，可以作为草图特征的绘图平面和参考平面，也可用作放置特征的放置平面，还可以作为尺寸标注的基准、零件装配的基准等。

在创建零件或装配体时，如果使用默认的模板，则进入设计模式后，系统会自动建立三个默认的正交基准面：前视基准面、上视基准面和右视基准面。在特征管理器设计树中单击它们，即可以在绘图区中显示基准面。

单击“特征”面板“参考几何体”下拉列表中的“基准面”按钮，在“基准面”属性管理器中设置基准面参数（见图1-24），从而创建基准面。

图1-24　设置基准面参数

一个基准面至少需要两个已知条件才能正确地构建。

- 平行：选择已有面（特征面、工作面），说明基准面与之平行。
- ：选择已有的平面，说明这是新基准面的参考面；选择某棱边，说明这是新工作面通过的轴；在文本框中输入与参考面的夹角。
- ：选择已有的平面，说明这是新基准面的参照面；在文本框中输入与参照面的间距。
- 垂直：选择已有面（特征面、工作面），说明基准面与之垂直。
- 重合：选择已有面（特征面、工作面），说明基准面与之重合。

在SOLIDWORKS中，基准面与它创建时所依赖的几何对象是相互关联的，当依赖对象参数发生改变后，基准面也会相应改变。

1.6.2 基准轴

基准轴是一条几何直线，必须依附于一个几何实体（如基准面、平面、点等）。基准轴可以用作其他特征的参考，没有长度的概念。

单击“特征”面板“参考几何体”下拉列表中的“基准轴”按钮，在“基准轴”属性管理器中设置基准轴参数（见图1-25），从而创建基准轴。

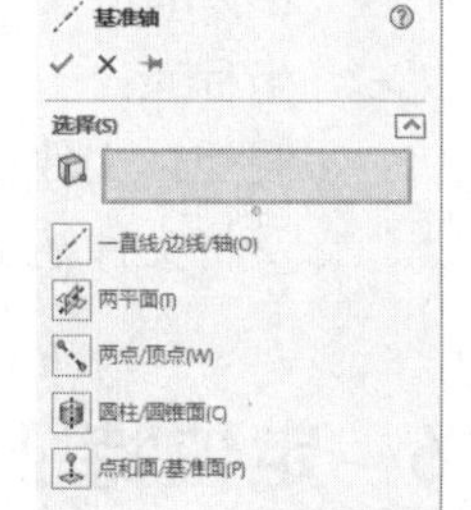

图1-25　设置基准轴参数

- 一直线/边线/轴：选择已有特征的边线或草图上的直线作为基准轴。
- 两平面：选择两个已有特征的平面或基准面，从而将这两个平面的交线作为基准轴。
- 两点/顶点：选择已有的两个点，从而生成一条通过这两个点的基准轴。
- 圆柱/圆锥面：选择圆柱类形状特征或圆锥面，将其旋转中心线作为基准轴。
- 点和面/基准面：选择一个已有点和一个基准面，将生成一个通过该点并垂直于所选基准面的基准轴。

1.6.3 点

参考点是一个几何点，可用于辅助建立其他基准特征，而且可用作放置特征的定位参考，以及定义有限元分析中载荷的位置等。

单击“特征”面板“参考几何体”下拉列表中的“点”按钮，在“点”属性管理器中设置参考点参数（见图 1-26），从而创建参考点。

- 圆弧中心：选择圆弧或圆，从而将它们的圆心作为参考点。
- 面中心：在所选面的轮廓中心生成一参考点。
- 交叉点：在两个所选实体（可以是特征边线、曲线、草图线段及参考轴）的交点处生成一参考点。
- 投影：选择一已有点（可以是特征顶点、曲线的端点、草图线段端点等）作为投影对象，选择一基准面、平面或非平面作为被投影面，从而在被投影面上生成投影对象在投影面上的投影点。
- 在点上：可以在草图点和草图区域末端上生成参考点。
- ：沿边线、曲线或草图线段按照距离来生成一组参考点。

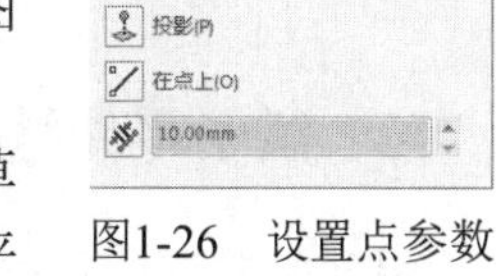

图1-26 设置点参数

1.6.4 坐标系

坐标系用作计算零件的质量、体积，以及辅助装配、辅助有限元的网格划分、零件建模的基准点定位等。单击“特征”面板“参考几何体”下拉列表中的“坐标系”按钮，在“坐标系”属性管理器中设置坐标系参数（见图1-27），从而创建新的参考坐标系。

- ：在零件或装配体中选择一特征顶点、中点、草图点或某个零件的原点作为新坐标系的原点。
- *X* 轴、*Y* 轴、*Z* 轴：在零件或装配体上选择边线、草图线段或平面，新坐标系的对应坐标轴将与所选边线或平面平行。只要知道两个坐标轴就可以确定整个坐标系，另一个坐标轴的方向将依照右手法则确定。

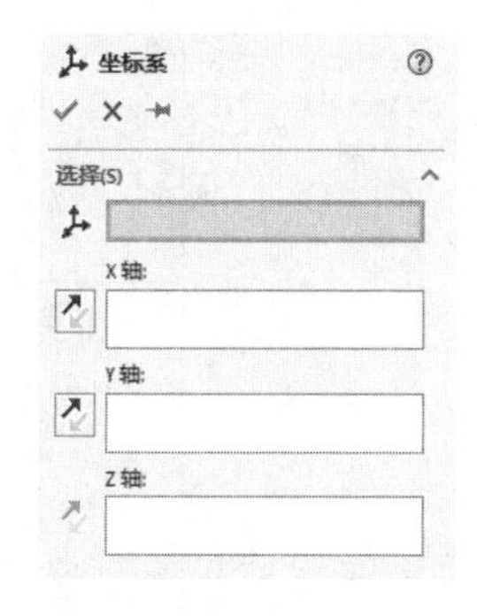

图1-27 设置坐标系参数

1.7 零件的其他设计表达

SOLIDWORKS的主要功能是创建零件几何造型，虽然在这方面有很好的性能，但几何造型毕竟不是设计的全部。本节旨在对零件特征以外的表达进行讲述，如材质的赋予、颜色、光源、透明度以及模型的计算等。

1.7.1 编辑实体外观效果

在特征管理器设计树中或绘图区中选择整个模型实体、特征或面，单击前导视图工具栏中的“编辑外观”按钮，即可在“颜色”属性管理器（见图1-28）中编辑实体外观效果。

- ➢ 外观：打开材质文件路径。
- ➢ 颜色：可以通过滑块或数字的方式以 RGB（红绿蓝三原色）或 HSV（色调、饱和度、色数）的方法对颜色进行精确配置。

图1-28 “颜色”属性管理器

1.7.2 赋予零件材质

材质是零件的重要设计数据。材质的选用是基于受力条件、几何形状和工艺条件综合后的结果，而且在后期设计中，装配工程图和零件工程图中构建有关数据（如明细表）时将必须用到材质。在 SOLIDWORKS 2020 中还带有简单的应力分析工具——SimulationXpress，从而可以快速完成零件的应力分析。

选择菜单栏中的“编辑”→“外观”→“材质”命令，打开“材料”对话框，如图1-29所示。

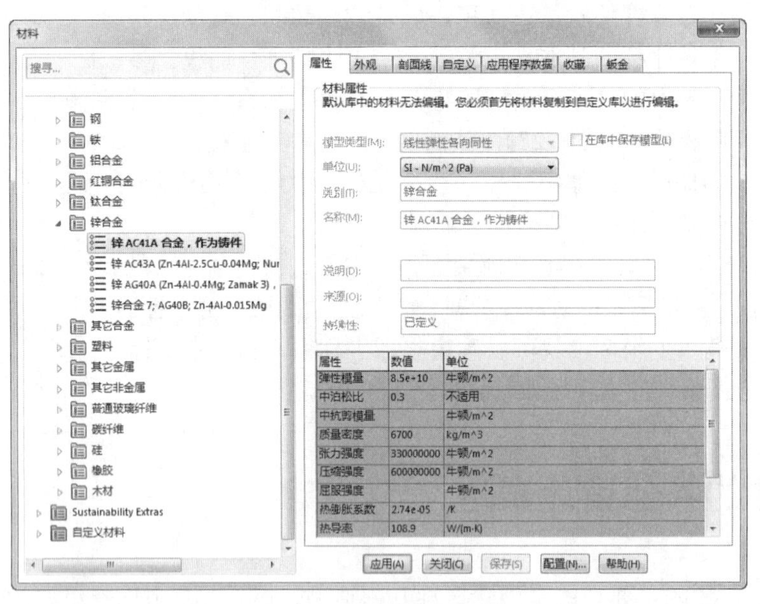

图1-29 “材料”对话框

在“材料”对话框左侧的列表框中选择要赋予的材质，在“材料属性”选项组中会显示该种材料的视像效果，在“属性”列表框中会显示该种材料的物理属性。

SOLIDWORKS 提供的材质很有限，自定义材质是必须的操作。对材质的定义将有下列参数：

符号	物理名称	单位
EX	弹性模量	N/mm^2
NUXY	泊松比	
GXY	切变模量	N/mm^2
ALPX	热膨胀系数	
DENS	质量密度	g/cm^3
KX	热导率	W/（m·K）
C	比热容	J/（kg·K）
SIGXT	压缩强度	N/mm^2
SIGYLD	屈服强度	N/mm^2

1.7.3　CAD模型分析

SOLIDWORKS不仅能完成三维设计工作，还能对所设计的模型进行简单的计算，包括测量（用于长度、角度及其他多种类型的测量）、截面属性分析、质量特性分析等。可不要小看这些计算功能，它可是当前设计人员用到的最好的功能之一。

1. 测量

单击“评估”控制面板中的“测量”按钮，打开“测量”对话框，如图 1-30 所示。通过它可以测量草图、模型、装配体或工程图中直线、点、曲面、基准面的距离、角度、半径，以及它们之间的距离、角度、半径或尺寸。当测量两个实体之间的距离时，会显示两实体间 *X*、*Y*、*Z* 的坐标差。当选择一个顶点或草图点时，会显示其 *X*、*Y* 和 *Z* 坐标值。

2.截面属性

单击“评估”控制面板中的“剖面属性”按钮，弹出“截面属性”对话框，如图1-31所示。

图1-30　“测量”对话框

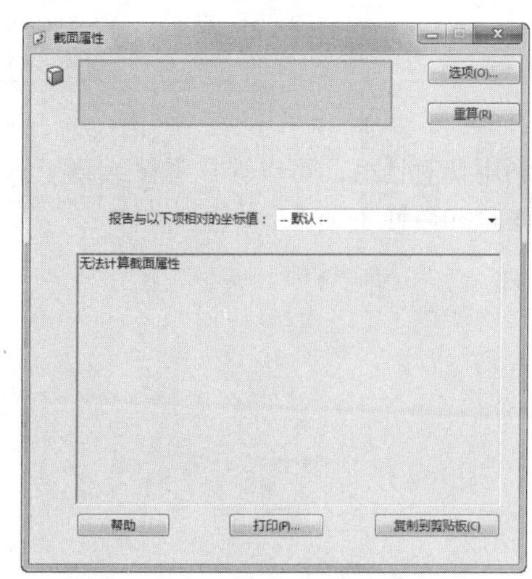

图1-31　“截面属性”对话框

利用该对话框，可以计算平行平面中多个面和草图的截面属性，包括面积、重心、重心面惯性矩等。当计算一个以上实体时，第一个所选面为计算截面属性定义基准面。

3.质量特性

单击“评估”控制面板中的“质量属性”按钮，弹出“质量特性”对话框，如图1-32所示。

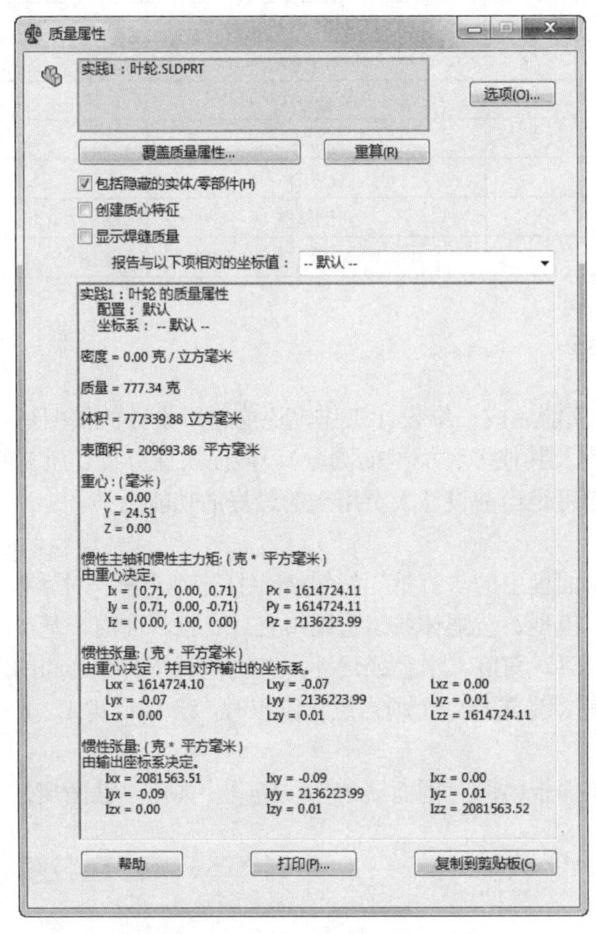

图1-32 “质量特性”对话框

利用该对话框，可以计算零件或装配体模型的密度、质量、体积、表面积、质量中心、惯性张量和惯性主轴。

第 2 章

草图相关技术

二维图形的编辑操作,配合绘图命令的使用,可以进一步完成复杂图形对象的绘制工作,并可使用户合理安排和组织图形,保证绘图准确,减少重复。因此,对编辑命令的熟练掌握和使用有助于提高设计和绘图的效率。

- 草图的绘制
- 草图的约束和尺寸
- 草图 CAGD 功能

2.1 创建草图绘制平面

草图是一种二维的平面图，用于定义特征的形状、尺寸和位置，是三维造型的基础。与其说是“草图”还不如说是“截面轮廓”更贴切一些。因为草图是二维的，因此创建任何草图，都必须先确定它所依附的草图绘制平面。这个草图绘制平面实际上是一种“可变的、可关联的、用户自定义的坐标系”，有些类似于AutoCAD中的UCS的概念，但却是可以参数驱动的。草图设计的过程一般为：先绘图，再修改尺寸和约束，然后重新生成。如此反复，直到完成。

草图绘制平面的创建，可以基于下面的可能：

➢ 以基础坐标系创建草图绘制平面。在零件设计环境下，创建新草图绘制平面时，可以选定某个基础坐标系的某坐标平面作为草图绘制平面。SOLIDWORKS 自带一个原始的基础坐标系，包括三个面、三根坐标轴和一个原点，就像 AutoCAD 中的 WCS。在特征管理器设计树中可以选定这样的基础坐标系，如图 2-1 所示。默认状态下，在绘图区中这些基准面是不可见的，只有在特征管理器设计树中选择某一个时才可以看见。

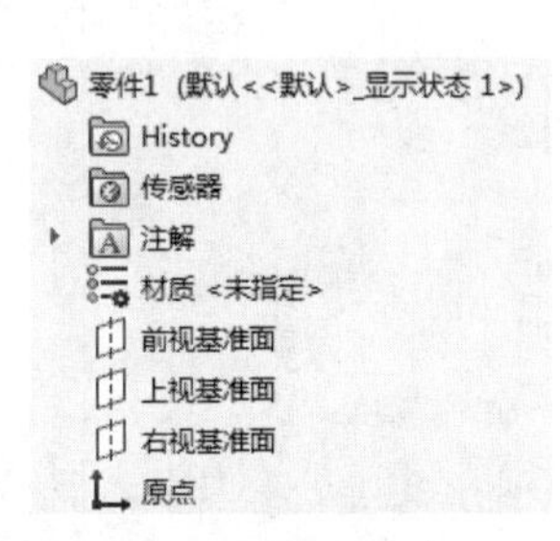

图2-1 基础坐标系

➢ 已有特征上的平面创建草图绘制平面。在创建新草图绘制平面时，选定某个特征上的平面，SOLIDWORKS 将根据这个平面创建新的草图绘制平面。这个已有特征就成为新特征的基础；新特征将具有与这个“已有特征”的关联关系。当这个基础发生变化时，新特征也会自动关联更新。

➢ 在参考面上创造草图绘制平面。可以像生成其他特征一样生成参考平面，从而在参考平面上创建草图绘制平面。这样做的直接后果就是草图绘制平面本身也可以进行参数驱动，整个草图绘制平面上的二维草图也因此具有了可以直接驱动的第三个坐标参数。

➢ 在装配中创建草图绘制平面。在装配环境中创建新零件时，草图绘制平面以现有零件中某特征上的平面为基础创建，以后新建的零件将自动具有在这个面上与原有零件“贴合”的装配关系，并能与在这个面上的、老零件的轮廓投影，自动形成基于装配的形状与尺寸关联。

2.2 草图的绘制

本节主要介绍如何开始绘制草图，熟悉草图绘制工具栏，认识绘图光标和锁点光标，以及退出草图绘制状态。

2.2.1　进入草图绘制

要想绘制二维草图，必须先进入草图绘制。草图必须在平面上绘制，这个平面可以是基准面，也可以是三维模型上的平面。由于开始进入草图绘制时，没有三维模型，因此必须指定基准面。绘制草图时，可以直接进入草图绘制，也可以先选择草图绘制基准面，再进入草图绘制。下面分别介绍这两种方式的操作步骤。

01 直接进入草图绘制。

❶执行命令。单击“草图”控制面板上的“草图绘制”按钮，或者直接单击“草图”工具栏上的“草图绘制”按钮，此时绘图区出现图 2-2 所示的系统默认基准面。

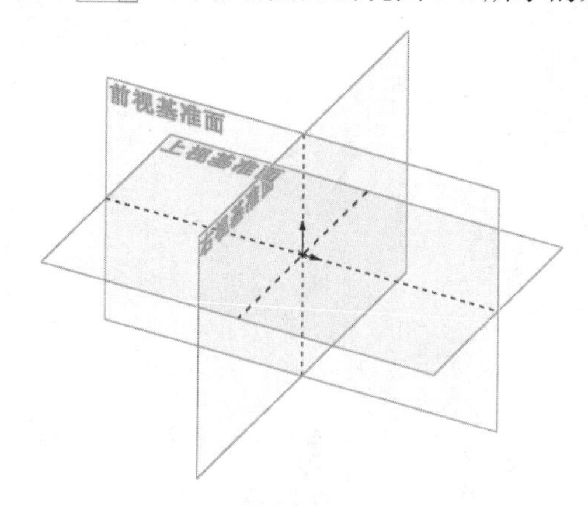

图2-2　系统默认基准面

❷选择基准面。选择绘图区中三个基准面之一，确定要在哪个面（草图绘制平面）上绘制草图。

❸设置基准面方向。单击前导视图工具栏中的“正视于”按钮，使基准面旋转到正视于方向，方便读者绘图。

02 先选择草图绘制平面，再进入草图绘制。

❶选择草图绘制平面。可在特征管理器设计树中选择基准面，即前视基准面、右视基准面和上视基准面中的一个面作为草图绘制平面。

❷设置草图绘制平面方向。单击前导视图工具栏中的“正视于”按钮，使草图绘制平面旋转到正视于方向。

❸执行命令。单击“草图”控制面板上的“草图绘制”按钮，或者直接单击“草图”工具栏上的“草图绘制”按钮，进入草图绘制。

2.2.2　退出草图绘制

草图绘制完毕后，可立即建立特征，也可以退出草图绘制再建立特征。有些特征的建立，需要多个草图，如扫描实体等。因此，需要了解退出草图绘制的方法。退出草图绘制的方法主要有如下几种：

01 使用菜单方式。选择菜单栏中的“插入”→“退出草图”命令，退出草图绘制。

02 利用工具栏按钮按钮方式。单击标准工具栏上的“重建模型”按钮，或者单击“草图”工具栏中的“退出草图”按钮，退出草图绘制。

03 利用快捷菜单方式。在绘图区右击，系统弹出图 2-3 所示的快捷菜单。在其中选择“退出草图”选项，退出草图绘制。

04 利用绘图区确认角落的按钮。在绘制草图的过程中，绘图区右上方会出现图 2-4 所示的退出提示按钮。单击上面的按钮，退出草图绘制状态。

单击确认角落下方的按钮，提示是否保存对草图的修改，如图2-5所示；然后根据需要单击系统提示框中的选项，退出草图绘制状态。

05 利用控制面板上的按钮。单击“草图”控制面板上的“退出草图”按钮，退出草图绘制。

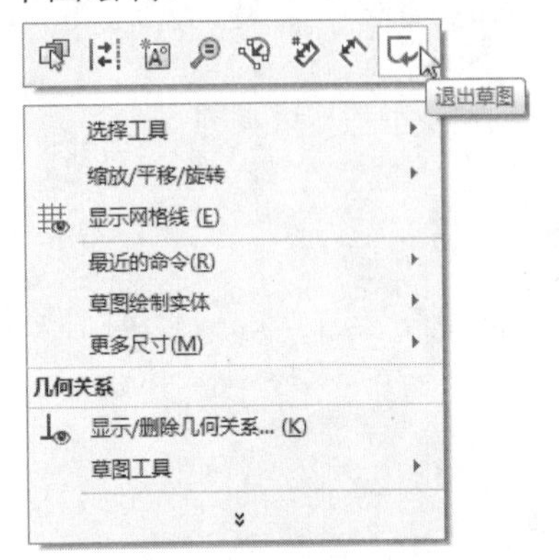

图2-3 快捷菜单

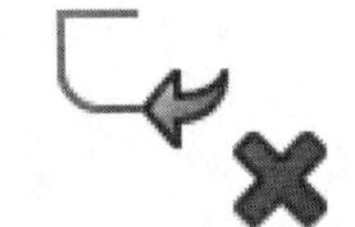

图2-4 退出提示按钮

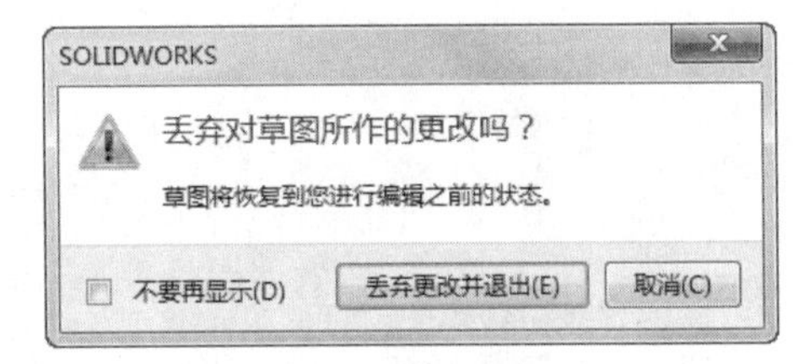

图2-5 系统提示框

2.2.3 草图绘制工具

“草图”工具栏如图2-6所示。有些草图绘制按钮没有在该工具栏上显示，读者可以利用1.2.2节的方法设置相应的命令按钮。草图绘制工具栏主要包括以下4大类，即草图绘制、草图编辑工具、实体绘制工具和标注几何关系。草图绘制命令按钮见表2-1。

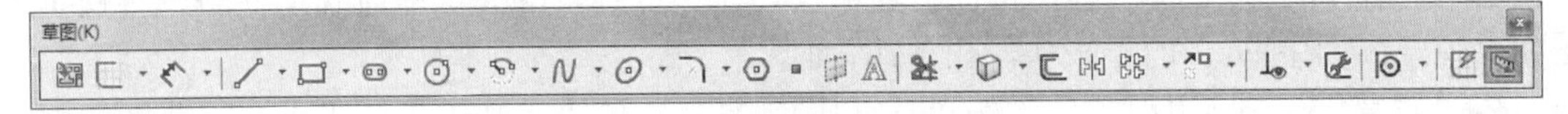

图2-6 “草图”工具栏

表2-1 草图绘制命令按钮

按钮	名称	功能说明
	选择	选择工具，用于选择草图实体、模型和特征的边线和面，框选可以选择多个草图实体
	网格线/捕捉	对激活的草图或工程图选择显示草图网格线，并可设定网格线显示和捕捉功能选项
	草图绘制/退出草图	进入或退出草图绘制状态
3D	3D草图	在三维空间任意点绘制草图实体

（续）

按钮	名称	功能说明
	基准面上的3D草图	在 3D 草图中添加基准面后，可添加或修改该基准面的信息
	快速草图	可以选择平面或基准面，并在任意草图工具激活时开始绘制草图。移动至各平面的同时，将生成面并打开草图。可以中途更改草图工具
	移动时不求解	在不解出尺寸或几何关系的情况下，从草图中移动出草图实体
	移动实体	选择一个或多个草图实体并将之移动，该操作不生成几何关系
	复制实体	选择一个或多个草图实体并将之复制，该操作不生成几何关系
	缩放实体比例	选择一个或多个草图实体并将之按比例缩放，该操作不生成几何关系
	旋转实体	选择一个或多个草图实体并将之旋转，该操作不生成几何关系
	伸展实体	选择一个或多个草图实体并将之伸展，该操作不生成几何关系

草图编辑工具命令按钮见表2-2。

表2-2　草图编辑工具命令按钮

按钮	名称	功能说明
	构造几何线	将草图上或工程图中的草图实体转换为构造几何线，构造几何线的线型与中心线相同
	绘制圆角	在两个草图实体的交叉处剪裁掉角部，从而生成一个切线弧
	绘制倒角	此工具在2D和3D草图中均可使用。在两个草图实体交叉处按照一定角度和距离剪裁，并用直线相连，形成倒角
	等距实体	按给定的距离等距一个或多个草图实体，可以是线、弧、环等草图实体
	转换实体引用	将其他特征轮廓投影到草图平面上，可以形成一个或多个草图实体
	交叉曲线	在基准面和曲面或模型面、两个曲面、曲面和模型面、基准面和整个零件及曲面和整个零件的交叉处生成草图曲线
	面部曲线	从面或曲面提取ISO参数，形成3D曲线
	剪裁实体	根据剪裁类型，剪裁或延伸草图实体
	延伸实体	将草图实体延伸以与另一个草图实体相遇
	分割实体	将一个草图实体分割以生成两个草图实体
	镜向实体	相对一条中心线生成对称的草图实体
	动态镜像实体	适用于2D草图或在 3D 草图基准面上所生成的2D草图
	线性草图阵列	沿一个轴或同时沿两个轴生成线性草图排列
	圆周草图阵列	生成草图实体的圆周排列
	制作路径	使用制作路径工具可以生成机械设计布局草图
	修改草图	使用该工具来移动、旋转或按比例缩放整个草图
	草图图片	可以将图片插入到草图基准面。将图片生成2D草图的基础。将光栅数据转换为向量数据

实体绘制工具命令按钮见表2-3。

表2-3　实体绘制工具命令按钮

按钮	名称	功能说明
	直线	以起点、终点方式绘制一条直线
	边角矩形	以对角线的起点和终点方式绘制一个矩形，其一边为水平或竖直
	中心矩形	在中心点绘制矩形草图
	3点边角矩形	以所选的角度绘制矩形草图
	3点中心矩形	以所选的角度绘制带有中心点的矩形草图
	直槽口	单击以指定槽口的起点。移动指针然后单击以指定槽口长度，移动指针然后单击以指定槽口宽度，绘制直槽口
	中心点直槽口	生成中心点槽口
	三点圆弧槽口	利用三点绘制圆弧槽口
	中心点圆弧槽口	通过移动指针指定槽口长度、宽度绘制圆弧槽口
	平行四边形	生成边不为水平或竖直的平行四边形及矩形
	多边形	生成边数在3～40之间的等边多边形
	圆形	以先指定圆心，然后拖动鼠标确定半径的方式绘制一个圆
	周边圆	以圆周直径的两点方式绘制一个圆
	圆心/起/终点画弧	以顺序指定圆心、起点及终点的方式绘制一个圆弧
	切线弧	绘制一条与草图实体相切的弧线，可以根据草图实体自动确认是法向相切还是径向相切
	3点圆弧	以顺序指定起点、终点及中点的方式绘制一个圆弧
	椭圆	以先指定圆心，然后指定长短轴的方式绘制一个完整的椭圆
	部分椭圆	以先指定中心点，然后指定起点及终点的方式绘制一部分椭圆
	抛物线	以先指定焦点，再拖动鼠标确定焦距，然后指定起点和终点的方式绘制一条抛物线
	样条曲线	以不同路径上的两点或多点绘制一条样条曲线，可以在端点处指定相切
	曲面上样条曲线	在曲面上绘制一个样条曲线，可以沿曲面添加和拖动点生成
	方程式驱动的曲线	通过定义曲线的方程式来生成曲线
	点	绘制一个点，该点可以绘制在草图和工程图中
	中心线	绘制一条中心线，可以在草图和工程图中绘制
	文字	在特征表面上添加文字草图，然后通过拉伸或切除生成文字实体

标注几何关系命令按钮见表2-4。

表2-4　标注几何关系命令按钮

按钮图标	名称	功能说明
	添加几何关系	给选定的草图实体添加几何关系，即限制条件
	显示/删除几何关系	显示或删除草图实体的几何限制条件
	自动几何关系	打开/关闭自动添加几何关系

2.2.4　绘图光标和锁点光标

在绘制草图实体或编辑草图实体时，光标会根据所选择的命令，在绘图时变为相应的按钮，以方便用户了解在绘制或编辑该类型的草图。

绘图光标的类型及作用见表2-5。

表2-5　绘图光标的类型及作用

光标类型	作用	光标类型	作用
	绘制一点		绘制直线或中心线
	绘制3点圆弧		绘制抛物线
	绘制圆		绘制椭圆
	绘制样条曲线		绘制矩形
	绘制多边形		绘制四边形
	标注尺寸		延伸草图实体
	圆周阵列复制草图		线性阵列复制草图

为了提高绘制图形的效率，SOLIDWORKS软件提供了自动判断绘图位置的功能。在执行绘图命令时，光标会在绘图区自动寻找端点、中心点、圆心、交点、中点以及在其上任意点，这样提高了鼠标定位的准确性和快速性。

光标在相应的位置，其光标会变成相应的图形，成为锁点光标。锁点光标可以在草图实体上形成，也可以在特征实体上形成。需要注意的是，在特征实体上的锁点光标，只能在绘图平面的实体边缘产生，在其他平面的边缘不能产生。

锁点光标的类型在此不再赘述，读者可以在实际使用中慢慢体会，很好地利用锁点光标，以提高绘图的效率。

2.3　草图的约束和尺寸

很多人都熟悉AutoCAD，多数人认为SOLIDWORKS的二维绘图功能不如AutoCAD。实际上，SOLIDWORKS的草图功能相当不错，在绘图操作中甚至明显好于AutoCAD。

在AutoCAD中，几何关系和尺寸大小一般是同时达到要求的，而SOLIDWORKS采用全参数化的数据处理方式，将完全按照人的思维，创建相当复杂的、参数化关联的二维几何图形。从抄图的角度，SOLIDWORKS可能不太舒服；如果从设计的角度，SOLIDWORKS就十分好用。关键在于要从设计的角度切入使用CAD软件，把几何关系和尺寸大小分开来创建。

每个草图都必须有一定的约束，没有约束则设计者的意图也无从体现。约束有两种，一种是对尺寸进行约束，一种是对几何形状和位置进行约束。尺寸约束指控制草图大小的参数化驱动尺寸，当它改变时，草图可以随时更改；几何约束则是控制草图中几何图形元素的定位方向及几何图形元素之间的相互关系。

绘制草图前，应仔细分析草图图形结构，明确草图中几何元素之间的约束关系。一般情况下，系统会根据草图精度设置，自动对草图进行几何约束。

如果系统自动添加的约束不合理，可以将其删除。如果过约束或欠约束，都可能引起草图重建失败。

分析草图重建失败的原因，如果过约束，则删除多余的约束；如果欠约束，则添加所需的约束。

2.3.1 几何关系的约束

草图是由许多根线条，甚至包含由本零件上的其他特征、另外的零件上的某些特征的投影线组合而成的。

这些线条之间的几何关系与驱动尺寸的关系是最终形状的主要约束条件之一。

SOLIDWORKS可能描述的几何关系是：相互垂直、相互平行、相互相切、点在线上、同圆心、共线、水平方向、竖直方向、长度相等、固定位置和对称等。

从人的思维习惯上来说，对于任何几何图形，几何约束总是第一条件。所以，在草图创建中，也同样应尽可能地使用几何约束确定图线关系。

查看草图上的几何关系，利用“视图”→“隐藏/显示”→“草图几何关系”菜单命令，就可以显示出所有的已存在约束，如图2-7所示。

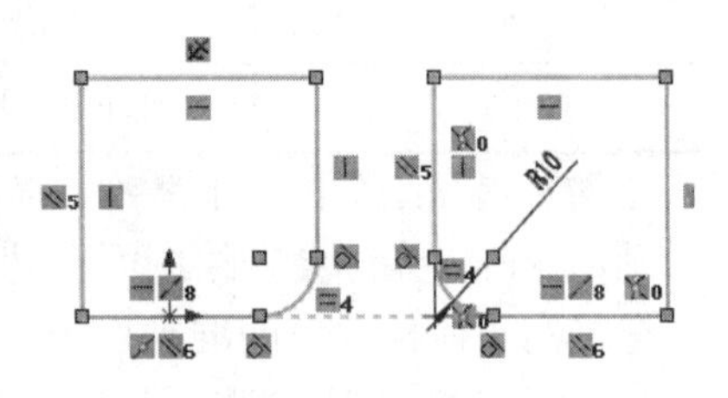

图2-7　查看几何关系

2.3.2 驱动尺寸的约束

在SOLIDWORKS中，除了工程图之外，无论是草图、特征或装配中的尺寸，都是“驱动”的作用，是所标注对象的几何数据库的内容，而不是对所标注的对象的“注释”。这是个极为重要的概念。所以，标注尺寸的作用和机制，与AutoCAD中完全不同，虽然它们看起来挺像。这些驱动尺寸，是在几何关系已经充分确定的基础上，定义那些无法用几何约束表达的，或者是设计过程中可能需要改变的参数。

例如，在 AutoCAD 中要绘制长度为 50mm 的水平线段，需要事先定义线段的起点和终点，然后才能用尺寸标注工具对线段进行标注。而在 SOLIDWORKS 中，首先是绘制一线段，并不关心它的长短；然后用“智能尺寸”标注 50mm，则该线段会自动被尺寸所驱动伸长或缩小其自身尺寸为 50mm，如图 2-8 所示。

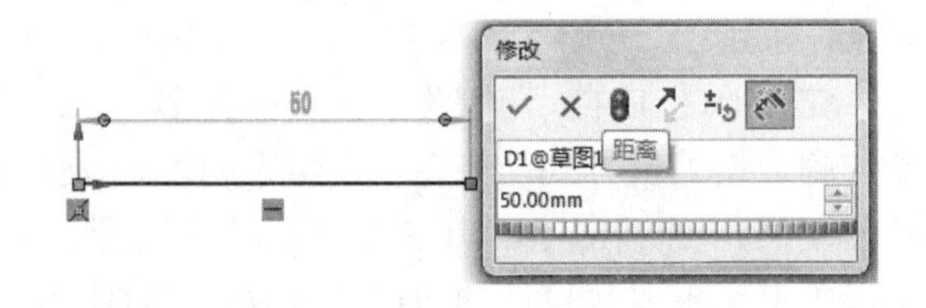

图2-8　尺寸驱动线段

这些驱动尺寸与工程图上应当标出的尺寸不完全相同。这是一些设计尺寸，可以借助于许多设计基准进行定义；还可以使用计算表达式，如某尺寸是某已有尺寸的1/2；驱动尺寸将始终与标注对象关联。

2.4　草图 CAGD 的功能

CAGD（Computer Aided Geometrical Design）是以计算几何为理论基础，以计算机软件为载体，进行几何图形的表达、分析、编辑和保存的一种技术方法，称为计算机辅助几何设计。这是任何CAD软件必须带有的、最为基本的功能。

如果以机械工程师熟悉的知识，可以粗略地理解为，CAGD功能应用就是用作图法来求解设计参数。在CAGD功能支持下，用户不必有高深的数学基础，不必构建复杂的解析计算模型，也能完成精确而快速的二维、甚至一些三维几何图形的构建与数据分析，进而得到要求的设计参数。可见，CAGD功能已经超出了单纯绘图的范畴。

实际上，SOLIDWORKS草图中的相关功能就是经典数学模型自动解析的程序实现方法，也就是说，只要给定了充分必要条件，就能精确生成相关图线；而只要画了出来，就解得出相关的几何参数或工程数据。

因为草图的参数化特性，使得CAGD功能在SOLIDWORKS中表现得更加顺畅。

下面以带轮设计中求解带中心线长度的例子说明CAGD功能。

例：两个带轮，中心距为200mm，节圆直径为50mm、80mm，求带的长度。

按设计要求绘制草图、标好驱动尺寸、进行修剪。选择“评估”控制面板中的“测量”按钮，拾取草图线，SOLIDWORKS 将计算并显示所要的结果，如图 2-9 所示。

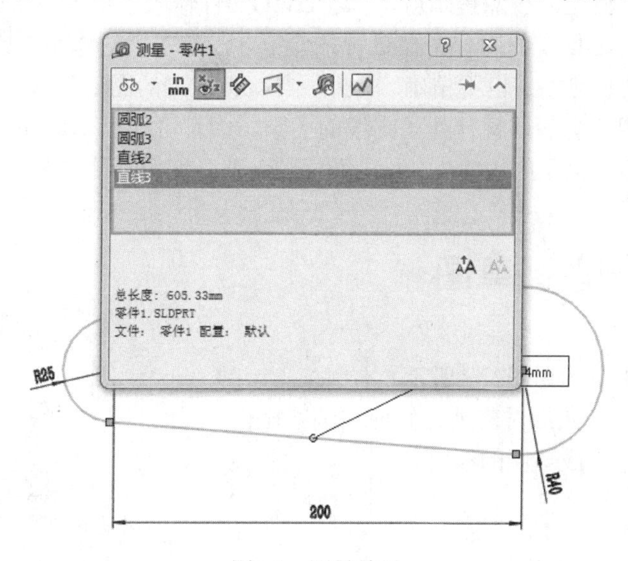

图2-9　测量结果

2.5　利用 AutoCAD 现有图形

SOLIDWORKS还可以直接利用AutoCAD的二维图线，作为SOLIDWORKS的草图。选择菜单栏中的“文件”→“打开”命令，在“打开”对话框中选择文件类型AutoCAD格式，即

DWG。选择要打开的DWG文件，在弹出的“DXF/DWG 输入”对话框中选择“输入到新零件为”→“2D草图”，如图2-10所示。

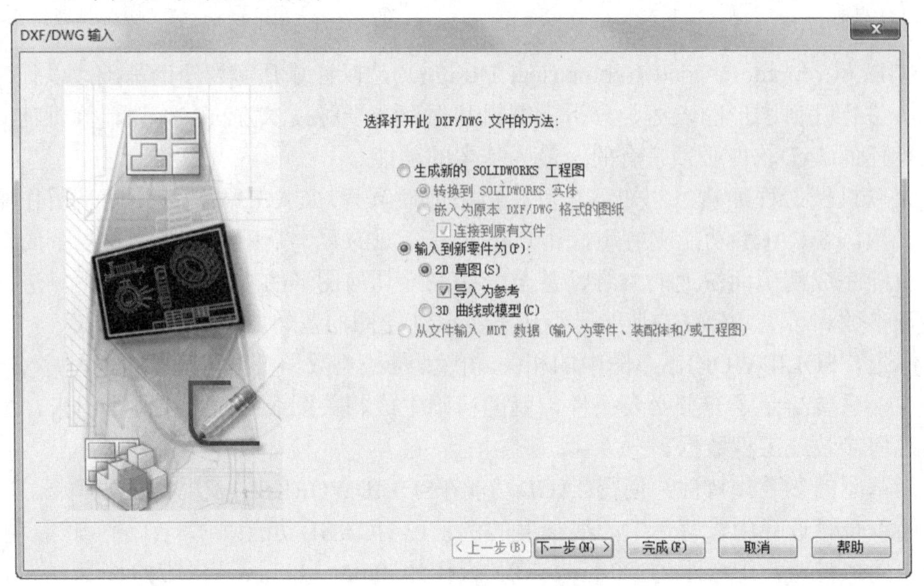

图2-10 输入AutoCAD图形作为草图

单击“下一步”按钮，按照提示就可以将DWG文件输入到草图中了。

实际上，AutoCAD现有的工程图在这种条件下并没有多大的作用，因为AutoCAD图线精度较差，相关图线的几何关系也不精确。另外，当AutoCAD的图形引入SOLIDWORKS作为草图时，并不能像所想象的那样解释各条图线的关系，而且可能出现意外的情况。

从设计的角度看，SOLIDWORKS的二维草图创建、编辑功能要强于AutoCAD。

2.6 实例——拨叉草图

本例绘制的拨叉草图如图2-11所示。本例首先绘制构造线，构建大概轮廓，然后对其进行修剪和倒圆操作，最后标注图形尺寸，完成草图的绘制。

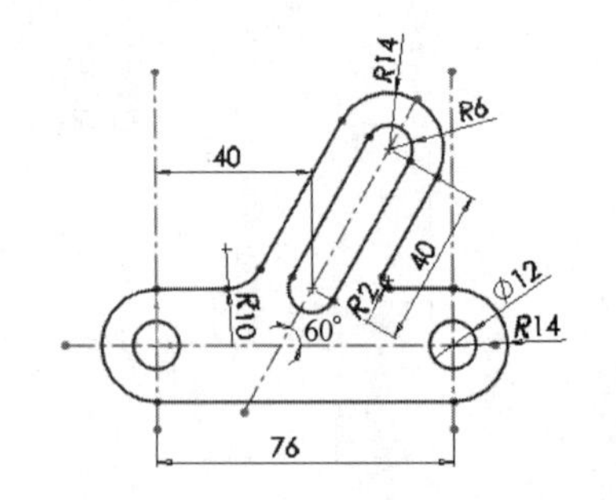

图2-11 拨叉草图

视频文件\动画演示\第2章\拨叉.mp4

绘制步骤

01 新建文件。启动 SOLIDWORKS 2020，单击标准工具栏中的“新建”按钮，在弹出图 2-12 所示的“新建 SOLIDWORKS 文件”对话框中选择“零件”按钮，然后单击“确定”按钮，创建一个新的零件文件。

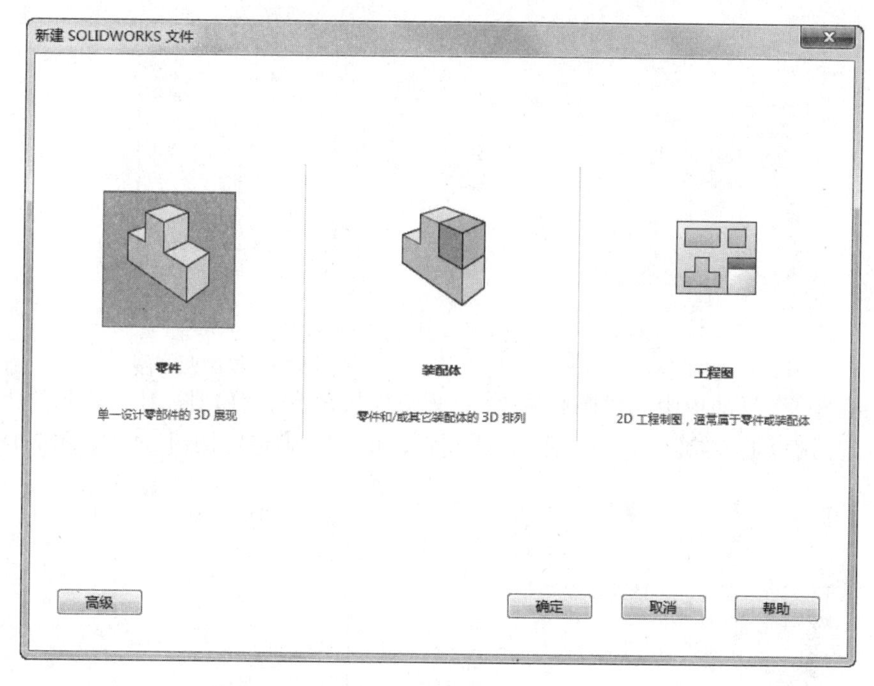

图2-12　“新建SOLIDWORKS文件”对话框

02 绘制草图。

❶在 SOLIDWORKS 2020 界面左侧的特征管理器设计树中选择“前视基准面”作为绘图平面。单击“草图”面板中的“草图绘制”按钮，进入草图绘制。

❷单击“草图”面板中的“中心线”按钮，弹出“插入线条”属性管理器，如图 2-13 所示。单击“确定”按钮✓，绘制的中心线如图 2-14 所示。

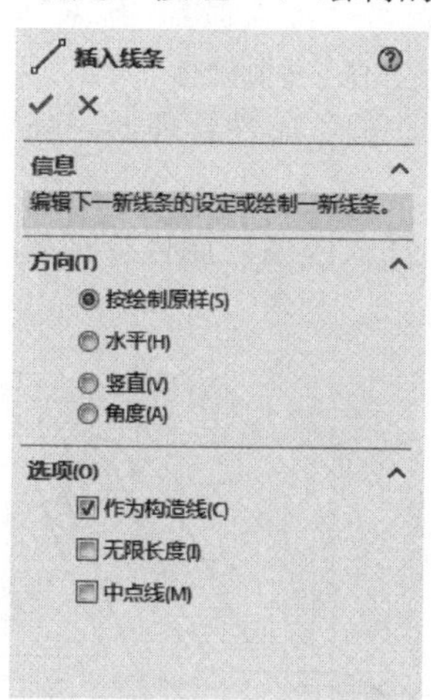

图2-13　““插入线条”属性管理器

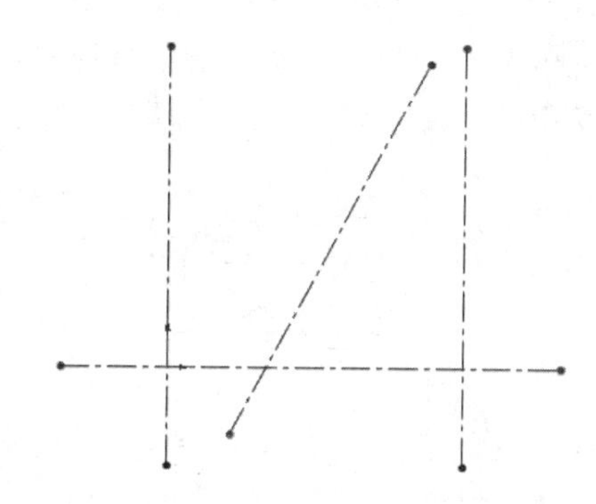

图2-14　绘制的中心线

❸单击“草图”面板中的“圆形”按钮，弹出图 2-15 所示的“圆”属性管理器。分别捕捉两竖直直线和水平直线的交点为圆心（此时光标变成），单击“确定”按钮✓，绘制两个圆，如图 2-16 所示。

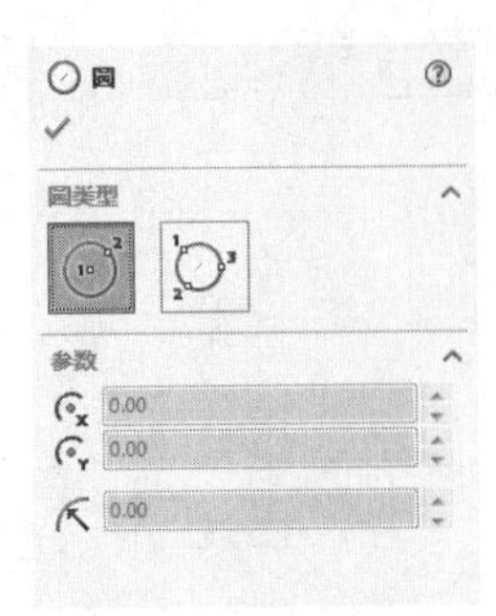

图2-15 “圆”属性管理器

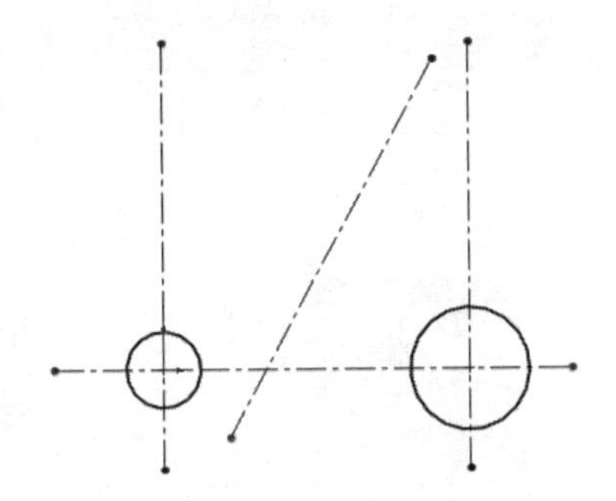

图2-16 绘制两个圆

❹单击“草图”面板中的“圆心/起/终点画弧”按钮，弹出图 2-17 所示的“圆弧”属性管理器。分别以上步绘制圆的圆心绘制两圆弧，单击“确定”按钮✓，如图 2-18 所示。

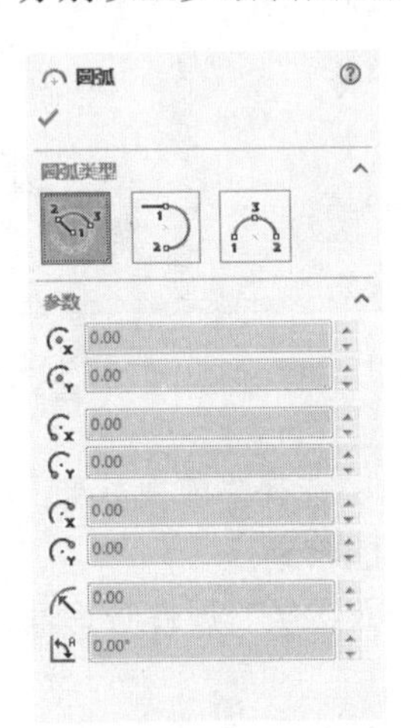

图2-17 “圆弧”属性管理器

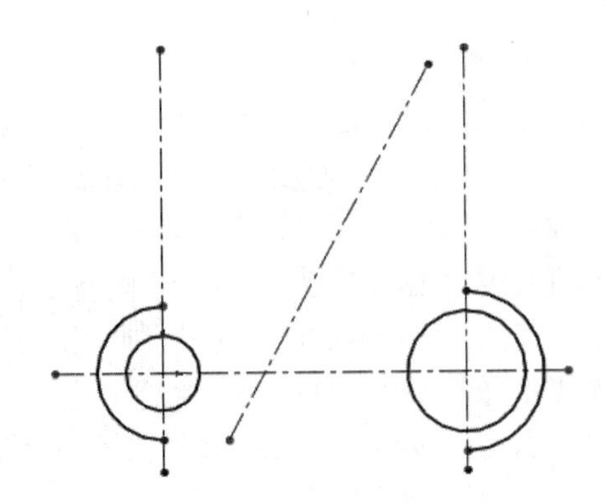

图2-18 绘制圆弧

❺单击“草图”工面板中的“圆形”按钮，弹出“圆”属性管理器。分别在斜中心线上绘制三个圆，单击“确定”按钮✓，如图 2-19 所示。

❻单击“草图”面板中的“直线”按钮，弹出“插入线条”属性管理器。绘制直线，如图 2-20 所示。

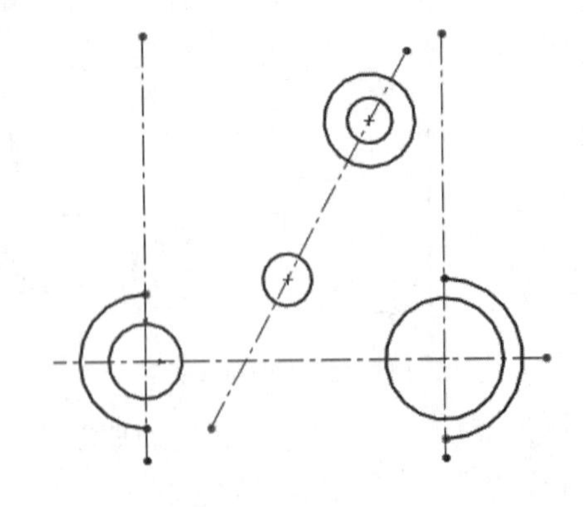

图2-19 绘制三个圆

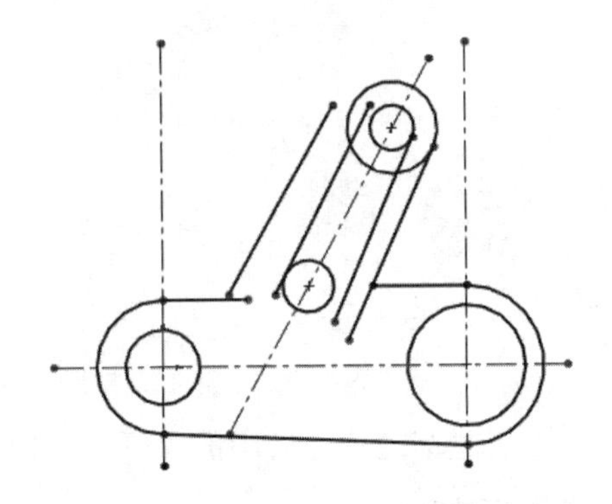

图2-20 绘制直线

03 添加约束。

❶单击“草图”面板中的“添加几何关系”按钮⊥，弹出“添加几何关系”属性管理器，如图 2-21 所示。选择图 2-16 中绘制的两个圆，在“添加几何关系”属性管理器中选择“相等”，使两圆相等，如图 2-22 所示。

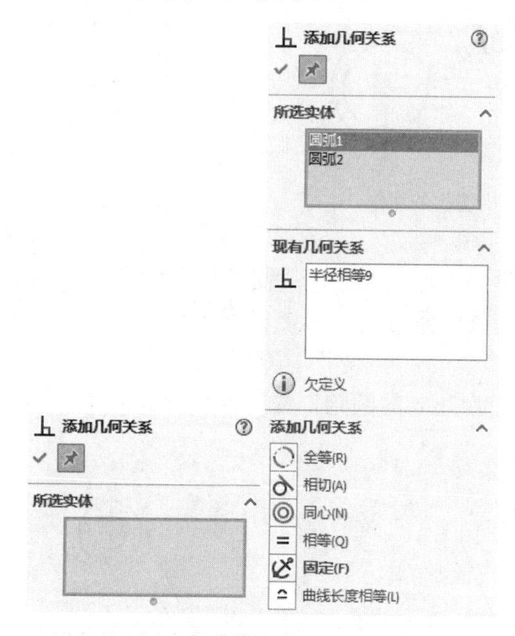

图2-21　“添加几何关系”属性管理器

图2-22　添加“相等”约束1

❷同上步骤，分别使两圆弧和两小圆相等，如图2-23所示。

❸选择小圆和直线，在“添加几何关系”属性管理器中选择“相切”，使小圆和直线相切，如图2-24所示。

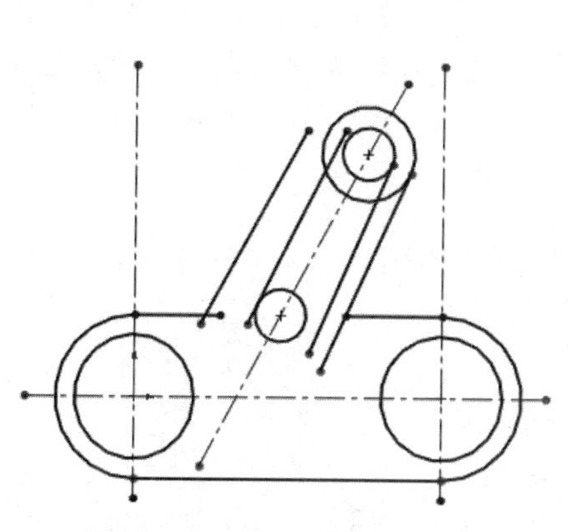

图2-23　添加“相等”约束2

图2-24　添加“相切”约束1

❹重复上述步骤，分别使直线与圆相切。

❺选择4条斜直线，在“添加几何关系”属性管理器中选择“平行”按钮，如图2-25所示。

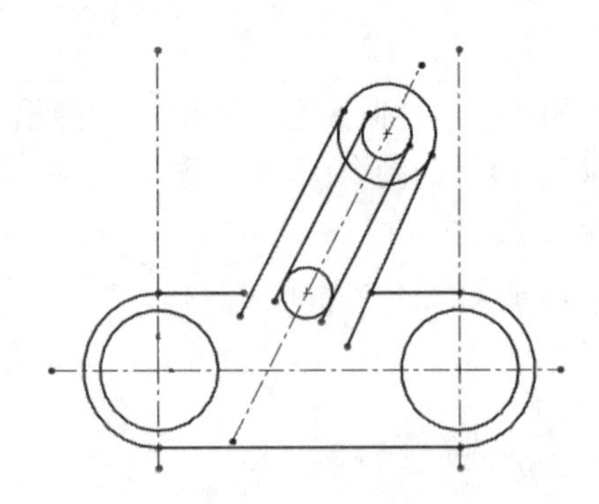

图2-25　添加“相切”约束2

04 编辑草图。

❶单击“草图”面板中的“绘制圆角”按钮，弹出图 2-26 所示的“绘制圆角”属性管理器。输入圆角半径为 10mm，选择视图中左侧的两条直线，单击“确定”按钮，绘制圆角 1，如图 2-27 所示。

❷重复“绘制圆角”命令，在右侧绘制半径为2mm的圆角，如图2-28所示。

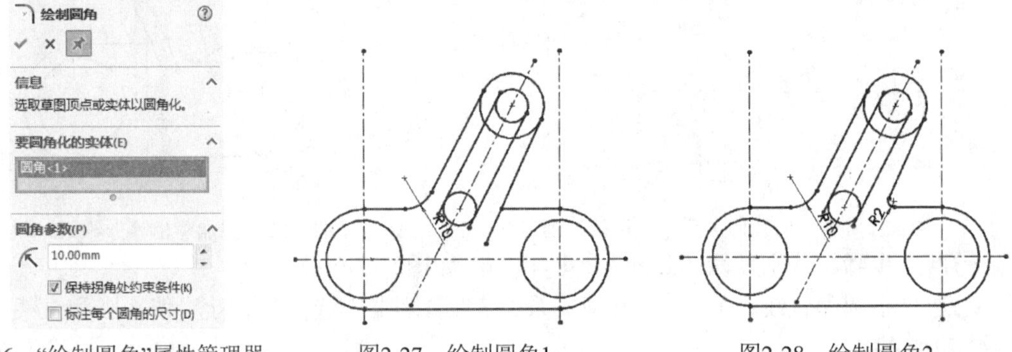

图2-26　“绘制圆角”属性管理器　　图2-27　绘制圆角1　　图2-28　绘制圆角2

❸单击“草图”面板中的“剪裁实体”按钮，弹出图 2-29 所示的“剪裁”属性管理器。选择“剪裁到最近端”选项，剪裁多余的线段，单击“确定”按钮，如图 2-30 所示。

05 标注尺寸。单击“草图”面板中的“智能尺寸”按钮，选择两竖直中心线，在弹出的“修改”对话框中修改尺寸为 76mm。同理，标注其他尺寸，如图 2-31 所示。

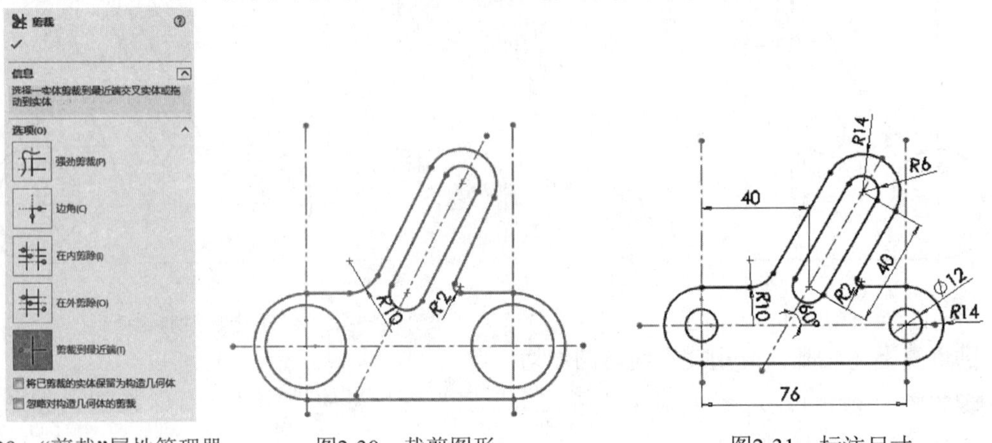

图2-29　“剪裁”属性管理器　　图2-30　裁剪图形　　图2-31　标注尺寸

第 3 章

基于草图的特征

本章主要介绍基于草图的特征。所谓基于草图的特征指在特征的创建过程中，设计者必须通过草绘特征截面才能生成特征。创建草绘特征是零件建模过程中的主要工作，包括拉伸特征、旋转特征、扫描特征及放样特征等。

- 基于草图的特征
- 拉伸、旋转
- 扫描、放样

3.1　基于草图的特征

基于草图的特征是以二维草图为截面，经拉伸、旋转、扫描等方式形成的实体特征。要创建这样的特征必须先绘制草图。SOLIDWORKS相关的帮助文件中详尽地对各种特征的创建规则做了说明，这里仅讨论一些技巧和使用中的问题。

3.2　拉伸

拉伸是比较常用的创建特征的方法。它的特点是将一个或多个轮廓沿着特定方向创建出特征实体。

3.2.1　拉伸选项说明

单击“特征”面板上的“拉伸凸台/基体”按钮，弹出“凸台-拉伸”属性管理器。

从“凸台-拉伸”属性管理器（见图3-1）中得出拉伸的可控参数如下：

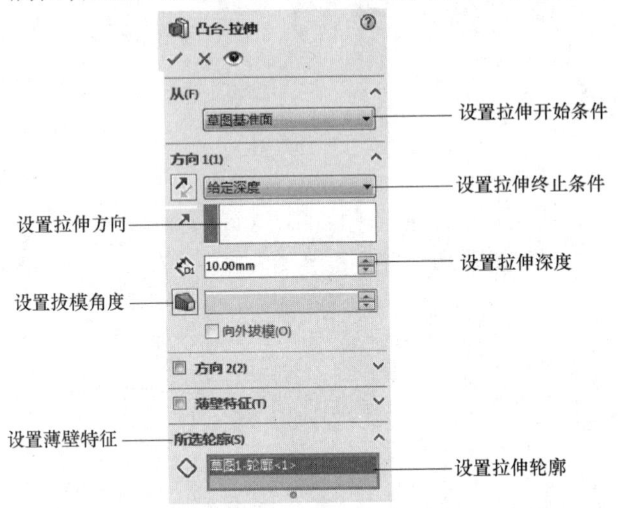

图3-1　“凸台-拉伸”属性管理器

➢ 拉伸开始条件：SOLIDWORKS 2020 可以对拉伸的开始条件进行定义。
  - 草图基准面：从草图所在的基准面开始拉伸。
  - 曲面/面/基准面：选择这些实体后，草图将从这些实体开始拉伸。
  - 顶点：草图从平行于草图所在基准面并通过所选顶点的面开始拉伸。
  - 等距：输入一个等距距离后，草图将从与草图所在基准面指定距离的位置开始拉伸。

➢ 拉伸终止条件：该选项用来决定特征延伸的方式，单击“反向“按钮，可以设置拉伸方向与预览中所示方向相反。图 3-2 所示为几种拉伸终止条件。

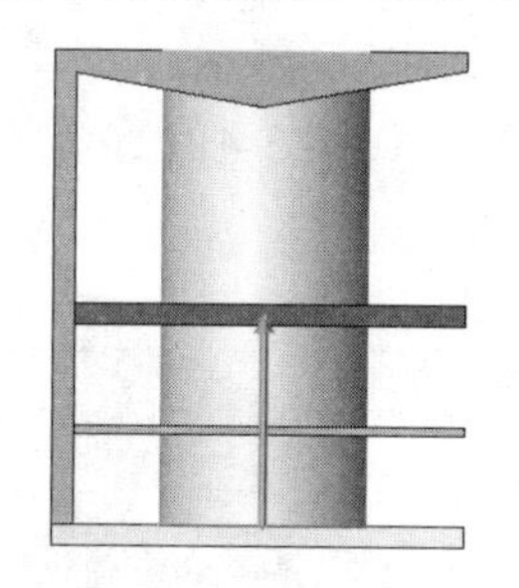

完全贯穿：贯穿所有几何体

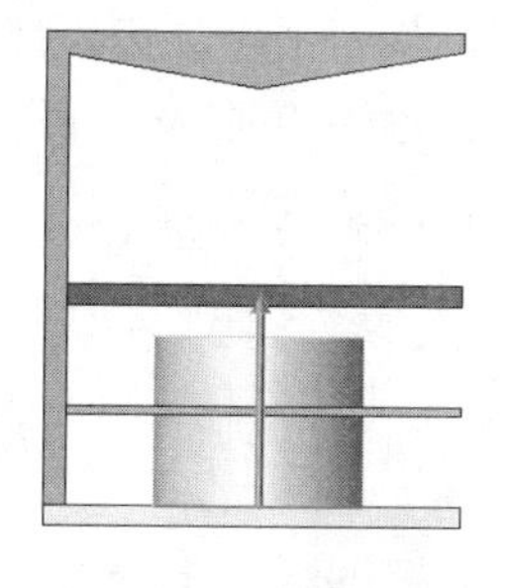

给定深度：以指定距离拉伸特征

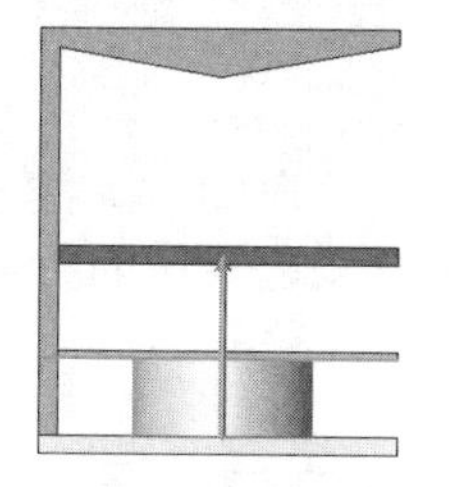

成形到下一面：拉伸特征到指定的面

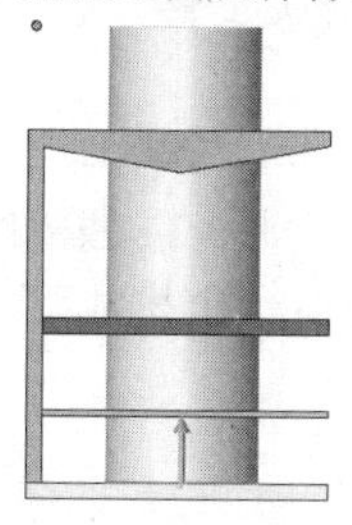

成形到一顶点：拉伸到一个与草图基准面平行并穿越指定顶点的面

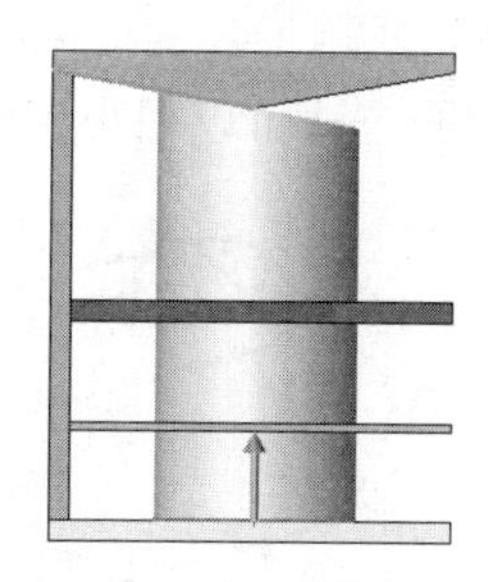

成形到一面：拉伸特征到所选平面或曲面

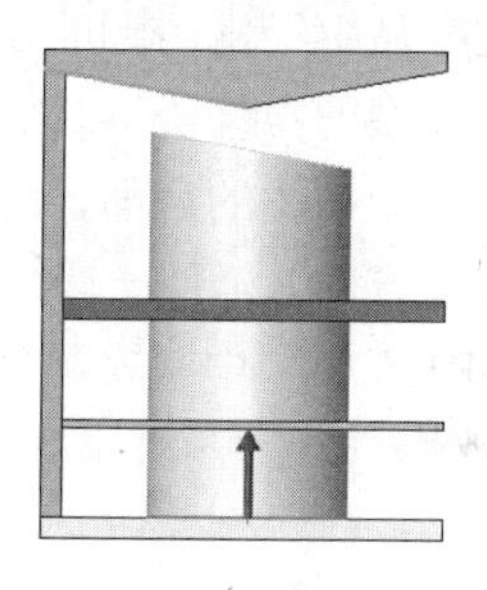

到离指定面指定的距离：拉伸特征到离所选面指定距离

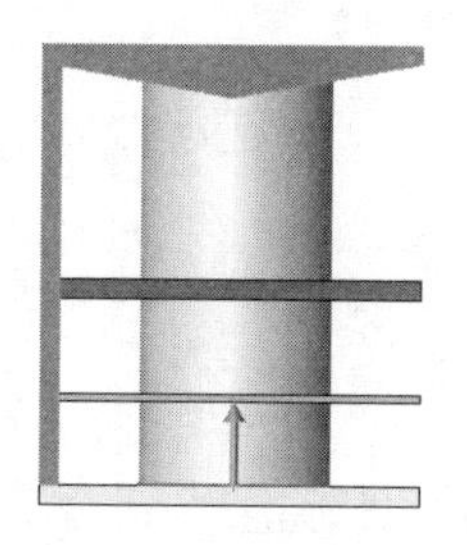

成形到实体：拉伸特征到指定实体

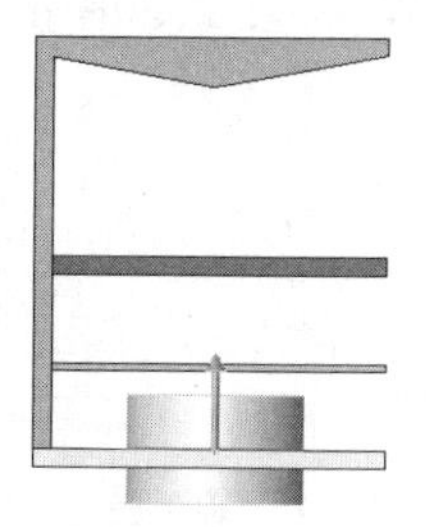

两侧对称：从指定起始处向两个方向对称拉伸

图3-2　拉伸终止条件

- 拉伸方向：默认情况下，草图的拉伸是平行于草图基准面法线方向的。如果在绘图区中选择一边线、点、平面作为拉伸方向的矢量，则拉伸将平行于所选方向矢量。
- 拉伸深度：在文本框中指定拉伸深度。

➢ 拔模角度：单击“拔模”按钮，将激活右侧的拔模角度文本框，在文本框中指定拔模角度，从而生成带拔模性质的拉伸特征，如图 3-3 所示。

➢ 薄壁特征：薄壁特征为带有不变壁厚的拉伸特征，如图 3-4 所示。该选项用来控制薄壁的厚度、圆角等。

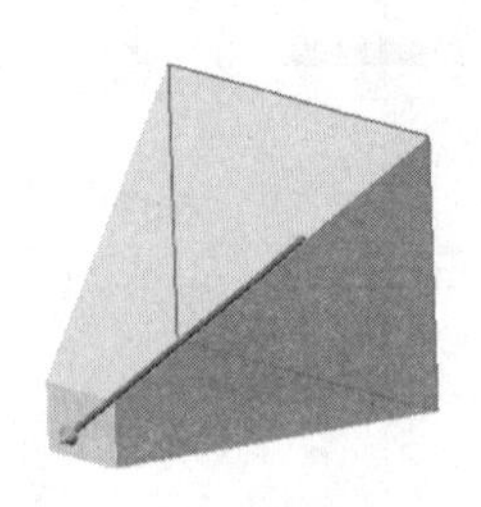

向内拔模

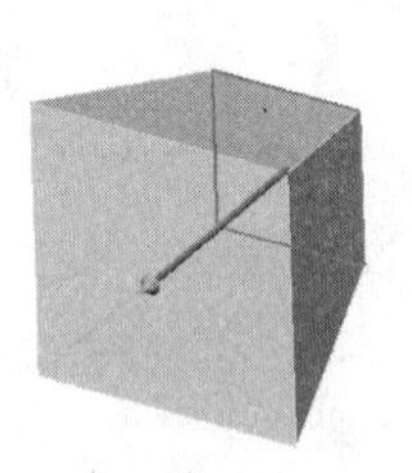

向外拔模

图3-3　拔模性质的拉伸特征

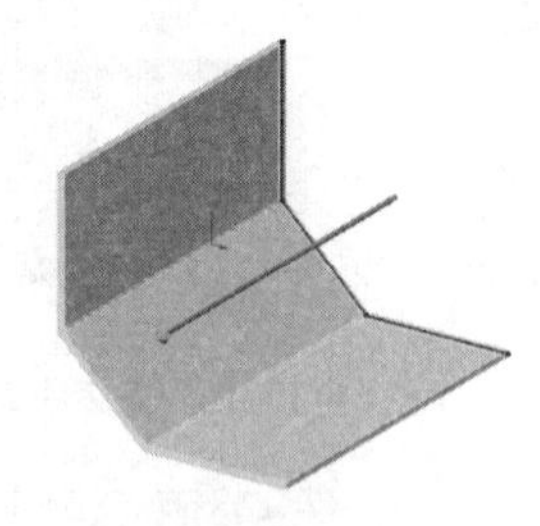

图3-4　薄壁特征

➢ 拉伸轮廓：在绘图区中可以选择部分草图轮廓或模型边线作为拉伸草图轮廓进行拉伸。

3.2.2　实例——键

键是机械产品中经常用到的零件，作为一种配合结构被广泛用于各种机械中。

键是非常典型的拉伸类零件，键的所有基本造型用拉伸的方法可以很容易创建。拉伸特征是将一个用草图描述的截面，沿指定的方向（一般情况下是沿垂直于截面方向）延伸一段距离后所形成的特征。拉伸是 SOLIDWORKS 模型中最常见的类型，具有相同截面、有一定长度的实体，如长方体、圆柱体等都可以由拉伸特征来形成。

键的创建方法比较简单，首先绘制键零件的草图轮廓，然后通过SOLIDWORKS 2020中的拉伸工具即可完成，如图3-5所示。

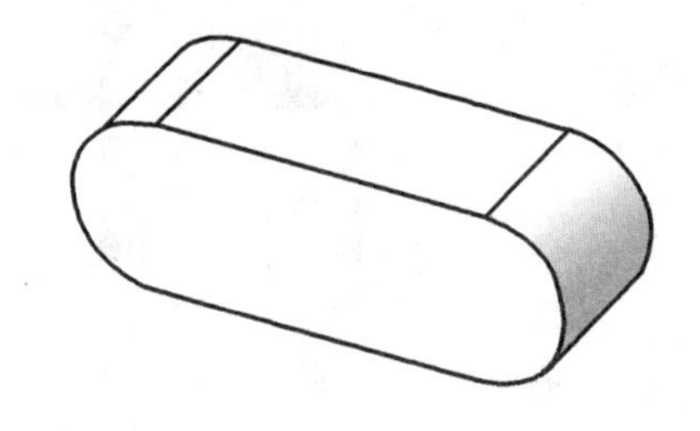

图3-5　键

视频文件\动画演示\第3章\键.mp4

创建步骤

01 启动 SOLIDWORKS 2020，单击标准工具栏中的“新建”按钮，在弹出的“新建 SOLIDWORKS 文件”对话框中单击“确定”按钮✓。

02 在特征管理器设计树中选择“前视基准面”作为草图绘制平面，单击前导视图工具栏中的“正视于”按钮，使绘图平面转为正视方向。单击“草图”面板中的“边角矩形”按钮，绘制键的矩形轮廓，如图 3-6 所示。

03 单击“草图”面板中的“智能尺寸”按钮，标注矩形轮廓的实际尺寸，如图 3-7 所示。

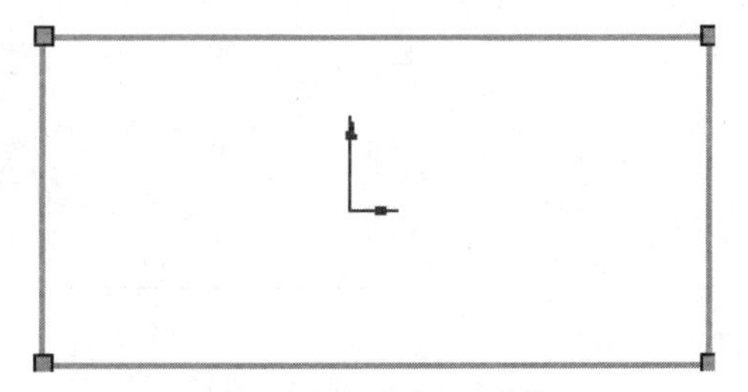
图3-6　绘制键的矩形轮廓

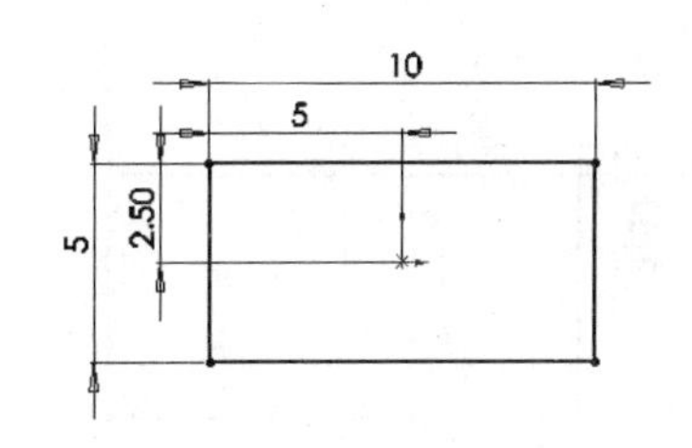

图3-7　标注矩形轮廓的实际尺寸

04 单击“草图”面板中的“圆形”按钮，捕捉草图矩形轮廓的宽度边线中点（光标显示），以边线中点为圆心画圆，如图 3-8 所示。

05 系统弹出“圆”属性管理器，如图 3-9 所示。在本例中，保持其余选项的默认值不变，而在“参数”文本框中输入圆的半径值：2.5，单击“确定”按钮，生成的圆如图 3-10 所示。

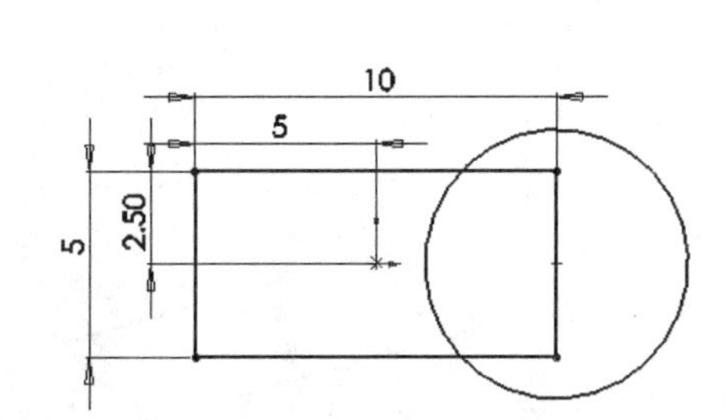

图3-8　以边线中点为圆心画圆

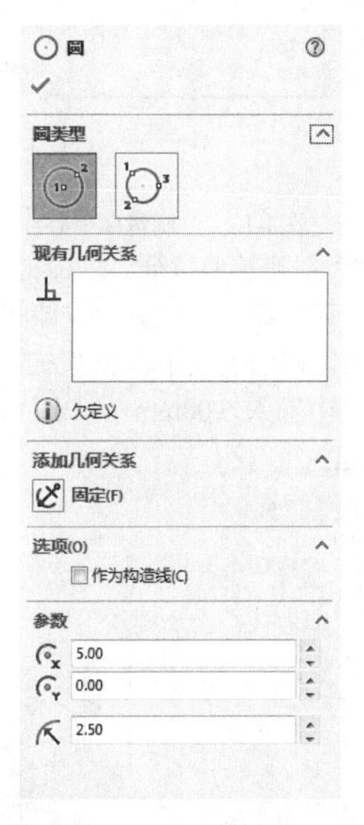

图3-9　“圆”属性管理器

06 单击“草图”面板中的“剪裁实体”按钮，剪裁草图中的多余部分，如图 3-11 所示。

07 绘制键草图右侧特征。利用 SOLIDWORKS 2020 中的圆绘制工具，重复步骤 04 ～ 06，可以绘制草图左侧特征，也可以通过“镜像”工具来生成。首先，绘制镜像中心线。单击“草图”面板中的“中心线”按钮，绘制一条通过矩形中心的镜像中心线，如图 3-12 所示。单击草图左侧半圆，按住 Ctrl 键并单击中心线，单击“草图”面板中的“镜像实体”按钮，创建草图镜像特征，如图 3-13 所示。

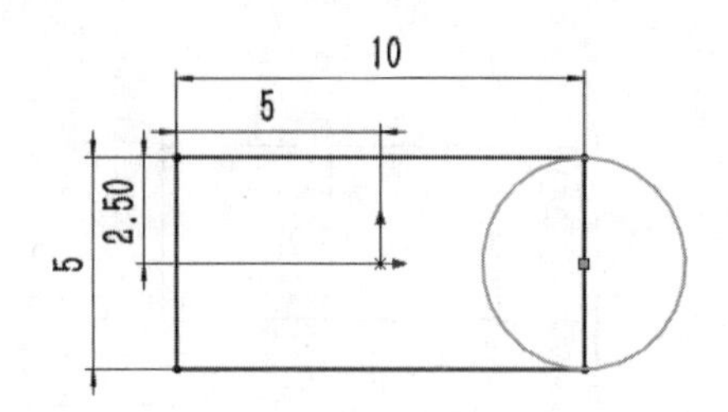

图3-10　输入半径值生成圆

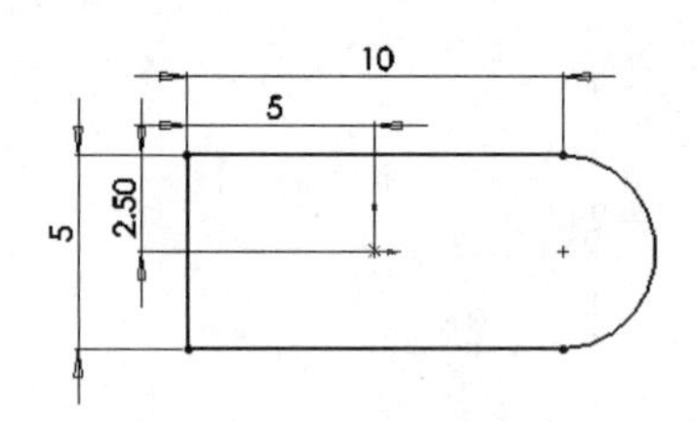

图3-11　剪裁草图的多余部分

08 单击“草图”面板中的“剪裁实体”按钮，剪裁草图中的多余部分，完成键草图轮廓特征的创建。

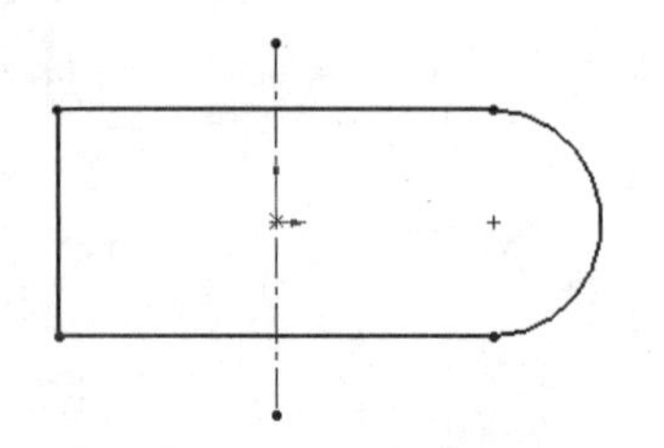

图3-12　绘制镜像中心线

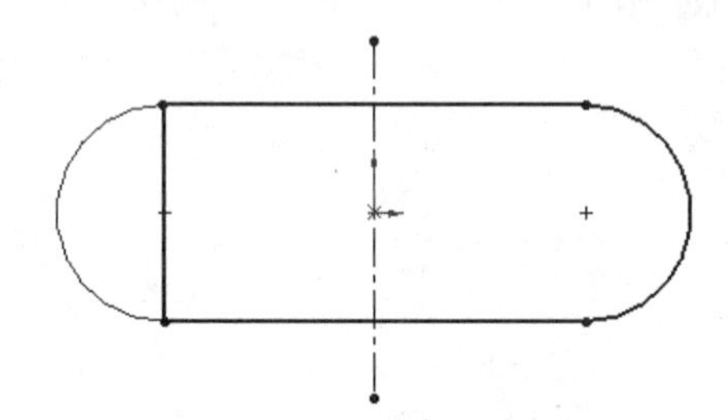

图3-13　通过“镜像”工具创建键草图镜像特征

09 创建拉伸特征。单击“特征”面板中的“拉伸凸台/基体”按钮，弹出“凸台-拉伸”属性管理器，同时显示拉伸状态，如图 3-14 所示。

本实例键的创建中，在“方向 1”选择框中设置“终止条件”为“给定深度”，在“深度”文本框中输入 5.00mm。单击“确定”按钮，创建的键实体模型如图 3-15 所示。

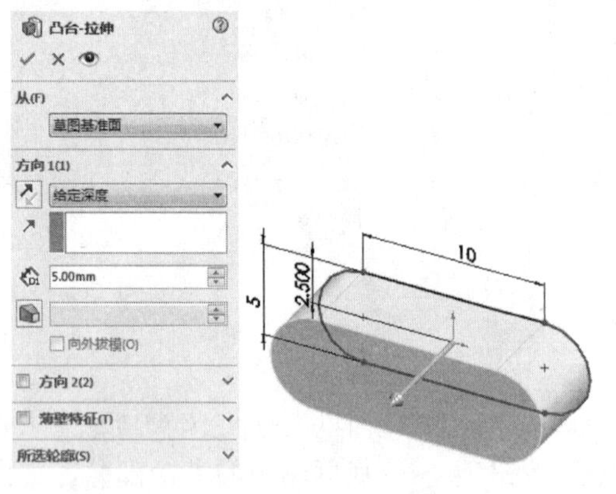

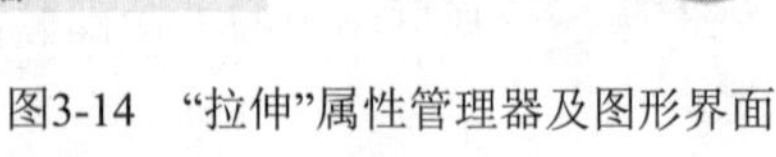

图3-14　“拉伸”属性管理器及图形界面

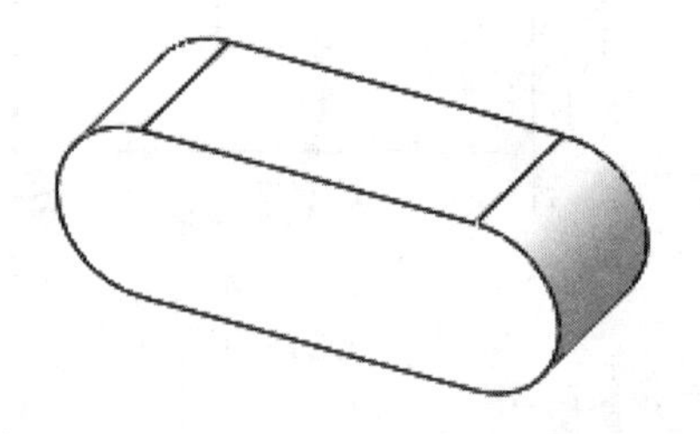

图3-15　创建的键实体模型

3.3　旋转

旋转特征是由草图截面绕选定的作为旋转中心的直线或轴线旋转而成的一类特征。通常是绘制一个截面，然后指定旋转的中心线。

3.3.1　旋转选项说明

单击"特征"面板中的"旋转凸台/基体"按钮，弹出"旋转"属性管理器。

从"旋转"属性管理器（见图3-16）中得出旋转的可控参数如下：

- 旋转轴：选择一中心线、直线或一边线作为旋转特征所绕的轴。
- 旋转类型：可以选择"给定深度""成形到一顶点""成形到一面""到离指定面指定的距离""两侧对称"对所选草图轮廓进行旋转。
- 薄壁特征：与拉伸薄壁特征一样，可以生成薄壁旋转特征（见图 3-17）。

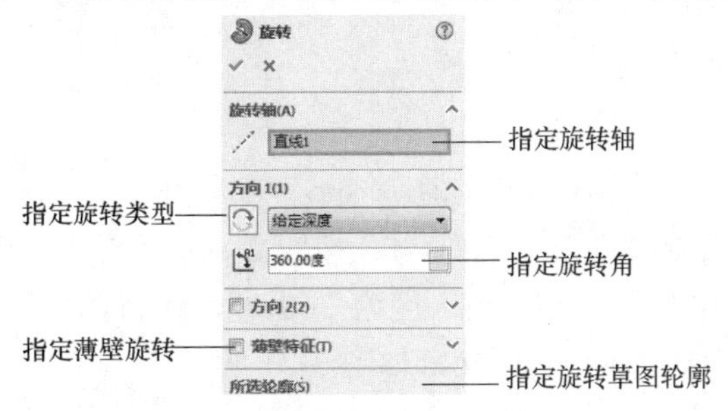

图3-16　"旋转"属性管理器

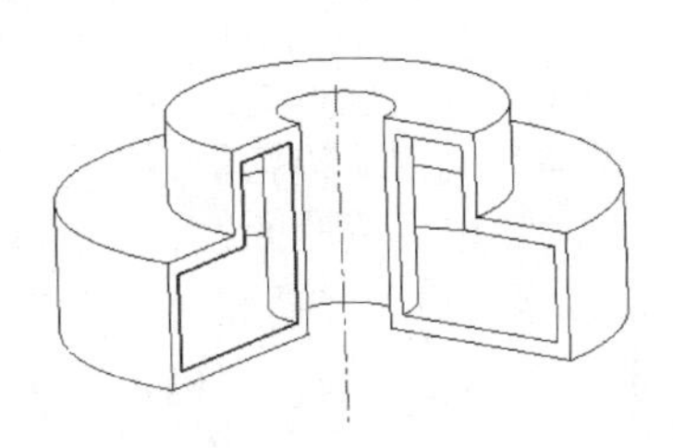

图3-17　薄壁旋转特征

- 所选轮廓：在绘图区中可以选择部分草图轮廓或模型边线作为旋转草图轮廓进行旋转。

3.3.2　实例——圆锥销1

圆锥销是经常使用的通用标准件，作为一种配合结构其广泛用于各种机械中。

圆锥销也是一种非常典型的零件，既可以拉伸生成也可以旋转生成。拉伸特征是将一个用草图描述的截面，沿指定的方向（一般情况下是沿垂直于截面方向）延伸一段距离后所形成的特征。旋转特征是用草图描述销的纵截面，绕中心旋转轴旋转一定角度来生成特征，如图 3-18 所示。

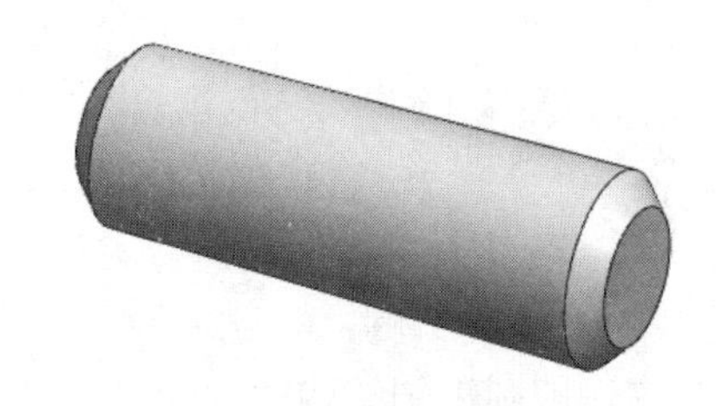

图3-18　圆锥销1

视频文件\动画演示\第3章\圆锥销1.mp4

创建步骤

01 新建文件。启动 SOLIDWORKS 2020，单击标准工具栏中的"新建"按钮，在弹出的"新建 SOLIDWORKS 文件"对话框中单击"确定"按钮✔。

02 绘制中心线。选择"前视基准面"作为草图绘制平面，单击前导视图工具栏中的"正视于"按钮，使绘图平面转为正视方向。单击"草图"面板中的"中心线"按钮，绘制一条过系统坐标原点的水平中心线作为旋转体的旋转轴。

03 绘制直线。单击"草图"面板中的"直线"按钮，在草图绘制平面上绘制圆锥销的旋转草图轮廓，并标注尺寸，如图 3-19 所示。

04 倒角(在 4.1 节详细讲解)。单击“草图”面板中的“绘制倒角”按钮，系统弹出“绘制倒角”属性管理器。设置“倒角类型”为“距离-距离”，选择“相等距离”复选框，在“距离”文本框中输入倒角的距离值为 1mm。单击“确定”按钮，绘制草图的倒角特征，如图 3-20 所示。

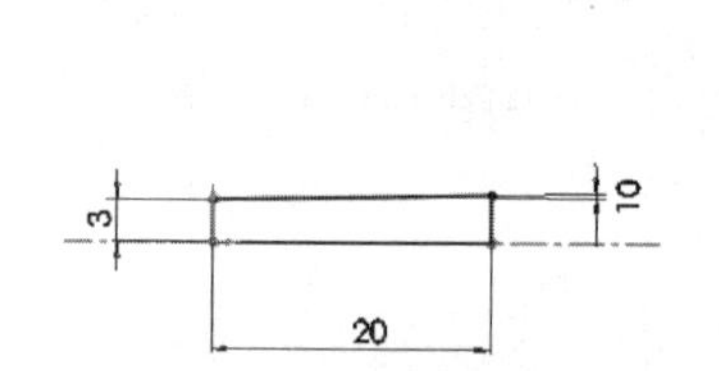

图3-19　绘制旋转草图轮廓

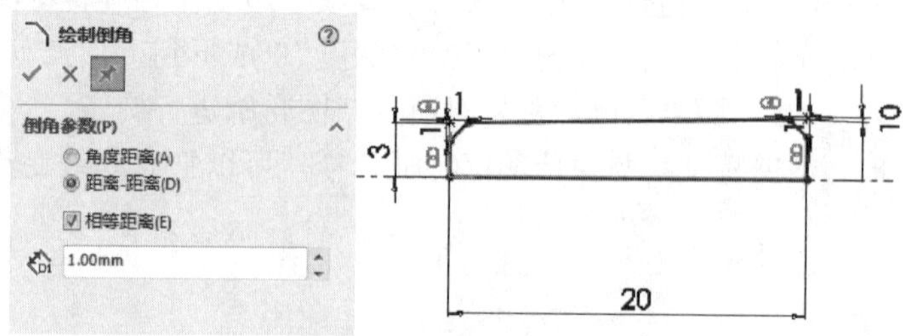

图3-20　绘制草图的倒角特征

05 创建旋转特征。单击“特征”面板中的“旋转凸台/基体”按钮，系统弹出“旋转”属性管理器。设置“旋转类型”为“给定深度”，“旋转角度”为 360 度，保持其他选项的系统默认值不变。单击“确定”按钮，完成圆锥销的创建，如图 3-21 所示。

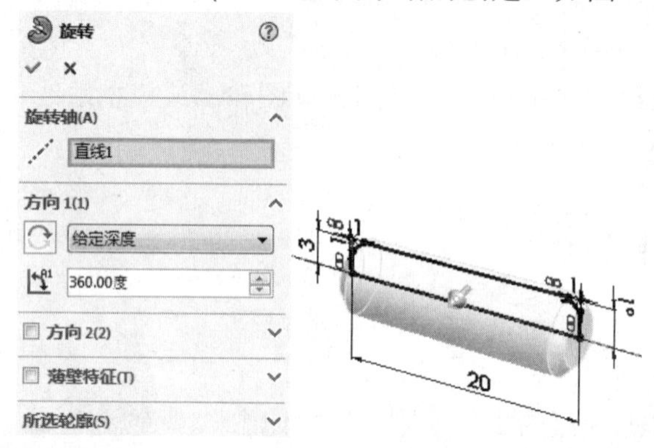

图3-21　创建圆锥销

06 保存文件。单击标准工具栏中的“保存”按钮，将文件保存为“圆锥销 1.sldprt”。

本例的圆锥销结构比较简单，因此在创建旋转草图的过程中直接建立了倒角特征。这样，通过一次旋转操作即可完成圆锥销全部特征的创建。这是与拉伸方法创建特征的又一不同之处。在实际建模过程中，可以根据具体的情况来选择合适的实现方法。

3.4　扫描

扫描指用两个基准面不共面、也不平行的草图作为基础，一个是截面轮廓，另一个是扫描路径，轮廓沿路径“移动”，终止于路径的两个端点。其轨迹的全体形成特征实体，如图3-22所示。

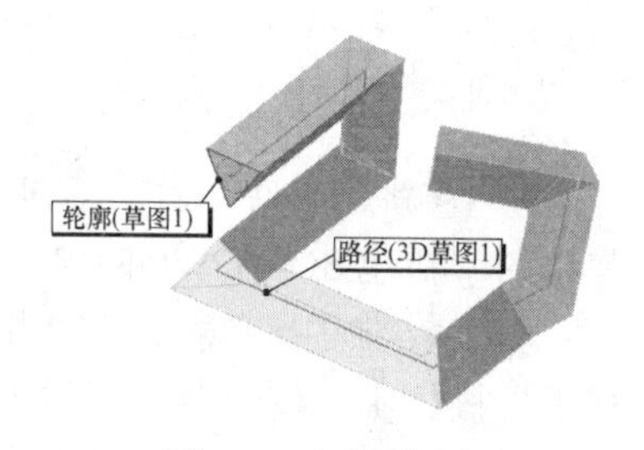

图3-22　扫描特征

3.4.1　扫描选项说明

单击“特征”面板上的“扫描”按钮，弹出“扫描”属性管理器。

从“扫描”属性管理器（见图3-23）中得出扫描的可控参数如下：

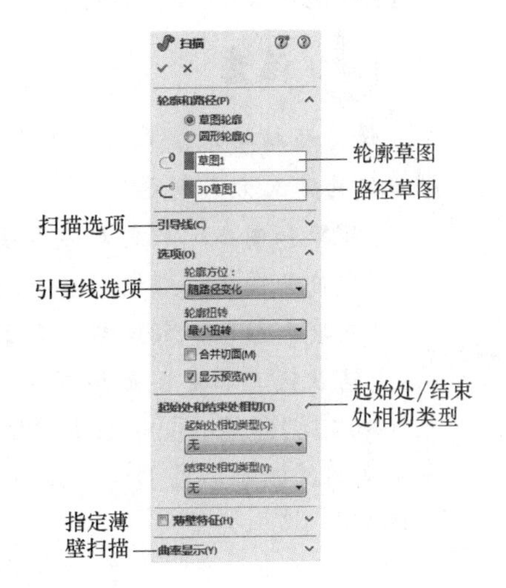

图3-23　“扫描”属性管理器

- 轮廓草图：在绘图区或特征管理器设计树中选择用来生成扫描的草图轮廓，除曲面扫描特征外，轮廓草图应为闭环且不能自相交叉。
- 路径草图：路径草图可以是开环或闭环，可以是草图中的一组直线、曲线或三维草图曲线，或者是特征实体的边线。路径的起点必须位于轮廓草图的基准面上，而且不能自相交叉。
- 扫描选项：扫描选项用来控制轮廓草图沿路径草图“移动”时的方向。具体的规则在SOLIDWORKS帮助文件中有详细的描述。
- 引导线选项：引导线用来在轮廓沿路径“移动”时加以引导。
- 起始处/结束处相切类型：设置轮廓草图沿路径草图“移动”时，起始处和结束处的处理方式。
- 薄壁特征：控制扫描薄壁的厚度，从而生成薄壁扫描特征。

3.4.2　实例——弹簧

在本实例中，将用扫描特征来创建一个弹簧，如图3-24所示。扫描特征指由二维草图轮廓（截面）沿一条线或空间轨迹线扫描而成的一类特征。通过沿着一条路径移动轮廓（截面）可以生成基体、凸台、切除或曲面。

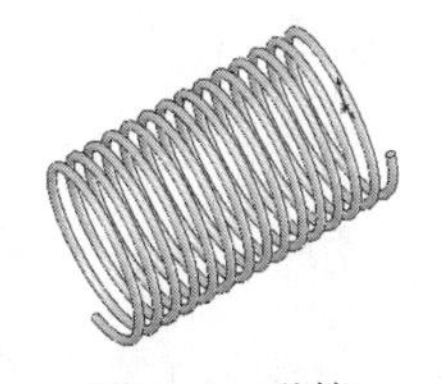

图3-24　弹簧

视频文件\动画演示\第3章\弹簧.mp4

01 新建文件。启动 SOLIDWORKS 2020，单击标准工具栏中的“新建”按钮，在弹出的“新建 SOLIDWORKS 文件”对话框中选择“零件”按钮，单击“确定”按钮。

02 进入草图绘制。在特征管理器设计树中选择“前视基准面”，单击“草图”面板中的“草图绘制”按钮，进入草图绘制。

03 绘制圆。单击“草图”面板中的“圆形”按钮，以原点为圆心，绘制一个直径为 60mm 的圆，作为螺旋线的基圆，如图 3-25 所示。

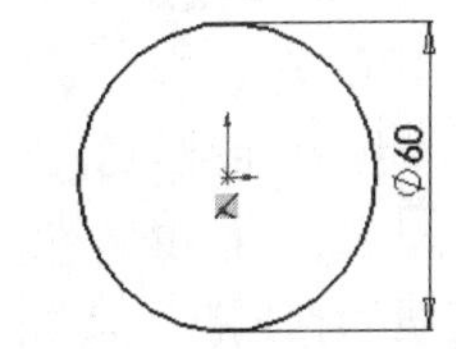

图3-25　绘制螺旋线基圆

04 生成螺旋线。单击“特征”面板中的“螺旋线/涡状线”按钮，在“螺旋线/涡状线”属性管理器中选择“定义方式”为“高度和螺距”；设置“螺距”为7mm；“高度”为100mm；“起始角度”为0度，具体参数设置如图3-26所示。单击“确定”按钮，从而生成螺旋线。

注意

弹簧的扫描路径草图是一条螺旋线，该曲线通常用在绘制螺纹、弹簧、发条等零部件中。螺旋线的定义方式包括：

螺距和圈数：指定螺距和圈数。

高度和圈数：指定螺旋线的总高度和圈数。

高度和螺距：指定螺旋线的总高度和螺距。

涡状线：指定圈数和螺距创建涡状线。

05 创建基准面。单击“特征”面板中的“基准面”按钮，选择螺旋线本身和起点为参考实体，如图3-27所示。单击“确定”按钮，完成基准面的创建。系统默认该基准面为“基准面1”。

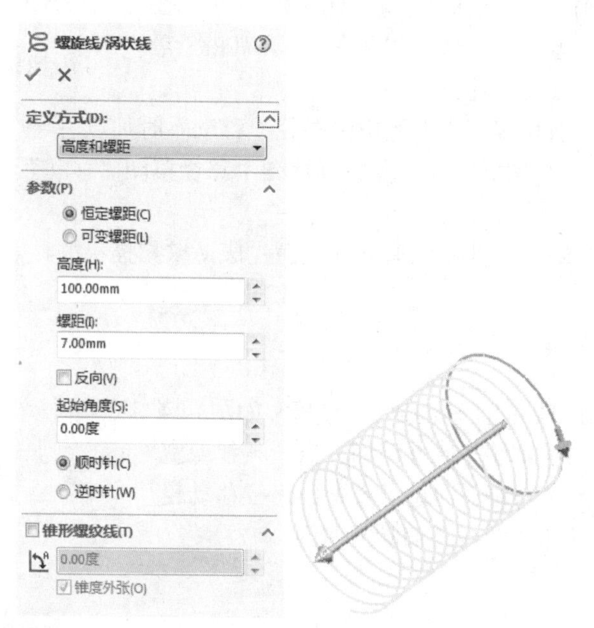

图3-26 设置螺旋线参数

06 进入草图绘制。选择“基准面1”，单击“草图”面板中的“草图绘制”按钮，新建进入草图绘制。

07 绘制圆。单击“草图”面板中的“圆形”按钮，绘制一个直径为3mm的圆。单击“草图”面板中的“退出草图”按钮，退出草图绘制，添加几何关系，如图3-28所示。

08 扫描螺旋线。单击“特征”面板中的“扫描”按钮，选择绘制的圆为扫描轮廓，螺旋线为扫描路径，如图3-29所示。单击“确定”按钮，完成弹簧的创建。

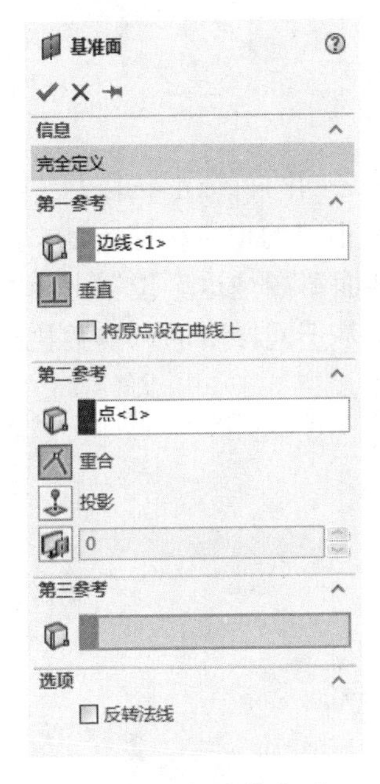

图3-27　创建基准面

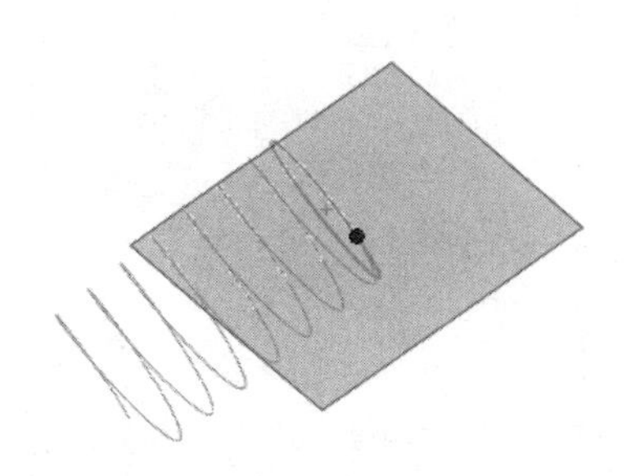

图3-28　添加几何关系

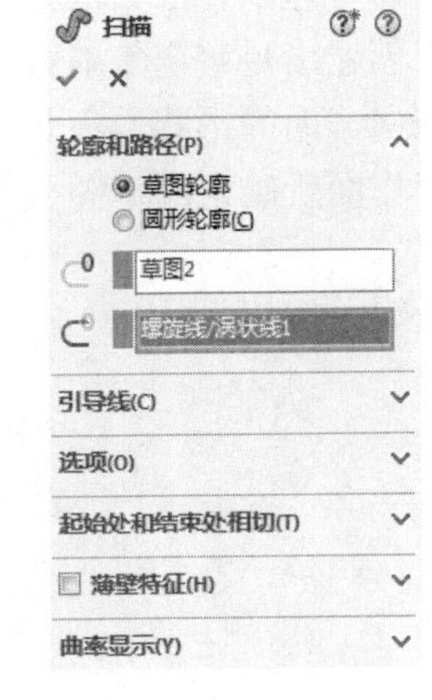

图3-29　设置扫描参数

注意

扫描遵循以下规则：

- **扫描路径可以为开环或闭环。**
- **路径可以是一张草图中包含的一组草图曲线、一条曲线或一组模型边线。**
- **路径的起点必须位于轮廓的基准面上。**
- **对于凸台/基体扫描特征，轮廓必须是闭环的；对于曲面扫描特征，则轮廓可以是闭环的也可以是开环的。**
- **不论是截面、路径或所形成的实体，都不能出现自相交叉的情况。**

09 单击标准工具栏中的“保存”按钮，将文件保存为“弹簧.sldprt”。最终所创建的弹簧如图3-30所示。

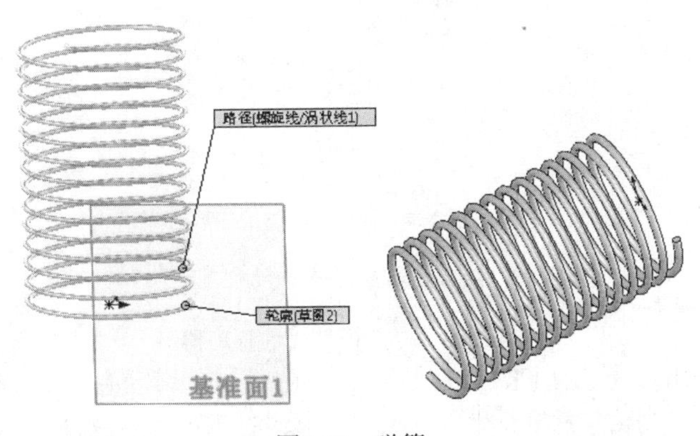

图3-30　弹簧

3.5 放样

放样特征与扫描特征不同，它可以有多个截面草图，截面草图之间的特征形状按照“非均匀有理B样条”算法实现光顺，如图3-31所示。这是一种几乎无所不能的模型构建方法。只要创建出足够密集的截面草图，结果就可以十分精确。由于各个截面草图是这个位置上模型法向截面的形状，而且它们都能参数化驱动；而这些截面草图又是基于同样多的可参数化的工作面所确定的草图截面，因此整个特征就是充分的可参数化的。

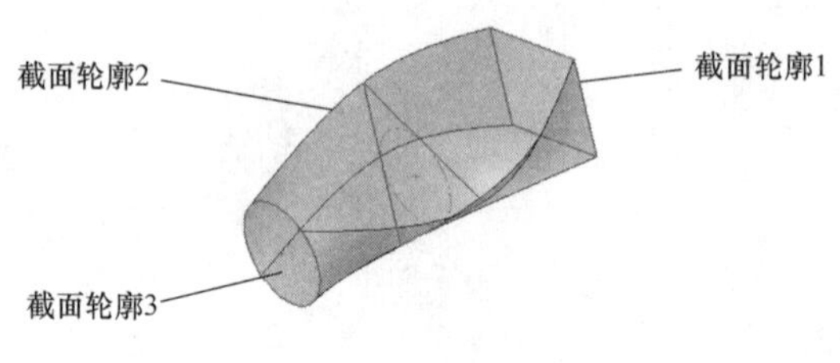

图3-31　放样特征

3.5.1 放样选项说明

单击“特征”面板上的“放样凸台/基体”按钮，弹出“放样”属性管理器。

从“放样”属性管理器（见图3-32）中得出放样的可控参数如下：

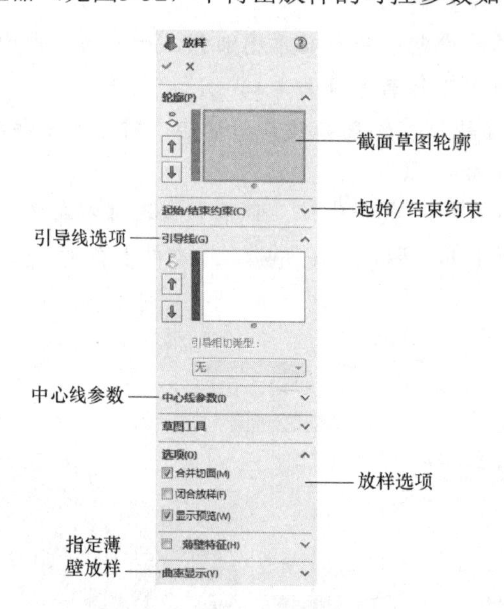

图3-32　“放样”属性管理器

➢ 截面草图轮廓：决定用来生成放样的轮廓。选择要连接的草图轮廓、面或边线。放样根据轮廓选择的顺序而生成。单击上移按钮或下移按钮可调整放样轮廓的顺序。

- 起始/结束约束：对轮廓草图的光顺过程应用约束以控制开始和结束轮廓的相切。
- 引导线选项：设置放样引导线，从而使轮廓截面依照引导线的方向进行放样。
- 放样选项：对放样中的多实体的合并和相切进行设置。
- 中心线参数：设置放样的中心线，从而使每个截面的重心沿着所定义的中心线进行放样。
- 薄壁放样：控制薄壁放样的厚度，从而生成薄壁放样特征。

上面所讲述的四个特征都是凸台/基体特征，对应的还有切除拉伸、切除旋转、切除扫描和切除放样，用来对实体进行切除，其设置与凸台相同。

3.5.2 实例——叶轮1

本例首先利用“草图”绘制命令及“拉伸凸台/基体”命令创建叶轮基体模型，然后利用“样条曲线”命令及“放样凸台/基体”命令等绘制叶轮的扇叶，最终生成的模型，即叶轮1如图3-33所示。

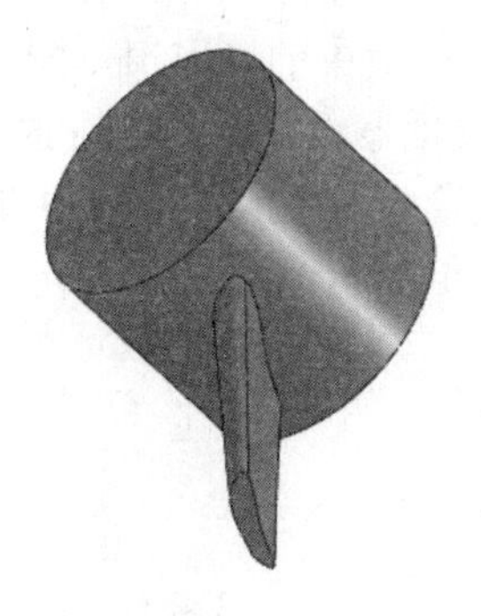

图3-33 叶轮1

视频文件\动画演示\第3章\叶轮1.mp4

创建步骤

01 新建文件。启动 SOLIDWORKS 2020，单击标准工具栏中的“新建”按钮，在弹出的“新建 SOLIDWORKS 文件”对话框中选择“零件”创建，单击“确定”按钮。

02 进入草图绘制。在特征管理器设计树中选择“前视基准面”作为草图绘制基准面。单击“草图”面板中的“草图绘制”按钮，进入草图绘制。

03 绘制圆。单击“草图”面板中的“圆形”按钮，绘制一个以原点为圆心的圆。

04 标注尺寸。单击“草图”面板中的“智能尺寸”按钮，为草图标注尺寸，如图3-34 所示。

05 拉伸创建实体。单击“特征”面板中的“拉伸凸台/基体”按钮，设定拉伸的“终止条件”为“给定深度”。在“深度”文本框中输入 22mm，保持其他选项的系统默认值不变，如图 3-35 所示。单击“确定”按钮，拉伸创建实体。

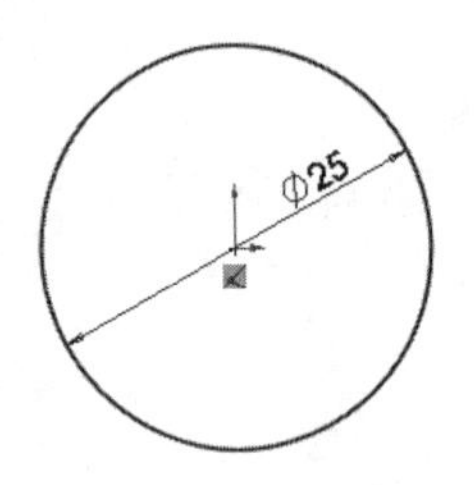

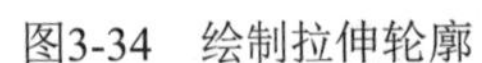
图3-34　绘制拉伸轮廓

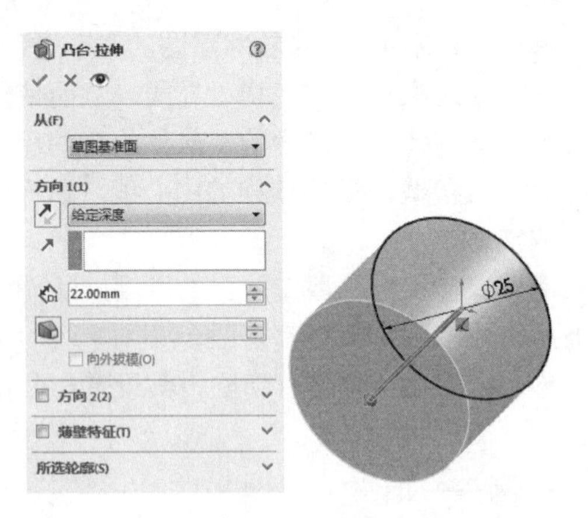

图3-35　拉伸创建实体

06 进入草图绘制。在特征管理器设计树中选择“右视基准面”作为草图绘制基准面，单击“草图”面板中的“草图绘制”按钮，进入草图绘制。单击前导视图工具栏中的“正视于”按钮，正视于右视基准面。

07 绘制样条曲线。单击“草图”面板中的“样条曲线”按钮，绘制第一个放样轮廓，如图 3-36 所示。单击“草图”面板中的“退出草图”按钮，退出草图绘制。

08 新建基准面。选择特征管理器设计树上的右视基准面，单击“特征”面板中的“基准面”按钮。在“基准面”属性管理器上的微调框中设置偏移距离为 35mm，如图 3-37 所示。单击“确定”按钮，创建基准面 1。

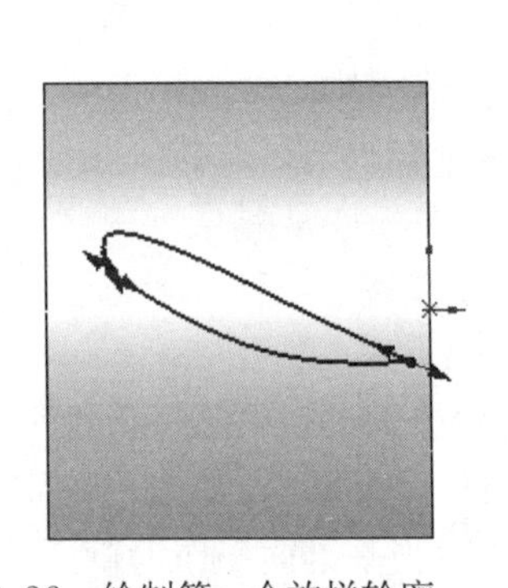

图3-36　绘制第一个放样轮廓

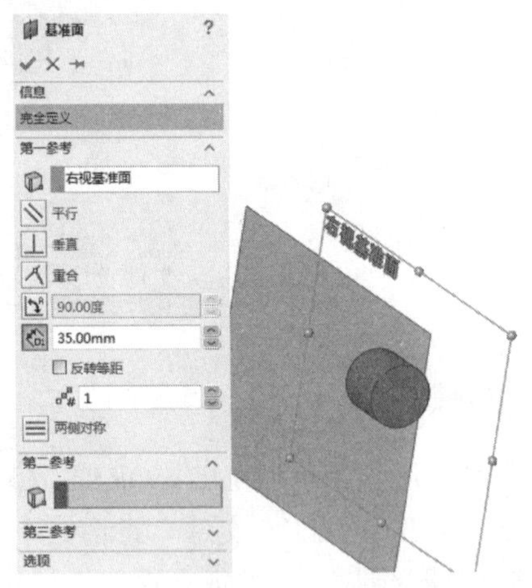

图3-37　创建基准面1

09 进入草图绘制。单击“草图”面板中的“草图绘制”按钮，在基准面 1 上进入草图绘制。

10 绘制样条曲线。单击“草图”面板中的“样条曲线”按钮，绘制第二个放样轮廓，如图 3-38 所示。单击“草图”面板中的“退出草图”按钮，退出草图绘制。

11 选择模型点。单击“特征”面板“曲线”下拉列表中的“通过参考点的曲线”按钮，在属性管理器中单击“通过点”栏下的显示框，然后在绘图区按照要生成曲线的次序来选择通过的模型点，如图 3-39 所示。单击“确定”按钮，创建通过模型点的放样引导线。

(12) 仿照步骤(11)创建另一条曲线作为放样引导线，如图3-40所示。

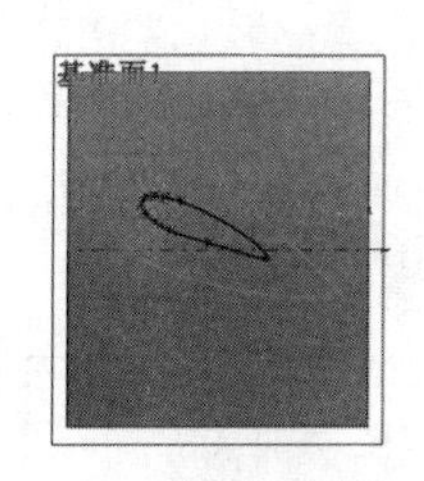

图3-38　第二个放样轮廓

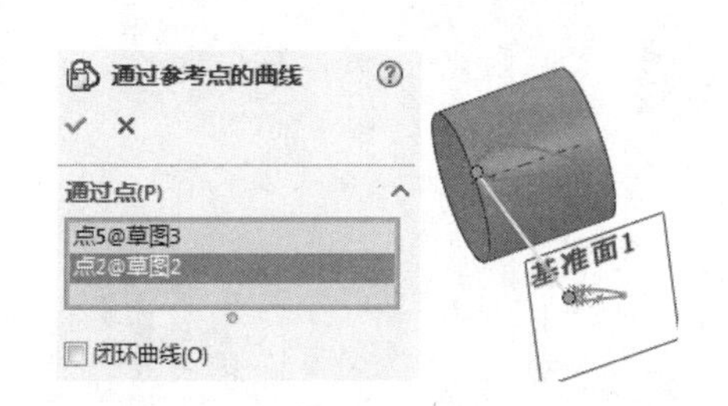

图3-39　选择模型点

图3-40　创建第二条放样引导线

(13) 创建引导线放样特征。单击“特征”面板上的“放样凸台/基体”按钮。在“放样”属性管理器中单击按钮右侧的显示框，然后在绘图区中依次选取第一个放样轮廓和第二个放样轮廓。单击按钮右侧的显示框，在绘图区中选择两条三维曲线作为引导线，如图3-41所示。单击“确定”按钮，创建引导线放样特征。

(14) 在特征管理器设计树中右击基准面1，然后在弹出的快捷菜单中选择“隐藏”命令，将基准面1隐藏起来。

至此，完成叶轮1的创建。

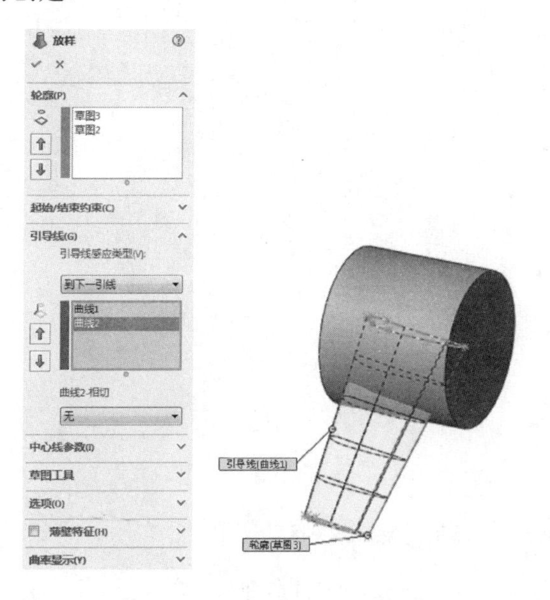

图3-41　创建引导线放样特征

第 4 章

基于特征的特征

本章通过一些具体实例，主要介绍了倒角、圆角、抽壳、筋等一些基本特征的创建，而且也具体介绍了拔模、孔线性阵列、圆周阵列、镜像等复杂特征的创建。

- 倒角、圆角、抽壳、筋
- 拔模、孔、线性阵列
- 圆周阵列、镜像

4.1　倒角

SOLIDWORKS提供的倒角功能有边倒角和拐角倒角两种。边倒角是从选定边处去除材料，拐角倒角则是从实体的拐角处去除材料，如图4-1所示。

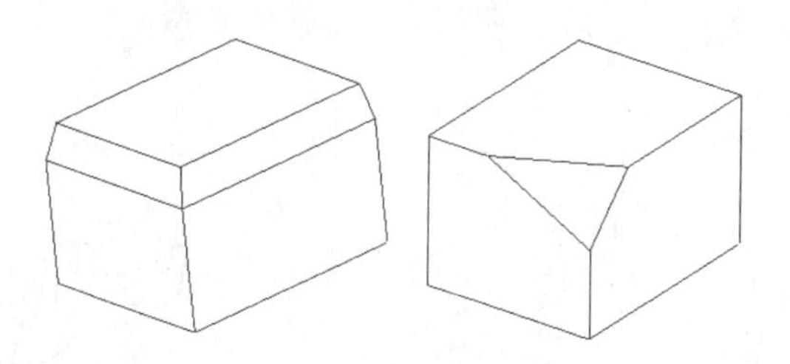

图4-1　边倒角（左）与拐角倒角（右）

4.1.1　倒角选项说明

单击“特征”面板中的“倒角”按钮，弹出“倒角”属性管理器。

从“倒角”属性管理器（见图4-2）中得出倒角的可控参数如下：

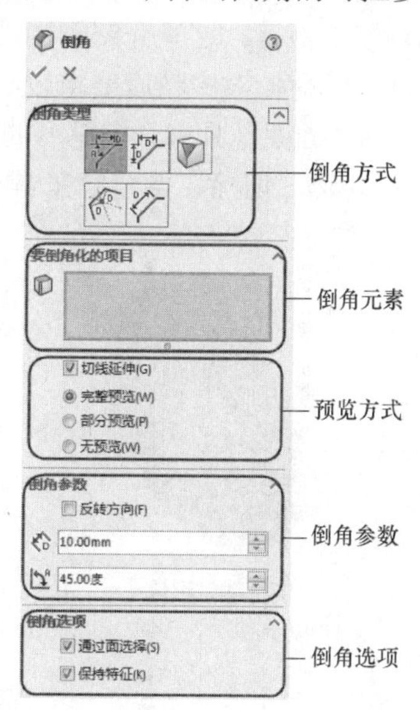

图4-2　“倒角”属性管理器

- 倒角元素：从绘图区中选择要生成倒角的边或顶点等倒角元素。
- 倒角类型：选择生成倒角的类型。
  - 角度距离：输入一个角度和一个距离来创建倒角。
  - 距离-距离：用两个距离来创建倒角。
  - 顶点：用三个距离来创建拐角倒角。

➢ 倒角参数：输入倒角距离或角度等参数。
➢ 倒角选项：控制倒角生成方式。
- 通过面选择：选择该选项后，可激活通过隐藏边线的面选取边线。
- 保持特征：选择该选项后，系统将保留无关的拉伸凸台等特征。图 4-3 所示为“保持特征”的选择效果。

➢ 预览方式：在设置倒角参数时，对要生成的倒角提供多种预览方式。
- 切线延伸：选择该项后，所选边线将延伸至被截断处。

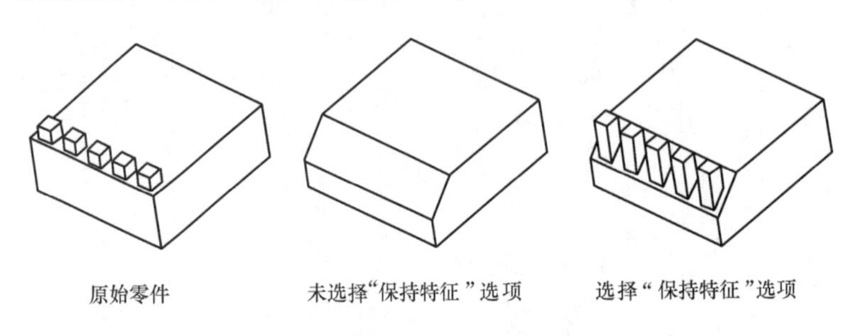

图4-3 “保持特征”的选择效果

4.1.2 实例——挡圈

在机械设计中有孔用挡圈、轴端挡圈等。这里介绍轴端挡圈的创建。轴端挡圈在机械配合中有消除间隙的作用，能承受冲击载荷，对中精度要求较高，主要用于有振动和冲击的轴端零件的轴向固定。就结构而言，轴端挡圈是具有一定厚度的中空实体。装配的外端有倒角。一般利用SOLIDWORKS 2020中的旋转、切除、倒角等工具可以完成挡圈的制作，如图4-4所示。

图4-4 挡圈
视频文件\动画演示\第4章\挡圈.mp4

创建步骤

01 新建文件。启动 SOLIDWORKS 2020，单击标准工具栏中的“新建”按钮，在弹出的“新建 SOLIDWORKS 文件”对话框中单击“确定”按钮✔。

02 绘制中心线。在打开的特征管理器设计树中选择“前视基准面”作为草图绘制平面，单击前导视图工具栏中的“正视于”按钮，使草图绘制平面转为正视方向。单击“草图”面板中的“中心线”按钮，绘制通过圆点的一条中心线用来作为旋转的中心轴，如图 4-5 所示。

03 绘制草图。单击“草图”面板中的“直线”按钮，绘制挡圈实体需要旋转的草图截面轮廓，如图 4-6 所示。

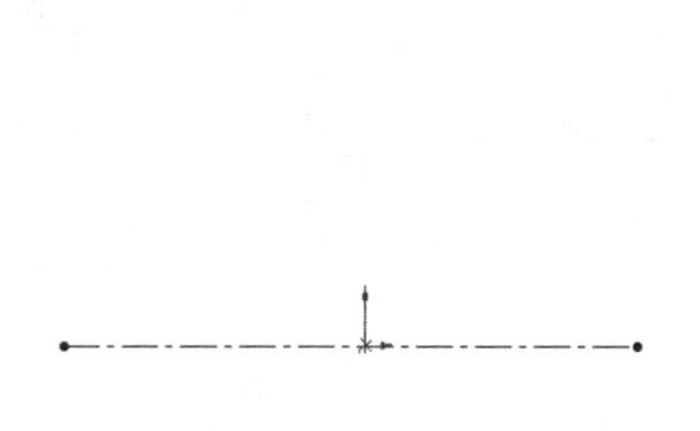

图4-5 绘制中心线

图4-6 绘制草图截面轮廓

04 创建旋转特征。单击“特征”面板上的“旋转凸台/基体”按钮，系统弹出“旋转”属性管理器。选择所建中心线为旋转轴，并在“方向 1”度数文本框中输入 360 度。单击“确定”按钮，完成旋转特征的创建，如图 4-7 所示。

05 创建旋转后的倒角特征。单击“特征”面板上的“倒角”按钮，系统弹出“倒角”属性管理器。在绘图区选择所需倒角的边线，在“倒角”属性管理器中选取“角度距离”，在“距离”文本框中输入 1mm，在角度文本框中输入 45 度。单击“确定”按钮，完成倒角特征的创建，如图 4-8 所示。

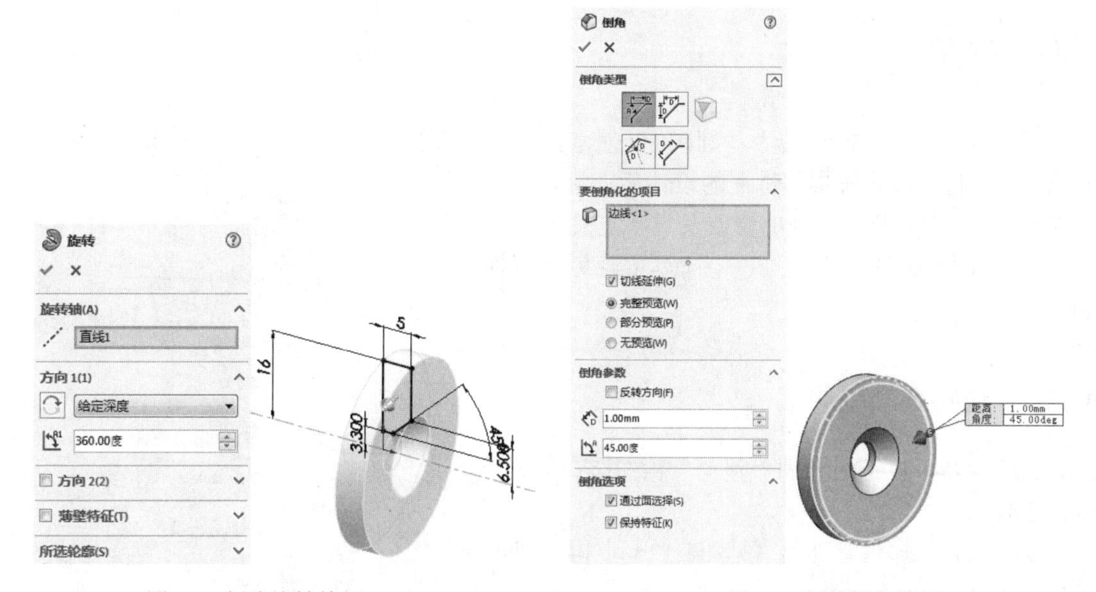

图4-7 创建旋转特征

图4-8 创建倒角特征

06 绘制切除孔草图。选择步骤 **05** 中所创建的倒角的那一端面为草图绘制平面，单击“视图”工具栏中的“正视于”按钮，使绘图平面转为正视方向。单击“草图”面板中的“圆形”按钮，以原点正上方 10mm 处为圆心绘制轴端挡圈上直孔的圆形草图轮廓。在弹出的“圆形”属性管理器中设置圆的半径值为 1.6，单击“确定”按钮，如图 4-9 所示。

07 创建切除拉伸特征。单击“特征”面板中的“拉伸切除”按钮，系统弹出“切除-拉伸”属性管理器。设置“终止条件”为“完全贯穿”，图形窗口将高亮显示，如图 4-10 所示。保持其他选项的系统默认值不变，单击“确定”按钮，完成切除拉伸，如图 4-11 所示。

08 单击标准工具栏中的“保存”按钮，将文件保存为“挡圈.sldprt”。

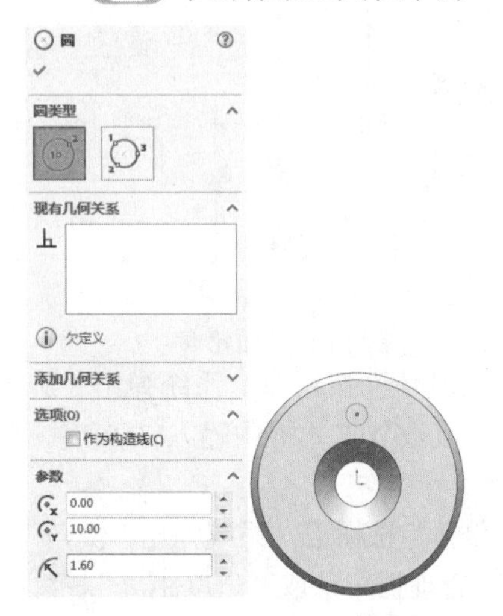

图4-9　绘制切除孔草图

图4-10　切除拉伸创建通孔

图4-11　创建拉伸切除特征

4.2　圆角

圆角以现有特征的棱边为基础，可以使零件产生平滑的效果。倒圆角一般应在实体特征的设计后期进行。若在前期建立，以后会由于相关特征的修改及重新定义等操作而引起其重生成失败，同时在设计过程中应尽量避免用圆角边作为参考。

4.2.1　圆角选项说明

单击“特征”面板上的“圆角”按钮，弹出“圆角”属性管理器。

从“圆角”属性管理器（见图4-12）中得出圆角的可控参数如下：

➢　圆角类型：图 4-13 所示为几种圆角类型。

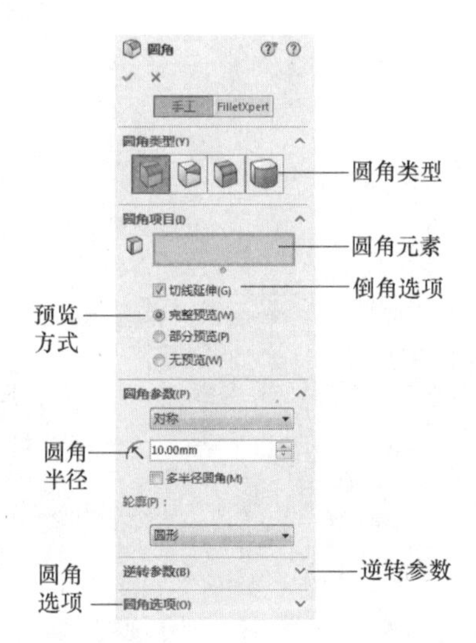

图4-12　“圆角”属性管理器

- 圆角半径⌒：在微调框中输入所要创建的圆角半径。
- 圆角元素：根据圆角类型在绘图区中选择实体边线或面作为圆角元素。
- 预览方式：提供多种圆角的预览方式。
- 逆转参数：用来对边线中特定点单独设置圆角参数。
- 圆角选项：用来设置圆角的扩展方式。

恒定大小圆角

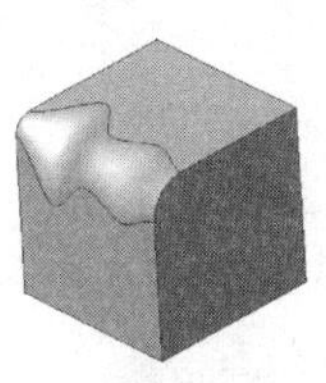
变量大小圆角

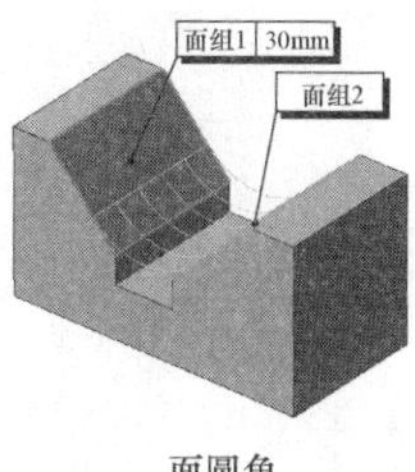

面圆角

边侧面组1
中央面组
边侧面组2
完整圆角

图4-13　几种圆角类型

4.2.2　实例——销轴

销轴的创建与圆锥销的创建基本相同，不同之处是它需要两次拉伸来得到。

作为通用标准件的销轴也是应用比较广泛的配合件，是在连接中不可缺少的标准件。

销轴可以看作由两段轴段组成的实体特征。通过二次拉伸操作实现销轴主体部分的创建，再进行倒角、圆角等制作即可完成，如图4-14所示。

图4-14　销轴

视频文件\动画演示\第4章\销轴.mp4

创建步骤

01 新建文件。启动 SOLIDWORKS 2020，单击标准工具栏中的“新建”按钮，在弹出的“新建 SOLIDWORKS 文件”对话框中单击“确定”按钮✔。

02 绘制第一轴段草图。在打开的特征管理器设计树中选择“前视基准面”作为草图绘制平面，单击前导视图工具栏中的“正视于”按钮，使草图绘制平面转为正视方向。单击“草图”面板中的“圆形”按钮，以系统坐标原点为圆心绘制销轴第一轴段草图轮廓。在弹出的“圆”属性管理器中设置圆的半径值为 3，单击“确定”按钮✔，如图 4-15 所示。

03 创建销轴第一轴段。单击“特征”面板上的“拉伸”按钮，系统弹出“凸台-拉伸”属性管理器。设置拉伸“终止条件”为“给定深度”，并在“深度”文本框中输入 20mm。单击“确定”按钮✔，完成销轴第一轴段的创建，如图 4-16 所示。

04 绘制第二段草图。选择步骤 **03** 中所创建的轴段底面为草图绘制平面，单击前导视图工具栏中的“正视于”按钮，使绘图平面转为正视方向。单击“草图”面板中的“圆形”按钮，以第一轴段圆心为圆心，绘制销轴第二轴段的草图轮廓，并设置圆的半径值为6，单击“确定”按钮，如图 4-17 所示。

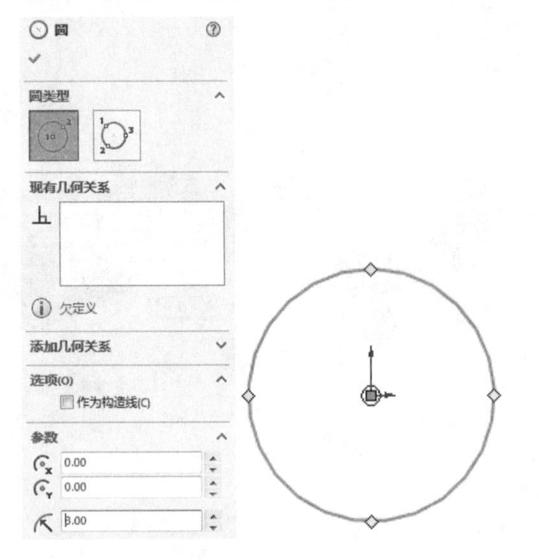

图4-15　绘制销轴第一轴段草图轮廓

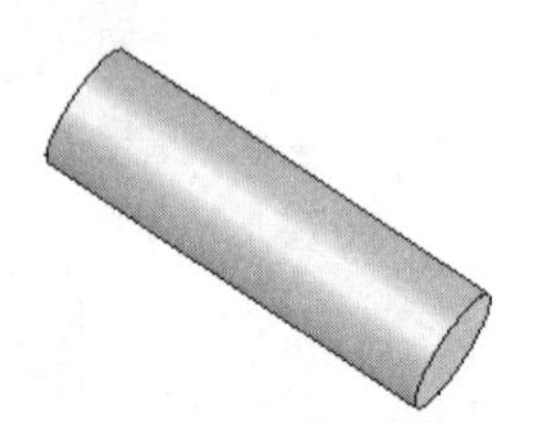

图4-16　创建销轴第一轴段

05 创建销轴主体。单击“特征”面板上的“拉伸”按钮，系统弹出“拉伸”属性管理器。设置拉伸“终止条件”为“给定深度”，并在“深度”文本中输入 2mm。单击“确定”按钮，完成销轴第二轴段的创建。通过二次拉伸创建的销轴主体如图 4-18 所示。

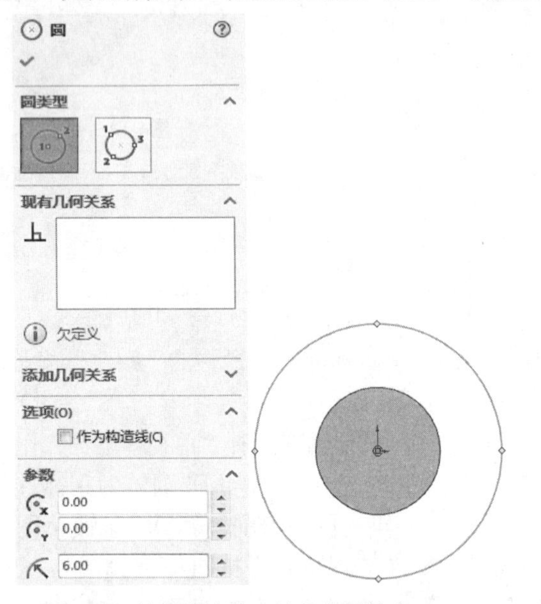

图4-17　绘制销轴第二轴段草图轮廓

图4-18　创建的销轴主体

06 创建销轴倒角特征。单击“特征”面板上的“倒角”按钮，系统弹出“倒角”属性管理器。设置“倒角类型”为“角度距离”，在“距离”文本框中输入 1mm，在“角度”文本中输入 45 度。选择生成倒角特征的销轴小端棱边，如图 4-19 所示。保持“倒角”属性管理器中的其他选项系统默认值不变，单击“确定”按钮，如图 4-20 所示。

图4-19　设置倒角参数

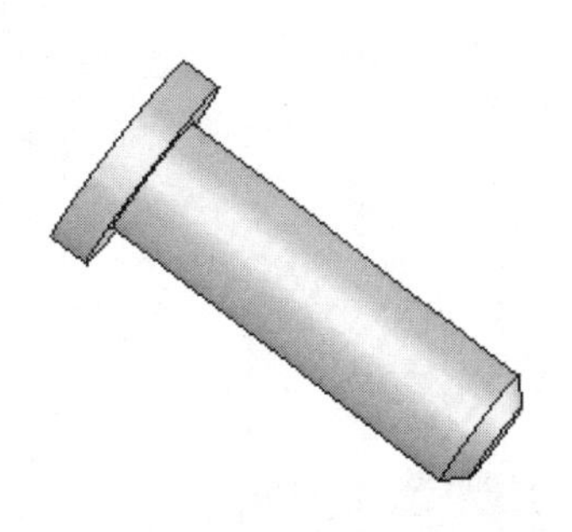

图4-20　创建完成的销轴倒角特征

07 创建销轴的圆角特征。单击“特征”面板上的“圆角”按钮，系统弹出“圆角”属性管理器。在“圆角项目”的圆角“半径”文本框中输入 0.5mm，保持其他选项的系统默认值不变。选择生成圆角特征的销轴大端边线及轴段的交界边线，如图 4-21 所示。单击“确定”按钮，最终完成的销轴实体模型如图 4-22 所示。

与圆柱销、圆锥销类似，销轴的制作也可以利用SOLIDWORKS 2020中的旋转工具来完成，具体的制作方法在此不再讲述。可以参考前面各节中的相关内容进行练习。

图4-21　设置圆角参数

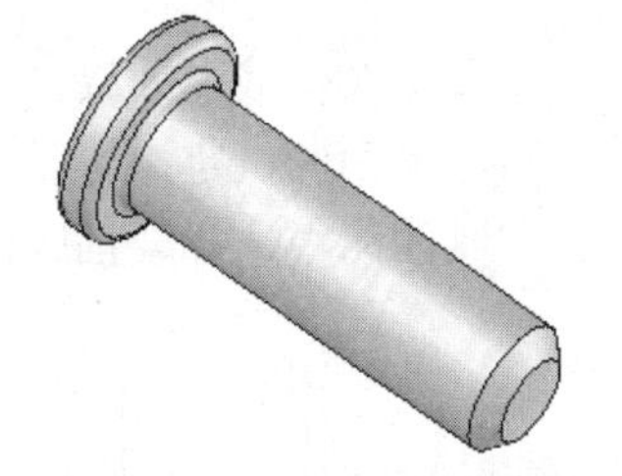

图4-22　最终完成的销轴实体模型

4.3　抽壳

抽壳可删除实体中抽壳面，然后掏空实体的内部，留下指定壁厚的壳。在抽壳之前，增加到实体的所有特征都会被掏空，如图4-23所示。因此，抽壳时特征创建的次序非常重要。默认情况下，抽壳创建具有相同壁厚的实体，但设计者也可以单独确定某些表面的厚度，使创建完成后的实体壁厚不相等。

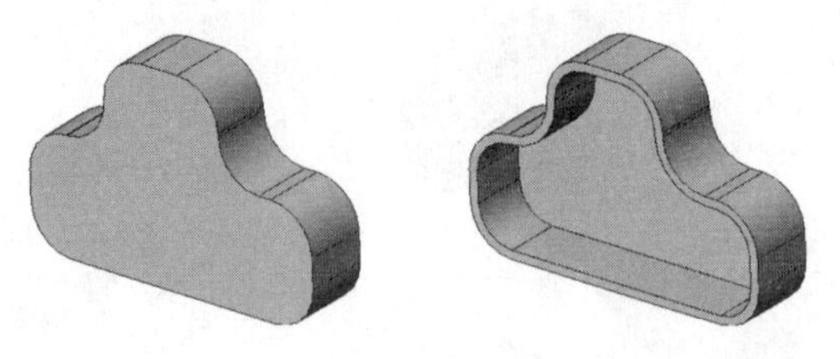

图4-23　抽壳前（左）与抽壳后（右）

4.3.1　抽壳选项说明

单击“特征”面板上的“抽壳”按钮，弹出“抽壳”属性管理器。

从“抽壳”属性管理器（见图4-24）中得出抽壳的可控参数如下：

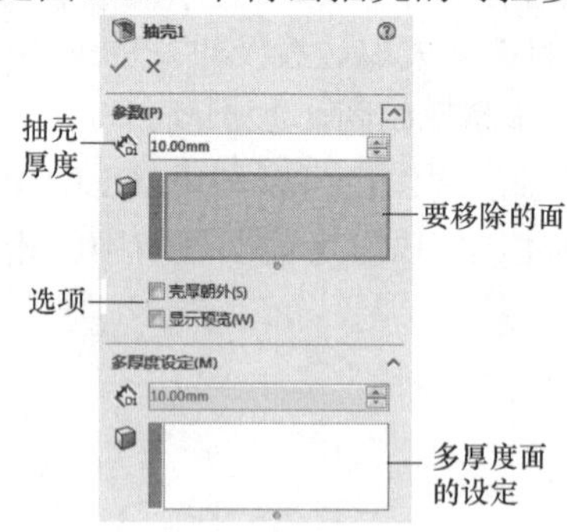

图4-24　“抽壳”属性管理器

- 抽壳厚度：设置要保留面的厚度。
- 要移除的面：在绘图区中选择一个或多个面作为要移除的面。
- 选项：如果选择了“壳厚朝外”复选框，则将以实体的外边缘作为基准增厚实体，从而增加零件的厚度，如图 4-25 所示；如果选择“显示预览”，则会在绘图区中完全显示实体抽壳效果。
- 多厚度面的设定：可以生成不同面具有不同厚度的抽壳特征，如图 4-26 所示。只需在绘图区中选择要抽壳的多个面，然后设定不同的抽壳厚度值即可。

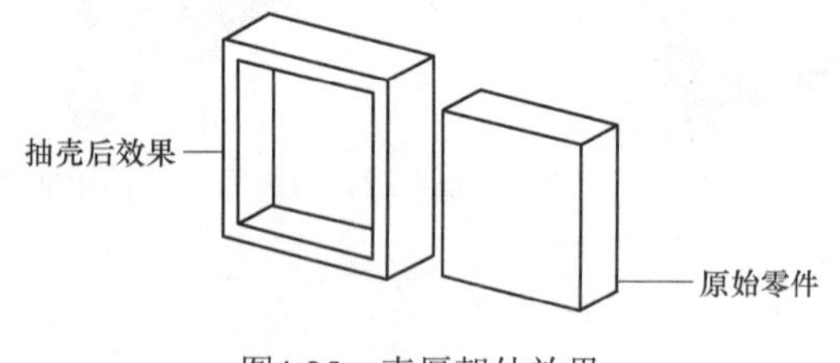

图4-25　壳厚朝外效果

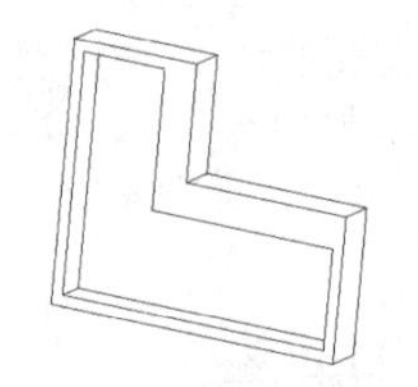

图4-26　多厚度面设定抽壳

4.3.2　实例——支架

创建移动轮支架，如图4-27所示。

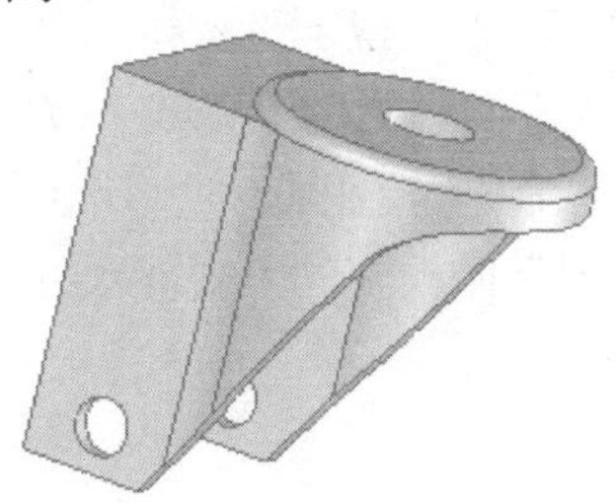

图 4-27　移动轮支架

视频文件\动画演示\第 4 章\支架.mp4

创建步骤

01 新建文件。启动 SOLIDWORKS 2020，单击标准工具栏中的“新建”按钮，创建一个新的零件文件。在弹出的“新建 SOLIDWORKS 文件”对话框中选择“零件”按钮，然后单击“确定”按钮，创建一个新的零件文件。

02 绘制草图 1。在 SOLIDWORKS 2020 界面左侧的特征管理器设计树中选择“前视基准面”作为草图绘制平面。单击“草图”面板中的“圆形”按钮，以原点为圆心绘制一个直径为 58mm 的圆；单击“草图”面板中的“直线”按钮，在相应的位置绘制三条直线。

03 标注尺寸 1。单击“草图”面板中的“智能尺寸”按钮，标注上一步绘制草图 1 的尺寸。

04 剪裁草图。单击“草图”面板中的“剪裁实体”按钮，裁剪直线之间的圆弧，如图 4-28 所示。

05 拉伸实体 1。单击“特征”面板中的“拉伸凸台/基体”按钮，系统弹出“凸台-拉伸”属性管理器。在“深度”文本框中输入 65mm，然后单击“确定”按钮。如图 4-29 所示。

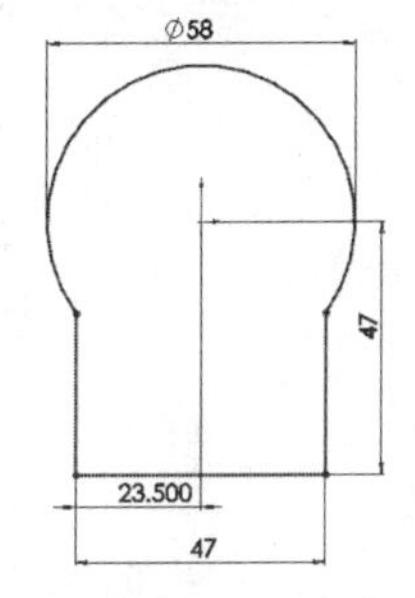

图4-28　剪裁草图

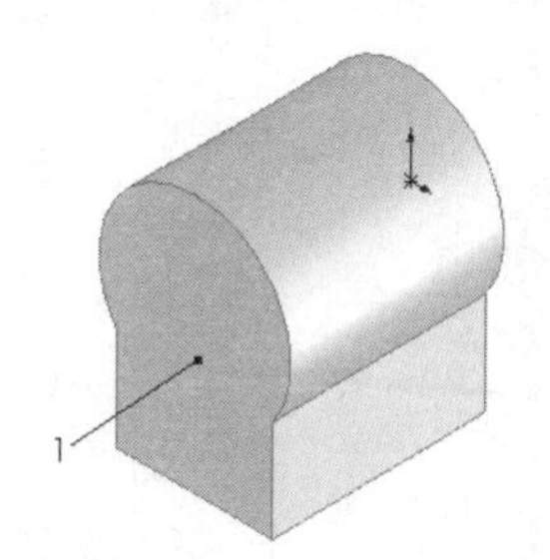

图4-29　拉伸实体1

06 抽壳实体。单击“特征”面板上的“抽壳”按钮，系统弹出图 4-30 所示的“抽壳”属性管理器。在“抽壳厚度”文本框中输入3.5mm。选择图4-29中的面1，单击“确定”按钮，如图4-31所示。

07 创建草图绘制平面。在SOLIDWORKS 2020界面左侧的特征管理器设计树中选择“右视基准面”，然后单击前导视图工具栏“正视于”按钮，将该基准面作为草图绘制平面。

08 绘制草图2。单击“草图”面板中的“直线”按钮，绘制三条直线；单击“草图”面板中的“3点圆弧”按钮，绘制一个圆弧。

09 标注尺寸2。单击“草图”面板中的“智能尺寸”按钮，标注上一步绘制的草图2的尺寸，如图4-32所示。

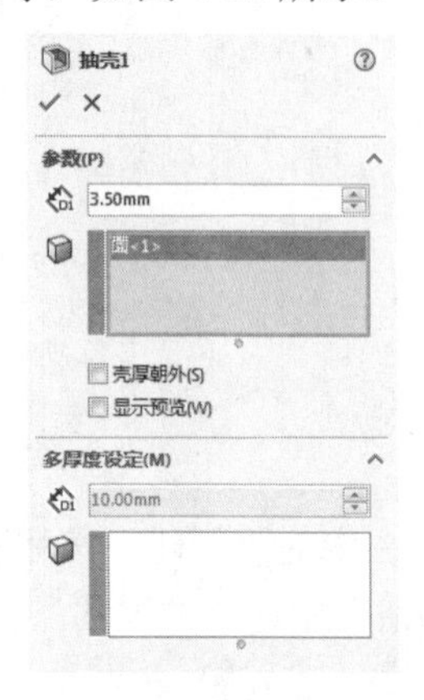

图4-30 “抽壳”属性管理器

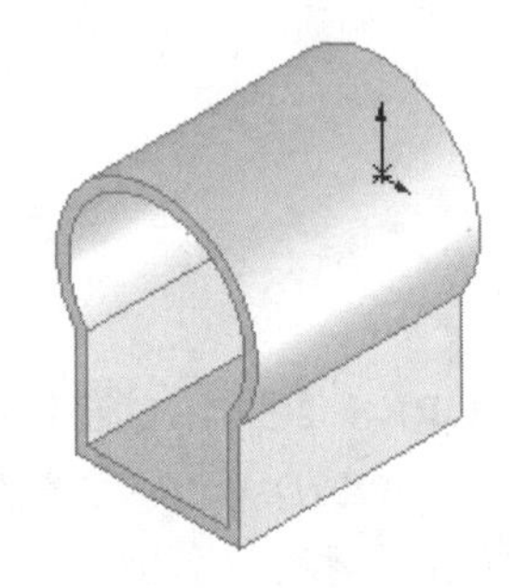
图4-31 抽壳实体

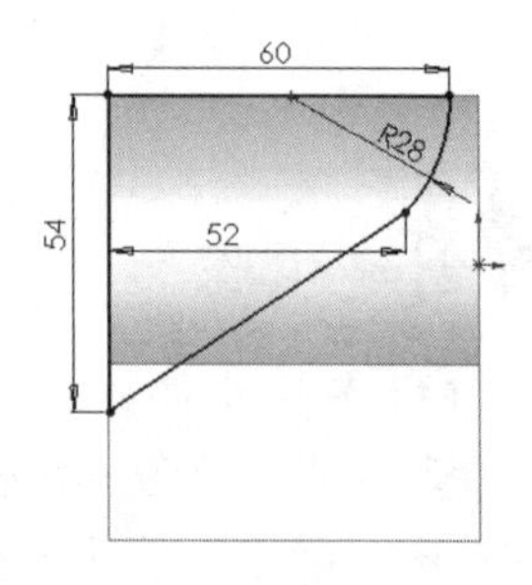

图4-32 标注尺寸的草图2

10 切除拉伸实体1。单击“特征”面板中的“拉伸切除”按钮，系统弹出“切除-拉伸”属性管理器。在“终止条件”的下拉列表中选择“完全贯穿-两者”选项。单击“确定”按钮，如图4-33所示。

11 圆角实体1。单击“特征”面板上的“圆角”按钮，系统弹出“圆角”属性管理器。在“半径”文本框中输入15mm，然后选择图4-33中的边线1以及左侧对应的边线。单击“确定”按钮，如图4-34所示。

12 创建草图绘制平面。选择图4-34中的表面1，然后单击前导视图工具栏中的“正视于”按钮，将该表面作为草图绘制平面。

13 绘制草图3。单击“草图”面板中的“边角矩形”按钮，绘制一个矩形。

14 标注尺寸3。单击“草图”面板中的“智能尺寸”按钮，标注上一步绘制的矩形的尺寸，如图4-35所示。

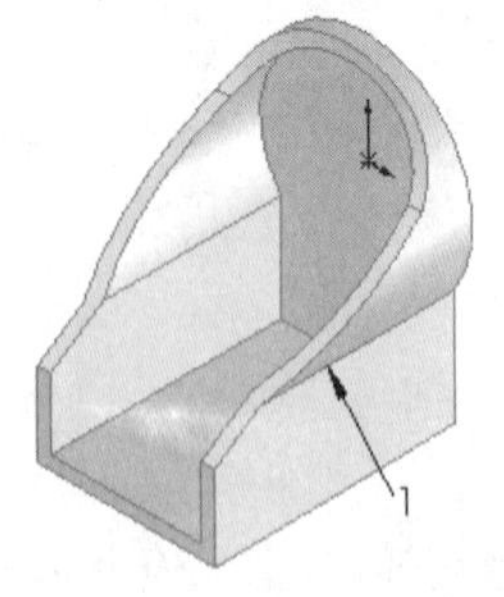

图4-33 切除拉伸实体1

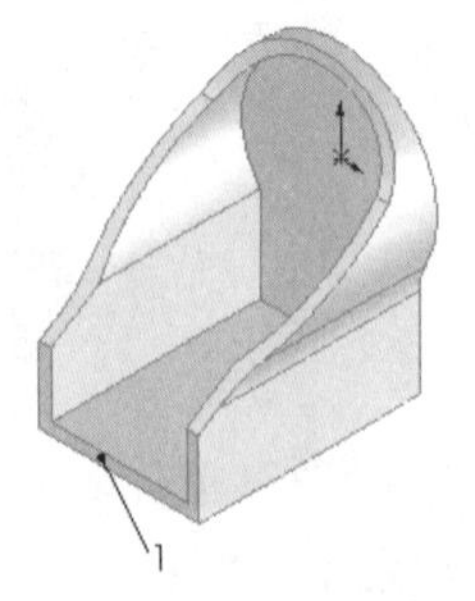

图4-34 圆角实体1

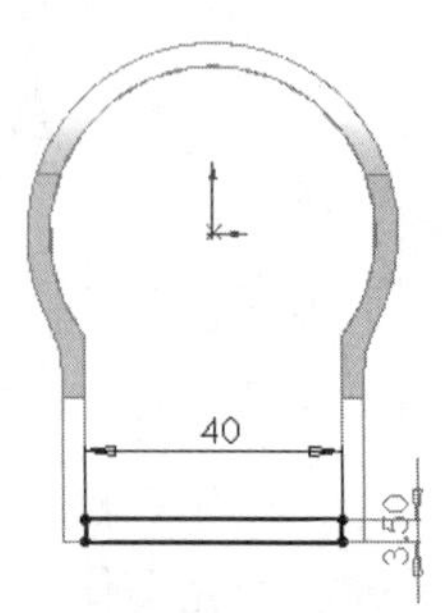

图4-35 标注矩形尺寸

(15) 切除拉伸实体 2。单击“特征”面板中的“拉伸切除”按钮，系统弹出“切除-拉伸”属性管理器。在“深度”文本框中输入 61.5mm，然后单击“确定”按钮，如图 4-36 所示。

(16) 绘制连接孔。首先创建草图绘制平面。选择图 4-36 中的表面 1，然后单击前导视图工具栏中的“正视于”按钮，将该表面作为草图绘制平面。

(17) 绘制草图 4。单击“草图”面板中的“圆形”按钮，在上一步创建的草图绘制平面上绘制一个圆。

(18) 标注尺寸 4。单击“草图”面板中的“智能尺寸”按钮，标注上一步绘制圆的直径及其定位尺寸，如图 4-37 所示。

(19) 切除拉伸实体 3。单击“特征”面板中的“拉伸切除”按钮，系统弹出“切除-拉伸”属性管理器。在“终止条件”的下拉列表中选择“完全贯穿”选项。单击“确定”按钮，如图 4-38 所示。

(20) 创建草图绘制平面。选择图 4-38 中的表面 1，然后单击前导视图工具栏中的“正视于”按钮，将该表面作为草图绘制平面。

(21) 绘制草图 5。单击“草图”面板中的“圆形”按钮，在上一步创建的草图绘制平面上绘制一个直径为 58 的圆。

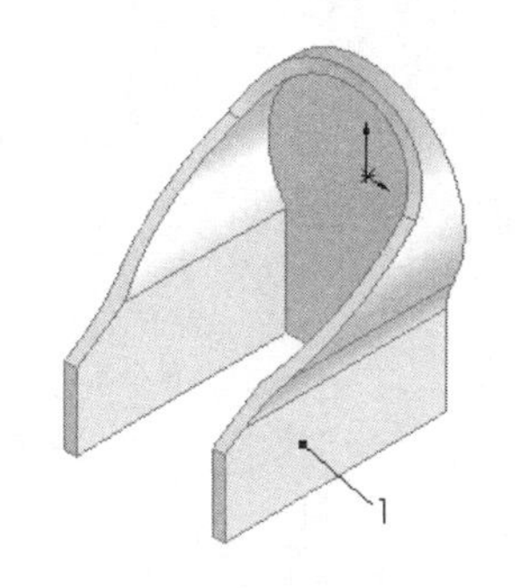

图4-36　切除拉伸实体2

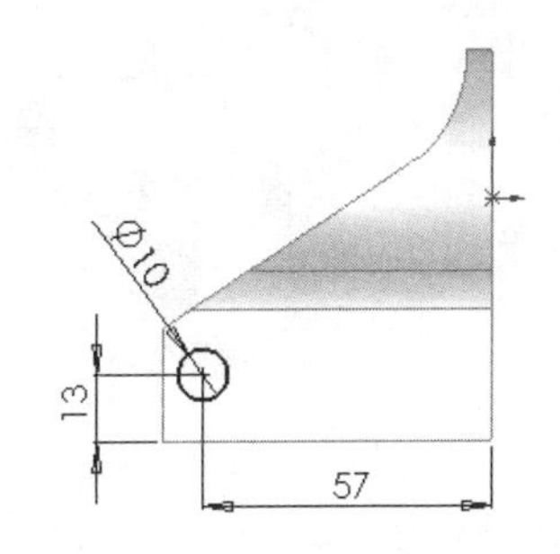

图4-37　标注圆及其定位尺寸

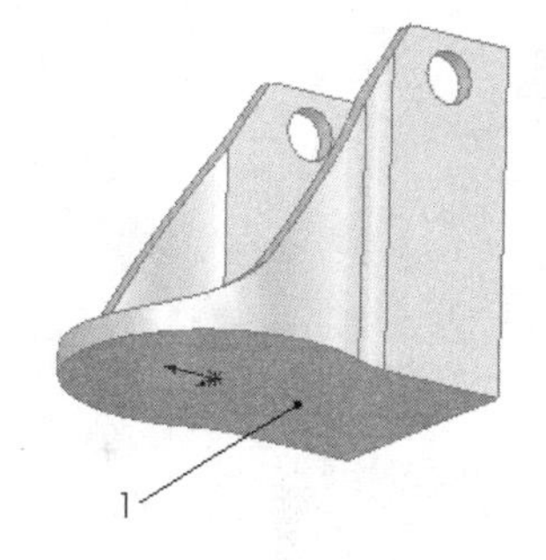

图4-38　切除拉伸实体3

(22) 拉伸实体 2。单击“特征”面板中的“拉伸凸台/基体”按钮，弹出“凸台-拉伸”属性管理器。在“深度”文本框中输入 3mm，然后单击“确定”按钮，如图 4-39 所示。

(23) 圆角实体 2。单击“特征”面板上的“圆角”按钮，弹出“圆角”属性管理器。在“半径”文本框中输入 3mm，然后选择图 4-39 中的边线 1。单击“确定”按钮，如图 4-40 所示。

(24) 绘制轴孔。首先创建草图绘制平面。选择图 4-40 中的表面 1，然后单击前导视图工具栏中的“正视于”按钮，将该表面作为草图绘制平面。

(25) 绘制草图 6。单击“草图”面板中的“圆形”按钮，在上一步创建的草图绘制平面上绘制一个直径为 16 的圆。

(26) 切除拉伸实体 4。单击“特征”面板中的“拉伸切除”按钮，系统弹出“切除-拉伸”属性管理器。在“终止条件”的下拉列表中选择“完全贯穿”选项。单击“确定”按钮，如图 4-41 所示。

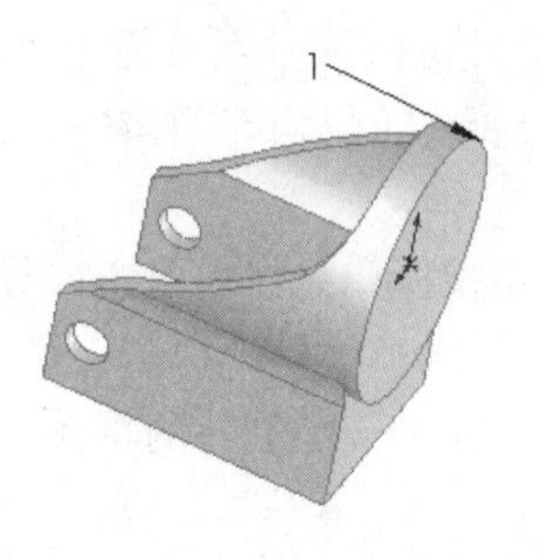

图4-39　拉伸实体2

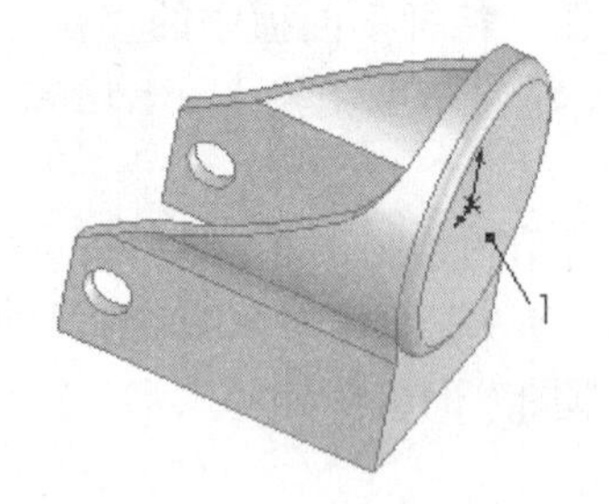

图4-40　圆角实体2

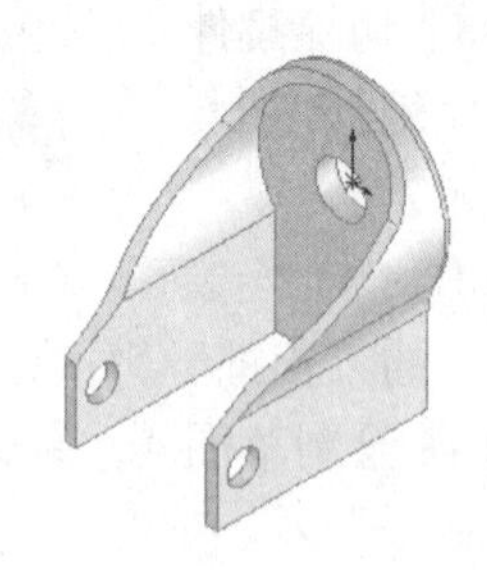

图4-41　切除拉伸实体4

4.4　筋

筋特征是零件建模过程中的常用特征，它只能用作增加材料的特征，不能生成切除特征。用于创建附属于零件的肋片或辐板，如图4-42所示。筋实际上是由开环的草图轮廓生成的特殊类型的拉伸特征，它是在轮廓与现有零件之间添加指定方向和厚度的材料。

图4-42　筋特征

4.4.1　筋选项说明

单击"特征"面板上的"筋"按钮，弹出"筋"属性管理器。

从"筋"属性管理器（见图4-43）中得出筋的可控参数如下：

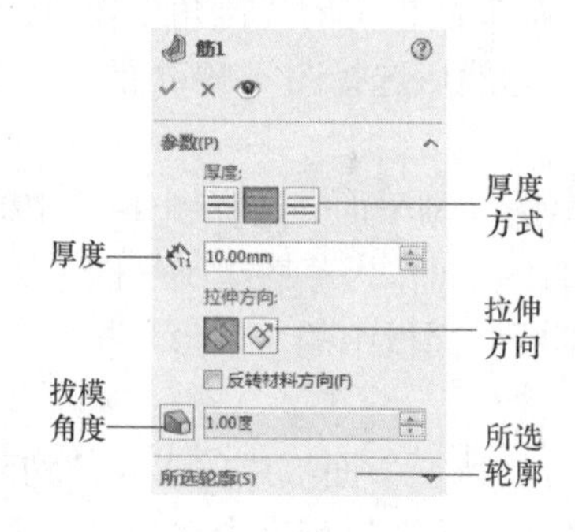

图4-43　"筋"属性管理器

➢　厚度方式：通过三个单选按钮，可以选择从草图的左侧、右侧或两侧对称地添加材料。

- 厚度：在文本框中指定筋的厚度。
- 拉伸方向：选择筋的拉伸方向。图标表示平行于草图生成筋拉伸；图标表示垂直于草图生成筋拉伸。
- 拔模角度：单击“拔模角度”按钮后，即激活拔模角度选项，可以生成带拔模效果的筋拉伸。
- 所选轮廓：可以为草图中的多个线条分别设置筋拉伸参数。

4.4.2　实例——导流盖

创建图4-44所示的导流盖。本例将利用筋特征进行零件建模，最终生成导流盖模型。

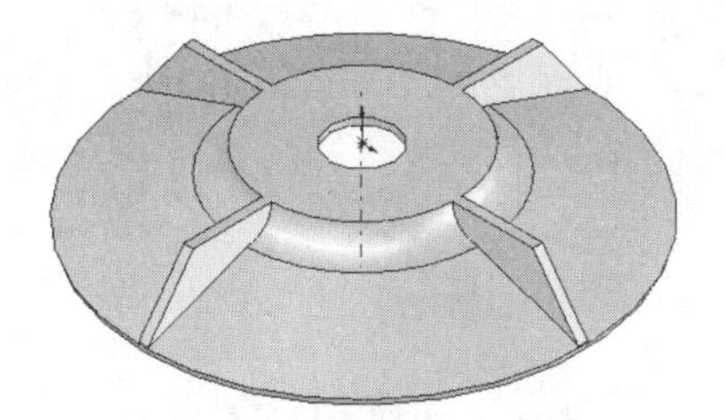

图4-44　导流盖

视频文件\动画演示\第4章\导流盖.mp4

创建步骤

01 新建文件。启动 SOLIDWORKS 2020，单击标准工具栏中的“新建”按钮，在弹出的“新建 SOLIDWORKS 文件”对话框中选择“零件”按钮，然后单击“确定”按钮，新建一个零件文件。

02 进入草图绘制 1。在特征管理器设计树中选择“前视基准面”作为草图绘制平面。单击“草图”面板中的“草图绘制”按钮，进入草图绘制 1。

03 绘制中心线。单击“草图”面板中的“中心线”按钮，通过原点绘制一条垂直中心线。

04 绘制旋转草图。单击“草图”面板中的“直线”按钮和“切线弧”按钮，绘制旋转草图轮廓。

05 标注尺寸 1。单击“草图”面板中的“智能尺寸”按钮，为上一步绘制的草图标注尺寸，如图 4-45 所示。

06 旋转创建实体。单击“特征”面板中的“旋转凸台/基体”按钮，在弹出的“询问”提示框中单击“否”按钮，如图 4-46 所示。在“旋转”属性管理器中设置“旋转类型”为“给定深度”，并在“方向 1”的“角度”文本框中输入度。调整“薄壁特征”的反向按钮，使薄壁向内部拉伸，并在“方向 1”的“厚度”文本框中输入 2mm，如图 4-47 所示。单击“确定”按钮，创建薄壁旋转特征。

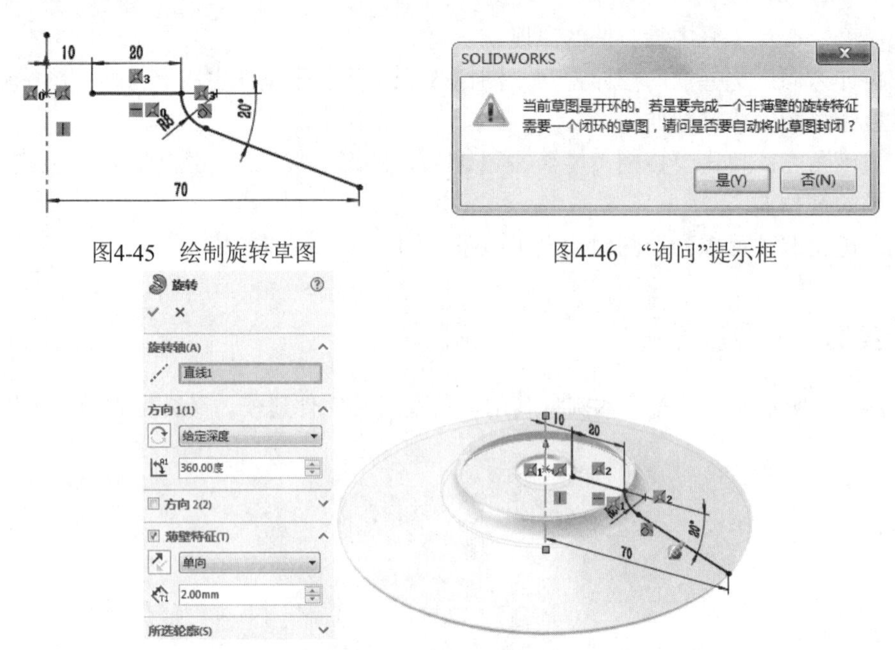

图4-45　绘制旋转草图

图4-46　“询问”提示框

图4-47　设置薄壁旋转特征

07 进入草图绘制 2。在特征管理器设计树中选择“右视基准面”作为草图绘制平面，单击“草图”面板中的“草图绘制”按钮，进入草图绘制 2。单击前导视图工具栏中的“正视于”按钮，草图绘制平面正视于右视图。

08 绘制直线。单击“草图”面板中的“直线”按钮，将光标移到台阶的边缘，当光标变为形状时，表示光标指针正位于边缘上。移动光标指针以生成从台阶边缘到零件边缘的折线。

09 标注尺寸 1。单击“草图”面板中的“智能尺寸”按钮，为导流盖标注尺寸，如图 4-48 所示。

10 创建加强筋。单击“特征”面板上的“筋”按钮，在“筋”属性管理器中单击“两侧添加”按钮，设置厚度生成方式为两边均等添加材料。在筋“厚度”文本框中输入 3mm。单击“平行于草图生成筋”按钮，设定筋的拉伸方向为平行于草图，如图 4-49 所示。单击“确定”按钮，创建筋特征。

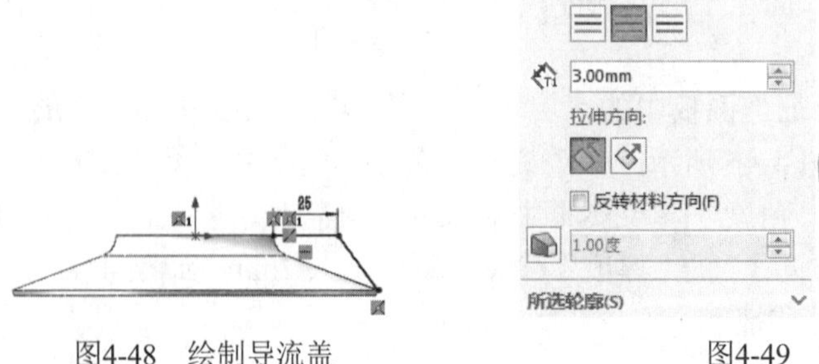
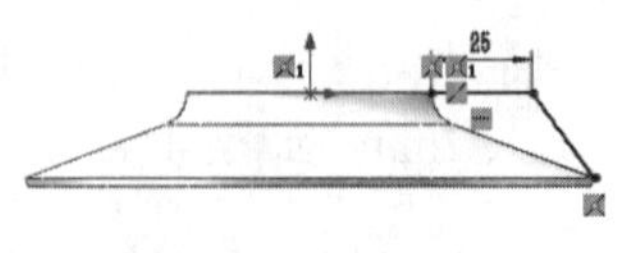

图4-48　绘制导流盖

图4-49　设置筋特征

11 创建其余3个筋特征。

12 保存。单击标准工具栏中的“保存”按钮，将文件保存为“导流盖.sldprt”，最终效果如图 4-44 所示。

4.5　拔模

拔模特征是指以特定的角度斜削所选模型面的特征，它通常应用到模具或铸件。图4-50所示是拔模特征的说明。拔模以指定的角度斜削模型中所选的面。使型腔零件更容易脱出模具。在绘图过程中，可以在现有的零件上插入拔模，或者在拉伸特征时进行拔模。也可以将拔模应用到实体或曲面模型。

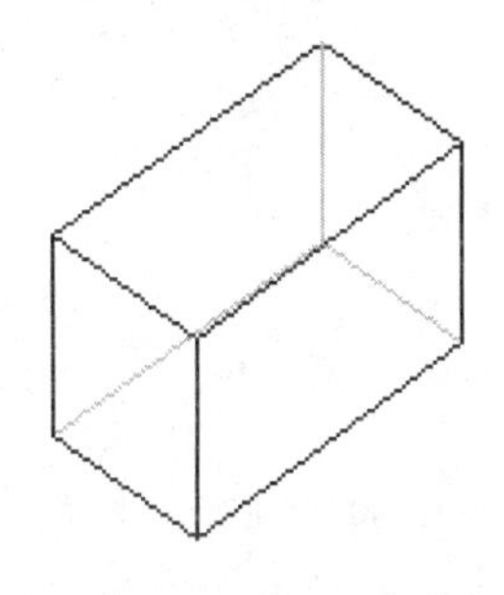

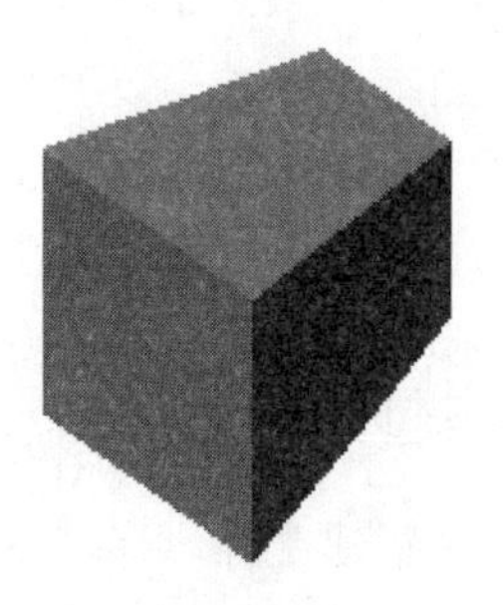

图4-50　拔模特征说明

4.5.1　拔模选项说明

单击“特征”面板中的“拔模”按钮，弹出“拔模”属性管理器。

从“拔模”属性管理器（见图4-51）中得出拔模的可控参数如下：

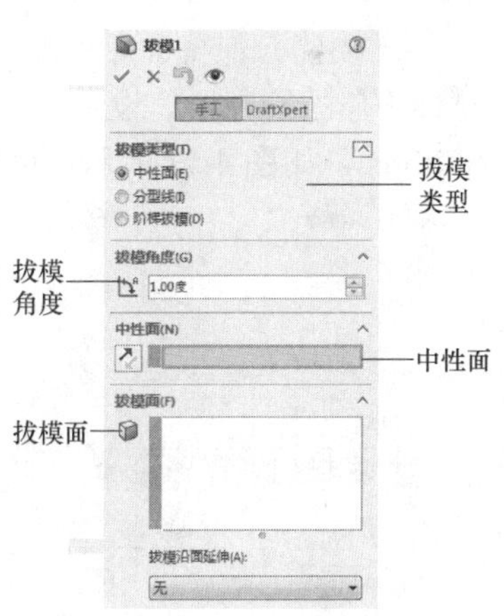

图4-51　“拔模”属性管理器

- ➢ 拔模角度：在文本框中输入所要创建的拔模角度。
- ➢ 拔模类型：可从中选择中性面、分型线、阶梯拔模等拔模的类型。
- ➢ 中性面：中性面是用来决定生成模具的拔模方向，使用特定的角度斜削所选模型面的特征。
- ➢ 分型线：如要在分型线上拔模，需要首先插入一条分割线来分离要拔模的面，也可以使用现有的模型边线，然后再指定拔模方向，也就是指定移除材料的分型线的一侧。
- ➢ 阶梯拔模：阶梯拔模为分型线拔模的变体。阶梯拔模绕用为拔模方向的基准面旋转而生成一个面。
- ➢ 拔模面：选定要拔模的面。

4.5.2 实例——圆锥销

创建图4-52所示的圆锥销。

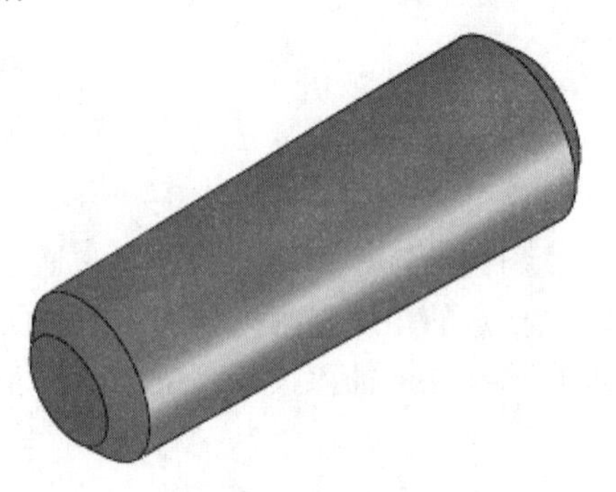

图4-52 圆锥销
视频文件\动画演示\第4章\圆锥销.mp4

创建步骤

01 新建文件。启动 SOLIDWORKS 2020，单击标准工具栏中的“新建”按钮，在弹出的“新建 SOLIDWORKS 文件”对话框中选择“零件”按钮，然后单击“确定”按钮。

02 绘制草图。选择“前视基准面”作为草图绘制平面，单击前导视图工具栏中的“正视于”按钮，使草图绘制平面转为正视方向。单击“草图”面板中的“圆形”按钮，以系统坐标原点为圆心，绘制圆锥销小端底圆草图，并设置其直径尺寸为 6mm。

03 创建拉伸特征。单击“特征”面板中的“拉伸凸台/基体”按钮，系统弹出“凸台-拉伸”属性管理器。设置拉伸的“终止条件”为“给定深度”，并在“深度”文本框中输入 20mm，如图 4-53 所示。单击“确定”按钮，如图 4-54 所示。

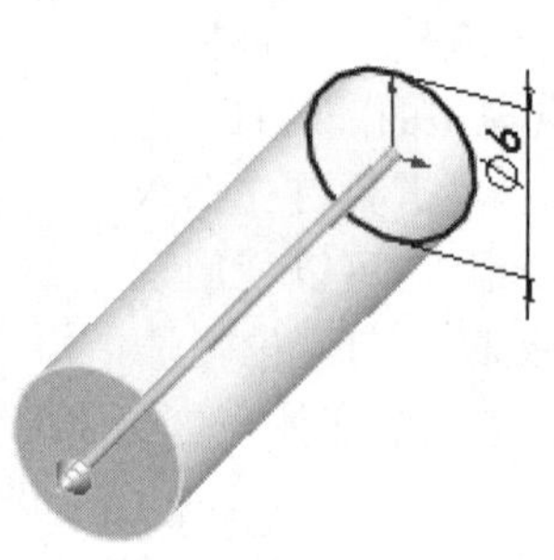

图4-53 设置拉伸参数

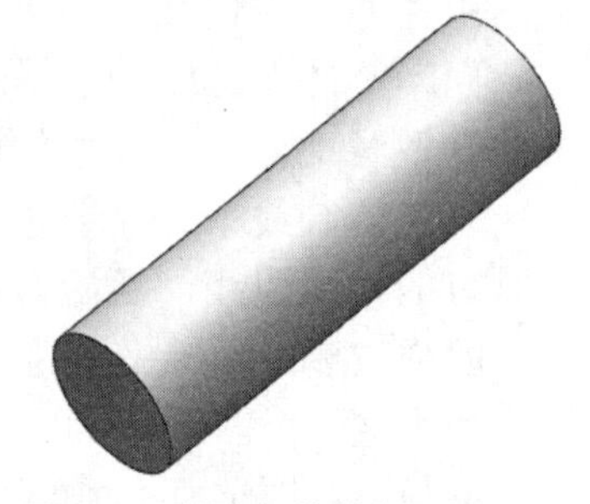

图4-54 创建拉伸特征

04 创建拔模特征。单击“特征”面板中的“拔模”按钮，系统弹出“拔模”属性管理器。在“拔模角度”文本框中输入 1 度，选择外圆柱面为拔模面，一端端面为中性面，如图 4-55 所示。单击“确定”按钮，如图 4-56 所示。

05 创建倒角特征。单击“特征”面板上的“倒角”按钮，系统弹出“倒角”属性管理器。设置“倒角类型”为“角度距离”，在“距离”文本框中输入 1mm，在角度文本框中输入 45 度。选择生成倒角特征的圆锥销棱边，如图 4-57 所示。单击“确定”按钮，完成后的圆锥销如图 4-52 所示。

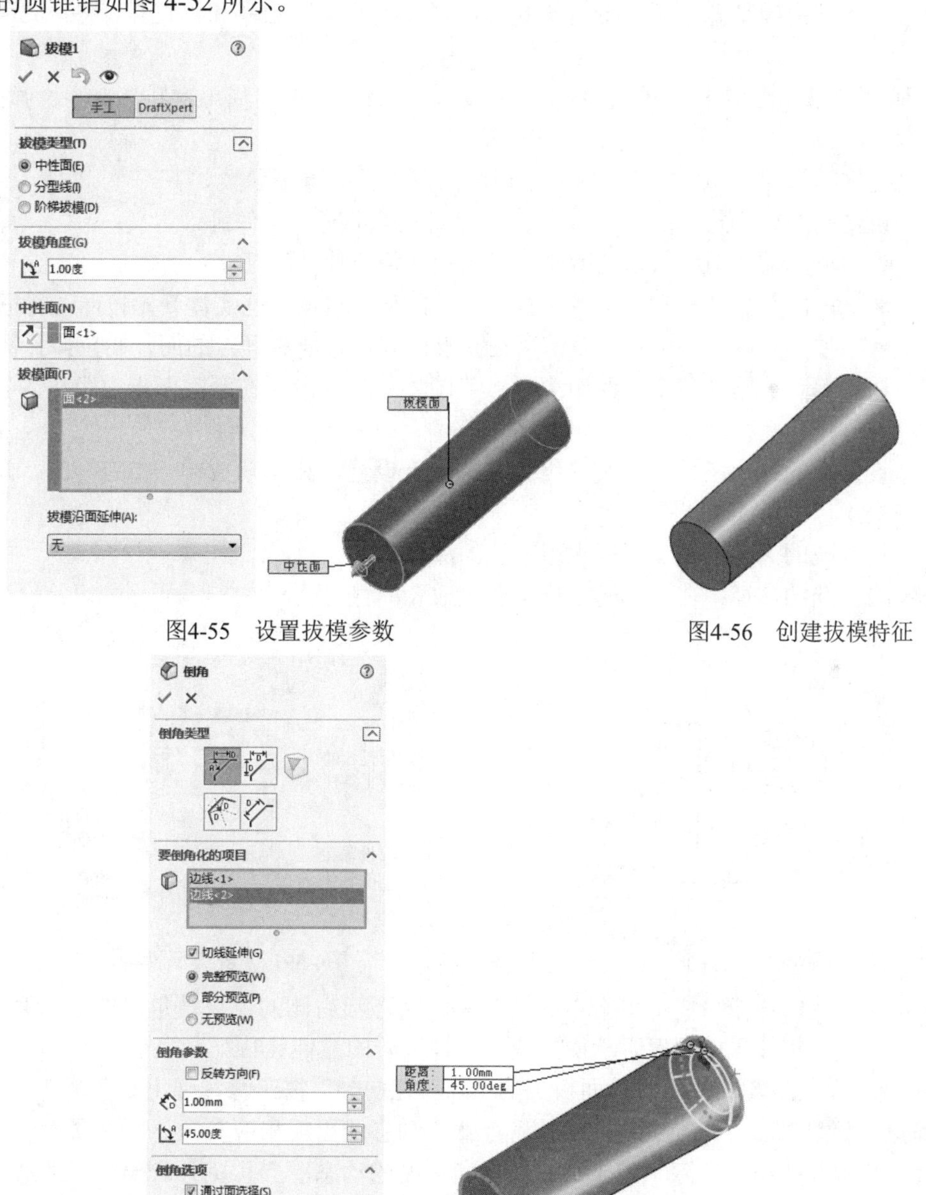

图4-55　设置拔模参数

图4-56　创建拔模特征

图4-57　设置倒角参数

4.6 孔

4.6.1 孔选项说明

孔特征是机械设计中的常见特征。SOLIDWORKS 2020将孔特征分成两种类型：简单直孔和异型孔。其中异型孔包括柱形沉头孔、锥形沉头孔、通用孔和螺纹孔。图4-58所示为孔特征。

01 简单直孔。选择菜单栏中的“插入”→“特征”→“简单直孔”命令，弹出“孔”属性管理器。

从“孔”属性管理器（见图4-59）中得出简单直孔的可控参数如下：

➢ 设置孔的初始条件：SOLIDWORKS 可以对拉伸的开始条件进行定义：
  - 草图基准面：从草图所在的基准面开始拉伸孔特征。
  - 曲面/面/基准面：选择这些实体后，草图将从这些实体开始拉伸孔特征。
  - 顶点：草图从平行于草图所在基准面并通过所选顶点的面开始拉伸孔特征。
  - 等距：输入一个等距距离后，草图将从与草图所在基准面指定距离的位置开始拉伸孔特征。

➢ 设置孔的终止条件：对孔的终止条件进行设置，在本章拉伸一节有介绍，这里不再赘述。

➢ 设置孔的深度：在文本框中指定孔的深度。

➢ 设置孔的直径：在文本框中指定要生成孔的直径。

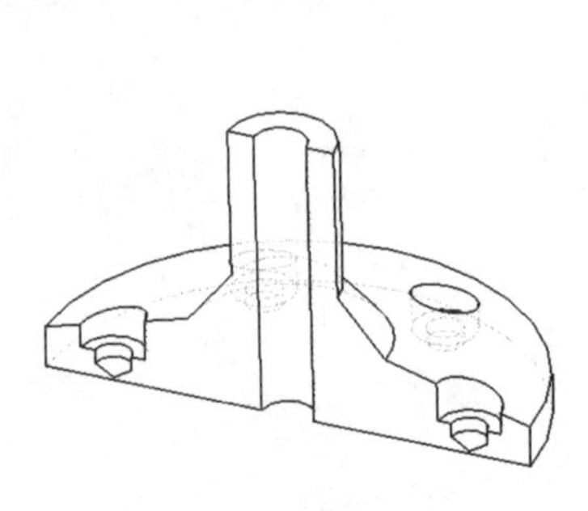

图4-58 孔特征

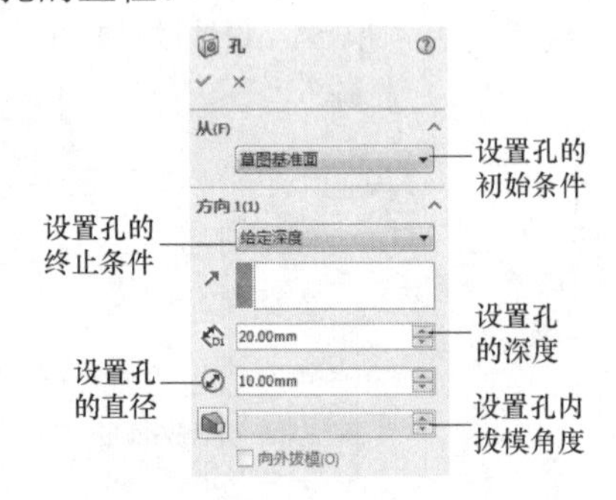

图4-59 “孔”属性管理器

➢ 设置孔内拔模角度：单击“拔模”，将激活右侧的“拔模角度”文本框，在文本框中指定拔模的角度，从而生成带拔模性质的拉伸孔特征。

02 异形孔。单击“特征”面板上的“异形孔向导”按钮，弹出“孔规格”属性管理器。选择孔类型之后，孔类型选项属性管理器会动态地更新相应参数。使用属性管理器来设定孔类型参数并找出孔。除了基于终止条件和深度的动态图形预览外，属性管理器中的图形显示可以帮助设置选择的孔类型的具体细节。“孔规格”属性管理器如图 4-60 所示。

无论是简单直孔还是异形孔，都需要选取孔的放置平面，并且标注孔的轴线与其他几何实体之间的相对尺寸，以完成孔的定位。

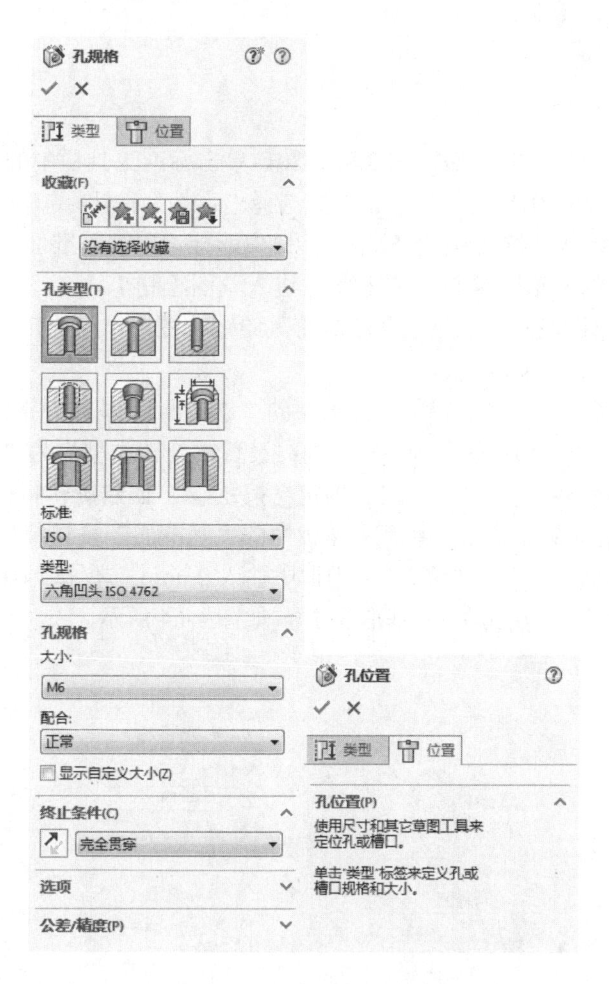

图4-60　“孔规格”属性管理器

在进行零件建模中，一般最好在设计阶段将近结束时再创建孔特征。这样可以避免因疏忽而将材料添加到现有的孔内。

4.6.2　实例——异形孔零件

创建图4-61所示的异形孔特征零件。

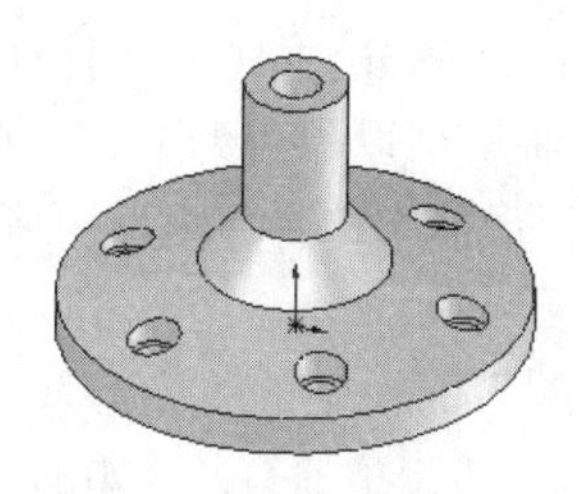

图4-61　异形孔特征零件

视频文件\动画演示\第4章\异形孔零件.mp4

创建步骤

01 新建文件。启动 SOLIDWORKS 2020，单击标准工具栏中的“新建”按钮，在弹出的“新建 SOLIDWORKS 文件”对话框中选择“零件”按钮，单击“确定”按钮。

02 进入草图绘制 1。在特征管理器设计树中选择“前视基准面”作为草图绘制平面，单击“草图”面板中的“草图绘制”按钮，进入草图绘制 1。

03 绘制旋转草图轮廓。利用草图绘制工具绘制草图，作为旋转特征的轮廓，如图4-62所示。

04 创建旋转特征。单击“特征”面板中的“旋转凸台/基体”按钮，SOLIDWORKS 会自动将草图中唯一的一条中心线作为旋转轴；设置“旋转类型”为“给定深度”；“旋转角度”为 360 度，如图 4-63 所示。单击“确定”按钮，创建旋转特征。

05 创建镜像基准面。单击“特征”面板中的“基准面”按钮，选择“上视基准面”为创建基准面的参考面，在“距离”文本框中输入 25mm，单击“确定”按钮，完成基准面的创建。系统默认该基准面为“基准面 1”，如图 4-64 所示。

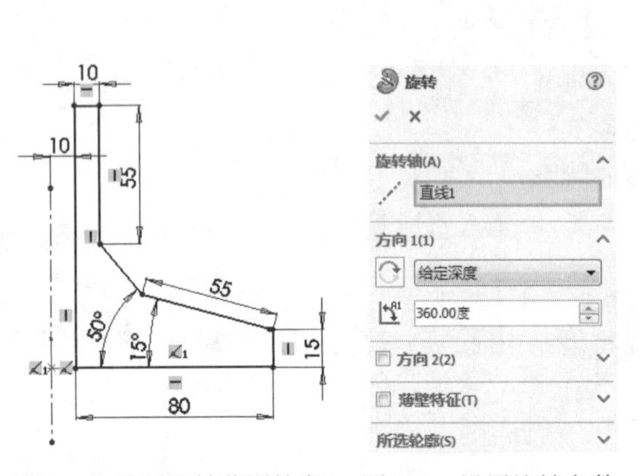

图4-62　绘制旋转草图轮廓　　图4-63　设置旋转参数

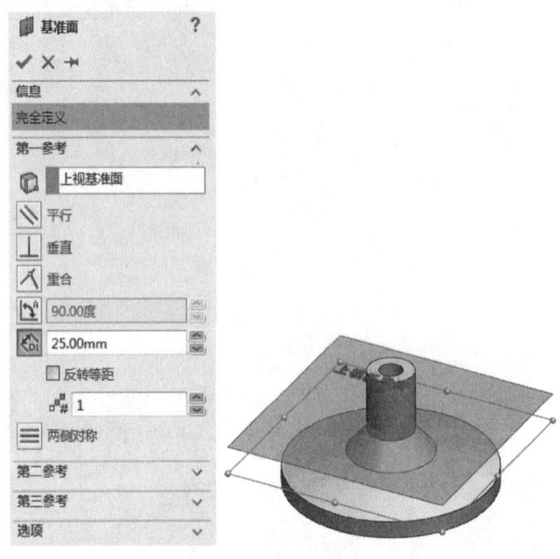

图4-64　设置基准面

06 进入草图绘制 2。选择基准面 1，单击“草图”面板中的“草图绘制”按钮，进入草图绘制 2。

07 绘制圆，并设置为构造线。单击“草图”面板中的“圆形”按钮，在基准面 1 上绘制一个以原点为中心，直径为 135 的圆。在左侧的“圆”属性管理器中选择“作为构造线”单选按钮，将圆设置为构造线。

08 绘制中心线。单击“草图”面板中的“中心线”按钮，绘制 3 条通过原点，并且互成 60° 角的直线，如图 4-65 所示。单击“草图”面板中的“退出草图”按钮，退出草图绘制。

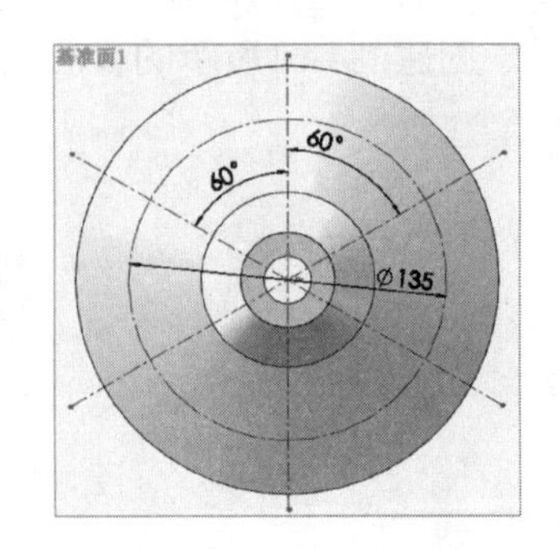

图4-65　绘制中心线

09 创建异形孔。单击“特征”面板中的“异形孔向导”按钮，弹出“孔规格”属性管理器。在“孔类型”中选择“柱形沉头孔”选项，然后对柱形沉头孔的参数进行设置，如图 4-66 所示。在选定好孔类型之后，选择位置选项。选择特征管理器设计树上的基准面 1 为孔放置面，在步骤 **08** 中创建的构造线上为孔定位，如图 4-67 所示。单击“确定”按钮✓，完成多孔的创建与定位。

至此，该零件制作完成，单击标准工具栏中的“保存”按钮，将文件保存为“异形孔特征.sldprt”。最终结果如图 4-68 所示。

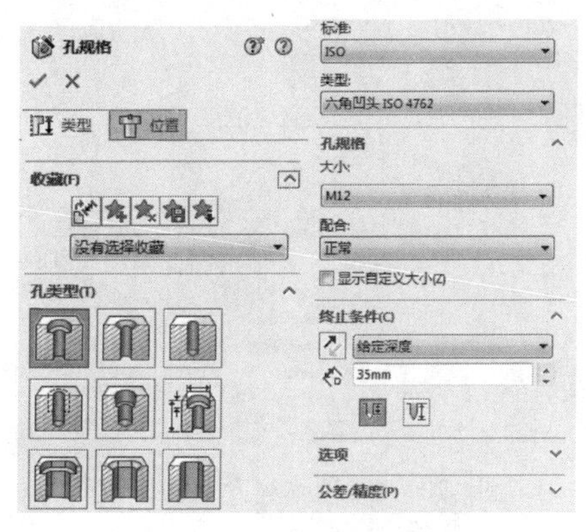

图4-66　设定孔参数

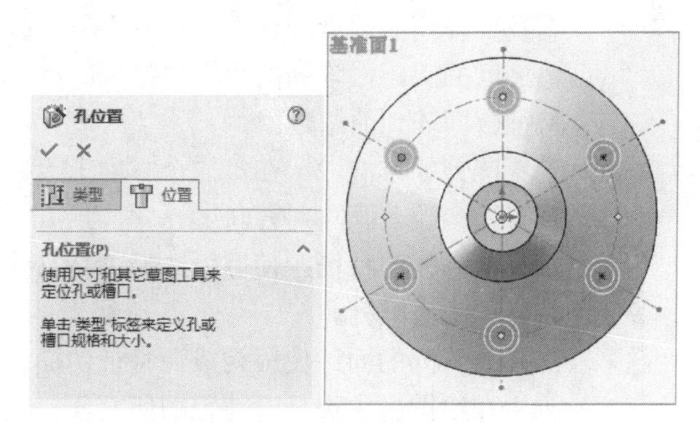

图4-67　定义孔位置

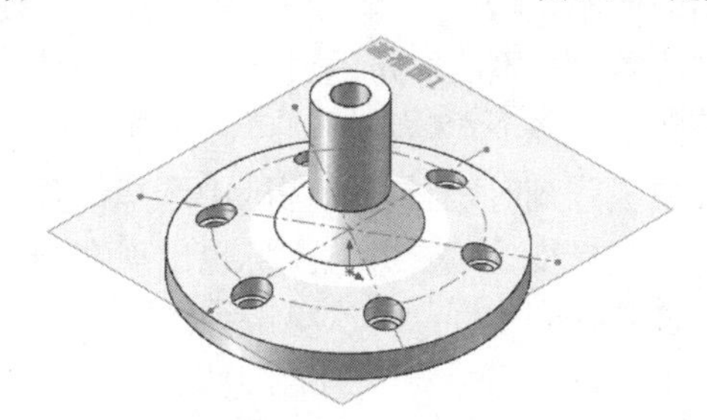

图4-68　异形孔零件

4.7　线性阵列

特征阵列用于将任意特征作为原始样本特征，通过指定阵列尺寸产生多个类似的子样本特征。特征阵列完成后，原始样本特征和子样本特征成为一个整体，用户可将它们作为一个特征进行相关的操作，如删除、修改等。

线性阵列指沿一条或两条直线路径生成多个子样本特征。图4-69所示为线性阵列模型。

图4-69　线性阵列模型

4.7.1 线性阵列选项说明

单击“特征”面板上的“线性阵列”按钮，弹出“线性阵列”属性管理器。

从“线性阵列”属性管理器（见图4-70）中得出线性阵列的可控参数如下：

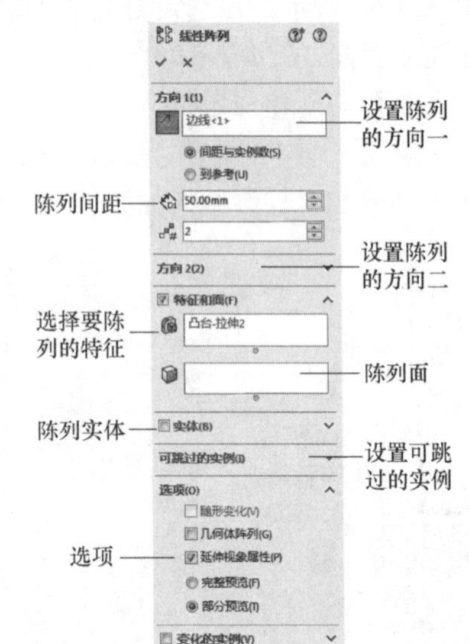

图4-70 “线性阵列”属性管理器

- 设置阵列的方向 1：可以选择一线性边线、直线、轴或尺寸。如有必要，可单击“反向”按钮来改变阵列的方向。
- 阵列的间距：在所选择方向上设置要阵列的距离及要阵列的数量。这里的距离指每个阵列个体之间的间距，阵列的数量包括原始要阵列的特征，即阵列的总数。
- 设置阵列的方向 2：在第二个方向上设置的阵列可控参数。同阵列方向 1。
- 选择要阵列的特征：使用所选择的特征作为源特征以生成阵列。
- 选择要阵列的面：使用构成源特征的面生成阵列。在绘图区中选择源特征的所有面。这对于只输入构成特征的面而不是特征本身的模型很有用。当使用要阵列的面时，阵列必须保持在同一面或边界内，不能够跨越边界。
- 阵列实体：在零件图中有多个实体特征，可利用阵列实体来生成多个实体。

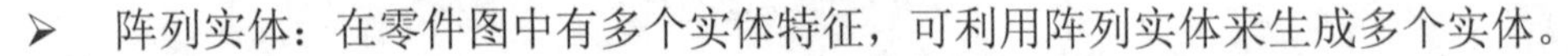

- 可跳过的实例：在生成阵列时跳过在绘图区中选择的阵列实例。当将光标移动到每个阵列的实例上时，指针变为，并且坐标也出现在绘图区中。单击以选择要跳过的阵列实例。若想恢复阵列实例，再次单击绘图区中的实例标号。
- 选项：SOLIDWORKS 2020 可以对阵列的细部进行设置：
  - 随形变化：让阵列实例重复时改变其尺寸，如图 4-71 所示。

图4-71 没选择随形变化（左）与选择了随形变化（右）

  - 几何体阵列：只使用特征的几何体(面和边线)来生成阵列，而不阵列和求解特征的每个实例。“几何体阵列”选项可以加速阵列的生成及重建。

注：对于与模型上其他面共用一个面的特征，不能使用几何体阵列选项。

  - 延伸视像属性：若想镜像所镜像实体的视像属性（SOLIDWORKS 的颜色、纹理和装饰螺纹数据），选择“延伸视像属性”。

4.7.2 实例——底座

本例绘制底座，如图4-72所示。首先绘制底座主体轮廓草图并拉伸实体，然后创建侧边的螺纹连接孔，最后创建其他部位的连接孔。

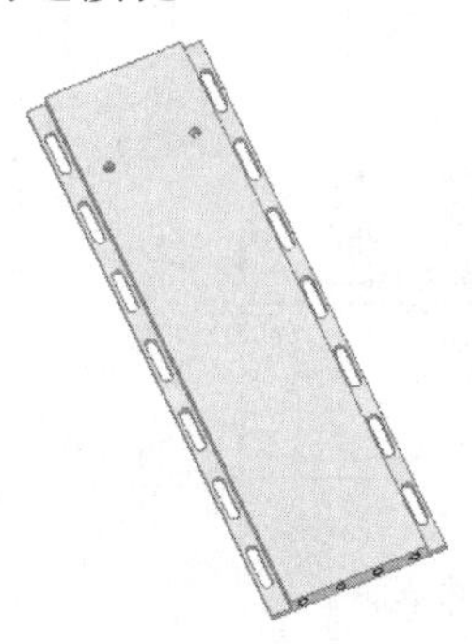

图4-72　底座

视频文件\动画演示\第4章\底座.mp4

创建步骤

01 新建文件。启动 SOLIDWORKS 2020，单击标准工具栏中的“新建”按钮，在弹出的“新建 SOLIDWORKS 文件”对话框中选择“零件”按钮，然后单击“确定”按钮，创建一个新的零件文件。

02 绘制草图 1。在特征管理器设计树中选择“前视基准面”作为草图绘制平面。单击“草图”面板中的“边角矩形”按钮，绘制一个矩形。矩形的一个角点在原点。

03 标注尺寸 1。单击“草图”面板中的“智能尺寸”按钮，标注矩形各边的尺寸。如图 4-73 所示。

04 拉伸实体。单击“特征”面板中的“拉伸凸台/基体”按钮，系统弹出“凸台-拉伸”属性管理器。在“深度”文本框中输入 12mm，然后单击“确定”按钮，如图 4-74 所示。

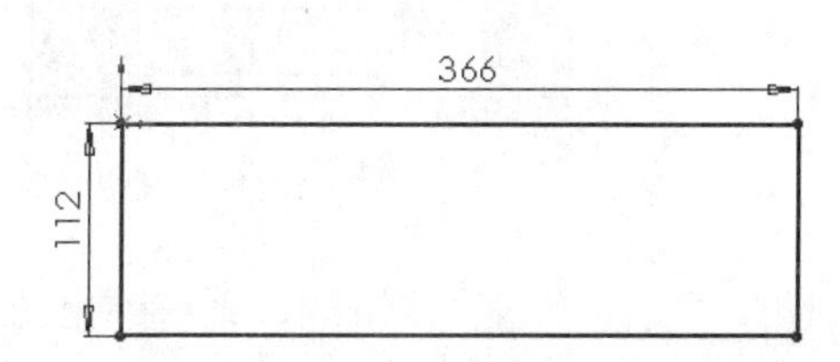

图4-73　标注尺寸的草图1

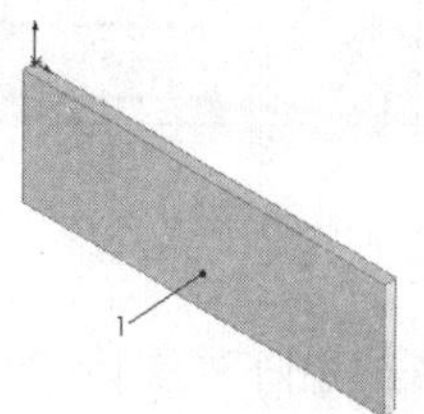

图4-74　拉伸实体

05 创建草图绘制平面 1。选择图 4-74 中的表面 1，然后单击前导视图工具栏“正视于”按钮，将该表面作为草图绘制平面。

06 绘制草图 2。单击“草图”面板中的“边角矩形”按钮，在上一步创建的草图平面上绘制两个矩形。

07 标注尺寸 2。单击“草图”面板中的“智能尺寸”按钮，标注上一步绘制草图的尺寸，如图 4-75 所示。

08 切除拉伸实体 1。单击“特征”面板中的“拉伸切除”按钮，系统弹出“切除-拉伸”属性管理器。在“深度”文本框中输入 8mm，然后单击“确定”按钮，如图 4-76 所示。

图4-75　标注尺寸的草图2

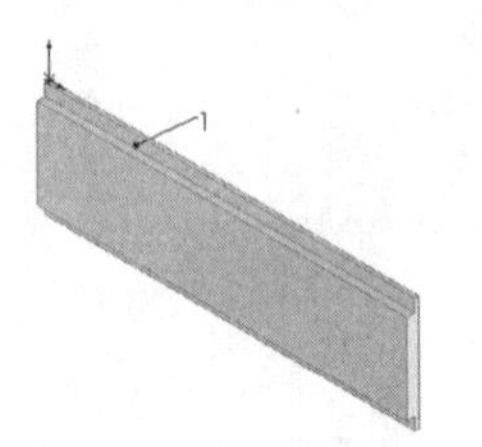

图4-76　切除拉伸实体1

09 创建草图绘制平面 2。选择图 4-76 中的表面 1，然后单击前导视图工具栏“正视于”按钮，将该表面作为草图绘制平面。

10 绘制草图 3。单击“草图”面板中的“边角矩形”按钮，绘制一个矩形；单击“草图”面板中的“3 点圆弧”按钮，分别以矩形一个边的两个端点为圆弧的两个端点绘制一个圆弧。

11 标注尺寸 3。单击“草图”面板中的“智能尺寸”按钮，标注上一步绘制草图的尺寸及其定位尺寸，如图 4-77 所示。

12 剪裁实体。单击“草图”面板中“剪裁实体”按钮，剪裁图 4-77 中圆弧与矩形的交线，如图 4-78 所示。

13 切除拉伸实体 2。单击“特征”面板中的“拉伸切除”按钮，系统弹出“切除-拉伸”属性管理器。设置“终止条件”为“完全贯穿”。单击“确定”按钮，如图 4-79 所示。

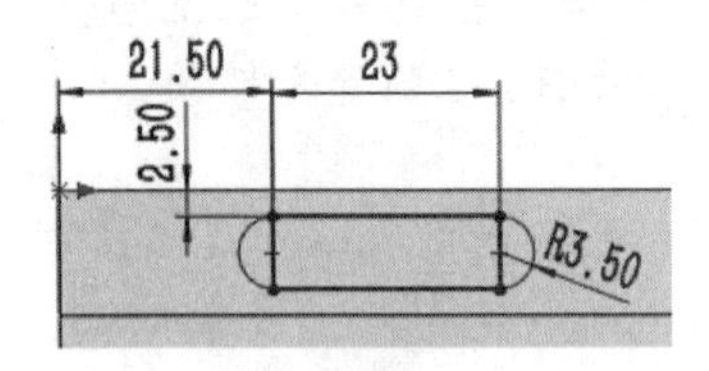

图4-77　标注尺寸的草图3

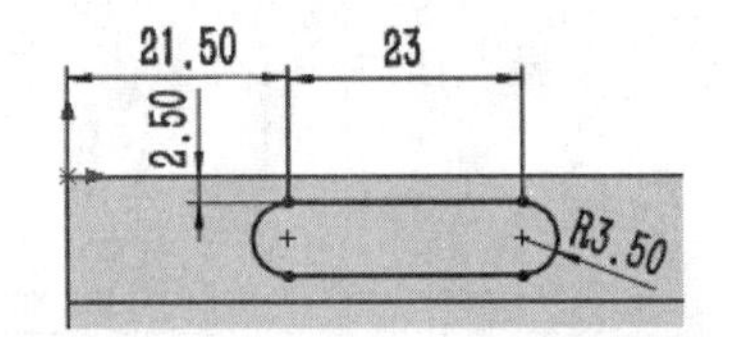

图4-78　剪裁后的草图

14 线性阵列实体。单击“特征”面板上的“线性阵列”按钮，系统弹出图 4-80 所示的“线性阵列”属性管理器。单击“方向 1”中的“边线”选择框，用光标选择图 4-79 中的水平边线；在“间距”文本框中输入 50mm；在“实例数”主本框中输入 7，并调整阵列实体的方向。单击“方向 2”中的“边线”选择框，用光标选择图 4-79 中的竖直边线；在“间距”文本框中输入 100mm；在“实例数”文本框中输入 2，并调整阵列实体的方向。单击“确定”按钮，如图 4-81 所示。

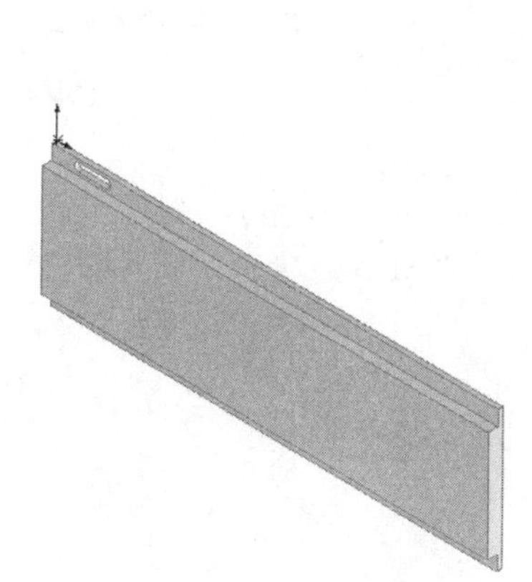

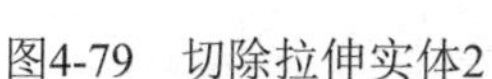
图4-79　切除拉伸实体2

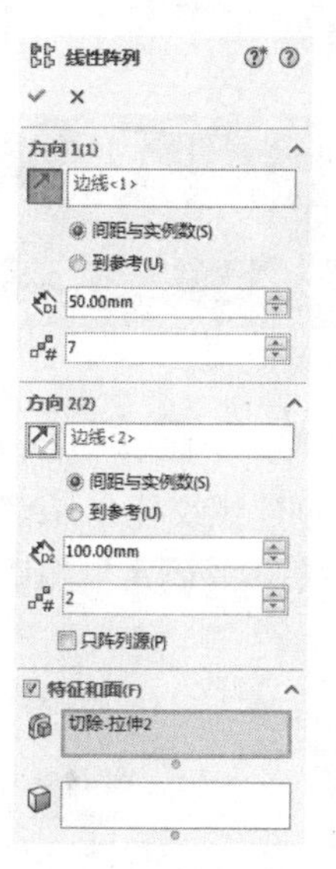

图4-80　“线性阵列”属性管理器

15 绘制其他连接孔。首先创建草图绘制平面。选择图 4-81 中后方的表面，然后单击前导视图工具栏“正视于”按钮，将该表面作为草图绘制平面。

16 创建柱形沉头孔。单击“特征”面板上的“异型孔向导”按钮，系统弹出图 4-82 所示的“孔规格”属性管理器。按照图示进行设置后，选择“位置”选项卡，单击“3D 草图”按钮，然后选择上一步创建的草图绘制平面，添加两个点，作为柱形沉头孔的位置并标注尺寸，如图 4-83 所示。单击“确定”按钮，如图 4-84 所示。

17 创建草图绘制平面 3。选择图 4-84 中的表面 1，然后单击前导视图工具栏“正视于”按钮，将该表面作为草图绘制平面。

18 创建螺纹孔 1。单击“特征”面板上的“异形孔向导”按钮，系统弹出图 4-85“孔规格”属性管理器。按照图示进行设置后，选择“位置”选项卡，单击“3D 草图”按钮，然后选择草图绘制平面，添加 4 个点，作为螺纹孔的位置并标注尺寸，如图 4-86 所示。单击“确定”按钮，如图 4-87 所示。

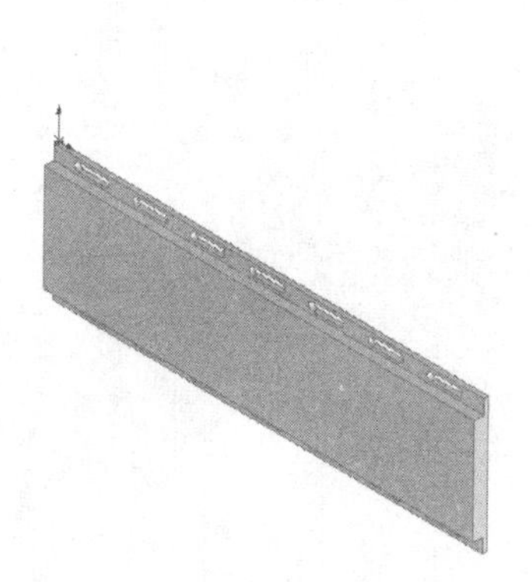
图4-81　线性阵列实体

图4-82　“孔规格”属性管理器

图4-83　标注尺寸的草图4

图4-84　创建的柱形沉头孔

19 创建螺纹孔 2。参考上面的步骤，在底座的另一端添加螺纹孔。螺纹孔的位置如图 4-88 所示，然后单击“确定”按钮✔，如图 4-89 所示。

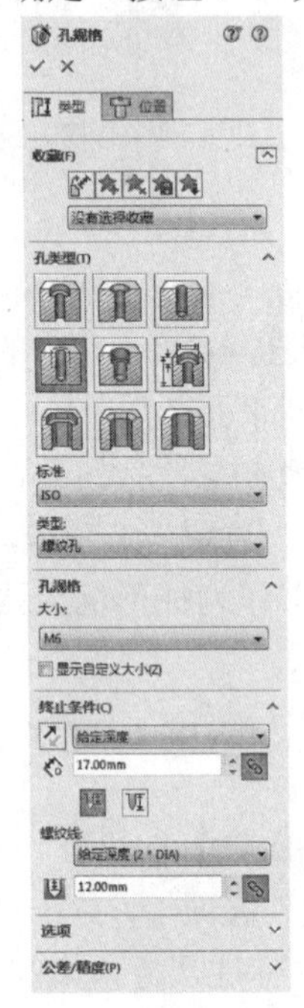

图4-85　“孔规格”属性管理器

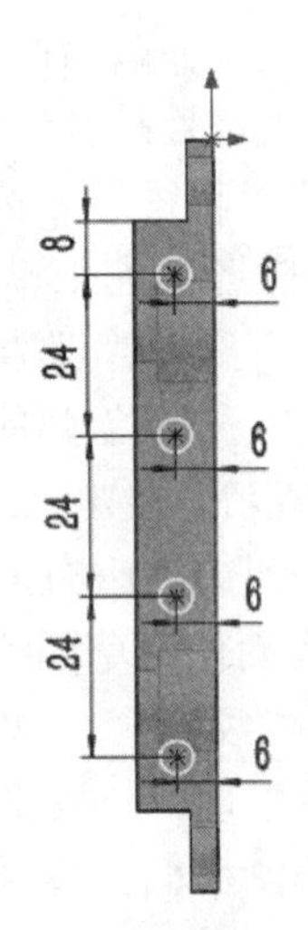

图4-86　标注尺寸的草图5

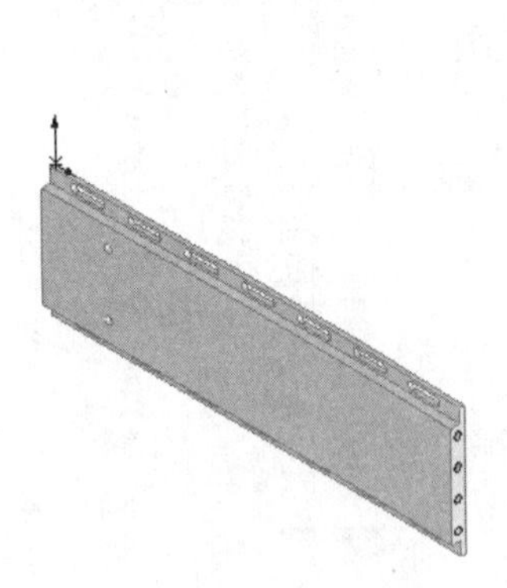

图4-87　创建的螺纹孔1

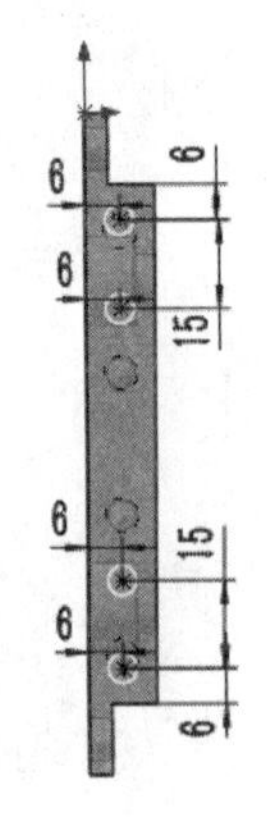

图4-88　螺纹孔的位置

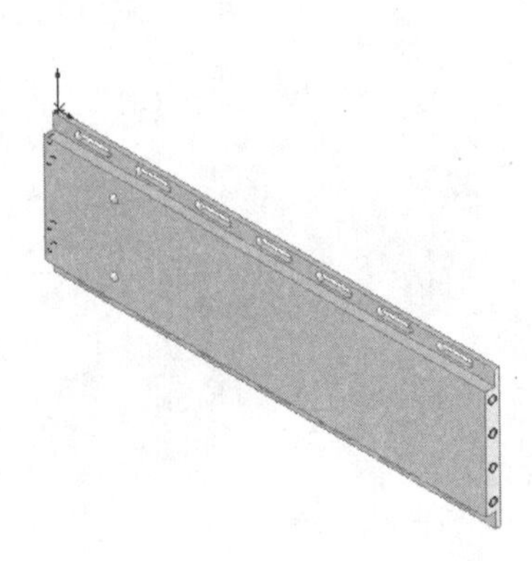

图4-89　创建的螺纹孔2

4.8　圆周阵列

圆周阵列指绕一个轴心以圆周路径生成多个子样本特征。图4-90所示为圆周阵列模型。

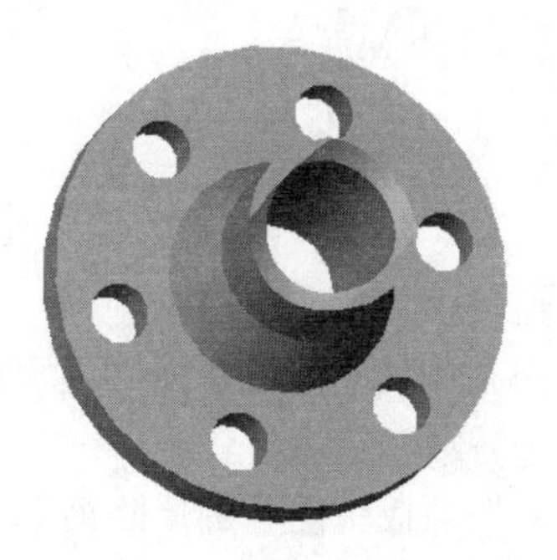

图4-90　圆周阵列模型

4.8.1　圆周阵列选项说明

单击“特征”面板上的“圆周阵列”按钮，弹出“阵列（圆周）1”属性管理器。

从“阵列（圆周）1”属性管理器（见图4-91）中得出圆周阵列的可控参数如下：

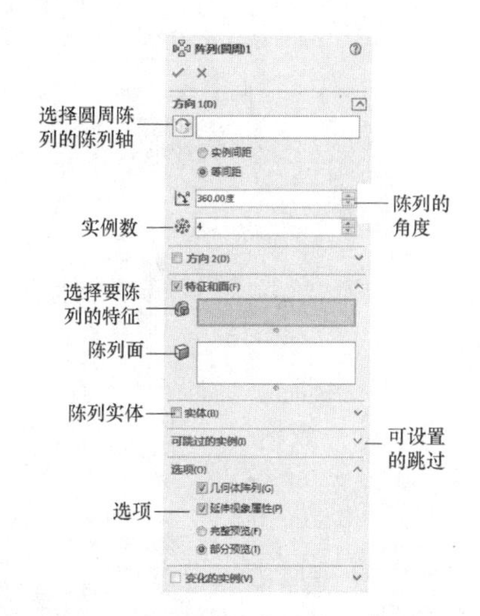

图4-91　“阵列（圆周1）”属性管理器

- ➢ 选择圆周阵列的阵列轴：在圆周阵列之前，首先要创建一个中心轴。这个轴可以是基准轴或临时轴。可以在模型区域中选择轴、模型边线或角度尺寸，阵列绕此轴创建。如有必要，单击“反向”按钮来改变圆周阵列的方向。
- ➢ 阵列的角度及圆周阵列的实例数：在所选择方向上设置要阵列的角度及要阵列的数。这里的角度指每个阵列实体之间的角度。实例数包括原始要阵列的特征，即阵列的总数。选择“等间距”，则设定总角度为360度。
- ➢ 选择要阵列的特征：使用所选择的特征作为源特征以创建阵列。
- ➢ 阵列面：使用构成源特征的面创建阵列。在绘图区中选择源特征的所有面。这对于只输入构成特征的面而不是特征本身的模型很有用。当使用要阵列的面时，阵列必须保持在同一面或边界内，它不能够跨越边界。
- ➢ 阵列实体：在零件图中有多个实体特征，可利用阵列实体来创建多个实体。
- ➢ 设置可跳过的实例：在创建阵列时跳过在绘图区中选择的阵列实例。当将光标移动到每个阵列的实例上时，指针变为，并且坐标也出现在绘图区中。单击以选择要跳过的阵列实例。若想恢复阵列实例，再次单击绘图区中的实例标号。

➢ 选项：SOLIDWORKS 2020 版本中可以对圆周阵列的细部进行设置。在前面线性阵列中已有介绍，这里不再赘述。

4.8.2 实例——叶轮2

视频文件\动画演示\第4章\叶轮2.avi

创建步骤

01 打开3.5.2节创建的叶轮1。

02 创建临时轴。选择菜单栏中的“视图”→“隐藏/显示”→“临时轴”命令，显示圆柱拉伸中的临时轴，为圆周阵列做好准备。

03 圆周阵列。单击“特征”面板中的“圆周阵列”按钮。在“阵列（圆周）1”属性管理器中单击“方向 1”选项组中按钮右侧的选择框，然后在绘图区中选择临时轴；选择“等间距”单选按钮，则阵列角度将默认为 360 度；在“实例数“文本框中输入 6。在“特征和面”选项组中单击“要阵列的特征”选择框，然后在特征管理器设计树或绘图区中选择“放样 1”作为阵列特征，如图 4-92 所示。单击“确定”按钮，从而创建圆周阵列。

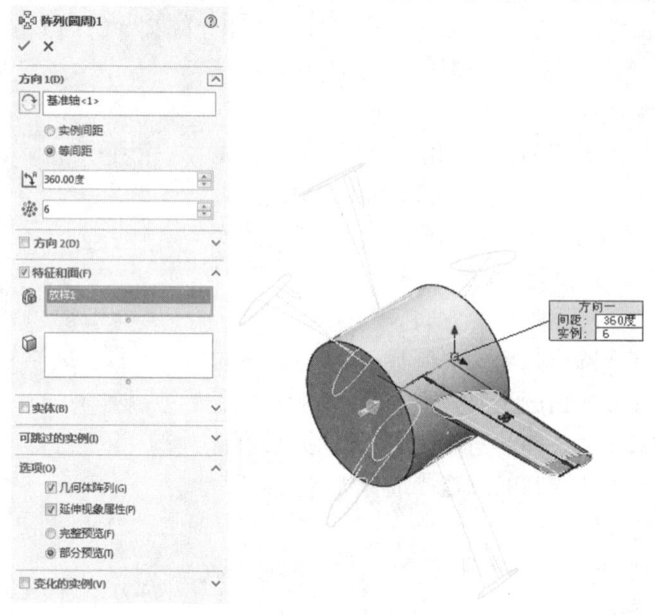

图4-92 圆周阵列

4.9 镜像

如果零件结构是对称的，用户可以只创建一半零件模型，然后使用特征镜像的办法创建整个零件。如果修改了原始特征，则镜像的复制也将更新以反映其变更。图4-93所示为运用特征镜像创建的零件。

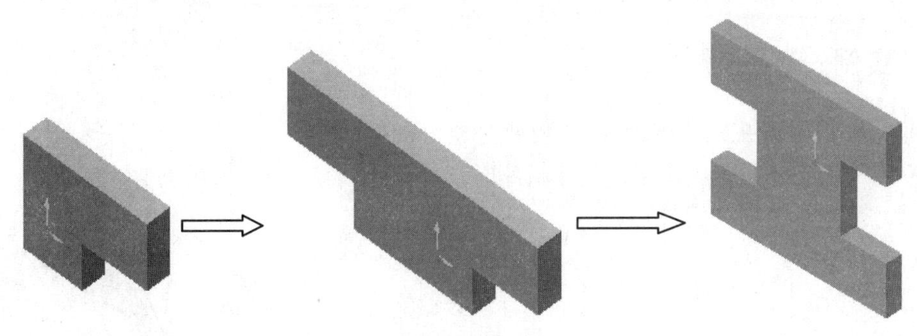

图4-93　运用特征镜像创建零件

4.9.1　镜像选项说明

单击“特征”面板上的“镜像”按钮，弹出“镜像”属性管理器。

从“镜像”属性管理器（见图4-94）中得出镜像的可控参数如下：

➢ 镜像面/基准面：若要生成镜像特征、实体或镜像面，需选择镜像面或基准面来进行镜像操作。
➢ 选择要镜像的特征：使用所选择的特征作为源特征以生成镜像的特征。如果选择模型上的平面，将绕所选面镜像整个模型。
➢ 选择要镜像的面：使用构成源特征的面生成镜像。
➢ 要镜像的实体：在单一模型或多实体零件中选择一实体来生成一镜像实体。
➢ 选项：SOLIDWORKS 2020 版本中可以对镜像进行设置：
  - 几何体阵列：只使用特征的几何体(面和边线)来生成阵列，而不阵列和求解特征的每个实例。“几何体阵列”选项可以加速阵列的生成及重建。

注：对于与模型上其他面共用一个面的特征，不能使用“几何体阵列”选项。

  - 延伸视像属性：将 SOLIDWORKS 的颜色、纹理和装饰螺纹数据延伸给所有镜像实例的特征。

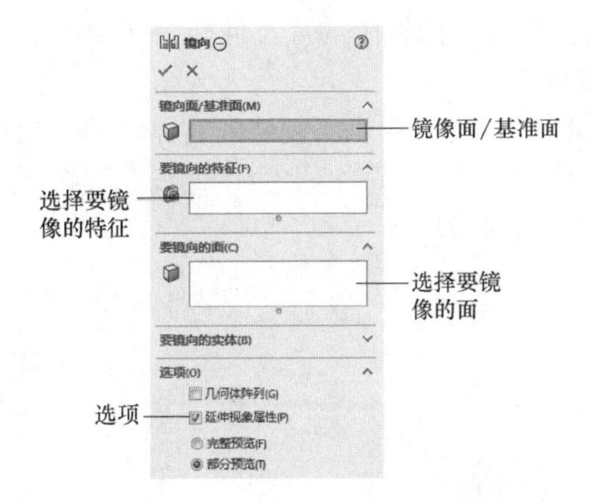

图4-94　“镜像”属性管理器

⊖ 软件中的“镜向”应为“镜像”，用户在使用时应予以注意。

4.9.2 实例——机座

机座一般是用铸铁或铸钢制成的，机座是整个部件的母体，主要是起支撑、连接作用。创建机座时，首先绘制大体轮廓，把基本的框架建好后，再添加筋、凸台、钻孔等，如图4-95所示。

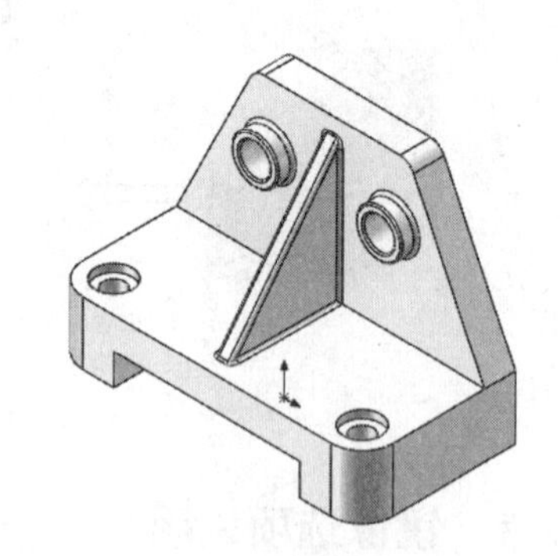

图4-95 机座

视频文件\动画演示\第4章\机座.mp4

创建步骤

01 新建文件。启动 SOLIDWORKS 2020。单击标准工具栏中的“新建”按钮，在弹出的“新建 SOLIDWORKS 文件”对话框中选择“零件”按钮，然后单击“确定”按钮，创建一个新的零件文件。

02 绘制底面。在特征管理器设计树中选择“上视基准面”作为草图绘制平面；然后单击“草图”面板中的“边角矩形”按钮，绘制一个矩形。单击“草图”面板中的“绘制圆角”按钮，绘制如图 4-96 所示的底面。

03 单击“草图”面板中的“智能尺寸”按钮，标注底面的实际尺寸，如图 4-97 所示。

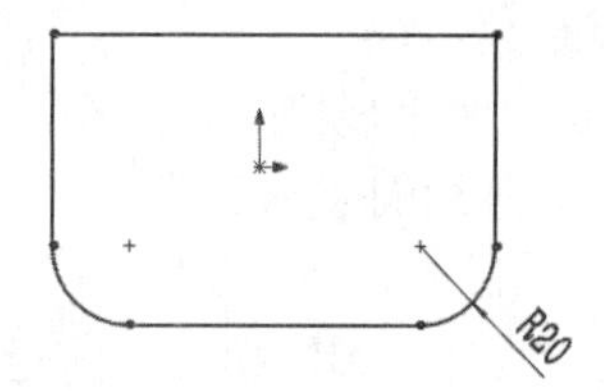

图4-96 绘制底面

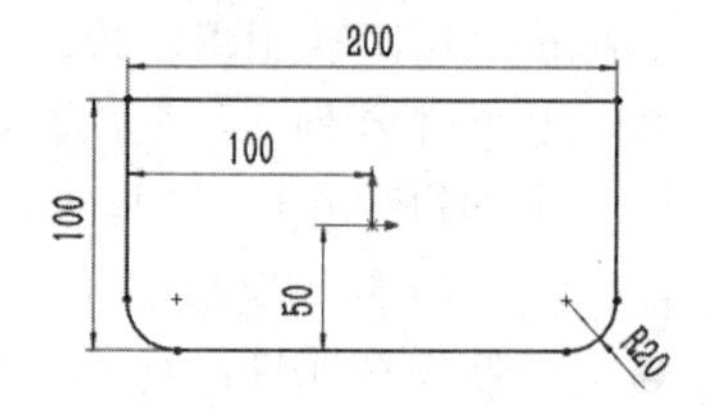

图4-97 标注底面的实际尺寸

04 拉伸实体。单击“特征”面板中的“拉伸凸台/基体”按钮，拉伸创建一个厚度为 40mm 的底面实体，如图 4-98 所示。

05 创建草图绘制平面1。选择上一步所创建的实体背面作为草图绘制平面。

06 绘制底座侧面。单击“草图”面板中的“直线”按钮，在草图绘制平面上绘制底座侧面，并标注尺寸，如图 4-99 所示。

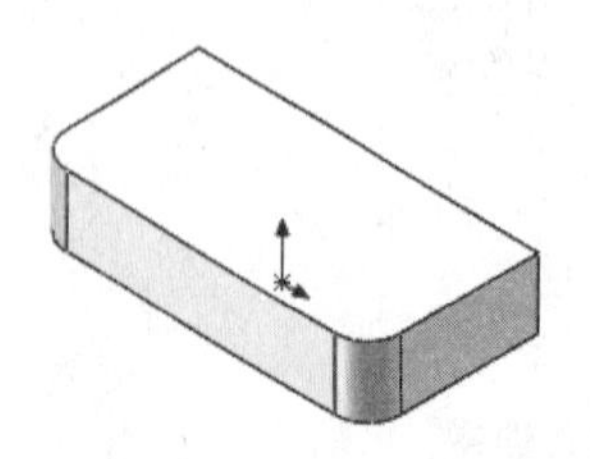

图4-98 拉伸创建底面实体

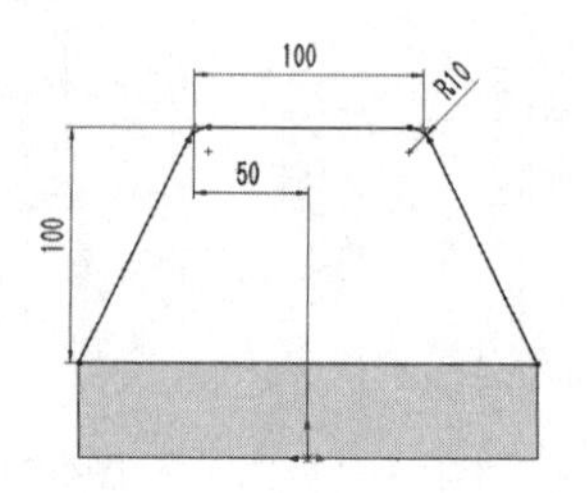

图4-99 绘制机座侧面

07 拉伸侧面。单击“特征”面板中的“拉伸凸台/基体”按钮，将底座侧面拉伸成一个长度为 20mm 的实体（注意拉伸方向），如图 4-100 所示。

08 创建草图绘制平面2面。选择底座前面部分平面作为草图绘制平面。

09 绘制切除拉伸轮廓。单击“草图”面板中的“直线”按钮，在草图绘制平面上绘制切除拉伸轮廓并标注尺寸，如图 4-101 所示。

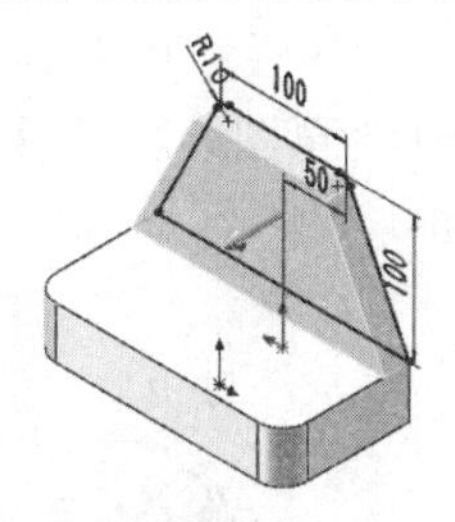

图4-100　拉伸侧面

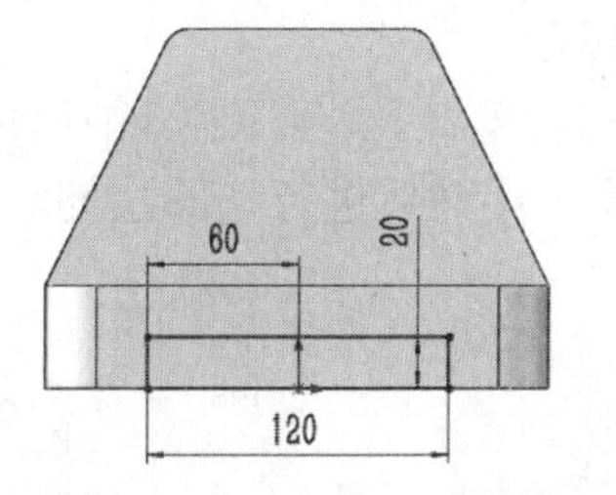

图4-101　绘制切除拉伸轮廓

10 切除拉伸实体 1。单击“特征”面板中的“拉伸切除”按钮，系统弹出“切除-拉伸”属性管理器。设置“终止条件”为“完全贯穿”，图形窗口将高亮显示，如图 4-102 所示。单击“确定”按钮，切除拉伸后的效果如图 4-103 所示。

11 绘制直线。选择“右视基准面”作为草图绘制平面，单击前导视图工具栏中的“正视于”按钮，使草图绘制平面转为正视方向。单击“草图”面板中的“直线”按钮，绘制图 4-104 所示的直线。

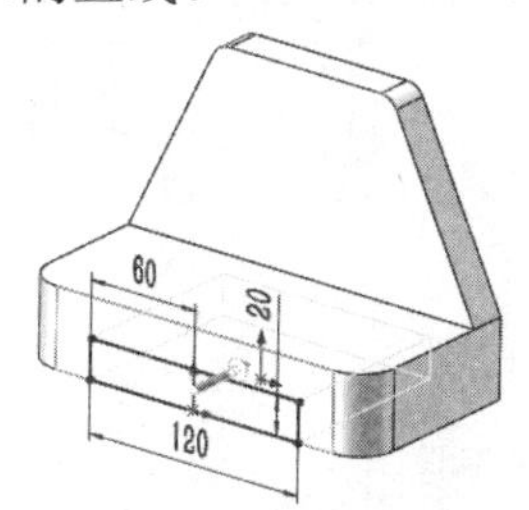

图4-102　切除拉伸实体1

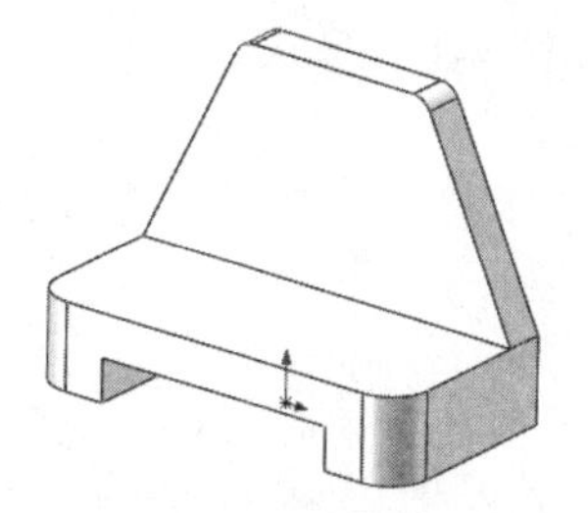

图4-103　切除拉伸后的效果

12 创建筋。单击“特征”面板上的“筋”按钮，在弹出的“筋 1”属性管理器后，选择图 4-104 中所创建的直线。在“筋 1”属性管理器中选择“两侧对称”按钮，并在筋“厚度”文本框中输入 10mm，选择筋的“拉伸方向”，如图 4-105 所示。然后单击“确定”按钮，即可创建筋特征。

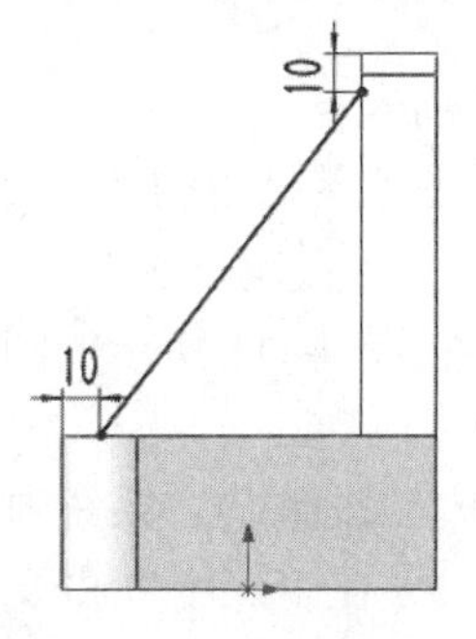

图4-104　绘制生成筋所需直线

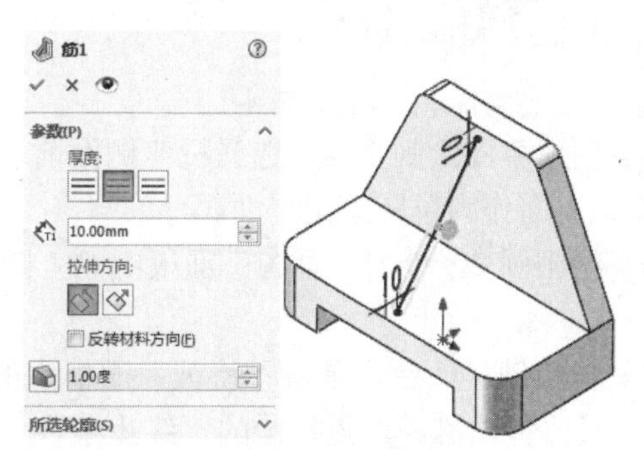

图4-105　创建筋特征

13 创建草图绘制平面 3。选择机座底座的上表面，然后单击前导视图工具栏中的“正视于”按钮，将该表面作为草图绘制平面。

14 绘制圆 1。单击“草图”面板中的“圆形”按钮，绘制图 4-106 所示的圆并标注尺寸。

15 切除拉伸实体。单击“特征”面板中的“拉伸切除”按钮，设置切除拉伸深度为 5mm，如图 4-107 所示。

16 切除拉伸安装孔。以刚切除拉伸生成的实体底面平面作为草图绘制平面，绘制安装孔，如图4-108所示；然后进行切除拉伸，创建螺钉通孔，如图4-109所示。

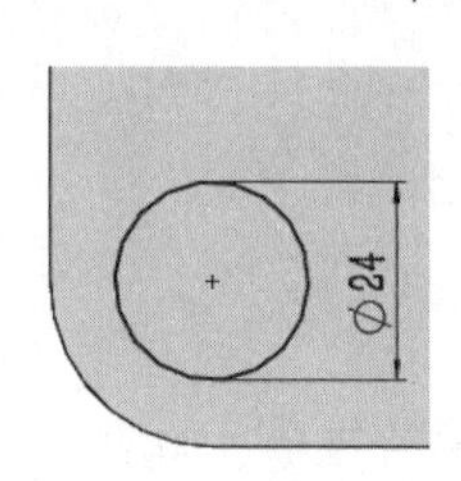

图4-106　绘制圆1

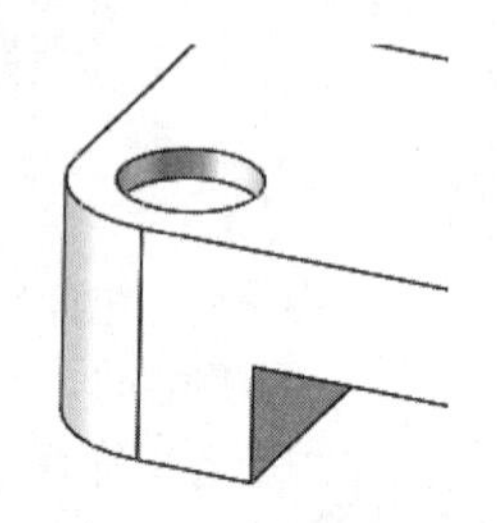

图4-107　切除拉伸实体2

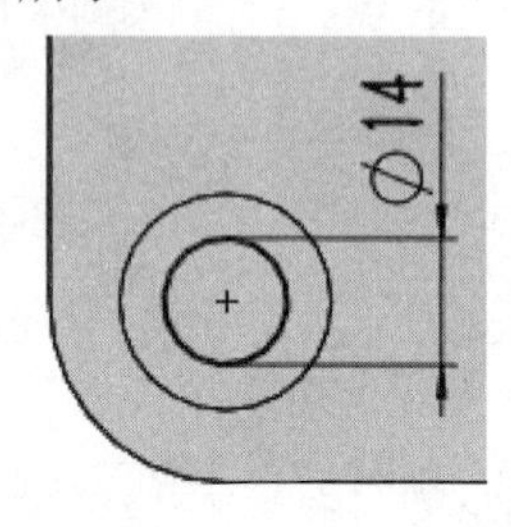

图4-108　绘制安装孔

17 镜像实体 1。单击“特征”面板上的“镜像”按钮，弹出“镜像”属性管理器。单击“镜像面/基准面”选择框，在特征管理器设计树中选择“右视基准面”；单击“要镜像的特征”选择框，在特征管理器设计树中选择两个“切除-拉伸”特征。单击“确定”按钮，镜像实体 1，如图 4-110 所示。

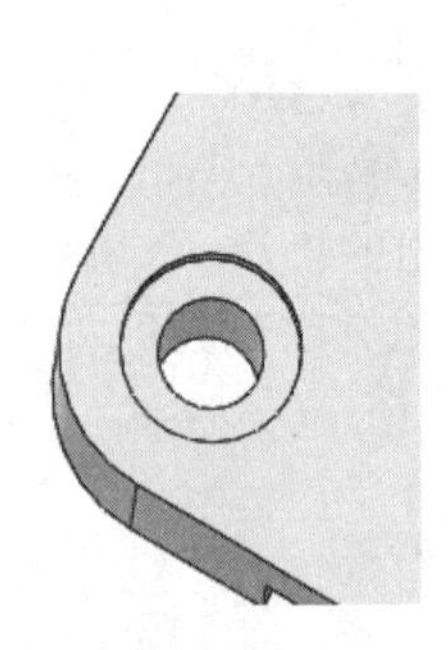

图4-109　切除拉伸创建螺钉通孔

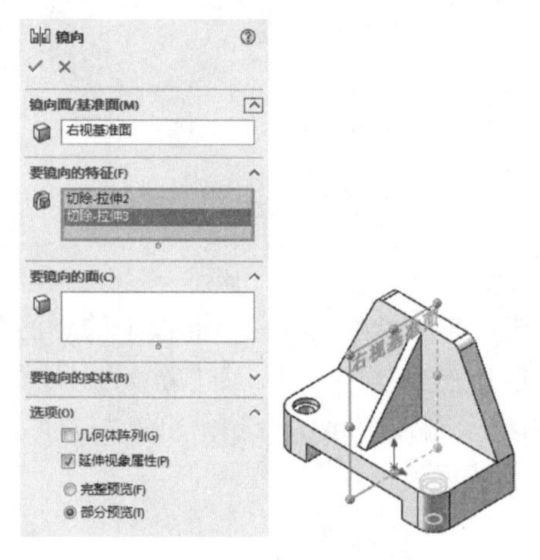

图4-110　镜像实体1

18 创建草图绘制平面。选择机座侧面前表面，单击前导视图工具栏中的“正视于”按钮，将该表面作为草图绘制平面。

19 绘制圆 2。单击“草图”面板中的“圆形”按钮，绘制图 4-111 所示的圆并标注尺寸。

20 拉伸创建凸台。单击“特征”面板中的“拉伸凸台/基体”按钮，系统弹出“凸台-拉伸”属性管理器。设置拉伸的“终止条件”为“给定深度”，并在“深度”文本框中输入 10mm。单击“确定”按钮，如图 4-112 所示。

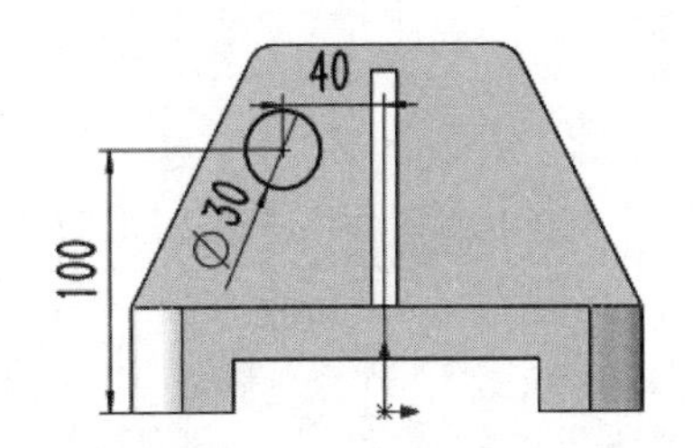

图4-111　绘制圆2

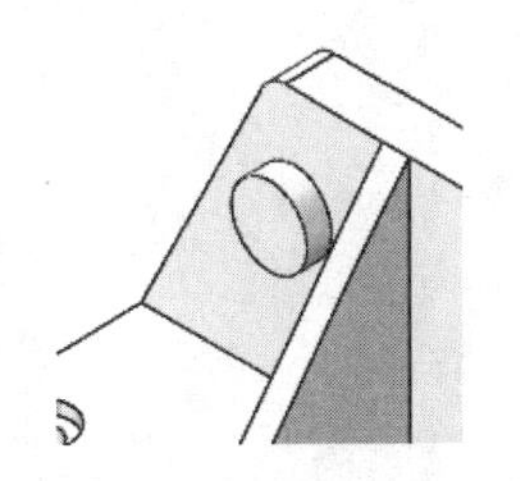

图4-112　拉伸创建凸台

21 切除拉伸创建通孔。以刚拉伸创建的凸台底面平面作为草图绘制平面，绘制通孔并标注尺寸，如图4-113所示；然后进行切除拉伸，创建通孔，如图4-114所示。

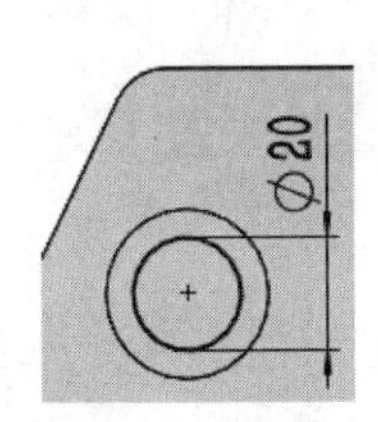

图4-113　绘制通孔

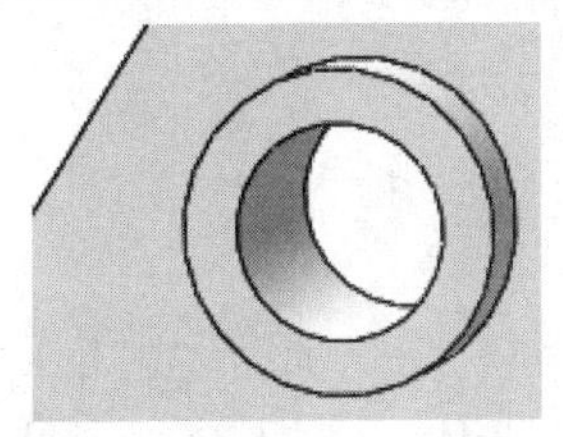

图4-114　切除拉伸创建通孔

22 镜像实体 2。单击“特征”面板中的“镜像”按钮，弹出“镜像”属性管理器。单击镜像面/基准面选择框，通过特征管理器设计树选择“右视基准面”；单击“要镜像的特征”选择框，通过特征管理器设计树选择两个“切除-拉伸”特征。单击“确定”按钮，镜像实体 2，如图 4-115 所示。

23 圆角边线。单击“特征”面板中的“圆角”按钮，选择图 4-116 中侧面凸台与侧面结合处及筋上所有边线，设置“圆角半径”为 2mm，单击“确定”按钮。

24 圆角其他边线。重复上述操作，将边线1、2、3、4圆角，圆角半径为1mm，如图4-117所示。

25 保存文件。选择菜单栏中的“文件”→“另存为”命令，将文件保存为“机座”。

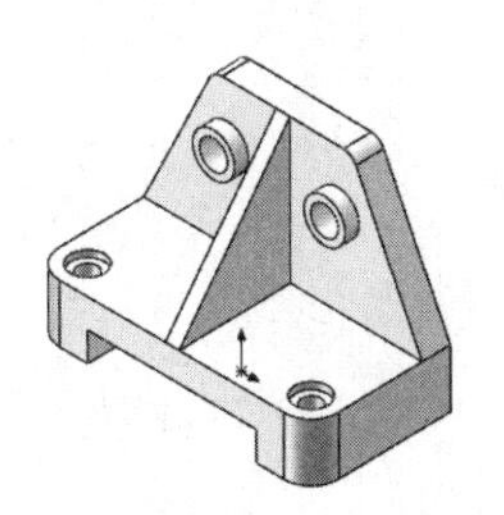

图4-115　镜像实体2

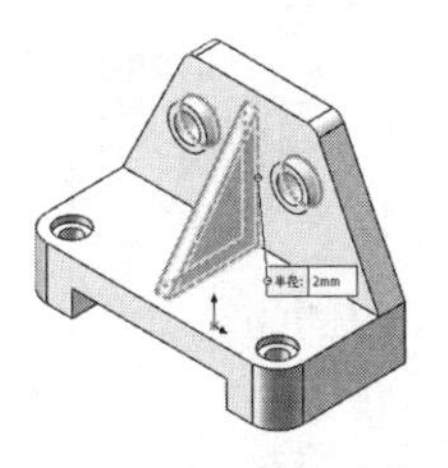

图4-116　圆角边线

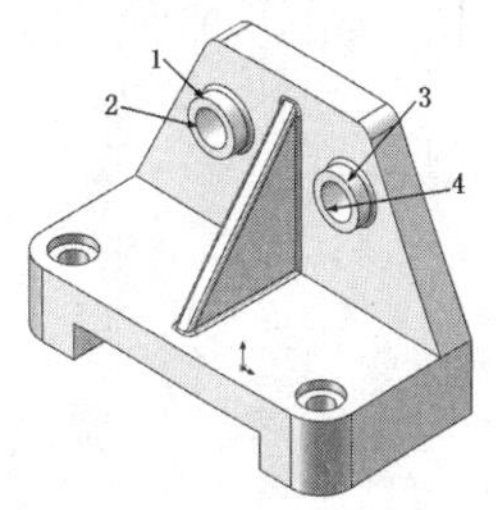

图4-117　圆角其他边线

第 5 章

螺纹联接件设计

螺栓和螺母是最常用的紧固件之一，这种连接构造简单、成本较低、安装方便，使用不受被连接材料限制，因而应用广泛。一般用于被连接厚度尺寸较小或能从被连接件两边进行安装的场合。

本章主要讲述两套紧固件的制作，螺栓和螺母。螺栓的制作使用最基础的拉伸、切除等特征方法建立基体形状，而后利用螺旋线等方法对螺纹线进行修饰。而螺母的制作则利用系列零件设计表的方法制作一个具有不同尺寸的螺母系列。当然螺纹连接中还有管接头类零件的连接。

- 螺母类零件的创建
- 螺栓类零件的创建
- 螺钉类零件的创建
- 压紧螺母类零件的创建
- 管接头类零件的创建

5.1　螺母类零件的创建

本例创建齿轮泵的螺纹连接件——六角螺母M6。图5-1所示为螺母M6的工程图。

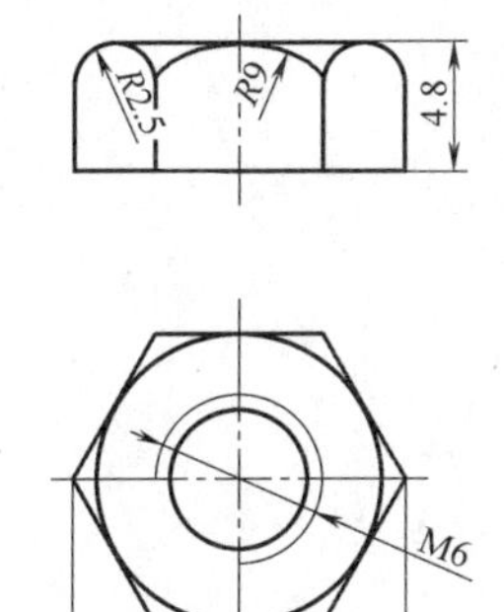

图5-1　螺母M6的工程图

螺母与螺栓共同组成螺纹连接。我们先从简单的螺母来介绍。创建螺母时，首先绘制螺母的轮廓六边形，然后拉伸创建实体，采用切除旋转操作进行实体倒角；最后使用异型孔向导创建螺纹孔，并将螺纹孔进行定位。图5-2所示为螺母的基本创建过程。

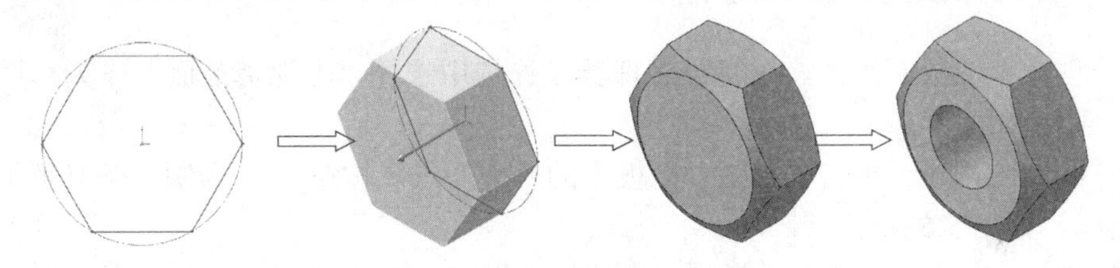

图5-2　螺母的基本创建过程

视频文件\动画演示\第5章\螺母类零件的创建.mp4

5.1.1　创建六边形基体

01 新建文件。启动 SOLIDWORKS 2020。单击标准工具栏中的“新建”按钮，在弹出的“新建 SOLIDWORKS 文件”对话框中选择“零件”按钮，然后单击“确定”按钮，创建一个新的零件文件。

02 绘制草图。在特征管理器设计树中选择“前视基准面”作为草图绘制平面。单击“草图”面板中的“多边形”按钮，系统弹出“多边形”属性管理器，如图5-3所示。

在“边数”文本框中输入 6，选择“内切圆”，在“圆直径”文本框中输入 12mm，然后单击“确定”按钮✔，绘制一个多边形，其中心在原点。

03 拉伸实体。单击“特征”面板中的“拉伸凸台/基体”按钮，弹出“凸台-拉伸”属性管理器。设置拉伸距离为4.8mm，单击“确定”按钮✔，创建一个厚度为4.8mm的六方体，如图5-4所示。

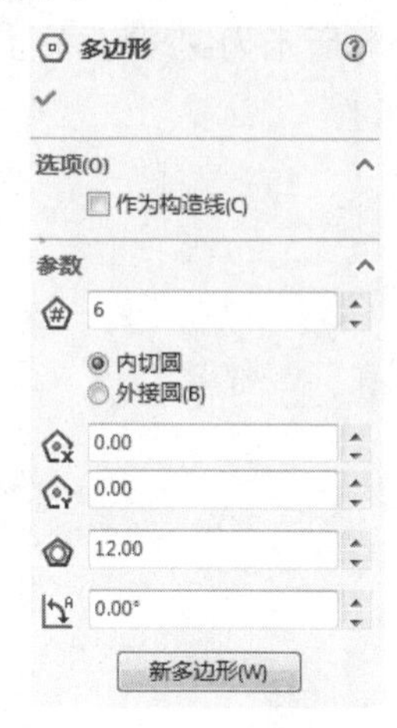

图5-3 “多边形”属性管理器

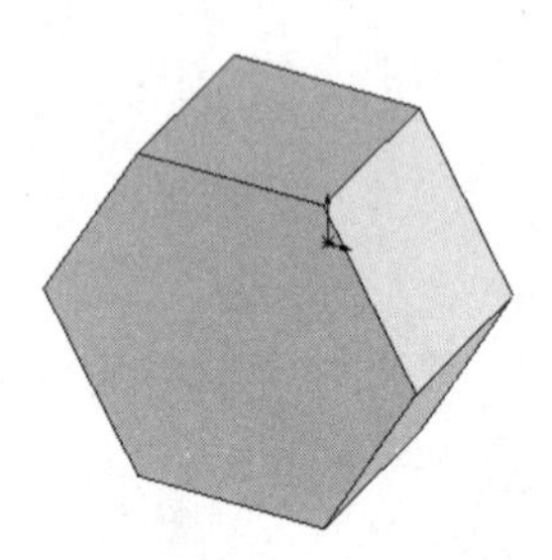

图5-4 创建六方体

5.1.2 绘制切除棱角所用构造线

01 创建草图绘制平面。在特征管理器设计树中选择“上视基准面”作为草图绘制平面。

02 绘制中心线。单击“草图”面板中的“中心线”按钮，绘制一条竖直中心线和水平中心线，如图5-5所示。

03 转换实体引用。单击“草图”面板中的“转换实体引用”按钮，将六方体的右侧边线转换为草图直线，如图5-6所示。

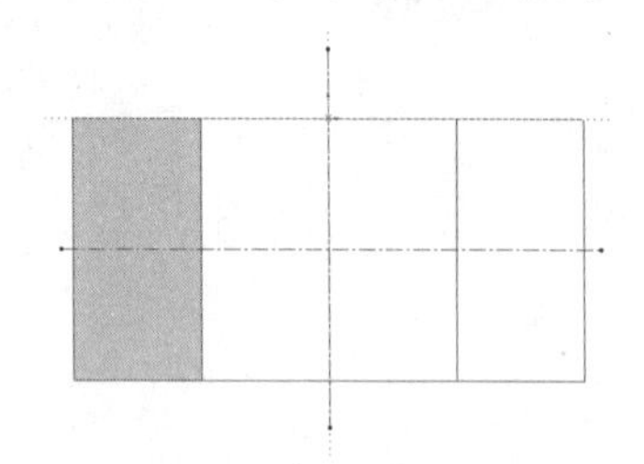

图5-5 绘制中心线

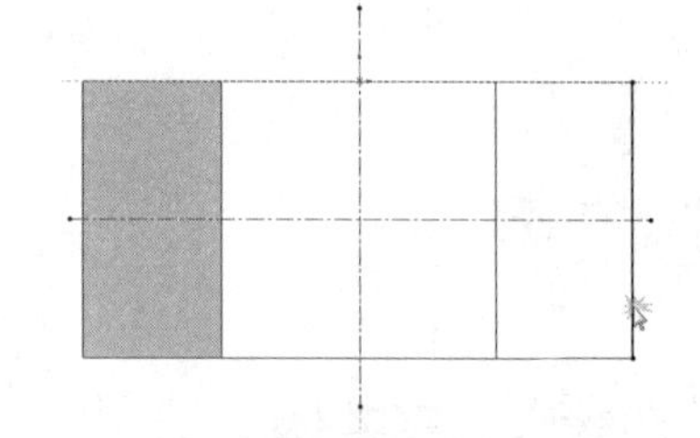

图5-6 转换实体应用

04 改变直线属性。选择图5-6中的直线，弹出“线条属性”属性管理器，如图5-7所示。在“线条属性”属性管理器中选择“作为构造线”复选框，将直线变成一条构造线。

05 绘制构造线。单击“草图”面板中的“直线”按钮，在弹出的“插入线条”属性管理器中。选择“作为构造线”复选框，绘制一条构造线，并标注其位置尺寸，如图5-8所示。

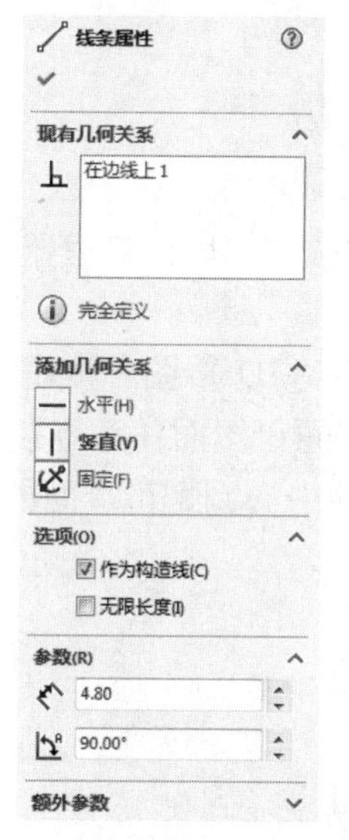

图5-7　“线条属性”属性管理器

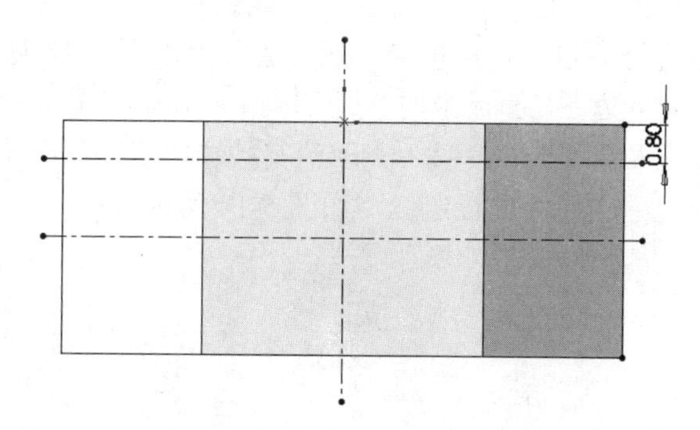

图5-8　绘制构造线

5.1.3　切除六边形棱角

01 绘制切除草图。单击“草图”面板中的“直线”按钮，拾取两条构造线交点，绘制三角形切除轮廓并标注尺寸，如图 5-9 所示。

02 镜像草图。按住 Ctrl 键，依次拾取图 5-9 中的三角形草图和水平中心线。单击“草图”面板中的“镜像实体”按钮，将三角形草图以水平中心线镜像，如图 5-10 所示。

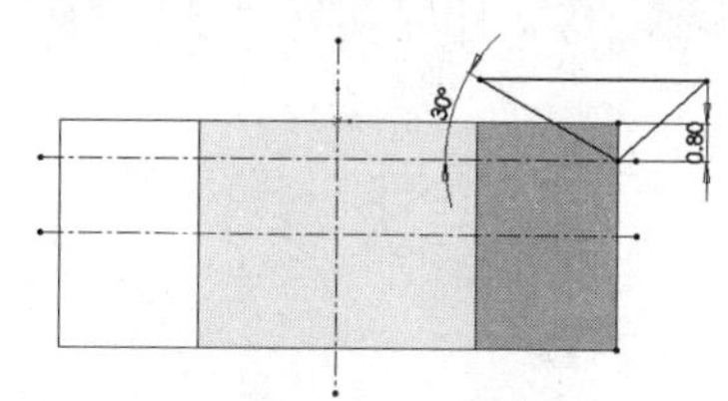

图5-9　绘制切除草图

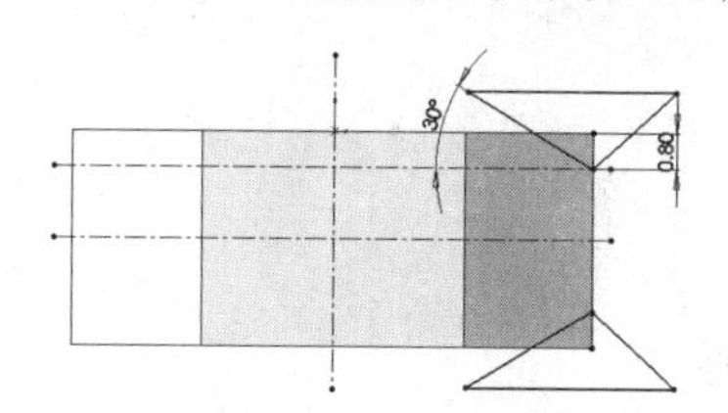

图5-10　镜像草图

03 切除旋转。单击“特征”面板中的“旋转切除”按钮，在弹出的“切除-旋转”属性管理器中单击“旋转轴”选择框，然后拾取图 5-10 中的竖直中心线，其他设置默认，如图 5-11 所示。单击“确定”按钮。

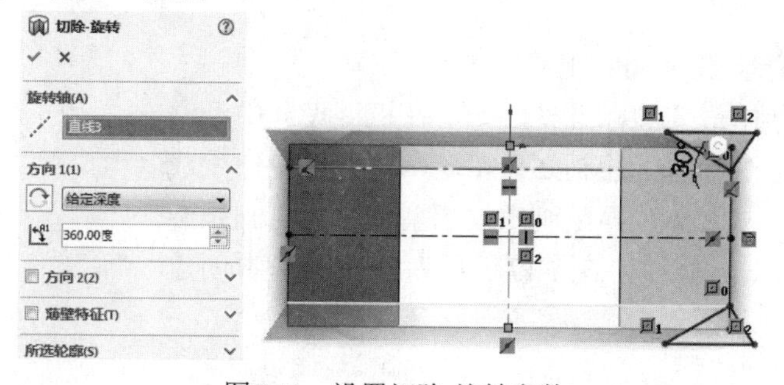

图5-11　设置切除-旋转参数

5.1.4 利用异形孔向导创建螺纹孔

01 创建螺纹孔。

❶单击“特征”面板中的“异形孔向导”按钮，弹出“孔规格”属性管理器，如图5-12所示。选择“螺纹孔”，其他设置如图5-12所示，

❷选择“位置”选项卡，属性管理器如图5-13所示。单击“3D草图”按钮，这时光标变为，“草图”面板中的“点”按钮处于被选中状态；单击螺母端面任意位置，单击“草图”面板中的“点”按钮，取消其被选中状态；拖动螺纹孔的中心到螺母端面的中心位置，或者通过标注尺寸进行定位，如图5-14所示。

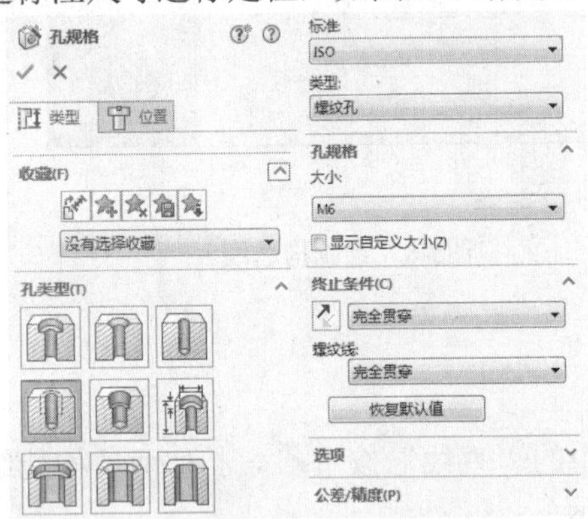

图5-12 “孔规格”属性管理器

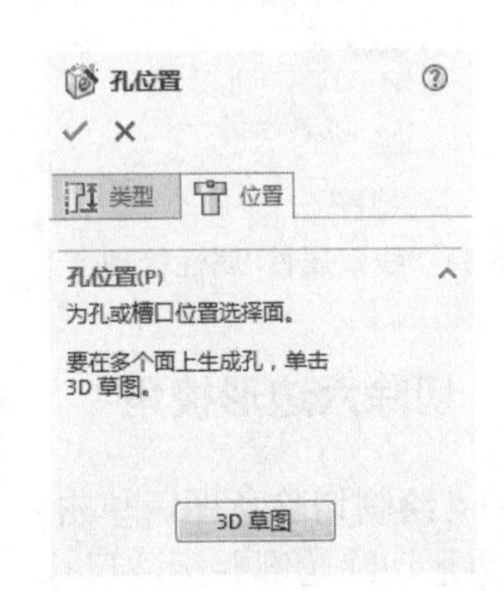

图5-13 “孔位置”属性管理器

❸单击“确定”按钮✓，完成螺纹孔的创建与定位，如图5-15所示。

02 保存文件。单击标准工具栏中的“保存”按钮，将文件保存为“螺母M6”。

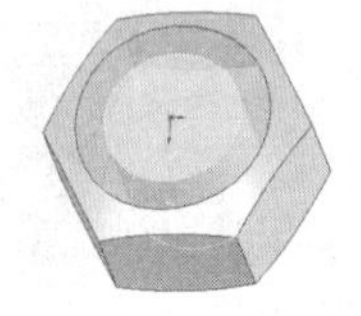

图5-14 定位螺纹孔位置

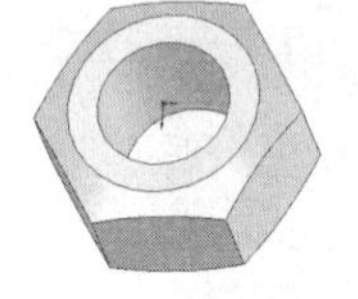

图5-15 创建螺纹孔

5.2 螺栓类零件的创建

图5-16所示为螺栓M6×30的工程图。

螺栓是连接中使用最广的标准件之一，在机械设计中经常要使用到。创建螺栓时，首先绘制螺栓帽轮廓草图并拉伸生成实体；然后创建螺栓柱实体，再绘制螺纹牙型草图，绘制螺旋线，最后切除-扫描创建螺纹。图5-17所示为螺栓的基本创建过程。

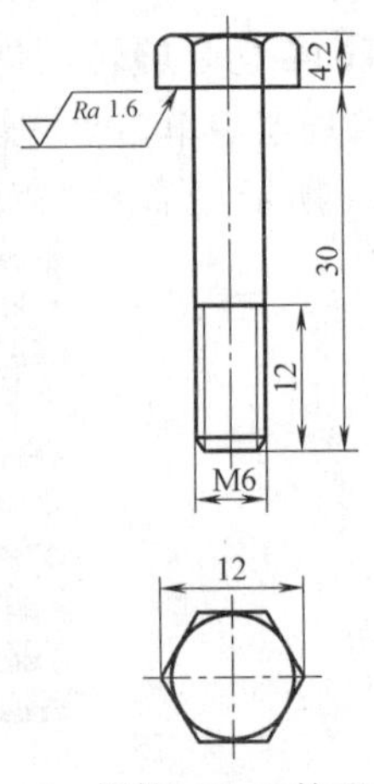

图5-16 螺栓M6×30的工程图

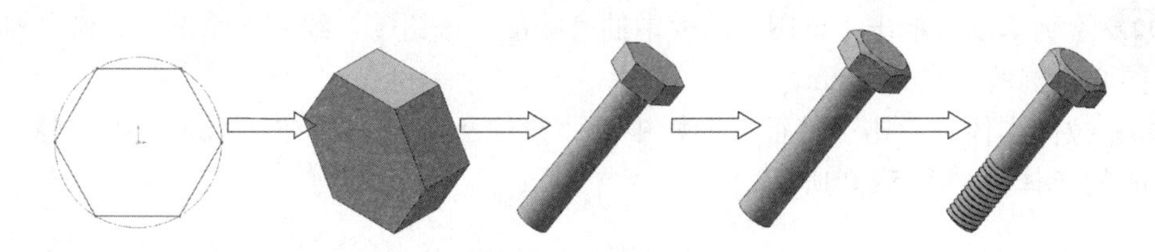

图5-17　螺栓的基本创建过程

视频文件\动画演示\第5章\螺栓类零件的创建.mp4

创建步骤

5.2.1　创建六边形基体

01 新建文件。启动 SOLIDWORKS 2020。单击标准工具栏中的“新建”按钮，在弹出的“新建 SOLIDWPRKS 文件”对话框中选择“零件”按钮，然后单击“确定”按钮，创建一个新的零件文件。

02 绘制草图。在特征管理器设计树中选择“前视基准面”作为草图绘制平面，单击“草图”面板中的“多边形”按钮，系统弹出“多边形”属性管理器。在 “边数”文本框中输入 6，选择“内切圆”，在“圆直径”文本框中输入 12，如图 5-18 所示。单击“确定”按钮，绘制一个六边形，其中心在原点。

03 拉伸实体。单击“特征”面板中的“拉伸凸台/基体”按钮，系统弹出“凸台-拉伸”属性管理器。在“深度”文本框中输入 4.2mm，单击“确定”按钮，如图 5-19 所示。

图5-18　设置多边形参数

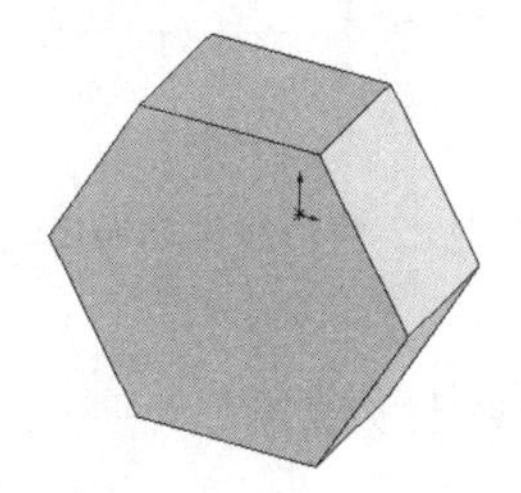

图5-19　拉伸实体

5.2.2　创建螺栓杆

01 创建草图绘制平面。选择图5-19中远离原点的一个端面，然后单击前导视图工具栏中的“正视于”按钮，将该表面作为草图绘制平面。

02 绘制草图。单击“草图”面板中的“圆形”按钮，绘制一个圆，此圆与轴段端面六边形同心，圆的直径为6mm。

03 拉伸实体。单击“特征”面板中的“拉伸凸台/基体”按钮，拉伸创建一个长度为30mm的实体，如图5-20所示。

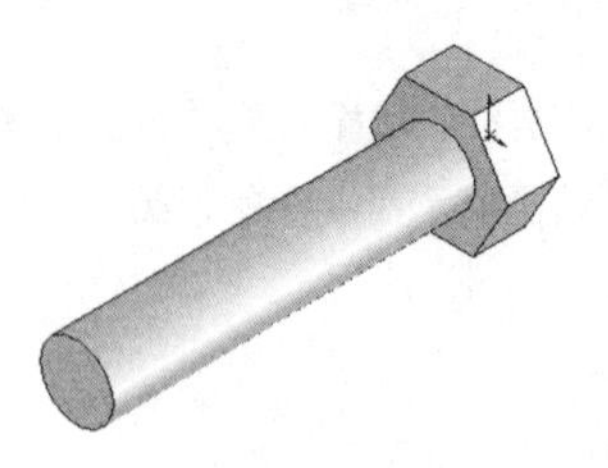

图5-20　拉伸创建螺栓杆

5.2.3　绘制切除棱角所用构造线

01 创建草图绘制平面。在特征管理器设计树中选择“上视基准面”作为草图绘制平面。

02 绘制草图。

❶单击“草图”面板中的“中心线”按钮，绘制一条水平中心线，标注与螺栓基体上边线距离为0.5mm。

❷单击“草图”面板中的“转换实体引用”按钮，将螺栓的六角螺帽右边边线转换为草图直线，如图5-21所示。再次单击此直线，然后在“线条属性”属性管理器中的“选项”中选择“作为构造线”复选框，将该直线作为构造线。

❸绘制一条斜线，与中心线夹角为30°，再补充绘制一个封闭的三角形，如图5-22所示。

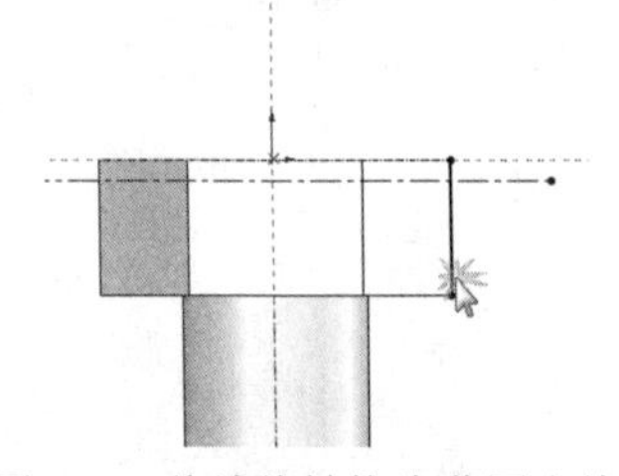

图5-21　将边线转换为草图直线

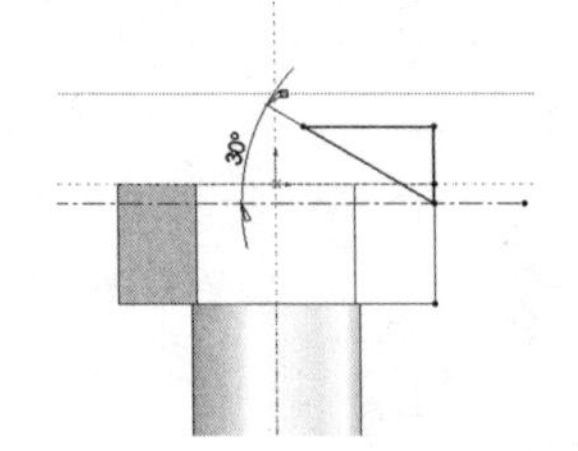

图5-22　绘制切除旋转草图

5.2.4　切除六边形棱角

01 显示临时轴。选择菜单栏中的“视图”→“隐藏/显示”→“临时轴”命令，将螺柱的临时轴显示出来。

02 切除旋转实体。单击“特征”面板中的“旋转切除”按钮，选择螺柱的临时轴作为旋转轴，具体参数设置如图5-23所示。单击“确定”按钮，将临时轴隐藏，如图5-24所示。

5.2.5　创建螺旋线

01 转换实体引用。选择螺栓的下端面作为草图绘制平面。单击“草图”面板中的“转换实体引用”按钮，将螺栓的底面轮廓转换为草图直线。

图5-23　设置切除-旋转参数

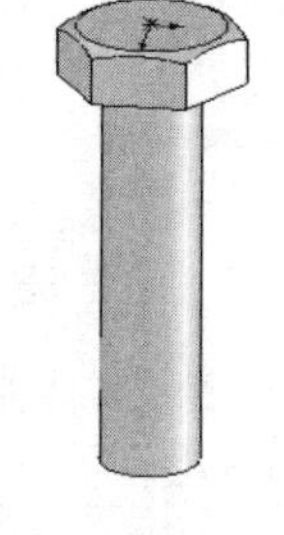

图5-24　切除旋转实体

02 单击“特征”面板中的“螺旋线/涡状线”按钮，弹出“螺旋线/涡状线”属性管理器，如图 5-25 所示。选择“定义方式”为“高度和圈数”；在“参数”中选择“恒定螺距”，设置“高度”为 12mm，“圈数”为 12，“起始角度”为 0 度，选择“方向”为“顺时针”。单击“确定”按钮，创建螺旋线，如图 5-26 所示。

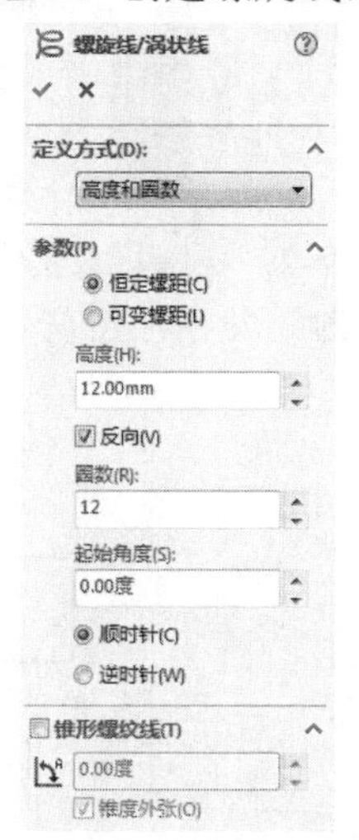

图5-25　“螺旋线/涡状线”属性管理器

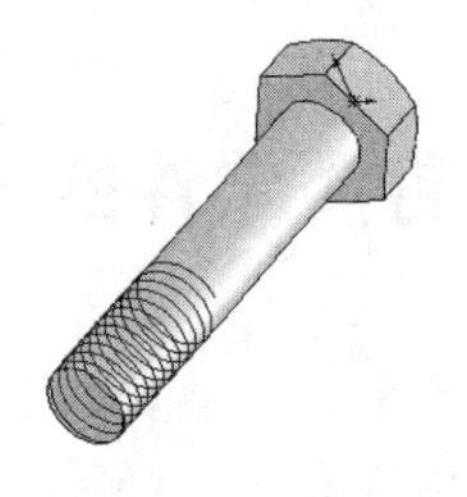

图5-26　创建螺旋线

5.2.6　绘制扫描用轮廓

01 创建草图绘制平面。在特征管理器设计树中选择“上视基准面”作为草图绘制平面。

02 绘制牙型轮廓草图，如图 5-27 所示。单击右上方的“退出草图”按钮。

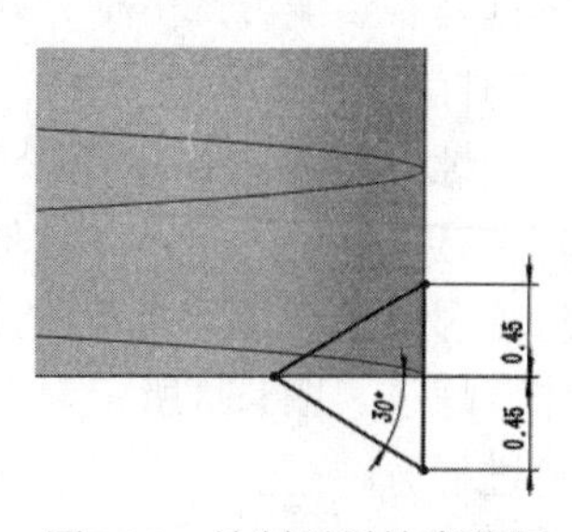

图5-27　绘制牙型轮廓草图

5.2.7 利用切除扫描创建螺纹实体

01 创建螺纹实体。单击“特征”面板中的“扫描切除”按钮，弹出“切除-扫描”属性管理器，如图 5-28 所示。在“轮廓”选择框中选择绘图区中的牙型草图；在“路径”选择框中选择螺旋线作为路径草图，单击“确定”按钮，如图 5-29 所示。

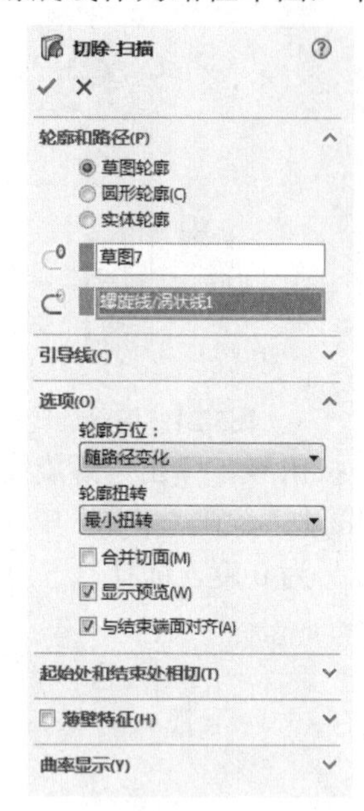

图5-28 “切除-扫描”属性管理器

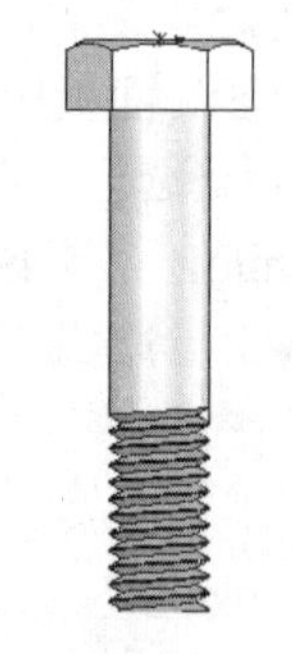

图5-29 创建螺纹实体

02 保存文件。选择菜单栏中的“文件”→“另存为”命令，将文件保存名为“螺栓 M6×30”。

5.3 螺钉类零件的创建

内六角螺钉的创建与螺栓的创建原理基本相同。图 5-30所示为内六角螺钉（M6×16）的工程图。

螺钉在机械零件中最常见了，一般紧固都离不开它。螺钉具有装配拆卸方便，精度高等优点，是连接中不可缺少的标准件。

螺钉可以看作由两段轴段组成的实体特征。首先绘制螺钉头部轮廓草图并拉伸创建实体；然后绘制螺钉内六角轮廓草图，切除拉伸创建空腔；最后创建螺钉的螺柱部分及螺纹。图5-31所示为内六角螺钉（M6×16）的基本创建过程。

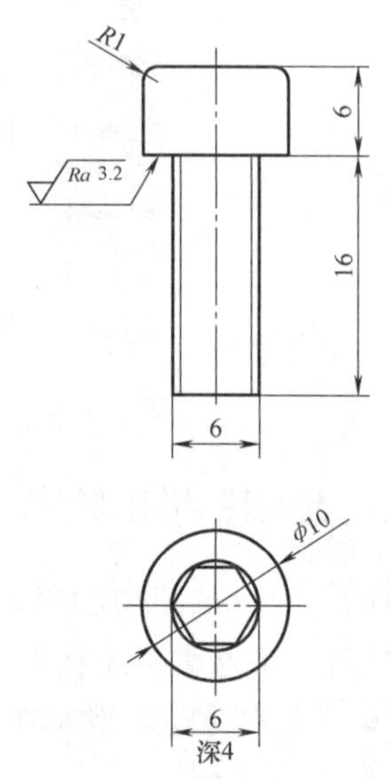

图5-30 内六角螺钉的工程图

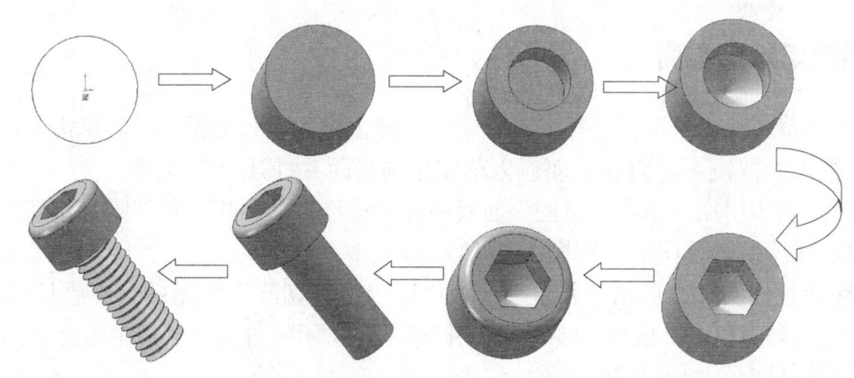

图5-31　内六角螺钉（M6×16）的基本创建过程

视频文件\动画演示\第5章\螺钉类零件的创建.mp4

创建步骤

5.3.1　创建圆柱形基体

01 新建文件。启动 SOLIDWORKS 2020。单击标准工具栏中的“新建”按钮，在弹出的“新建 SOLIDWORKS 文件”对话框中选择“零件”按钮，然后单击“确定”按钮，创建一个新的零件文件。

02 绘制草图。在特征管理器设计树中选择“前视基准面”作为草图绘制平面。单击“草图”面板中的“圆形”按钮，绘制一个圆。设置圆的直径为 10mm，圆的中心在原点。

03 拉伸实体。单击“特征”面板中的“拉伸凸台/基体”按钮，拉伸创建一个高度为 6mm 的圆柱实体。

5.3.2　切除创建孔特征

01 创建草图绘制平面。选择圆柱实体的端面，如图 5-32 所示。单击“视图”工具栏中的“正视于”按钮，将该表面作为草图绘制平面。

02 绘制草图。在草图绘制平面上绘制一个圆。设置圆的直径为5.8mm，与圆柱体同心，如图5-33所示。

03 切除拉伸实体。单击“特征”面板中的“拉伸切除”按钮，系统弹出“切除-拉伸”属性管理器。在“深度”文本框中输入 3mm，然后单击“确定”按钮。

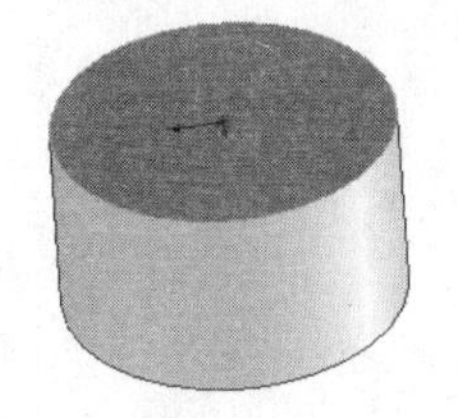

图5-32　创建草图绘制平面

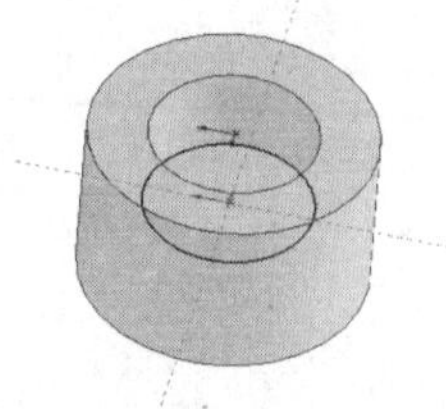

图5-33　绘制草图

5.3.3 创建切除圆锥面

01 创建草图绘制平面。选择上一步切除拉伸创建的实体底面，然后单击前导视图工具栏中的“正视于”按钮，将该表面作为草图绘制平面并打开一张草图。

02 转换实体引用。单击“草图”面板中的“转换实体引用”按钮，将切除拉伸创建的内腔底面边线转换为草图圆，如图 5-33 所示。

03 切除拉伸实体。单击“特征”面板中的“拉伸切除”按钮，在系统弹出“切除-拉伸”属性管理器中单击“拔模”按钮，并按图 5-34 所示设置，然后单击“确定”按钮，切除拉伸创建圆锥面，如图 5-35 所示。

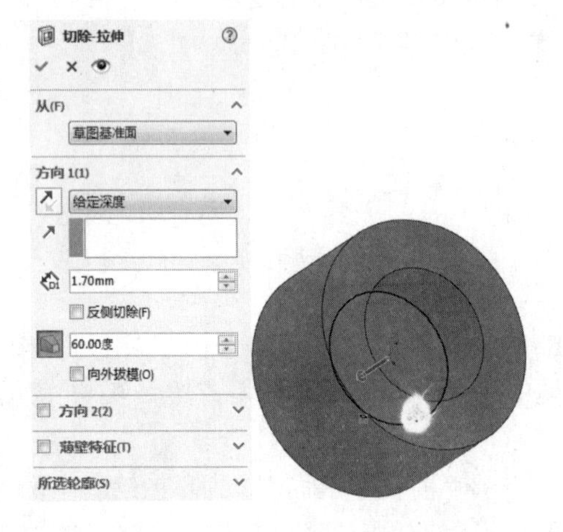

图5-34 “切除-拉伸”属性管理器

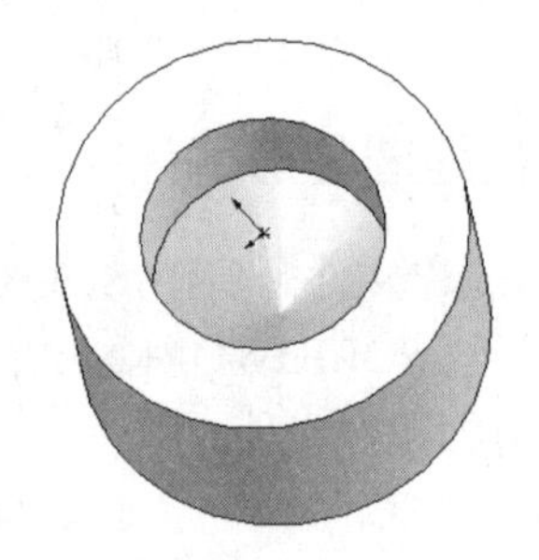

图5-35 切除拉伸创建圆锥面

5.3.4 创建内六角孔

01 创建草图绘制平面。选择切除拉伸创建的实体顶面，然后单击前导视图工具栏中的“正视于”按钮，将该表面作为草图绘制平面并打开一张草图。

02 转换实体引用。单击“草图”面板中的“转换实体引用”按钮，将切除拉伸实体顶面的内侧圆边线转换为草图圆，如图 5-36 中所示。

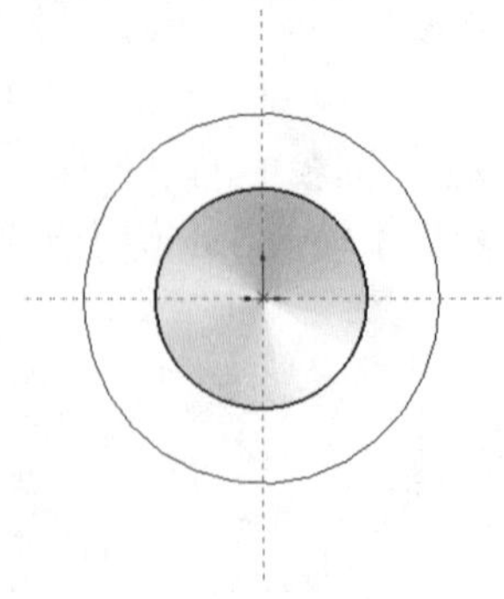

图5-36 转换实体引用

03 绘制六边形草图。单击“草图”面板中的“多边形”按钮，系统弹出“多边形”

属性管理器。在 “边数”文本框中输入 6，选择“内切圆”，在“圆直径”文本框中输入 5mm。单击“确定”按钮，绘制一个六边形，其中心在原点。

04 创建内六角孔。单击“特征”面板中的“拉伸凸台/基体”按钮，在“深度”文本框中输入 4mm，单击“反向”按钮。单击“确定”按钮，如图 5-37 所示。

05 圆角。单击“特征”面板“圆角”按钮，选择圆柱实体顶面的边线，圆角半径设置为 1mm，单击“确定”按钮，如图 5-38 所示。

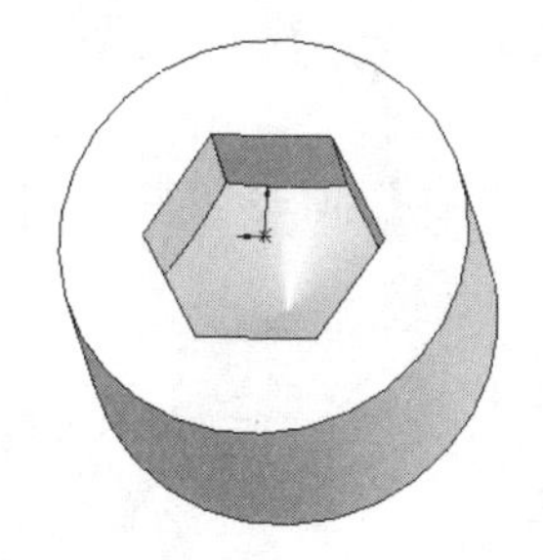

图5-37 创建内六角孔

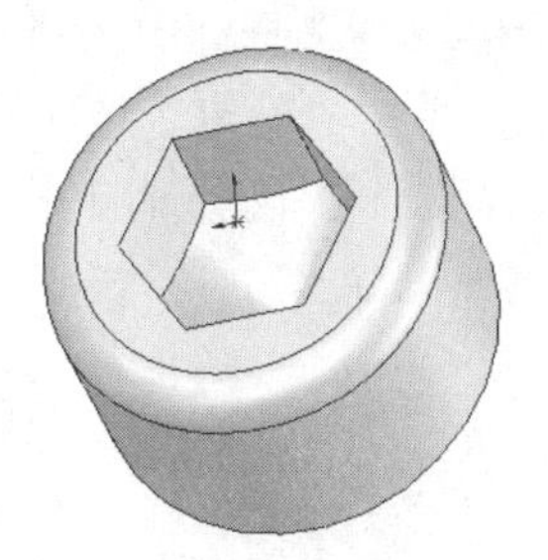

图5-38 创建圆角

5.3.5 创建螺杆部分

01 创建草图绘制平面。选择拉伸创建的圆柱实体底面，然后单击前导视图工具栏中的“正视于”按钮，将该表面作为草图绘制平面。

02 绘制草图。在草图绘制平面上绘制一个圆，设置圆的直径为6mm。

03 拉伸实体。将圆进行拉伸，创建螺杆轮廓实体。设置拉伸长度为16mm，如图5-39所示。

5.3.6 创建螺纹实体

01 创建草图绘制平面。在特征管理器设计树中选择“上视基准面”作为草图绘制平面。

02 绘制草图。绘制牙型轮廓草图，如图5-40所示。单击右上方的“退出草图”按钮。

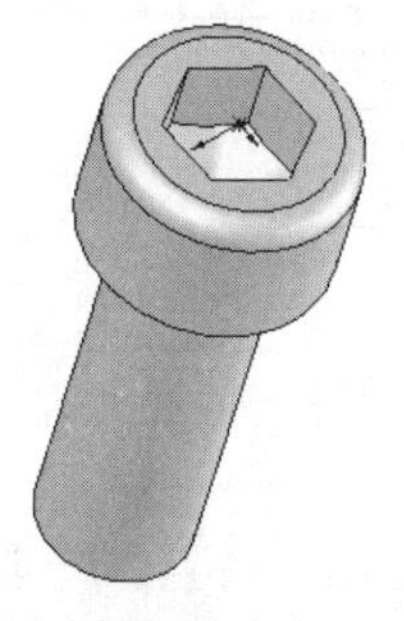

图5-39 创建螺杆轮廓实体

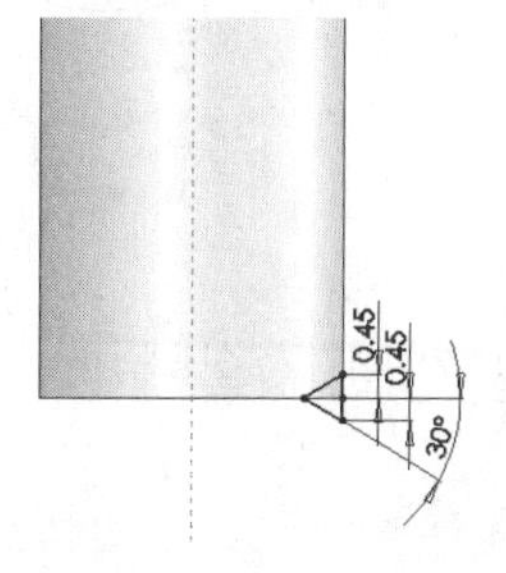

图5-40 绘制牙型轮廓草图

03 转换实体引用。单击“草图”面板中的“转换实体引用”按钮，将螺杆的底面轮廓转换为草图实体，如图5-41所示。

04 创建螺旋线。单击“特征”面板中的“螺旋线/涡状线”按钮，弹出“螺旋线/涡状线”属性管理器。选择“定义方式”为“高度和螺距”，设置“高度”为16mm，“螺距”为1mm，“起始角度”为0度，选择“方向”为“顺时针”。单击“确定”按钮✓，创建螺旋线，如图5-42所示。

05 创建螺纹。单击“特征”面板中的“扫描切除”按钮，弹出“切除-扫描”属性管理器。在“轮廓”选择框中选择绘图区中的牙型草图；在“路径”选择框中选择螺旋线作为路径草图。单击“确定”按钮，如图5-43所示。

06 保存文件。选择菜单栏中的“文件”→“保存”命令，将文件保存为“螺钉M6×16”。

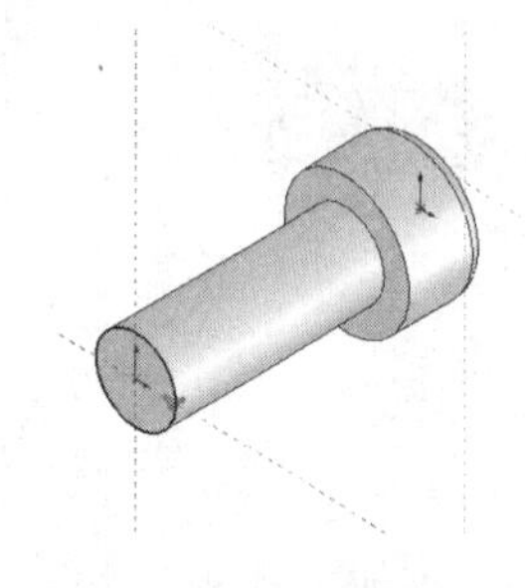

图5-41　转换实体引用

图5-42　创建螺旋线

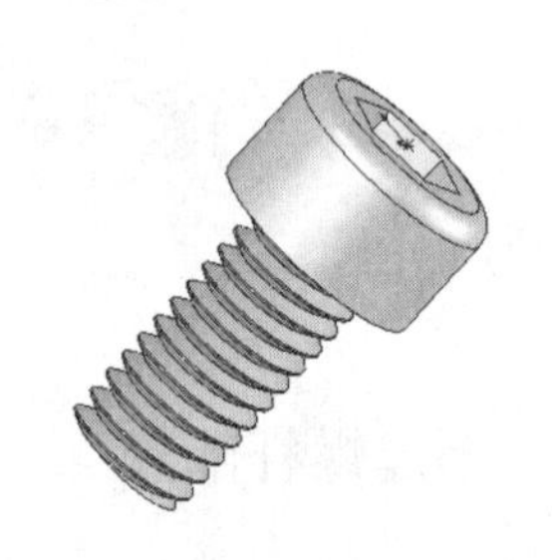

图5-43　创建螺纹

5.4　压紧螺母类零件的创建

图5-44所示为压紧螺母的工程图。

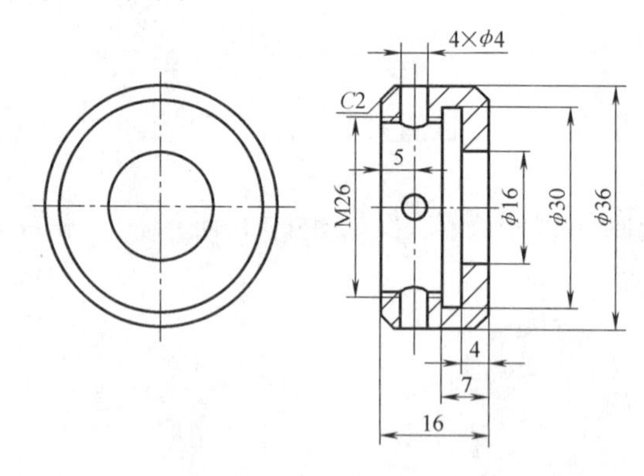

图5-44　压紧螺母的工程图

压紧螺母在机械中不仅起压紧的作用，还用于微调等其他用途，广泛应用于密封件的紧固。

压紧螺母兼具有螺母类零件的特点，也具有它自己的特点。一般螺纹孔不是完全贯穿的。创建压紧螺母时，首先创建压紧螺母的轮廓实体；然后利用“异形孔向导”创建螺纹孔，创建内部退刀槽；最后利用圆周阵列创建4个安装孔，创建通孔，倒角等操作。

压紧螺母的基本创建过程如图5-45所示。

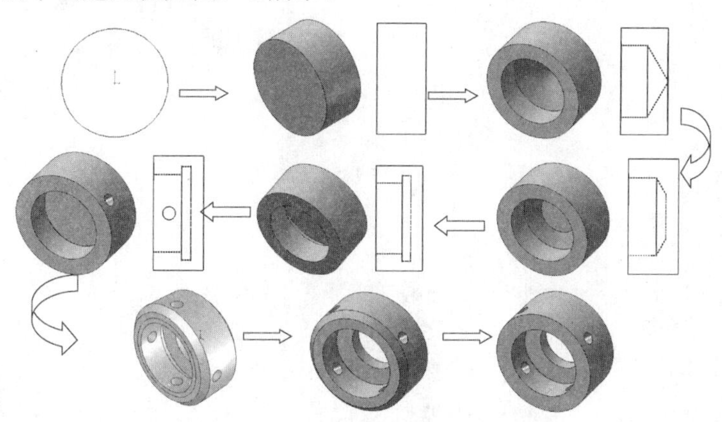

图5-45　压紧螺母的基本创建过程

视频文件\动画演示\第5章\压紧螺母类零件的创建.mp4

创建步骤

5.4.1　创建圆柱形基体

01 启动 SOLIDWORKS 2020。单击标准工具栏中的“新建”按钮，在弹出的“新建 SOLIDWORKS 文件”对话框中选择“零件”按钮，然后单击“确定”按钮，创建一个新的零件文件。

02 绘制圆。在特征管理器设计树中选择“前视基准面”作为草图绘制平面。单击“草图”面板中的“圆形”按钮，绘制一个圆。设置圆心在原点，直径尺寸为35mm。

03 拉伸实体。单击“特征”面板中的“拉伸凸台/基体”按钮，系统弹出“凸台-拉伸”属性管理器。在“深度”文本框中输入16mm，然后单击“确定”按钮，如图5-46所示。

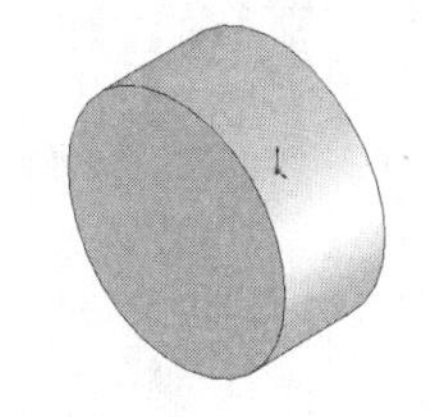

图5-46　创建圆柱形基体

5.4.2　利用异形孔向导创建螺纹孔

01 创建螺纹孔。单击“特征”面板中的“异形孔向导”按钮，弹出“孔规格”属性管理器，如图5-47所示。选择“螺纹孔”，具体参数设置如图5-47所示。

02 选择“位置”选项卡，弹出“孔位置”属性管理器，如图5-48所示。单击“3D草图”按钮，此时光标变为，“草图”面板中的“点”按钮处于被选中状态；单击拉伸实体左端面任意位置，单击“草图”面板中的“点”按钮，取消其被选中状态，如图5-49所示。

图5-47 “孔规格”属性管理器

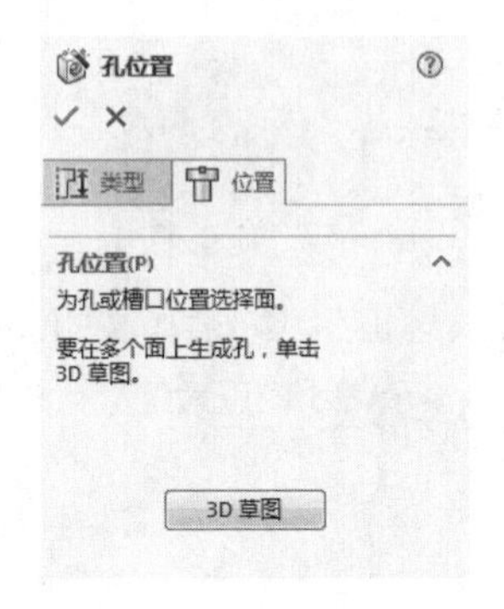

图5-48 “孔位置”属性管理器

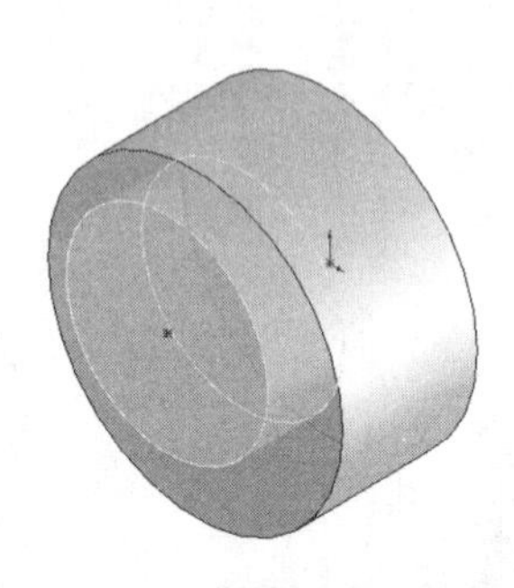

图5-49 创建螺纹孔

03 添加螺纹孔几何关系。单击“草图”面板中的“添加几何关系”按钮，选择图5-50中绘制的螺纹孔的中心点和实体端面的边线，在“添加几何关系”属性管理器中单击“同心”，将螺纹孔的位置定位在拉伸实体的中心。然后单击“确定”按钮。

由于螺纹孔是盲孔，在底部存在一个圆锥孔，如图5-51所示。在后面设计过程中会将圆锥孔消除掉。

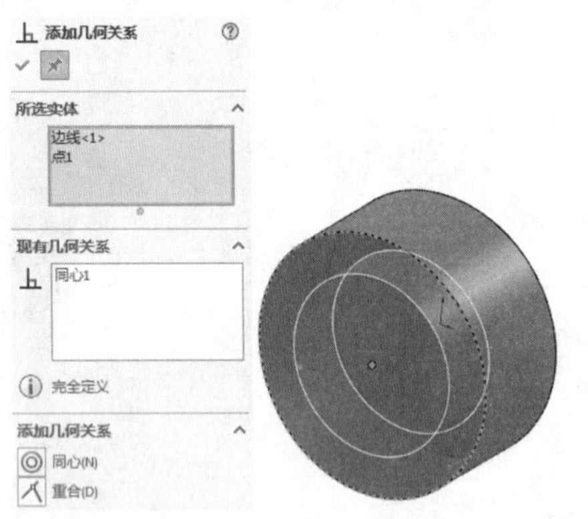

图5-50 添加螺纹孔几何关系

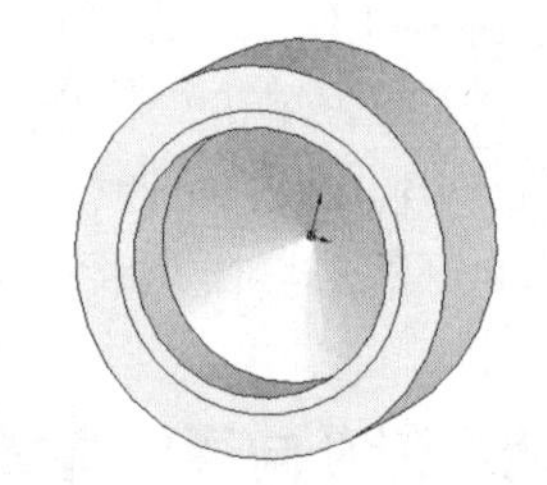

图5-51 螺纹孔底部的圆锥孔

5.4.3 创建螺纹孔底面

01 创建草图。选择圆柱形基体的另一个端面，将其作为草图绘制平面。单击“草图”面板中的“转换实体引用”按钮，将其边线转换为草图，如图5-52所示。

02 拉伸实体。单击“特征”面板中的“拉伸凸台/基体”按钮，在“凸台-拉伸”属性管理器中单击“反向”按钮，在“深度”文本框输入 4mm，然后单击“确定”按钮。

为了清晰地看到实体内部轮廓，单击前导视图工具栏中的“隐藏线可见”按钮，可以显示实体所有边线，如图 5-53 所示。

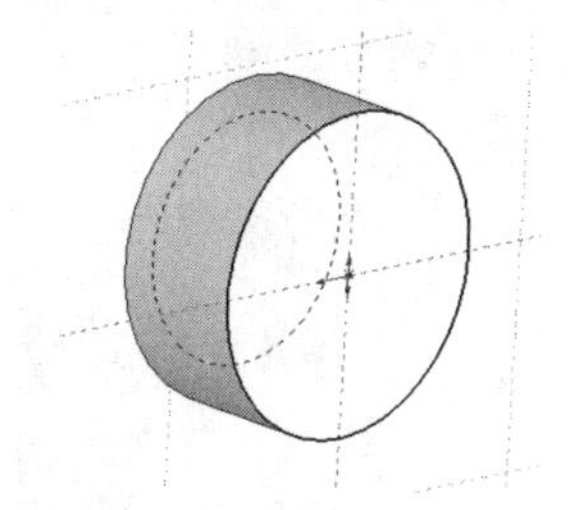

图 5-52　将实体转换为草图

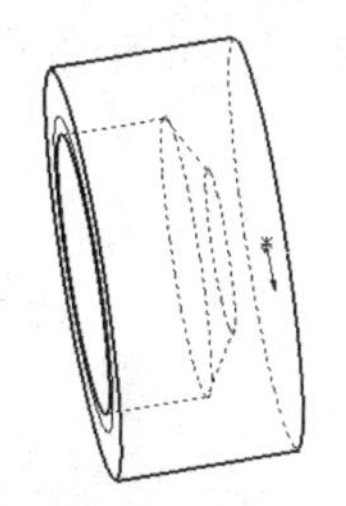

图 5-53　显示实体所有边线

5.4.4　切除旋转创建退刀槽

01 创建草图绘制平面。在特征管理器设计树中选择“右视基准面”作为草图绘制平面。

02 绘制草图。单击“草图”面板中的“边角矩形”按钮，绘制一个矩形，如图 5-54 所示。拉伸矩形的长度将圆锥面覆盖。

03 添加矩形几何关系。单击“草图”面板“显示/删除几何关系”下拉菜单中的“添加几何关系”按钮，添加图 5-54 中的矩形边线与实体内部边线“共线”的几何关系，如图 5-54 所示。

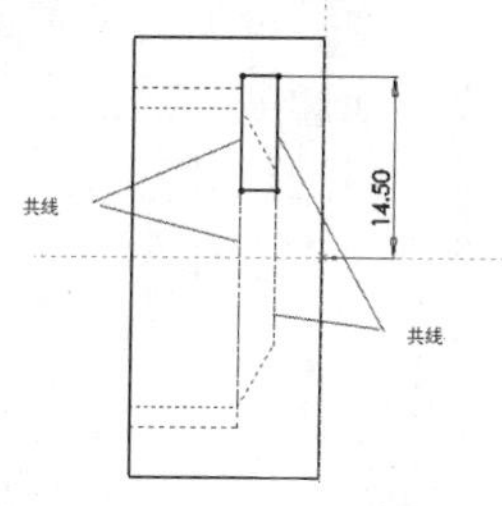

图5-54　绘制并拉伸矩形

04 显示临时轴。选择菜单栏中的“视图”→“隐藏/显示”→“临时轴”命令，将实体的临时轴显示出来。

05 切除旋转实体。单击“特征”面板中的“旋转切除”按钮，选择实体的中心临时轴作为旋转轴，利用“矩形”草图进行切除旋转。单击“确定”按钮，如图 5-55 所示。

06 恢复实体上色。单击前导视图工具栏中的“带边线上色”按钮，将实体带边线上色，如图5-56所示。

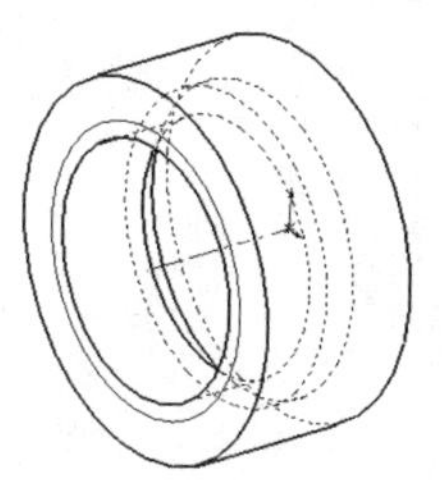

图5-55　切除旋转实体

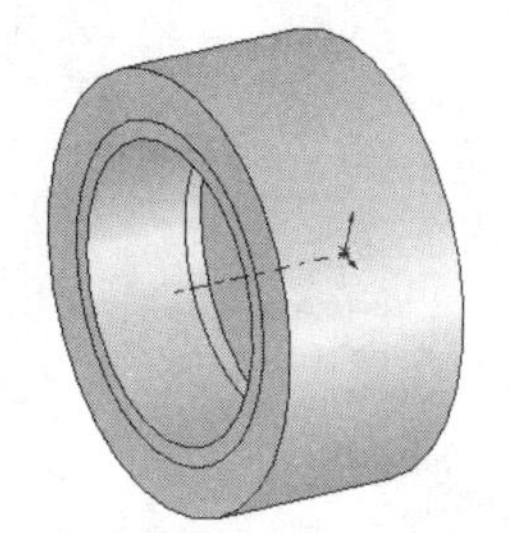

图5-56　实体带边线上色

5.4.5　打孔

01 创建草图绘制平面。在特征管理器设计树中再次选择“右视基准面”作为草图绘制平面。

02 绘制圆。单击“草图”面板中的“圆形”按钮，绘制一个圆，如图 5-57 所示。

03 切除拉伸实体。单击“特征”面板中的“拉伸切除”按钮，在弹出的“切除-拉伸”属性管理器的“终止条件”下拉列表中选择“完全贯通”，然后单击“确定”按钮，如图 5-58 所示。

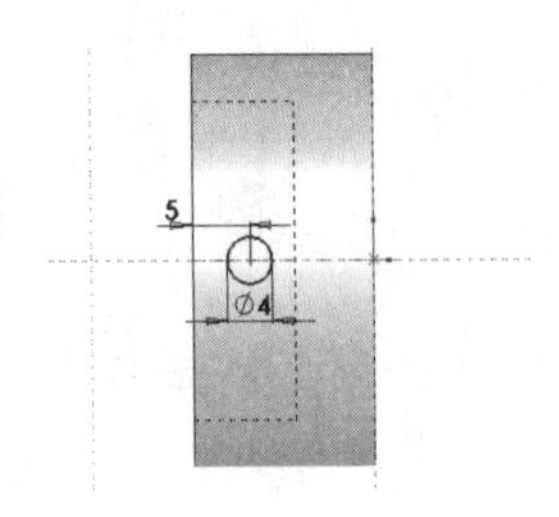

图5-57 绘制圆

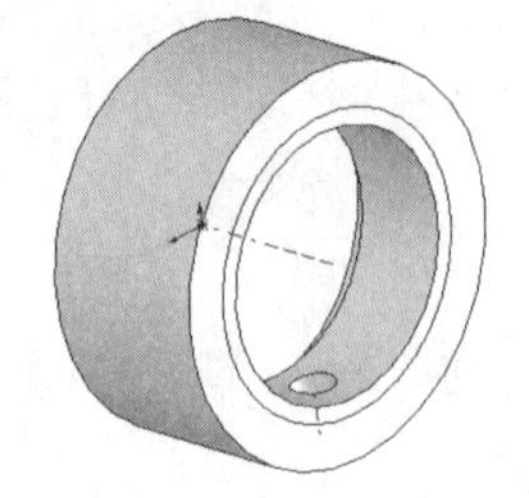

图5-58 切除拉伸实体

5.4.6 阵列孔特征

单击“特征”面板中的“圆周阵列”按钮。在“圆周阵列”属性管理器中的选择“阵列轴”选择框，然后选择零件实体的压紧螺母实体中心的临时轴，在“实例数”文本框中输入 4，选择“等间距”单选按钮。单击“要阵列的特征”选择框，然后选择图 5-58 中的“切除-拉伸 1”实体。单击“确定”按钮，进行圆周阵列，如图 5-59 所示。

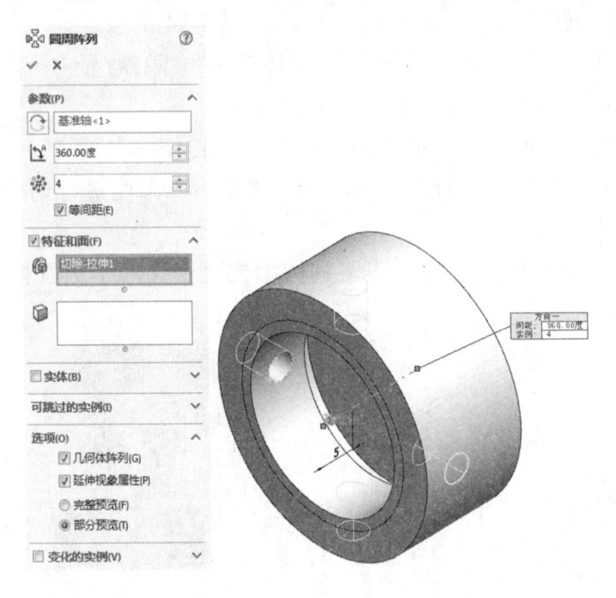

图5-59 圆周阵列

5.4.7 创建通孔、倒角

01 创建压紧螺母通孔。在压紧螺母底面绘制一个圆，设置直径为16mm，然后进行切除拉伸操作，如图5-60所示。

02 倒角。单击“特征”面板“倒角”按钮，依次选择零件的两条外边线进行倒角操作。单击“确定”按钮，如图 5-61 所示。

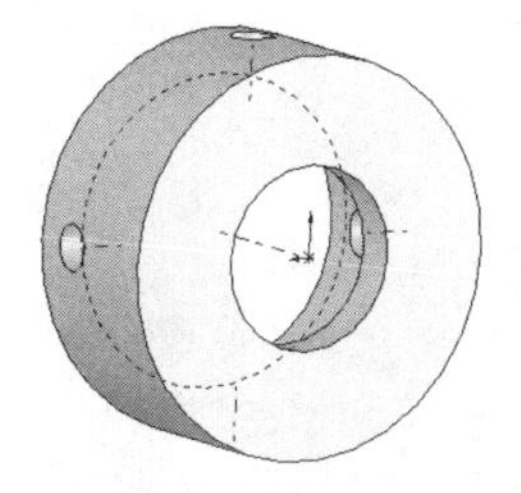

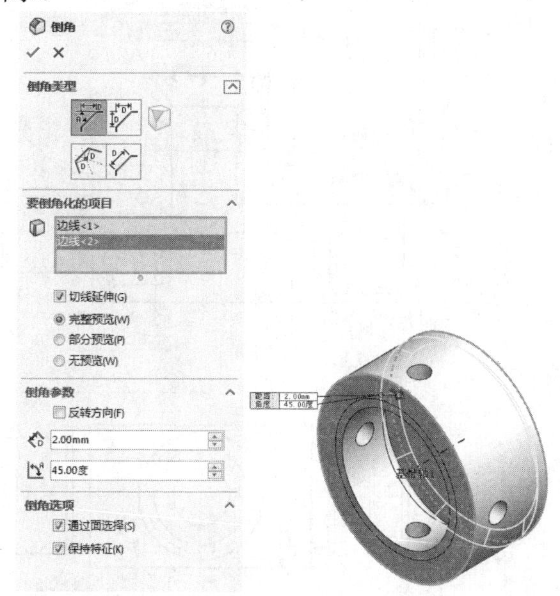

图5-60　创建压紧螺母通孔　　　　图5-61　倒角

03 隐藏临时轴。选择菜单栏中的“视图”→“隐藏/显示”→“临时轴”命令，将实体的临时轴隐藏。

04 保存文件。单击标准工具栏中的“保存”按钮，将零件文件保存为“压紧螺母”。最终创建的压紧螺母如图 5-62 所示。

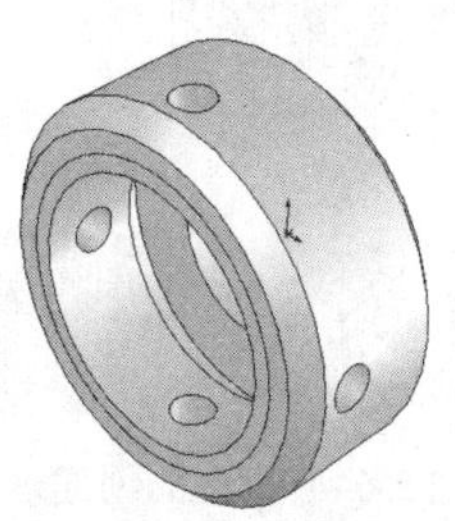

图5-62　压紧螺母

5.5　管接头类零件的创建

下面创建一个管接头类零件——三通，图5-63所示为三通的工程图。

三通是机械产品中经常用到的零件，作为一种转接结构广泛用于水气管路中。

三通是非常典型的拉伸类零件，三通的所有基本造型用拉伸的方法可以很容易地创建。拉伸特征是将一个用草图描述的截面，沿指定的方向（一般情况下是沿垂直于截面方向）延伸一段距离后所形成的特征。拉伸是SOLIDWORKS中最常见的工具，具有相同截面和一定长度的实体，如长方体、圆柱体等都可以由拉伸特征来形成。

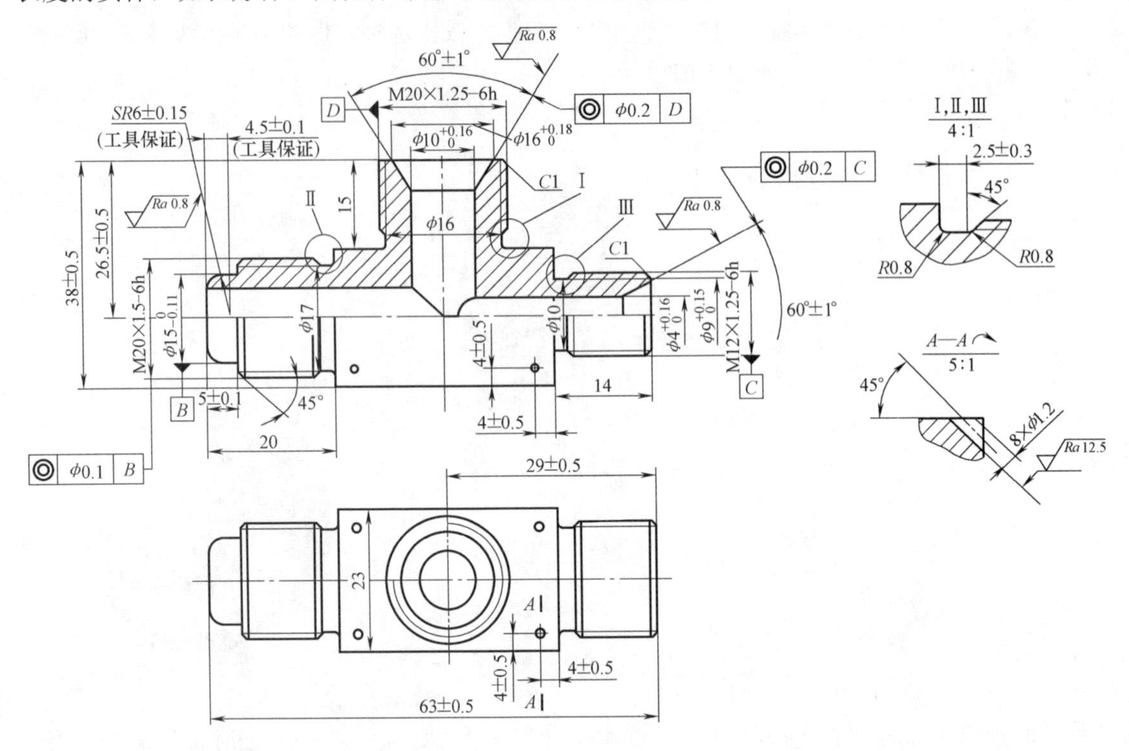

图5-63　三通的工程图

三通的创建过程如图5-64所示。

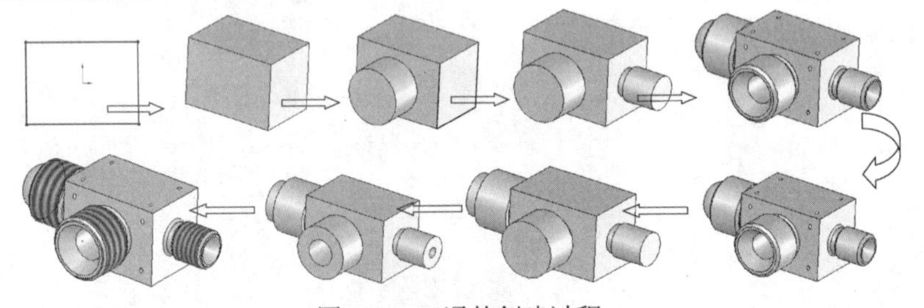

图5-64　三通的创建过程

视频文件\动画演示\第5章\管接头类零件的创建.mp4

创建步骤

5.5.1　创建长方形基体

01 启动 SOLIDWORKS 2020。单击标准工具栏中“新建”按钮，在弹出“新建 SOLIDWORKS 文件”对话框中选择“零件”按钮，单击“确定”按钮，创建一个新的零件文件。

02 创建草图绘制平面。在特征管理器设计树中选择“前视基准面”作为草图绘制平面，单击“草图”面板中的“草图绘制”按钮，进入草图绘制。

03 绘制草图。单击“草图”面板中的“中心矩形”按钮，绘制一个矩形，尽量以坐标原点为中心，不必追求绝对的中心，只要几何关系正确就行。

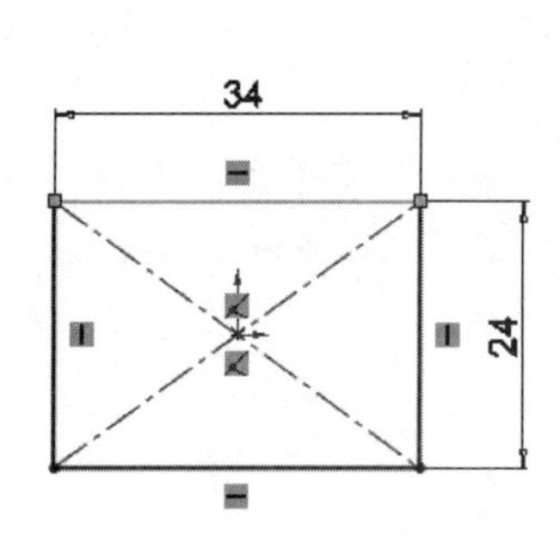

图5-65　绘制矩形

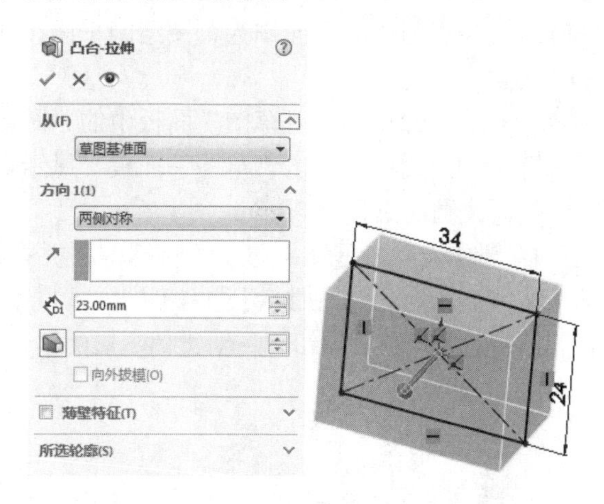

图5-66　设置拉伸参数

04 标注尺寸。单击“草图”面板中的“智能尺寸”按钮，标注矩形轮廓的实际尺寸，如图5-65所示。这里以坐标原点作为矩形的中心，是将坐标原点作为一个基准，可为将来的拉伸建模过程带来很大的方便。

05 拉伸实体。单击“特征”面板中的“拉伸凸台/基体”按钮，设置拉伸“终止条件”为“两侧对称”；在按钮右侧的文本框中指定拉伸“深度”为23mm，其他选项保持不变，如图5-66所示。单击“确定”按钮，完成长方形基体的创建，如图5-67所示。

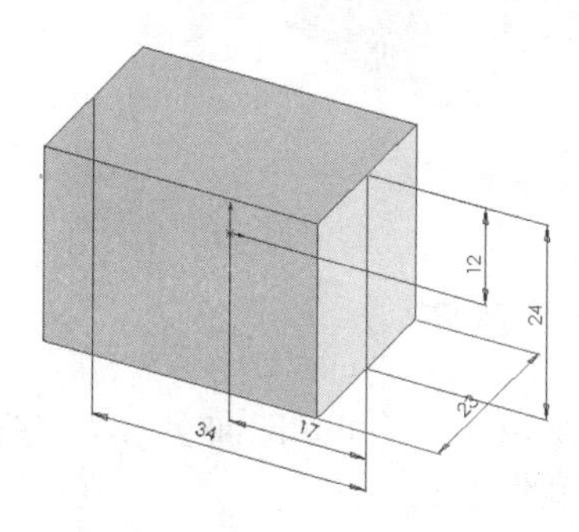

图5-67　创建的长方形基体

5.5.2　创建通径10mm的喇叭口基体

01 选择长方形基体上34mm×24mm面作为草图绘制平面，单击“草图”面板中的“草图绘制”按钮，进入草图绘制。

02 绘制圆1。单击“草图”面板中的“圆形”　按钮，以坐标原点为中心绘制一圆。

这时，就可以认识到坐标原点实际上也是矩形 34mm×24mm 的中心点。

03 标注尺寸 1。单击“草图”面板中的“智能尺寸”按钮，标注圆的直径为 16mm。

04 创建退刀槽。单击“特征”面板中的“拉伸凸台/基体”按钮，设置“终止条件”为“给定深度”，在按钮右侧的文本框中指定拉伸“深度”为 2.5mm，其他选项保持不变，如图 5-68 所示。单击“确定”按钮，从而创建退刀槽。

05 选择退刀槽的平面作为草图绘制平面，单击“草图”面板中的“草图绘制”按钮，进入草图绘制。

06 绘制圆 2。单击“草图”面板中的“圆形”按钮，以坐标原点为圆心绘制一圆。

07 标注尺寸 2。单击“草图”面板“显示/删除几何关系”下拉列表中的“智能尺寸”按钮，标注圆的直径为 20mm。

08 创建喇叭口基体。单击“特征”面板中的“拉伸凸台/基体”按钮，设置“终止条件”为“给定深度”；在按钮右侧的文本框中指定拉伸“深度”为 12.5mm，其他选项保持不变。单击“确定”按钮，创建喇叭口的基体，如图 5-69 所示。

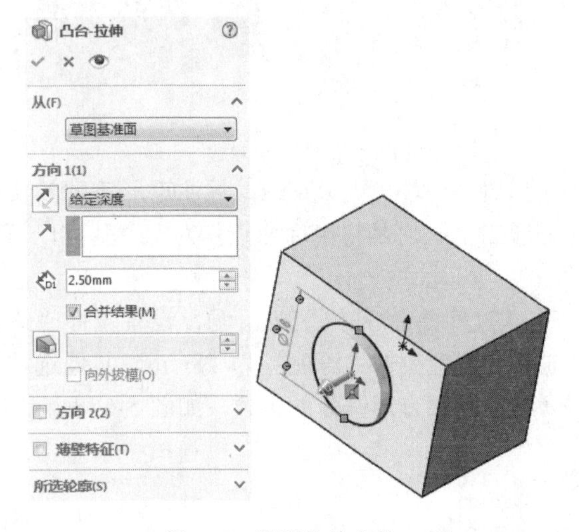

图5-68　设置拉伸参数

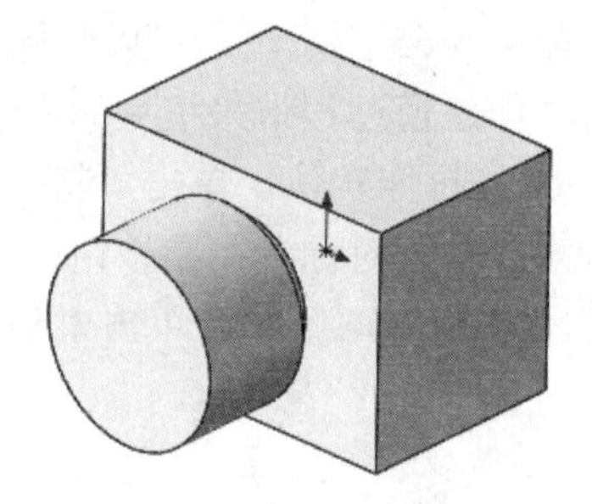

图5-69　创建喇叭口基体

5.5.3　创建通径4mm的喇叭口基体

01 选择长方形基体上的 24mm×23mm 的面作为草图绘制平面，单击“草图”面板中的“草图绘制”按钮，进入草图绘制。

02 绘制圆 1。单击“草图”面板中的“圆形”按钮，以坐标原点为中心绘制一圆。

03 标注尺寸 1。单击“草图”面板中的“智能尺寸”按钮，标注圆的直径为 10mm。

04 创建退刀槽。单击“特征”面板中的“拉伸凸台/基体”按钮，设置“终止条件”为“给定深度”，在按钮右侧的文本框中指定拉伸“深度”为 2.5mm，其他选项保持不变。单击“确定”按钮，创建退刀槽，如图 5-70 所示。

05 选择退刀槽的平面作为草图绘制平面，单击“草图”面板中的“草图绘制”按钮，进入草图绘制。

06 绘制圆 2。单击“草图”面板中的“圆形”按钮，以坐标原点为圆心绘制一圆。

07 标注尺寸 2。单击“草图”面板中的“智能尺寸”按钮，标注圆的直径为 12mm。

08 创建喇叭口基体。单击“特征”面板中的“拉伸凸台/基体”按钮，设置“终止条件”为给定深度；在按钮右侧的文本框中指定拉伸“深度”为 11.5mm，其他选项保持不变。单击“确定”按钮，创建喇叭口的基体，如图 5-71 所示。

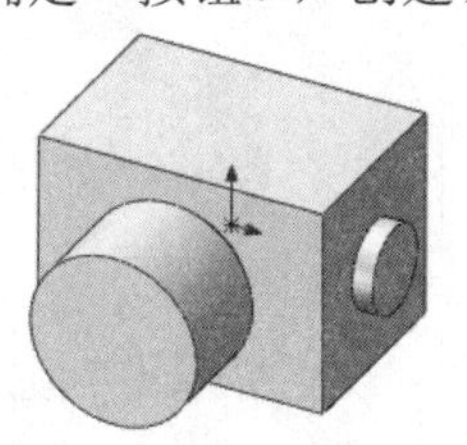

图5-70　创建退刀槽

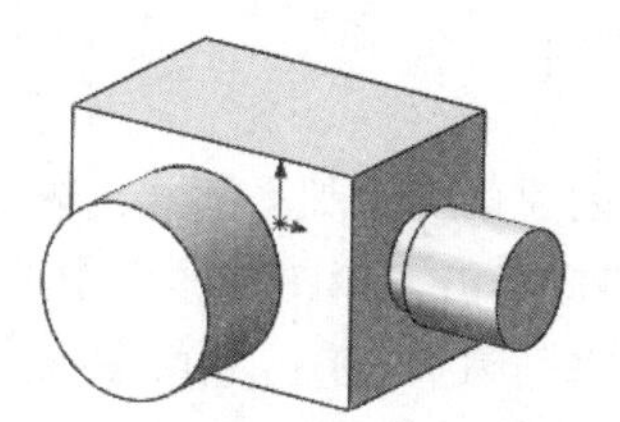

图5-71　创建喇叭口基体

5.5.4　创建通径10mm的球头基体

01 选择长方形基体上的 24mm×23mm 的另一个面作为草图绘制平面，单击“草图”面板中的“草图绘制”按钮，进入草图绘制。

02 绘制圆 1。单击“草图”面板中的“圆形”按钮，以坐标原点为中心绘制一圆。

03 标注尺寸 1。单击“草图”面板中的“智能尺寸”按钮，标注圆的直径为 17mm。

04 创建退刀槽。单击“特征”面板中的“拉伸凸台/基体”按钮，设置“终止条件”为“给定深度”，在按钮右侧的文本框中指定拉伸“深度”为 2.5mm，其他选项保持不变。单击“确定”按钮，创建退刀槽，如图 5-72 所示。

05 选择退刀槽的平面作为草图绘制平面，单击“草图”面板中的“草图绘制”按钮，进入草图绘制。

06 绘制圆 2。单击“草图”面板中的“圆形”按钮，以坐标原点为圆心绘制一圆。

07 标注尺寸 2。单击“草图”面板中的“智能尺寸”按钮，标注圆的直径为 20mm。

08 创建球头螺柱基体。单击“特征”面板中的“拉伸凸台/基体”按钮，设置“终止条件”为“给定深度”；在按钮右侧的文本框中指定拉伸“深度”为 12.5mm，其他选项保持不变。单击“确定”按钮，创建球头螺柱的基体，如图 5-73 所示。

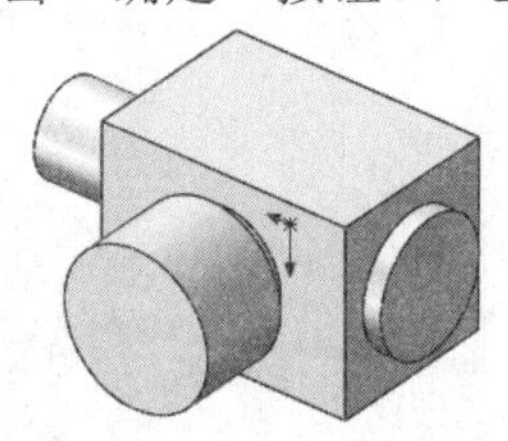

图5-72　创建退刀槽

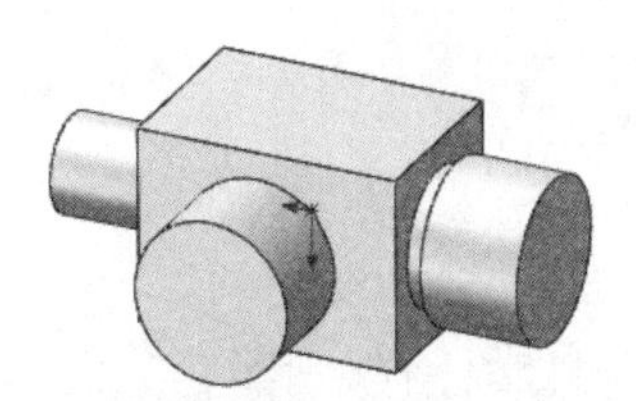

图5-73　创建球头螺柱基体

09 选择球头螺柱基体的外侧面作为草图绘制平面，单击“草图”面板中的“草图绘制”按钮，进入草图绘制。

10 绘制圆 3。单击“草图”面板中的“圆形”按钮，以坐标原点为圆心绘制一圆。

11 标注尺寸 3。单击“草图”面板中的“智能尺寸”按钮，标注圆的直径为 15mm。

12 创建球头基体。单击“特征”面板中的“拉伸凸台/基体”按钮，设置“终止条件”为“给定深度”；在按钮右侧的文本框中指定拉伸“深度”为 5mm，其他选项保持不变。单击“确定”按钮，创建球头的基体，如图 5-74 所示。

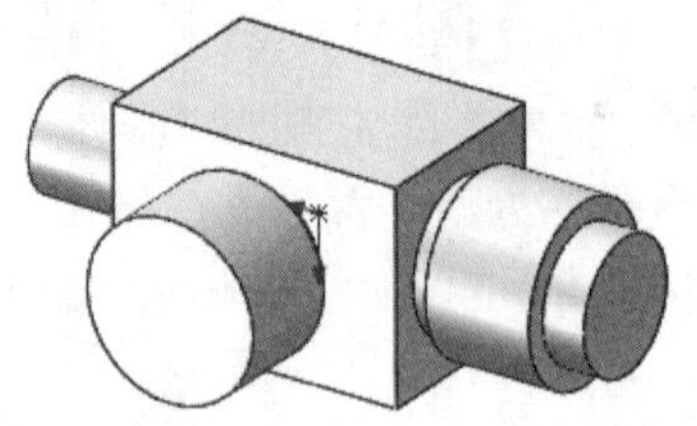

图5-74　创建球头基体

5.5.5　打孔

01 创建草图绘制平面 1。选择通径为 10mm 的喇叭口的基体平面，单击“草图”面板中的“草图绘制”按钮，进入草图绘制。

02 绘制圆 1。单击“草图”面板中的“圆形”按钮，以坐标原点为圆心绘制一圆，作为切除拉伸孔的草图轮廓。

03 标注尺寸 1。单击“草图”面板中的“智能尺寸”按钮，标注圆的直径为 10mm。

04 切除拉伸实体 1。单击“特征”面板中的“拉伸切除”按钮，系统弹出“切除-拉伸”属性管理器。设定“终止条件”为“给定深度”，在按钮右侧的文本框中指定拉伸“深度”为 26mm，其他选项保持不变，如图 5-75 所示。单击“确定”按钮，完成通径为 10mm 切除拉伸孔的创建。

05 创建草图绘制平面 2。选择球头上直径为 15mm 的端面，单击“草图”面板中的“草图绘制”按钮，进入草图绘制。

06 绘制圆 2。单击“草图”面板中的“圆形”按钮，以坐标原点为圆心绘制一圆，作为切除拉伸孔的草图轮廓。

07 标注尺寸 2。单击“草图”面板中的“智能尺寸”按钮，标注圆的直径为 10mm。

08 切除拉伸实体 2。单击“特征”面板中的“拉伸切除”按钮，系统弹出“切除-拉伸”属性管理器。设定“终止条件”为“给定深度”，在按钮右侧的文本框中指定拉伸“深度”为 39mm，其他选项保持不变。单击“确定”按钮，完成通径为 10mm 切除拉伸孔的创建，如图 5-76 所示。

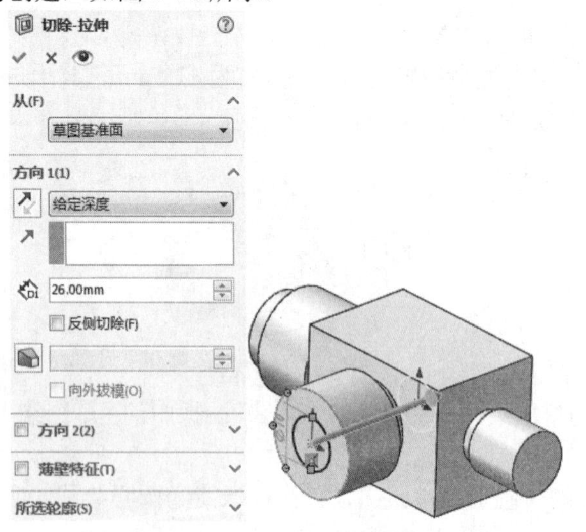

图5-75　设置切除拉伸-参数

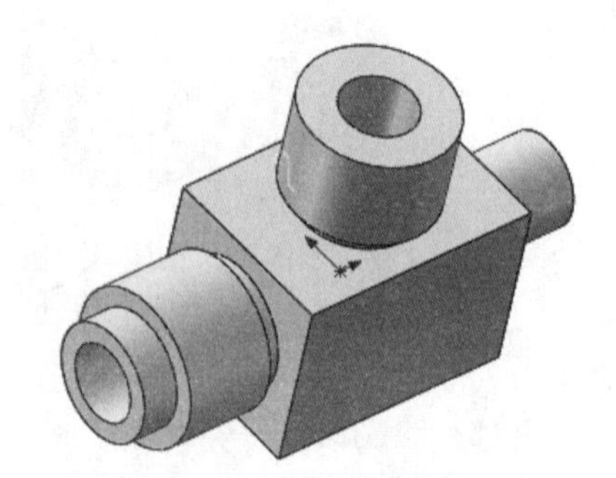

图5-76　通径为10mm的孔

09 创建草图绘制平面 3。选择通径 12mm 喇叭口的端面作为草图绘制平面，单击“草图”面板中的“草图绘制”按钮，进入草图绘制。

10 绘制圆 3。单击“草图”面板中的“圆形”按钮，以坐标原点为圆心绘制一圆，作为切除拉伸孔的草图轮廓。

11 标注尺寸 3。单击“草图”面板中的“智能尺寸”按钮，标注圆的直径为 4mm。

12 切除拉伸实体 3。单击“特征”面板中的“拉伸切除”按钮，系统弹出“切除-拉伸”属性管理器。设定“终止条件”为“完全贯穿”，其他选项保持不变，如图 5-77 所示。单击“确定”按钮，完成通径为 4mm 切除拉伸孔的创建。

到此，孔的创建就完成了。为了更好地观察所打孔的正确性，用剖视来观察三通模型。单击前导图工具栏中的“剖面视图”按钮，在“剖面视图”属性管理器中选择“上视基准面”作为参考剖面，其他选项保持不变，如图 5-78 所示。单击“确定”按钮，从而完成以剖面视图观察模型的效果，图如图 5-79 所示。

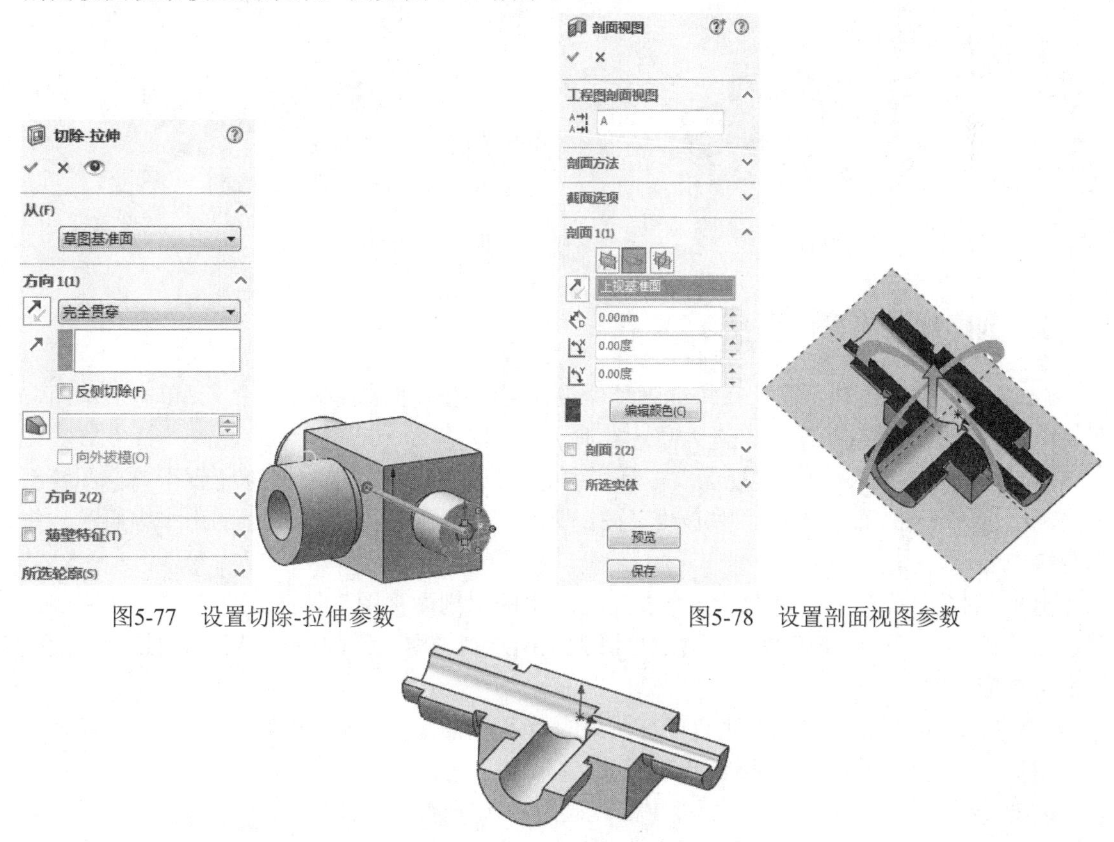

图5-77　设置切除-拉伸参数

图5-78　设置剖面视图参数

图5-79　剖视图效果

5.5.6　创建喇叭口的工作面

01 创建倒角特征 1。在绘图区中选择通径 10mm 喇叭口的内径边线。单击“特征”面板中的“倒角”按钮，在按钮右侧的文本框中设置倒角的“距离”为 3mm，在按钮右侧的文本框中设置倒角“角度”为60度，其他选项保持不变。单击“确定”按钮✔，创建通径10mm的密封工作面。图5-80所示为倒角后的效果。

02 创建倒角特征2。在绘图区中选择通径4mm喇叭口的内径边线。单击“特征”面板中的“倒角”按钮，在按钮右侧的文本框中设置倒角的“距离”为2.5mm；在按钮右侧的文本框中设置倒角“角度”为60度；其他选项保持不变，如图5-81所示。单击“确定”按钮✔，创建通径4mm的密封工作面。

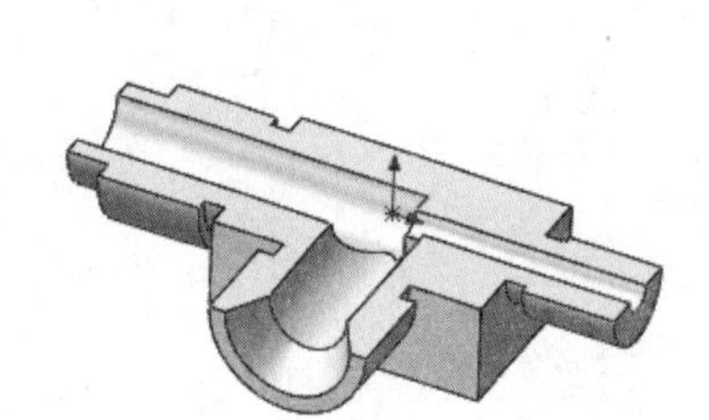

图5-80　倒角后的效果

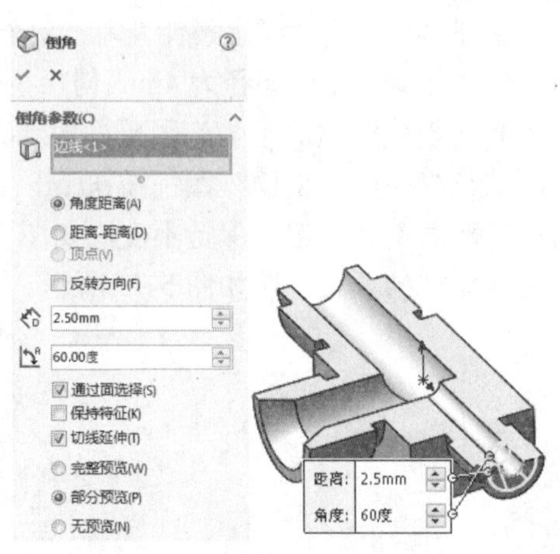

图5-81　设置倒角参数

5.5.7　创建球头的工作面

01 创建草图绘制平面。在特征管理器设计树中选择“上视基准面”， 单击“草图”面板中的“草图绘制”按钮，进入草图绘制。

02 绘制中心线。单击“视图”工具栏中的“正视于”按钮，从而正视于该草图绘制平面。单击“草图”面板中的“中心线”按钮，绘制一条通过坐标原点的水平中心线，作为旋转中心轴。

03 创建剖面视图。单击前导视图工具栏中的“剖面视图”按钮，取消剖面视图观察。这样做是为了可以将模型中的边线投影到草图绘制平面上，剖面视图上的边线是不能被转换实体应用的。

04 选择球头上最外端拉伸凸台左上角的两条轮廓线，单击“草图”面板中的“转换实体引用”按钮，将该轮廓线投影到草图中。

05 绘制圆。单击“草图”面板中的“圆形”按钮，绘制一圆。

06 标注尺寸。单击“草图”面板中的“智能尺寸”按钮，为该圆定位，并标注圆的直径为12mm，如图5-82所示。

07 裁剪图形。单击“草图”面板中的“剪裁实体”按钮，将草图中的部分多余线段剪裁掉，留下的切除旋转轮廓如图5-82所示。

08 单击“特征”面板中的“旋转切除”按钮，具体参数设置如图5-83所示。单击“确定”按钮✔，从而创建球头的工作面。

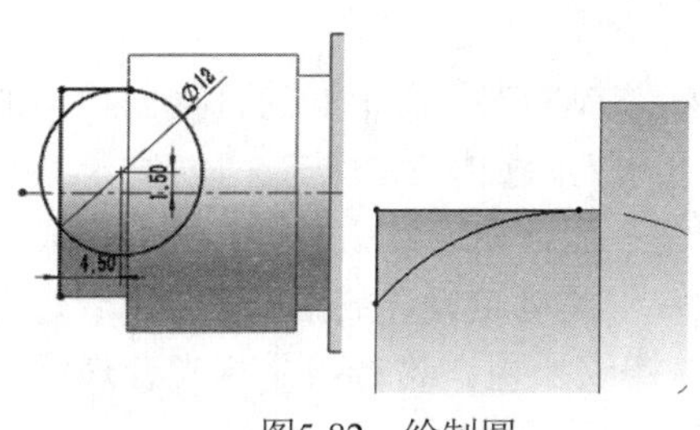

图5-82 绘制圆

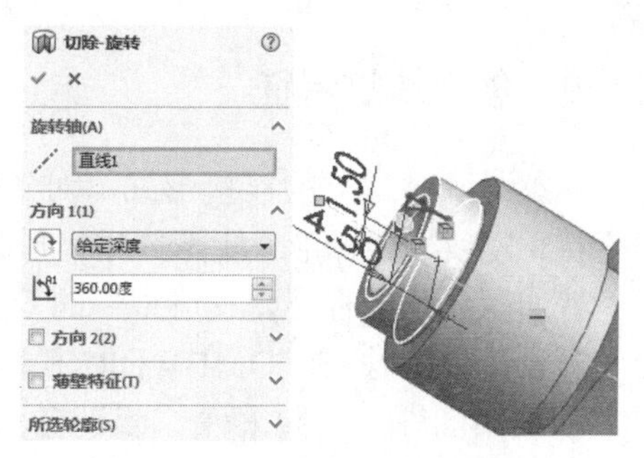

图5-83 设置切除旋转-参数

5.5.8 创建工艺倒角和圆角特征

01 创建剖面视图。单击前导视图工具栏中的“剖面视图”按钮，选择“上视基准面”作为参考剖面观察视图。

02 创建倒角特征。单击“特征”面板中的“倒角”按钮，在按钮右侧的文本框中设置倒角“距离”为 1mm；在按钮右侧的文本框中设置倒角“角度”为 45 度，其他选项保持不变。选择三通中需要倒 *C*1 角的边线，单击“确定”按钮，创建倒角，如图 5-84 所示。

03 创建圆角特征。单击“特征”面板中的“圆角”按钮，在按钮右侧的文本框中设置圆角的“半径”为 0.8mm 具体参数设置如图 5-85 所示。在绘图区中选择要创建 *R*0.8mm 圆角的三条边线，单击“确定”按钮，创建圆角。

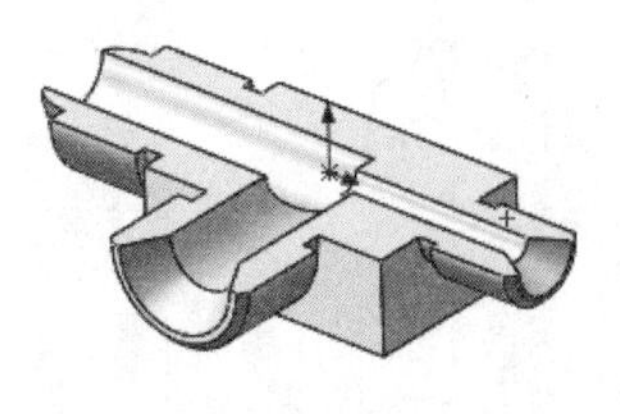
图5-84 创建倒角

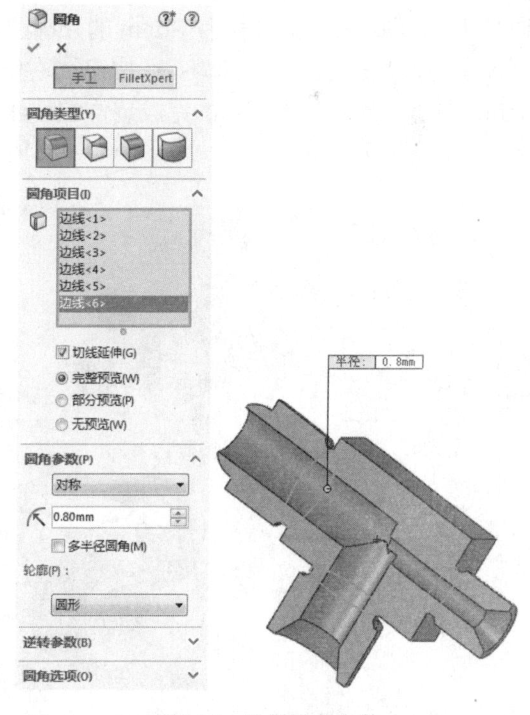

图5-85 设置圆角参数

5.5.9 创建螺纹特征

螺纹是一种常见的连接形式。对于普通螺纹，SOLIDWORKS有很好的直接创建功能；对于特种螺纹（如梯形、矩形或锯齿形螺纹），则需要用切除扫描的方法专门创建。

普通螺纹是没有必要“造型”的，因为相关的装配、配合和连接已经极其成熟可靠，不必重新设计。所以，在SOLIDWORKS中，这样的螺纹仅仅是确定设计数据，在显示表达上作了“螺纹贴图”，看起来像，而没有真正“切削”出螺纹牙型。这样做是相当合理的。在SOLIDWORKS中，这种螺纹贴图称为“装饰螺纹线”。

01 创建剖面视图。单击前导视图工具栏中的“剖面视图”按钮，取消剖面视图观察。

02 创建装饰螺纹线 1。选择菜单栏中的“插入”→“注解”→“装饰螺纹线”命令，弹出“装饰螺纹线”属性管理器。选择通径 10mm 喇叭口的直径为 20mm 的外廓圆边线作为螺纹的圆形边线；在“终止条件”下拉列表中选择“成形到下一面”；在按钮右侧的文本框中设置装饰螺纹线的“次要直径”为 19mm，具体参数设置如图 5-86 所示。单击“确定”按钮，创建成装饰螺纹线 1。

03 创建装饰螺纹线 2。选择菜单栏中的“插入”→“注解”→“装饰螺纹线”命令，选择球头中直径为 20mm 的外廓圆边线作为螺纹的圆形边线；在“终止条件”下拉列表中选择“成形到下一面”；在按钮右侧的文本框中设置装饰螺纹线的“次要直径为 18.5mm，具体参数设置如图 5-87 所示。单击“确定”按钮，创建装饰螺纹线 2。

04 创建装饰螺纹线 3。选择菜单栏中的“插入”→“注解”→“装饰螺纹线”命令，选择通径 4mm 的喇叭口中直径为 12mm 的外廓圆边线作为螺纹的圆形边线；在“终止条件”下拉列表中选择“成形到下一面”；在按钮右侧的文本框中设置装饰螺纹线的“次要直径”为 11mm。单击“确定”按钮，完成装饰螺纹线的创建，如图 5-88 所示。

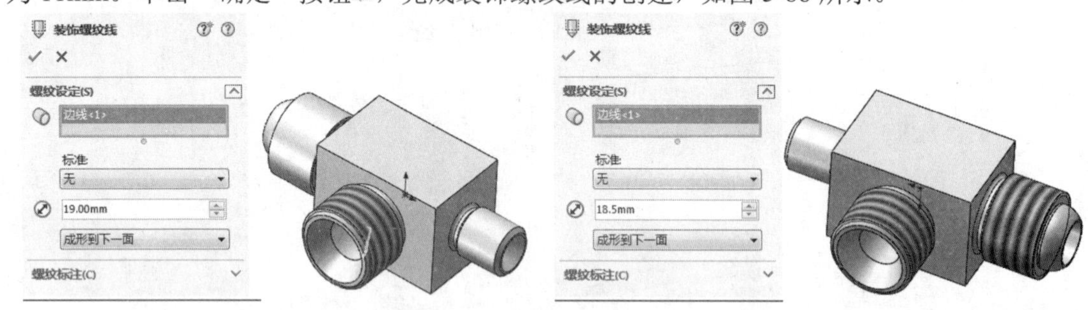

图5-86 设置装饰螺纹线参数1　　图5-87 设置装饰螺纹线参数2

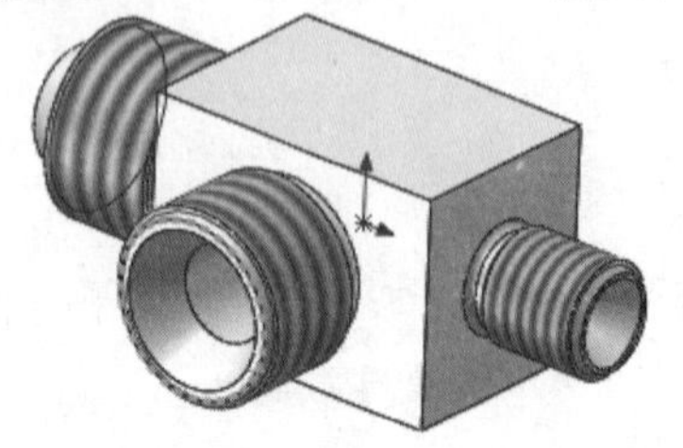

图5-88 创建装饰螺纹线

5.5.10 创建保险孔

01 创建基准面 1。单击“特征”面板中的“基准面”按钮，在绘图区中选择图 5-89 所示的长方体面和边线；单击“两面夹角”按钮，在右侧的文本框中设置角度为 45 度。单击“确定”按钮，创建通过所选长方体边线并与所选基面成 45° 的参考基准面。

02 创建草图绘制平面。选择创建的“基准面 1”作为草图绘制平面，单击“草图”面板中的“草图绘制”按钮，进入草图绘制。

03 绘制草图。单击前导视图工具栏中的“正视于”按钮，正视于草图绘制平面，方便草图绘制。单击“草图”面板中的“圆形”按钮，绘制两个圆。

04 标注尺寸。单击“草图”面板中的“智能尺寸”按钮，标注圆的直径为 1.2mm 并定位，如图 5-90 所示。

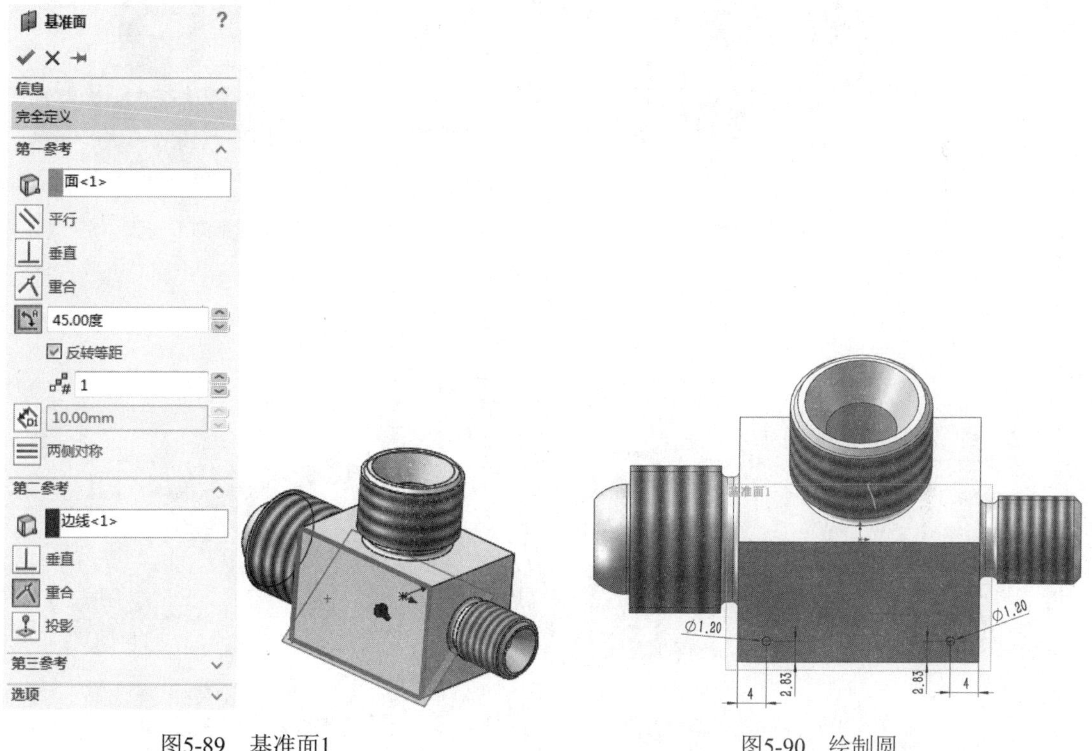

图5-89 基准面1　　　　图5-90 绘制圆

05 切除拉伸实体。单击“特征”面板中的“拉伸切除”按钮，系统弹出“切除-拉伸”属性管理器。选择“终止条件”为“两侧对称”；在按钮右侧的文本框中设置拉伸“深度”为 20mm，如图 5-91 所示。单击“确定”按钮，创建两个保险孔。

06 镜像特征 1。单击“特征”面板中的“镜像”按钮，弹出“镜像”属性管理器。在“镜像面/基准面”选择框中选择“前视基准面”作为镜像面；单击按钮右侧的选择框，在绘图区中选择创建的保险孔作为要镜像的特征；具体参数设置如图 5-92 所示。单击“确定”按钮。

07 镜像特征 2。单击“特征”面板中的“镜像”按钮，弹出“镜像”属性管理器。

在"镜像面/基准面"选择框中选择"上视基准面"作为镜像面；单击按钮右侧的选择框，在绘图区中选择保险孔特征和对应的镜像特征，如图 5-93 所示。单击"确定"按钮，完成保险孔特征的镜像。

08 单击标准工具栏中的"保存"按钮，将文件保存为"三通.sldprt"。使用旋转观察功能，最终创建的三通如图 5-94 所示。

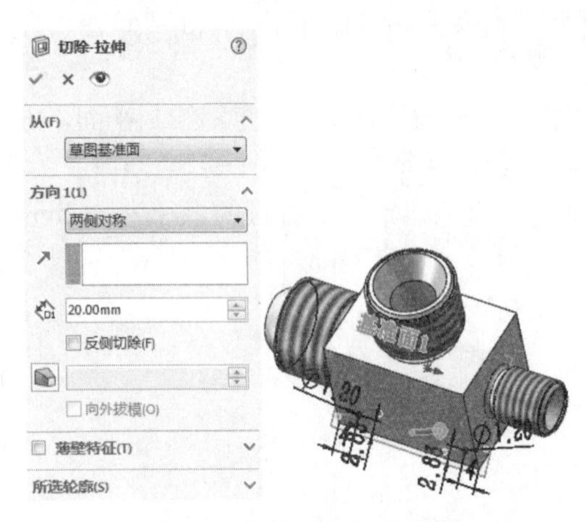

图5-91　设置切除-拉伸参数

图5-92　设置镜像参数1

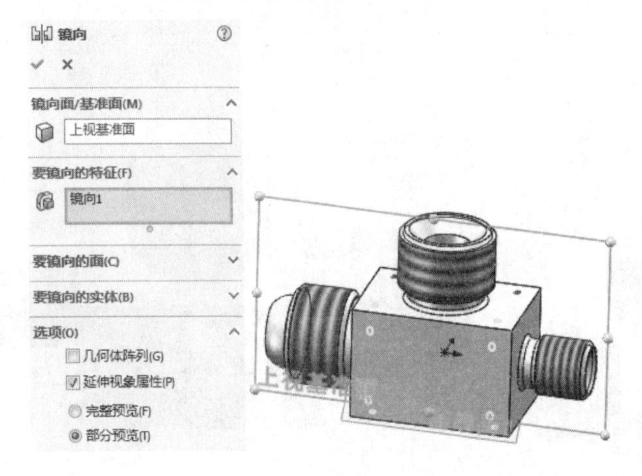

图5-93　设置镜像参数2

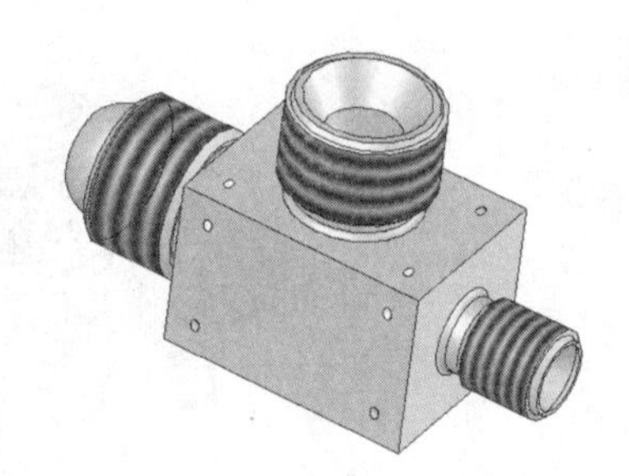

图5-94　创建的三通

第 6 章

盘盖类零件设计

盘盖类零件是比较常见的机械零件，其结构参数需要根据具体的情况进行设计，有些零件，如法兰盘，可以通过查《机械设计手册》和具体情况结合确定基本参数。

本章主要介绍齿轮泵前后盖和法兰的创建过程。

学习要点

- 齿轮泵前盖的创建
- 齿轮泵后盖的创建
- 法兰的创建

6.1 齿轮泵前盖的创建

本例创建齿轮泵的前盖。图6-1所示为齿轮泵前盖的工程图。

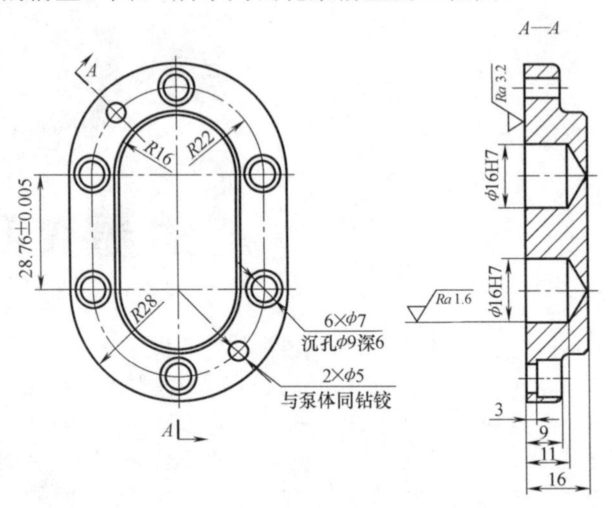

图6-1 齿轮泵前盖的工程图

齿轮泵前盖属于典型的盘盖类零件，其内外形均较复杂，主要结构是由均匀的薄壁围成不同形状的空腔，空腔壁上还有多方向的孔，以达到容纳和支承的作用。另外，具有强肋、凸台、凹坑、铸造圆角、拔模斜度等常见结构。创建齿轮泵前盖时，首先绘制前盖的轮廓草图并拉伸创建实体，然后绘制齿轮安装孔，再通过圆周阵列/镜像等操作创建螺钉通孔，最后进行圆角操作。图6-2所示为齿轮泵前盖的基本创建过程。

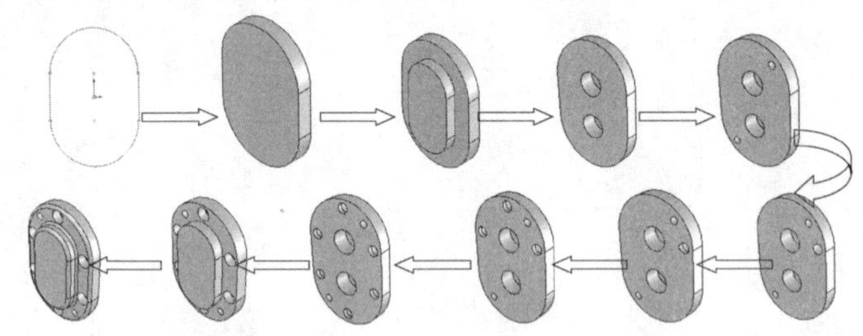

图6-2 齿轮泵前盖的基本创建过程

视频文件\动画演示\第6章\齿轮泵前盖的创建.mp4

创建步骤

6.1.1 创建齿轮泵前盖主体

01 新建文件启动 SOLIDWORKS 2020，单击标准工具栏中的“新建”按钮，在弹出的“新建 SOLIDWORKS 文件”对话框中选择“零件”按钮，然后单击“确定”按钮，创建一个新的零件文件。

02 绘制草图。在特征管理器设计树中选择“前视基准面”作为草图绘制平面，然后单击“草图”面板中的“中心矩形”按钮和“三点圆弧”按钮，绘制草图，如图 6-3 所示。

03 拉伸实体。单击“特征”面板中的“拉伸凸台/基体”按钮，系统弹出“凸台-拉伸”属性管理器。在“深度”文本框中输入 9mm，单击“确定”按钮，如图 6-4 所示。

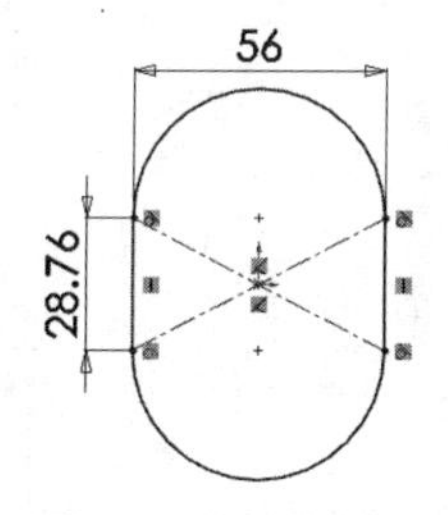

图6-3　绘制草图1

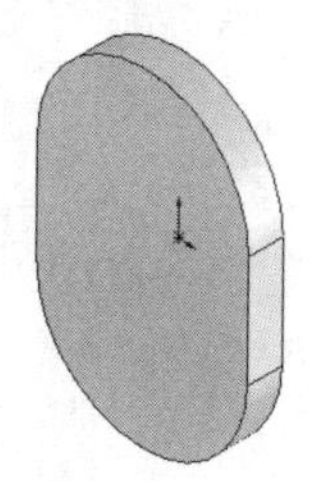

图6-4　拉伸实体

04 绘制等距线条。

❶选择图 6-4 中的左端面，将其作为草图绘制平面。单击“草图”面板中的“转换实体引用”按钮，将其边线转换为草图实体。

❷单击“草图”面板中的“等距实体”按钮，弹出“等距实体”属性管理器。在 “等距距离”文本框中输入 12mm，其他选项设置如图 6-5 所示。单击实体边线草图，然后单击“确定”按钮，如图 6-6 所示。

❸单击“草图”面板中的“剪裁实体”按钮，将实体的轮廓草图边线删除，只保留内部的等距线条。

05 拉伸创建凸台。单击“特征”面板中的“拉伸凸台/基体”按钮，拉伸创建深度为 7mm 的凸台，如图 6-7 所示。

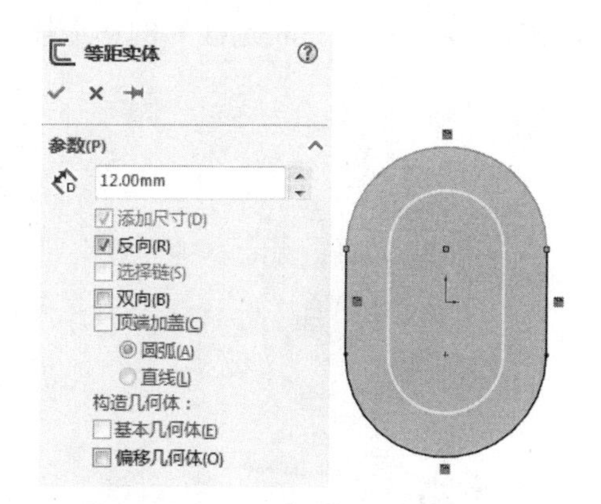

图6-5　“等距实体”属性管理器

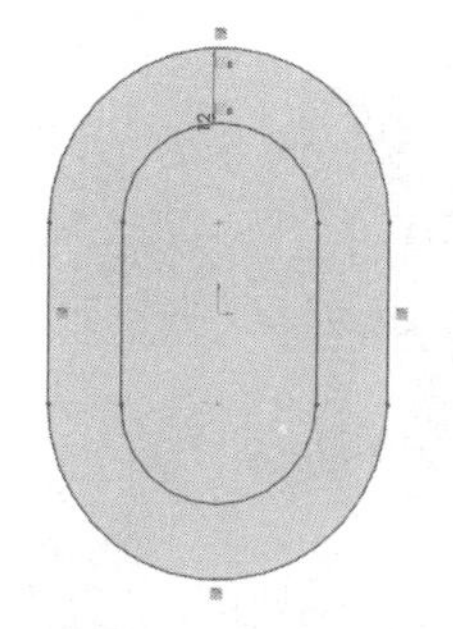

图6-6　绘制等距线条

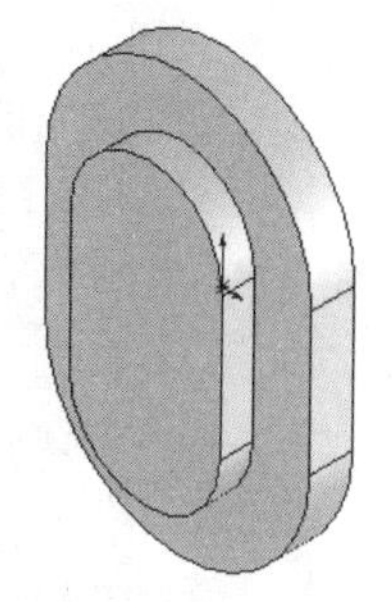

图6-7　拉伸创建凸台

6.1.2　创建齿轮安装孔

01 绘制圆。将实体的较大表面设置为草图绘制平面，绘制两个圆，如图6-8所示。

02 添加几何关系。单击“草图”面板“显示/删除几何关系”下拉菜单中的“添加几何关系”按钮，分别拾取圆和实体圆弧轮廓边线，在“添加几何关系”属性管理器中单击“同心”按钮，对两个圆添加同心约束，如图 6-9 所示。

03 切除拉伸实体。单击“特征”面板中的“拉伸切除”按钮，在弹出的“切除-拉伸”属性管理器中设置切除拉伸深度为 11mm，单击“确定”按钮，如图 6-10 所示。

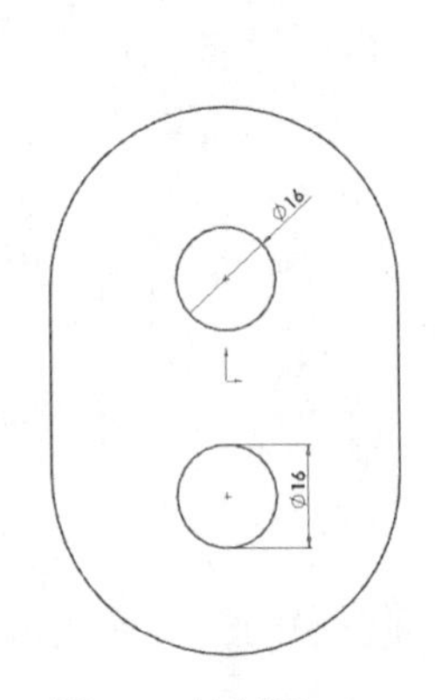

图6-8 绘制圆

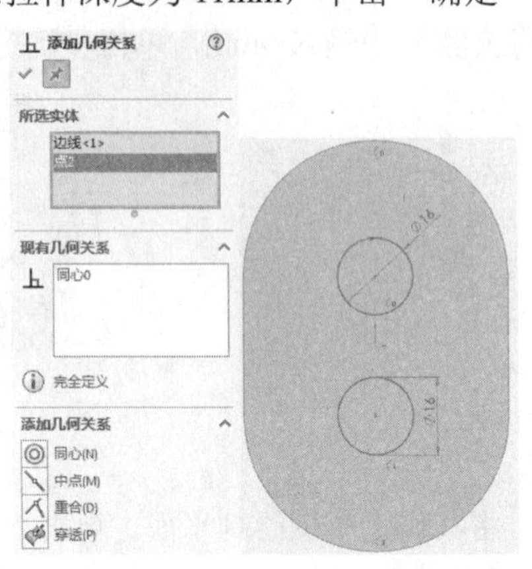

图6-9 添加“同心”几何关系

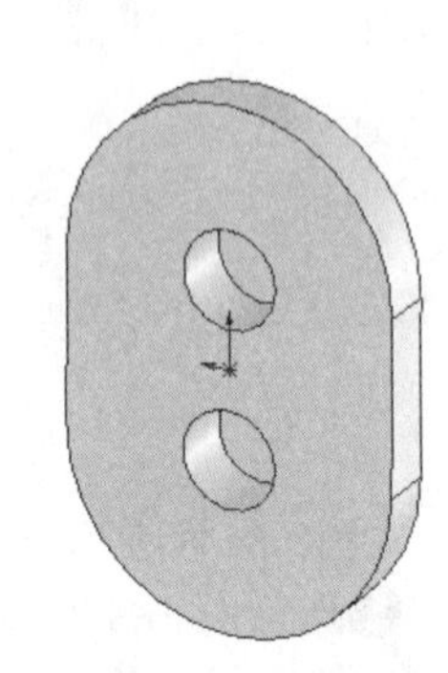

图6-10 切除拉伸实体

6.1.3 创建销孔和螺钉孔

01 创建草图绘制平面。选择图 6-11 中的平面，然后单击前导视图工具栏中的“正视于”按钮，将该表面作为草图绘制平面。

02 绘制构造线。单击“草图”面板中的“圆形”按钮和“直线”按钮，在其属性管理器中选择“作为构造线”，绘制图 6-11 所示的构造线。

03 绘制销孔。单击“草图”面板中的“圆形”按钮，在 45° 构造线和圆构造线交点绘制两个圆，如图 6-12 所示。

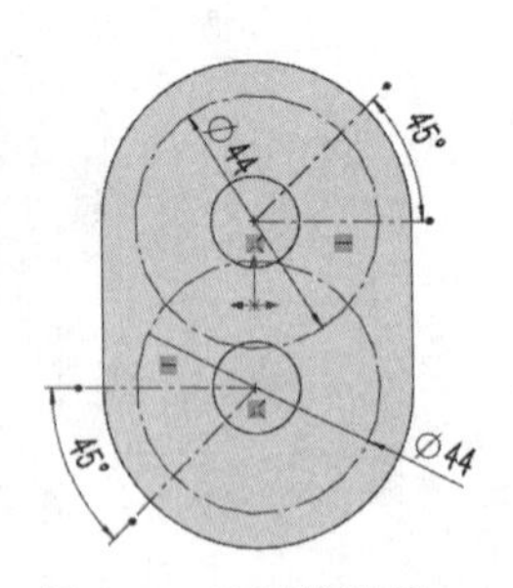

图6-11 绘制构造线

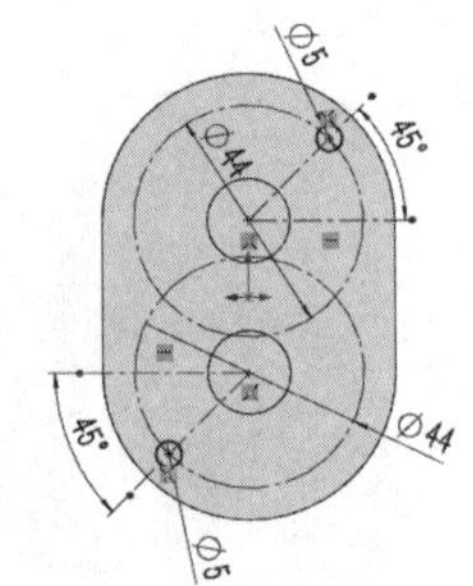

图6-12 绘制销孔

04 切除拉伸实体。单击“特征”面板中的“拉伸切除”按钮，进行完全贯通切除拉伸，如图 6-13 所示。

05 切除拉伸安装孔。以零件实体的环形平面作为草图绘制平面，绘制安装孔，安装孔的尺寸如图 6-14 所示；然后进行切除拉伸，创建螺钉通孔，如图 6-15 所示。

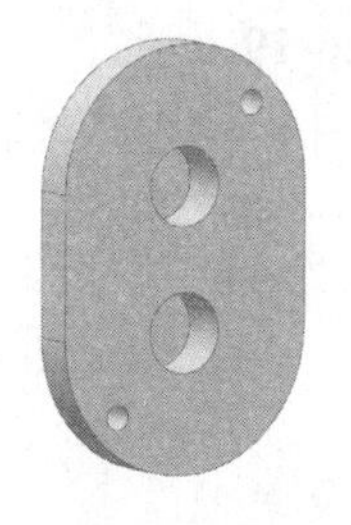

图6-13　切除拉伸创建销孔

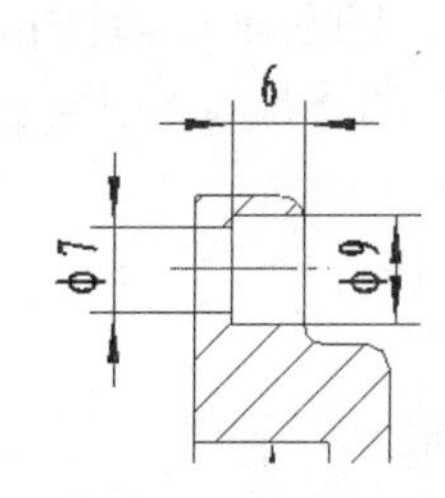

图6-14　安装孔的尺寸

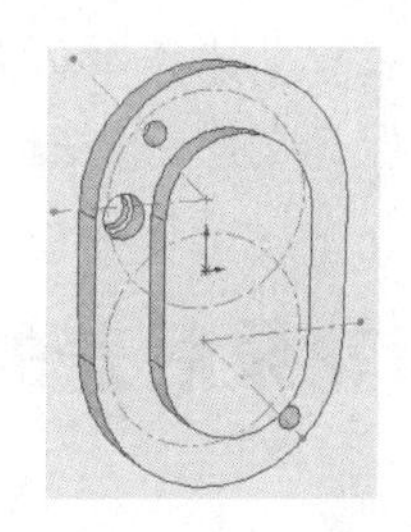

图6-15　切除拉伸创建螺钉通孔

06 圆周阵列实体。选择菜单栏中的“视图”→“隐藏/显示”→“临时轴”命令，将实体的临时轴显示出来。单击“特征”面板中的“圆周阵列”按钮，弹出“阵列（圆周）1”属性管理器。在“方向 1”的“阵列轴”选择框中拾取相应的临时轴，设置“角度”为 180°，“实例数”为 3；单击“特征和面”的“要阵列的特征”选择框，通过特征管理器设计树选择“切除-拉伸 3”特征，如图 6-16 所示。单击“确定”按钮，圆周阵列实体。

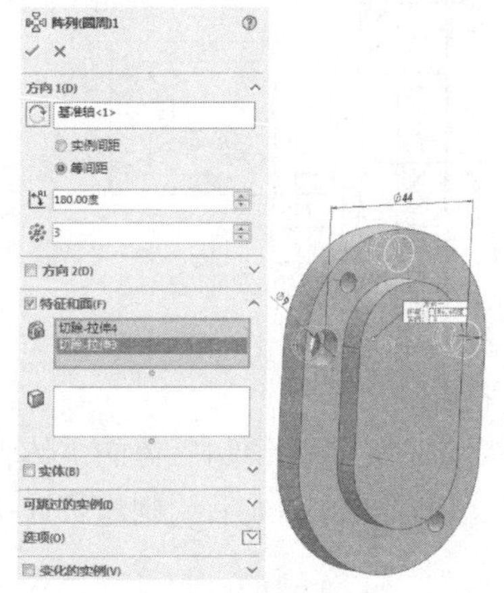

图6-16　圆周阵列实体

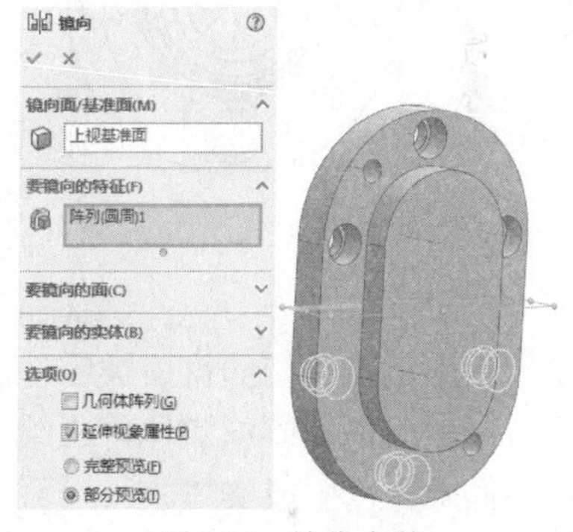

图6-17　镜像实体

07 镜向实体。单击“特征”面板中的“镜向”按钮，弹出“镜向”属性管理器。在“镜像面/基准面”选择框中，通过特征管理器设计树选择 “上视基准面”选项；在“要镜向的特征”选择框中，通过特征管理器设计树中选择螺钉通孔的阵列（圆周）1。单击“确定”按钮，镜像实体，如图6-17所示。

6.1.4　创建圆角

01 圆角。单击“特征”面板中的“圆角”按钮，依次选择图 6-18 中的边线 1、3，圆角半径为 2mm，单击“确定”按钮。

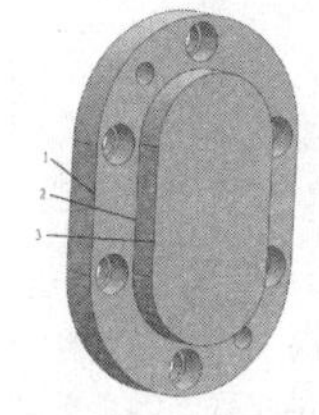

图6-18　圆角边线1、3

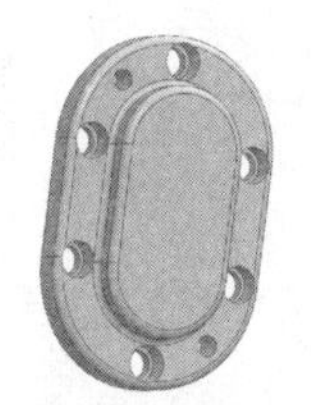

图6-19　圆角边线2

02 重复上述操作，将边线2圆角，圆角半径为1.5mm，如图6-19所示。

03 保存文件。单击标准工具栏中的“保存”按钮，将文件保存为“齿轮泵前盖”。

6.2 齿轮泵后盖的创建

图6-20所示为齿轮泵后盖的工程图。

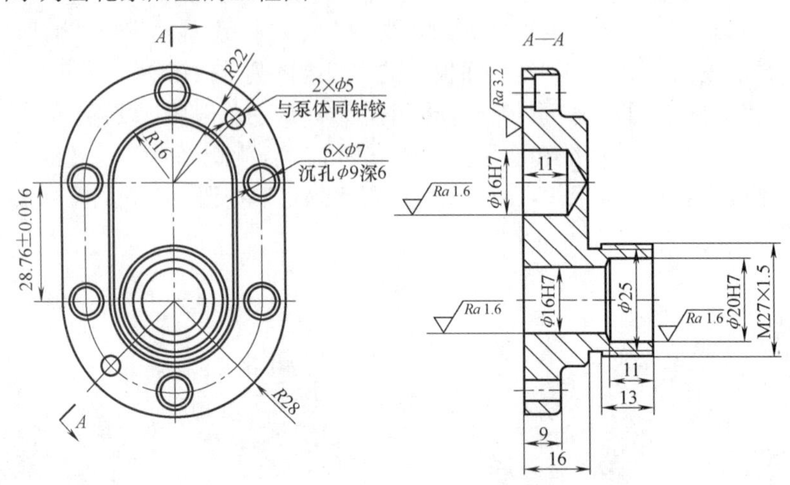

图6-20 齿轮泵后盖的工程图

齿轮泵后盖也是典型的盘盖类零件。创建齿轮泵后盖时，首先绘制后盖的主体轮廓草图并拉伸实体；然后创建螺纹实体，再绘制切除草图进行切除实体；最后绘制螺钉连接孔，进行阵列和镜像操作以生成实体。

图6-21所示为齿轮泵后盖的基本创建过程。

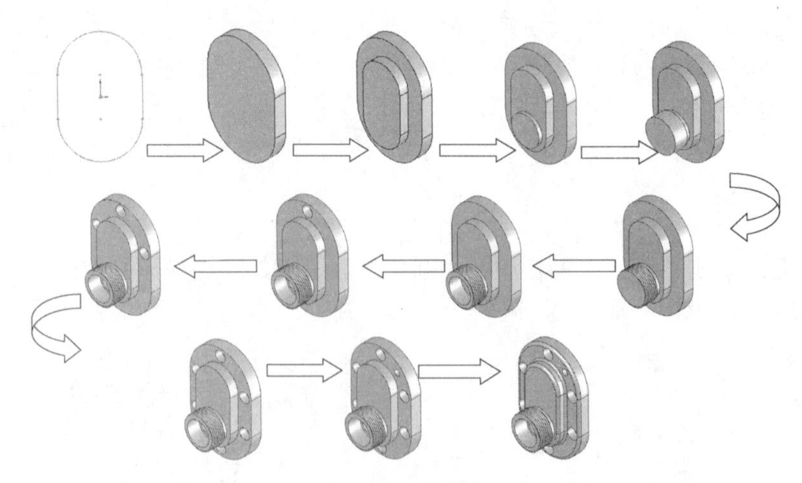

图6-21 齿轮泵后盖的基本创建过程

视频文件\动画演示\第6章\齿轮泵后盖的创建. mp4

创建步骤

6.2.1　创建齿轮泵后盖主体

01 新建文件。启动 SOLIDWORKS 2020，单击标准工具栏中的“新建”按钮，在弹出的“新建 SOLIDWORKS 文件”对话框中选择“零件”按钮，然后单击“确定”按钮，创建一个新的零件文件。

02 绘制圆。在特征管理器设计树中选择“前视基准面”作为草图绘制平面，然后单击“草图”面板中的“圆形”按钮，绘制一个圆，圆的中心在原点。

03 标注尺寸。单击“草图”面板中的“智能尺寸”按钮，标注圆的直径，如图 6-22 所示。

04 绘制另一个圆。单击“草图”面板中的“圆形”按钮，绘制另外一个圆，标注圆的直径为 56mm；标注两个圆的中心距为 28.76mm，如图 6-23 所示。

05 绘制切线。单击“草图”面板中的“直线”按钮，绘制两个圆的切线，如图 6-24 所示。

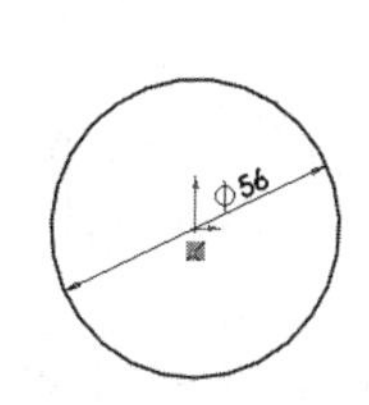

图6-22　标注尺寸的圆

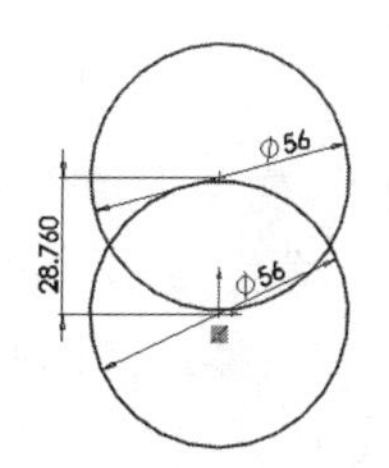

图6-23　绘制另一个圆

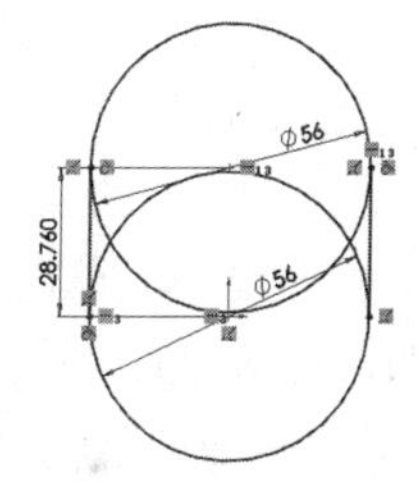

图6-24　绘制切线

06 剪裁草图。单击“草图”面板中的“剪裁实体”按钮，弹出“剪裁”属性管理器，如图 6-25 所示。选择“剪裁到最近端”选项，剪裁草图，如图 6-26 所示。

07 拉伸实体 1。单击“特征”面板中的“拉伸凸台/基体”按钮，系统弹出“凸台-拉伸”属性管理器。在“深度”文本框中输入 9mm，然后单击“确定”按钮，如图 6-27 所示。

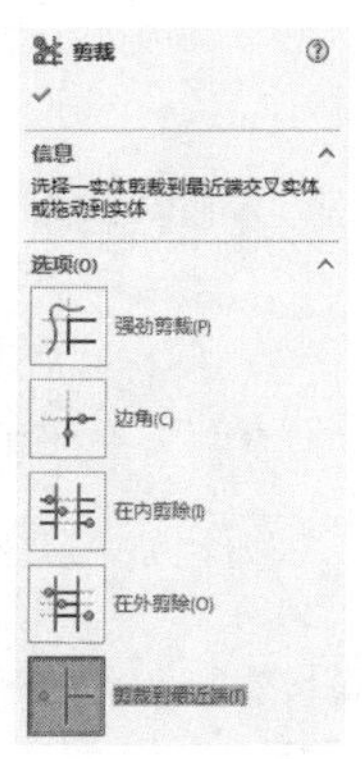

图6-25　“剪裁”属性管理器

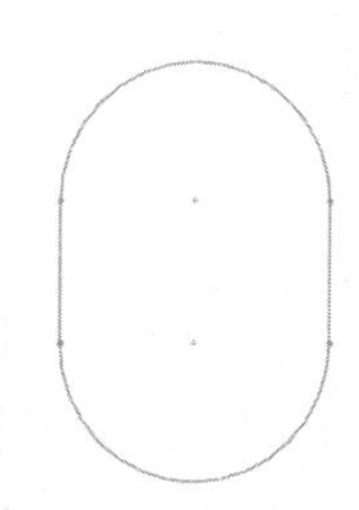

图6-26　剪裁草图

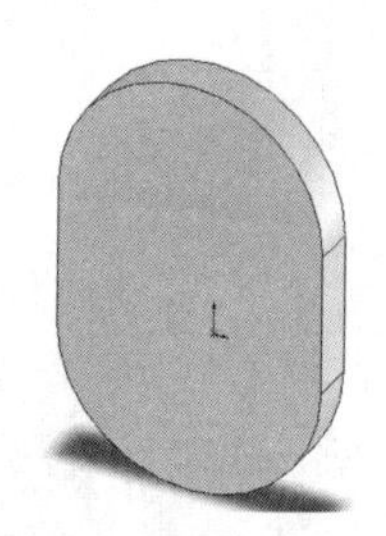

图6-27　拉伸实体1

08 创建草图绘制平面。选择图 6-28 中的表面，然后单击前导视图工具栏中的“正视于”按钮，将该表面作为草图绘制平面。

09 绘制草图。在图6-28中所选草图绘制平面上绘制草图，如图6-29所示。

10 拉伸实体 2。单击“特征”面板中的“拉伸凸台/基体”按钮，系统弹出“凸台-拉伸”属性管理器。在“深度”文本框中输入 7mm，然后单击“确定”按钮，如图 6-30 所示。

11 拉伸实体3。重复上述操作，拉伸两个圆柱实体，设置直径为25mm，高度为3mm；直径为27mm，高度为11mm，如图6-31所示。

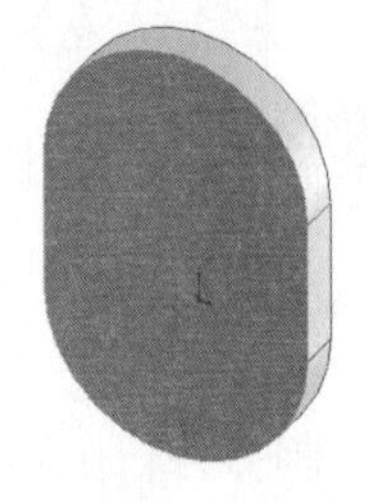

图6-28 创建草图绘制平面

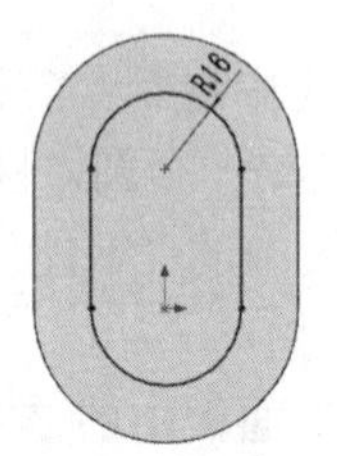

图6-29 绘制草图

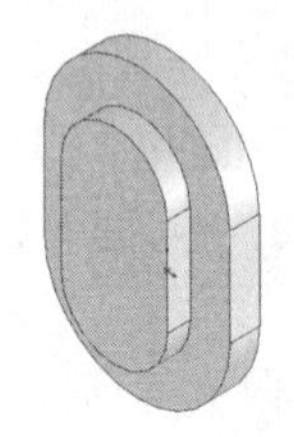

图6-30 拉伸实体2

6.2.2 创建螺纹

01 创建螺旋线。

❶选择图 6-31 中的表面 1，单击前导视图工具栏中的“正视于”按钮，将该表面作为草图绘制平面。单击“草图”面板中的“草图绘制”按钮，激活“转换实体引用”按钮，单击此按钮，将表面 1 的边线转换为草图实体，如图 6-32 所示。

❷单击“特征”面板中的“螺旋线/涡状线”按钮，弹出“螺旋线/涡状线”属性管理器，如图 6-33 所示。选择“定义方式”为“螺距和圈数”，设置“螺距”为 1.5mm，“圈数”为 8，“起始角度”为 270°，选择方向为“顺时针”，然后单击“确定”按钮，创建螺旋线，如图 6-34 所示。

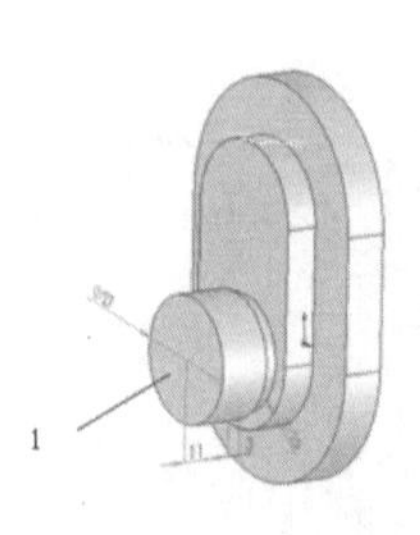

图6-31 拉伸实体3

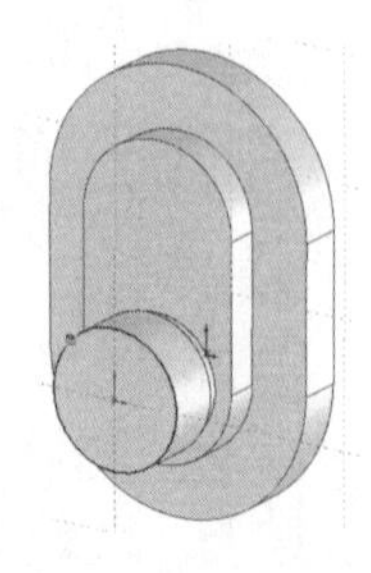

图6-32 将边线转换为草图实体

图6-33 “螺旋线/涡状线”属性管理器

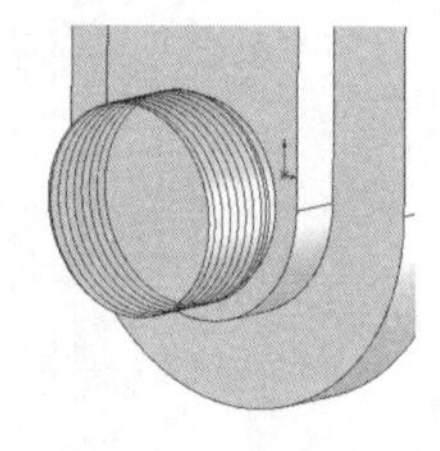

图6-34 创建螺旋线

02 创建草图绘制平面。在特征管理器设计树中选择“右视基准面”作为草图绘制平面，然后单击前导视图工具栏中的“正视于”按钮，将该表面作为草图绘制平面，如图 6-35 所示。

03 绘制螺纹牙型。单击前导视图工具栏中的“局部放大”按钮，将绘图区局部放大，绘制螺纹牙型，如图 6-36 所示。单击标准工具栏中“重建模型”按钮。

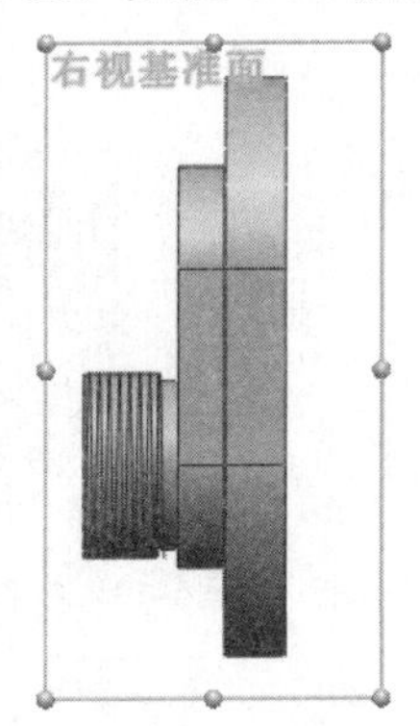

图6-35　创建草图绘制平面

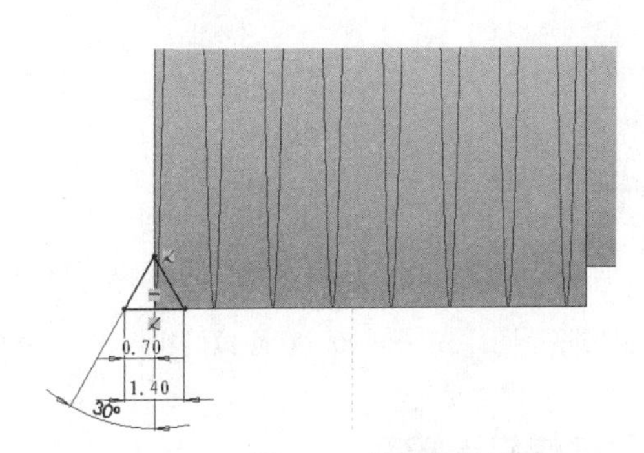

图6-36　绘制螺纹牙型

04 创建螺纹。单击“特征”面板中的“扫描切除”按钮，弹出“切除-扫描”属性管理器。在“轮廓”选择框中选择绘图区中的螺纹牙型；在“路径”选择框中选择“螺旋线”，单击“确定”按钮，创建螺纹实体，如图 6-37 所示。

05 绘制切除草图。选择螺纹实体端面作为草图绘制平面，然后单击前导视图工具栏中的“正视于”按钮，将该表面作为草图绘制平面。单击“草图”面板中的“圆”按钮，绘制圆，设置圆的直径为 20mm，如图 6-38 所示。

06 切除拉伸实体。单击“特征”面板中的“拉伸切除”按钮，系统弹出“切除-拉伸”属性管理器。在“深度”文本框中输入 11mm，然后单击“确定”按钮。

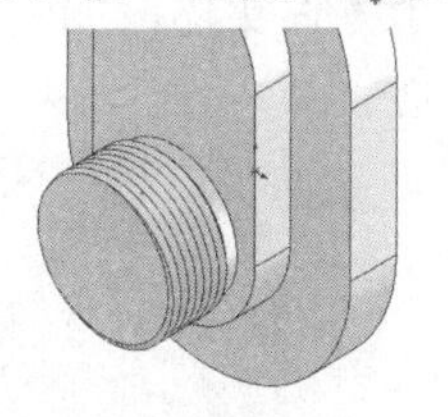

图6-37　创建螺纹实体

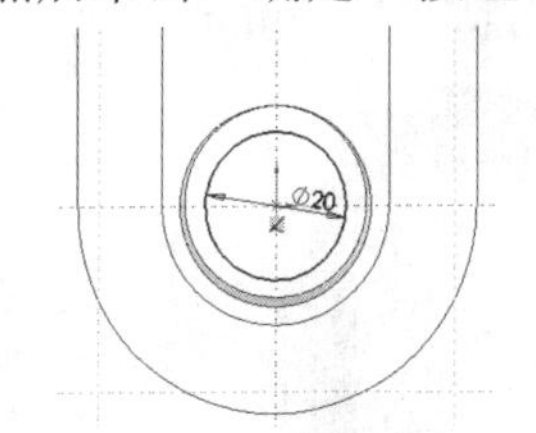

图6-38　绘制圆

6.2.3　创建安装轴孔

01 绘制切除草图 1。选择此零件的大端面作为草图绘制平面，然后单击前导视图工具栏中的“正视于”按钮，将该表面作为草图绘制平面。单击“草图”面板中的“圆形”按钮，绘制一个圆，标注圆的直径为 16mm，如图 6-39 所示。

02 切除拉伸实体 1。单击“特征”面板中的“拉伸切除”按钮，系统弹出“切除-拉伸”属性管理器。在“终止条件”下拉列表中选择“完全贯穿”，然后单击“确定”按钮，结果如图 6-40 所示。

03 绘制切除草图2。绘制与圆弧外轮廓同心的圆，设置圆的直径为16mm，如图6-41所示。

04 切除拉伸实体 2。单击“特征”面板中的“拉伸切除”按钮，系统弹出“切除-拉伸”属性管理器，在“深度”文本框中输入 11，然后单击“确定”按钮，结果如图 6-42 所示。

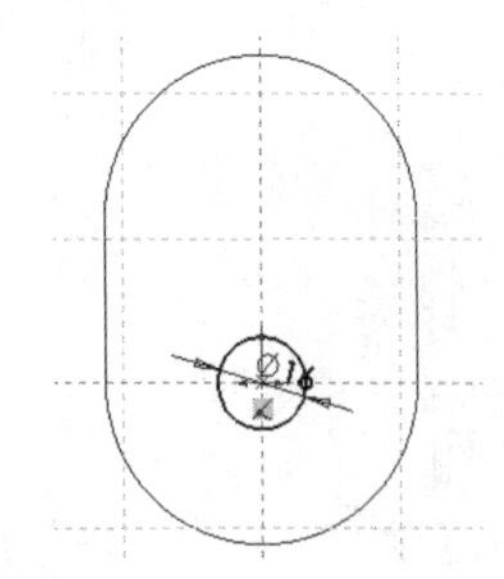

图6-39　绘制切除草图1

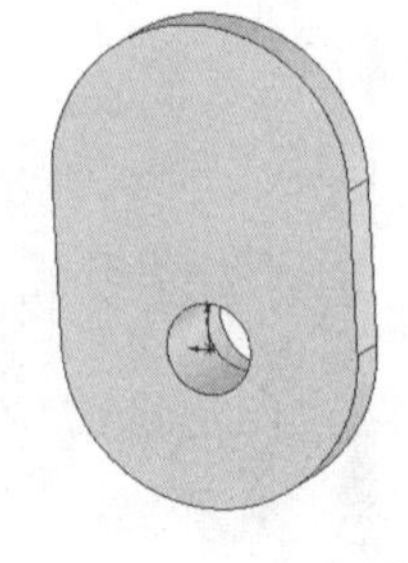

图6-40　切除拉伸实体1

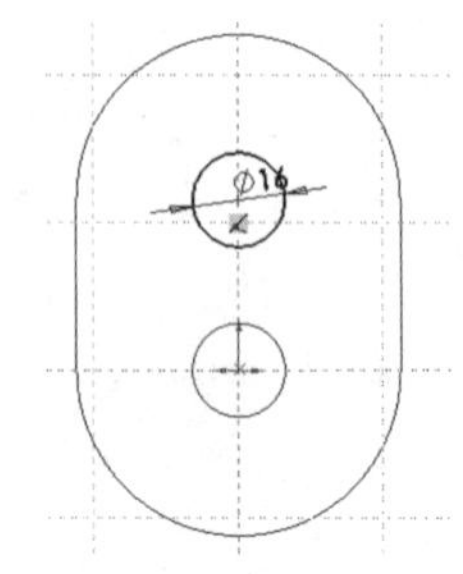

图6-41　绘制切除草图2

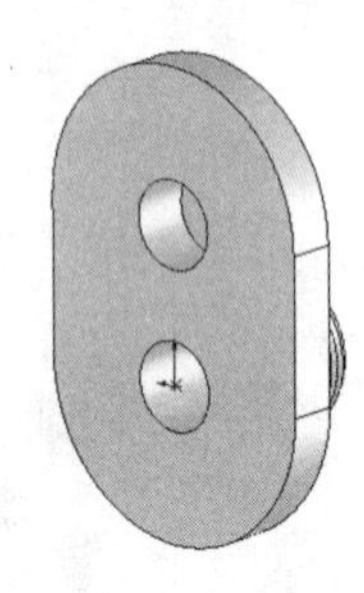

图6-42　切除拉伸实体2

6.2.4　创建螺钉连接孔

01 创建草图绘制平面。选择图 6-43 中的外环端面，然后单击前导视图工具栏“正视于”按钮，创建草图绘制平面，如图 6-44 所示。

02 绘制草图。在草图绘制平面上绘制圆，设置圆心与实体圆弧圆心距离为22mm，圆的直径为9mm，如图6-44所示。

03 切除拉伸实体 1。单击“特征”面板中的“拉伸切除”按钮，此时系统弹出“切除-拉伸”属性管理器。在“深度”文本框中输入 6mm，然后单击“确定”按钮。

04 切除拉伸实体2。以上一步中-切除拉伸圆孔的底面为草图绘制平面，绘制圆，与圆孔同心，并设置直径为7mm；然后-切除拉伸，使其贯穿整个零件实体，如图6-45所示。

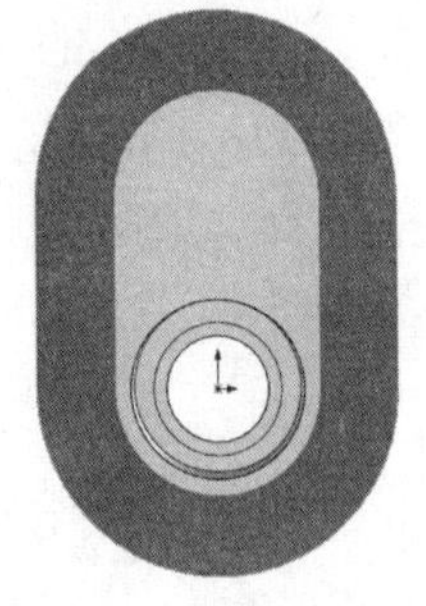

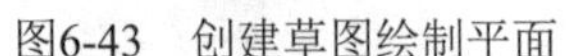

图6-43　创建草图绘制平面

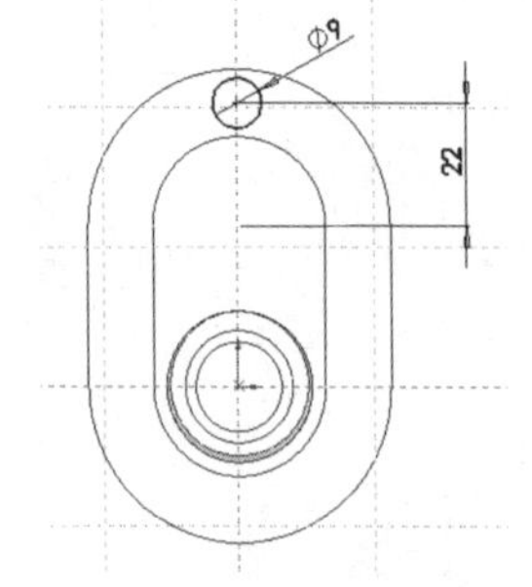

图6-44　绘制草图

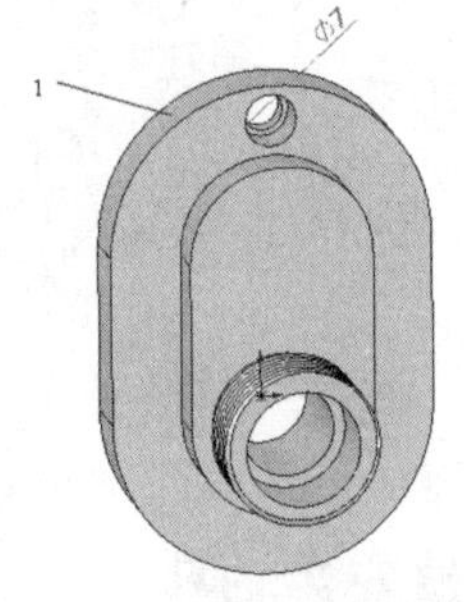

图6-45　切除拉伸实体2

05 创建基准轴。选择图 6-45 中的表面 1，单击“特征”面板“基准轴”按钮，单击弹出的“基准轴”属性管理器中的“确定”按钮，创建一个基准轴，如图 6-46 所示。

06 圆周阵列实体。单击“特征”面板中的“圆周阵列”按钮，弹出“阵列（圆周）1”属性管理器。单击“阵列轴”选择框，通过特征管理器设计树选择“基准轴<1>”作为阵列轴；在“角度”文本框中输入 90 度，在“实例数”文本框中输入 2；单击“要阵列的特征”选择框，通过特征管理器设计树选择“切除-拉伸 4”和“切除-拉伸 5”特征，如图 6-47

所示。单击“确定”按钮✔，圆周阵列实体，如图 6-48 所示。

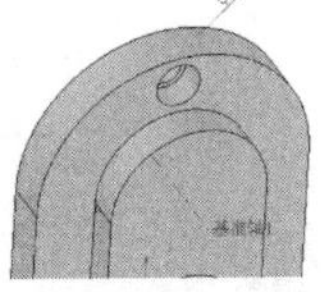

图6-46　创建基准轴

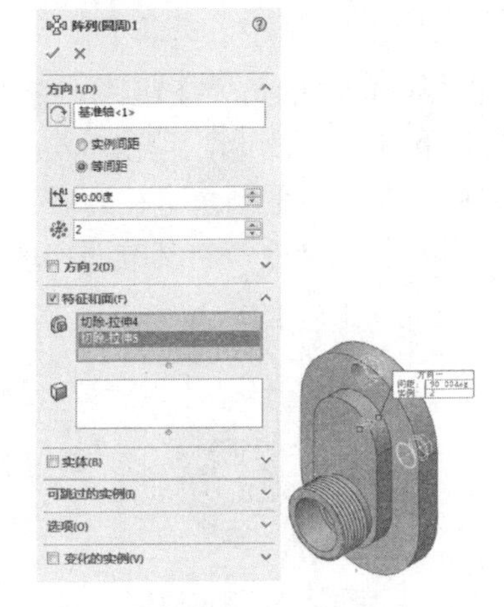

图6-47　设置圆周阵列参数

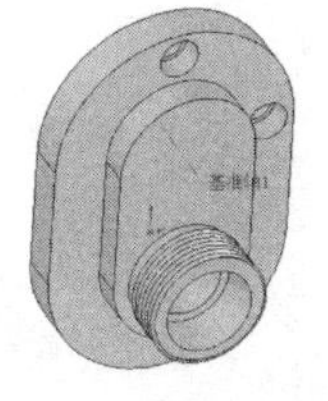

图6-48　圆周阵列实体

07 反向圆周阵列实体。重复上一步的操作，在“阵列（圆周）1”属性管理器中单击“反向”按钮，改变阵列方向，进行阵列，如图6-49所示。

08 创建基准面。在特征管理器设计树中选择“上视基准面”。单击“特征”面板中的“基准面”按钮，在弹出的“基准面”属性管理器中的“偏移距离”文本框中输入 14.38mm，单击“确定”按钮✔，在后盖中间部位出现一个基准面，如图 6-50 所示。

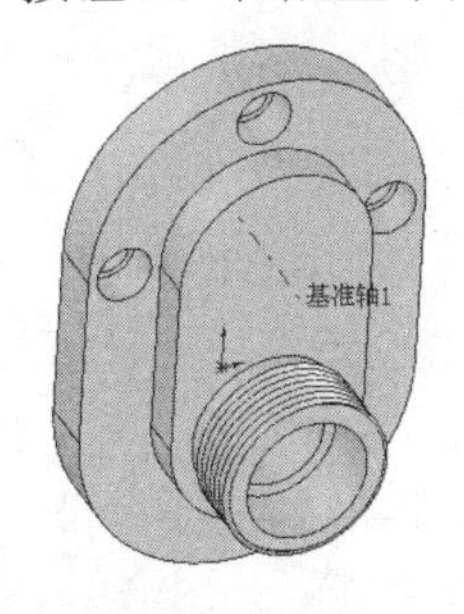

图6-49　反向圆周阵列实体

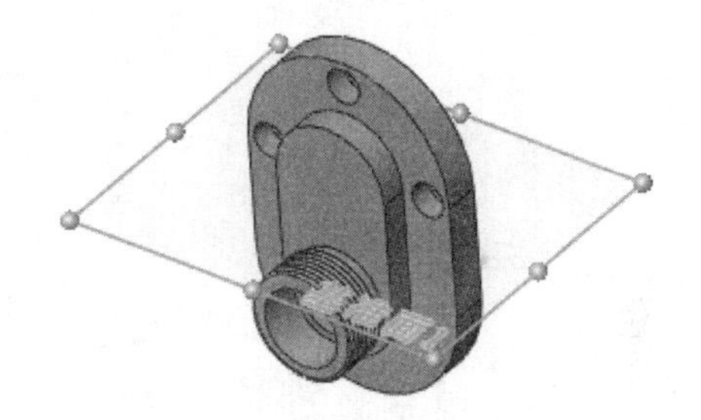

图6-50　创建基准面

09 镜向实体。单击“特征”面板中的“镜向”按钮，弹出“镜向”属性管理器，单击“镜向面/基准面”选择框，通过特征管理器设计树选择基准面 1；单击“要镜像的特征”选择框，通过特征管理器设计树中选择阵列（圆周）1 和阵列（圆周）2，单击“确定”按钮✔，结果如图 6-51 所示。

10 绘制切除拉伸草图。采用前述的绘制草图的方法，绘制齿轮泵后盖上的两个销孔，并设置位置与尺寸，如图6-52所示。

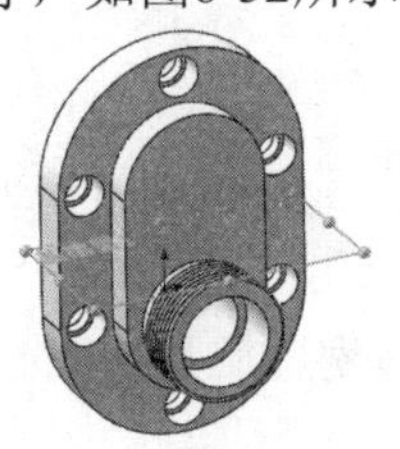

图6-51　镜向实体

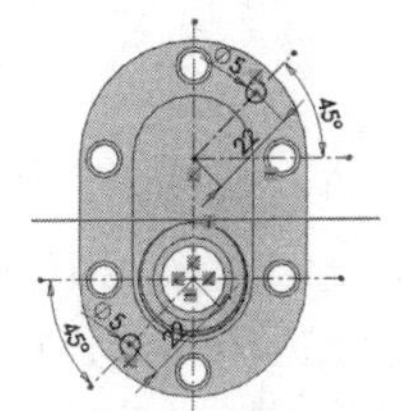

图6-52　绘制切除拉伸草图

6.2.5 创建圆角

01 圆角。单击“特征”面板中的“圆角”按钮，弹出“圆角”属性管理器。依次选择图 6-51 中的边线 1、2，设置圆角半径为 2mm，单击单击“确定”按钮。

02 重复上述操作，将边线3圆角，设置圆角半径为1.5mm。选择菜单栏中的“视图”→“隐藏/显示”→“基准面”和“基准轴”命令，将基准面和基准轴隐藏，如图6-53所示。

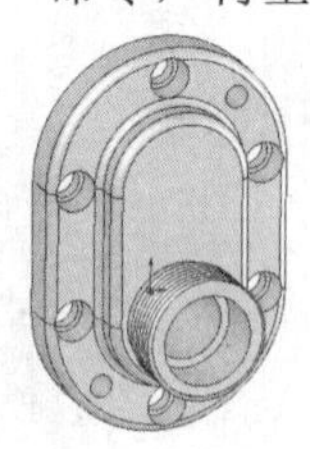

图6-53 圆角边线

03 保存文件。单击标准工具栏中的“保存”按钮，将文件保存为“齿轮泵后盖”。

6.3 法兰的创建

图6-54所示为法兰的工程图。

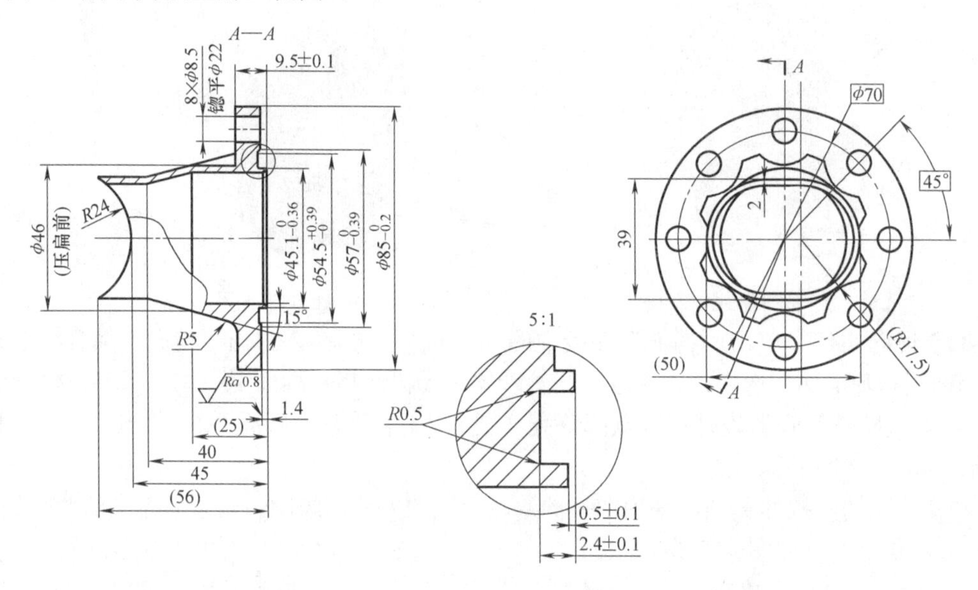

图6-54 法兰的工程图

法兰主要起传动、连接、支承、密封等作用，其主体为回转体或其他平板型，厚度方向的尺寸比其他两个方向的尺寸小，其上常有凸台、凹坑、螺孔、销孔、轮辐等局部结构。这个法兰由于要和一段圆环焊接，所以法兰的根部采用压制后使用铣刀加工圆弧沟槽的方法。

图6-55所示为法兰的基本创建过程。

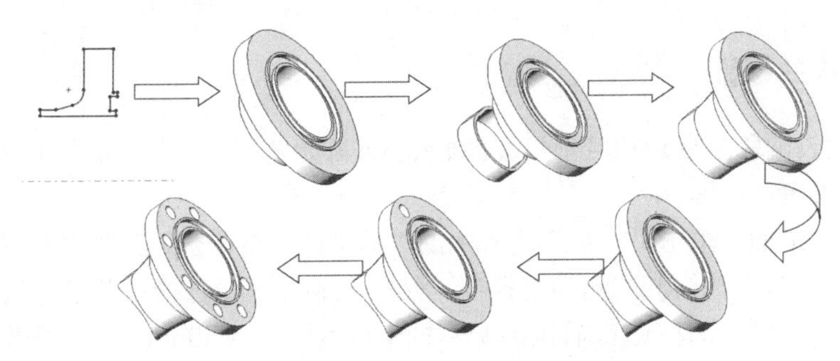

图6-55　法兰的基本创建过程

视频文件\动画演示\第6章\法兰的创建.mp4

创建步骤

6.3.1　创建法兰基体端部

01 新建文件。启动 SOLIDWORKS 2020，单击标准工具栏中的“新建”按钮，在弹出的“新建 SOLIDWORKS 文件”对话框中选择“零件”按钮，然后单击“确定”按钮，创建一个新的零件文件。

02 创建草图绘制平面。在特征管理器设计树中选择“前视基准面”，单击“草图”面板中的“草图绘制”按钮，将其作为草图绘制平面。

03 绘制草图。单击“草图”面板中的“中心线”按钮，绘制一条通过坐标原点的水平中心线作为基体-旋转的旋转轴。单击“草图”面板中的“直线”按钮，绘制法兰轮廓。

04 标注尺寸。单击“草图”面板中的“智能尺寸”按钮，给草图加上驱动尺寸，如图 6-56 所示。

05 创建旋转体。单击“特征”面板中的“旋转凸台/基体”按钮，SOLIDWORKS 会自动将草图中唯一的一条中心线作为旋转轴；设置“旋转类型”为“给定深度”，在“旋转角度”文本框中输入 360 度，具体参数设置如图 6-57 所示。单击“确定”按钮，创建法兰基体端部。

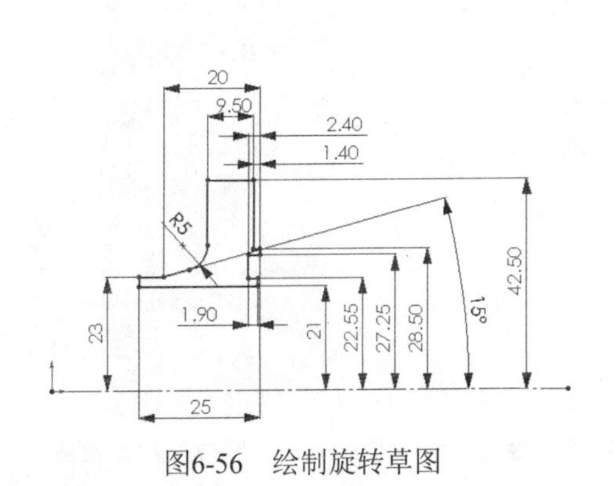

图6-56　绘制旋转草图

图6-57　设置旋转参数

6.3.2　创建法兰根部

法兰根部的长圆段是从距法兰密封端面40mm处开始的，所以这里要先建立一个与密封端面相距40mm的参考基准面。

01 创建基准面。单击“特征”面板中的“基准面”按钮，弹出“基准面”属性管理器。单击“第一参考”按钮右侧的选择框，然后在绘图区中选择法兰最外端的密封面作为参考平面；在被自动激活的按钮右侧的文本框中设置距离为40mm，具体参数设置如图6-58所示。单击“确定”按钮✔，创建基准面。

02 选择上一步创建的基准面，单击“草图”面板中的“草图绘制”按钮，在其上新建一草图。

03 绘制草图。单击“草图”面板中的“圆形”按钮和“直线”按钮，绘制根部的长圆段，如图6-59所示。

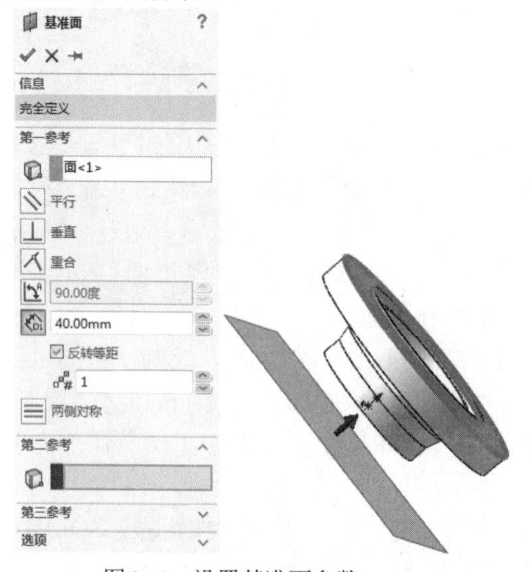

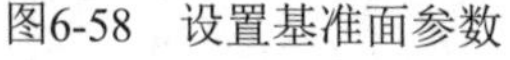
图6-58　设置基准面参数

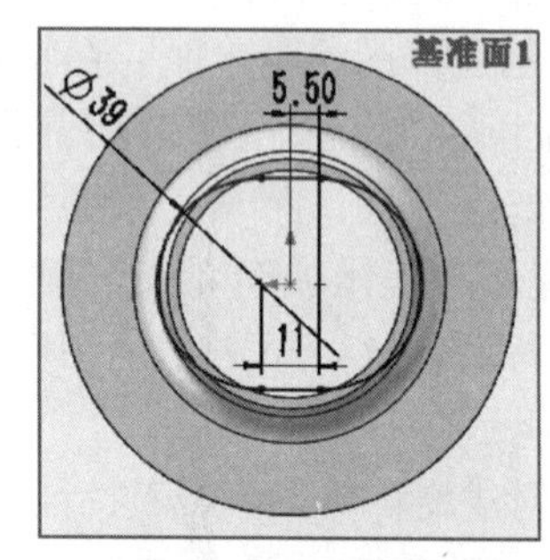

图6-59　绘制长圆段

04 创建法兰根部。单击“特征”面板中的“拉伸凸台/基体”按钮，弹出“凸台-拉伸”属性管理器。在“方向1”选项组中单击“反向”按钮，使根部向外方向拉伸；在按钮右侧的文本框中设置拉伸深度为12mm。选择“薄壁特征”复选框，打开薄壁选项。单击“反向”按钮，使薄壁的拉伸方向向轮廓内部；选择拉伸类型为“单向”；在按钮右侧的文本框中设置薄壁的厚度为2mm，具体参数设置如图6-60所示。单击“确定”按钮✔，从而创建法兰根部。

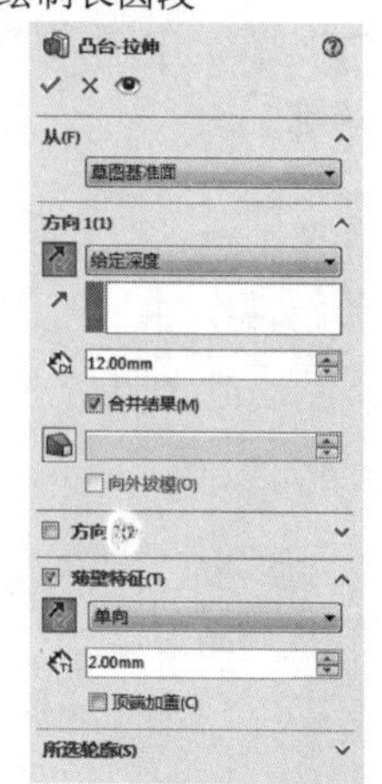

图6-60　设置根部拉伸参数

6.3.3　创建法兰根部长圆段与端部的过渡段

01 单击“特征”面板中的“放样凸台/基体”按钮，弹出“放样”属性管理器。

02 选择法兰基体端部的外扩圆作为放样的一个轮廓；在绘图区中的特征管理器设计树中选择作为法兰根部的长圆段特征“拉伸-薄壁 1”下的“草图 2”作为放样的另一个轮廓。选择“薄壁特征”复选框，打开薄壁选项；单击“反向”按钮，使薄壁的拉伸方向指向轮廓内部；选择“拉伸类型”为“单向”；在按钮右侧的文本框中设置薄壁的厚度为 2mm，具体放样参数设置如图 6-61 所示。单击“确定”按钮，创建长圆段与基体端部圆弧段的过渡。

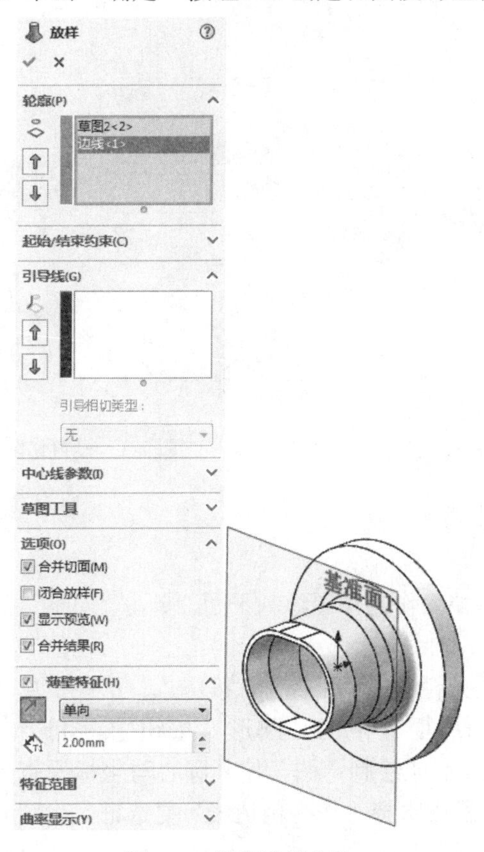

图6-61　设置放样参数

6.3.4　创建法兰根部的圆弧沟槽

01 创建草图绘制平面。在特征管理器设计树中选择“前视基准面”作为草图绘制平面。单击“草图”面板中的“草图绘制”按钮，进入草图绘制。

02 绘制中心线。单击前导视图工具栏中的“正视于”按钮，正视于草图绘制平面。单击“草图”面板中的“中心线”按钮，绘制一条通过坐标原点的水平直线。

03 绘制圆。单击“草图”面板中的“圆形”按钮，绘制一圆心落在中心线的圆。

04 标注尺寸。单击“草图”面板中的“智能尺寸”按钮，标注圆的直径为 48mm。

05 添加几何关系。添加“重合”几何关系。单击“草图”面板“显示/删除几何关系”下拉列表中的“添加几何关系”按钮，弹出“添加几何关系”属性管理器。为圆和法兰根部的角点添加“重合”几何关系，如图 6-62 所示，并定位圆的位置。

06 切除拉伸实体。单击“特征”面板中的“拉伸切除”按钮，弹出“切除-拉伸”属性管理器。在“切除-拉伸”属性管理器中设置“终止条件”为“两侧对称”，在按钮右侧的文本框中设置切除拉伸的“深度”为 100mm，具体参数设置如图 6-63 所示。单击“确定”按钮，创建根部的圆弧沟槽。

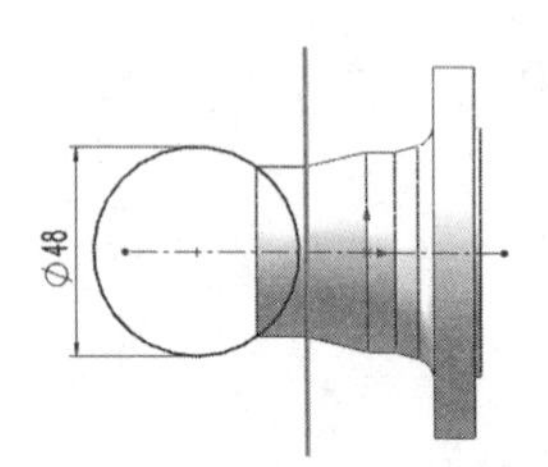

图6-62　添加“重合”几何关系

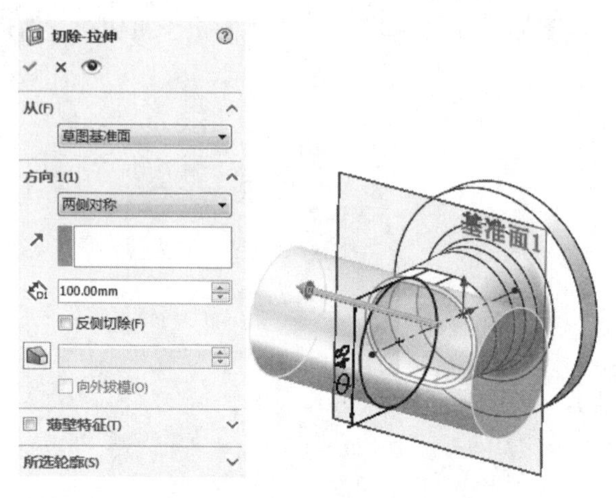

图6-63　设置切除-拉伸参数

6.3.5　创建法兰螺栓孔

01 选择法兰的基体端面作为草图绘制平面。单击“草图”面板中的“草图绘制”按钮，进入草图绘制。

02 单击前导视图工具栏中的“正视于”按钮，正视于草图绘制平面。单击“草图”面板中的“圆形”按钮，利用 SOLIDWORKS 的自动跟踪功能绘制一圆，使其圆心与坐标原点重合。在“圆”属性管理器中选择“作为构造线”复选框，将圆设置为构造线，如图 6-64 所示。

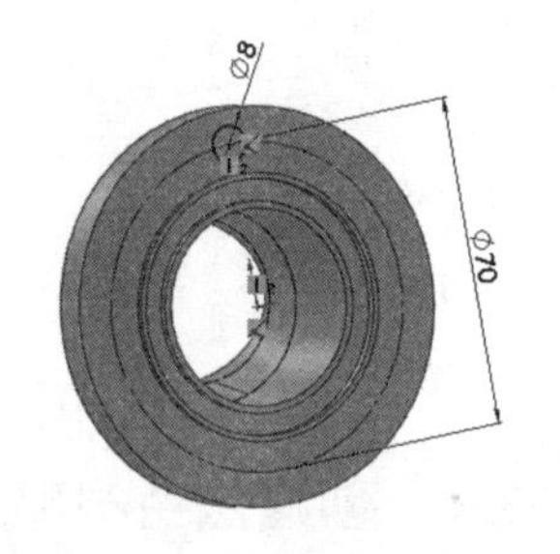

图6-64　设置圆为构造线

03 标注尺寸。单击“草图”面板中的“智能尺寸”按钮，标注圆的直径为 70mm。

04 绘制草图。单击“草图”面板中的“圆形”按钮，利用 SOLIDWORKS 的自动跟踪功能绘制一圆，使其圆心落在所绘制的构造圆上，并且其 X 坐标为 0。

05 切除拉伸实体。单击“特征”面板中的“拉伸切除”按钮，设置切除拉伸的“终止条件”为“完全贯穿”，具体参数设置如图 6-65 所示。单击“确定”按钮，创建一个法兰螺栓孔。

06 显示临时轴。选择菜单栏中的“视图”→“隐藏/显示”→“临时轴”命令，显示模型中的临时轴，为进一步阵列特征做准备。

07 创建圆周阵列。单击“特征”面板中的“圆周阵列”按钮，在绘图区中选择法兰基体的临时轴作为圆周阵列的阵列轴；在“角度”文本框中输入 360 度；在“实例数”文本框中输入 8；选择“等间距”单选按钮在绘图区中选择前面创建的螺栓孔，具体参数设置如图 6-66 所示。单击“确定”按钮，创建螺栓孔的圆周阵列。

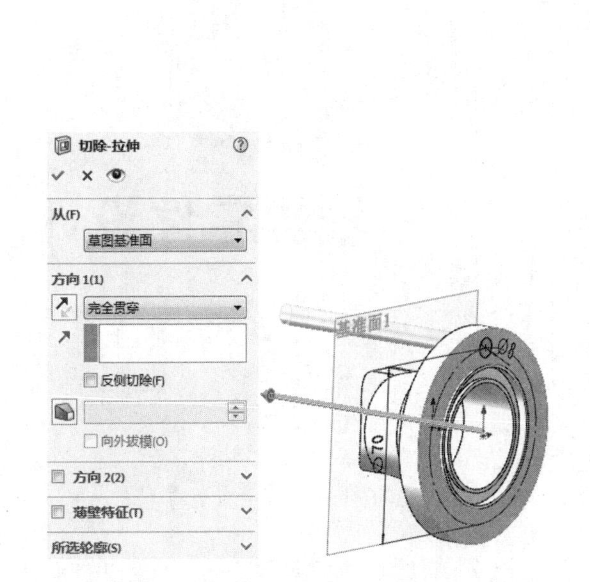

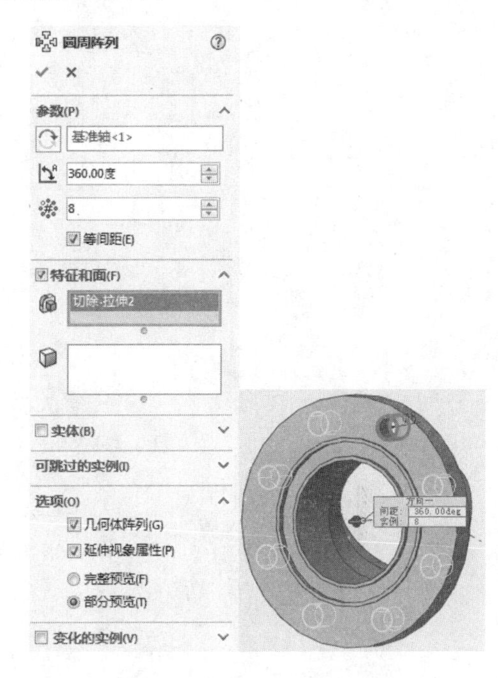

图6-65　设置-切除拉伸参数　　　　图6-66　设置圆周阵列参数

08 单击标准工具栏中的“保存”按钮，将文件保存为“法兰.sldprt”。使用旋转观察功能，最终效果如图 6-67 所示。

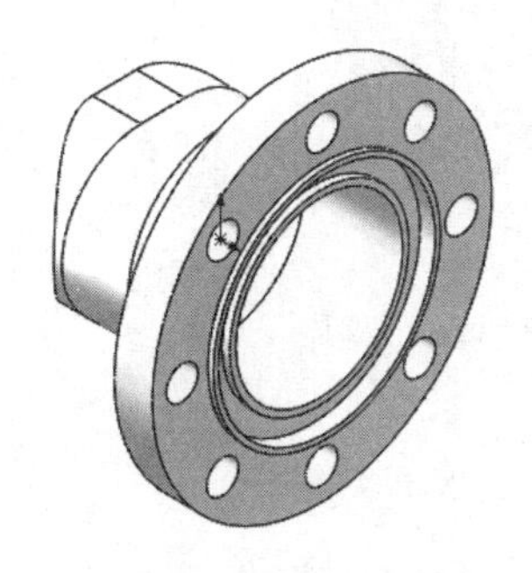

图6-67　法兰的最终效果

第 7 章

轴类零件设计

轴是机器中的重要零件之一，用来支持旋转的机械零件，如齿轮、带轮等。根据所承受外部载荷的不同，轴可以分为转轴、传动轴和心轴三种。不同结构形式的轴类零件存在着一些共同特点，即都是由相同或不同直径的圆柱段连接而成，由于装配齿轮、带轮等旋转零件的需要，轴类零件上一般开有键槽，同时还有轴端倒角、圆角等特征。这些共同的特征是进行实体建模的基础。

本章将结合上述轴类零件的特点，综合运用SOLIDWORKS 2020中的拉伸、切除、倒角及圆角等实体建模工具来完成两个典型轴类零件的创建。通过本章实例的学习，可以掌握轴类零件的基本创作方法，达到触类旁通的目的。

- 支承轴的创建
- 传动轴的创建
- 花键轴的创建

7.1　支承轴的创建

图7-1所示为支承轴的工程图。

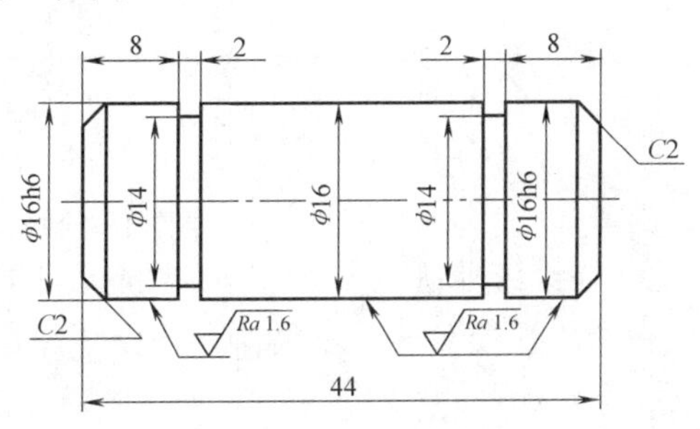

图7-1　支承轴的工程图

从技术发展的角度和设计需求的角度考虑，对于支承轴，在创建过程中要实现设计构思的是表达，就必须依照“轴截面草图轮廓”，使用“旋转”创建轴这样的表达，而不能一节节地使用“拉伸”来创建轴。这样，在后面的设计配凑过程中，能够通过修改轴截面草图轮廓，准确自如地修改轴的结构和尺寸。可见，“看起来”像一根轴，可是因为使用了不同的特征建模，对于设计的支持可能是有很大区别的。

在创建支承轴时，首先绘制支承轴的轴向截面草图，通过标注尺寸来调整草图尺寸，然后旋转创建实体，最后创建倒角。图7-2所示为支承轴的基本创建过程。

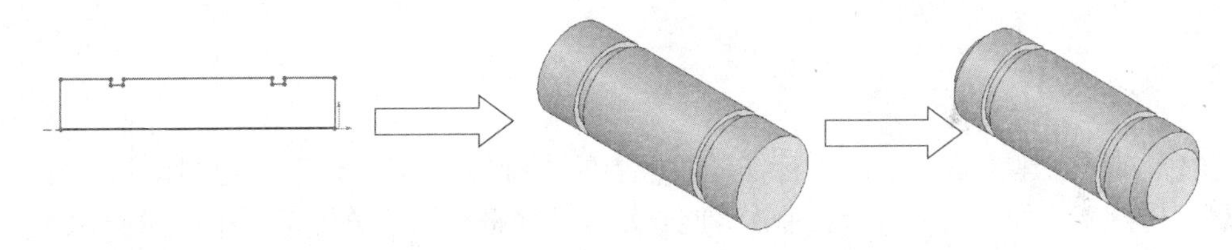

图7-2　支承轴的基本创建过程

视频文件\动画演示\第7章\支承轴的创建.mp4

创建步骤

7.1.1　绘制草图

01 新建文件。启动 SOLIDWORKS 2020，单击标准工具栏中的“新建”按钮，在弹出的“新建 SOLIDWORKS 文件”对话框中选择“零件”按钮，然后单击“确定”按钮，创建一个新的零件文件。

02 绘制草图。在特征管理器设计树中选择“前视基准面”作为草图绘制平面，然后单击“草图”面板中的“中心线”按钮，绘制一条中心线，如图 7-3 所示。

03 绘制外形轮廓。单击“草图”面板中的“直线”按钮 ，在绘图区绘制支承轴的外形轮廓线，如图 7-4 所示。

图7-3　绘制中心线　　　　图7-4　绘制支承轴的外形轮廓

04 隐藏草图几何关系。在系统默认设置下绘制草图时，将显示草图几何关系。如果不需要显示，可以选择菜单栏中的“视图”→“隐藏/显示”→“草图几何关系”命令，将草图几何关系隐藏，如图7-5所示。

05 标注尺寸。单击“草图”面板中的“智能尺寸”按钮，对草图进行尺寸标注，调整草图尺寸，结果如图 7-6 所示。

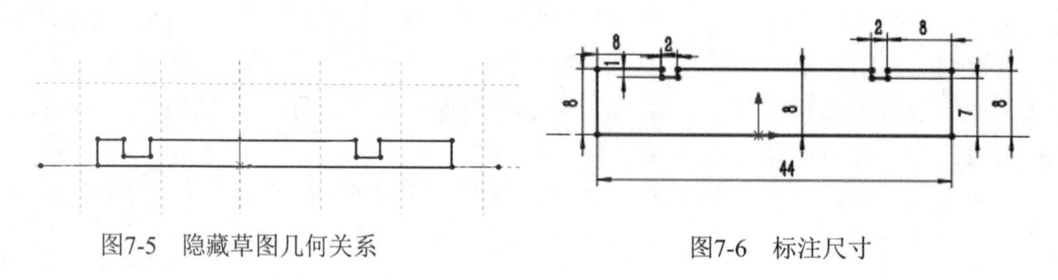

图7-5　隐藏草图几何关系　　　　图7-6　标注尺寸

7.1.2　创建实体

01 旋转创建实体。单击“特征”面板中的“旋转凸台/基体”按钮，系统弹出“旋转”属性管理器，如图 7-7 所示。单击“旋转轴”选择框，然后单击草图中心线；“旋转类型”选择“给定角度”，设置“旋转角度”为 360 度。单击“确定”按钮，旋转创建实体，如图 7-8 所示。

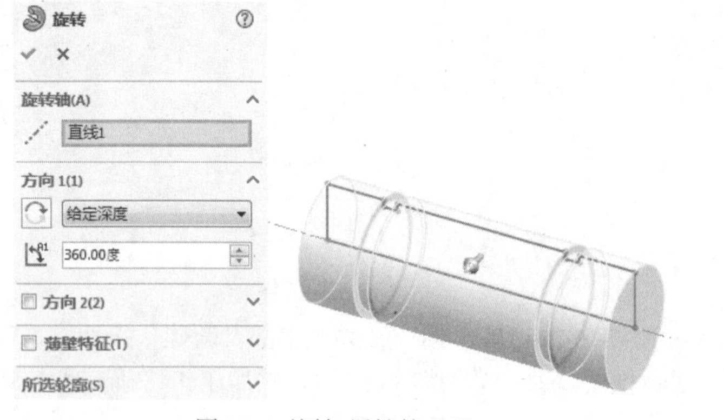

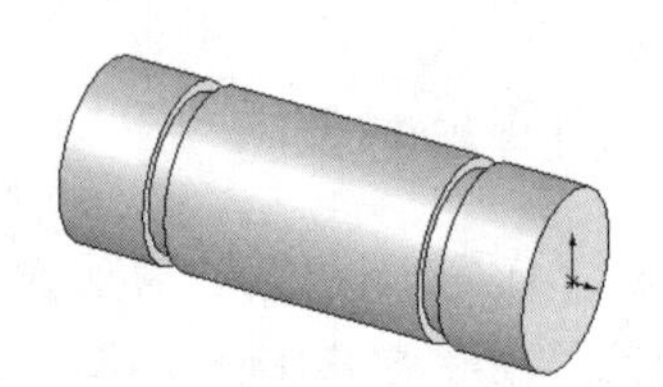

图7-7　“旋转”属性管理器　　　　图7-8　旋转创建实体

02 创建倒角。单击“特征”面板中的“倒角”按钮，弹出“倒角”属性管理器，如

图 7-9 所示。设置“倒角类型”为“角度距离”，“距离”为 2mm，“角度”为 45 度，选择图 7-9 所示的两条边线。单击“确定”按钮，完成支承轴的创建，如图 7-10 所示。

03 保存文件。选择菜单栏中的“文件”→“另存为”命令，将文件保存为“支承轴”。

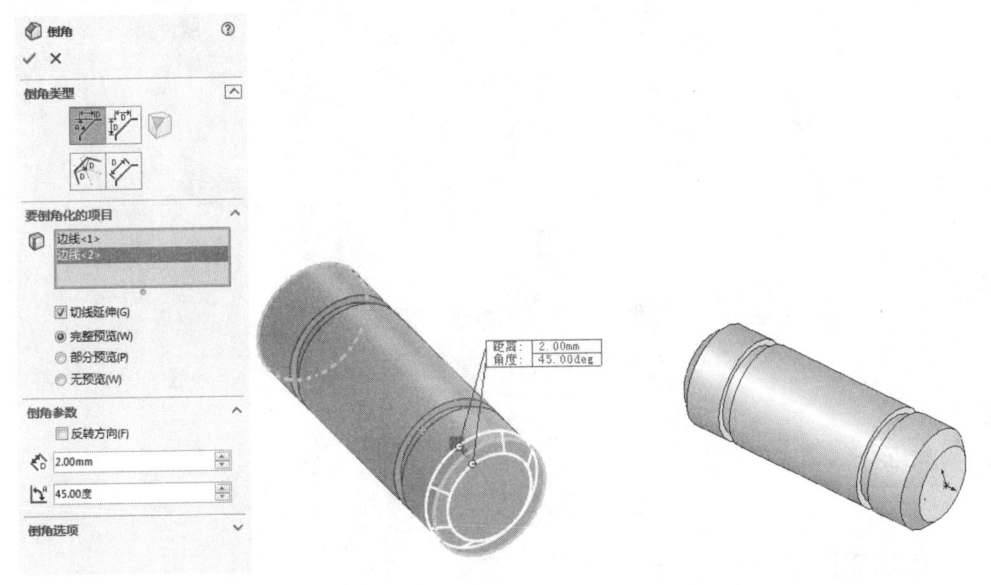

图7-9　倒角参数设置　　　　图7-10　创建的支承轴

7.2　传动轴的创建

图7-11所示为传动轴的工程图。

传动轴在机械中常用来传递动力和扭矩。创建传动轴时，首先绘制传动轴的一端轴径，再根据图样尺寸依次进行拉伸生成其他轴段；然后设置基准面，创建键槽；最后创建轴端的螺纹，并且进行相应的倒角操作。图7-12所示为传动轴的基本创建过程。

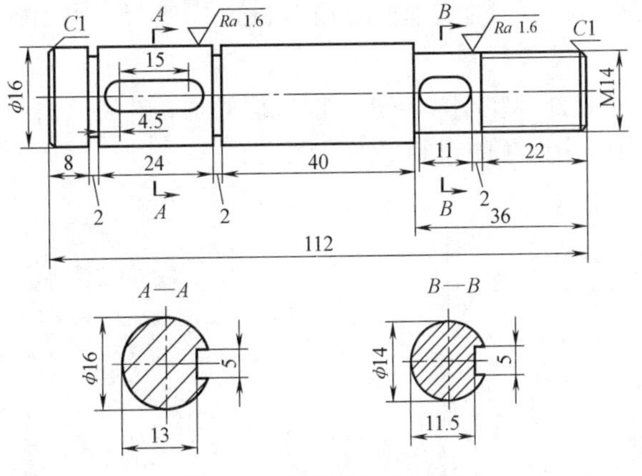

图7-11　传动轴的工程图

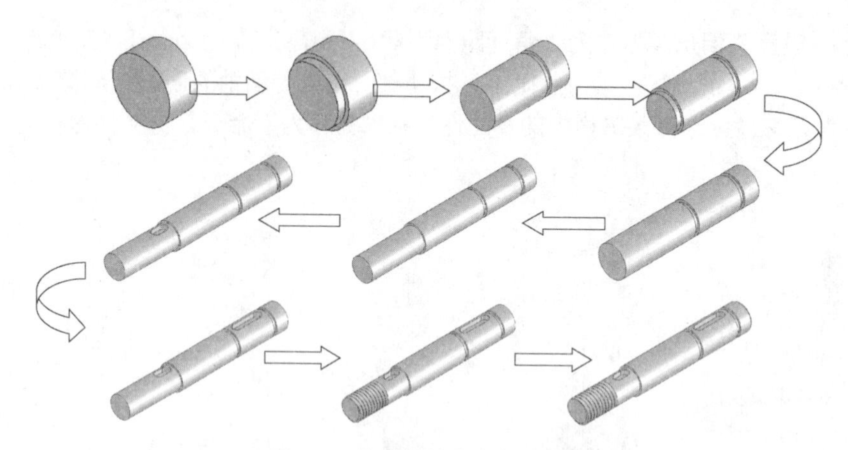

图7-12　传动轴的基本创建过程

视频文件\动画演示\第7章\传动轴的创建.mp4

7.2.1　创建轴基础造型

01 新建文件。启动 SOLIDWORKS2020。单击标准工具栏中的“新建”按钮，在弹出的“新建 SOLIDWORKS 文件”对话框中选择“零件”按钮，然后单击“确定”按钮，创建一个新的零件文件。

02 绘制草图 1。在特征管理器设计树中选择“前视基准面”作为草图绘制平面，然后单击“草图”面板中的“圆形”按钮，绘制一个圆，圆的中心设在原点。

03 标注尺寸。单击“草图”面板中的“智能尺寸”按钮，标注圆的直径，结果如图 7-13 所示。

04 拉伸实体 1。单击“特征”面板中的“拉伸凸台/基体”按钮，系统弹出“凸台-拉伸”属性管理器。在“深度”文本框中输入 8mm，然后单击“确定”按钮，结果如图 7-14 所示。

05 创建草图绘制平面。选择图 7-14 中的轴段端面，然后单击前导视图工具栏中的“正视于”按钮，将该表面作为草图绘制平面。

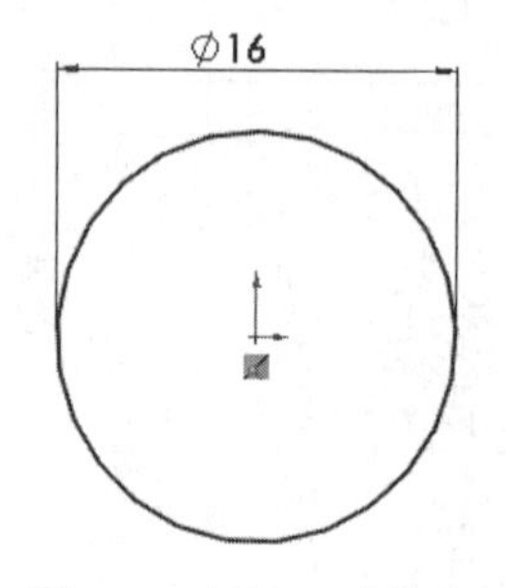

图7-13　标注尺寸的草图

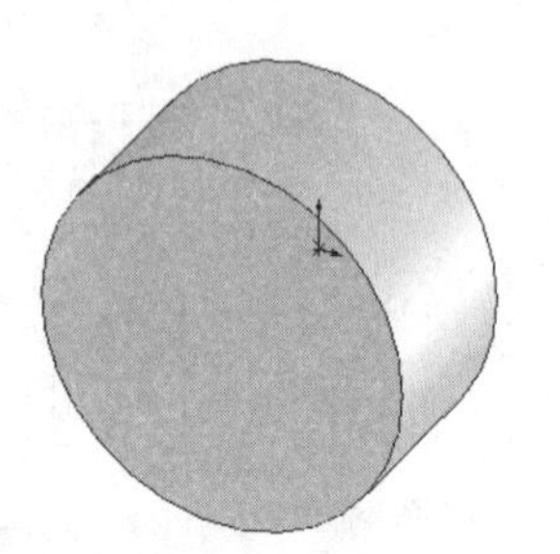

图7-14　拉伸实体

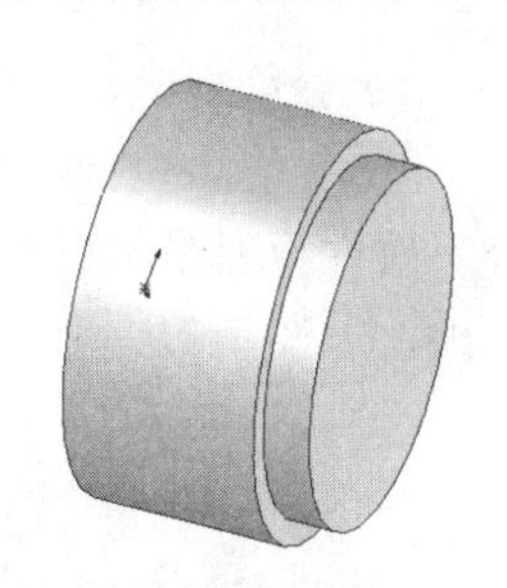

图7-15　拉伸实体创建第二段轴段

06 绘制草图 2。单击“草图”面板中的“圆形”按钮，绘制一个圆，此圆与轴段端面圆同心，并设置圆的直径为 14mm。

07 拉伸实体 2。单击“特征”面板中的“拉伸凸台/基体”按钮，在系统弹出的“凸台-拉伸”属性管理器“深度”文本框中输入 2mm，然后单击“确定”按钮，完成第二段轴段的创建，如图 7-15 所示。

08 创建其他轴段。重复上述操作步骤，依次拉伸创建传动轴的其他轴段，各轴段的尺寸如图7-16所示。创建的传动轴基础造型如图7-17所示。

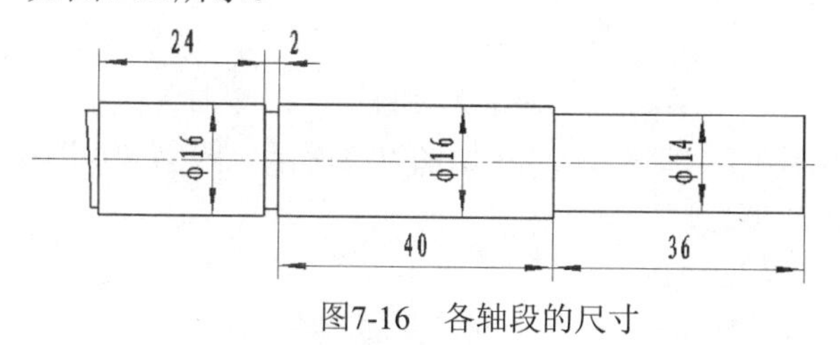

图7-16　各轴段的尺寸

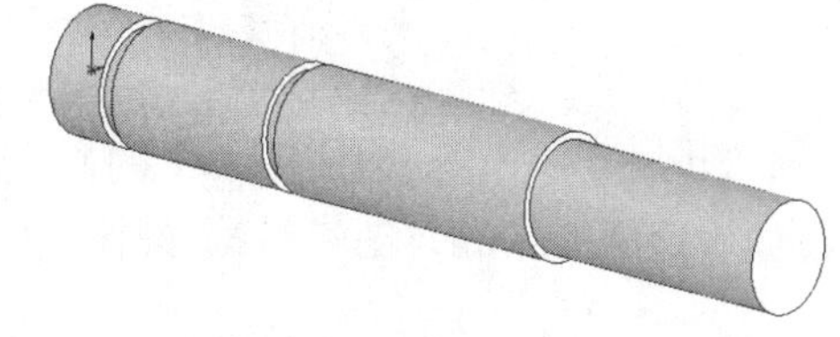

图7-17　创建的传动轴基础造型

7.2.2　创建键槽

01 创建键槽基准面。在特征管理器设计树中选择“上视基准面”，然后单击“特征”面板中的“基准面”按钮，弹出“基准面”属性管理器，如图 7-18 所示。在 “偏移距离”文本框中输入 7mm，其余按图 7-18 中所示设置，然后单击“确定”按钮，创建键槽绘制基准面，如图 7-19 所示。

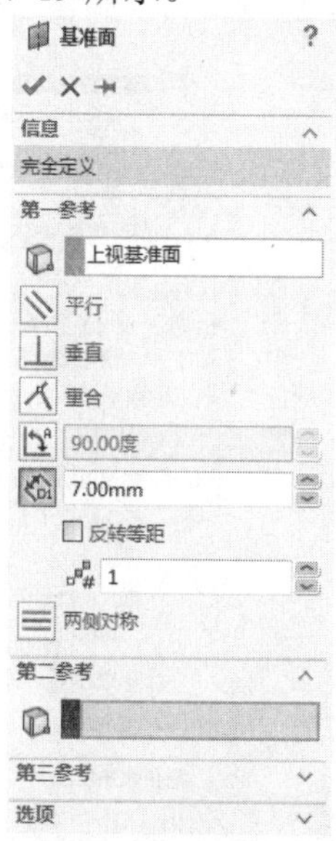

图7-18　“基准面”属性管理器

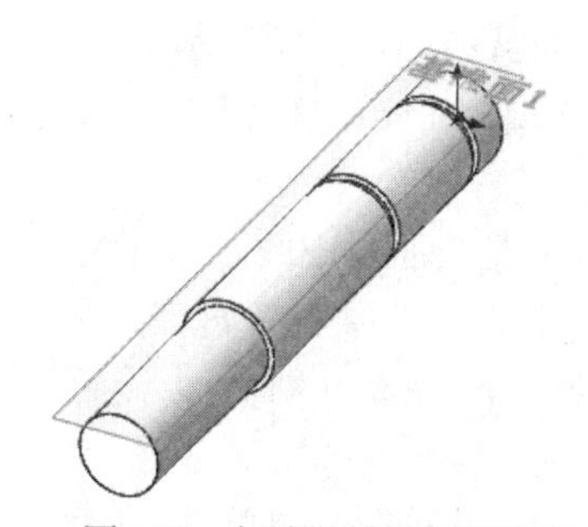

图7-19　创建键槽绘制基准面

02 选择图 7-19 中的基准面，然后单击前导视图工具栏中的“正视于”按钮，正视该基准面，并且将绘图区进行局部放大。

03 绘制键槽草图。使用草图绘制工具绘制键槽，如图7-20所示。

04 切除拉伸实体。单击“特征”面板中的“拉伸切除”按钮，系统弹出“切除-拉伸”属性管理器。在“深度”文本框中输入 3mm，然后单击“确定”按钮，创建第 1 个键槽，如图 7-21 所示。

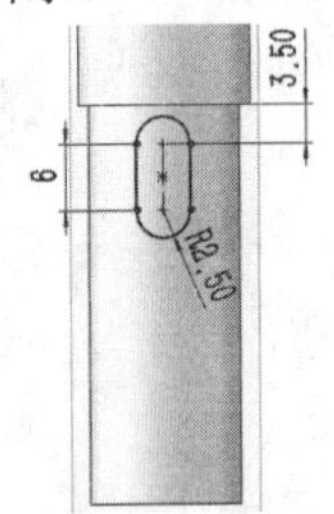

图7-20　绘制键槽

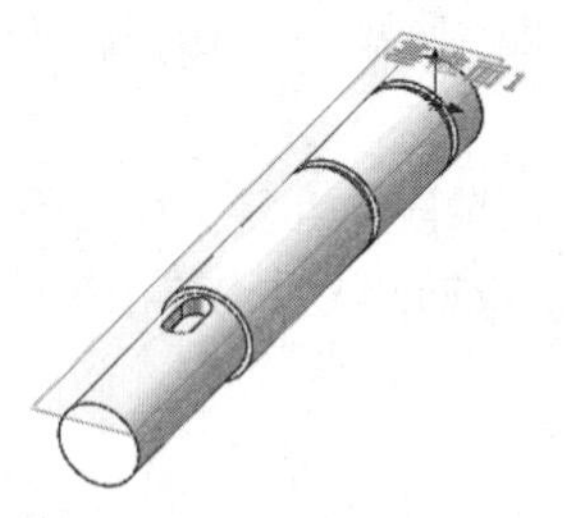

图7-21　创建第1个键槽

05 重复步骤 **01** ~ **03** 的操作，绘制第2个键槽，尺寸如图7-22所示。设置“切除-拉伸”深度为3mm，创建第2个键槽，如图7-23所示。

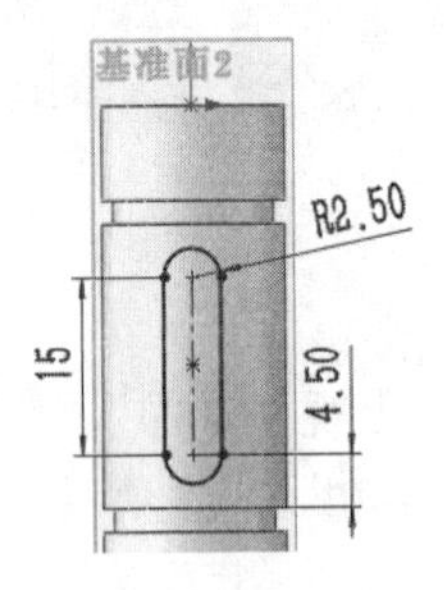

图7-22　绘制第2个键槽

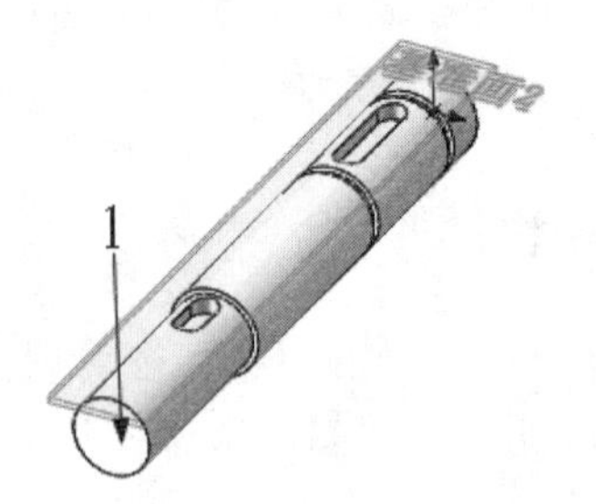

图7-23　创建第2个键槽

7.2.3　创建螺纹和倒角

01 绘制螺旋线。

❶单击图 7-23 中的表面 1，然后单击前导视图工具栏中的“正视于”按钮，将该表面作为草图绘制平面。单击“草图”面板中的“草图绘制”按钮，激活“转换实体引用”按钮，单击此按钮，将表面 1 的边线转换为草图实体。

❷单击“特征”面板中的“螺旋线/涡状线”按钮，弹出“螺旋线/涡状线”属性管理器，如图 7-24 所示。选择“定义方式”为“螺距和圈数”，设置“螺距”为 2mm，“圈数”为 10，选择“反向”，设置“起始角度”为 270 度，选择方向为“顺时针”，单击“确定”按钮，创建螺旋线如图 7-25 所示。

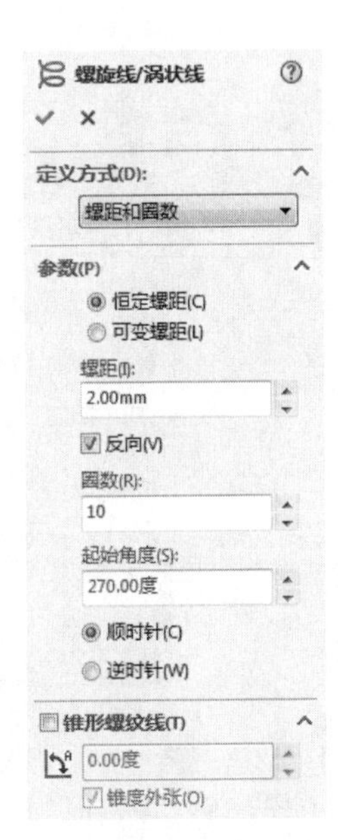

图7-24　“螺旋线/涡状线”属性管理器

02 创建草图绘制平面。在特征管理器设计树中选择“右视基准面”，然后单击前导视图工具栏中的“正视于”按钮，将该表面作为草图绘制平面，如图 7-25 所示。

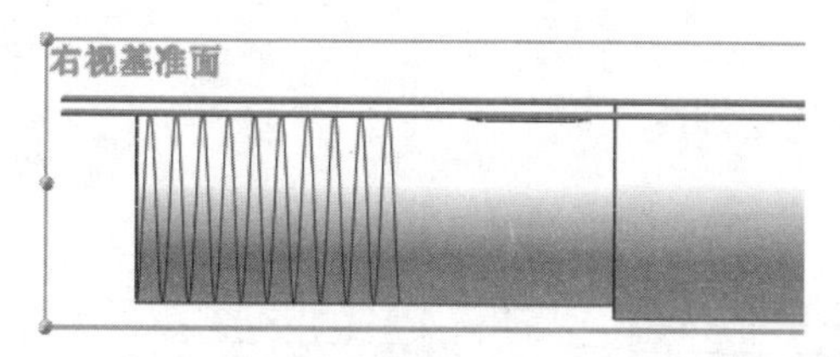

图 7-25　创建草图绘制平面

03 绘制草图。单击前导视图工具栏中的“局部放大”按钮，将绘图区局部放大，绘制螺纹牙型，如图 7-26 所示。单击标准工具栏中“重建模型”按钮。

04 创建螺纹。单击“特征”面板中的“扫描切除”按钮，弹出“切除-扫描”属性管理器。在“轮廓”选择框中选择绘图区中的螺纹牙型；在“路径”选择框中选择螺旋线作为路径，单击“确定”按钮，如图 7-27 所示。

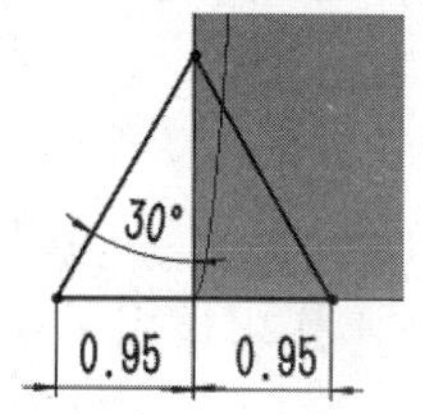

图7-26　绘制螺纹牙型

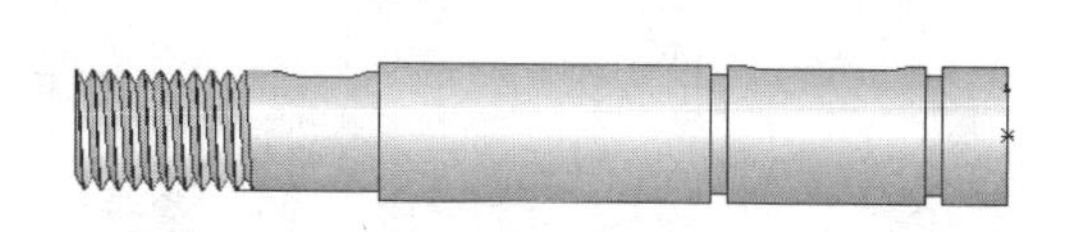

图7-27　创建螺纹

05 创建倒角。单击“特征”面板中的“倒角”按钮，选择图 7-27 中所示的传动轴右端面边线，弹出“倒角”属性管理器，如图 7-28 所示。在“距离”文本框中输入 1mm，单击“确定”按钮。

06 隐藏草图绘制平面，完成传动轴的创建如图7-29所示。

07 保存文件。单击“标准”工具栏中的“保存”按钮，将文件保存为“传动轴”。

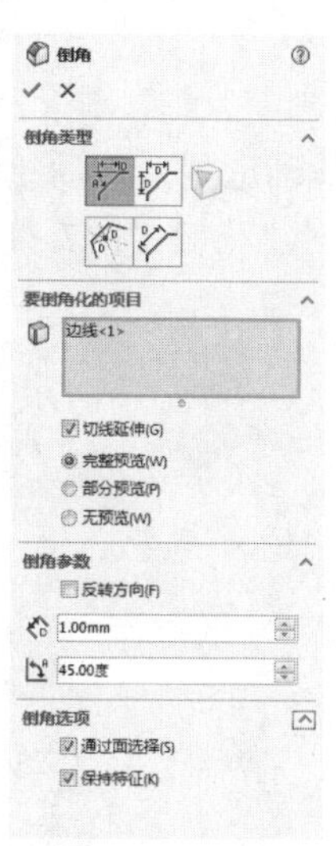

图7-28　“倒角”属性管理器

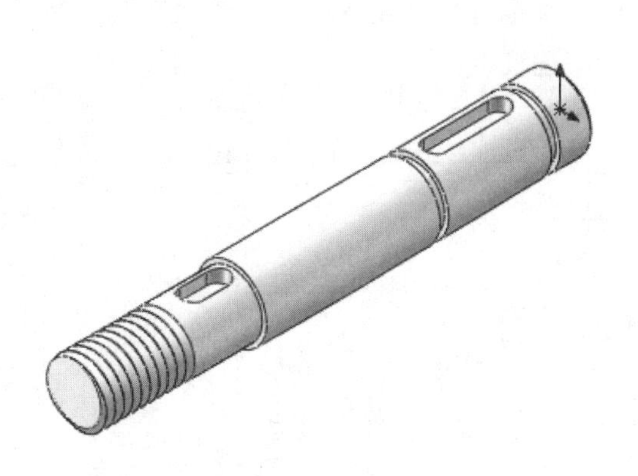

图7-29　创建的传动轴

7.3 花键轴的创建

图7-30所示为花键轴的工程图。

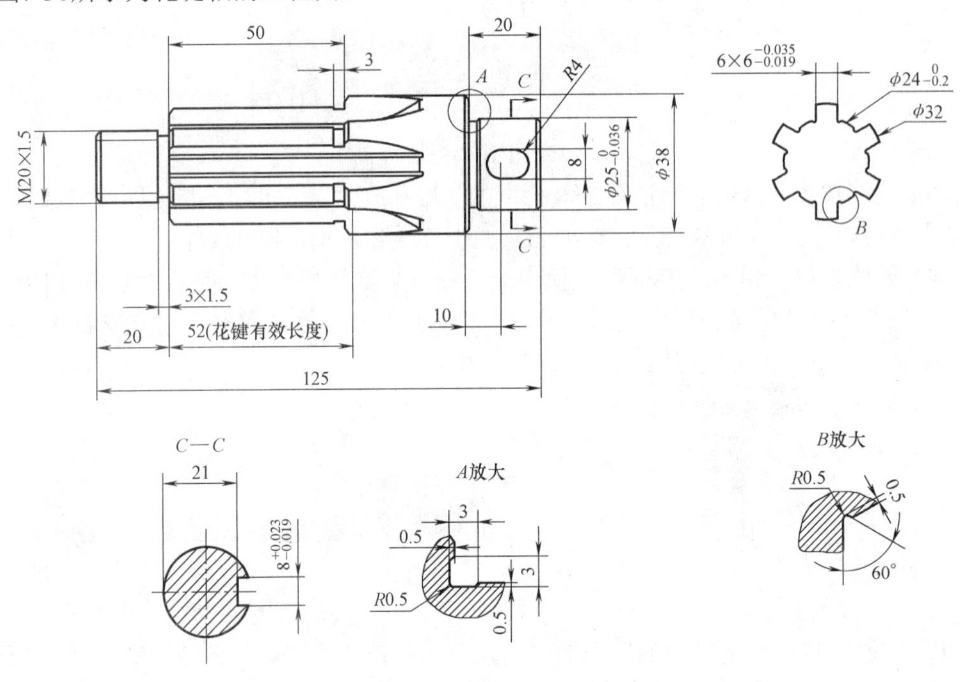

图7-30　花键轴的工程图

视频文件\动画演示\第7章\花键轴的创建.mp4

创建步骤

创建花键轴时，首先绘制花键轴的草图，通过旋转创建轴的基础造型；然后绘制轴端的螺纹，再创建基准面，创建键槽；最后绘制花键草图，通过扫描创建花键。图7-31所示为花键轴的基本创建过程。

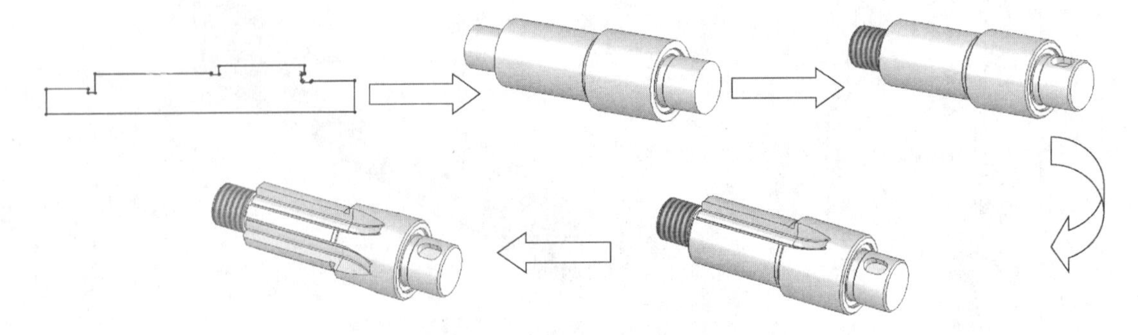

图7-31　花键轴的基本创建过程

7.3.1　创建轴基础造型

01 新建文件。启动 SOLIDWORKS 2020。单击标准工具栏中的“新建”按钮，在弹出的“新建 SOLIDWORKS 文件”对话框中选择“零件”按钮，然后单击“确定”按钮，创建一个新的零件文件。

02 绘制草图。在特征管理器设计树中选择“前视基准面”，将其作为草图绘制平面。单击“草图”面板中的“草图绘制”按钮，进入草图绘制。单击“草图”面板中的“中心线”按钮和“直线”按钮，在绘图区绘制轴的外形轮廓线。

03 标注尺寸。单击“草图”面板中的“智能尺寸”按钮，给草图加上驱动尺寸，如图 7-32 所示。应当先标注花键轴的全长尺寸，再标注细节尺寸。这样做可以有效地避免草图轮廓在添加驱动尺寸前几何关系的变化。

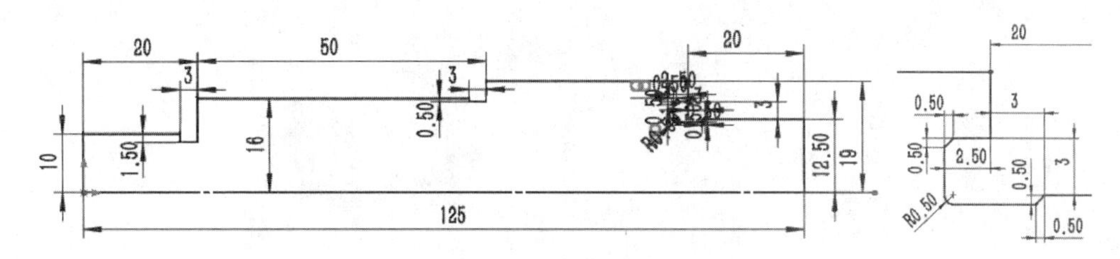

图7-32　绘制花键轴截面轮廓

04 旋转创建实体。单击“特征”面板中的“旋转凸台/基体”按钮，然后选择中心线作为旋转轴，单击“确定”按钮，完成花键轴的基础造型。

05 创建倒角。单击“特征”面板中的“倒角”按钮，弹出“倒角”属性管理器。选择“倒角类型”为“角度距离”；设置“距离”为 1mm，“角度”为 45 度；在绘图区中选择各轴段截面的棱线。单击“确定”按钮，创建 1×45° 的倒角，如图 7-33 所示。

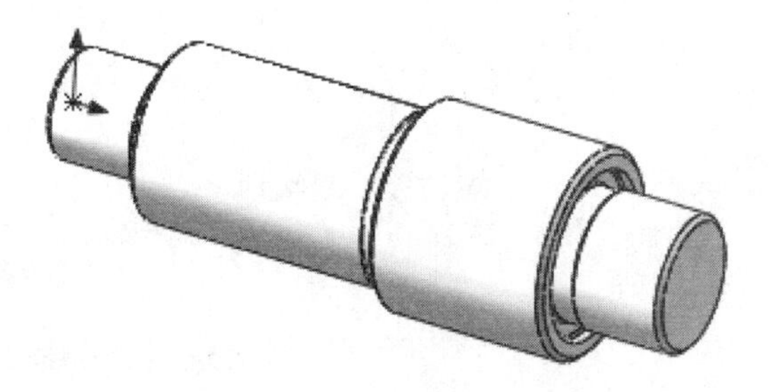

图7-33　花键轴的基础造型

7.3.2　创建键槽

01 创建基准面。单击“特征”面板中的“基准面”按钮，选择“前视基准面”作为第一参考，选择直径为 25mm 的轴段圆柱面为第二参考，如图 7-34 所示。单击“确定”按钮从而创建与所选轴段圆柱面相切，并垂直于“前视基准面”的基准面。

02 选择上一步创建的“基准面 1”，单击“草图”面板中的“草图绘制”按钮，从而在该面上绘制草图。单击前导视图工具栏中的“正视于”按钮。

03 绘制键槽。使用草图绘制工具绘制键槽，如图7-35所示。

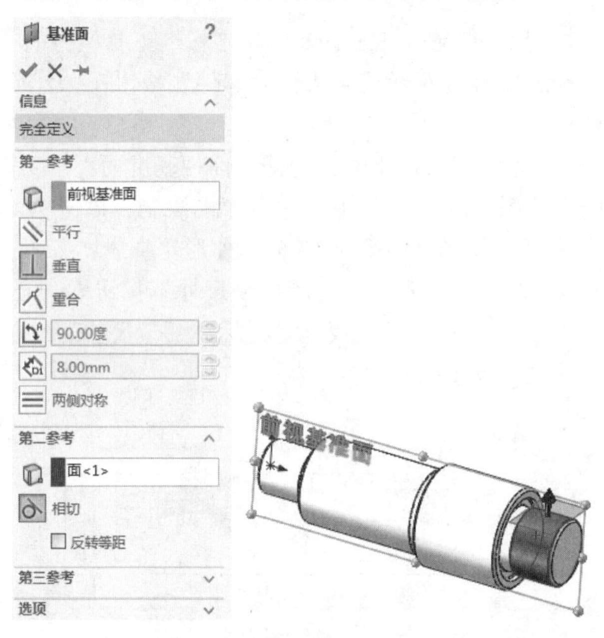

图7-34　创建基准面

04 切除拉伸实体。单击“特征”面板中的“拉伸切除”按钮，系统弹出“切除-拉伸”属性管理器。设置“终止条件”为“给定深度”；设置切除拉伸的“深度”为 4mm。单击“确定”按钮，完成键槽的创建，如图 7-36 所示。

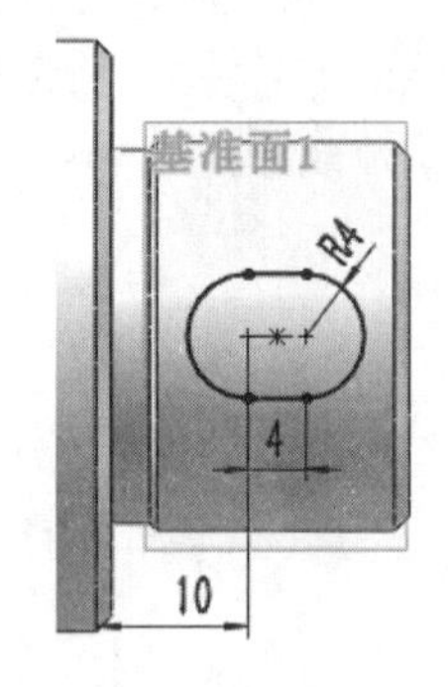

图7-35　绘制键槽

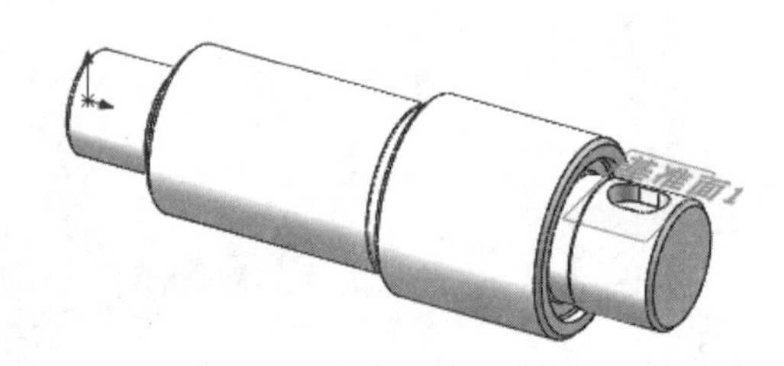

图7-36　创建键槽

7.3.3　创建花键

01 创建剖视观察。选择直径为 32mm 轴段的左端面，单击“草图”面板中的“草图绘制”按钮，将其作为草图绘制平面。单击前导视图工具栏中的“剖面视图”按钮，保持默认选项，如图 7-37 所示。单击“确定”按钮，创建剖视观察。

02 在剖视观察下，绘制过圆心的3条构造线，其中一条是竖直直线，另两条标注角度驱动尺寸为30º。

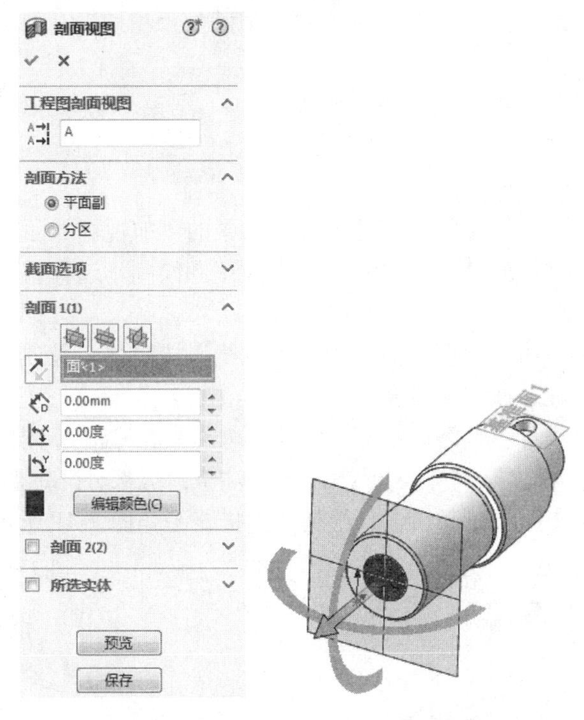

图7-37　创建剖视观察

03 绘制草图。

❶以剖切面的前端面作为草图绘制平面，然后单击“草图”面板中的“圆形”按钮，绘制一与轴同心圆，并将其设置为构造线，标注尺寸为 23mm，作为键侧空刀的定位线，如图 7-38 所示。

❷单击“草图”面板中的“直线”按钮和“圆形”按钮，绘制切削截面形状的初始线，如图 7-39 所示。

❸添加几何关系。单击“草图”面板“显示/删除几何关系”下拉菜单中的“添加几何关系”按钮，为所绘制的初始线添加与构造线的“平行”几何关系。

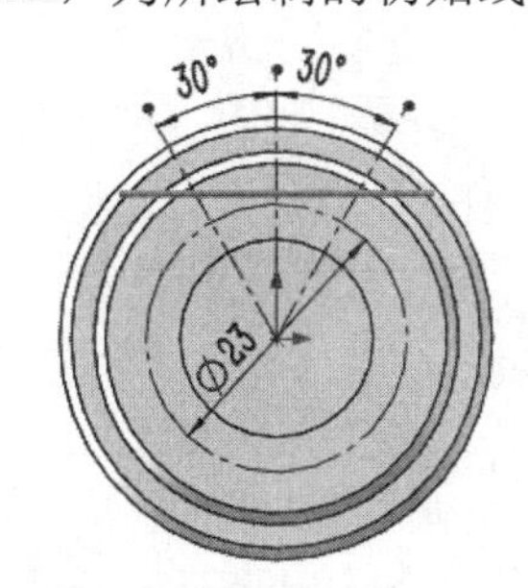

图7-38　绘制构造线

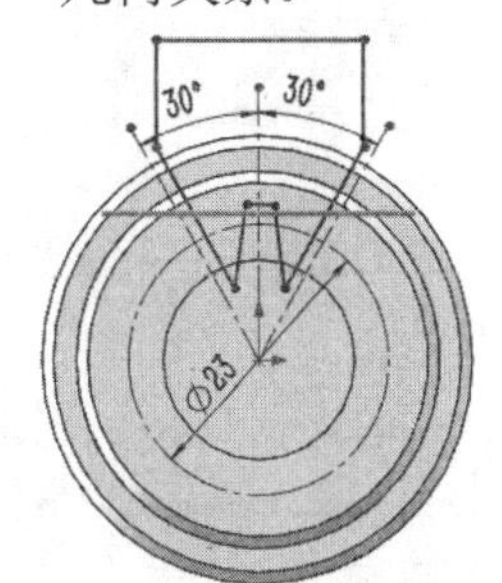

图7-39　绘制切削截面的初始线

❹标注尺寸。单击“草图”面板中的“智能尺寸”按钮，为草图添加驱动尺寸。

❺绘制圆角。单击“草图”面板中的“绘制圆角”按钮，为键侧空刀截形绘制半径为 0.5mm 的圆角。

❻单击“草图”面板“显示/删除几何关系”下拉菜单中的“添加几何关系”按钮，为

键侧空刀截形绘制的圆角和直径为 23mm 的构造圆添加“相切”几何关系，切削截面的效果如图 7-40 所示。

❼单击“草图”面板中的“退出草图”按钮，结束“切除-扫描”特征中轮廓草图的绘制。

04 绘制前视草图。

❶创建草图绘制平面。选择特征管理器设计树中的“前视基准面”，作为草图绘制平面。单击“草图”面板中的“草图绘制”按钮，进入草图绘制。选择该面是因为“前视”基准面垂直于前面绘制的轮廓草图，并与草图轮廓相交。

❷绘制扫描路径。单击“草图”面板中的“直线”按钮，绘制“切除-扫描”的路径。

注意：扫描路径与作为轮廓的草图必须要有一个交点。

❸标注尺寸。单击“草图”面板中的“智能尺寸”按钮，标注扫描路径的水平尺寸为 52mm，圆弧大小根据刀具实际尺寸设为 R30mm。注意：弧部分一定要超出直径为 38mm 的轴径表面，这才反映了实际的加工状态。绘制的扫描路径如图 7-41 所示。

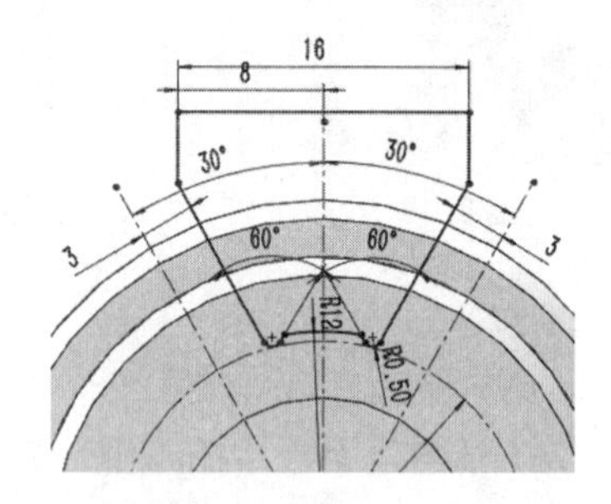

图7-40　切削截面的效果

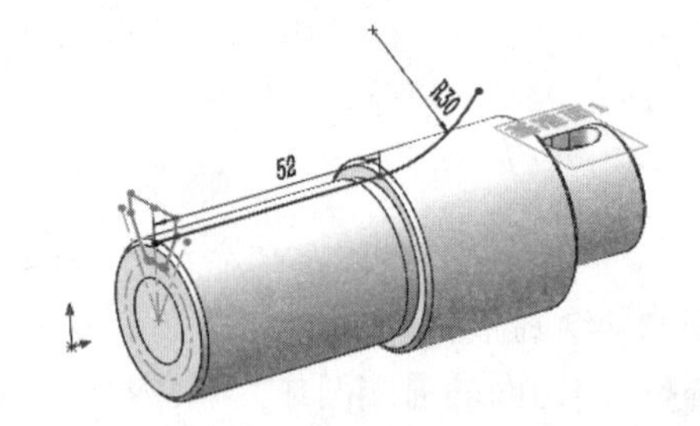

图7-41　绘制的扫描路径

05 创建花键。单击“特征”面板中的“扫描切除”按钮。选择作为切除-扫描轮廓的“草图 3”作为扫描轮廓，选择“草图 4”作为扫描路径，如图 7-42 所示。单击“确定”按钮✔，完成一个花键的创建。

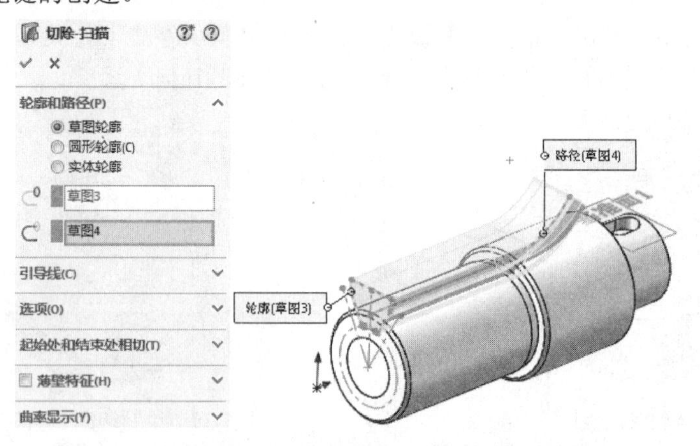

图7-42　设置“切除-扫描”参数

06 单击前导视图工具栏中的“剖面视图”按钮，取消剖视观察。创建的单个花键如图7-43所示。

07 创建临时轴。选择菜单栏中的“视图”→“隐藏/显示”→“临时轴”命令，显示轴线，作为圆周阵列中的阵列轴。

08 圆周阵列。单击“特征”面板中的“圆周阵列”按钮，弹出“圆周阵列”属性管理器。在“方向 1”选项组中选择轴线作为圆周阵列的阵列轴，设置“实例数”为 6；在“特征和面”选项组中单击“要阵列的特征”选择框，然后在绘图区中选择“切除-扫描”特征创建的单个花键作为要阵列的特征，其他参数设置如图 7-44 所示。单击“确定”按钮，从而完成圆周阵列。

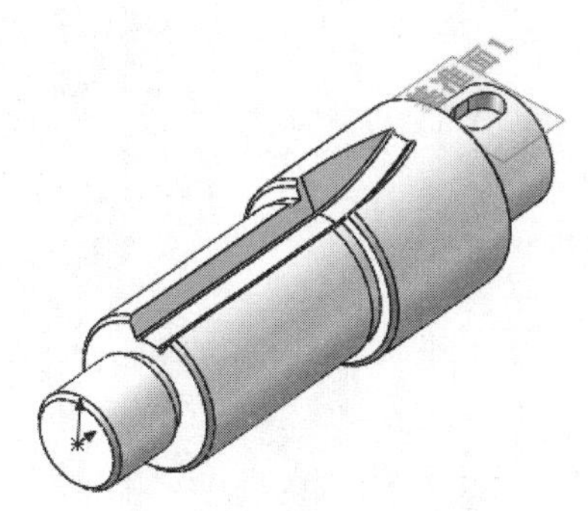

图7-43　创建的单个花键

09 保存文件。单击标准工具栏中的“保存”按钮，将文件保存为“花键轴”。使用旋转观察功能，最终创建的花键轴如图 7-45 所示。

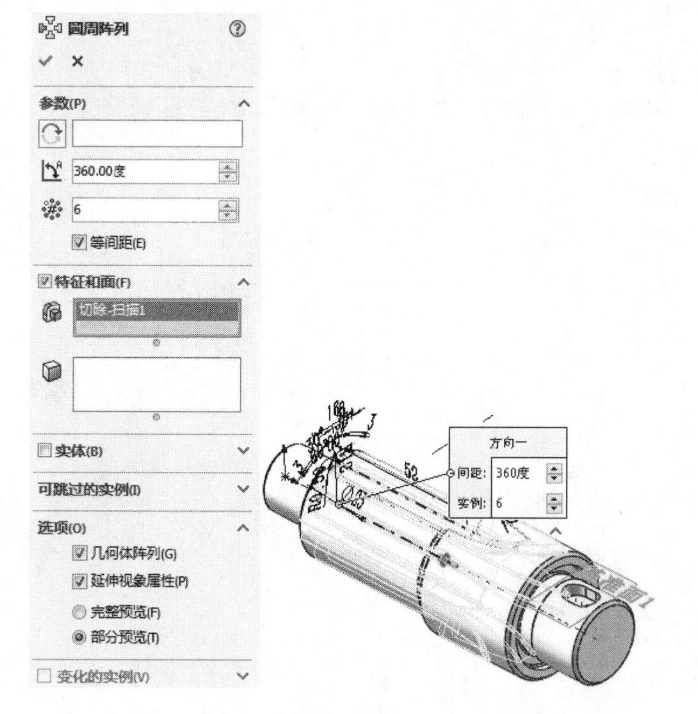

图7-44　设置圆周阵列参数

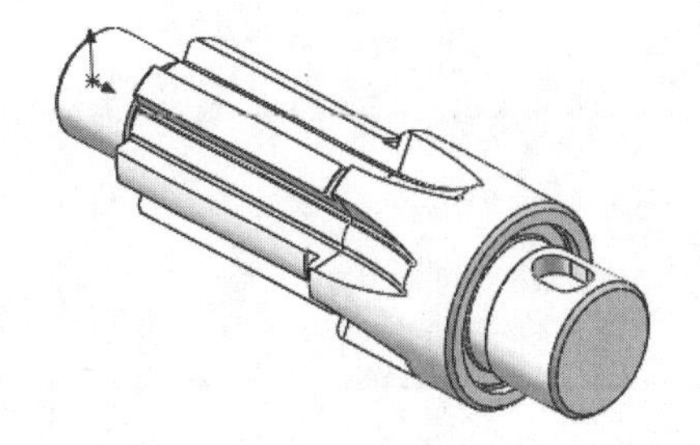

图7-45　最终创建的花键轴

第 8 章

齿轮设计

齿轮是现代机械制造和仪表制造等工业中的重要零件，齿轮传动应用很广，类型也很多，主要有圆柱齿轮传动、锥齿轮传动、齿轮、齿条传动和蜗杆传动等，而最常用的是渐开线齿轮、圆柱齿轮传动（包括直齿、斜齿和人字齿齿轮）。

本章中的齿轮建模主要通过拉伸特征建立基体，使用三点圆弧的方法模拟渐开线齿轮的外廓，并通过圆周阵列的方法阵列齿轮，从而实现多齿的效果；齿轮的键槽和通孔则通过切除-拉伸特征来实现。

- 直齿圆柱齿轮的创建
- 斜齿圆柱齿轮的创建
- 锥齿轮的创建

8.1　直齿圆柱齿轮的创建

本例为创建直齿圆柱齿轮。可以同时创建两个相互啮合的齿轮。图8-1所示为两直齿圆柱齿轮的各项参数和工程图。

参数	代号	数值
模数	m	1.5
齿数	z	19
压力角	α	20°
齿顶高系数	h	1
径向变位系数	x	0
精度等级	7-GB/T 10095—2008	
公法线平均长度变动公差	W	$30.283^{-0.088}_{-0.176}$
公法线长度变动公差	F_w	0.036
径向综合偏差	F_i''	0.090
一齿径向综合偏差	f_i''	0.032
螺旋线总偏差	F_β	0.011

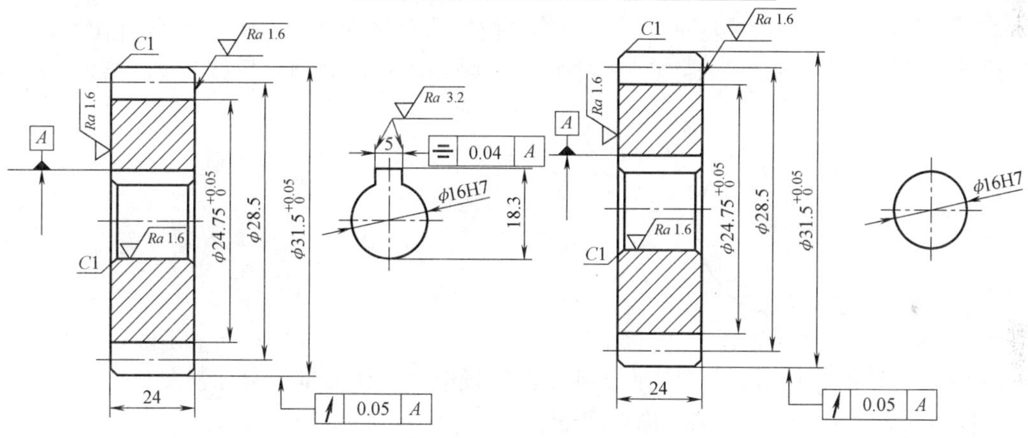

图8-1　直齿圆柱齿轮的各项参数和工程图

在创建过程中，齿轮的渐开线齿面造型是其中的重点。有很多人研究如何在CAD软件中创建渐开线齿轮。在CAD软件中创建齿轮，既不必进行装配啮合仿真，也没必要进行啮合过程的应力分析。即使在CAD软件的支持下，也不太可能找到经典齿轮设计理论和设计标准的漏洞。因此，这里使用三点圆弧的方法模拟渐开线齿廓，并通过圆周阵列的方法阵列轮齿，从而实现多齿的效果；齿轮的键槽和通孔则通过切除-拉伸特征来实现。

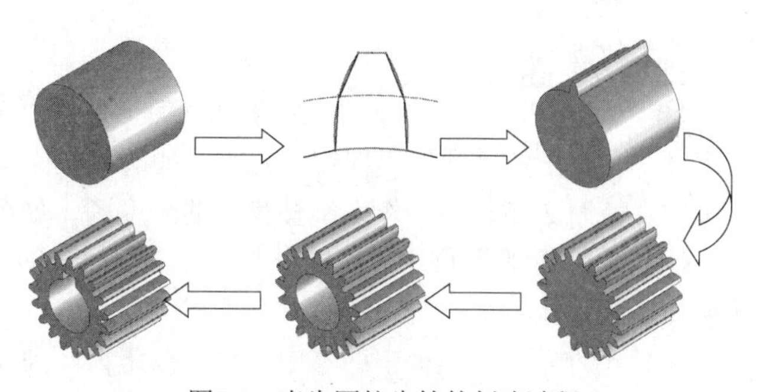

图8-2　直齿圆柱齿轮的创建过程

视频文件\动画演示\第8章\直齿圆柱齿轮的创建.mp4

直齿圆柱齿轮的创建过程如图8-2所示。

创建步骤

8.1.1 绘制齿根圆

01 新建文件。启动 SOLIDWORKS 2020。单击标准工具栏中的“新建”按钮，在弹出的“新建 SOLIDWORKS 文件”对话框中选择“零件”按钮，然后单击“确定”按钮，创建一个新的零件文件。

02 绘制草图。本节中介绍的圆柱齿轮的模数为 m=1.5，齿数 z=19。经过计算可知，齿轮的齿根圆直径为 ϕ24.75mm，齿顶圆直径为 ϕ31.50mm，分度圆直径为 ϕ28.50mm。在特征管理器设计树中选择“前视基准面”作为草图绘制平面，然后单击“草图”面板中的“圆形”按钮，绘制一个圆，圆的中心在原点。

03 标注尺寸。单击“草图”面板中的“智能尺寸”按钮，标注圆的直径，结果如图 8-3 所示。

04 拉伸实体。单击“特征”面板中的“拉伸凸台/基体”按钮，系统弹出“凸台-拉伸”属性管理器。在“深度”文本框中输入 24mm，单击“确定”按钮，结果如图 8-4 所示。

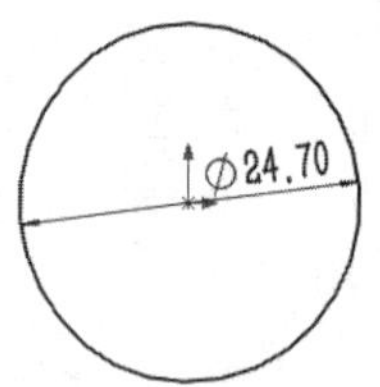

图8-3 标注尺寸的圆

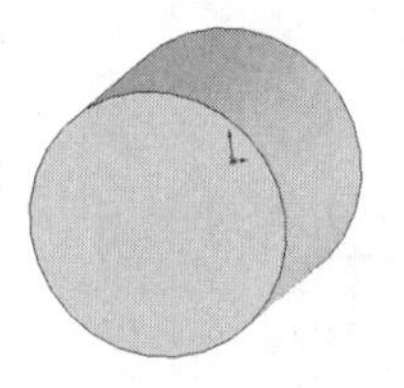
图8-4 拉伸实体

05 创建草图绘制平面。单击图 8-4 中的轴段端面，然后单击前导视图工具栏中的“正视于”按钮，将该表面作为草图绘制平面。

8.1.2 创建齿形

01 绘制齿形。

❶绘制分度圆。在创建的草图绘制平面上单击“草图”面板中的“圆形”按钮，绘制一个圆。在弹出的“圆”属性管理器中，勾选“作为构造线”复选框，如图 8-5 所示。标注此圆的直径为 28.50mm，作为圆柱齿轮的分度圆，如图 8-6 所示。

❷选择圆柱基体的外圆，单击“草图”面板中的“转换实体引用”按钮，将外圆边线转换为草图实体。颜色变为黑色。

❸单击“草图”面板中的“中心线”按钮，通过原点绘制一条竖直中心线。继续绘制一条中心线，此中心线为一条斜线，标注两条中心线的夹角为 4.73°，结果如图 8-7 所示。

❹单击“草图”面板中的“圆形”按钮，绘制一个圆作为齿顶圆，并标注其尺寸，如图 8-8 所示。

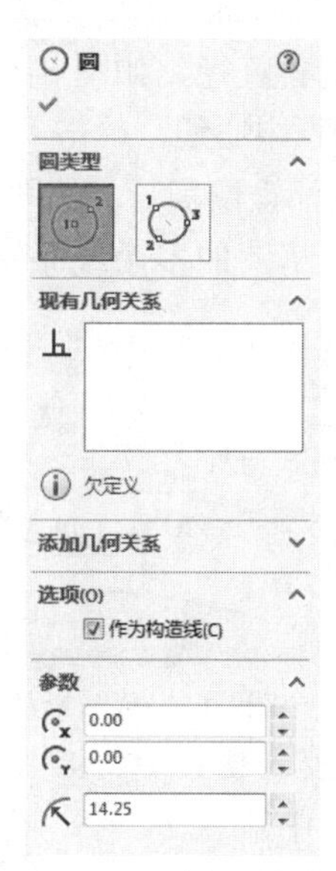

图8-5　拉伸实体

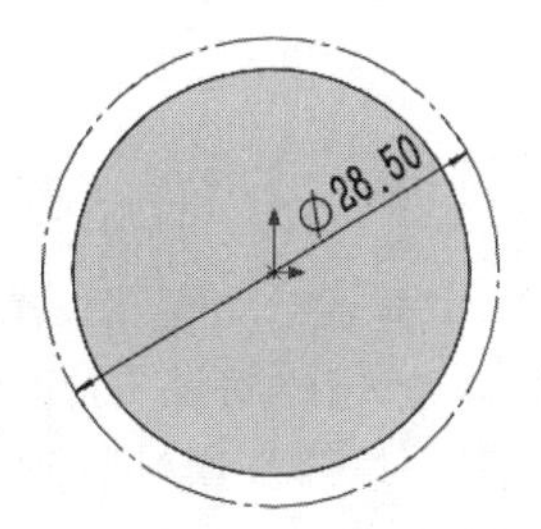

图8-6　绘制分度圆

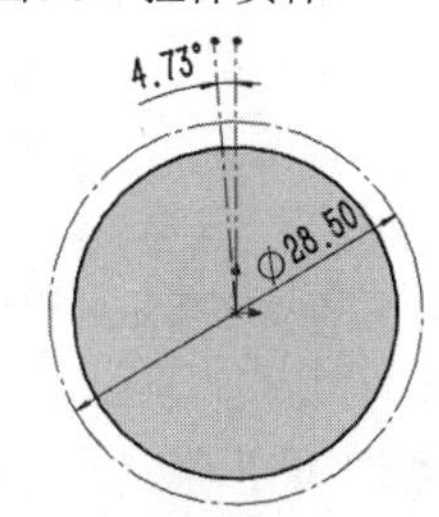

图8-7　绘制中心线和角度线

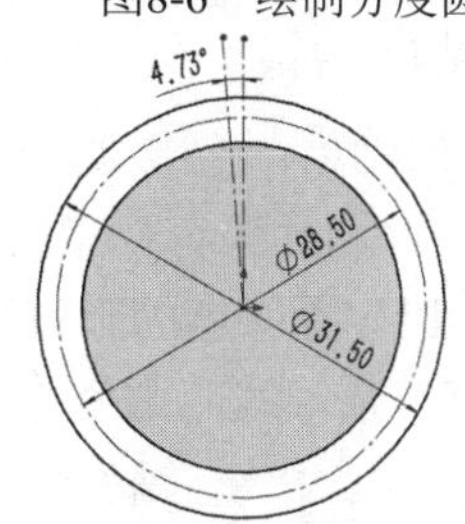

图8-8　绘制齿顶圆

❺单击“草图”面板中的“直线”按钮，在“直线”属性管理器中勾选“作为构造线”复选框，绘制两条竖直构造线，标注其与中心线的距离为图 8-9 所示。

❻单击“草图”面板中的“点”按钮，在斜线与分度圆交点处绘制一个点，如图 8-10 所示。通过原点绘制一条竖直中心线。

❼单击“草图”面板中的“三点圆弧”按钮，在图形区域单击圆弧的起点位置，即与中心线相距 0.5mm 的竖直构造线和齿顶圆的交点；拖动鼠标，单击圆弧终点位置，即与中心线相距 1.3mm 的竖直构造线和齿根圆的交点。当光标变为按钮时，表示捕捉到交点。拖动鼠标单击任意位置，确定圆弧的直径，如图 8-11 所示。

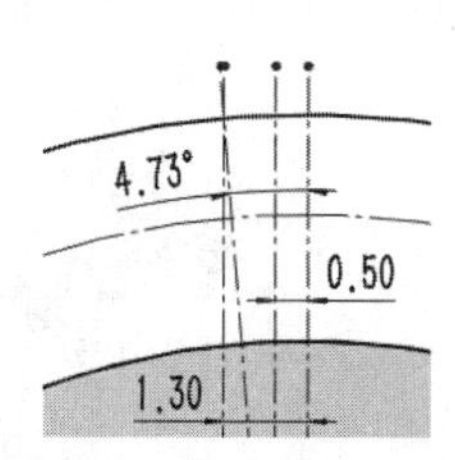

图8-9　绘制两条构造线

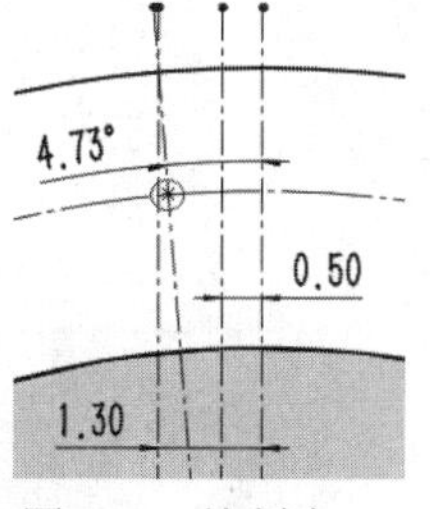

图8-10　绘制点

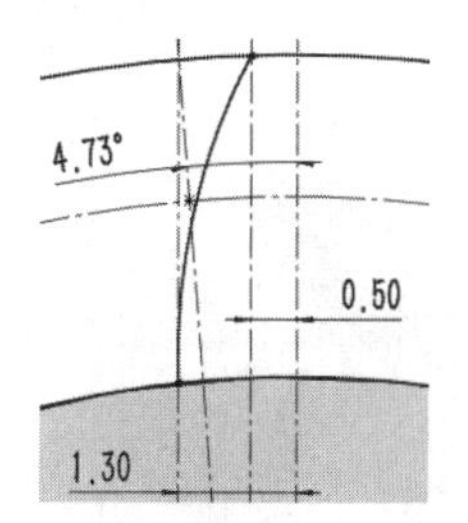

图8-11　绘制三点圆弧

❽单击“草图”面板“显示/删除几何关系”下拉菜单中的“添加几何关系”按钮，选择图 8-11 中绘制的圆弧和斜线与分度圆的交点，在“添加几何关系”属性管理器中选择“重

合”选项，将三点圆弧完全定义，其颜色变为黑色，从而确定其直径，如图 8-12 所示。

❾镜像圆弧。按住 Ctrl 键，选择三点圆弧和通过原点的竖直中心线。单击“草图”面板中的“镜像实体”按钮，将三点圆弧以竖直中心线为镜像轴进行镜像复制，如图 8-13 所示。

❿单击“草图”面板中的“剪裁实体”按钮，将齿型草图的多余线条裁剪掉，如图 8-14 所示。

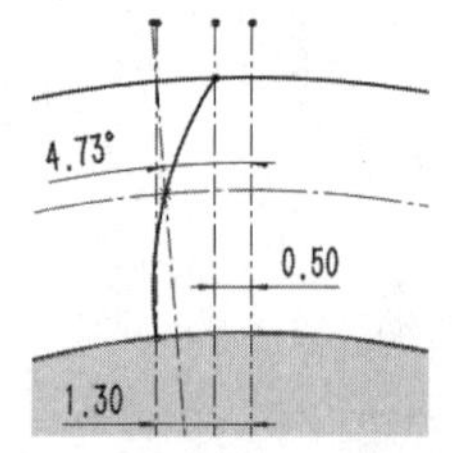

图8-12　添加“重合”几何关系

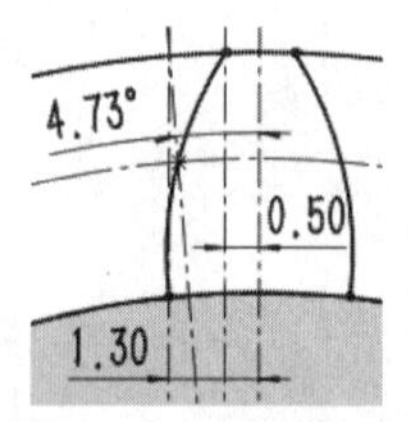

图8-13　镜像圆弧

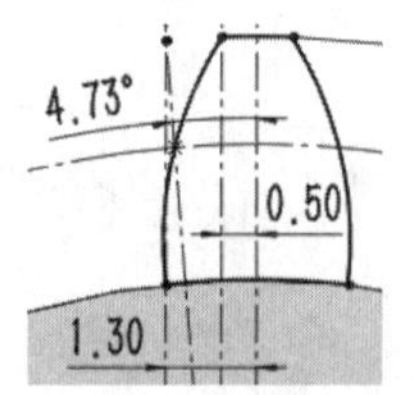

图8-14　裁剪后的草图

02 拉伸实体。单击“特征”面板中的“拉伸凸台/基体”按钮，在系统弹出的“凸台-拉伸”属性管理器中“深度”文本框中输入 24mm，选择方向按钮，进行反向拉伸。单击“确定”按钮，创建单个轮齿，如图 8-15 所示。

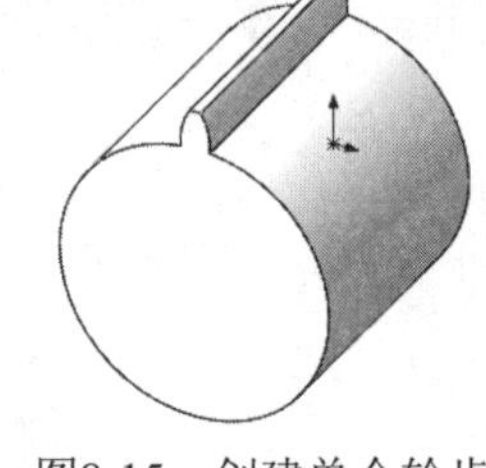
图8-15　创建单个轮齿

03 圆周阵列轮齿。

❶显示临时轴。选择菜单栏中的“视图”→“隐藏/显示”→“临时轴”命令，显示出零件实体的临时轴，如图8-16所示。对于每一个圆柱体和圆锥面都有一条轴线，这个称为临时轴。

❷圆周阵列实体。单击“特征”面板中的“圆周阵列”按钮。在“阵列（圆周）1”属性管理器中选择“阵列轴”显示框，然后选择零件实体的圆柱基体临时轴；在“实例数”文本框中输入 19；选择“等间距”单选按钮；选择“要阵列的特征”显示框，然后选择轮齿即拉伸 2，进行圆周阵列，如图 8-17 所示。单击“确定”按钮。最后将临时轴隐藏，结果如图 8-18 所示。

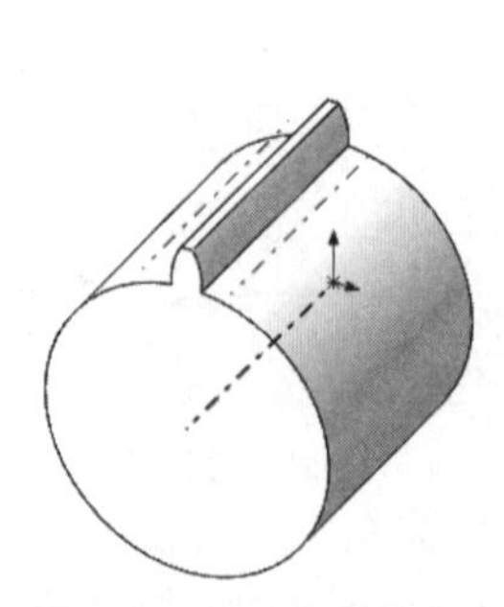
图8-16　显示临时轴

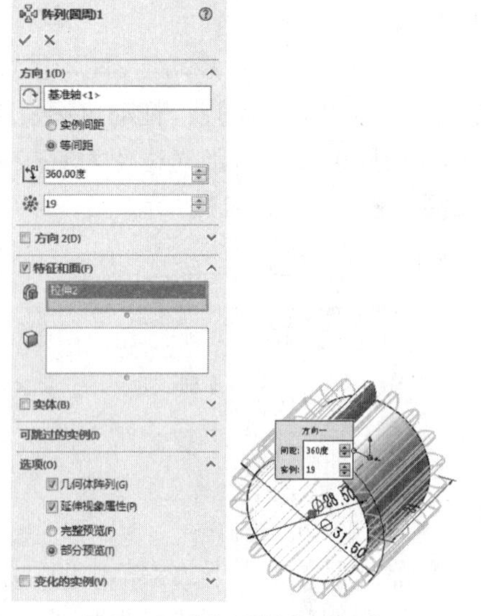

图8-17　进行圆周阵列操作

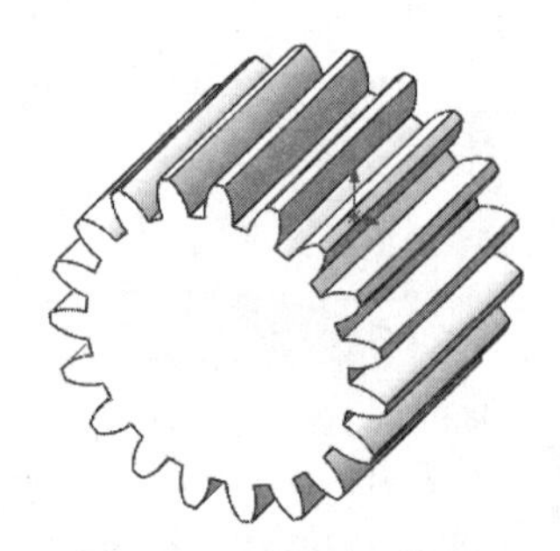
图8-18　圆周/阵列实体

8.1.3　创建齿轮安装孔

01 设置草图绘制平面。选择图 8-18 中的圆柱齿轮端面，然后单击前导视图工具栏中的“正视于”按钮，将该表面作为草图绘制平面。

02 绘制轴孔和键槽草图。单击“草图”面板中的“圆形”按钮和“直线”按钮，在草图绘制平面上绘制图 8-19 所示的草图，作为切除拉伸草图。

03 切除拉伸实体。单击“特征”面板中的“拉伸切除”按钮，在弹出的“切除-拉伸”属性管理器“终止条件”中选择“完全贯穿”，然后单击“确定”按钮，创建齿轮安装孔，如图 8-20 所示。

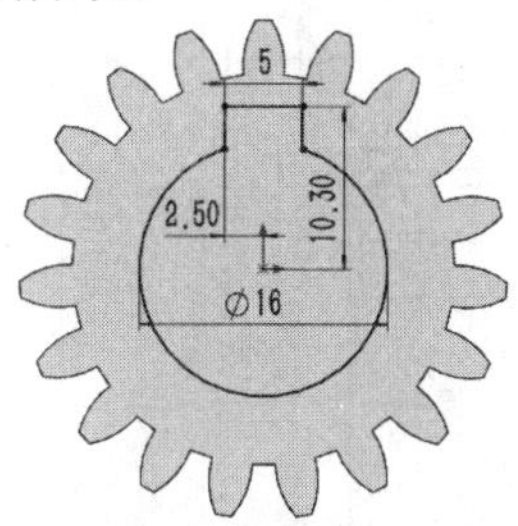

图8-19　绘制轴孔和键槽草图

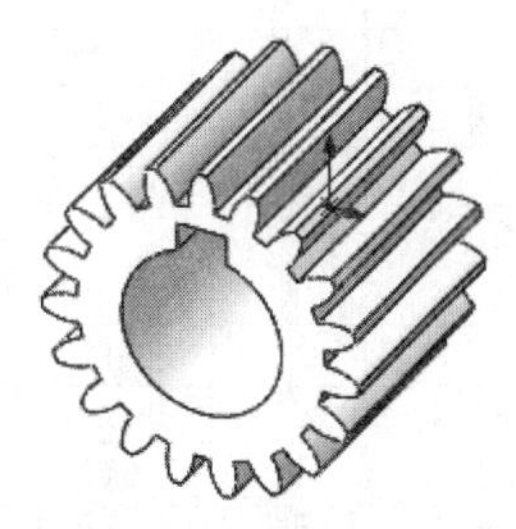

图8-20　创建齿轮安装孔

04 保存文件。单击标准工具栏中的“保存”按钮，将零件文件保存为“圆柱齿轮 1”。

8.1.4　创建另一个齿轮实体

01 编辑草图。右击特征管理器设计树的中“切除-拉伸1”，在弹出的快捷菜单中选择“编辑草图”选项，如图8-21所示。对“切除-拉伸2”实体的草图进行修改，删除键槽，如图8-22所示。

02 重新建模。单击标准工具栏中的“重新建模”按钮，对实体进行重新建模，创建另一个齿轮，如图 8-23 所示。

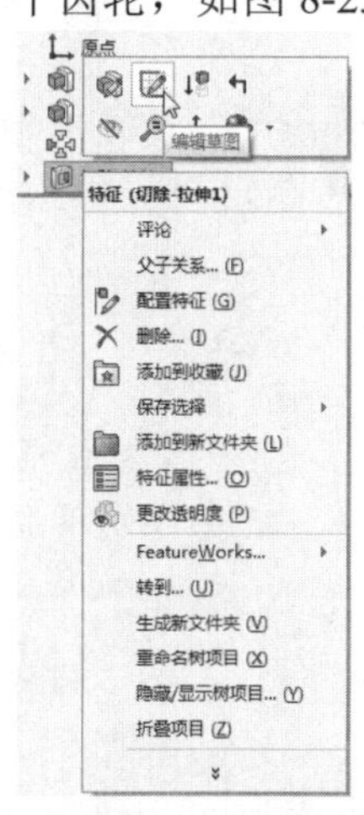

图8-21　选择“编辑草图”选项

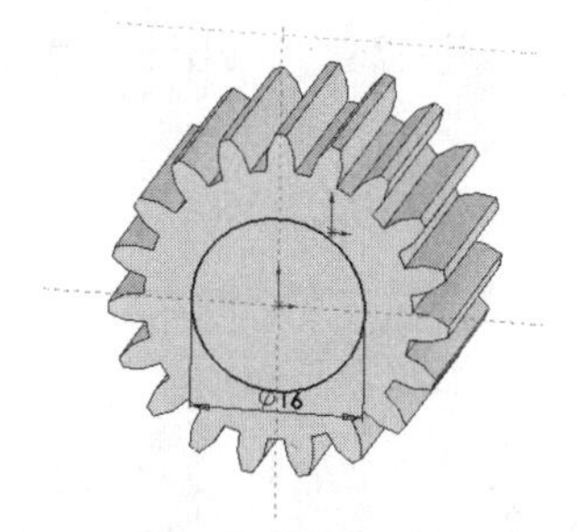

图8-22　编辑草图

图8-23　圆柱齿轮2

03 另存文件。单击标准工具栏中的“保存”按钮，将文件另存为“圆柱齿轮 2”，作为装配时使用。

8.2　斜齿圆柱齿轮的创建

图8-24所示为斜齿圆柱齿轮的各项参数。图8-25所示为斜齿圆柱齿轮的工程图。

参数	代号	数值
模数	m	10
齿数	z	25
齿形角	α	20°
螺旋角	β	8
齿顶高系数	h	1
径向变位系数	x	0
精度等级		7-GB/T 10095.1—2008
公法线平均长度偏差	WiEw	$256.52^{-0.088}_{-0.176}$
公法线长度变动公差	F_w	0.0360
径向综合公差	F_i''	0.0900
一齿径向综合公差	f_i''	0.0320
螺旋线总偏差	F_β	0.0110

图8-24　斜齿圆柱齿轮的参数

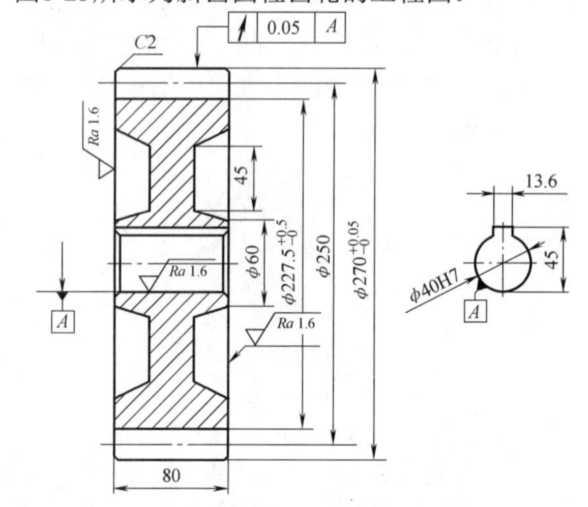

图8-25　斜齿圆柱齿轮的工程图

在这里介绍齿轮的另一种创建方法。首先绘制斜齿圆柱齿轮的齿形再复制旋转齿形；然后用放样特征来生成一个齿，再用旋转和圆周阵列来生成多齿；最后切除拉伸，完成创建。

图8-26所示为斜齿圆柱齿轮的基本创建过程。

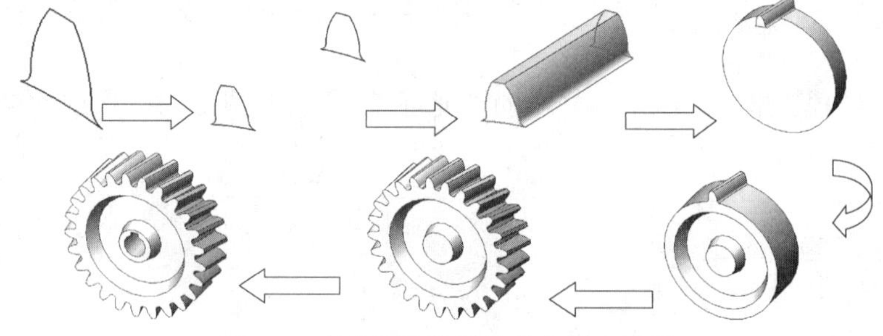

图8-26　斜齿圆柱齿轮的基本创建过程

视频文件\动画演示\第8章\斜齿圆柱齿轮的创建.mp4

8.2.1　绘制齿形

01 新建文件。启动 SOLIDWORKS 2020。单击标准工具栏中的“新建”按钮，在弹出的“新建 SOLIDWORKS 文件”对话框中选择“零件”按钮，然后单击“确定”按钮，创建一个新的零件文件。

02 选择“前视基准面”作为草图绘制平面，单击“草图”面板中的“草图绘制”按钮，进入草图绘制。

❶单击“草图”面板中的“圆形”按钮，以原点为圆心绘制三个同心圆。

❷单击“草图”面板中的“智能尺寸”按钮，标注三个圆的直径分别为227.5mm（齿根圆）、250mm（分度圆）、270mm（齿顶圆）。

❸单击“草图”面板中的“中心线”按钮，绘制两条通过原点的水平中心线和竖直中心线，如图8-27所示。

❹单击“草图”面板中的“点”按钮，在直径为250mm的分度圆上绘制一点，单击“草图”面板中的“智能尺寸”按钮，标注尺寸为8mm，该尺寸作为半齿宽度。

❺单击“草图”面板中的“点”按钮，在直径为270mm的齿顶圆上绘制一点，单击“草图”面板中的“智能尺寸”按钮，标注尺寸为3.5mm，该尺寸作为齿顶宽度。

❻单击“草图”面板中的“点”按钮，在直径为227.5mm的齿根圆上绘制一点，单击“草图”面板中的“智能尺寸”按钮，标注尺寸为12mm，该尺寸作为齿根宽度，如图8-28所示。

❼单击“草图”面板中的“三点圆弧”按钮，绘制齿形并标注尺寸，如图8-29所示。

❽单击“草图”面板中的“剪裁实体”按钮，裁剪掉与齿形无关的线条，如图8-30所示。

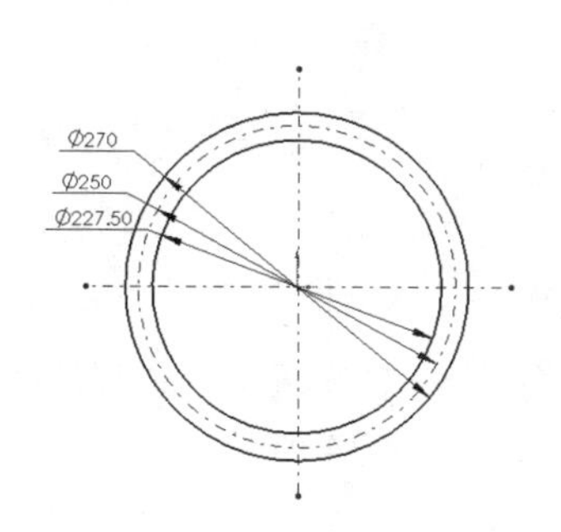

图8-27　绘制圆及中心线

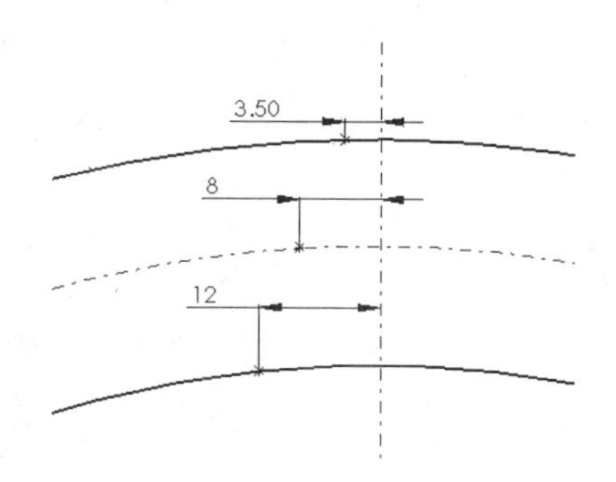

图8-28　绘制作为齿形关键点

❾单击“草图”面板中的“镜像实体”按钮，镜像修剪后的齿形，形成一完整的齿廓，如图8-31所示。

❿单击“草图”面板中的“退出草图”按钮，退出草图绘制。

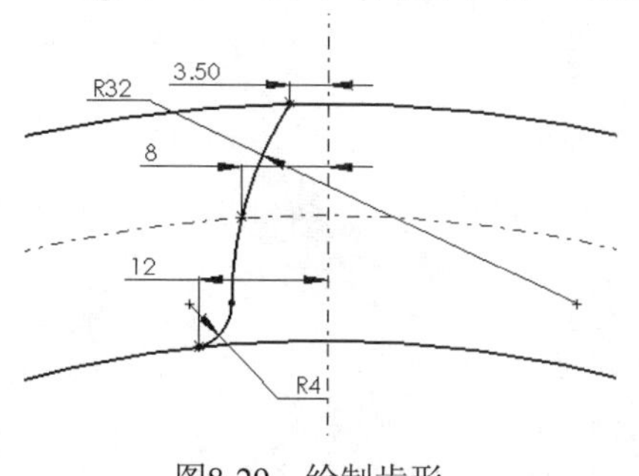

图8-29　绘制齿形

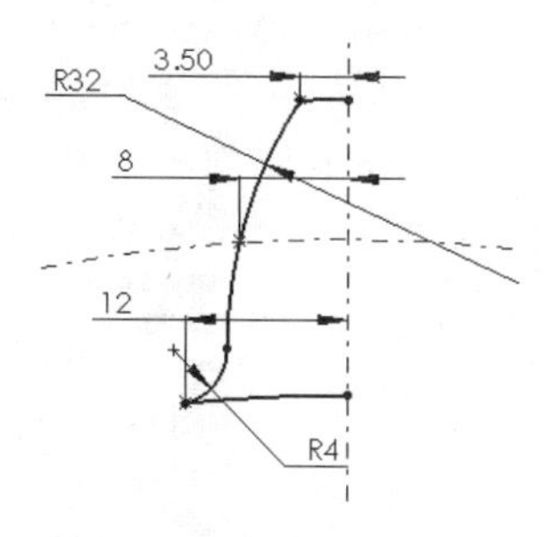

图8-30　裁剪后的齿形

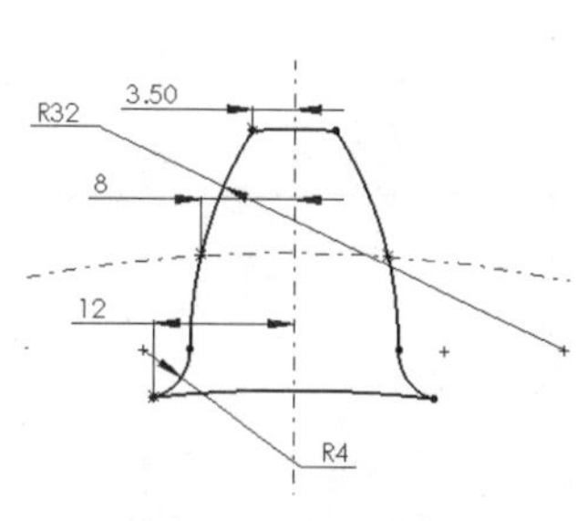

图8-31　完整齿廓

8.2.2 创建轮齿

01 创建基准面。单击“特征”面板中的“基准面”按钮，选择“前视基准面”作为参考实体。单击“偏移距离”按钮，在文本框中输入偏移距离为 80mm，单击“确定”按钮✔，创建与齿形草图所在平面距离为80mm 的“基准面 1”。

02 绘制草图。选择“基准面 1”作为草图绘制平面，单击“草图”面板中的“草图绘制”按钮，进入草图绘制。选择在“前视基准面”上绘制的齿形，单击“转换实体引用”按钮，将齿形投影到“基准面 1 ”上。

03 旋转齿形。选择转换为“基准面 1 ”的草图轮廓，单击“草图”面板中的“旋转实体”按钮；选择绘图区中的原点作为“基准点”；在“旋转中心”中的“角度”文本框中输入 8 度，从而将齿形轮廓以原点为旋转中心旋转 8 度，如图 8-32 所示。单击“确定”按钮✔，完成草图旋转。

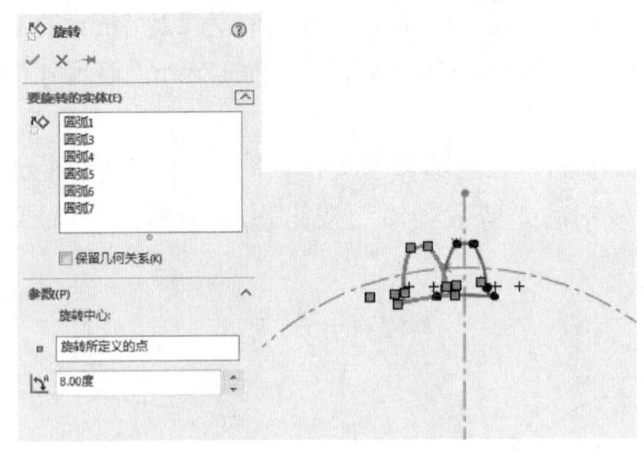

图8-32　旋转齿形

创建斜齿轮的另一个齿廓，如图8-33所示。

04 放样轮齿。单击“特征”面板中的“放样凸台/基体”按钮，选择两个齿廓草图作为放样轮廓。单击“确定”按钮✔，完成轮齿的放样，如图 8-34 所示。

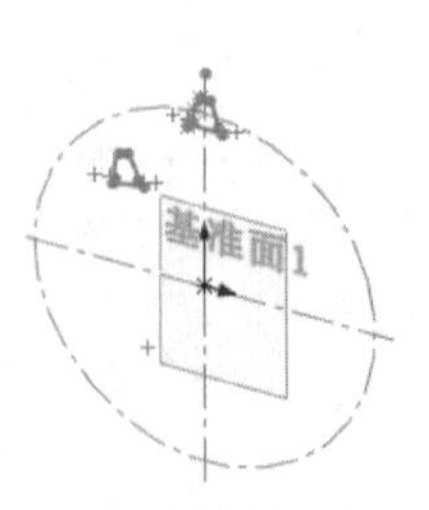

图8-33　斜齿轮的两个齿廓

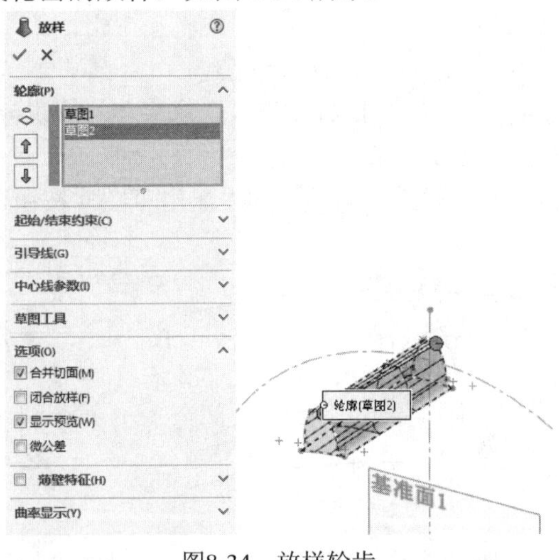

图8-34　放样轮齿

05 轮齿倒角。

❶选择“右视基准面”作为草图绘制平面，单击“草图”面板中的“草图绘制”按钮，进入草图绘制。单击“草图”面板中的“点”按钮，绘制两个点。单击“草图”面板中的“直线”按钮，绘制图 8-35 所示的图形。

❷添加几何约束。单击“草图”面板中的“添加几何关系”按钮，弹出“添加几何关系”属性管理器。设置“点”与“直线”的重合关系，如图 8-36 所示。单击“确定”按钮完成几何关系的添加。

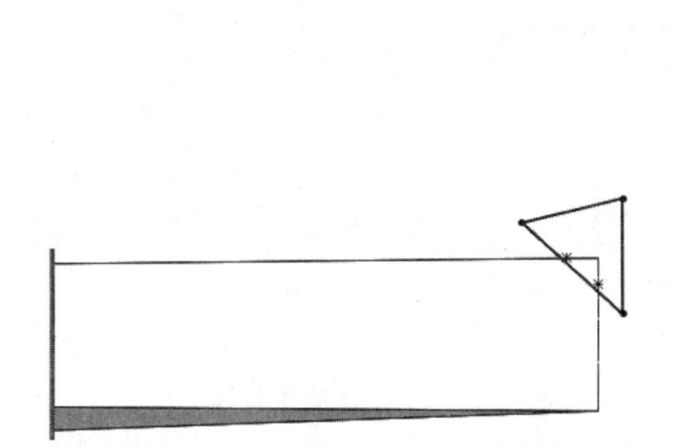

图8-35　绘制点和图形

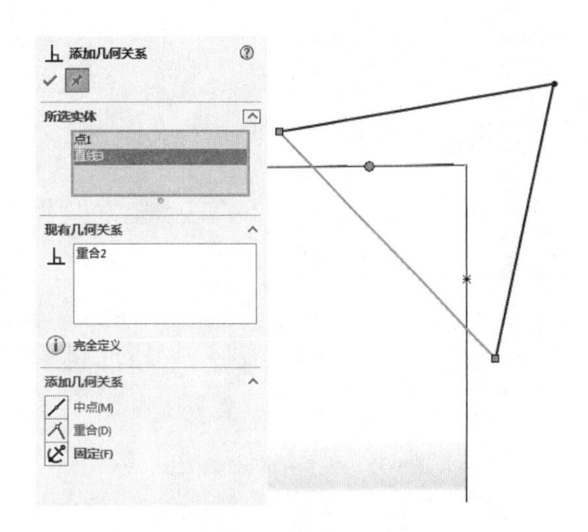

图8-36　添加几何关系

❸设置尺寸。单击“草图”面板中的“智能尺寸”按钮，设置倒角宽度尺寸均为 1mm。

❹创建基准轴 1。单击“草图”面板中的“中心线”按钮，过原点绘制一条水平直线，退出草图绘制。单击“特征”面板中的“基准轴”按钮，选择“草图 3”中的水平直线作为基准轴，单击“确定”按钮，完成基准轴 1 的创建。

❺创建轮齿基体。单击“特征”面板中的“旋转切除”按钮，选择“基准轴 1”作为旋转轴，具体参数设置如图 8-37 所示。单击“确定”按钮，完成轮齿基体创建。

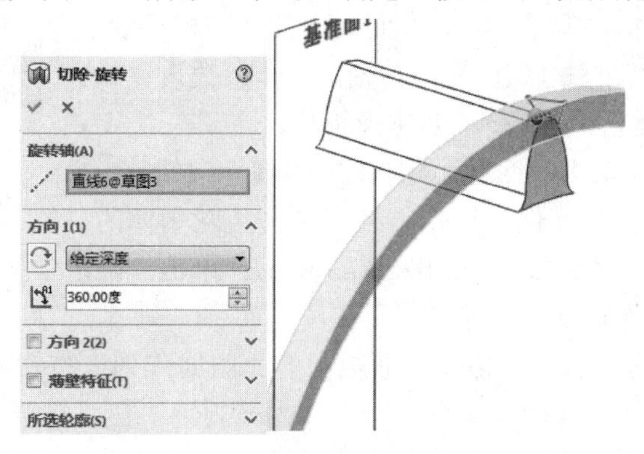

图8-37　“切除-旋转”属性管理器

❻创建基准面 1。单击“特征”面板中的“基准面”按钮，弹出“基准面”属性管理

器，参数设置如图 8-38 所示。单击确定按钮✔，基准面 1 创建完成。

❼单击“特征”面板中的“镜像”按钮，弹出“镜像”属性管理器，设置如图 8-39 所示。单击“确定”按钮✔，完成轮齿另一侧倒角的创建。

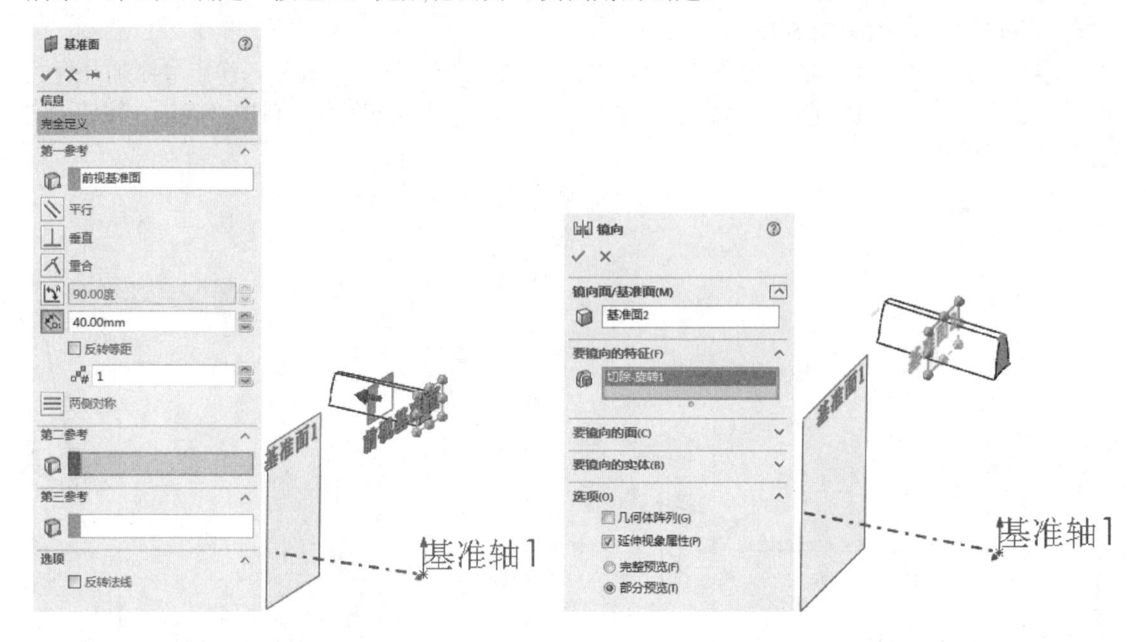

图8-38　设置基准面参数　　　　图8-39　设置镜像参数

8.2.3　创建齿轮基体

01 绘制草图。选择“上视基准面”作为草图绘制平面，单击“草图”面板中的“草图绘制”按钮，进入草图绘制。单击“草图”面板中的“直线”按钮，绘制作为齿轮基体的旋转草图。

02 标注尺寸。单击“草图”面板中的“智能尺寸”按钮，标注齿轮基体尺寸，如图 8-40 所示。

03 创建齿轮基体。单击“特征”面板中的“旋转凸台/基体”按钮，选择“基准轴 1”作为旋转轴，具体参数设置如图 8-41 所示。单击“确定”按钮✔，创建齿轮基体。

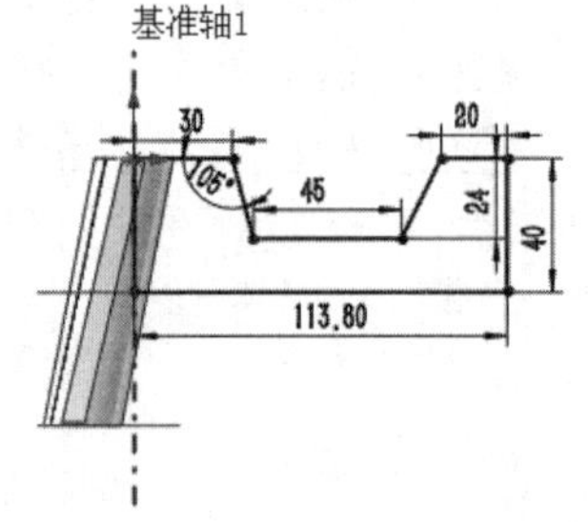

图8-40　标注尺寸的草图

04 镜像实体。单击“特征”面板中的“镜像”按钮，选择前面步骤创建的齿轮基体作为镜像特征，选择齿轮基体的内侧平面作为镜像面，具体参数设置如图 8-42 所示。单击“确定”按钮✔，创建齿轮基体的另一半，完成齿轮基体的创建。

05 圆周阵列实体。单击“特征”面板中的“圆周阵列”按钮，选择作为齿条的放样特征作为要阵列的特征；选择“基准轴 1”作为阵列轴；在“实例数”文本框中输入要阵列的实例个数为 25，具体参数设置如图 8-43 所示。单击“确定”按钮✔，完成轮齿的阵列复制。

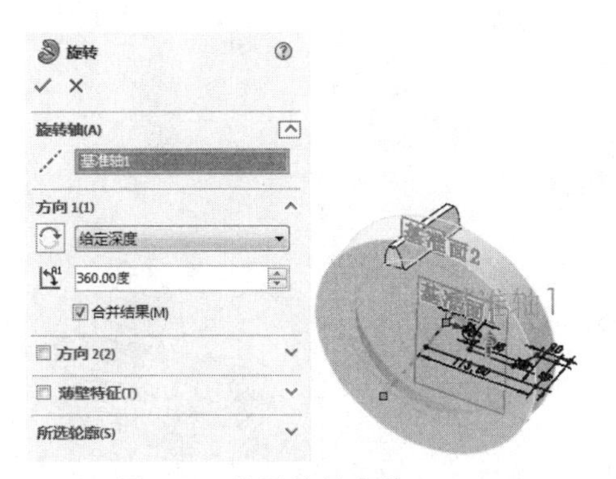

图8-41　设置旋转参数

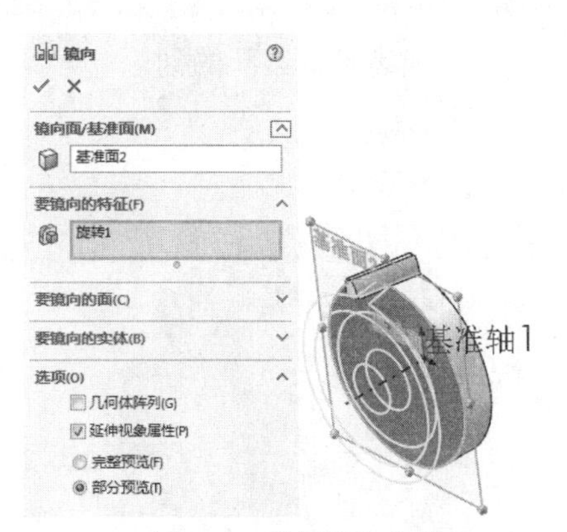

图8-42　设置镜像参数

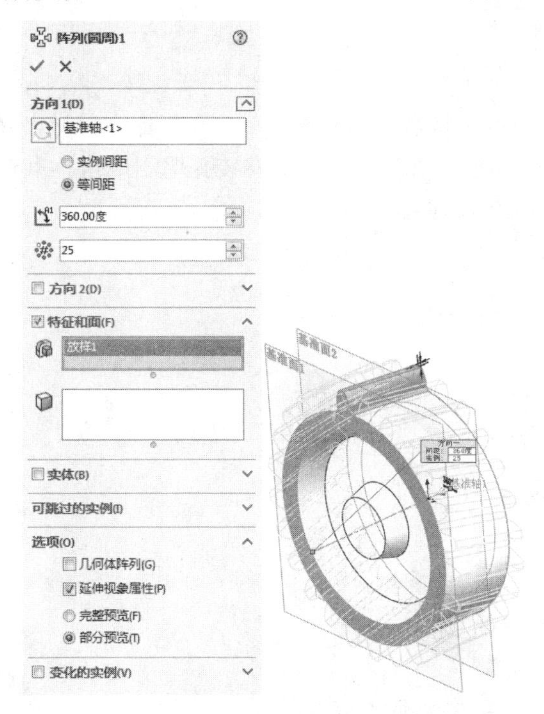

图8-43　设置圆周阵列参数

8.2.4　创建齿轮安装孔

01 绘制草图。选择“前视基准面”作为草图绘制平面，单击“草图”面板中的“草图绘制”按钮，进入草图绘制。单击“草图”面板中的“圆形”按钮和“直线”按钮，绘制齿轮安装孔的草图。

02 标注尺寸。单击“草图”面板中的“剪裁实体”按钮，裁剪掉多余部分；单击“草图”面板中的“智能尺寸”按钮，标注安装孔尺寸，如图 8-44 所示。

03 切除拉伸实体。单击“特征”面板中的“拉伸切除”按钮，在“切除-拉伸”属性管理器中设置“终止条件”为“完全贯穿”，具体参数设置如图 8-45 所示。单击“确定”

按钮✔，完成齿轮安装孔的创建。

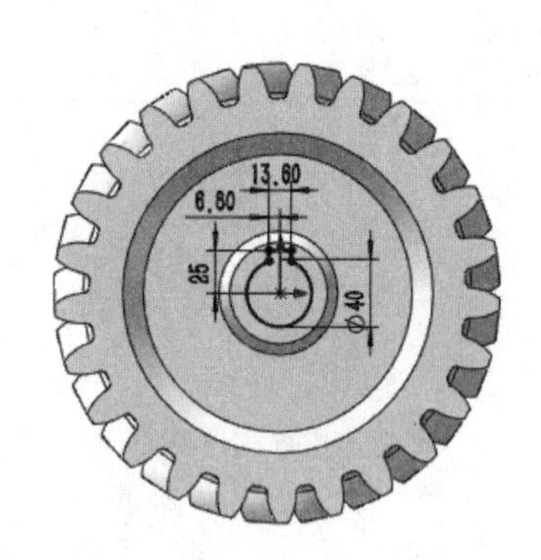

图8-44　绘制齿轮安装孔草图

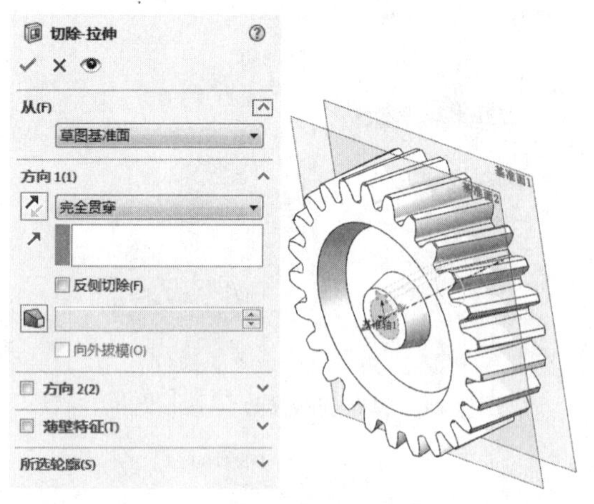

图8-45　设置切除-拉伸参数

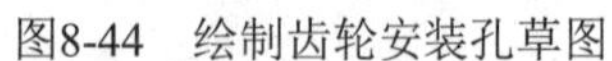

04 安装孔倒角。执行“特征”面板中的“倒角”命令，弹出“倒角”属性管理器，参数设置如图 8-46 所示。单击确定按钮✔，完成安装孔单侧倒角。重复此步骤完成另一侧的倒角，完成斜齿圆柱齿轮的创建，如图 8-47 所示。

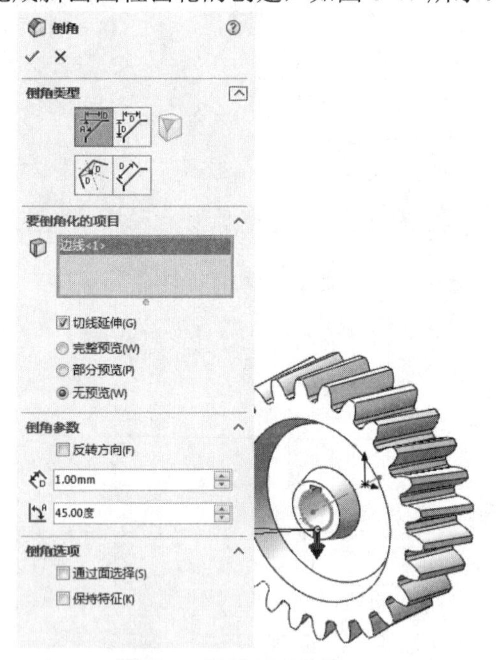

图8-46　设置倒角参数

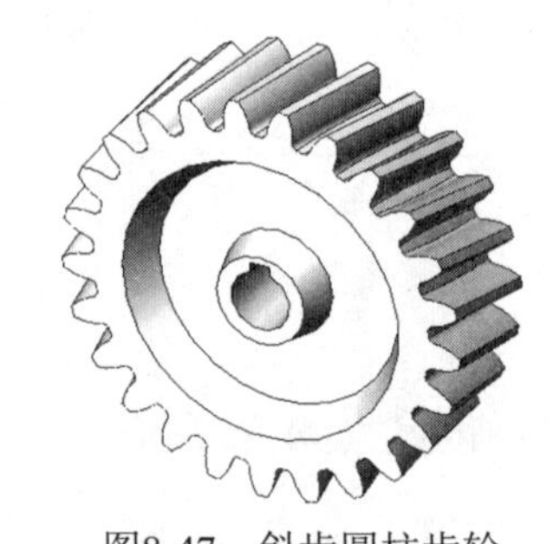

图8-47　斜齿圆柱齿轮

05 保存文件。单击标准工具栏中的“保存”按钮，将零件文件保存为“斜齿轮”。

8.3　锥齿轮的创建

锥齿轮一般用于相交轴之间的传动，锥齿轮按齿向分为直齿、斜齿、曲线齿，一般节圆锥与分度圆锥重合。锥齿轮加工用范成法，利用平面齿轮与直齿圆锥啮合原理，将平面齿轮直线齿廓作为切削刃来加工锥齿轮。图8-48所示为锥齿轮的工程图。

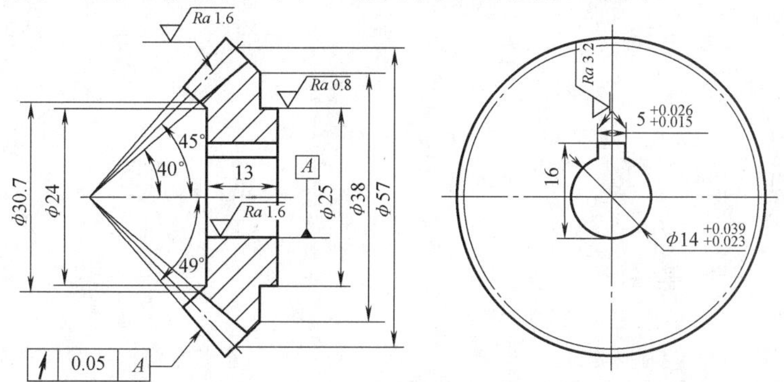

图8-48　锥齿轮的工程图

本例将近似地创建齿轮泵中的锥齿轮。创建锥齿轮时，首先绘制锥齿轮的轮廓草图并旋转生成实体，然后绘制锥齿轮的齿型草图，对草图进行切除放样创建实体，再对生成的齿形实体进行圆周阵列，生成全部齿形实体，最后创建键槽轴孔实体。图8-49所示为锥齿轮的基本创建过程。

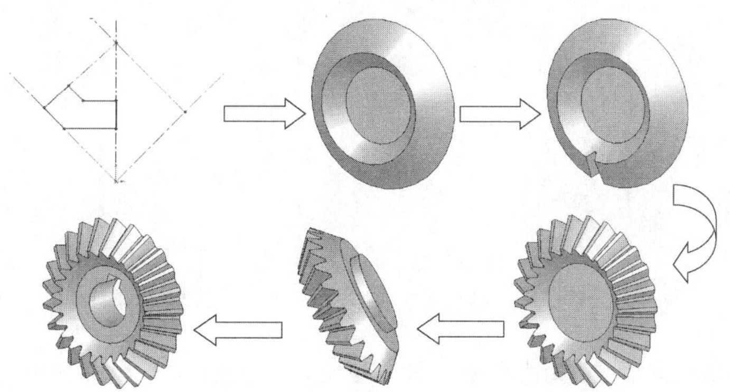

图8-49　锥齿轮的基本创建过程

视频文件\动画演示\第8章\锥齿轮零件的创建.mp4

创建步骤

8.3.1　创建基本实体

01 新建文件。启动 SOLIDWORKS 2020。单击标准工具栏中的“新建”按钮，在弹出的“新建 SOLIDWORKS 文件”对话框中选择“零件”按钮，然后单击“确定”按钮，创建一个新的零件文件。

02 绘制锥齿轮轮廓草图。

❶在特征管理器设计树中选择“前视基准面”作为草图绘制平面。单击“草图”面板中的“圆形”按钮，绘制三个同心圆，并标注其尺寸，如图 8-50 所示。

❷按住Ctrl键，依次选择三个圆，这时弹出“属性”管理器。在“属性”管理器中选择“作为构造线”复选框，将三个圆创建为构造线，如图8-51所示。

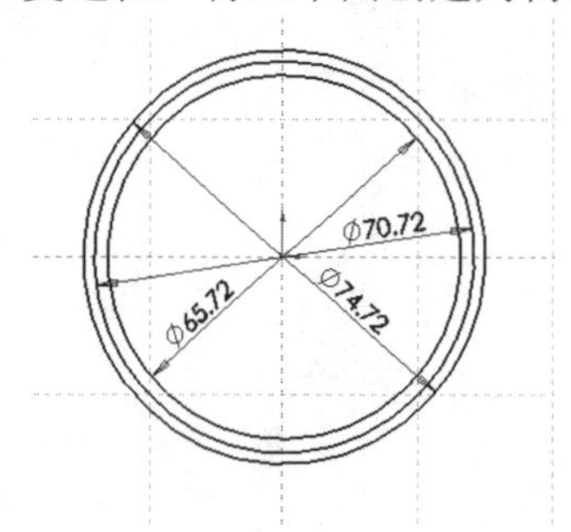

图8-50 绘制同心圆

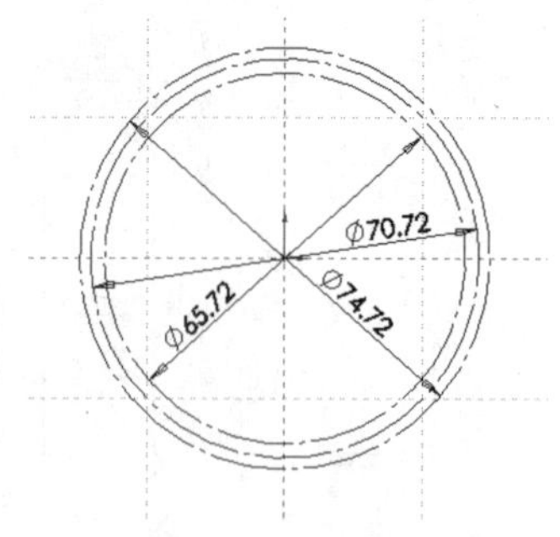

图8-51 创建构造线

❸单击“草图”面板中的“中心线”按钮，绘制一条过原点的竖直中心线；单击“草图”面板中的“直线”按钮，在弹出的“插入线条”属性管理器中选择“作为构造线”复选框，绘制两条角度为 45° 和 135° 的构造线，如图 8-52 所示。

❹过直径为70.72mm圆与倾斜构造线的交点绘制两条构造线，与此圆相切，如图8-53所示。

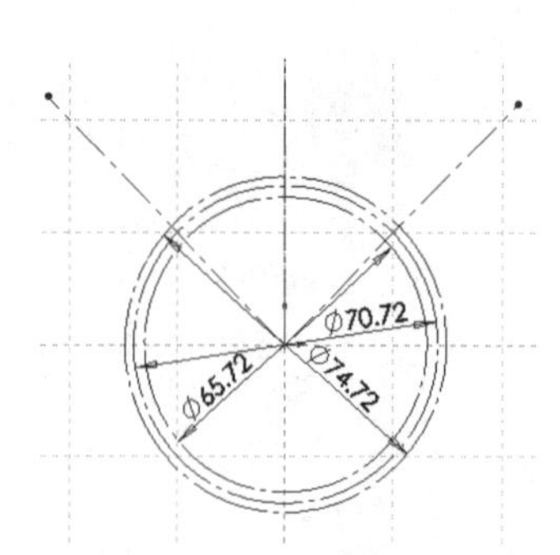

图8-52 绘制倾斜构造线

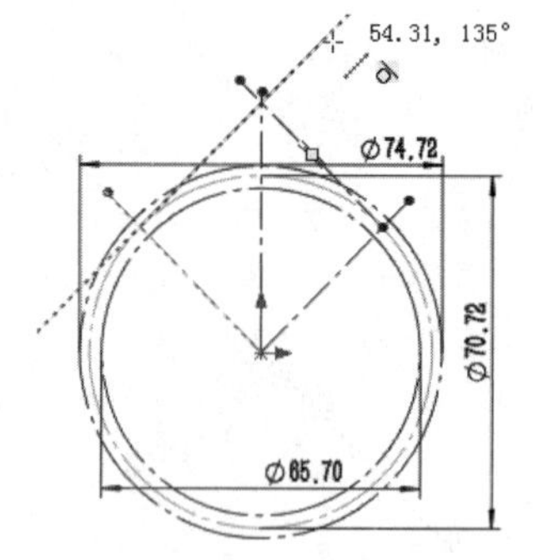

图8-53 绘制相切构造线

❺单击“草图”面板中的“直线”按钮，绘制作为旋转生成锥齿轮轮廓实体草图，如图 8-54 所示。

03 旋转创建实体。单击“特征”面板中的“旋转凸台/基体”按钮，在“旋转”属性管理器的“旋转轴”选择框中选择草图中的竖直中心线，其他设置默认。单击“确定”按钮，创建锥齿轮轮廓，如图 8-55 所示。

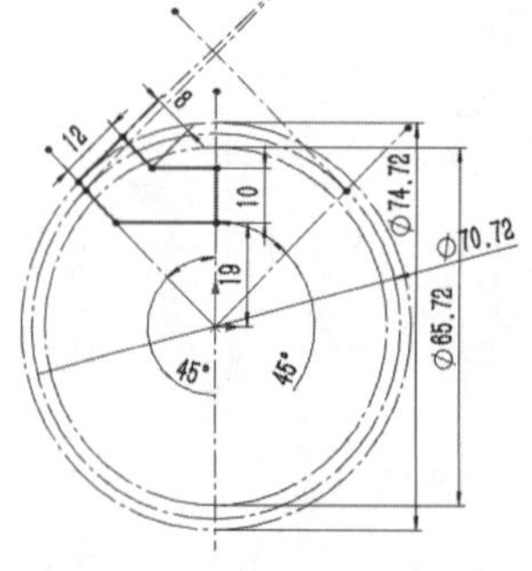

图8-54 绘制旋转草图

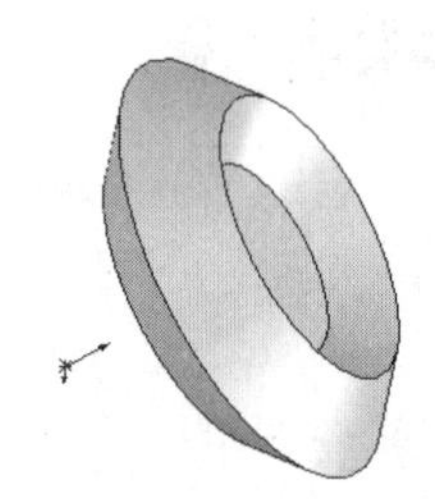

图8-55 创建锥齿轮轮廓

8.3.2 创建锥齿

01 设置基准面。

❶在特征管理器设计树中选择“上视基准面”作为草图绘制平面。

❷绘制构造线草图。过原点在Z坐标方向绘制一条构造线，如图8-56所示。

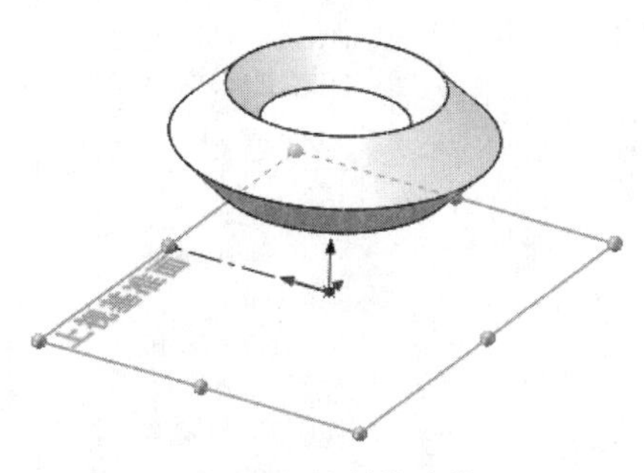

图8-56　绘制构造线

❸创建基准面。单击“特征”面板中的“基准面”按钮，弹出“基准面”属性管理器，如图 8-57 所示。在“第一参考”选择框中选择“上视基准面”和图 8-56 中的构造线草图，然后单击“两面夹角”按钮，在其右侧的文本框中输入 45°。单击“确定”按钮✔，创建新的基准面，如图 8-58 所示。

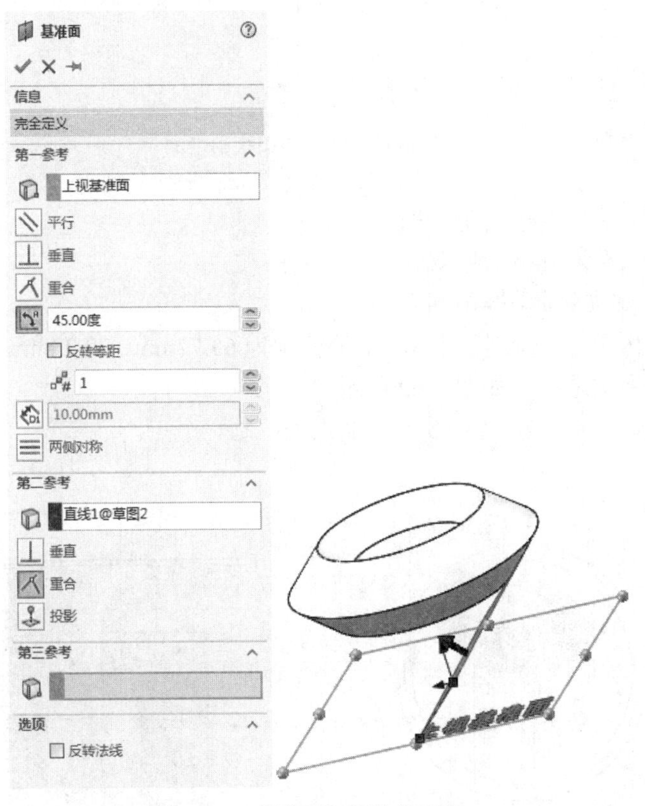

图8-57　“基准面”属性管理器

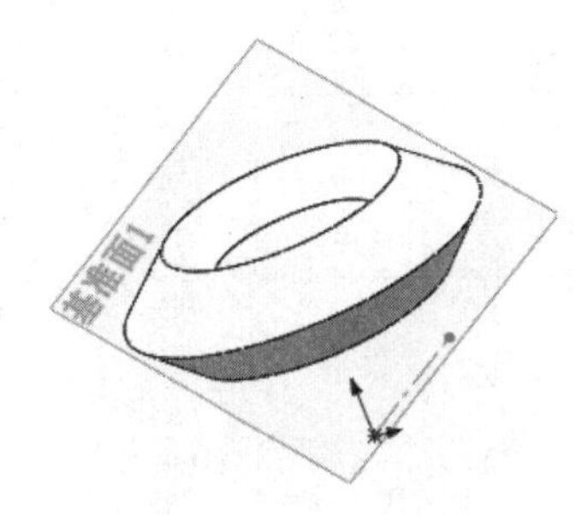

图8-58　创建基准面

❹显示草图。右击特征管理器设计树中的“特征（草图1)”，弹出快捷菜单，如图8-59所示。选择“显示”选项，使草图显示出来，便于后面的绘制操作。

❺创建草图绘制平面。选择“基准面 1”作为草图绘制平面。然后单击前导视图工具栏中的“正视于”按钮两次，将该表面作为草图绘制平面，如图 8-60 所示。

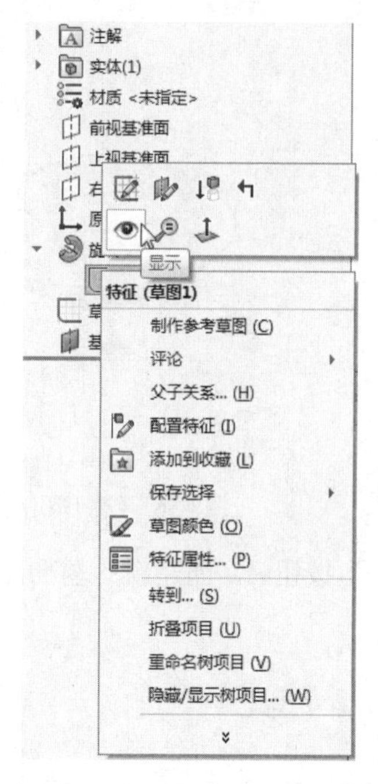

图8-59 “特征（草图1）”快捷菜单

图8-60 创建草图绘制平面

02 绘制齿形草图。

❶过原点绘制一条竖直中心线，如图8-61所示的直线1。

❷绘制两条竖直构造线2、3，其位置如图8-61所示。

❸过原点绘制一条倾斜构造线4，其夹角如图8-61所示。

❹单击“草图”面板中的“圆形”按钮，绘制三个圆，直径分别为65.72mm、70.72mm、75mm，并将直径为70.7mm的圆设置为构造线，如图8-62所示。

❺单击“草图”面板中的“点”按钮，在图8-63所示交点处绘制一个点。

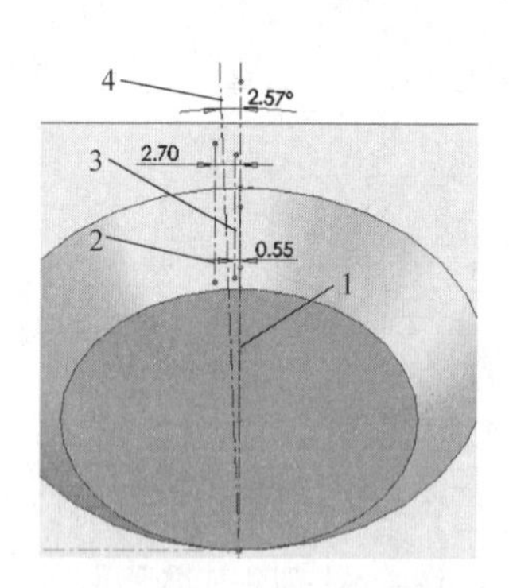

图8-61 绘制直线和构造线

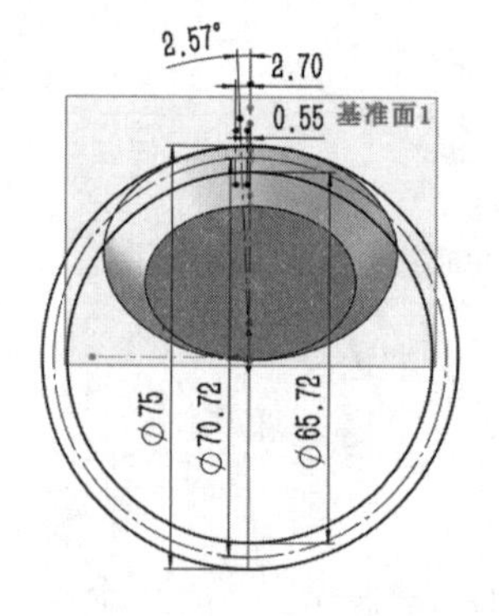

图8-62 创建圆构造线

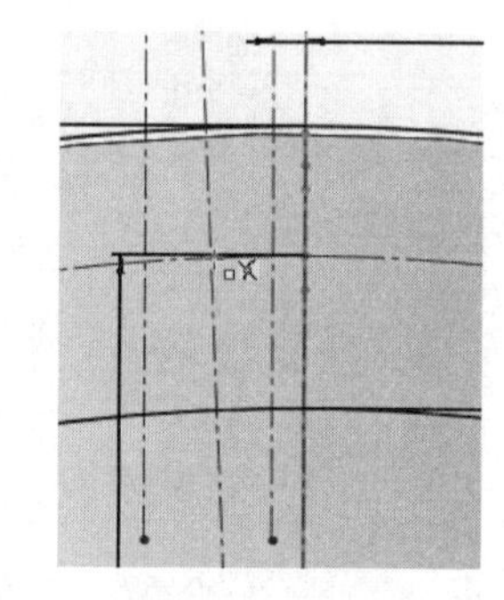

图8-63 绘制点

❻单击“草图”面板中的“三点圆弧”按钮，在图8-64中单击圆弧的起点位置和圆弧终点位置，拖动鼠标单击任意位置，确定圆弧的直径。

❼单击“草图”面板“显示/删除几何关系”下拉菜单中的“添加几何关系”按钮，选择图8-64中绘制的圆弧和图8-63绘制的交点，在“添加几何关系”属性管理器中选择“重合”

选项，将三点圆弧完全定义，其颜色变为黑色，从而确定其直径。

❽按住 Ctrl 键，选择三点圆弧和通过原点的竖直中心线。单击“草图”面板中的“镜像实体”按钮，将三点圆弧以竖直中心线为镜像轴进行镜像复制，如图 8-65 所示。

❾单击“草图”面板中的“剪裁实体”按钮，将齿形草图中的多余线条裁剪掉，如图 8-66 所示。

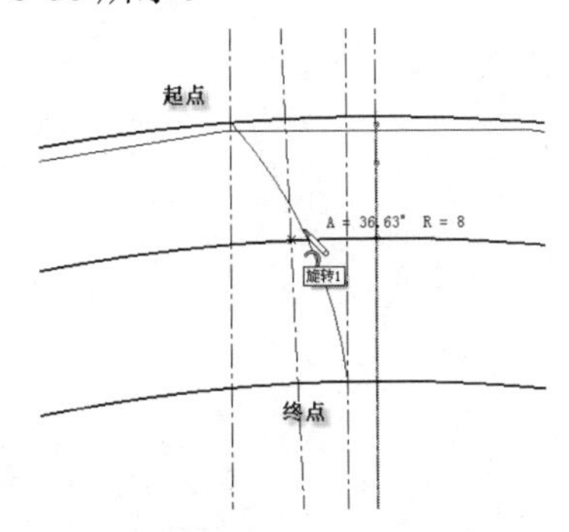

图8-64　绘制三点圆弧

图8-65　镜像三点圆弧

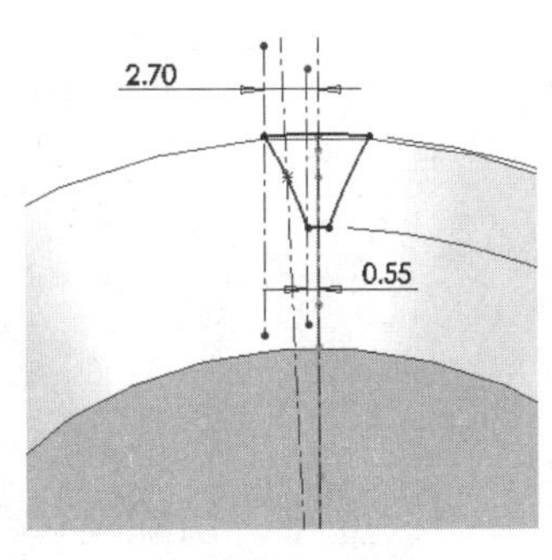

图8-66　裁剪草图

03 切除放样创建齿形。

❶绘制点草图。设置前视基准面为草图绘制平面，在图8-67所示位置绘制一个点草图，然后退出草图绘制。

❷切除放样实体。单击“特征”面板中的“放样切除”按钮，弹出“切除-放样”属性管理器。在“轮廓”选择框中选择图 8-56 中所示的齿形草图和图 8-67 中所示的点草图，如图 8-68 所示。单击“确定”按钮，创建单个轮齿。

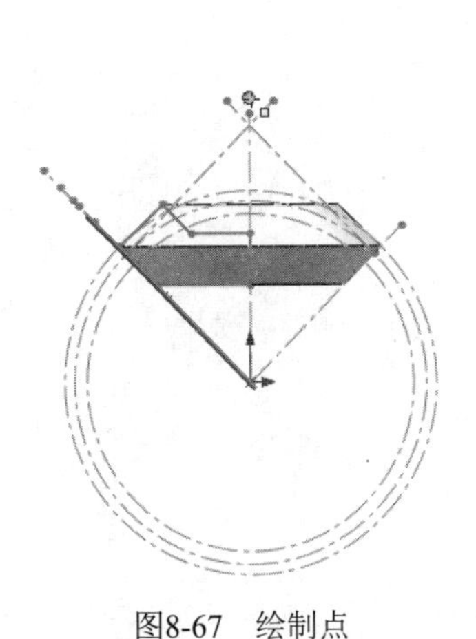

图8-67　绘制点

图8-68　设置切除-放样参数

04 圆周阵列创建多齿。

❶显示临时轴。选择菜单栏中的“视图”→“隐藏/显示”→“临时轴”命令，显示出零件实体的临时轴。

❷圆周阵列实体。单击“特征”面板中的“圆周阵列”按钮。在“阵列（圆周）1”属性管理器中单击“阵列轴”选择框，选择锥齿轮轮廓实体临时轴；在“实例数”文本框中输入25；选择“等间距”单选按钮。单击“要阵列的特征”选择框，选择切除-放样特征，进行圆周阵列，单击“确定”按钮。最后将临时轴、草图、基准面均隐藏，如图8-69所示。

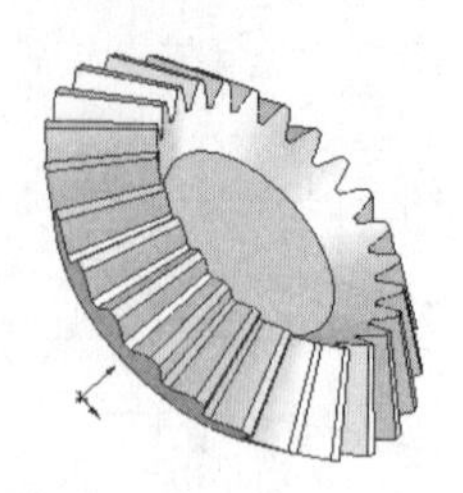

图8-69　圆周阵列创建多齿

8.3.3　拉伸、切除实体创建锥齿轮

01 拉伸实体。将锥齿轮的底面设置为草图绘制平面，绘制直径为25mm的圆；将其拉伸，创建高度为3mm的实体，如图8-70所示。

02 绘制草图。以锥齿轮的圆形底面为草图绘制平面，绘制草图如图8-71所示，作为键槽轴孔草图。

03 切除拉伸实体。单击“特征”面板中的“拉伸切除”按钮，在弹出“切除-拉伸”属性管理器的“终止条件”下拉列表中选择“完全贯穿”，然后单击“确定”按钮，完成锥齿轮的创建，如图8-72所示。

04 保存文件。单击“标准”工具栏中的“保存”按钮，将零件文件保存为“锥齿轮”。

图8-70　拉伸创建实体

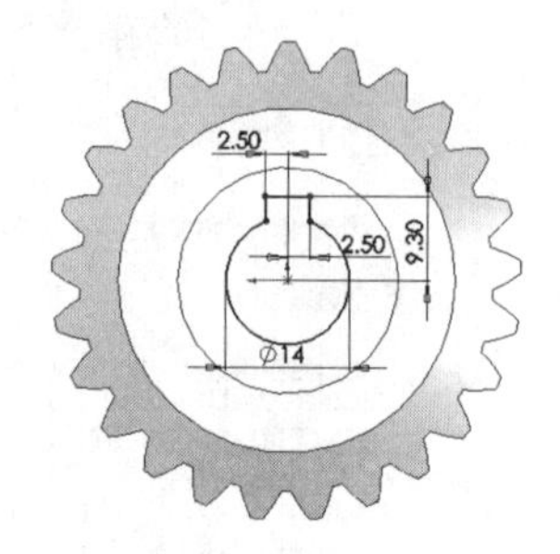

图8-71　绘制键槽轴孔草图

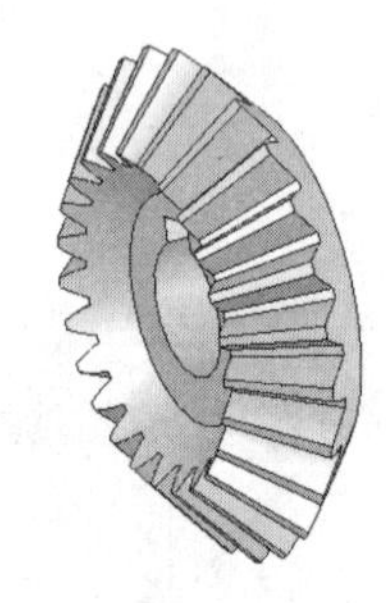

图8-72　锥齿轮

第 9 章

叉架类零件设计

叉架类零件主要起连接、拨动、支承等作用，它包括拨叉、连杆、支架、摇臂、杠杆等零件。其结构形状多样，差别较大，但都是由支承部分、工作部分和连接部分组成，多数为不对称零件，具有凸台、凹坑、铸（锻）造圆角、起模斜度等常见结构。

- 齿轮泵机座的创建
- 托架的创建
- 踏脚座的创建

9.1 齿轮泵机座的创建

齿轮泵机座为齿轮泵的主体部分。所有零件均安装在齿轮泵机座上面，机座也是齿轮泵三维造型最复杂的一个零件。图9-1所示为齿轮泵基座的工程图。

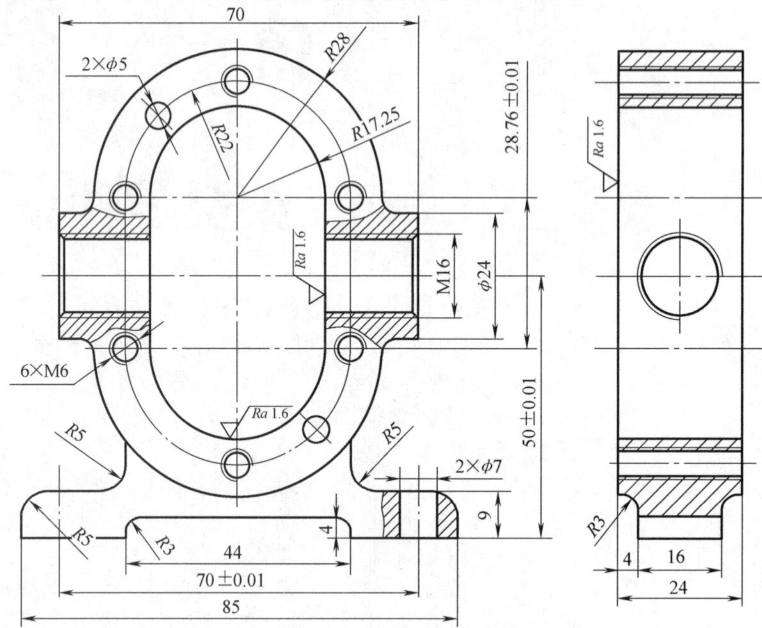

图9-1　齿轮泵机座的工程图

创建时，首先绘制基座主体轮廓草图并拉伸实体；然后绘制内腔草图，切除拉伸实体，再绘制进出油螺纹孔；最后创建连接螺纹孔、销轴孔、基座固定孔等结构。齿轮泵的创建过程如图9-2所示。

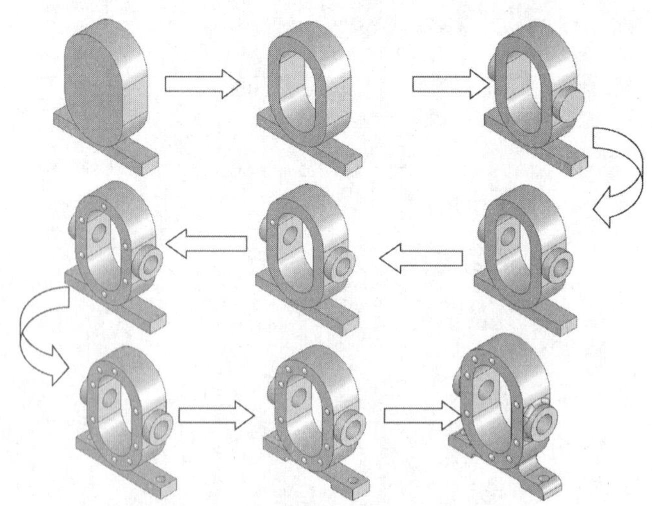

图9-2　齿轮泵机座的创建过程

视频文件\动画演示\第9章\齿轮泵机座的创建.mp4

创建步骤

9.1.1　创建机座主体

01 新建文件。启动 SOLIDWORKS 2020，单击标准工具栏中的“新建”按钮，在弹出的“新建 SOLIDWORKS 文件”对话框中选择“零件”按钮，然后单击“确定”按钮，创建一个新的零件文件。

02 绘制矩形。在特征管理器设计树中选择“前视基准面”作为草图绘制平面。单击“草图”面板中的“草图绘制”按钮，进入草图绘制，然后单击“草图”面板中的“边角矩形”按钮，绘制一个矩形。通过标注智能尺寸使矩形的中心在原点，如图 9-3 所示。

03 绘制圆。单击“草图”面板中的“圆形”按钮，绘制两个圆，圆心分别在矩形两条水平边的中点，圆的直径与水平边长度相同，如图 9-4 所示。注意，当光标变为时，说明捕捉到边中点。

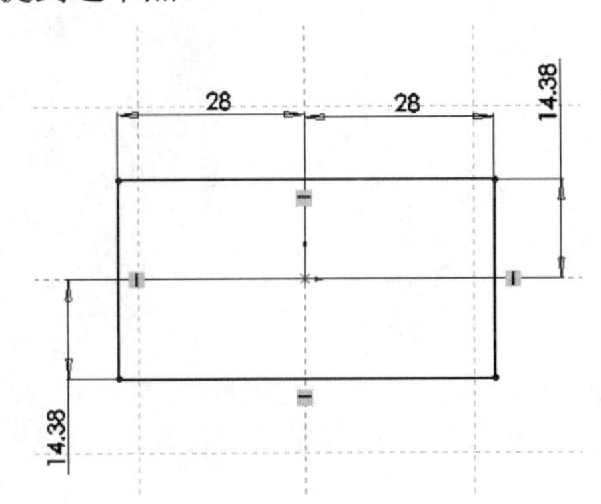

图9-3　绘制矩形

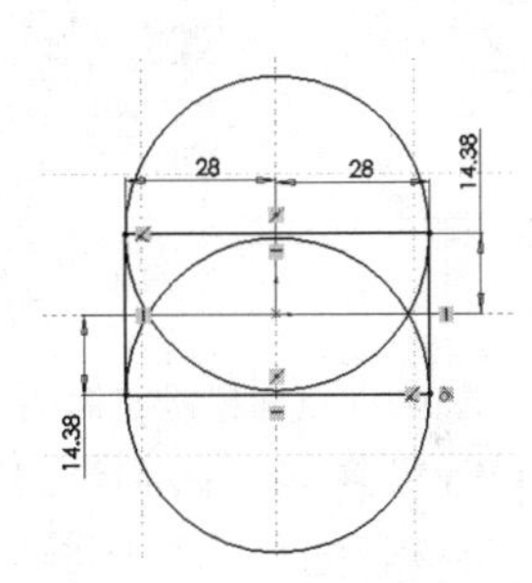

图9-4　绘制圆

04 剪裁草图。单击“草图”面板中的“剪裁实体”按钮，弹出“剪裁”属性管理器。选择“剪裁到最近端”选项，进行草图剪裁。当剪裁水平边线时，系统弹出图 9-5 所示的提示，说明剪裁此边线将删除相应的几何关系，单击“是”按钮，将其剪裁，结果如图 9-6 所示。

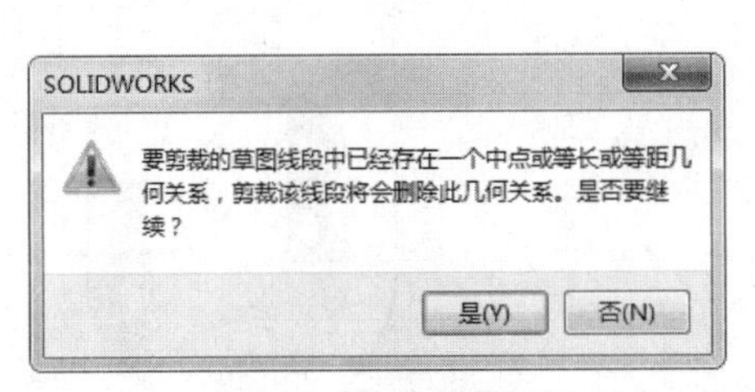

图9-5　剪裁系统提示

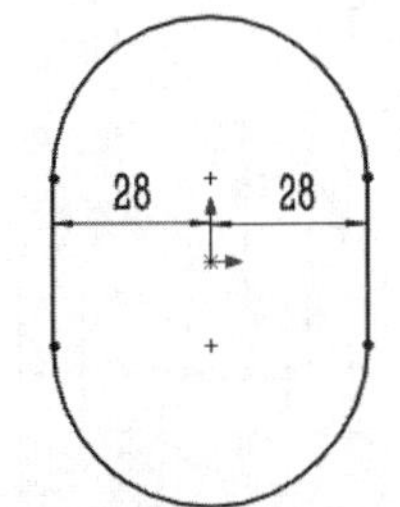

图9-6　剪裁后的草图

05 添加几何关系。在图 9-6 所示的草图中，圆弧没有被完全定义。单击“草图”面板“显示/删除几何关系”下拉菜单中的“添加几何关系”按钮，弹出“添加几何关系”属性管理器。选择两个圆弧，单击“添加几何关系”选项中的“固定”按钮，将圆弧固定从而完全定义，圆弧颜色变为黑色。

06 拉伸实体。单击“特征”面板中的“拉伸凸台/基体”按钮，系统弹出“凸台-拉伸”属性管理器。选择“方向 2”复选框，设置拉伸参数，如图 9-7 所示。单击“确定”按钮，进行双向拉伸。

07 绘制底座。选择“前视基准面”，单击“草图”面板中的“边角矩形”按钮，绘制一个矩形，并标注智能尺寸，如图 9-8 所示。

08 创建齿轮泵轮廓实体。重复步骤 **06** 的操作，将拉伸深度设置为8mm，进行双向拉伸，创建齿轮泵轮廓实体如图9-9所示。

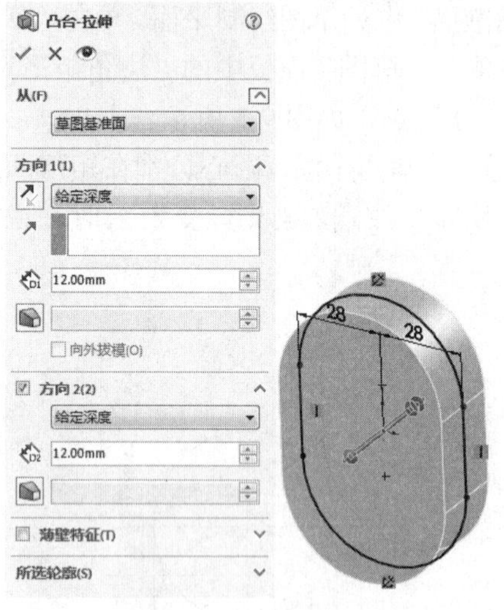

图9-7　双向拉伸实体

图9-8　绘制底座

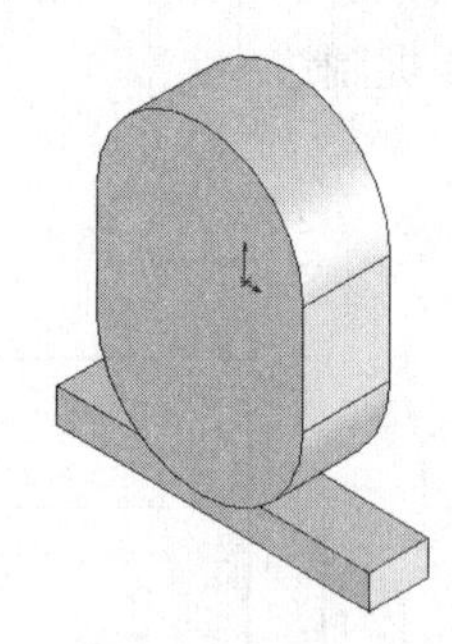

图9-9　齿轮泵轮廓实体

09 创建草图绘制平面。选择齿轮泵端面，然后单击前导视图工具栏中的“正视于”按钮，将该表面作为草图绘制平面。

10 绘制内腔。选择“草图”面板中的“直线”按钮和“圆心/起/终点画弧”按钮。绘制齿轮泵内腔，如图 9-10 所示。

注意：绘制过程中，当光标拖动到齿轮泵端面圆弧边线处时，将自动捕捉圆弧圆心。

11 切除拉伸实体。单击“特征”面板中的“拉伸切除”按钮，在“终止条件”下拉列表中选择“完全贯穿”，然后单击“确定”按钮，如图 9-11 所示。

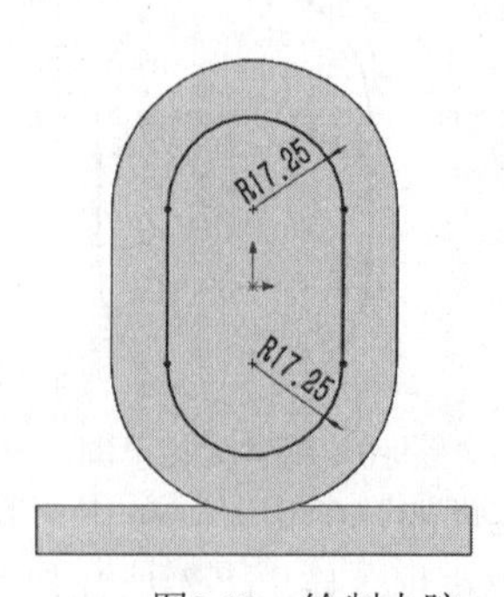

图9-10　绘制内腔

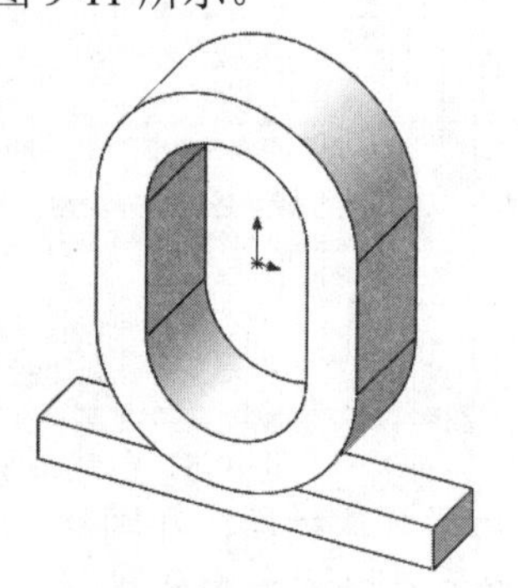

图9-11　切除拉伸实体

9.1.2　创建进出油孔

01 创建草图绘制平面。选择齿轮泵一个侧面，然后单击前导视图工具栏中的“正视于”按钮，将该表面作为草图绘制平面。

02 绘制草图。利用绘图工具绘制图9-12所示的草图。

03 拉伸实体。单击“特征”面板中的“拉伸凸台/基体”按钮，拉伸生成实体，设置拉伸深度为7mm。

04 重复步骤 02 和 03 的操作，在齿轮泵另一个侧面绘制相同草图，拉伸创建实体，结果如图9-13所示。

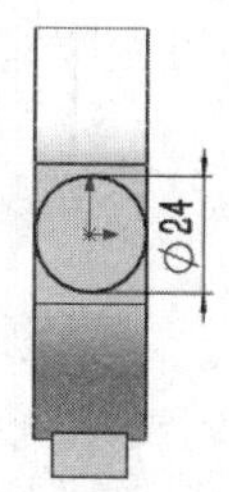

图9-12　绘制草图

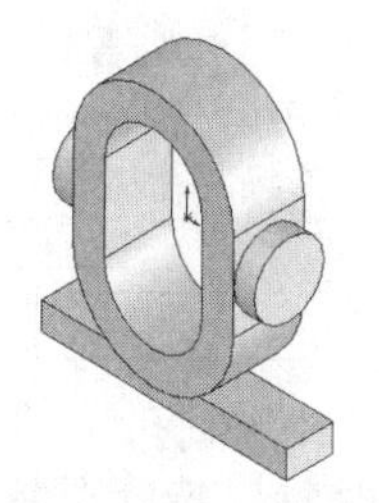

图9-13　创建进出油孔实体

05 创建进出油孔螺纹孔。单击“特征”面板中的“异型孔向导”按钮，系统弹出“孔规格”属性管理器。按照图 9-14 所示进行设置后单击“位置”按钮，选择两个侧面圆柱表面的圆心，最后单击“确定”按钮，如图 9-15 所示。

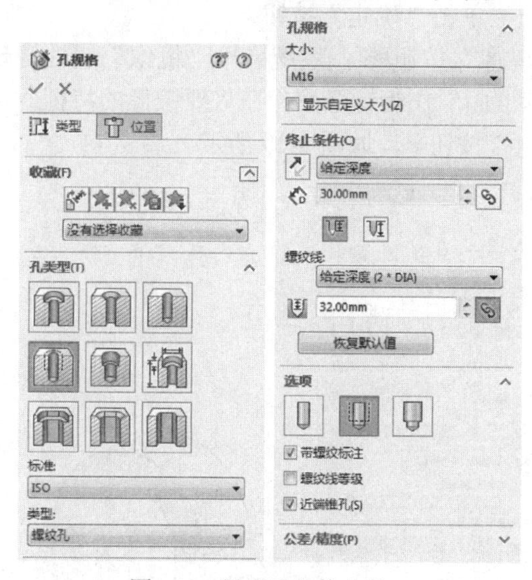

图9-14　设置孔规格参数

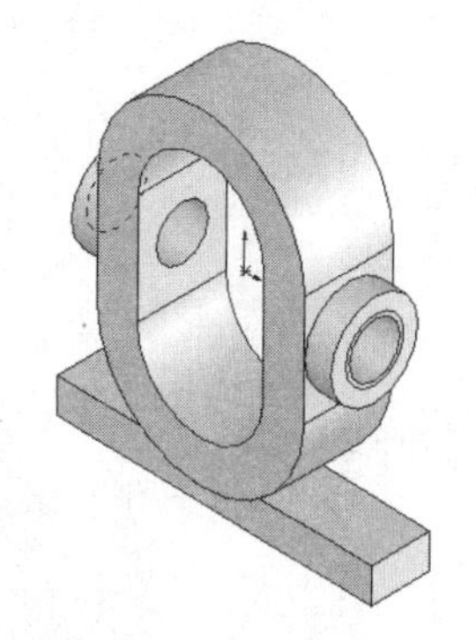

图9-15　创建进出油孔螺纹孔

9.1.3　创建连接螺纹孔

01 改变视图方向。单击前导视图工具栏中的“前视”按钮，改变零件实体的视图方向。

02 创建连接螺纹孔。单击“特征”面板中的“异型孔向导”按钮，在“孔规格”

属性管理器中的“大小”选项中选择“M6”规格，“终止条件”选择“完全贯通”，其他设置不变；然后单击“位置”按钮，单击“3D 草图按钮，选择端面上任意位置，如图 9-16 所示。

03 按 Esc 键，终止点自动捕捉状态。选择螺纹孔中心点，弹出“点”属性管理器。通过改变“点“属性管理器中点的坐标值（x=-22；y=14.38；z=12），可以编辑螺纹孔位置，单击“确定”按钮✔，如图 9-17 所示。

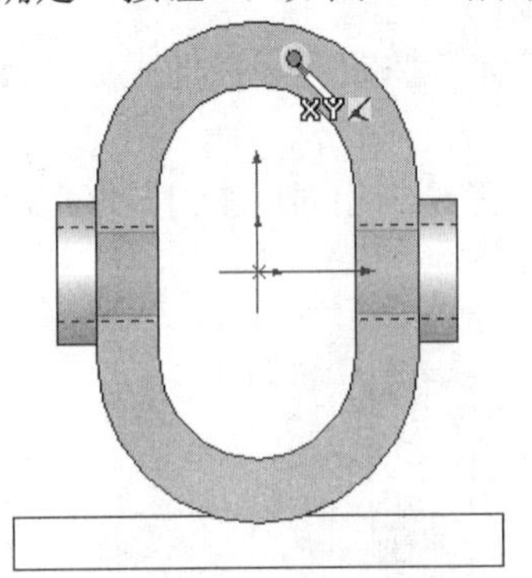

图9-16　创建连接螺纹孔

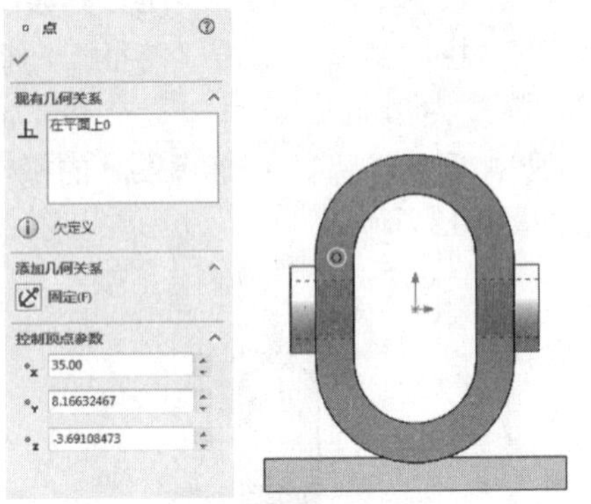

图9-17　编辑螺纹孔位置

04 显示临时轴。选择菜单栏中的前导视图→“隐藏/显示”→“临时轴”命令，将隐藏的临时轴显示出来。

05 圆周阵列实体。单击“特征”面板中的“圆周阵列”按钮，选择图 9-18 中的临时轴 1，设置“角度”为 180 度，“实例数”为 3；在“要阵列的特征”选择框中，通过 Feature Manager 设计树选择“M6 螺纹孔 1”特征，单击“确定”按钮✔。

06 镜像实体。单击“特征”面板中的“镜像”按钮，系统弹出“镜像”属性管理器。在“镜像面/基准面”选项框中选择“上视基准面”作为镜像面；在“要镜像的特征”选择框中选择“阵列（圆周）1”特征，单击“确定”按钮✔，如图 9-19 所示。

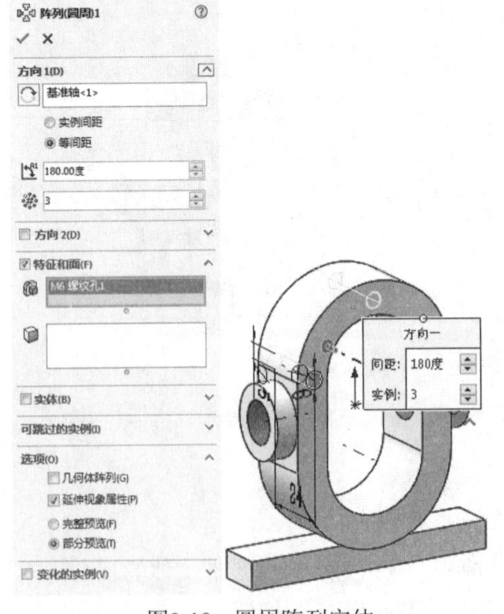

图9-18　圆周阵列实体

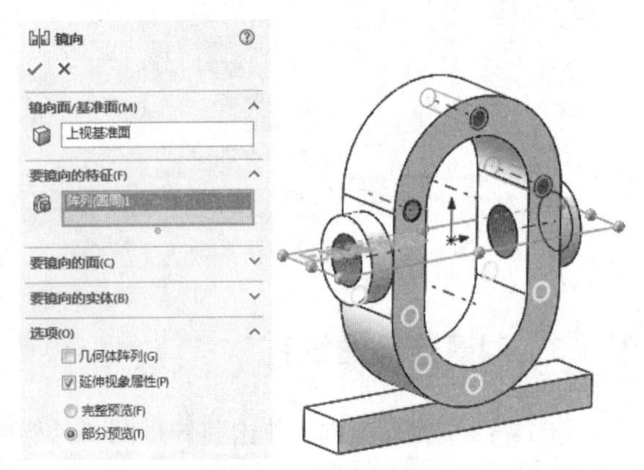

图9-19　镜像实体

9.1.4　创建定位销孔

01 绘制销孔草图。以齿轮泵的一个端面作为草图绘制平面，单击“草图”面板中的“直线”按钮，在“插入线条”属性管理器中选择“作为构造线”复选框，绘制 4 条构造线（见图 9-20 中的点画线）。单击“草图”面板中的“圆形”按钮，绘制一个圆，圆心在倾斜的构造线上，并标注尺寸，如图 9-20 所示。

02 切除拉伸实体。单击“特征”面板中的“拉伸切除”按钮，在“终止条件”下拉列表中选择“完全贯穿”，单击“确定”按钮，如图 9-21 所示。

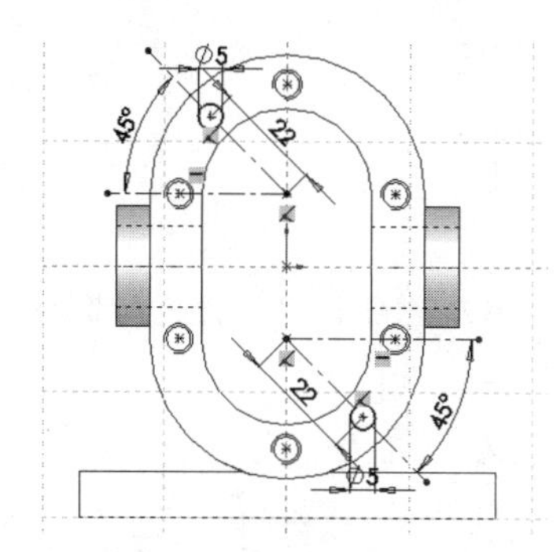

图9-20　绘制销孔草图

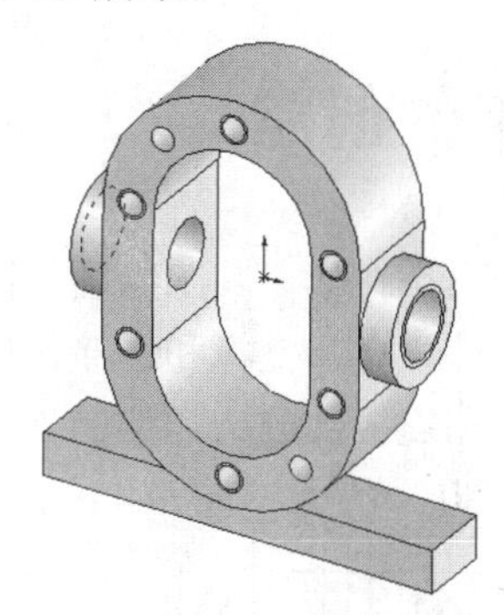
图9-21　切除拉伸实体

03 绘制圆。以齿轮泵底面作为草图绘制平面，绘制两个圆，并定义其尺寸与位置，如图9-22所示。

04 切除拉伸实体。单击“特征”面板中的“拉伸切除”按钮，在“深度”一栏中输入值 10mm，然后单击“确定”按钮。

9.1.5　创建底座及圆角

01 绘制矩形。再次以齿轮泵底面作为草图绘制平面，绘制一个矩形，如图9-23所示。

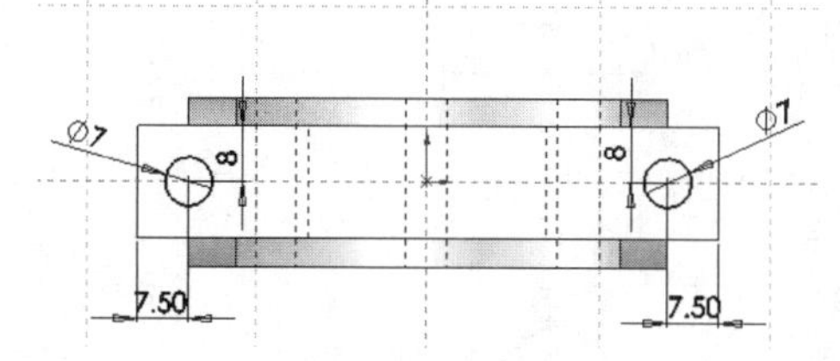

图9-22　绘制圆

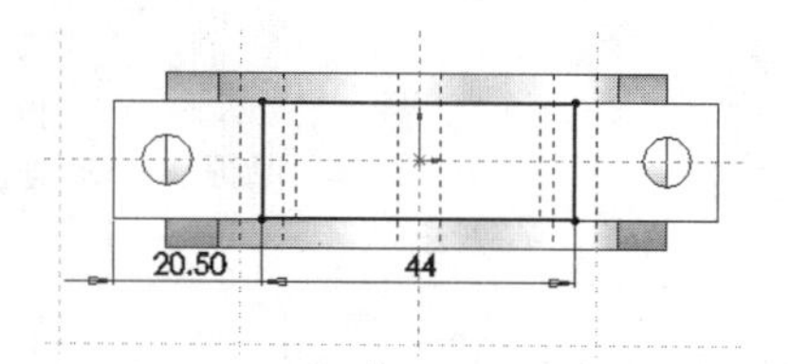

图9-23　绘制矩形

02 切除拉伸实体。单击“特征”面板中的“拉伸切除”按钮，在“深度”文本框中输入 4mm，然后单击“确定”按钮。

03 圆角。单击“特征”面板中的“圆角”按钮，依次选择图 9-24 中的边线，设置圆角半径为 3mm，单击“确定”按钮。重复上述操作，选择图 9-25 中的边线，设置圆角半径为 5mm，单击“确定”按钮，完成齿轮泵底座的创建，如图 9-26 所示。

04 保存文件。选择菜单栏中的“文件”→“保存”命令，将零件文件保存为“齿轮泵基座”。

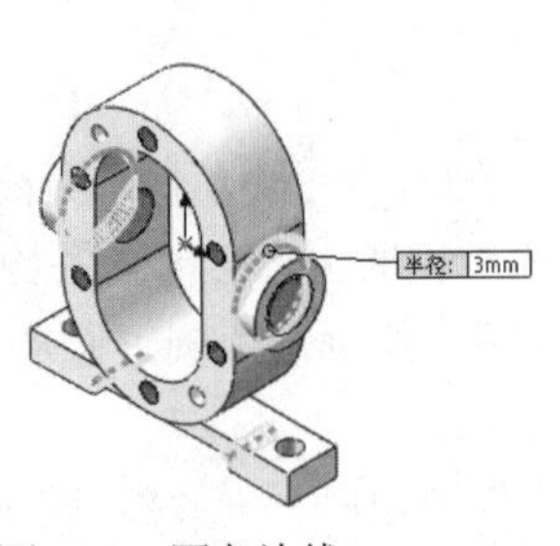

图9-24　圆角边线1

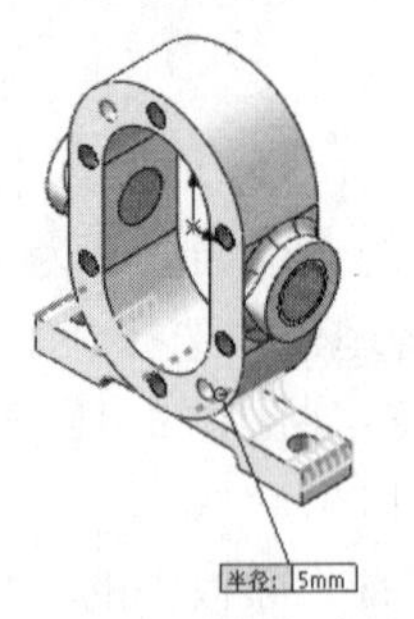

图9-25　圆角边线2

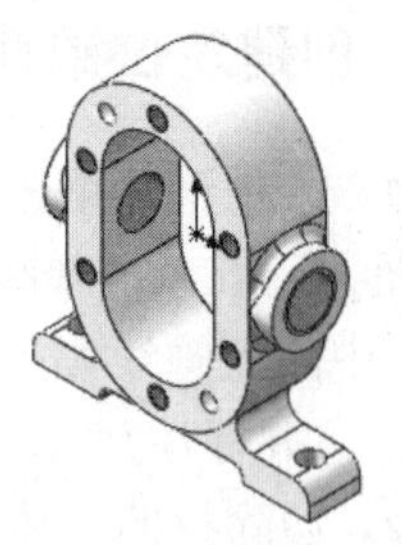

图9-26　创建齿轮泵基座

9.2　托架的创建

下面创建一个托架，其工程图如图9-27所示。

叉架类零件主要起支撑和连接作用。其形状结构按功能的不同常分为3部分：工作部分、安装固定部分和连接部分。托架的创建过程如图9-28所示。

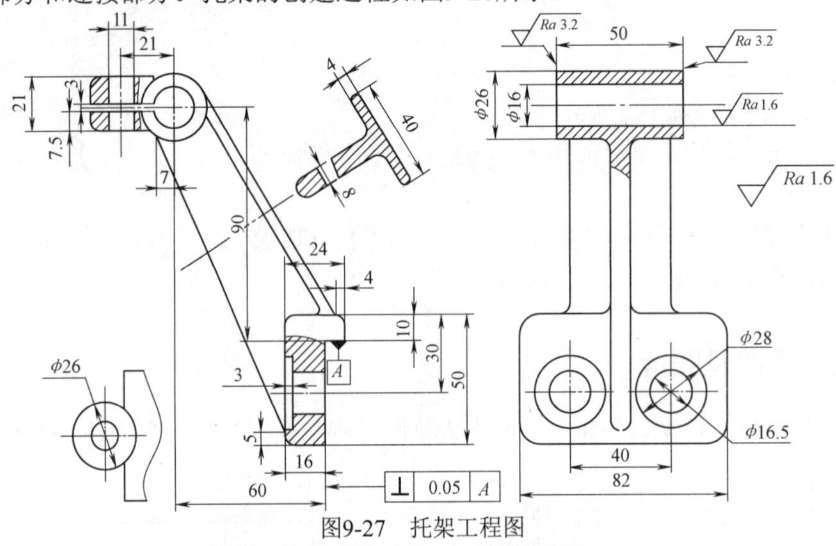

图9-27　托架工程图

视频文件\动画演示\第9章\托架的创建.mp4

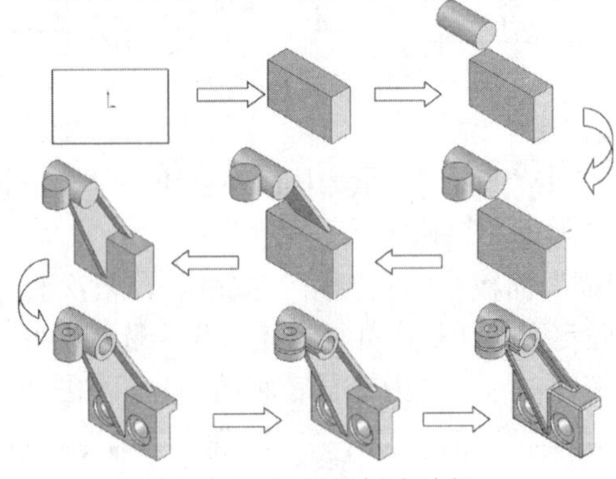

图9-28　托架的创建过程

9.2.1　创建固定部分基体

01 新建文件。启动 SOLIDWORKS 2020，单击标准工具栏中的“新建”按钮，在弹出的“新建 SOLIDWORKS 文件”对话框中选择“零件”按钮，然后单击“确定”按钮，创建一个新的零件文件。

02 进入草图绘制。选择“前视基准面”作为草图绘制平面，单击“草图”面板中的“草图绘制”按钮，进入草图绘制。

03 绘制草图。单击“草图”面板中的“中心矩形”按钮，以坐标原点为中心绘制一矩形。不必追求绝对的中心，只要大致几何关系正确就行。

04 单击“草图”面板中的“智能尺寸”按钮，为绘制的矩形添加几何尺寸和几何关系，如图 9-29 所示。

05 拉伸实体。单击“特征”面板中的“拉伸凸台/基体”按钮，设置拉伸的“终止条件”为“给定深度”，在按钮右侧的文本框中设置拉伸深度为 24mm，具体参数设置如图 9-30 所示。单击“确定”按钮，创建固定部分基体。

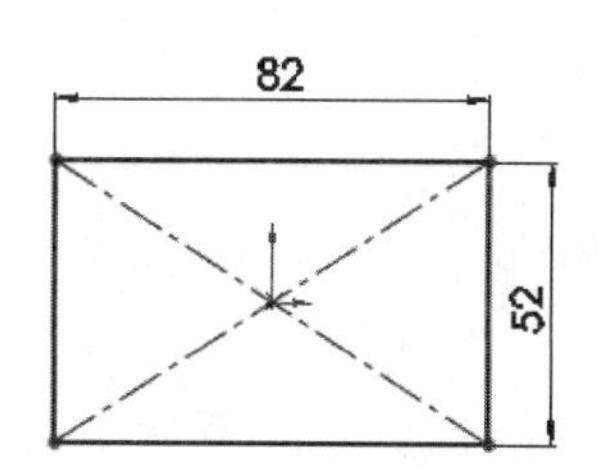

图9-29　添加尺寸和几何关系后的矩形

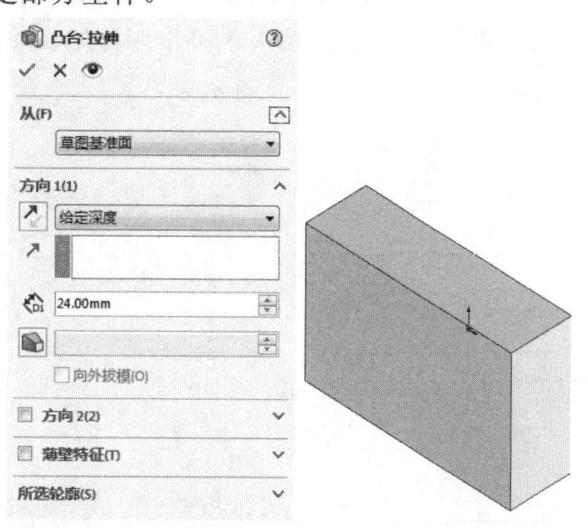

图9-30　设置固定部分基体的拉伸参数及拉伸后的效果

9.2.2　创建工作部分基体

01 选择“右视基准面”作为草图绘制平面，单击“草图”面板中的“草图绘制”按钮，进入草图绘制。

02 绘制圆 1。单击“草图”面板中的“圆形”按钮，绘制一个圆。

03 单击“草图”面板中的“智能尺寸”按钮，为圆标注直径尺寸和定位几何关系，如图 9-31a 所示。

04 拉伸实体。单击“特征”面板中的“拉伸凸台/基体”按钮，设置拉伸的“终止条件”为“两侧对称”，在按钮右侧的文本框中设置拉伸深度为50mm，具体参数设置如图9-31b所示。单击“确定”按钮，拉伸创建实体。

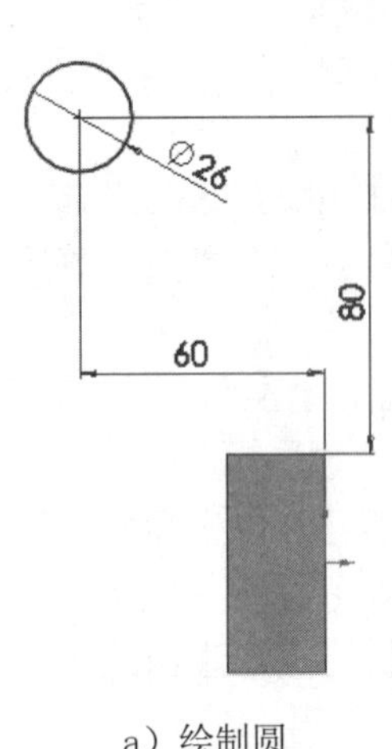

a）绘制圆

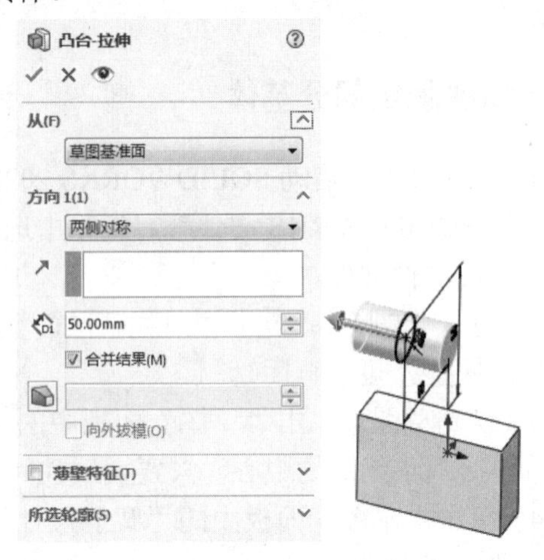

b）设置拉伸参数

图9-31　绘制圆和设置拉伸参数

05 创建基准面。单击“特征”面板中的“基准面”按钮，在特征管理器设计树中选择“上视基准面”作为参考实体；在“偏移距离”按钮右侧的文本框中输入105mm，具体参数设置如图9-32所示。单击“确定”按钮，创建基准面。

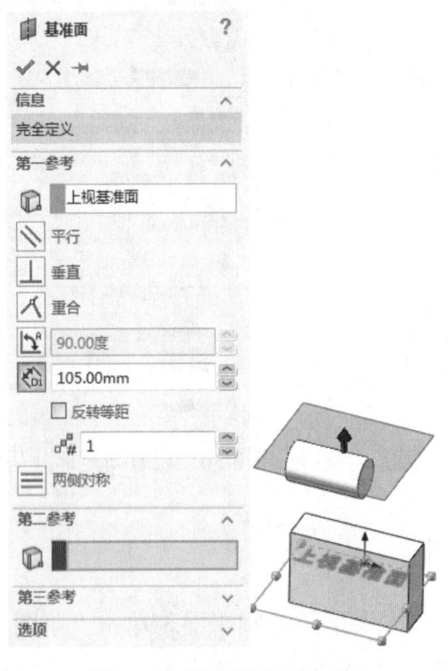

图9-32　设置基准面参数

06 选择创建的“基准面 1”，单击“草图”面板中的“草图绘制”按钮，在其上新建一草图绘制平面。单击前导视图工具栏中的“正视于”按钮，正视于该草图绘制平面。

07 绘制圆 2。单击“草图”面板中的“圆形”按钮，绘制一下圆，使其圆心的 *X* 坐标为0。

08 单击“草图”面板中的“智能尺寸”按钮，标注圆的直径尺寸并对其进行定位。

09 拉伸实体。单击“特征”面板中的“拉伸凸台/基体”按钮，在“方向 1”选项组中设置拉伸的“终止条件”为“给定深度”，在按钮右侧的文本框中设置拉伸深度为12mm；在“方向 2”选项组中设置拉伸的“终止条件”为“给定深度”，在按钮右侧的文本框中设置拉伸深度为9mm，如图9-33所示。单击“确定”按钮，创建工作部分的基体。

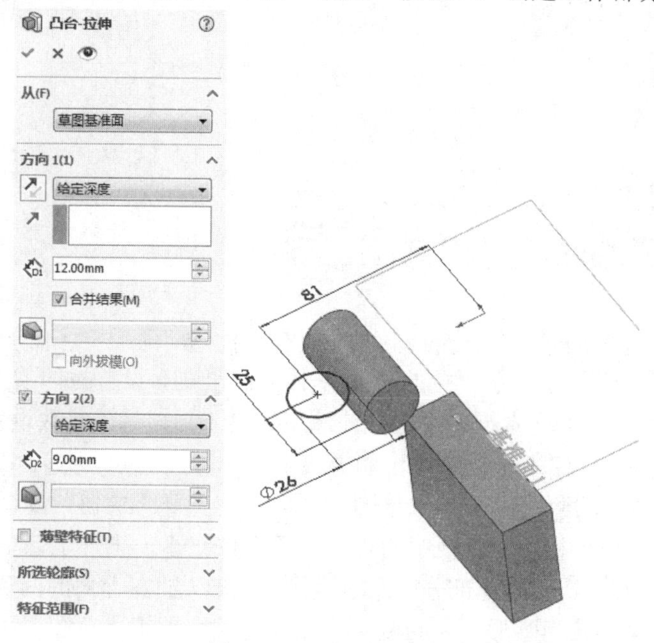

图9-33　设置拉伸参数

9.2.3　创建连接部分基体

01 选择“右视基准面”，单击“草图”面板中的“草图绘制”按钮，在其上新建一草图绘制平面，单击“正视于”按钮，正视于该草图绘制平面。

02 按住Ctrl键，选择固定部分的轮廓（投影形状为矩形）和工作部分中的支撑孔基体（投影形状为圆形），单击“草图”面板中的“转换实体引用”按钮，将该轮廓投影到草图绘制平面上。

03 单击“草图”面板中的“直线”按钮，绘制一条由圆到矩形的直线，直线的一个端点落在矩形直线上。

04 按住Ctrl键，选择所绘直线和轮廓投影圆。在弹出的“属性”属性管理器中单击“相切”按钮，为所选元素添加“相切”几何关系，如图9-34所示。单击“确定”按钮，完成几何关系的添加。

05 单击“草图”面板中的“智能尺寸”按钮，标注落在矩形上的直线端点到坐标原点的距离为4mm。

06 选择所绘直线，单击“草图”面板中的“等距实体”按钮。在“等距实体”属性管理器中设置等距“距离”为6mm，具体参数设置如图9-35所示。单击“确定”按钮✓，完成等距直线的绘制。

07 单击“草图”面板中的“剪裁实体”按钮，剪裁掉多余的部分，完成T形肋中截面为4mm×6 mm的肋板轮廓绘制，如图9-36所示。

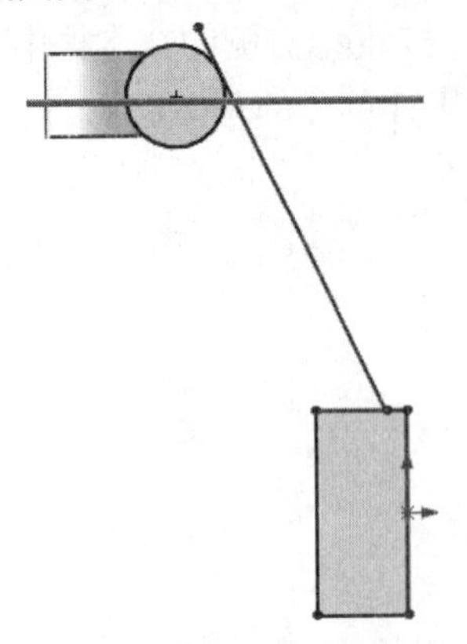
图9-34 添加“相切”几何关系

图9-35 设置等距实体参数

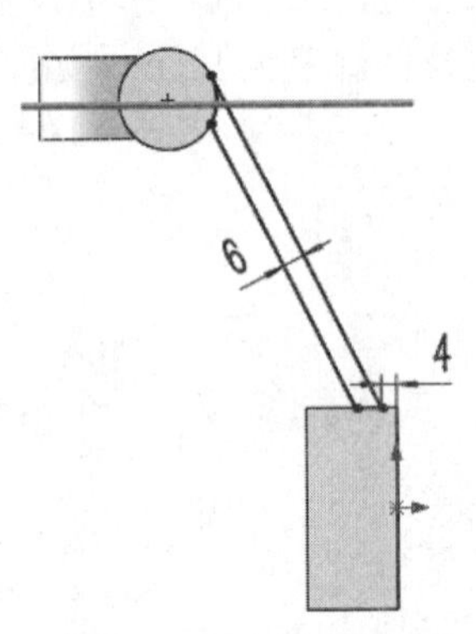

图9-36 绘制肋板轮廓

08 单击“特征”面板中的“拉伸凸台/基体”按钮，设置拉伸的“终止条件”为“两侧对称”；在按钮右侧的文本框中设置拉伸深度为40mm，具体参数设置如图9-37所示。单击“确定”按钮✓，创建T形肋中一个肋板。

09 选择“右视基准面”，单击“草图”面板中的“草图绘制”按钮，在其上新建一草图绘制平面。单击前导视图工具栏中的“正视于”按钮，正视于该草图绘制平面。

10 按住Ctrl键，选择固定部分（投影形状为矩形）的左上角的两条边线及工作部分中的支撑孔基体（投影形状为圆形）和肋板中内侧的边线，单击“草图”面板中的“转换实体引用”按钮，将该轮廓投影到草图绘制平面上。

11 单击“草图”面板中的“直线”按钮，绘制一条由圆到矩形的直线，直线的一个端点落在矩形的左侧边线上，另一个端点落在投影圆上。

12 单击“草图”面板中的“智能尺寸”按钮，为所绘直线标注尺寸以定位，如图9-38所示。

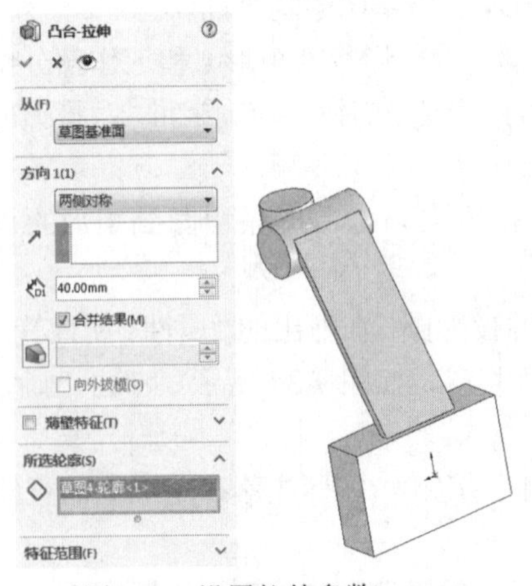

图9-37 设置拉伸参数1

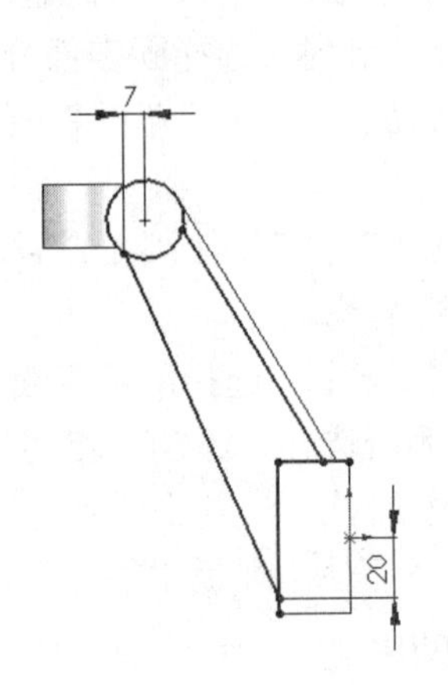

图9-38 定位直线

13 单击“草图”面板中的“剪裁实体”按钮，剪裁掉多余的部分，完成T形肋中另一肋板的绘制。

14 单击“特征”面板中的“拉伸凸台/基体”按钮，设置拉伸的“终止条件”为“两侧对称”，在按钮右侧的文本框中设置拉伸深度为8mm，具体参数设置如图9-39所示。单击“确定”按钮，创建肋板。

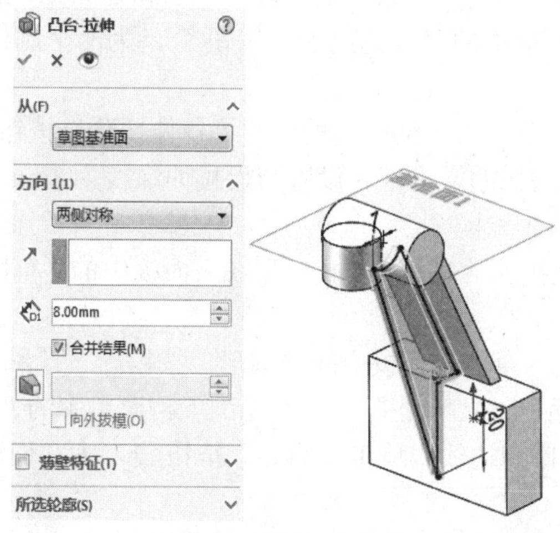

图9-39　设置拉伸参数2

9.2.4　切除固定部分基体

01 选择固定部分基体的侧面，单击“草图”面板中的“草图绘制”按钮，在其上新建一草图绘制平面。

02 单击“草图”面板中的“边角矩形”按钮，绘制一矩形作为切除拉伸的草图轮廓。

03 单击“草图”面板中的“智能尺寸”按钮，标注矩形尺寸并定位几何关系。

04 切除拉伸实体。单击“特征”面板中的“拉伸切除”按钮，选择切除拉伸的“终止条件”为“完全贯穿”，具体参数设置如图9-40所示。单击“确定”按钮，创建固定基体的切除部分。

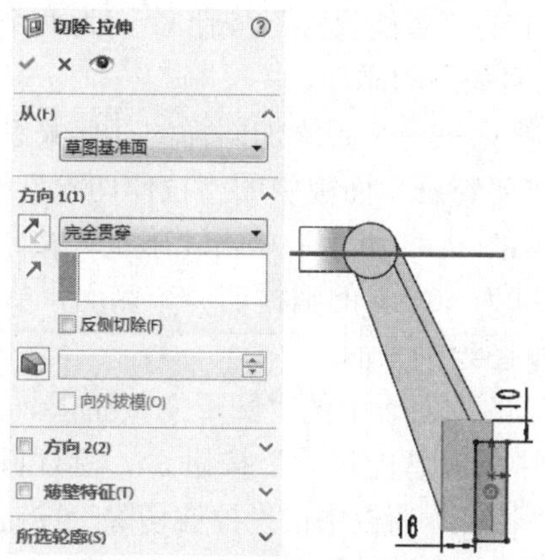

图9-40　设置切除-拉伸参数

9.2.5 创建光孔、沉头孔和圆角

01 选择托架固定部分的正面，单击“草图”面板中的“草图绘制”按钮，在其上新建一草图绘制平面。

02 绘制圆 1。单击“草图”面板中的“圆形”按钮，绘制两个圆。

03 单击“草图”面板中的“智能尺寸”按钮，为两个圆标注尺寸并通过标注尺寸对其进行定位。

04 创建沉头孔 1。单击“特征”面板中的“拉伸切除”按钮，选择 “终止条件”为“给定深度”，在按钮右侧的文本框中设置切除拉伸深度为 3mm，具体参数设置如图 9-41 所示。单击“确定”按钮，创建孔。

05 选择新创建的沉头孔的底面，单击“草图”面板中的“草图绘制”按钮，在其上新建一草图绘制平面。

06 绘制圆 2。单击“草图”面板中的“圆形”按钮，绘制两个圆。

07 单击“草图”面板“显示/删除几何关系”下拉菜单中的“添加几何关系”按钮，在绘图区中选择所绘制的圆和边线，单击“同心”按钮，为它们添加“同心”几何关系，如图 9-42 所示。

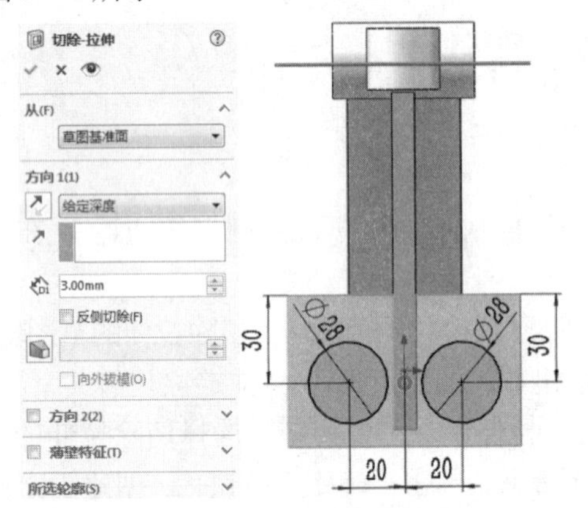

图9-41 设置切除拉伸-参数1

图9-42 添加“同心”几何关系

08 单击“草图”面板中的“智能尺寸”按钮，为两个圆标注直径尺寸为 16.5mm。单击“确定”按钮，完成几何关系的添加。

09 按步骤 **07** 、 **08** 为另一个圆添加同样的几何关系。

10 创建沉头孔 2。单击“特征”面板中的“拉伸切除”按钮，选择“终止条件”为“完全贯穿”，具体参数设置如图 9-43 所示。单击“确定”按钮，完成沉头孔 2 的创建。

11 选择工作部分中高度为 50mm 的圆柱的一个侧面，单击“草图”面板中的“草图绘制”按钮，在其上新建一草图绘制平面。

12 绘制圆 3。单击“草图”面板中的“圆形”按钮，绘制一与圆柱轮廓同心的圆。

13 单击“草图”面板中的“智能尺寸”按钮，标注圆的直径尺寸为 16mm。

14 创建光孔 1。单击“特征”面板中的“拉伸切除”按钮，设置“终止条件”为“完全贯穿”，具体参数设置如图 9-44 所示。单击“确定”按钮，完成光孔 1 的创建。

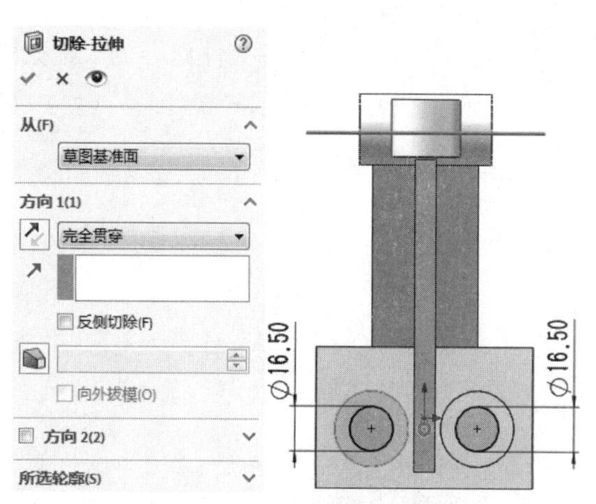

图9-43 设置切除拉伸-参数2

图9-44 设置切除拉伸-参数3

15 选择工作部分的另一个圆柱段的上端面，单击“草图”面板中的“草图绘制” 按钮，在其上新建一草图绘制平面。

16 绘制圆 4。单击“草图”面板中的“圆形”按钮，绘制一个与圆柱轮廓同心的圆。

17 单击“草图”面板中的“智能尺寸”按钮，标注圆的直径尺寸为 11mm。

18 创建光孔 2。单击“特征”面板中的“拉伸切除”按钮，设置“终止条件”为“完全贯穿”，具体参数设置如图 9-45 所示。单击“确定”按钮，完成光孔 2 的创建。

19 选择“基准面 1”， 单击“草图”面板中的“草图绘制”按钮，在其上新建一草图绘制平面。

20 单击“草图”面板中的“边角矩形”按钮，绘制一矩形，覆盖特定区域，如图 9-46 所示。

21 创建间隙。单击“特征”面板中的“拉伸切除”按钮，设置“终止条件”为“两侧对称”，在按钮右侧的文本框中设置切除拉伸深度为 3mm，具体参数设置如图 9-46 所示，单击“确定”按钮，完成夹紧用间隙的创建。

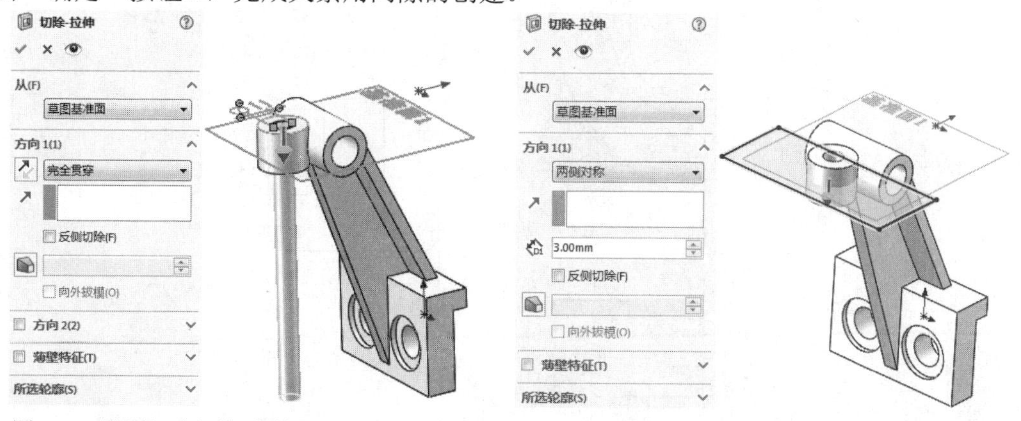

图9-45 设置切除拉伸-参数4

图9-46 绘制矩形并设置切除拉伸-参数

22 圆角。单击“特征”面板中的“圆角”按钮，弹出“圆角”属性管理器。在绘图区中选择所有非机械加工边线，即图示的边线；在按钮右侧的文本框中设置圆角半径 2mm；

具体参数设置如图 9-47 所示。单击“确定”按钮✔，完成铸造圆角的创建。

(23) 保存文件。选择菜单栏中的“文件”→“保存”命令，将零件文件保存为“托架”。最后创建的托架如图9-48所示。

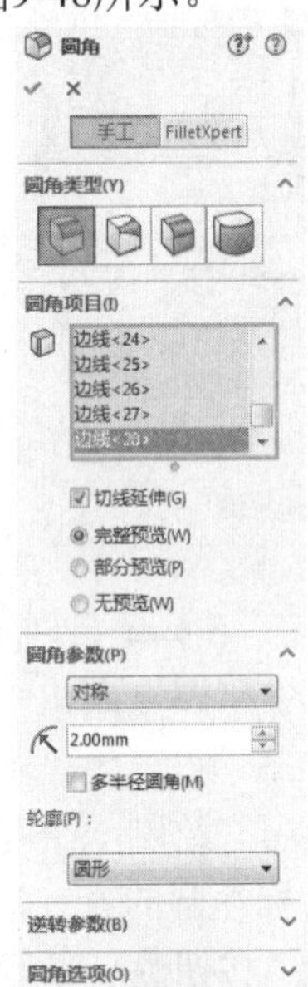

图9-47　设置圆角参数

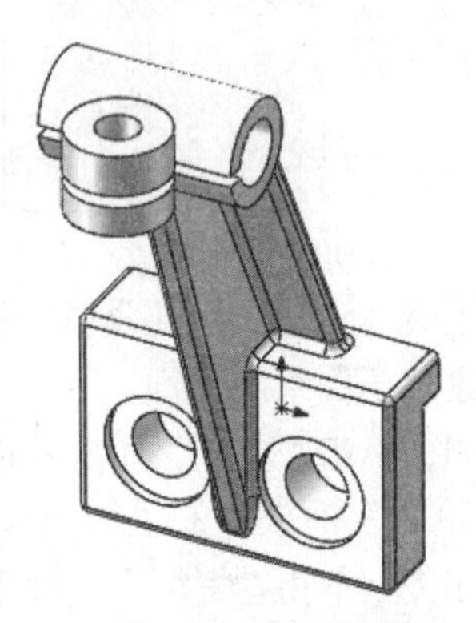

图9-48　创建的托架

9.3　踏脚座的创建

下面创建一个踏脚座，其工程图如图9-49所示。

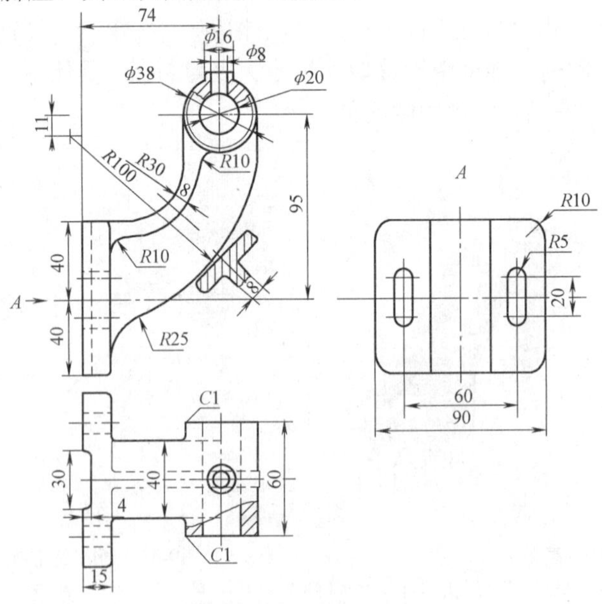

图9-49　踏脚座的工程图

创建时，首先绘制踏脚座底座草图，并通过拉伸命令生成底座；然后仍然利用绘制草图以及拉伸草图的方式创建工作部分以及连接部分；最后利用圆角、倒角、镜像等命令完善模型，最终完成踏脚座创建。脚踏座的创建过程如图9-50所示。

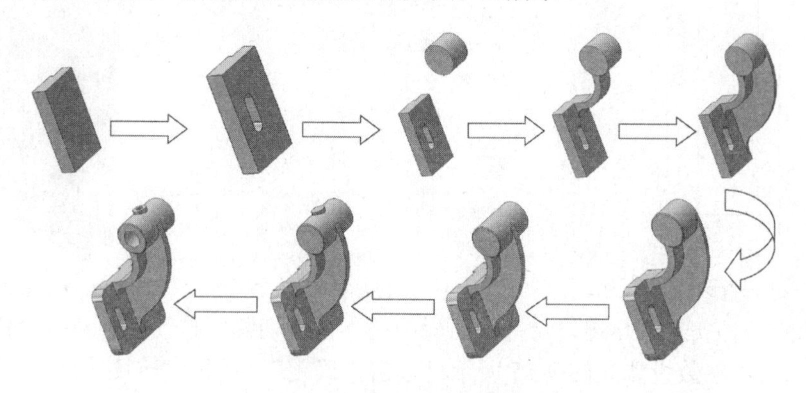

图9-50　踏脚座的创建过程

视频文件\动画演示\第9章\踏脚座.mp4

创建步骤

9.3.1　创建脚踏座底座

01 新建文件。启动 SOLIDWORKS 2020，单击标准工具栏中的“新建”按钮，在弹出的“新建 SOLIDWORKS 文件”对话框中选择“零件”按钮，然后单击“确定”按钮，创建一个新的零件文件。

02 绘制草图 1。在特征管理器设计树中选择“上视基准面”作为草图绘制平面。单击“草图”面板中的“草图绘制”按钮，进入草图绘制。单击“草图”面板中的“边角矩形”按钮、“直线”按钮，绘制草图；单击“草图”面板中的“智能尺寸”按钮，为所绘制矩形添加几何尺寸和几何关系；单击“裁剪”按钮，裁剪多余边线，如图 9-51 所示。

03 拉伸实体。单击“特征”面板中的“拉伸凸台/基体”按钮，系统弹出“凸台-拉伸”属性管理器。在“方向 1”中设置拉伸的“终止条件”为“两侧对称”，在按钮右侧的文本框中设置拉伸深度为 80mm 具体参数设置如图 9-52 所示。单击“确定”按钮，进行双向拉伸，如图 9-53 所示。

04 创建草图绘制平面。选择刚才创建的实体侧面，然后单击前导视图工具栏中的“正视于”按钮，将该表面作为草图绘制平面。

05 绘制草图 2。单击“草图”面板中的“边角矩形”按钮，绘制一个矩形；单击“草图”面板中的“直槽口”按钮，绘制草图 2。

06 标注尺寸。单击“草图”面板中的“智能尺寸”按钮，为所绘制草图添加几何尺寸和几何关系，如图 9-54 所示。

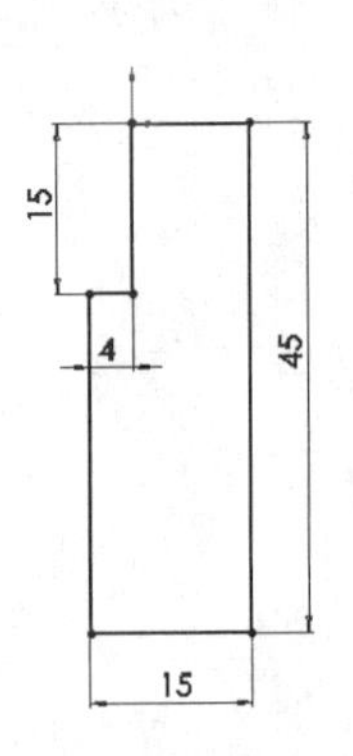

图9-51　绘制草图1

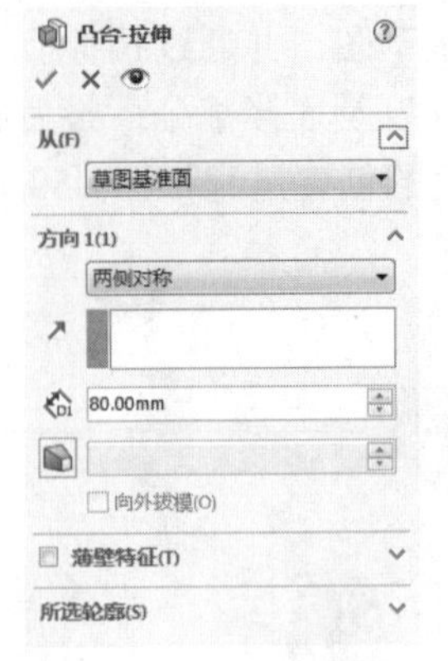

图9-52　设置拉伸参数

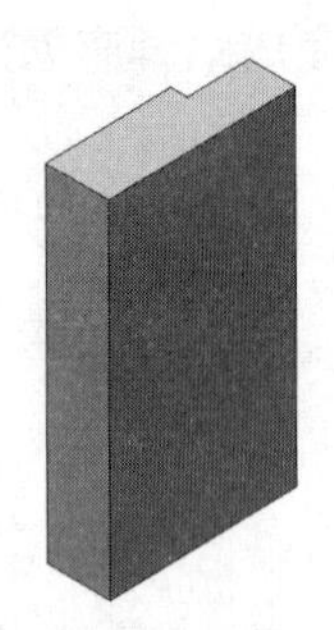

图9-53　双向拉伸实体

07 切除拉伸实体。单击“特征”面板中的“拉伸切除”按钮，选择“终止条件”为“完全贯穿”具体参数设置如图 9-55 所示。单击“确定”按钮，创建切除拉伸-特征。

9.3.2　创建工作部分基体

01 选择”前视基准面”作为草图绘制平面，单击“草图”面板中的“草图绘制”按钮，进入草图绘制。

02 绘制圆。单击“草图”面板中的“圆形”按钮，绘制一个圆。

03 单击“草图”面板中的“智能尺寸”按钮，为圆标注直径尺寸和定位几何关系，如图 9-56 所示。

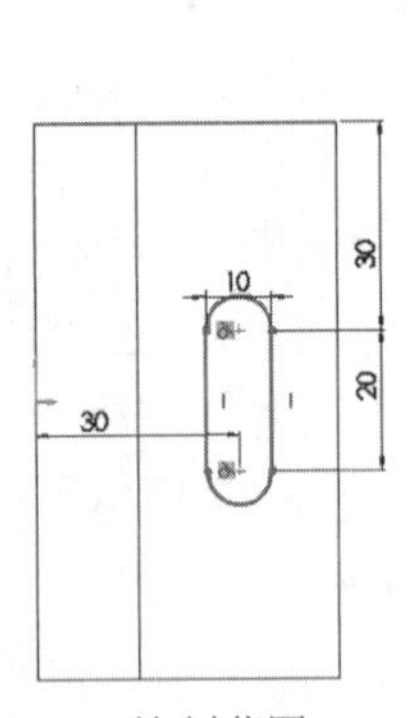

图9-54　绘制草图2

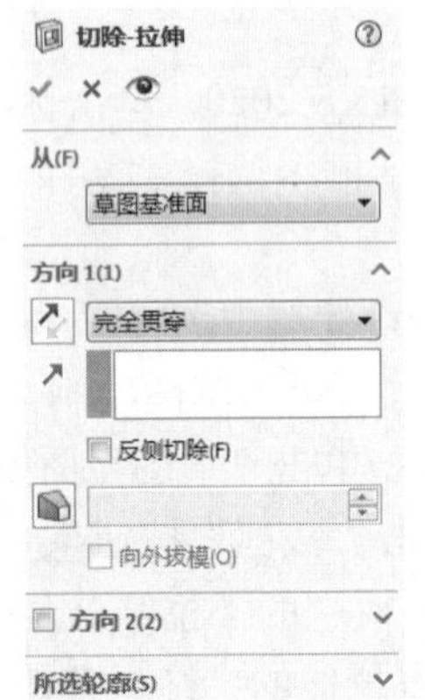

图9-55　设置切除-拉伸参数

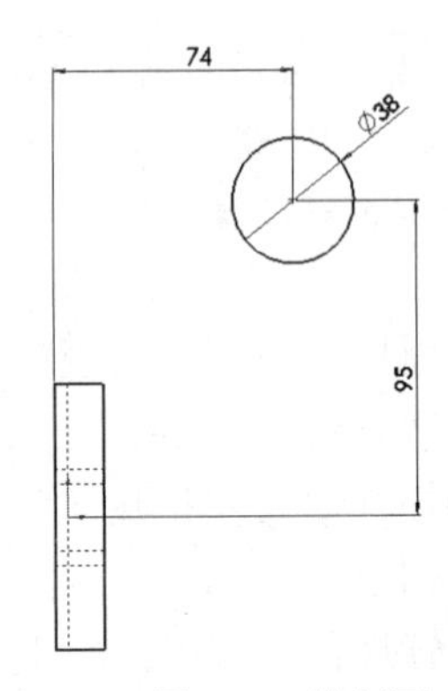

图9-56　绘制圆

04 拉伸实体。单击“特征”面板中的“拉伸凸台/基体”按钮，设置拉伸的“终止条件”为“给定深度”，在按钮右侧的文本框中设置拉伸深度为 30mm，单击“确定”按钮，拉伸实体，如图 9-57 所示。

9.3.3　创建连接部分

01 选择“前视基准面”作为草图绘制平面，单击“草图”面板中的“草图绘制”按钮

![]，进入草图绘制。

02 绘制草图 1。利用草图绘制工具绘制图 9-58 所示的封闭草图（单击“草图”面板中的“等距实体”按钮![]，绘制尺寸为 8mm 的圆弧线。在绘图过程中可充分利用圆角工具，减少不必要的剪切以提高绘图效率）。

03 单击“草图”面板中的“智能尺寸”按钮![]，为其标注尺寸和定位几何关系，如图 9-58 所示。

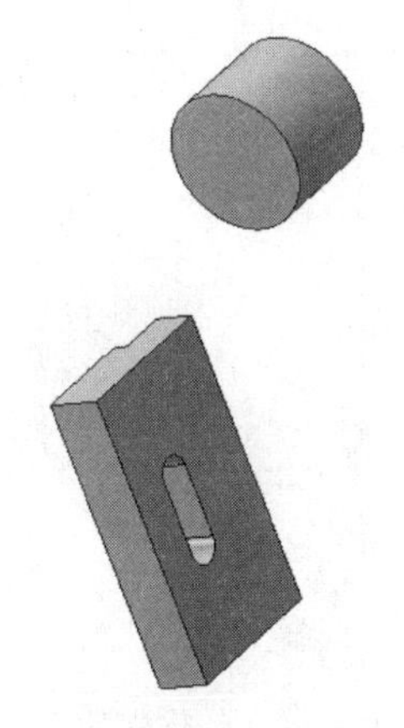

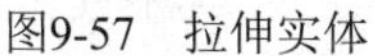

图9-57　拉伸实体

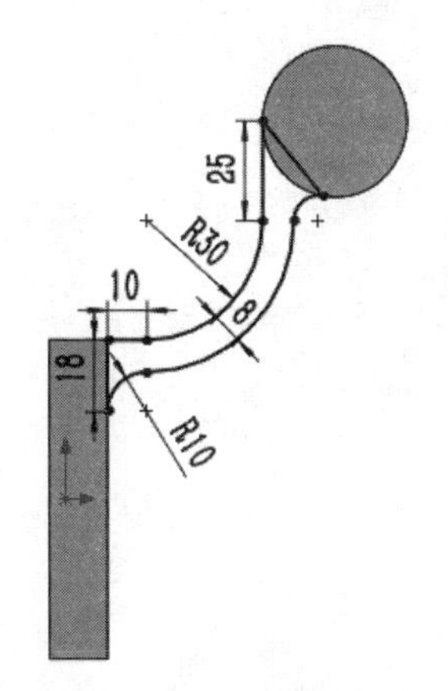

图9-58　绘制草图1

04 拉伸实体 1。单击“特征”面板中的“拉伸凸台/基体”按钮![]，设置拉伸的“终止条件”为“给定深度”，在按钮![]右侧的文本框中设置拉伸深度为 20mm，具体参数设置如图 9-59 所示。单击“确定”按钮![]，拉伸实体 1，如图 9-60 所示。

05 选择“前视基准面”作为草图绘制平面，单击“草图”面板中的“草图绘制”按钮![]，进入草图绘制。

06 绘制草图2。利用草图绘制工具绘制图9-61所示的封闭草图。

图9-59　设置拉伸参数1

图9-60　拉伸实体1

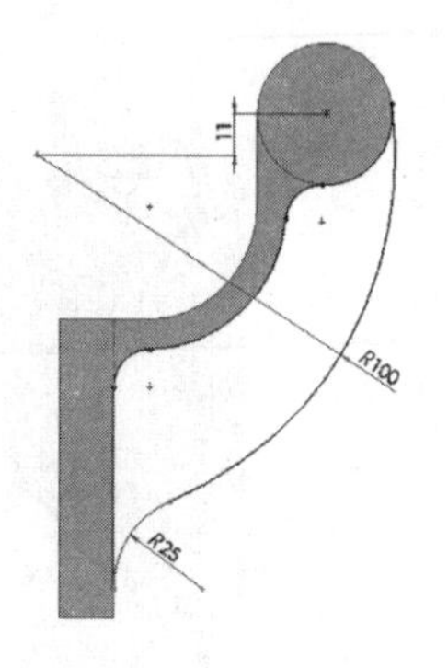

图9-61　绘制草图2

07 单击“草图”面板中的“智能尺寸”按钮，为圆标注直径尺寸和定位几何关系，如图 9-61 所示。

08 拉伸实体 2。单击“特征”面板中的“拉伸凸台/基体”按钮，设置拉伸的“终止条件”为“给定深度”，在按钮右侧的文本框中设置拉伸深度为 4mm，具体参数设置如图 9-62 所示。单击“确定”按钮，拉伸实体 2，如图 9-63 所示。

图9-62　设置拉伸参数2

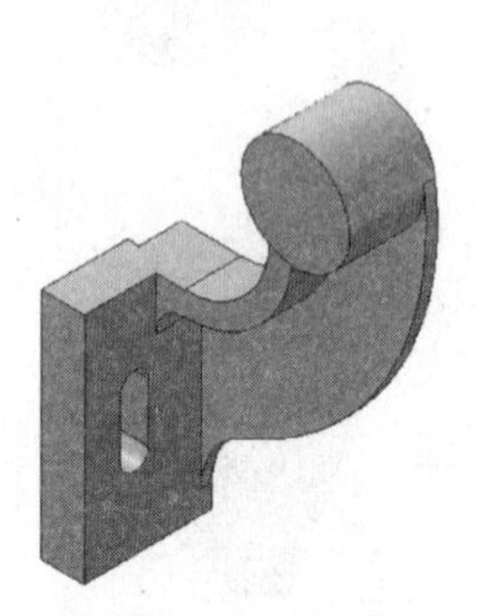

图9-63　拉伸实体2

9.3.4　创建圆角、倒角

01 圆角。单击“特征”面板中的“圆角”按钮，弹出“圆角”属性管理器。在绘图区中选择图 9-64 所示的圆角边线；在按钮右侧的文本框中设置圆角半径为 10mm；具体参数设置如图 9-65 所示。单击“确定”按钮，完成底座部分圆角的创建。

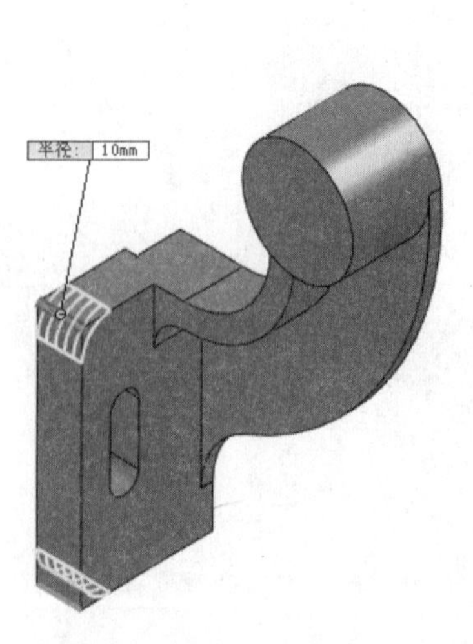

图9-64　选择圆角边线

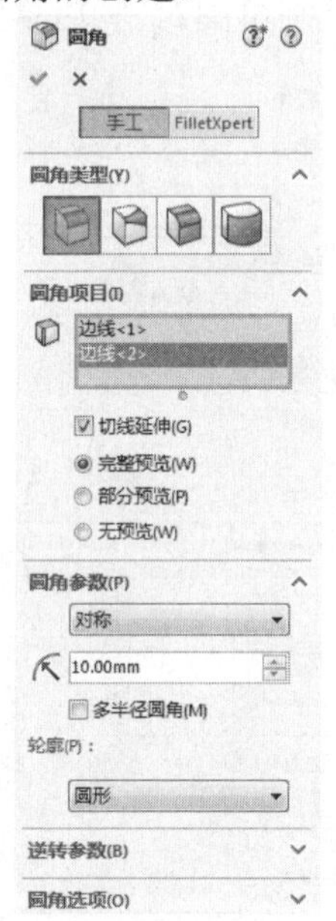

图9-65　设置圆角参数

02 倒角。单击“特征”面板中的“倒角”按钮，弹出“倒角”属性管理器。在绘图区中选择图 9-66 所示的倒角边线；在按钮右侧的文本框中设置倒角距离为 1mm；具体参数设置如图 9-67 所示。单击“确定”按钮，完成工作部分倒角的创建。

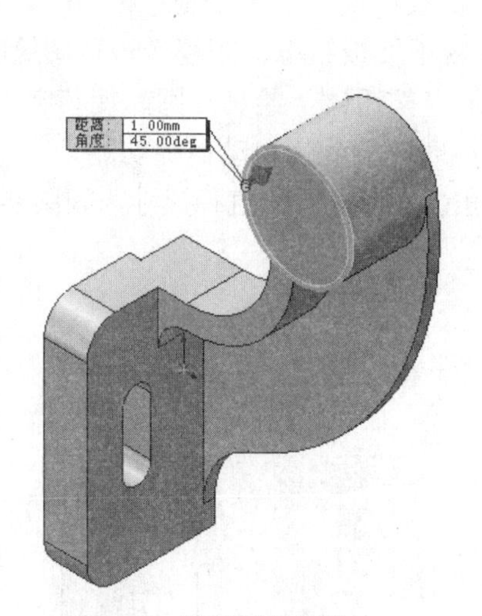

图9-66　选择倒角边线

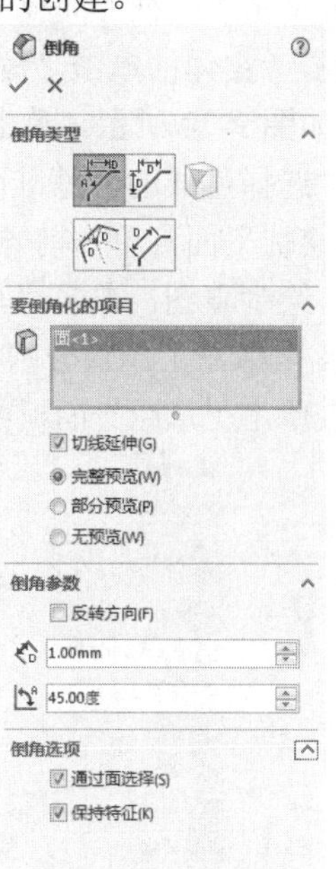

图9-67　设置倒角参数

9.3.5 镜像实体

单击“特征”面板中的“镜像”按钮，系统弹出“镜像”属性管理器。在“镜像面/基准面”选择框中选择“前视基准面”作为镜像面；在“要镜像的特征”选择框中，选择前面步骤创建的所有特征，具体参数设置如图 9-68 所示。单击“确定”按钮，镜像后的实体如图 9-69 所示。

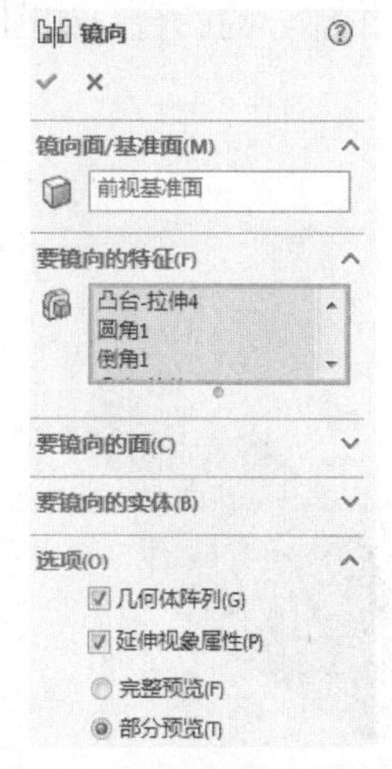

图9-68　设置镜像参数

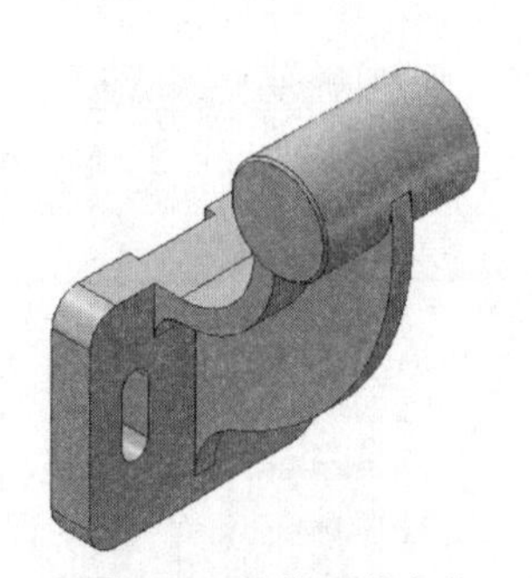

图9-69　镜像后的实体

9.3.6 创建工作部分凸台

01 单击“特征”面板中的“基准面”按钮，在特征管理器设计树中选择“上视基准面”作为参考实体；单击“偏移距离”按钮，在右侧的文本框中设置距离为 95mm，具体参数设置如图 9-70 所示。单击“确定”按钮✔，创建基准面。

02 选择生成的“基准面 1”，单击“草图”面板中的“草图绘制”按钮，在其上新建一草图绘制平面。单击前导视图工具栏中的“正视于”按钮，正视于该草图绘制平面。

03 绘制草图。单击“草图”面板中的“圆形”按钮，绘制一圆，使其圆心的 Y 坐标为 0，X 坐标与工作部分圆柱的中心线重合（绘图时充分利用自动捕捉功能）。

04 单击“草图”面板中的“智能尺寸”按钮，标注圆的直径尺寸，如图 9-71 所示。

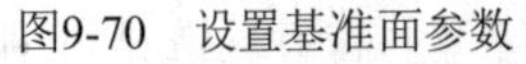
图9-70　设置基准面参数

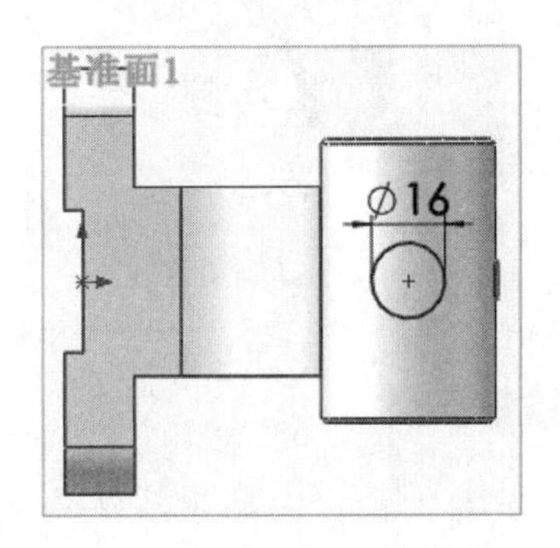

图9-71　绘制圆

05 拉伸实体。单击“特征”面板中的“拉伸凸台/基体”按钮，在“方向 1”选项组中设置拉伸的“终止条件”为“给定深度”，在按钮右侧的文本框中设置拉伸深度为 22mm，具体参数设置如图 9-72 所示。单击“确定”按钮✔，创建工作部分的凸台，如图 9-73 所示。

图9-72　设置两方向上的拉伸参数

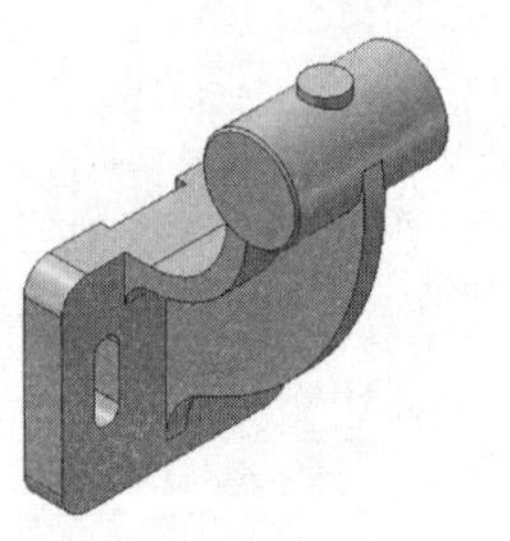

图9-73　创建工作部分凸台

9.3.7 创建安装轴孔

01 绘制工作部分切除草图。选择踏脚座工作部分圆柱的一端面作为草图绘制平面，然后单击前导视图工具栏中的“正视于”按钮，将该表面作为草图绘制平面。单击“草图”面板中的“圆形”按钮，绘制一个圆，标注圆的直径为20mm，如图9-74所示。

02 切除拉伸实体。单击“特征”面板中的“拉伸切除”按钮，系统弹出“切除-拉伸”属性管理器。选择“终止条件”为“完全贯穿”，然后单击“确定”按钮，如图9-75所示。

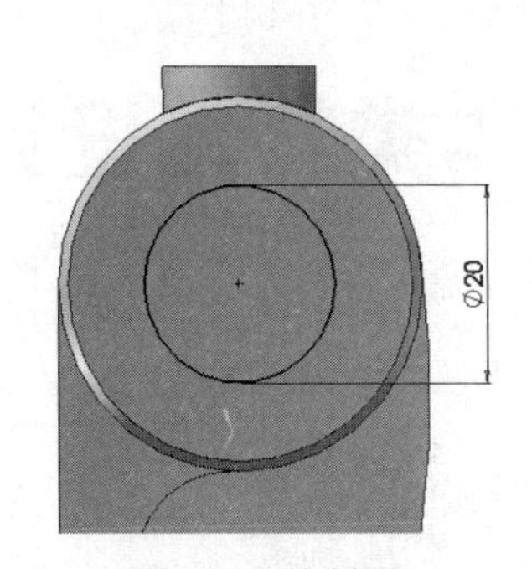

图9-74　绘制圆

图9-75　切除拉伸实体

03 采用相同的办法创建工作部分凸台的切除孔。设置孔的直径为8，切除-拉伸深度为22mm。具体参数设置如图9-76所示。单击“确定”按钮，完成脚踏座的创建，如图9-77所示。

图9-76　设置-切除拉伸参数

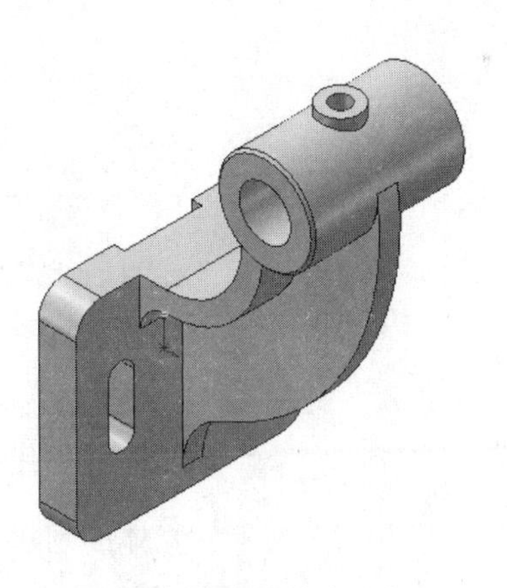

图9-77　创建完成的脚踏座

第10章 箱体类零件设计

箱体类零件是机械设计中常见的一类零件，它一方面作为轴系零部件的载体，如用来支承轴承、安装密封端盖等；同时，箱体也是传动件的润滑装置——下箱体的容腔可以加注润滑油，用以润滑齿轮等传动件。

箱体类零件的内外形均较复杂，主要结构是由均匀的薄壁围成不同形状的空腔，空腔壁上还有多方向的孔，以达到容纳和支承的作用。另外，具有加强肋、凸台、凹坑、铸造圆角、拔模斜度等常见结构。

- 阀体的创建
- 壳体的创建

10.1　阀体的创建

减速器箱体、泵体、阀座等属于这类零件，大多为铸件，一般起支承、容纳、定位和密封等作用，内外形状较为复杂。本例为阀体的创建，图10-1所示为阀体的工程图。

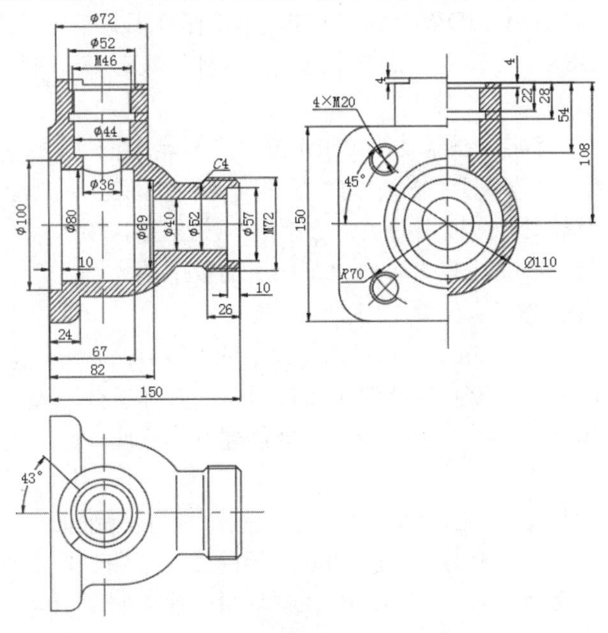

图10-1　阀体的工程图

创建时，首先利用拉伸和旋转命令来创建基座主体轮廓；然后绘制内腔草图，通过切除拉伸实体和切除旋转实体创建内腔；最后通过切除扫描的方式来创建安装用螺纹和螺纹孔。阀体的创建过程如图10-2所示。

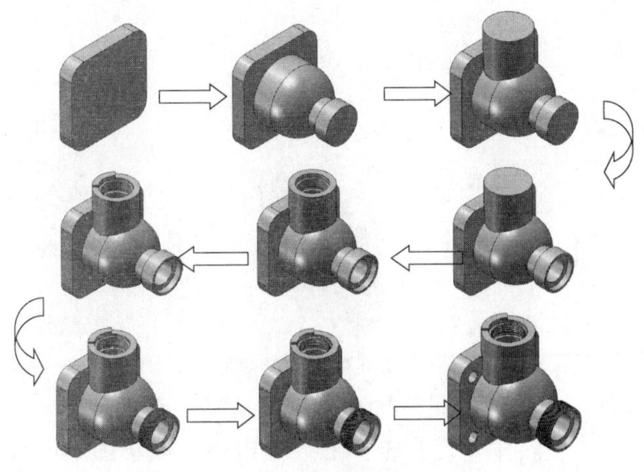

图10-2　阀体的创建过程

视频文件视频文件\动画演示\第10章\阀体的创建.mp4

创建步骤

10.1.1 创建主体部分

01 新建文件。启动 SOLIDWORKS 2020，单击标准工具栏中的“新建”按钮，在弹出的“新建 SOLIDWORKS 文件”对话框中选择“零件”按钮，单击“确定”按钮，创建一个新的零件文件。

02 绘制矩形。在特征管理器设计树中选择“右视基准面”作为草图绘制平面。单击“草图”面板中的“草图绘制”按钮，进入草图绘制。单击“草图”面板中的“中心矩形”按钮，绘制一个矩形，使矩形的中心在原点。单击“草图”面板中的“圆角”按钮，绘制矩形的圆角，如图 10-3 所示。

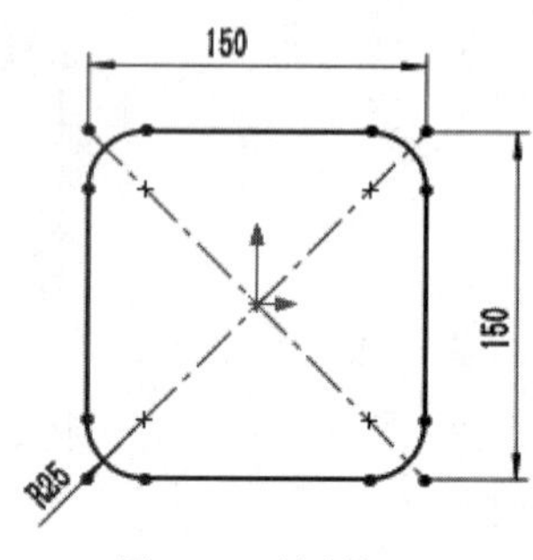

图10-3 绘制矩形

03 拉伸实体创建底座。单击“特征”面板中的“拉伸凸台/基体”按钮，系统弹出“凸台-拉伸”属性管理器。具体参数设置如图 10-4 所示。单击“确定”按钮，拉伸创建阀体底座，如图 10-5 所示。

04 绘制旋转草图。在特征管理器设计树中选择“前视基准面”作为草图绘制平面，然后利用草图绘制工具绘制一条中心线及图 10-6 所示的旋转草图。单击“草图”面板中的“智能尺寸”按钮，对草图进行尺寸标注，并调整草图尺寸，如图 10-6 所示。

图10-4 设置拉伸参数

图10-5 拉伸创建阀体底座

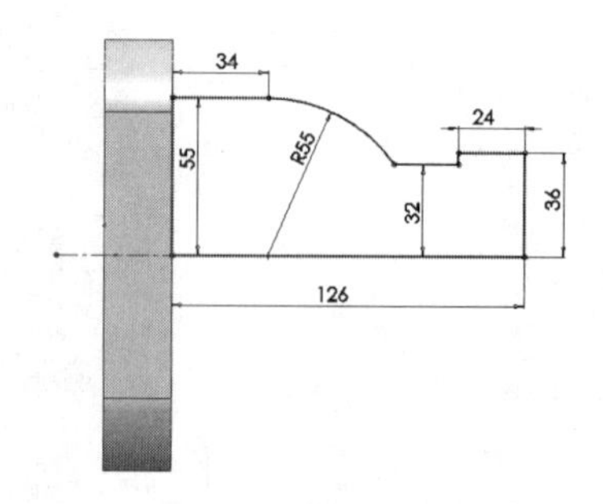

图10-6 绘制旋转草图

05 旋转创建实体。单击“特征”面板中的“旋转凸台/基体”按钮，系统弹出“旋转”属性管理器、单击“旋转轴”选择框，然后单击以拾取草图中心线；设置“旋转类型”为“给定深度”，旋转“角度”为 360 度，如图 10-7 所示。单击“确定”按钮。如图 10-8 所示。

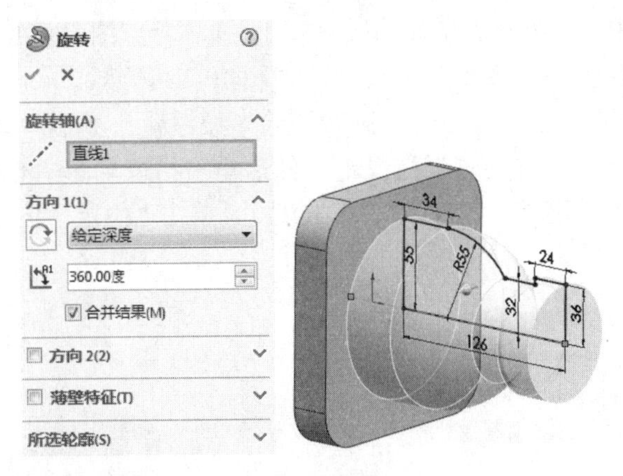

图10-7　“旋转”属性管理器

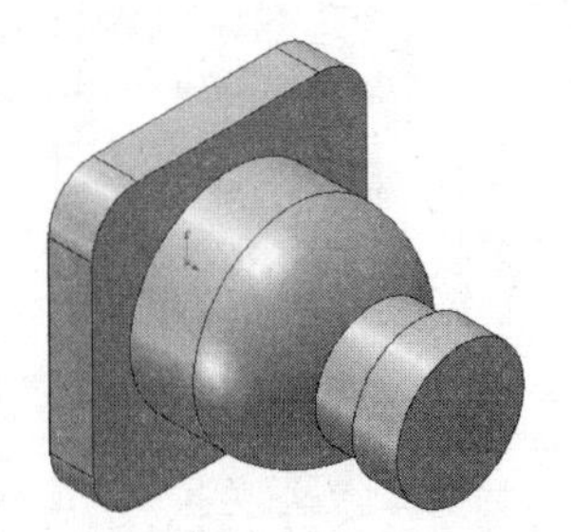

图10-8　旋转创建实体

10.1.2　创建实体凸台

01 绘制圆。在特征管理器设计树中选择“上视基准面”作为草图绘制平面，然后单击“草图”面板中的“圆形”按钮，绘制一个 Y 轴为 0 的圆。单击“草图”面板中的“智能尺寸”按钮，标注圆的直径及距圆点的距离，如图 10-9 所示。

02 拉伸实体。单击“特征”面板中的“拉伸凸台/基体”按钮，系统弹出“凸台-拉伸”属性管理器。在“方向 1”中设置拉伸的“终止条件”为“给定深度”，在按钮右侧的文本框中设置拉伸深度为 112mm，具体参数设置如图 10-10 所示。单击“确定”按钮，进行拉伸操作，如图 10-11 所示。

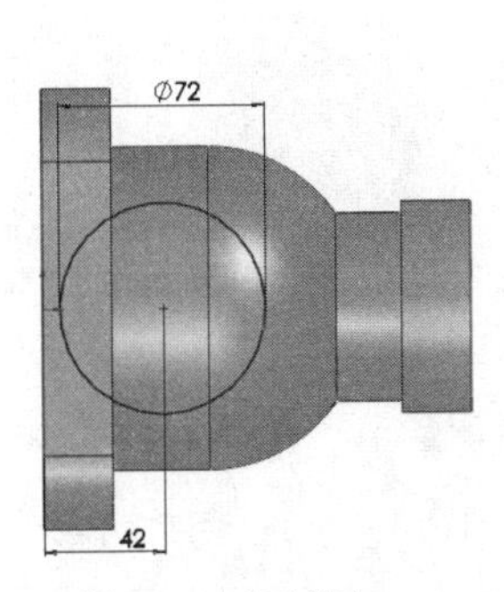

图10-9　绘制圆

图10-10　设置拉伸参数

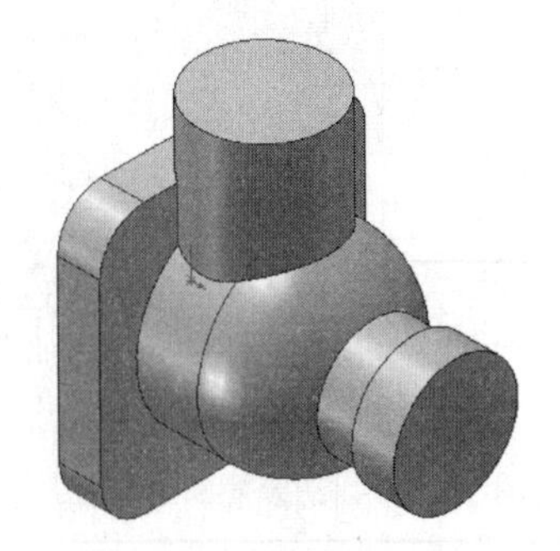

图10-11　拉伸实体

10.1.3　创建阀体内孔

01 绘制草图 1。在特征管理器设计树中选择“上视基准面”作为草图绘制平面，然后利用草图绘制工具绘制一条中心线及图 10-12 所示的切除旋转草图 1。单击“草图”面板中的“智能尺寸”按钮，对草图进行尺寸标注，并调整草图尺寸，如图 10-12 所示。

02 切除旋转创建实体 1。单击“特征”面板中的“旋转切除”按钮，弹出“切除-旋转”属性管理器，如图 10-13 所示。单击“旋转轴”选择框，然后单击拾取草图中心线；设置切除旋转“类型”为“给定深度”，切除旋转“角度”为 360 度，单击“确定”按钮，如图 10-14 所示。

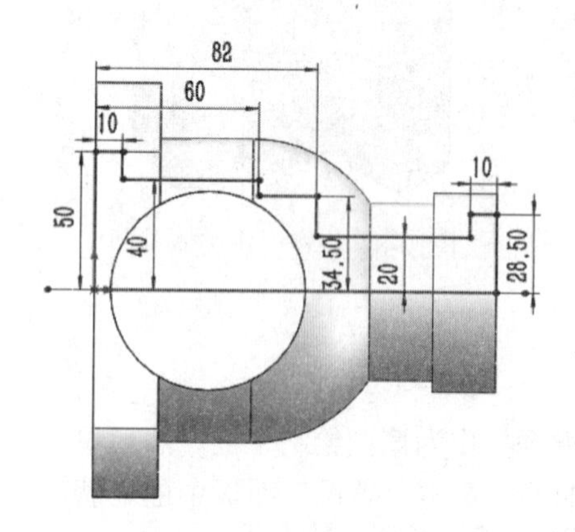

图10-12　绘制切除旋转草图1

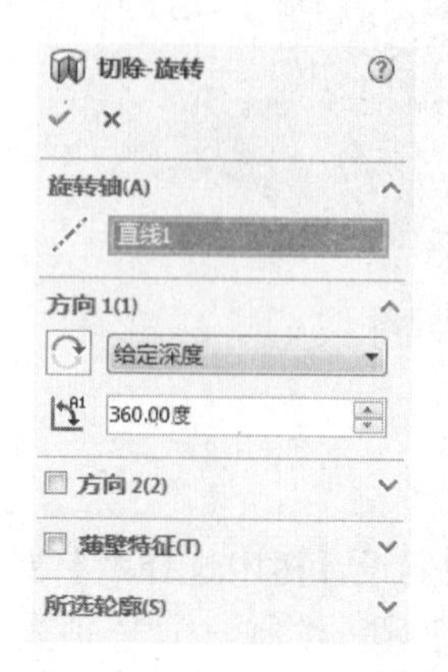

图10-13　“切除-旋转”属性管理器

图10-14　切除旋转创建实体1

03 绘制草图 2。在特征管理器设计树中选择“前视基准面”作为草图绘制平面，然后利用草图绘制工具绘制一条中心线及图 10-15 所示的切除旋转草图 2。单击“草图”面板中的“智能尺寸”按钮，对草图进行尺寸标注，并调整草图尺寸，如图 10-15 所示。

04 切除旋转创建实体 2。单击“特征”面板中的“旋转切除”按钮，系统弹出“切除-旋转”属性管理器。单击“旋转轴”选择框，然后单击拾取草图中心线；设置切除旋转“类型”为“给定深度”，切除旋转“角度”为 360 度，如图 10-16 所示。单击“确定”按钮，如图 10-17 所示。

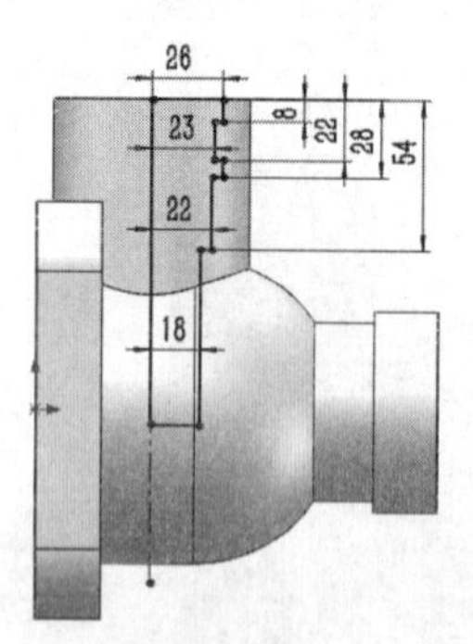

图10-15　绘制切除旋转草图2

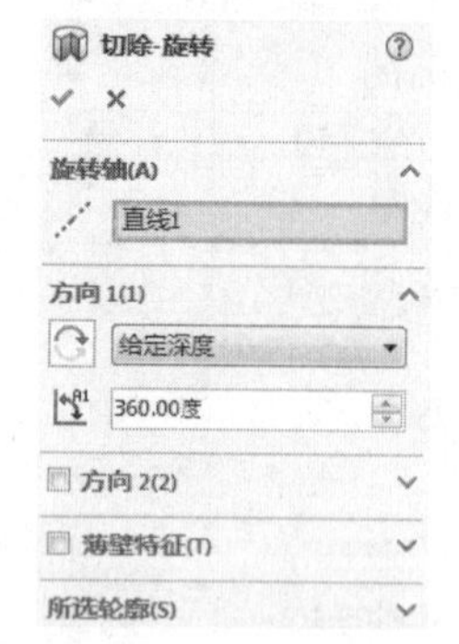

图10-16　设置切除旋转参数

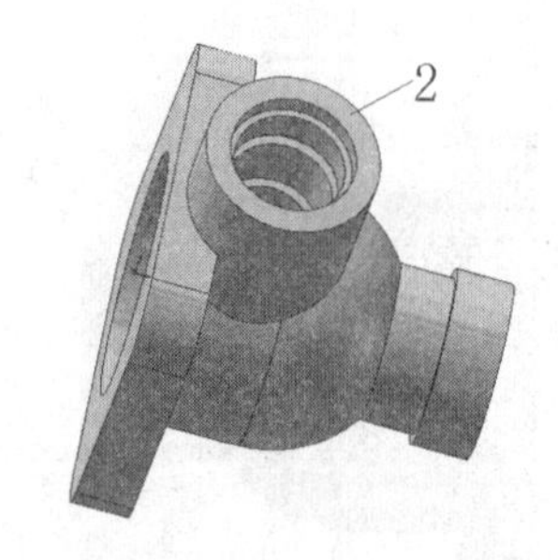

图10-17　切除旋转实体2

05 创建凸台切除。

❶选择图 10-17 中凸台拉伸实体的上端面，将其作为草图绘制平面。单击“草图”面板中的“转换实体引用”按钮，将内外圆边线转换为草图实体。

❷单击“草图”面板中的“中心线”按钮和“直线”按钮，绘制三条过圆心的直线。单击“草图”面板中的“剪裁实体”按钮，将草图中的多余线条裁剪掉，并标注角度，如

图 10-18 所示。

❸切除拉伸实体。单击“特征”面板中的“拉伸切除”按钮，设置切除拉伸“深度”为 4mm，然后单击“确定”按钮，如图 10-19 所示。

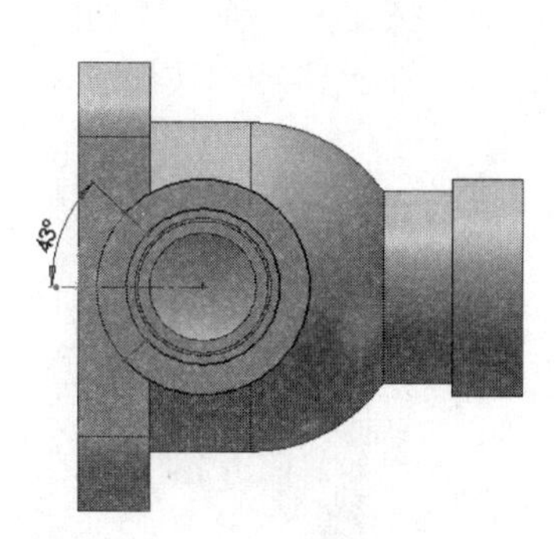

图10-18 剪裁草图

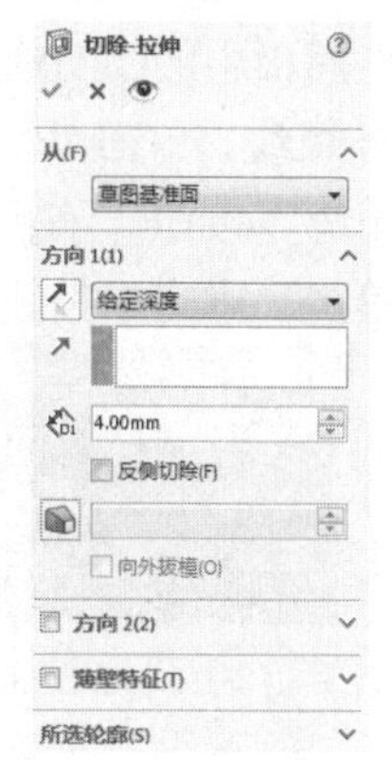

图10-19 设置切除-拉伸参数

10.1.4 创建螺纹

01 创建外螺纹。

❶选择图 10-14 中的表面 1，然后单击前导视图工具栏中的“正视于”按钮，将该表面作为草图绘制平面。激活“转换实体引用”按钮，单击此按钮，将表面 1 的外边线转换为草图实体。

❷单击“特征”面板中的“螺旋线/涡状线”按钮，弹出“螺旋线/涡状线”属性管理器，如图 10-20 所示。选择“定义方式”为“高度和螺距”，设置“高度”为 34mm，“螺距”为 3mm，选择“反向”，设置“起始角度”为 0 度，选择“顺时针”；单击“确定”按钮。创建螺旋线，如图 10-21 所示。

图10-20 “螺旋线/涡状线”属性管理器

图10-21 创建螺旋线

❸创建草图绘制平面。在特征管理器设计树中选择“上视基准面”作为草图绘制平面，然后单击前导视图工具栏中的“正视于”按钮，将该表面作为草图绘制平面。

❹绘制螺纹牙型。单击前导视图工具栏中的“局部放大”按钮，将绘图区局部放大。单击“草图”面板中的“直线”按钮，绘制螺纹牙型，如图 10-22 所示。

❺创建外螺纹。单击“特征”面板中的“扫描切除”按钮，弹出“切除-扫描”属性管理器。在“轮廓”按钮右侧选择绘图区中的螺纹牙型；在“路径”按钮右侧选择螺旋线作为路径。单击“确定”按钮，如图 10-23 所示。

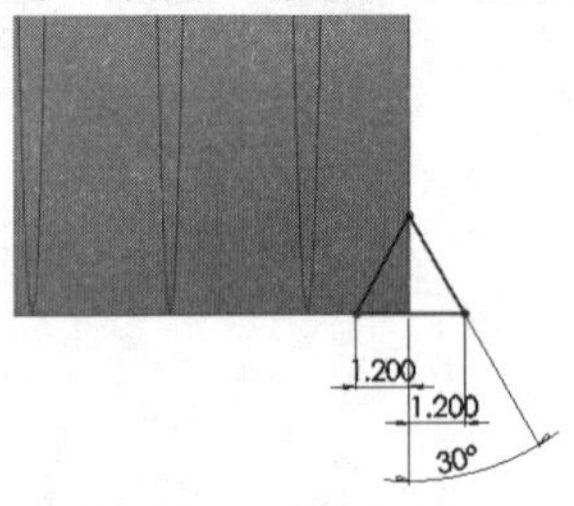

图10-22 绘制螺纹牙型

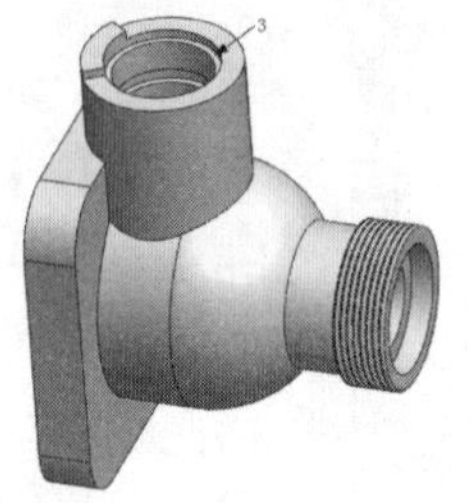

图10-23 创建外螺纹

02 创建内螺纹。

❶选择图 10-23 中的表面 3，然后单击前导视图工具栏中的“正视于”按钮，将该表面作为草图绘制平面。激活“转换实体引用”按钮，单击此按钮，将表面 3 的内边线转换为草图实体。

❷单击“特征”面板中的“螺旋线/涡状线”按钮，弹出“螺旋线/涡状线”属性管理器，如图 10-24 所示。选择“定义方式”为“高度和螺距”，设置“高度”为 19mm，“螺距”为 3mm，选择“反向”，设置“起始角度”为 90 度，选择 “顺时针”；然后单击“确定”按钮。创建螺旋线，如图 10-25 所示。

图10-24 “螺旋线/涡状线”属性管理器

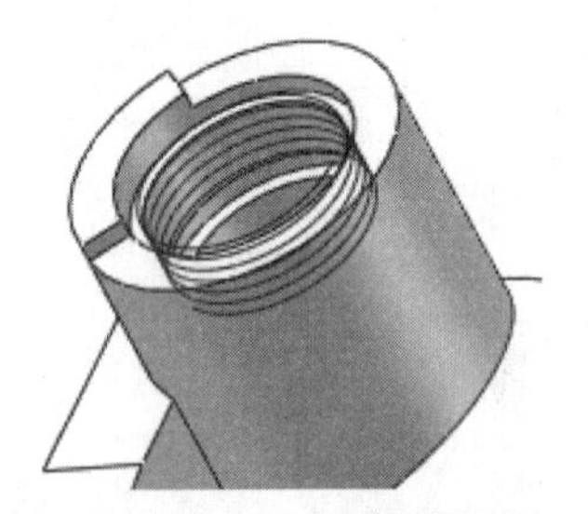

图10-25 创建螺旋线

❸创建草图绘制平面。在特征管理器设计树中选择“前视基准面”作为草图绘制平面，然后单击前导视图工具栏中的“正视于”按钮，将该表面作为草图绘制平面。

❹绘制螺纹牙型。单击前导视图工具栏中的“局部放大”按钮，将绘图区局部放大。单击“草图”面板中的“直线”按钮，绘制螺纹牙型，如图 10-26 所示。为使草图位于正确的位置，在绘制草图前单击前导视图工具栏的“隐藏线可见”按钮，将隐藏线显示出来。

❺创建内螺纹。单击“特征”面板中的“扫描切除”按钮，弹出“切除-扫描”属性管

理器。单击“轮廓”按钮，选择绘图区中的螺纹牙型；单击路径按钮，选择螺旋线作为路径。单击“确定”按钮，如图 10-27 所示。

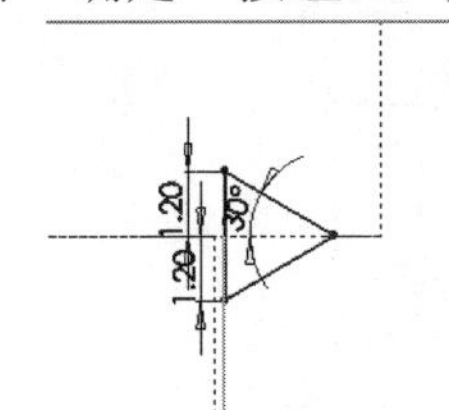

图10-26　绘制螺纹牙型

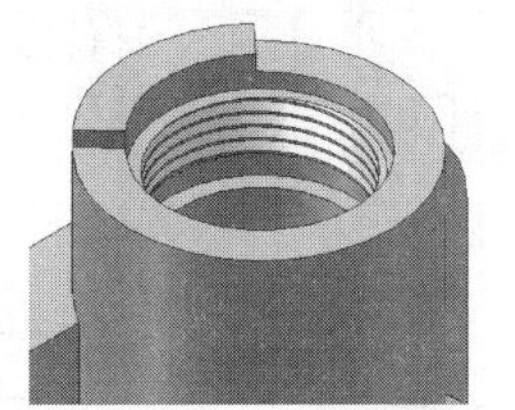

图10-27　创建内螺纹

10.1.5　创建底座螺纹安装孔

01 创建草图绘制平面。选择阀体底座的上表面，然后单击前导视图工具栏中的“正视于”按钮，将该表面作为草图绘制平面。

02 绘制构造线。单击“草图”面板中的“圆形”按钮和“直线”按钮，在其属性管理器中选择“作为构造线”，绘制如图 10-28 所示的构造线。

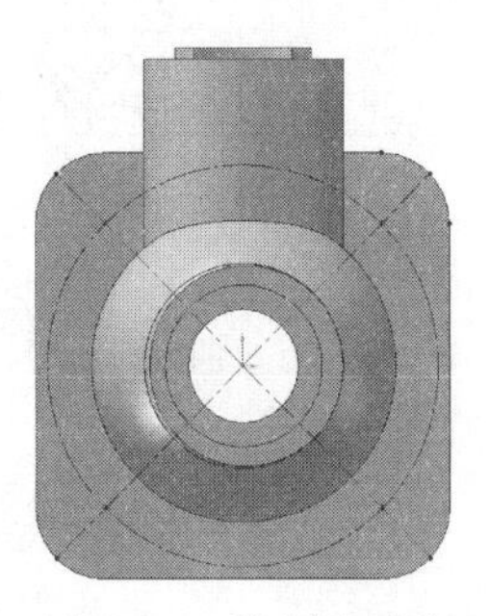

图10-28　绘制构造线

03 创建螺纹安装孔。单击“特征”面板中的“异型孔向导”按钮，在“孔规格”属性管理器中“大小”下拉列表中选择“M20”，“终止条件”下拉列表中选择“完全贯穿”具体参数设置如图 10-29 所示。选择 “孔规格”属性管理器中的“位置”选项卡。依次选择图 10-28 中构造线的 4 个交叉点，确定螺纹安装孔的位置，如图 10-30 所示。单击“确定”按钮，完成阀体的创建，如图 10-31 所示。

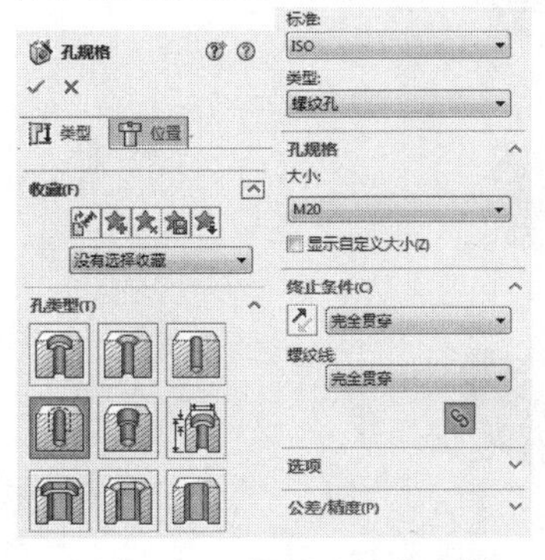

图10-29　设置孔规格参数

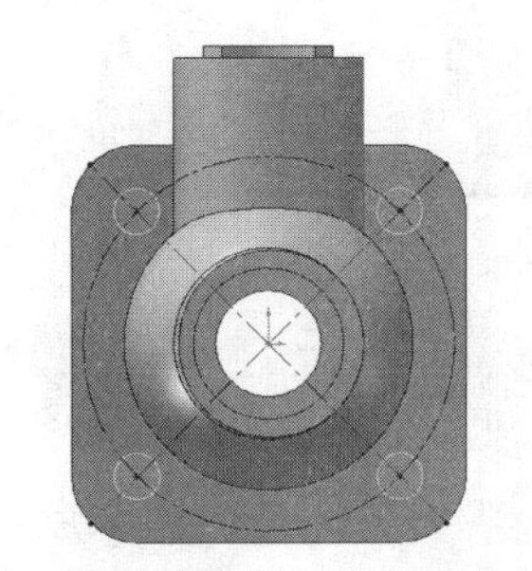

图10-30　确定螺纹安装孔位置

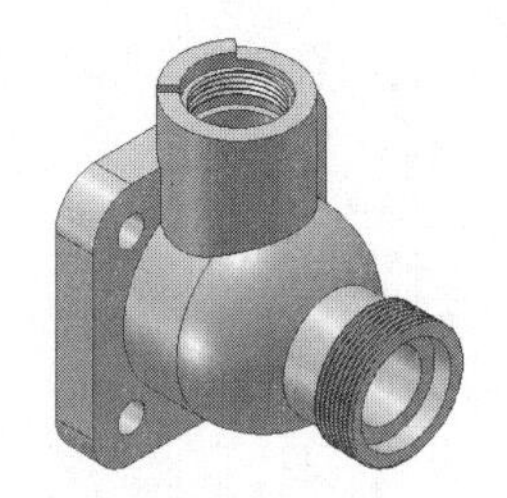

图10-31　创建的阀体

10.2　壳体的创建

壳体类零件大多为铸件，一般起支承、容纳、定位和密封等作用，内外形状一般较为复杂。本例为壳体的创建，图10-32所示为壳体的工程图。

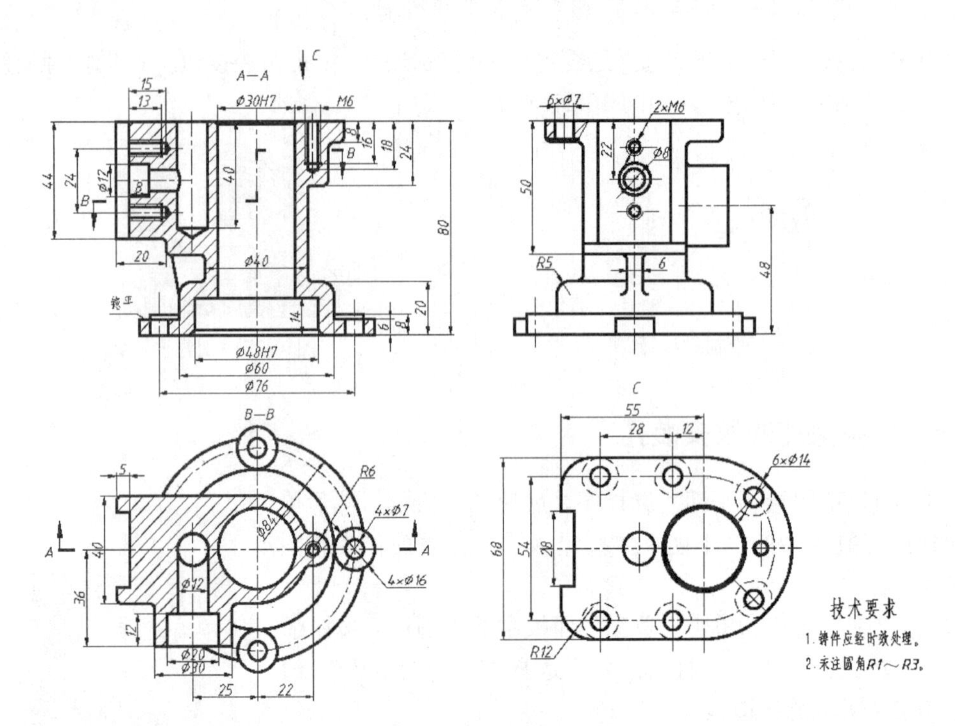

图10-32　壳体的工程图

视频文件\动画演示\第10章\壳体的创建.mp4

创建时，首先利用“旋转”和“拉伸”及“切除拉伸”命令来创建壳体的底座主体轮廓；然后主要利用拉伸命令来创建壳体上半部分，之后创建安装沉头孔及其他工作部分用孔；最后创建壳体的肋及其倒角和圆角。壳体的创建过程如图10-33所示。

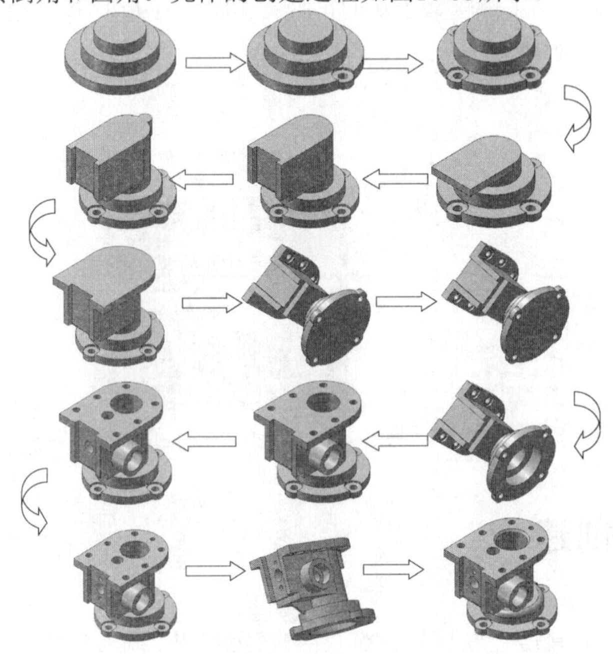

图10-33　壳体的创建过程

10.2.1　创建底座部分

01 新建文件。启动 SOLIDWORKS 2020，单击标准工具栏中的“新建”按钮，在弹出的“新建 SOLIDWORKS 文件”对话框中选择“零件”按钮，单击“确定”按钮，创建一个新的零件文件。

02 绘制中心线。在特征管理器设计树中选择“前视基准面”作为草图绘制平面，然后单击“草图”面板中的“中心线”按钮，绘制一条中心线。

03 绘制底座轮廓。单击“草图”面板中的“直线”按钮，在绘图区绘制底座的外形轮廓。

04 标注尺寸。单击“草图”面板中的“智能尺寸”按钮，对草图进行尺寸标注，并调整草图尺寸，如图 10-34 所示。

05 旋转创建底座实体。单击“特征”面板中的“旋转凸台/基体”按钮，系统弹出“旋转”属性管理器，如图 10-35 所示。单击“旋转轴”选择框，然后单击拾取草图中心线；设置“旋转类型”为“给定深度”，旋转“角度”为 360 度，单击“确定”按钮，如图 10-36 所示。

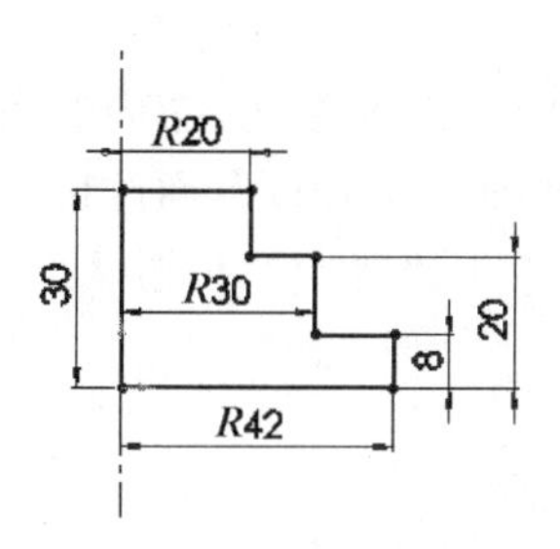

图10-34　绘制底座轮廓

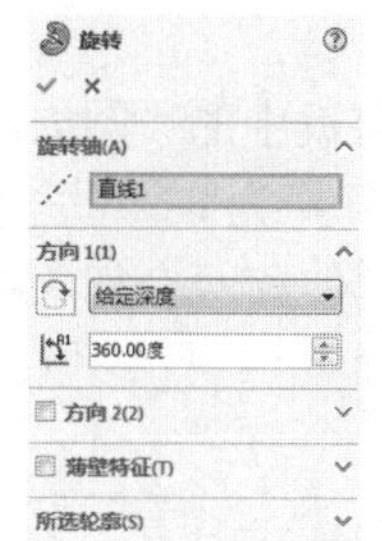

图10-35　“旋转”属性管理器

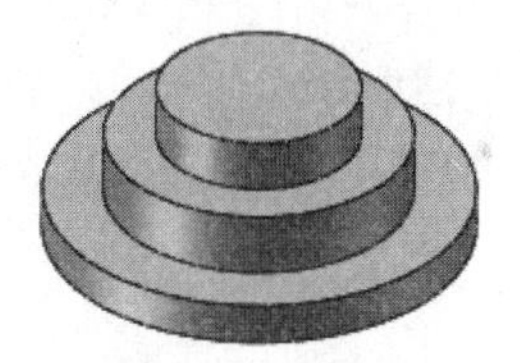

图10-36　旋转创建底座实体

06 绘制圆。在特征管理器设计树中选择“上视基准面”作为草图绘制平面，然后单击“草图”面板中的“圆形”按钮，绘制图 10-37 所示的圆，并标注尺寸。

07 拉伸实体。单击“特征”面板中的“拉伸凸台/基体”按钮，系统弹出“凸台-拉伸”属性管理器。在“深度”文本框中输入 6mm，具体参数设置如图 10-38 所示。单击“确定”按钮，如图 10-39 所示。

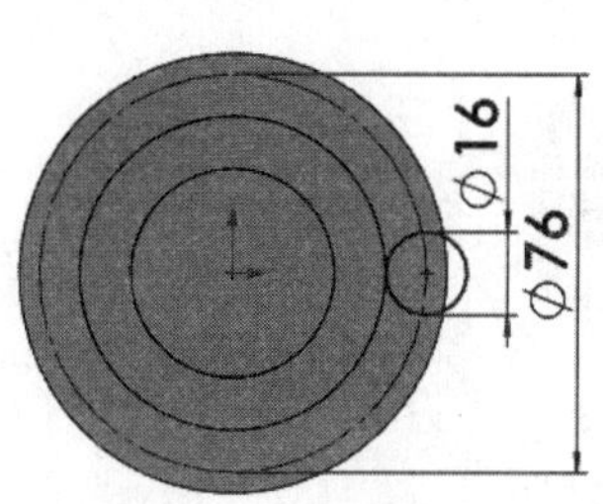

图10-37　绘制圆

图10-38　设置拉伸参数

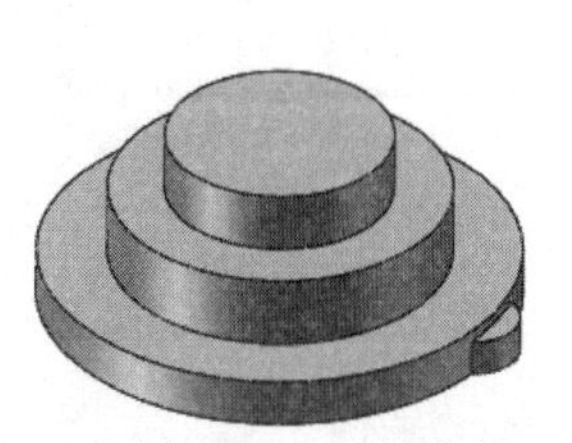

图10-39　拉伸实体

08 创建草图绘制平面。选择上一步创建的圆柱实体顶面，然后单击前导视图工具栏中的“正视于”按钮，将该表面作为草图绘制平面。选择圆柱体，然后单击“草图”面板中的“转换实体引用”按钮，创建草图实体。

09 切除拉伸实体。单击“特征”面板中的“拉伸切除”按钮，系统弹出“切除-拉伸”属性管理器。在“深度”文本框中输入 2mm，选择“反向”按钮，然后单击“确定”按钮，如图 10-40 所示。

10 绘制切除拉伸草图。选择图 10-40 中的面 1，单击前导视图工具栏中的“正视于”按钮，将该表面作为草图绘制平面。绘制如图 10-41 所示的草图并标注尺寸。

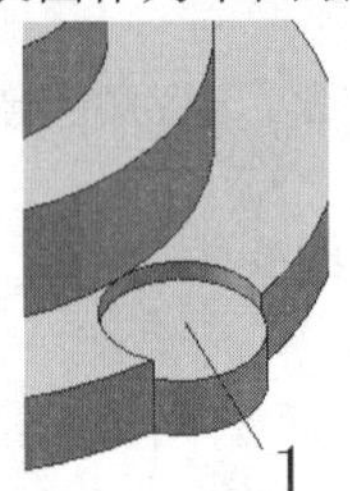
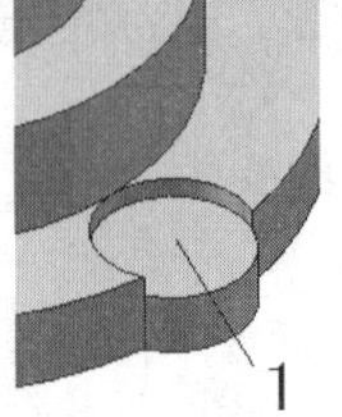

图10-40　切除拉伸实体

图10-41　绘制草图

11 切除拉伸实体。切除拉伸 φ7圆孔特征，设置切除拉伸的“终止条件”为“完全贯穿”，得到“切除-拉伸2”特征。

12 显示临时轴。选择菜单栏中的“视图”→“隐藏/显示”→“临时轴”命令，将隐藏的临时轴显示出来。

13 圆周阵列实体。单击“特征”面板中的“圆周阵列”按钮，选择图 10-42 中的临时轴 1，设置“角度”360°，“实例数”为 4；单击“要阵列的特征”选择框，通过特征管理器设计树选择刚才创建的一个凸台-拉伸和两个切除-拉伸特征，单击“确定”按钮。

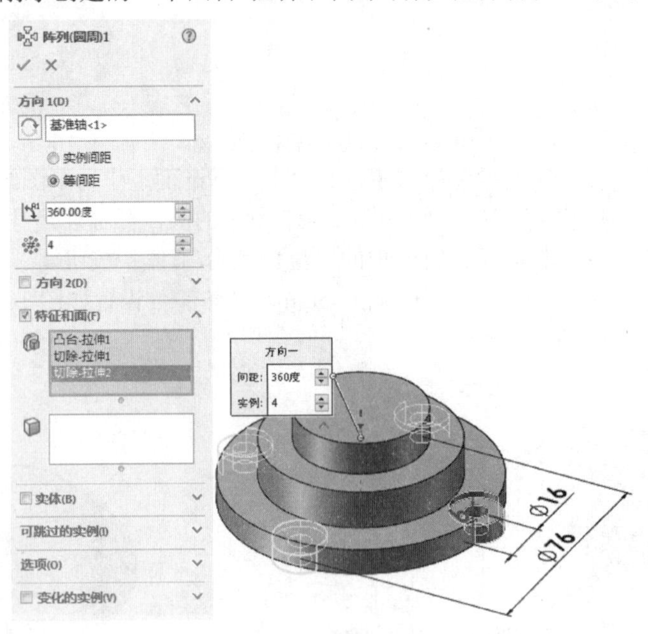

图10-42　圆周阵列实体

10.2.2　创建主体部分

01 创建草图绘制平面1。选择底座实体顶面，然后单击前导视图工具栏中的“正视于”按钮，将该表面作为草图绘制平面。

02 绘制凸台1。单击“草图”面板中的“直线”按钮和“圆形”按钮。绘制凸台1，如图10-43所示。

03 拉伸实体 1。单击“特征”面板中的“拉伸凸台/基体”按钮，设置拉伸深度为6mm，如图10-44所示。

04 创建草图绘制平面2。选择刚才所建的凸台1顶面，然后单击前导视图工具栏中的“正视于”按钮，将该表面作为草图绘制平面。

05 绘制凸台2。单击“草图”面板中的“直线”按钮和“圆形”按钮，绘制图10-45所示的凸台 2。单击“草图”面板中的“智能尺寸”按钮，对草图进行尺寸标注，并调整草图尺寸，如图10-45所示。

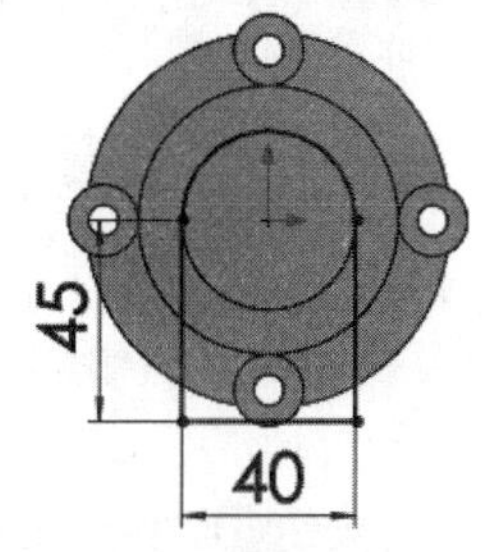

图10-43　绘制凸台1

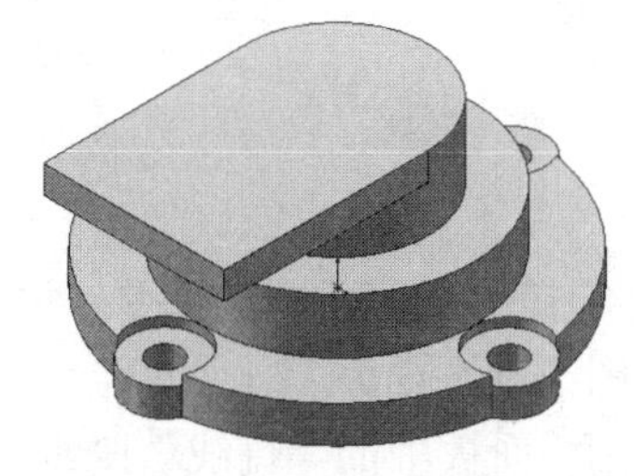
图10-44　拉伸实体1

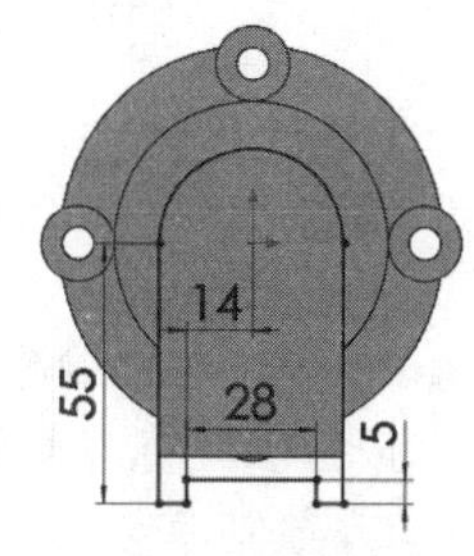

图10-45　绘制凸台2

06 拉伸实体 2。单击“特征”面板中的“拉伸凸台/基体”按钮，设置拉伸深度为36mm，如图10-46所示。

07 创建草图绘制平面3。选择上一步创建的凸台2顶面，然后单击前导视图工具栏中的“正视于”按钮，将该表面作为草图绘制平面。

08 绘制凸台3。单击“草图”面板中的“圆形”按钮，绘制图10-47所示的凸台3。单击“草图”面板中的“智能尺寸”按钮，对草图进行尺寸标注，并调整草图尺寸，如图10-47所示。

09 拉伸实体 3。单击“特征”面板中的“拉伸凸台/基体”按钮，设置拉伸深度为16mm，如图10-48所示。

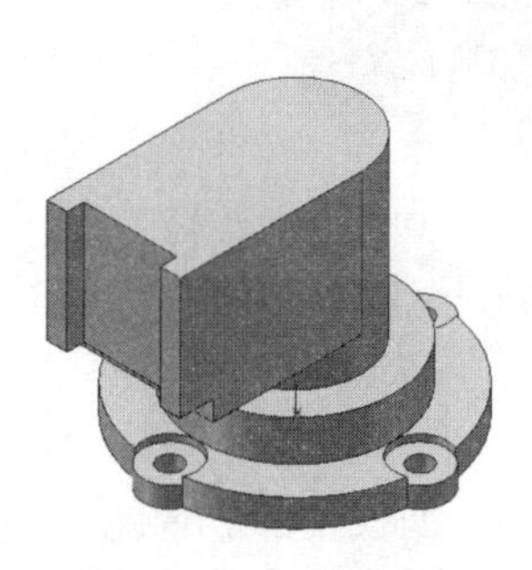
图10-46　拉伸实体2

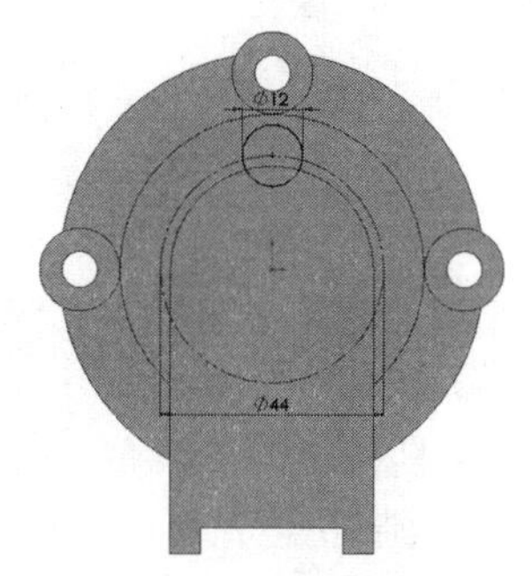
图10-47　绘制凸台3

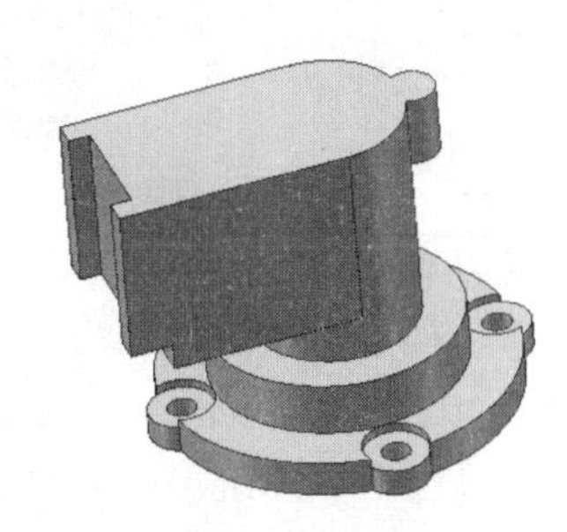
图10-48　拉伸实体3

10 创建草图绘制平面 4。选择上一步创建的凸台 3 顶面，然后单击前导视图工具栏中的“正视于”按钮，将该表面作为草图绘制平面。

11 绘制凸台 4。利用草图绘制工具绘制图 10-49 所示的凸台 4。单击“草图”面板中的“智能尺寸”按钮，对草图进行尺寸标注，并调整草图尺寸，如图 10-49 所示。

12 拉伸实体 4。单击“特征”面板中的“拉伸凸台/基体”按钮，设置拉伸深度为 8mm，如图 10-50 所示。

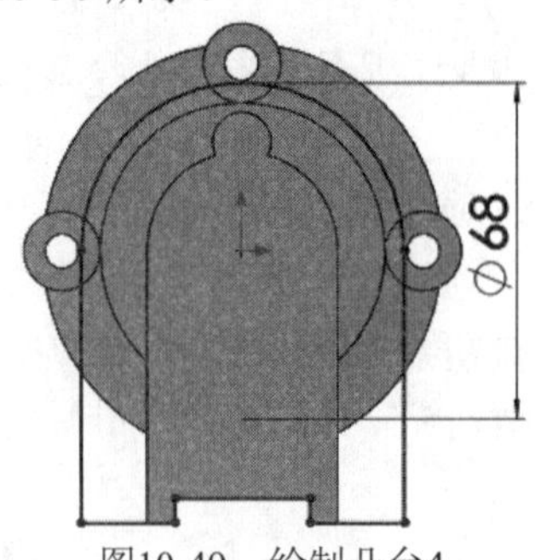

图10-49　绘制凸台4

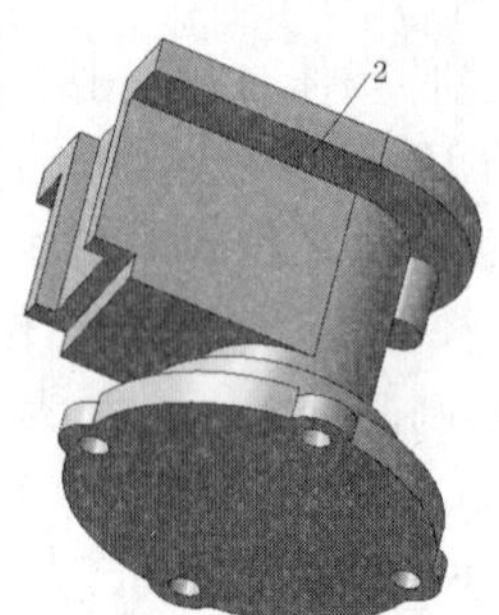

图10-50　拉伸实体4

10.2.3　创建顶部安装孔

01 创建草图绘制平面 1。选择图 10-50 中的面 2，然后单击前导视图工具栏中的“正视于”按钮，将该表面作为草图绘制平面。

02 绘制草图 1。单击“草图”面板中的“直线”按钮和“圆形”按钮。绘制草图。单击“草图”面板中的“智能尺寸”按钮，对草图进行尺寸标注，并调整草图尺寸，如图 10-51 所示。

03 切除拉伸实体 1。单击“特征”面板中的“拉伸切除”按钮，设置切除拉伸深度为 2mm，单击“确定”按钮，如图 10-52 所示

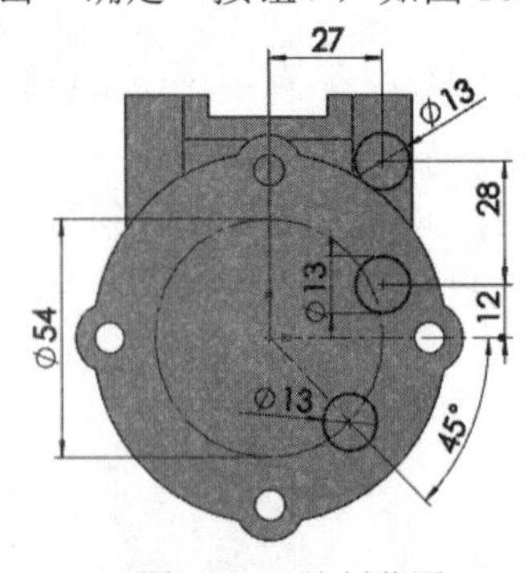

图10-51　绘制草图1

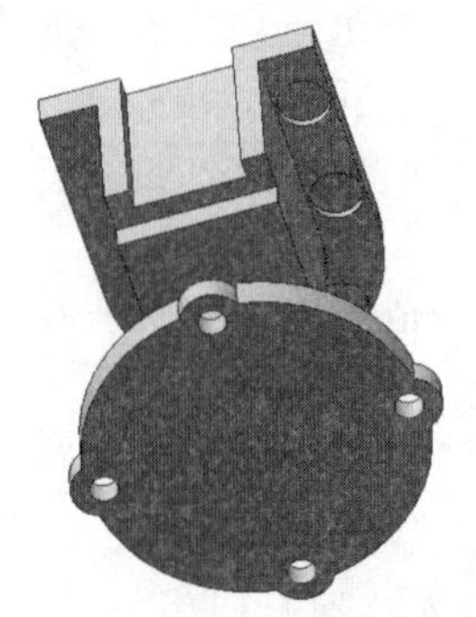
图10-52　切除拉伸实体1

04 创建草图绘制平面 2。选择图 10-52 中的沉头孔底面，然后单击前导视图工具栏中的“正视于”按钮，将该表面作为草图绘制平面。

05 绘制草图 2。单击前导视图工具栏中的“隐藏线可见”按钮。单击“草图”面板中的“圆形”按钮和自动捕捉功能，绘制安装孔草图。单击“草图”面板中的“智能尺寸”按钮，对草图进行尺寸标注，如图 10-53 所示。

06 切除拉伸实体 2。单击“特征”面板中的“拉伸切除”按钮，设置切除拉伸深度为 6mm，然后单击“确定”按钮；创建沉头孔。单击前导视图工具栏中的“带边线上色”按钮，如图 10-54 所示。

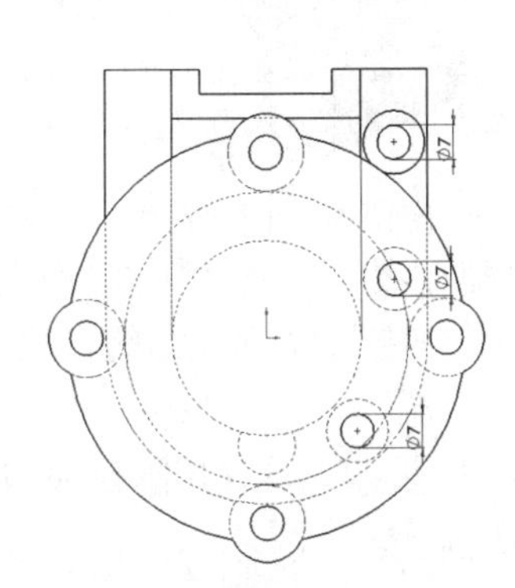

图10-53　绘制草图2

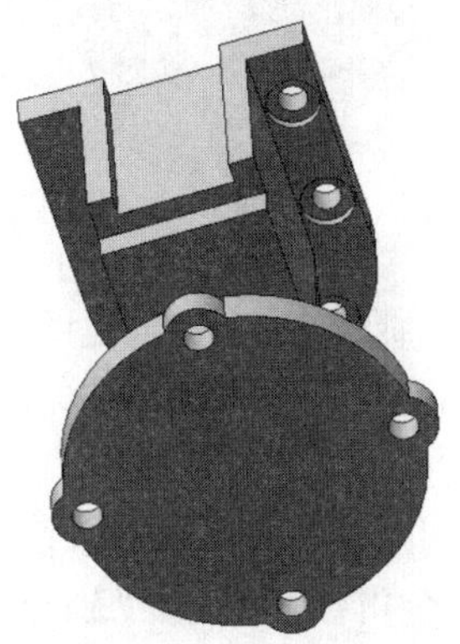

图10-54　切除拉伸实体2

07 镜像实体。单击“特征”面板中的“镜像”按钮，系统弹出“镜像”属性管理器。单击“镜像面/基准面”选择框，选择“右视基准面”作为镜像面；单击“要镜像的特征”选择框，选择前面步骤建立的所有特征，具体参数设置如图 10-55 所示。单击“确定”按钮，完成顶部安装孔特征的镜像。

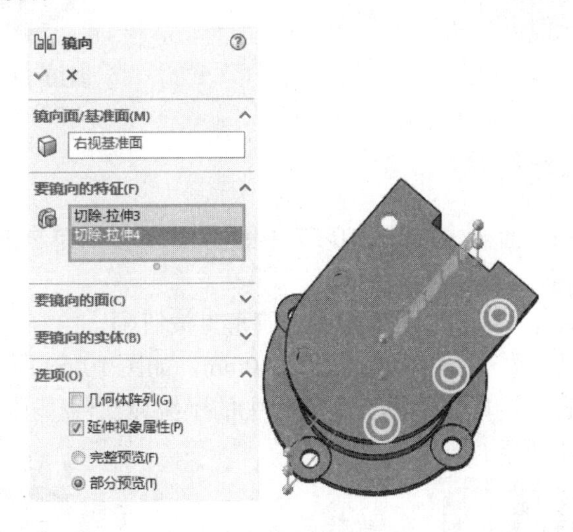

图10-55　设置镜像参数

10.2.4　创建壳体内部孔

01 绘制圆 1。选择创建的壳体底面作为草图绘制平面，然后单击“草图”面板中的“圆形”按钮，绘制一个圆。单击“草图”面板中的“智能尺寸”按钮，标注圆的直径为 48mm，如图 10-56 所示。

02 创建底孔。单击“特征”面板中的“拉伸切除”按钮，设置切除拉伸深度为 2mm，单击“确定”按钮，如图 10-57 所示。

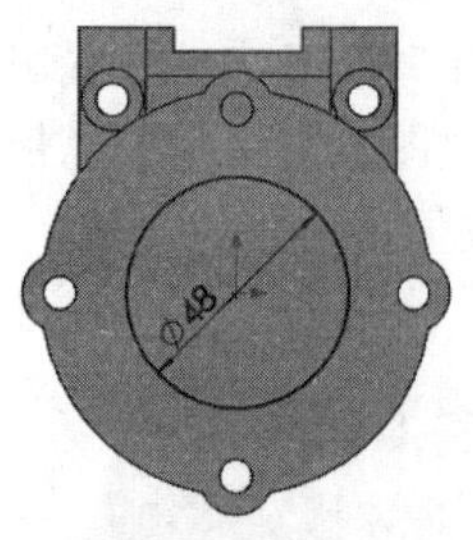

图10-56　绘制圆1

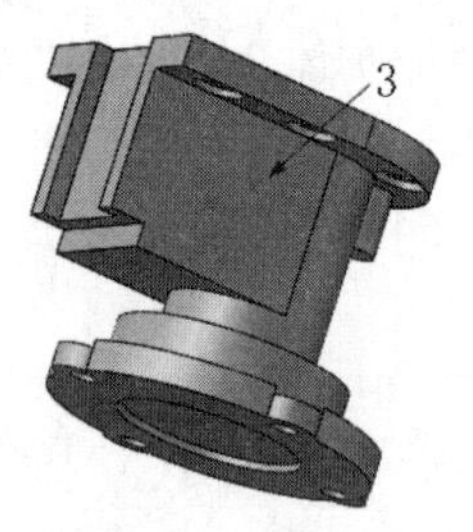

图10-57　创建底孔

03 绘制圆 2。选择创建的底孔底面作为草图绘制平面，然后单击“草图”面板中的“圆形”按钮，绘制一个圆。单击“草图”面板中的“智能尺寸”按钮，标注圆的直径为 30mm，如图 10-58 所示。

04 创建通孔。单击“特征”面板中的“拉伸切除”按钮，设置切除拉伸的“终止条件”为“完全贯穿”，单击“确定”按钮，如图 10-59 所示。

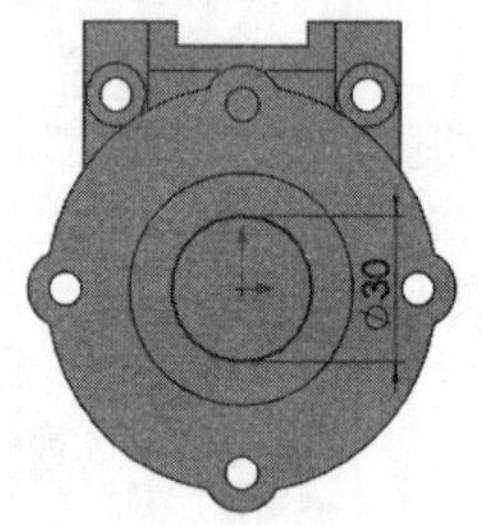

图10-58　绘制圆2

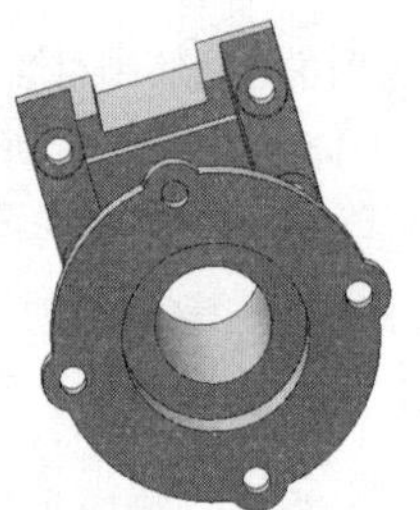
图10-59　创建通孔

10.2.5　创建其余工作用孔

01 创建草图绘制平面 1。选择图 10-57 中的侧面 3，然后单击前导视图工具栏中的“正视于”按钮，将该表面作为草图绘制平面。

02 绘制圆 1。单击“草图”面板中的“圆形”按钮，绘制一个圆。单击“草图”面板中的“智能尺寸”按钮，标注圆的直径为 30mm，如图 10-60 所示。

03 创建侧面凸台孔。单击“特征”面板中的“拉伸凸台/基体”按钮，设置拉伸深度为 16mm，如图 10-61 所示。

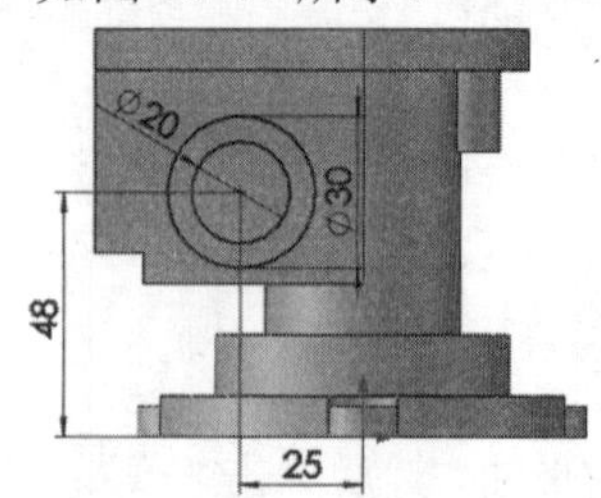

图10-60　绘制圆1

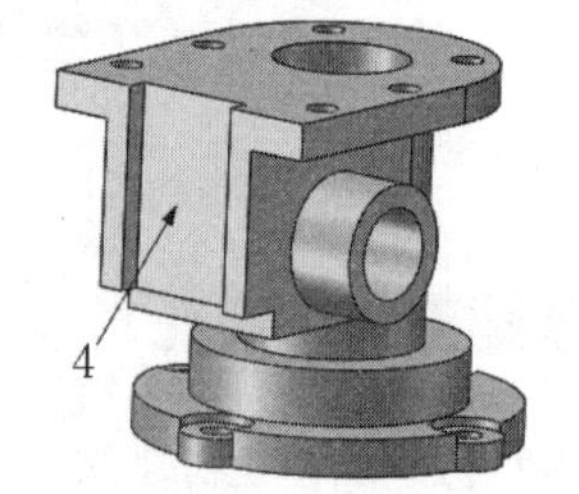

图10-61　创建侧面凸台孔

04 创建草图绘制平面 2。选择壳体的上表面，然后单击前导视图工具栏中的“正视于”按钮，将该表面作为草图绘制平面。

05 创建普通孔。单击“特征”面板中的“异型孔向导”按钮，选择普通孔。在“孔规格”属性管理器的“大小”下拉列表中选择“ϕ12”,“终止条件”下拉列表中选择“给定深度”,“深度”设为40mm，具体参数设置如图10-62所示。选择“孔规格”属性管理器中的“位置”选项卡。利用草图绘制工具确定孔的位置，如图10-63所示。单击“确定”按钮✔，结果如图10-64所示（利用钻孔工具添加的孔具有加工时生成的底部倒角）。

图10-62　设置孔规格参数

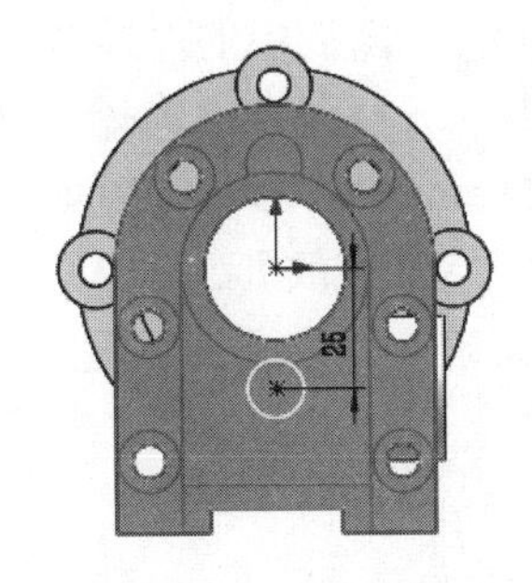

图10-63　确定孔的位置

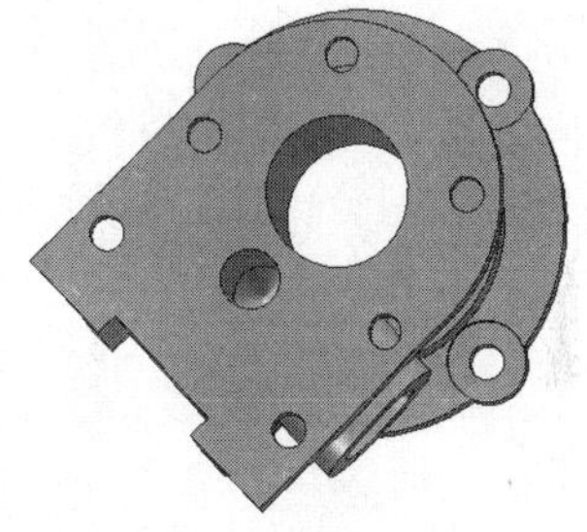
图10-64　创建普通孔

06 创建草图绘制平面3。选择图10-61中所示的表面4，然后单击前导视图工具栏中的“正视于”按钮，将该表面作为草图绘制平面。

07 绘制圆2。单击“草图”面板中的“圆形”按钮，绘制一个圆。单击“草图”面板中的“智能尺寸”按钮，标注圆的直径为12mm，如图10-65所示。

08 创建ϕ12mm的孔。单击“特征”面板中的“拉伸切除”按钮，设置切除拉伸深度为10mm，如图10-66所示。

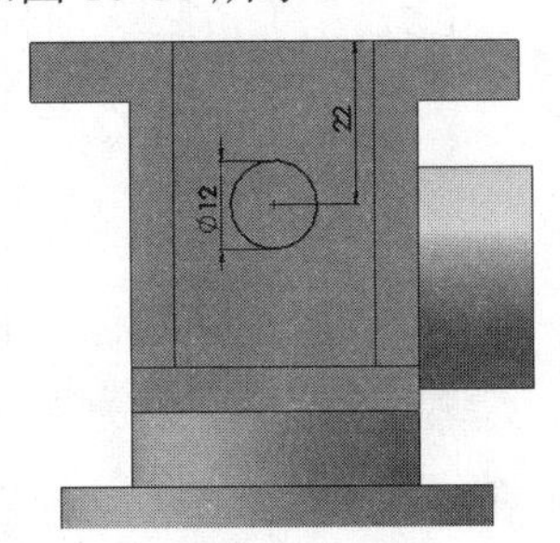

图10-65　绘制圆2

图10-66　创建ϕ12mm的孔

09 创建草图绘制平面4。选择刚才建立ϕ12孔的底面的，然后单击前导视图工具栏中的“正视于”按钮，将该表面作为草图绘制平面。

10 绘制圆3。单击“草图”面板中的“圆形”按钮，绘制一个圆。单击“草图”面板中的“智能尺寸”按钮，标注圆的直径为8mm，如图10-67所示。

11 创建ϕ8mm的孔。单击“特征”面板中的“拉伸切除”按钮，设置切除拉伸深度为12mm，如图10-68所示。

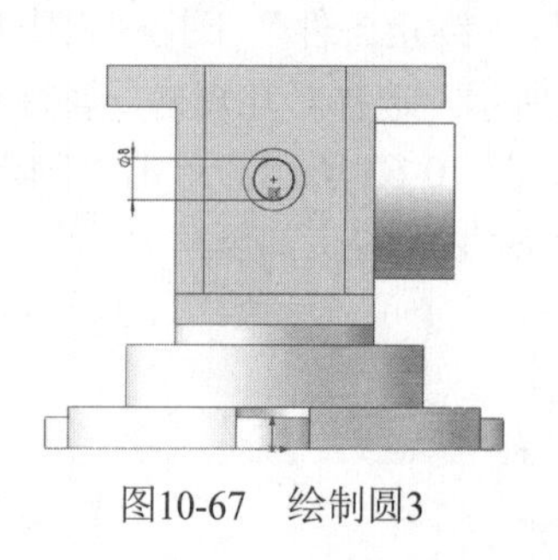

图10-67　绘制圆3

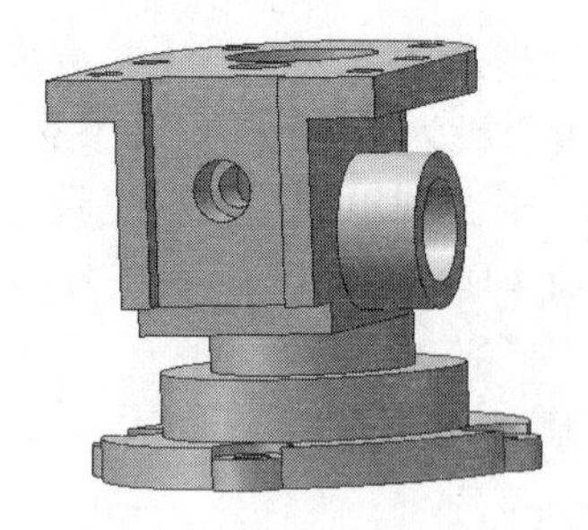

图10-68　创建正面ϕ8mm孔

12 创建草图绘制平面 5。选择所创建壳体的顶面，然后单击前导视图工具栏中的“正视于”按钮，将该表面作为草图绘制平面。

13 创建普通螺纹孔 1。单击“特征”面板中的“异型孔向导”按钮，选择普通螺纹孔。在“孔规格”属性管理器的“大小”下拉列表中选择“M6”规格，“终止条件”下拉列表中选择“给定深度”，“深度”设为 18mm 具体参数设置如图 10-69 所示。单击“确定”按钮。在特征管理器设计树中右击选择“M6 螺纹孔 1”中的第一个草图，在弹出的快捷菜单中选择“编辑草图”，利用草图绘制工具确定螺纹孔的位置，如图 10-70 所示。单击确定按钮，完成草图修改。

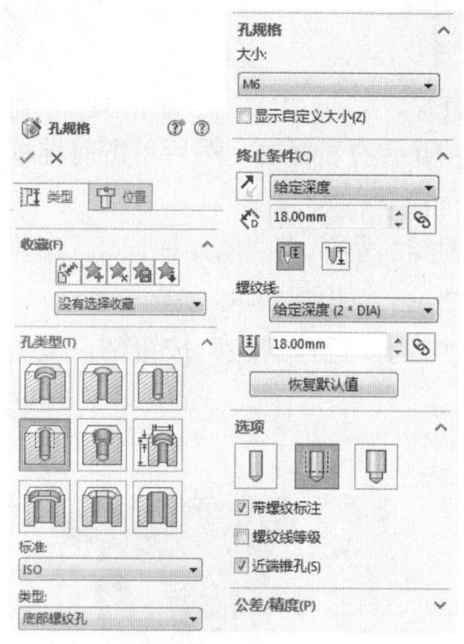

图10-69　设置孔规格参数

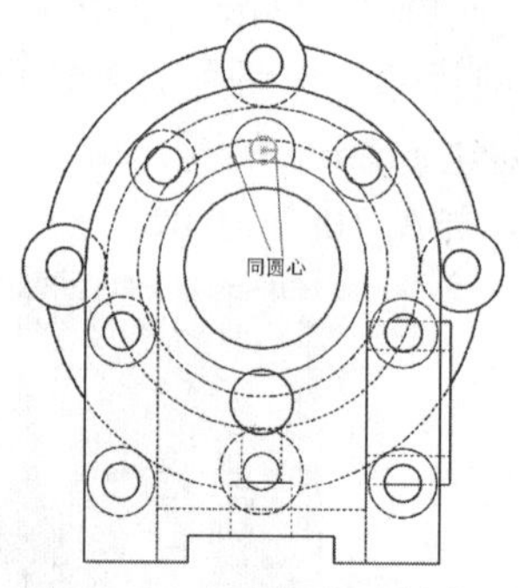

图10-70　确定螺纹孔的位置

14 创建草图绘制平面 6。选择图 10-61 中所示表面 4，然后单击前导视图工具栏中的“正视于”按钮，将该表面作为草图绘制平面。

15 创建普通螺纹孔 2。单击“特征”面板中的“异型孔向导”按钮，选择普通螺纹孔。在“孔规格”属性管理器的“大小”下拉列表中选择“M6”规格，“终止条件”下拉列表中选择“给定深度”，“深度”设为 15mm 具体参数设置如图 10-71 所示。选择“孔规格”属性管理器中的“位置”选项卡。在创建螺纹孔平面上的适当位置单击左键，再创建一 M6 孔。利用草图绘制工具确定两孔的位置，如图 10-72 所示。单击“孔规格”属性管理器中的“确定”按钮，如图 10-73 所示。

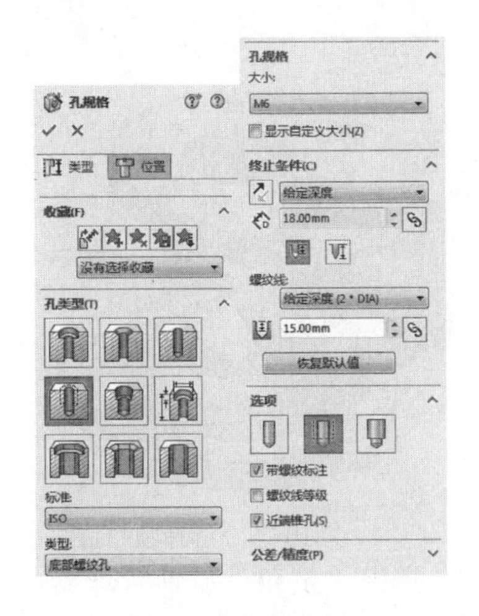

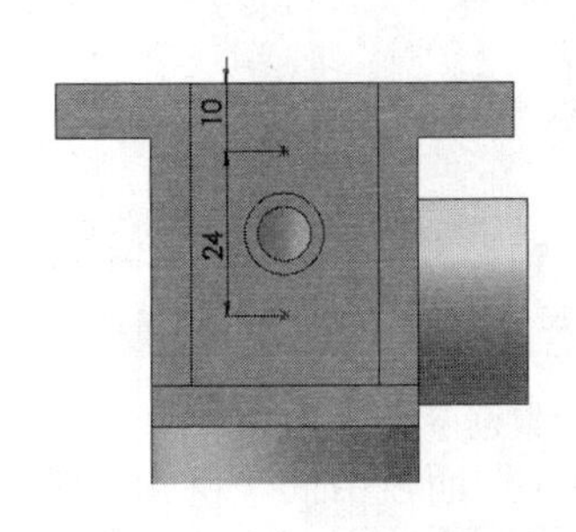

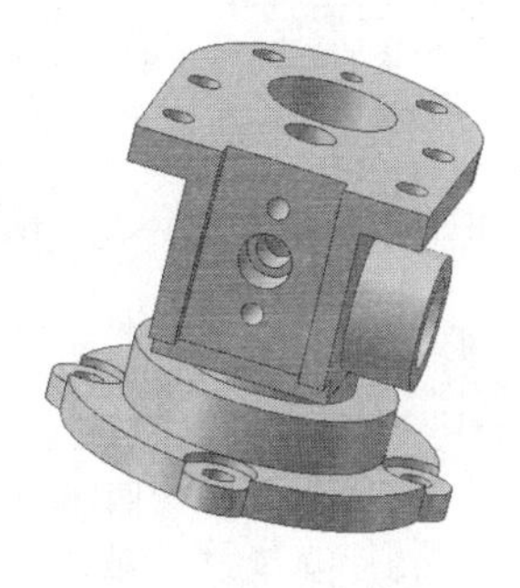

图10-71 设置孔规格参数　　图10-72 确定两螺纹的位置　　图10-73 创建螺纹孔

10.2.6 创建筋及倒角和圆角

01 创建筋。

❶在特征管理器设计树中选择“右视基准面”，然后单击前导视图工具栏中的“正视于”按钮，将该表面作为草图绘制平面。单击“特征”面板中的“筋”按钮，系统自动进入草图绘制状态。

❷单击“草图”面板中的“直线”按钮，在绘图区绘制筋的轮廓线，如图 10-74 所示。单击“确定”按钮，完成筋草图的绘制，如图 10-75 所示。

❸系统弹出“筋”属性管理器。在“筋”属性管理器中单击“两侧”按钮，然后输入“距离”为 3mm，具体参数设置如图 10-76 所示。在绘图区选择图 10-76 所示的拉伸方向，然后单击“确定”按钮。

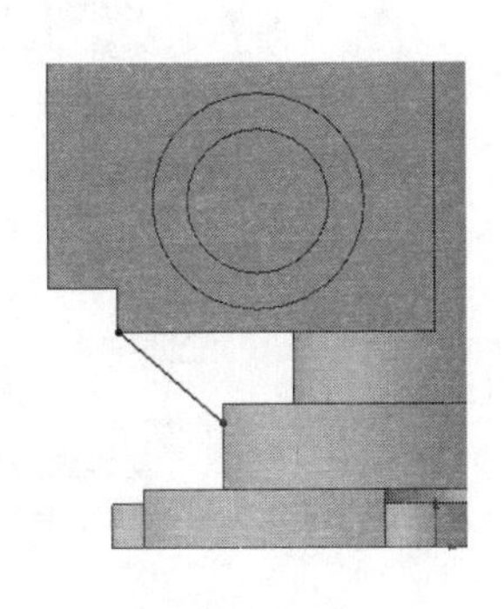

图10-74 绘制筋的轮廓线

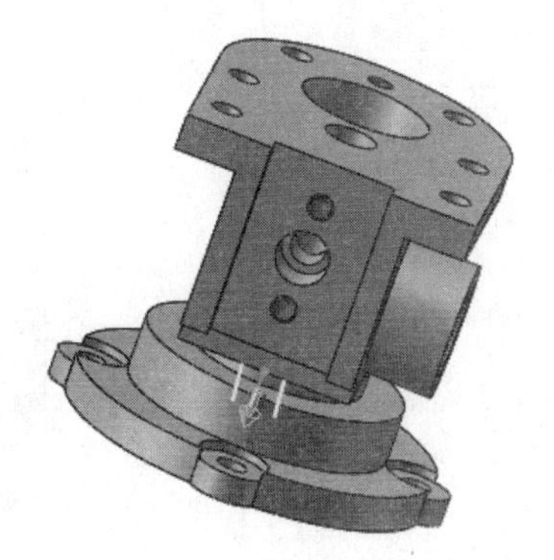

图10-75 绘制筋

02 圆角。单击“特征”面板中的“圆角”按钮，弹出“圆角”属性管理器。在右侧的绘图区中选择图 10-77 所示的边线；在按钮右侧的文本框中设置圆角半径为 5mm，具体参数设置如图 10-78 所示。单击“确定”按钮，完成底座部分圆角的创建。

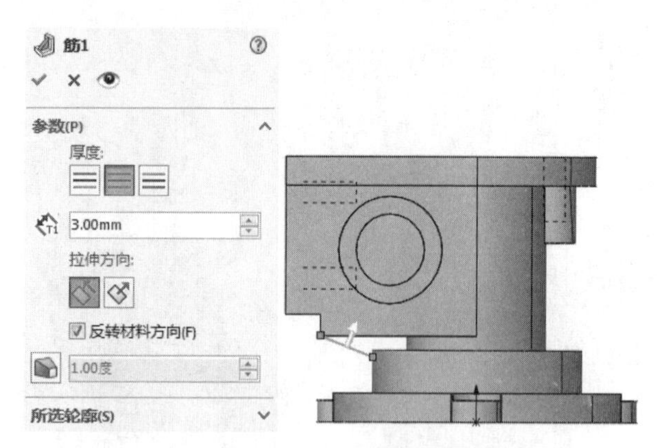

图10-76　设置筋参数

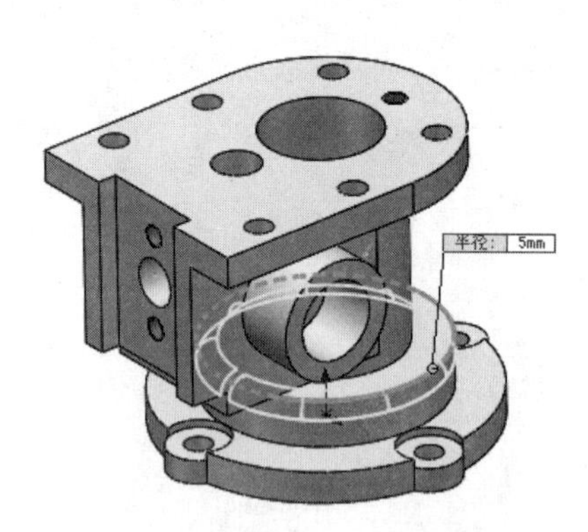

图10-77　选择圆角边线

03 倒角 1。单击“特征”面板中的“倒角”按钮，弹出“倒角”属性管理器。在右侧的绘图区中选择图 10-79 所示的顶面与底面的两条边线；在按钮右侧的文本框中设置倒角距离为 2mm，具体参数设置如图 10-80 所示。单击“确定”按钮，完成 2mm 倒角的创建。

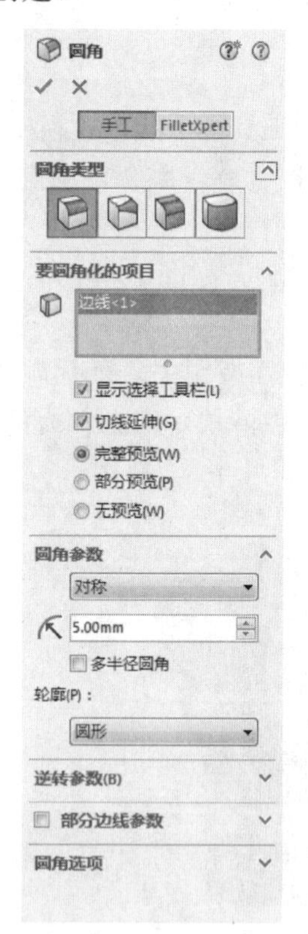

图10-78　设置圆角参数

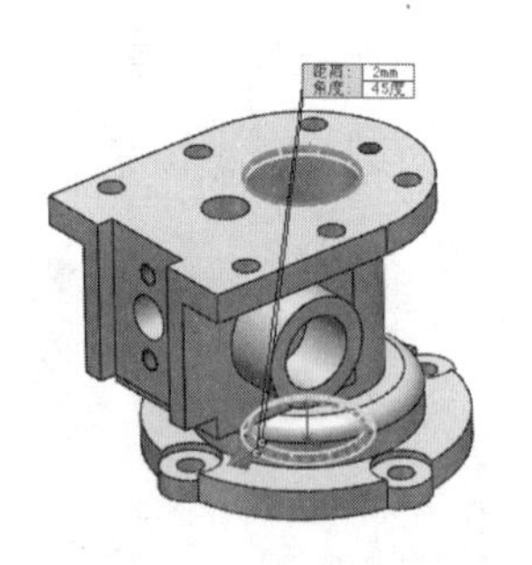

图10-79　选择倒角1边线

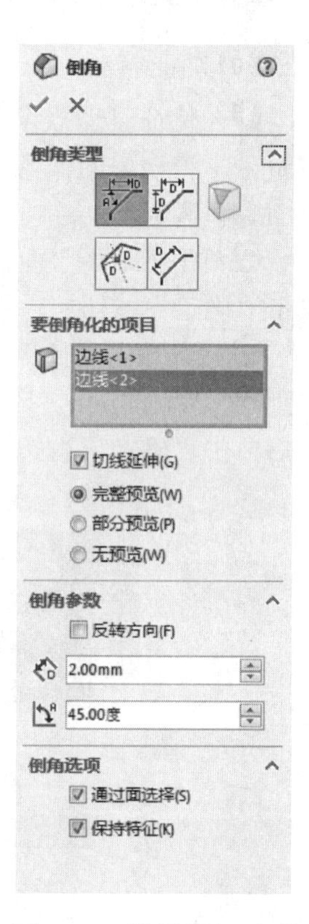

图10-80　设置倒角1参数

04 倒角 2。单击“特征”面板中的“倒角”按钮，弹出“倒角”属性管理器。在右侧的绘图区中选择图 10-81 所示的边线；在按钮右侧的文本框中设置倒角距离为 1mm，具体参数设置如图 10-82 所示。单击“确定”按钮，完成 1mm 倒角的创建。

最终创建的壳体如图10-83所示。

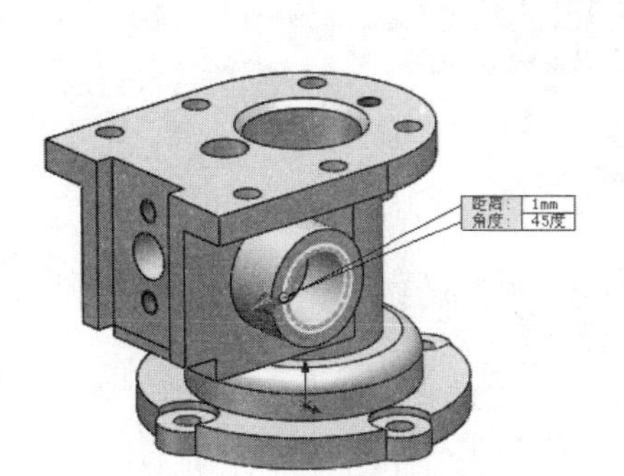

图10-81　选择倒角2边线

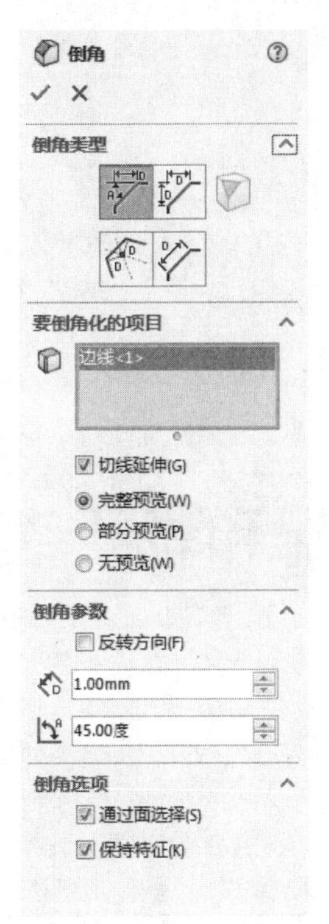

图10-82　设置倒角2参数

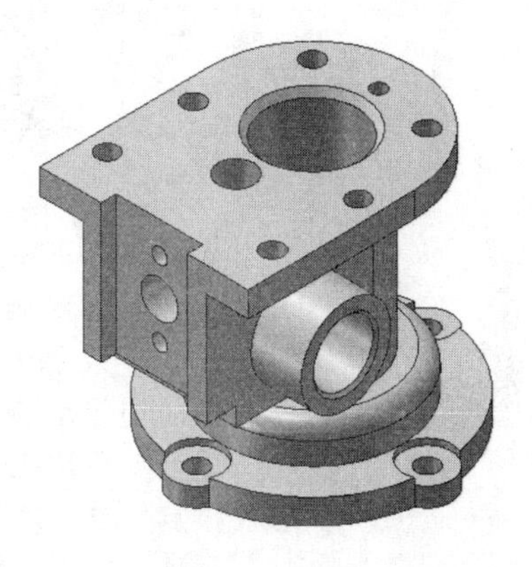

图10-83　最终创建的壳体

第 11 章

装配和基于装配的设计技术

本章介绍零件的装配，概述了配合关系、零部件阵列、镜像等装配中常用的概念、方法。

装配体是在一个文件中两个或多个零部件的组合。这些零部件之间通过配合关系来确定位置和限制运动。

SOLIDWORKS有两种设计装配体方法，即自底向上和自顶向下。自底向上的装配体设计是利用已经创建好的零件设计装配体。装配体的设计好像一个装配车间，利用已经加工完成的零件，根据不同的位置和装配体约束关系，将一个个零件装配成部件或产品。自顶向下则是在装配环境下对零件的高级操作方式，在装配环境下创建零件或特征，而这个特征可以参考装配体中其他零件的位置、轮廓，因此会建立新的外部参考。当外部参考发生变化时，所创建的零件或特征也发生相应的变化。

- 零部件的插入与约束关系
- 零部件阵列、镜像
- 子装配
- 干涉检查
- 爆炸视图

11.1 零部件的插入

零件设计完成后，往往需要根据设计要求对零件进行装配。通过定义零件之间的位置约束关系，可以把子零件装配成一个装配体，还可以对生成的装配体进行分析、修改、干涉检查等，也可以在装配模式下根据设计的要求创建新的零件。

SOLIDWORKS 2020提供了多种零部件的插入方法。

- 在零件模式下，选择菜单栏中的“文件”→“从零件制作装配体”命令，可以直接创建新装配体，并将该零件插入新建的装配体中。
- 在装配体模式下，单击“装配体”面板中的“插入零部件”按钮，就可以将需要的零件插入装配体中。
- 在装配体模式下，通过新建零件的方式将零件插入装配体中。

11.2 零部件的约束关系

在装配体中，每一个零件都包含6个自由度：沿 *X*、*Y*、*Z* 轴的移动和沿这3个轴的旋转。通过对每一个方向的移动或旋转的限制，可以控制零件相对装配体（或相应零件）的位置。

零件的装配过程，实际上就是一个约束限位的过程。根据不同的零件模型及设计需要，选择合适的装配约束类型，从而完成零件模型的定位。要完成一个零件的完全定位，可能需要同时满足几种约束条件。SOLIDWORKS 2020提供了十几种约束类型，供用户选用。

要选择装配约束类型，只需单击“装配体”面板中的“配合”按钮，在“配合”属性管理器（见图11-1）中选择相应的配合关系即可。

- 标准配合。

  重合：两个平面重合、直线和平面重合等。

  平行：两个平面平行。

  垂直：两个平面垂直。

  相切：两个圆柱面相切、平面和圆柱面相切。

  同轴心：圆柱面和圆柱面、圆锥面和圆锥面同轴心。

  锁定：保持两个零部件之间的相对位置和方向。

  距离：设定两个平面之间的距离。

  角度：设定两个平面之间的夹角。

- 高级配合。

  轮廓中心：将矩形和圆形轮廓互相中心对齐，并完全定义组件。

  对称：迫使两个相同实体相对于基准面或平面对称。

  宽度：约束两个平面之间的标签。

  路径配合：将零部件上所选的点约束到路径。

线性/线性耦合：在一个零部件的平移和另一个零部件的平移之间建立几何关系。

限制：允许零部件在距离配合和角度配合的一定数值范围内移动。

➢ 机械配合。

凸轮：圆柱面和凸轮的配合。

槽口：将螺栓或槽口运动限制在槽口孔内。

铰链：将两个零部件之间的移动限制在一定旋转范围内。

齿轮：建立两个面绕所选择的轴按一定比例旋转。齿轮配合会强迫两个零部件绕所选轴相对旋转。齿轮配合的有效旋转轴包括圆柱面、圆锥面、轴和线性边线。

齿条小齿轮：一个零件（齿条）的线性平移引起另一个零件（齿轮）的转动，反之也可。

螺旋：将两个零部件约束为同心，同时在一个零部件的旋转和另一个零部件的平移之间添加纵倾几何关系。

万向节：一个零部件（输出轴）绕自身轴的旋转是由另一个零部件（输出轴）绕其旋转驱动的。

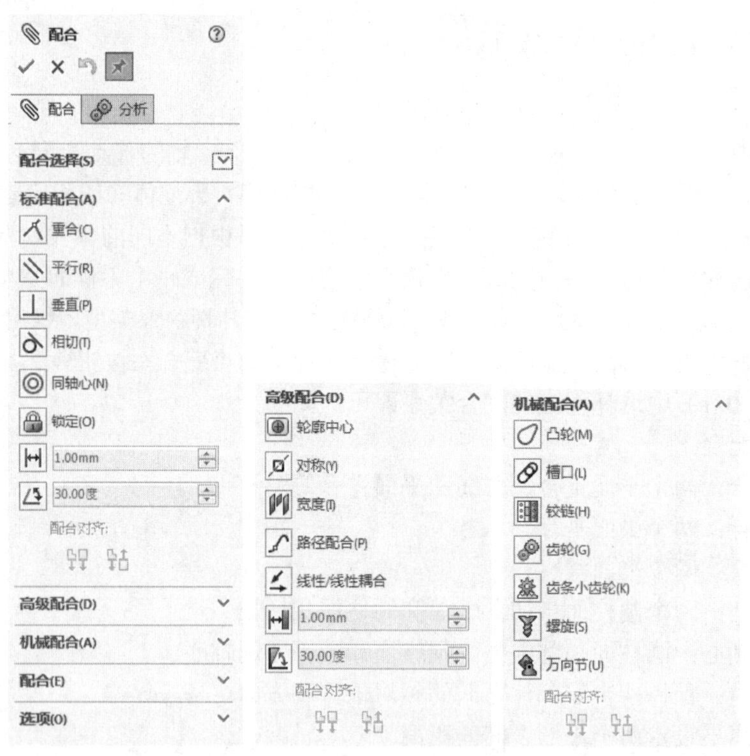

图11-1 “配合”属性管理器

11.3 零部件阵列

可以在装配体中对零部件进行阵列，从而插入多个相同的零部件。SOLIDWORKS有多种零部件阵列方法。

- ➢ 线性阵列
- ➢ 圆周阵列
- ➢ 阵列驱动
- ➢ 图案驱动
- ➢ 曲线驱动
- ➢ 链零部件阵列

线性阵列和圆周阵列与零件中阵列特征的方法基本一致，本节重点讲述阵列驱动。

阵列驱动指参考现有零件的阵列特征对某个零件进行阵列，因此，阵列零部件的方法可以非常方便地应用在标准件的装配中。需要注意的是：

- ➢ 零部件阵列的参考阵列为零件中的阵列特征，因此在零件中应合理地建立阵列特征。
- ➢ 零部件阵列时参考阵列特征的位置，因此在插入“源”零件时应注意和“源”特征建立配合关系。

下面用一个在法兰中插入螺栓阵列的例子说明阵列驱动的使用。

11.3.1 插入零件

视频文件\动画演示\第11章\法兰装配体.mp4

01 启动 SOLIDWORKS 2020，单击标准工具栏中的“新建”按钮，在弹出的“新建 SOLIDWORKS 文件”对话框中选择“装配体”按钮，单击“确定”按钮。

02 单击“装配体”面板中的“插入零部件”按钮，在“插入零部件”属性管理器中单击“浏览”按钮。

03 打开6.3节中创建的“法兰”，将其插入到装配体中。

04 单击“装配体”面板中的“插入零部件”按钮，在“插入零部件”属性管理器中单击“浏览”按钮。

05 打开5.2节中的标准件“螺栓”，将其插入到装配体中，作为“源”零件。

06 单击“装配体”面板中的“移动零部件”按钮和“旋转零部件”按钮，把零件移动和旋转到合适的位置，如图 11-2 所示。

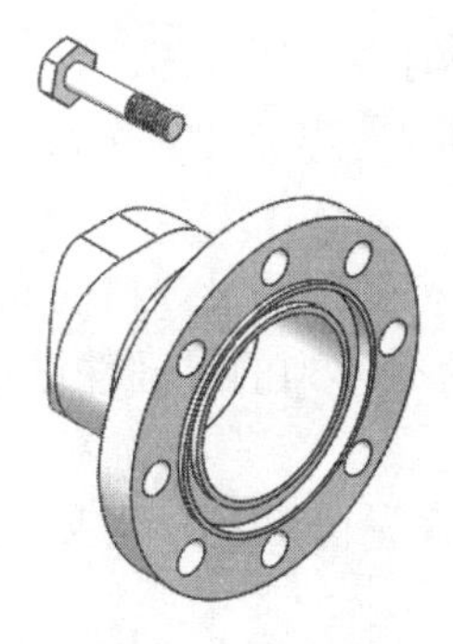

图11-2　插入零件

11.3.2 生成配合

01 单击“装配体”面板上的“配合”按钮，弹出“配合”属性管理器。

02 在绘图区中选择“螺栓”的螺杆和“法兰”的螺栓孔作为要配合的实体，并选择“同轴心”配合关系，如图11-3所示。

03 选择“螺栓”的六方底面和“法兰”的外端面作为要配合的实体，选择“重合”配合关系。单击“确定”按钮✔，完成螺栓的配合，如图 11-4 所示。

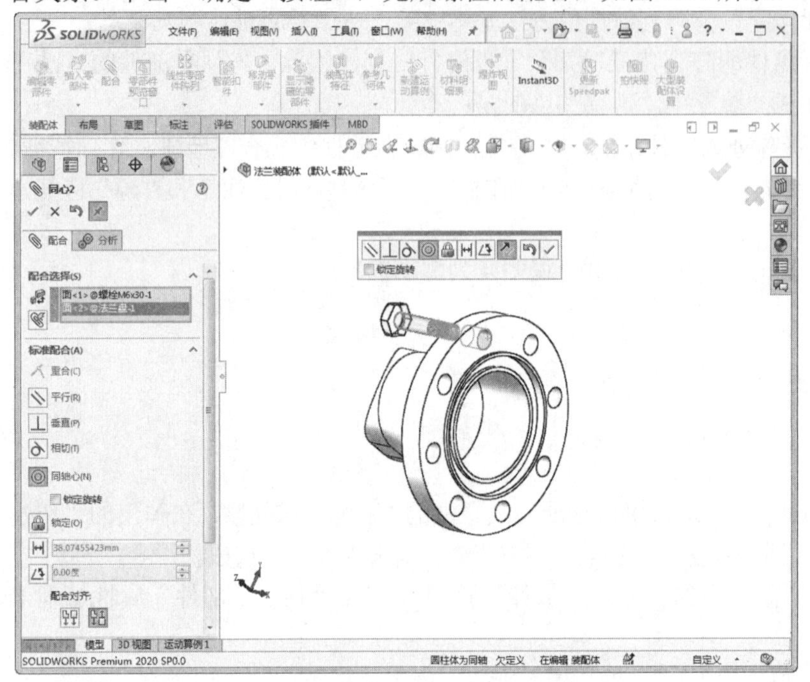

图11-3 选择配合实体和配合关系

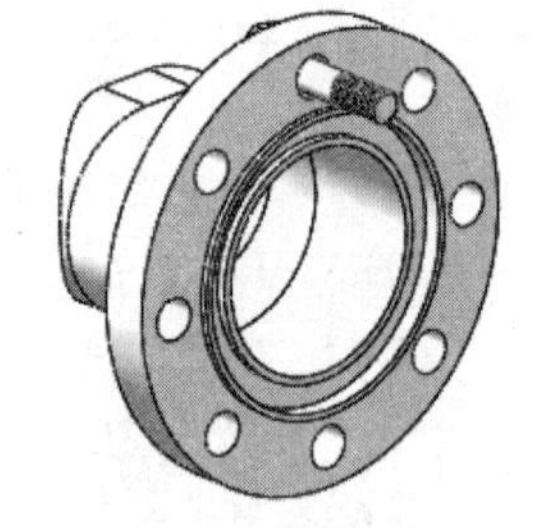

图11-4 螺栓配合

11.3.3 特征阵列

01 选择菜单栏中的“插入”→“零部件阵列”→“图案驱动”命令，弹出“阵列驱动”属性管理器。

02 选择“螺栓”作为要阵列的“源”零部件。

03 选择“法兰”中螺栓孔的圆周阵列特征作为“驱动特征”，在绘图区中可以查看零件阵列的效果，如图11-5所示。

04 零部件阵列建立后，在特征管理器设计树的底部添加了“派生圆周阵列1”，如图11-6所示。通过这个特征可以对所有阵列的零部件进行管理，如隐藏、压缩、删除或解除阵列。

05 单击标准工具栏中的“保存”按钮，将文件保存为“法兰装配体”。

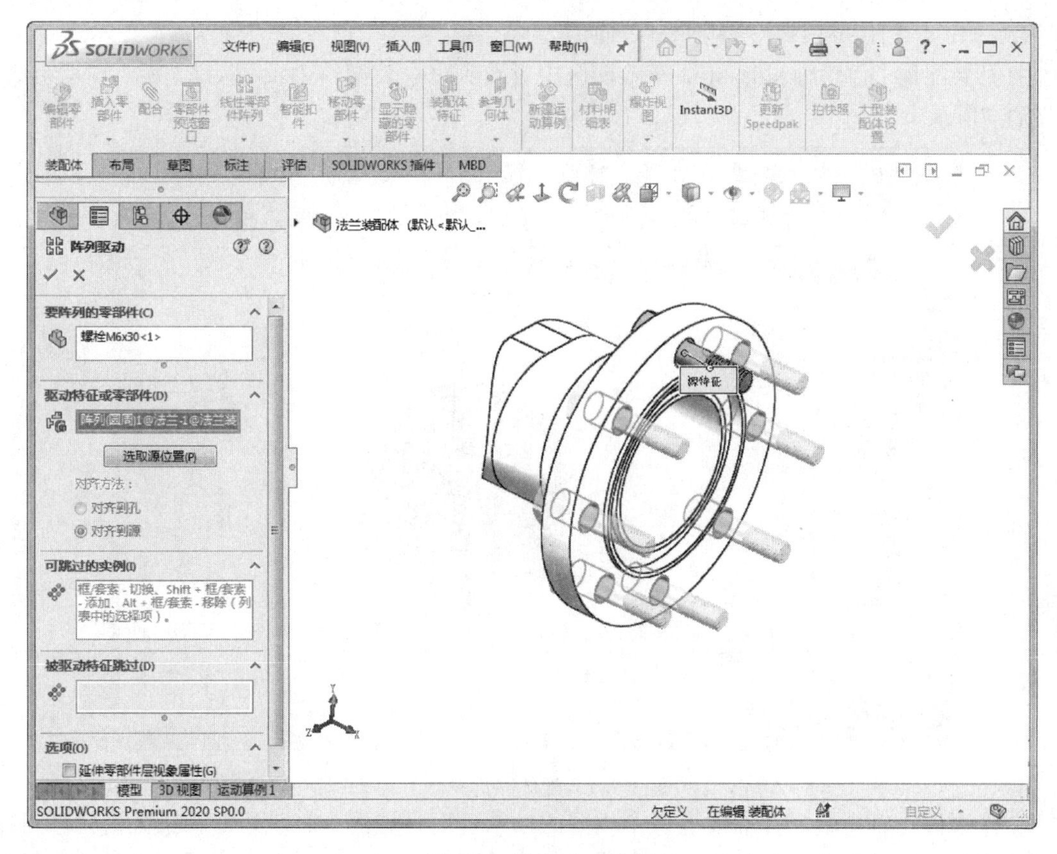

图11-5　建立阵列特征

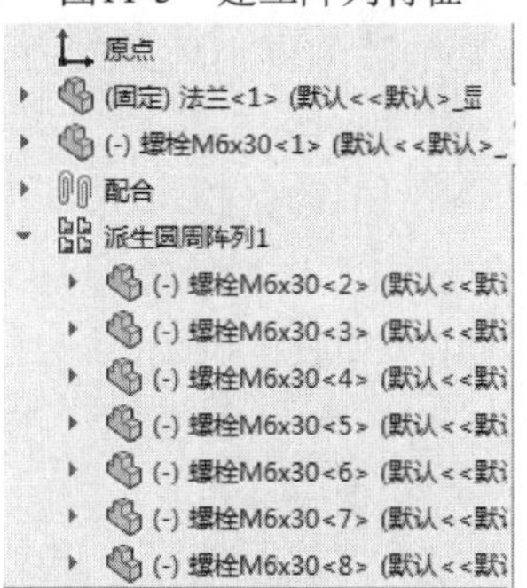

图11-6　派生圆周阵列1

11.4　零部件镜像

零部件的镜像可以在装配体中按照镜像的关系装配制定零件的另一实例，也可以产生关于指定零件在某一平面位置的镜像零件。利用镜像零部件进行装配，可以保持“源”零件与镜像零件的镜像对称关系。如果“源”零部件更改，所镜像的零部件也随之更改。

下面以一个齿轮轴装配体中轴承的装配说明零部件镜像的使用方法。

视频文件\动画演示\第 11 章\零部件镜像.mp4

打开装配体“齿轮轴.sldasm”，在绘图区中可看到整个装配体由轴、齿轮、键、轴承组成，如图11-7所示。

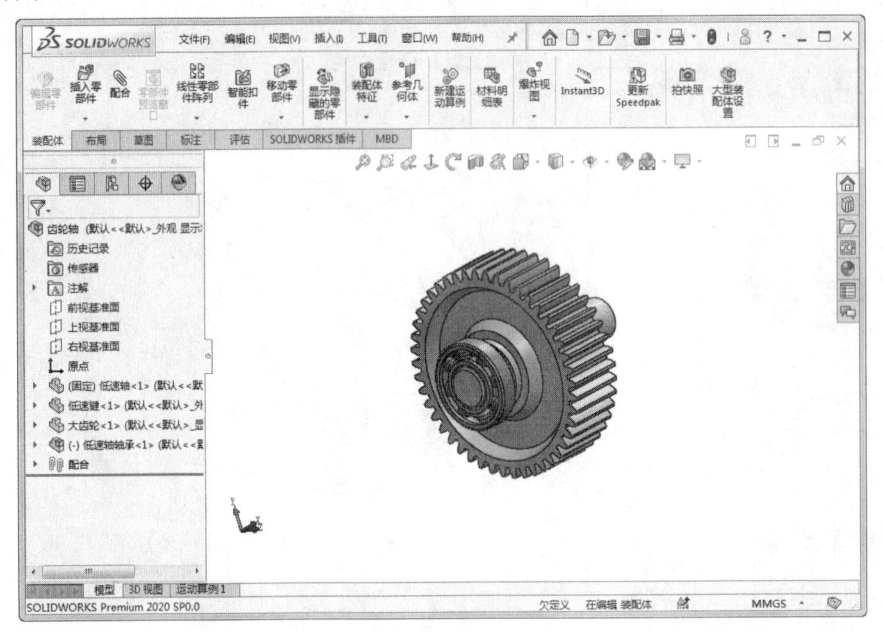

图11-7　装配体“齿轮轴”

整个“齿轮轴”装配体需要有两个相同的轴承，而且这两个轴承还对称于大齿轮。可以通过重新插入轴承的方法来创建该装配体，但这需要重新定义多个配合关系，而且还要再插入一次轴承装配体，这会大大增加工作量。更为巧妙的方法是利用大齿轮本身的对称基准面创建镜像零部件的方法。

01 选择菜单栏中的“插入”→“镜像零部件”命令，弹出“镜像零部件”属性管理器。

02 选择“大齿轮”中的“基准面1”作为“镜像基准面”，在特征管理器设计树中选择“低速轴轴承”作为要镜像的零部件，如图11-8所示。

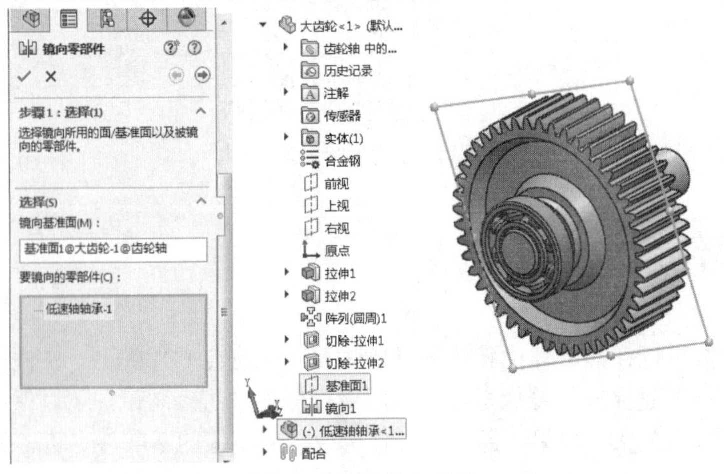

图11-8　设置镜像参数

03 单击“下一步”按钮，进入“步骤2”，为“源”零部件的镜像指定一个新的名称“低速轴轴承-1”，如图11-9所示。

04 单击“确定”按钮，完成轴承的镜像操作。

05 单击标准工具栏中的“保存”按钮，将文件保存为“低速轴组件.sldasm”，完成低速轴组件的创建，如图 11-10 所示。

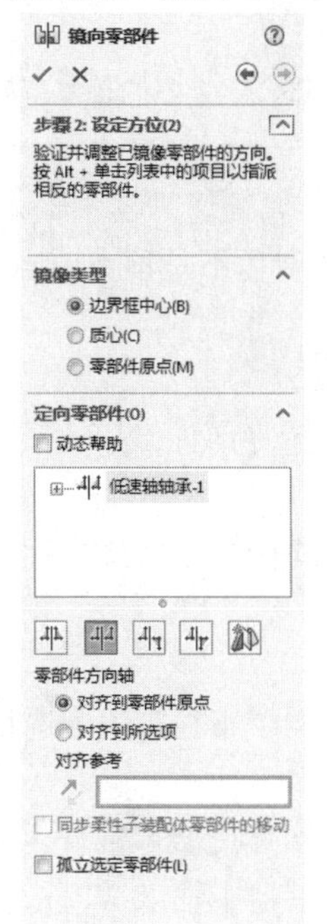

图11-9　“步骤2”设置镜像版本的新名称

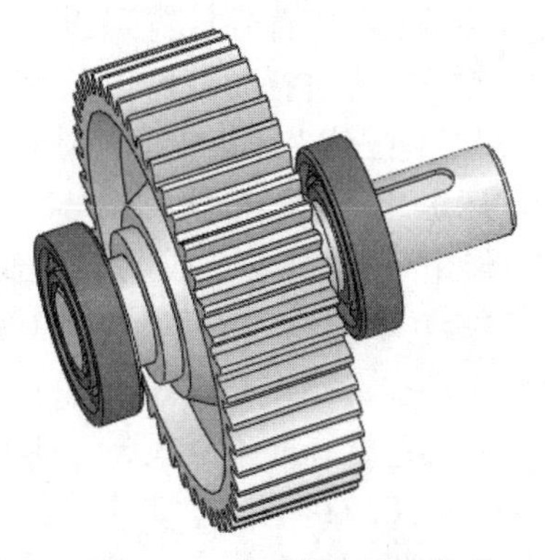

图11-10　创建的低速轴组件

11.5　移动和旋转零部件

将零部件插入装配体中后，可以对其进行移动、旋转或固定，以大致确定它的位置；然后再使用配合关系来精确地定位零部件。使用配合关系，可相对于其他零部件来精确地定位零部件，还可定义零部件如何相对于其他零部件的移动和旋转。只有添加了完整的配合关系，才算完成了装配体模型的创建。

首先通过移动和旋转零部件使它们处于一个比较合适的位置，为进一步添加配合关系作准备。

移动只适用于没有固定关系且没有被添加完全配合关系的零部件。

01 单击“装配体”面板中的“移动零部件”按钮。此时弹出“移动零部件”属性管理器，并且光标指针变为形状。

02 在绘图区中选择一个或多个零部件。按住Ctrl键，可以一次选取多个零部件。

03 在“移动零部件”属性管理器（见图 11-11，的“移动”下拉列表框中选择移动方式：

- 自由拖动：选择零部件并沿任意方向拖动。
- 沿装配体 XYZ：选择零部件并沿装配体的 X、Y 或 Z 方向拖动。绘图区中会显示坐标系以帮助确定方向。
- 沿实体：选择实体，然后选择零部件并沿该实体拖动。如果实体是一条直线、边线或轴，则所移动的零部件具有一个自由度；如果实体是一个基准面或平面，则所移动的零部件具有两个自由度。
- 由 Delta XYZ：在“移动零部件”属性管理器中输入 X、Y 或 Z 的值，零部件将按指定的数值移动。
- 到 XYZ 位置：选择零部件上的一点，在“移动零部件”属性管理器中输入 X、Y 或 Z 的值，则零部件的点将移动到指定坐标。如果选择的项目不是顶点或点，则零部件的原点会被置于所指定的坐标处。

04 单击“确定”按钮✔，完成零部件的移动。

当移动后还不能将零部件放置到合适的位置时，就需要旋转零部件。

要旋转零部件，可进行如下操作：

01 单击“装配体”面板中的“旋转零部件”按钮。此时弹出“旋转零部件”属性管理器，并且鼠标指针变为形状。

02 在绘图区中选择一个或多个零部件。

03 在“旋转零部件”属性管理器（见图11-12）的“旋转”下拉列表中选择旋转方式。

- 自由拖动：选择零部件并沿任意方向拖动。
- 对于实体：选择一条直线、边线或轴，然后围绕所选实体旋转零部件。
- 由 Delta XYZ：选择零部件，在“旋转零部件”属性管理器中输入 X、Y、Z 的值，零部件将按指定的数值绕 X 轴、Y 轴和 Z 轴旋转。

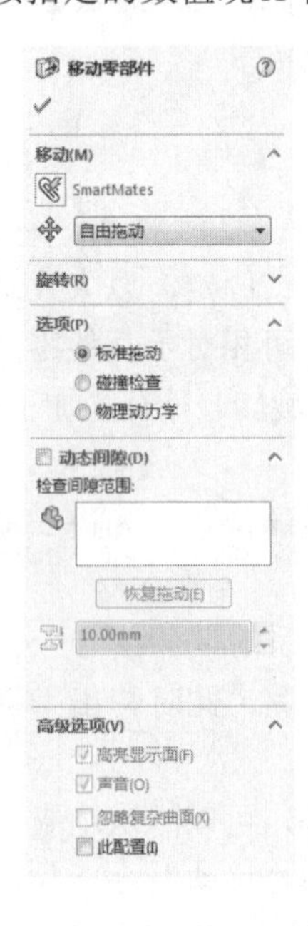

图11-11 “移动零部件”属性管理器

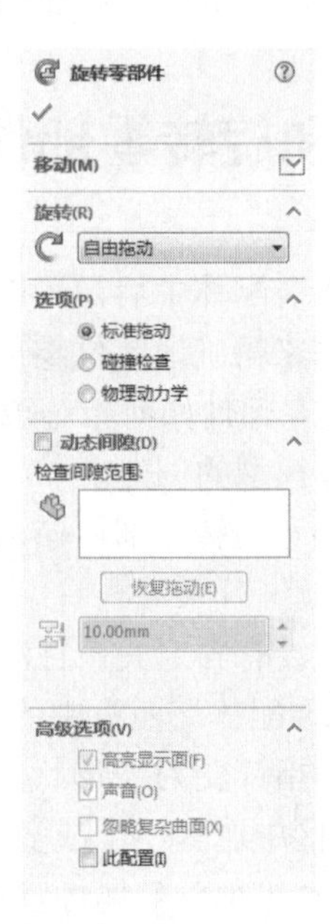

图11-12 “旋转零部件”属性管理器

04 单击“确定”按钮✓，完成旋转零部件的操作。

11.6　子装配

在同一个装配中，完成上千个零部件的装配关系描述，不仅是相当麻烦的，也是完全不必要的。在实际设计过程中，装配总是分级完成的，这就是“子装配”的概念，即传统设计构思中组件、部件类的概念的模拟。一个子装配常常是上百个零件的装配，而其中也并不全是基于装配关系而设计的零件。

对于子装配，SOLIDWORKS将它作为一个零件在装配环境中处理。因此，虽然从子装配自身来说可能是相对运动的，但当进入上一级装配后，则可能会成为不可运动的。

要由现有的零部件生成新的子装配体，只要在特征管理器设计树中按住Ctrl键，选择想用来生成子装配体的零部件（单独的零件或子装配体），然后在所选零部件上右击，在弹出的快捷菜单中选择 “生成新子装配体” 命令（见图11-13），就可以定义该子装配体的名称和存储路径。

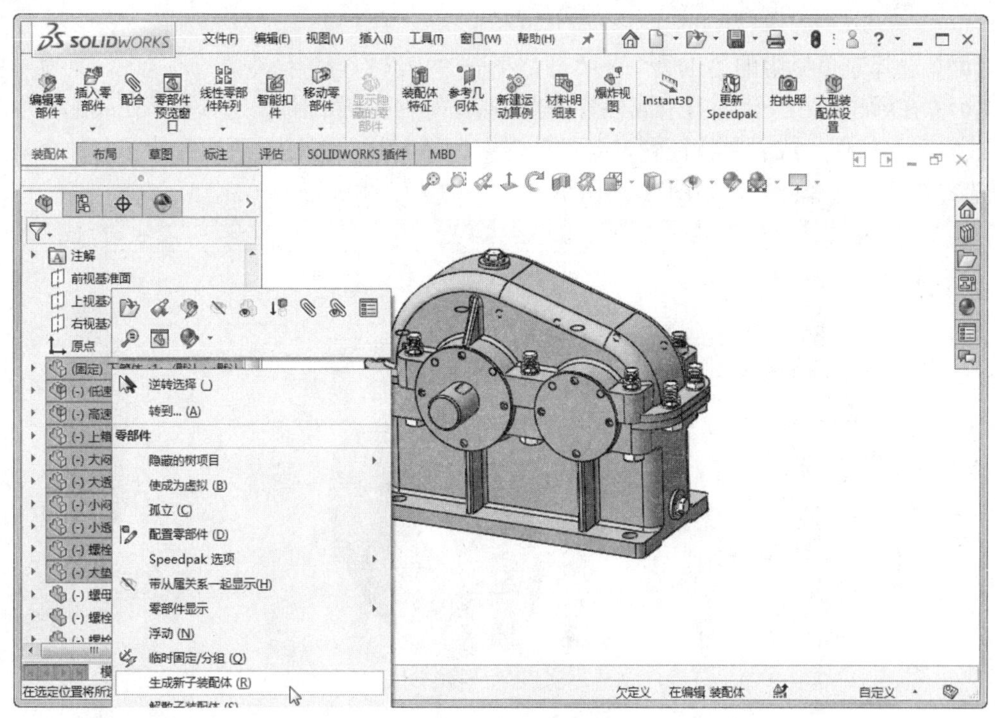

图11-13　定义子装配体

11.7　零件顺序

装配体中零部件的顺序并不影响零部件的约束关系和装配状态，但会影响装配体材料明细表的排列顺序。因此，有时为了查看方便或便于组织材料明细表的零件顺序，可以在特征管理器设计树中使用拖动方法来改变零件顺序，如图11-14所示。在拖动过程中，光标形状为⏎。

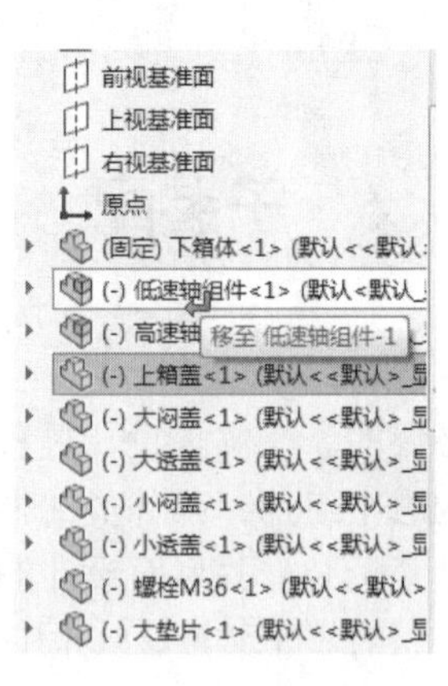

图11-14　改变零部件顺序

11.8　干涉

在一个复杂的装配体中，用视觉来检查零部件之间是否有干涉的情况比较困难。SOLIDWORKS可以在零部件之间进行干涉检查，并且能查看所检查到的干涉，以及与整个装配体或所选零部件组之间的碰撞与冲突。

11.8.1　干涉检查

视频文件\动画演示\第11章\干涉检查.mp4

01 选择菜单栏中的“工具”→“评估”→“干涉检查”命令。

02 在弹出的“干涉检查”属性管理器中单击“所选零部件”选择框，在装配体中选取两个或多个零部件，或者在特征管理器设计树中选择零部件图标。所选择的零部件会显示在“所选零部件”选择框中，如图11-15所示。

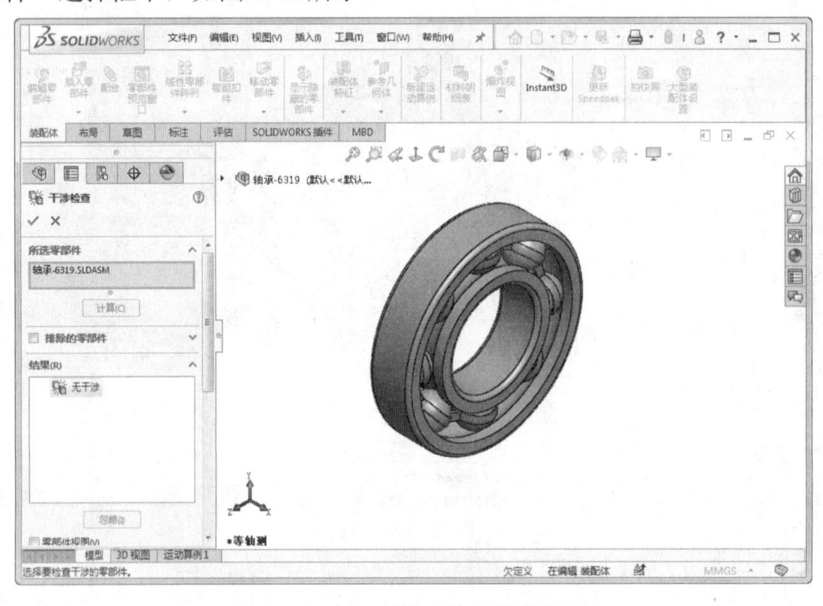

图11-15　“干涉检查”属性管理器

03 选择“视重合为干涉”复选框，则重合的实体（接触或重叠的面、边线或顶点）会被列为干涉的情形，否则将忽略接触或重叠的实体。

04 单击“确定”按钮✓。如果存在干涉，在“结果”显示框中会列出发生的干涉。

05 在绘图区中，对应的干涉会被高亮度显示，在“干涉检查”属性管理器中还会列出相关零部件的名称。

06 单击“取消”按钮✕，关闭“干涉检查”属性管理器，绘图区中高亮度显示的干涉也被解除。

11.8.2　碰撞检查

视频文件\动画演示\第 11 章\碰撞检查.mp4

碰撞检查用来检查整个装配体或所选零部件组之间的碰撞关系。

01 单击“装配体”面板中的“移动零部件”按钮或“旋转零部件”按钮。

02 选择“移动零部件”属性管理器或“旋转零部件”属性管理器“选项”中的“碰撞检查”单选按钮。

03 指定检查范围。

- “所有零部件之间”：如果移动的零部件接触到装配体中任何其他的零部件，都会检查出碰撞。
- “这些零部件之间”：选择该单选按钮后，在绘图区中指定零部件，这些零部件将会出现在图标右侧的显示框中。如果移动的零部件接触到该显示框中的零部件，就会检查出碰撞。

04 如果选择“仅被拖动的零件”复选框，将只检查与移动的零部件之间的碰撞关系。

05 如果选择“碰撞时停止”复选框，则停止零部件的运动以阻止其接触到任何其他实体。

06 单击“确定”按钮✔，完成碰撞检查。

11.8.3　物资动力

视频文件\动画演示\第11章\物资动力.mp4

物资动力是碰撞检查中的一个选项，允许用户以现实的方式查看装配体零部件的移动。启用物资动力后，当拖动一个零部件时，此零部件就会向其接触的零部件施加一个力，结果就会在接触的零部件所允许的自由度范围内移动和旋转接触的零部件。当碰撞时，拖动的零部件就会在其允许的自由度范围内旋转或向约束的或部分约束的零部件相反的方向滑动，使拖动得以继续。

对于只有几个自由度的装配体，运用物资动力效果最佳，并且也最具有意义。

要使用物资动力移动零部件，可做如下操作：

01 单击“装配体”面板中的“移动零部件”按钮或“旋转零部件”按钮。

02 在“移动零部件”属性管理器 或“旋转零部件”属性管理器“选项”中选择“物理动力学”单选按钮。

03 移动“敏感度”滑块来更改物资动力检查碰撞所使用的灵敏度。当调到最大的灵敏度时，当零部件每移动0.02mm，软件就检查一次碰撞；当调到最小灵敏度时，检查间歇为20mm。

04 在绘图区中拖动零部件。当物资动力检测到一碰撞时，将在碰撞的零件之间添加一个互相抵触的力；当两个零件相互接触时，力就会起作用；当两个零件不接触时，力将被移除。

05 单击“确定”按钮✔，完成物资动力的检查。

当以物理动力学方式拖动零部件时，一个质心符号◕出现在零部件的质心位置。如果单击质心符号并拖动零部件，将在零部件的质心位置添加一个力。

如果在质心外拖动零部件，将会给零部件应用一个动量臂，使零部件可以在允许的自由度内旋转。

11.8.4 动态间隙的检测

视频文件\动画演示\第11章\动态间隙的检测.mp4

用户可以在移动或旋转零部件时动态检查零部件之间的间隙值。当移动或旋转零部件时，系统会出现一个动态尺寸线，指示所选零部件之间的最小距离。

要检测零部件之间的动态间隙，可做如下操作：

01 单击“装配体”面板中的“移动零部件”按钮或“旋转零部件”按钮。

02 在“移动零部件”属性管理器或“旋转零部件”属性管理器中选择“动态间隙”复选框。

03 单击“检查间隙范围”右侧的选择框，然后在绘图区中选择要检测的零部件。

04 单击“在指定间隙”按钮，然后在右边的文本框中指定一个数值。当所选零部件之间的距离小于该数值时，将停止移动零部件。

05 单击“恢复拖动”按钮。

06 在绘图区中拖动所选的零部件时，间隙尺寸将在绘图区中动态更新，如图11-16所示。

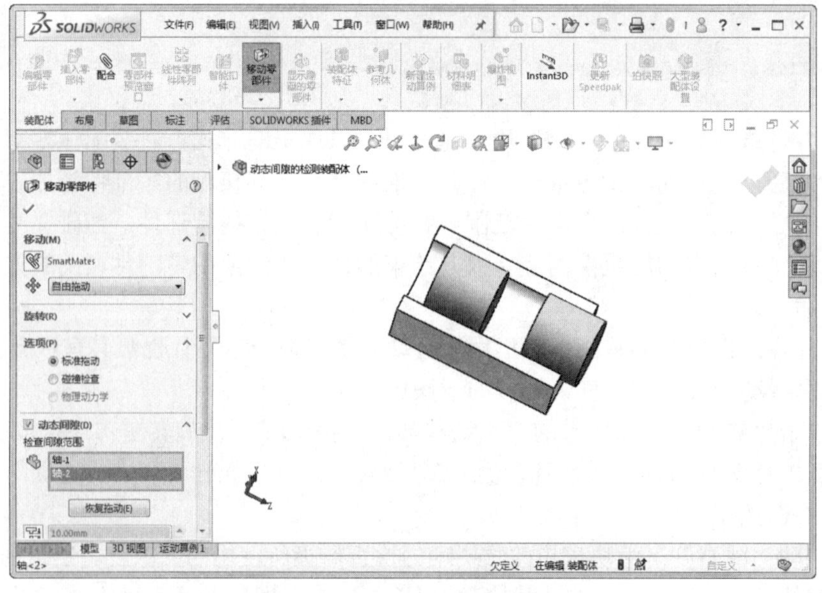

图11-16　间隙尺寸的动态更新

07 单击“确定”按钮✔，完成动态间隙的检测。

11.9 爆炸视图

出于制造目的，经常需要分离装配体中的零部件，以形象地分析它们之间的相互关系。装配体的爆炸视图可让用户分离其中的零部件，以便查看这个装配体。装配体爆炸后，就不能给装配体添加配合了。

要生成一个爆炸视图，可做如下操作：

01 单击“装配体”面板中的“爆炸视图”按钮。系统弹出“爆炸”属性管理器，如图 11-17 所示。

图11-17 “爆炸”属性管理器

02 单击“添加阶梯”选项组的“爆炸步骤零部件”选择框，选择要爆炸的零部件，此时装配体中被选中的零部件被高亮显示，并且出现一个设置移动方向的坐标。

03 单击坐标的某一方向，确定要爆炸的方向，然后在“添加阶梯”选项组的“爆炸距离”文本框中输入爆炸的距离值。

04 重复步骤 **01** ～ **03** ,将装配体中的其他零部件爆炸出来。

05 如果要撤销上一个步骤，单击“撤销”按钮。

06 如果要删除一个爆炸视图的步骤，右击“爆炸步骤”，在弹出的快捷菜单中选择“删除”选项，零部件将恢复爆炸前的配合状态。

07 单击“确定”按钮✔，创建爆炸视图。

第12章

轴承设计

轴承是机械设计中常用的零部件，本章将介绍创建深沟球轴承的两种方法。第一种是按照传统的方法进行建模和装配，第二种则是在第一个轴承的基础上通过修改特征尺寸等方法来创建。

- 轴承 6315 内外圈
- 保持架
- 滚珠
- 装配轴承
- 创建轴承 6319

12.1 设计思路及实现方法

深沟球轴承由轴承内外圈、保持架、滚球和滚球装配体组成。这里将轴承的内外圈作为一个零件进行三维创建；保持架作为一个零件创建；通过圆周阵列零部件功能将单个滚球阵列成滚球装配体，如图12-1所示。

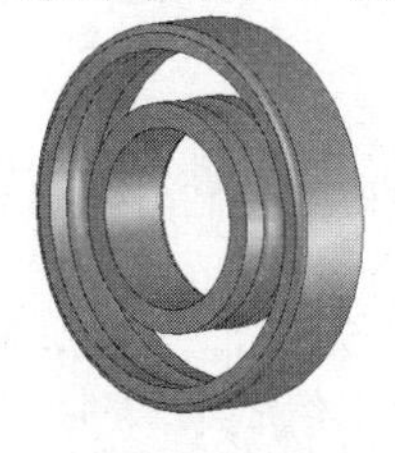
轴承内外圈

保持架

滚球

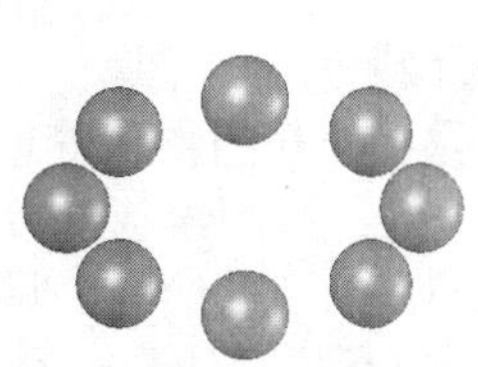
滚球装配体

图12-1 轴承零部件的创建

从图12-1中可以看出，深沟球轴承的创建可以通过拉伸凸台/基体、切除旋转、圆周阵列特征、圆周阵列零部件等方法。本例中，两个标准轴承的内部结构基本一致，所以本章通过特征重定义的方法建立一个零件序列，从而创建两套结构一致、尺寸的不同的轴承。

本章首先讲述轴承6315（见图12-2）的创建，然后通过特征重定义的方法创建轴承6319。

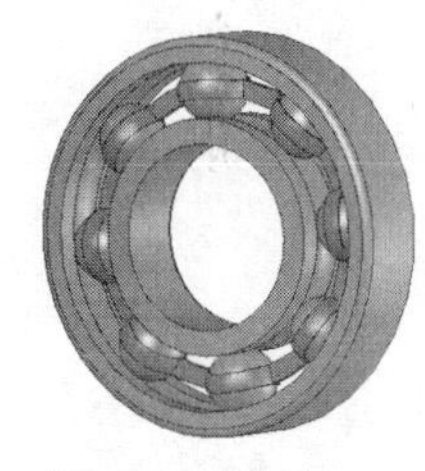
图12-2 轴承6315

12.2 轴承 6315 内外圈的创建

轴承内外圈属类圆柱体结构，可以通过旋转命令来创建，再结合一些其他辅助命令创建辅助特征。

本例为轴承内外圈的创建。图12-3所示为轴承6315的工程图。

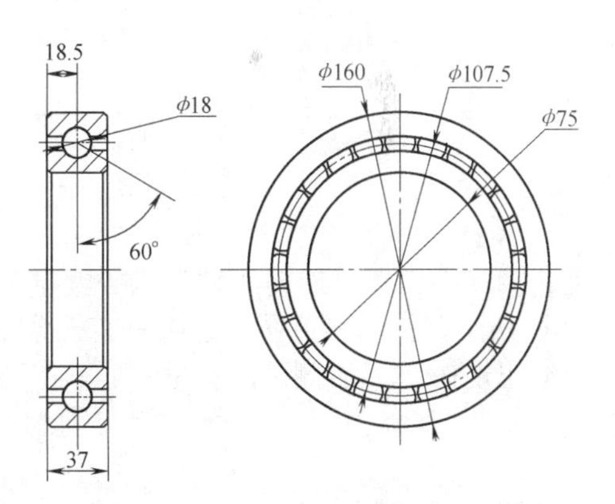

图12-3 轴承6315的工程图

创建一个文件夹并命名为“轴承6315”，所有轴承6315的零部件都将保存在该文件夹下。

图12-4所示为轴承内外圈的基本创建过程。

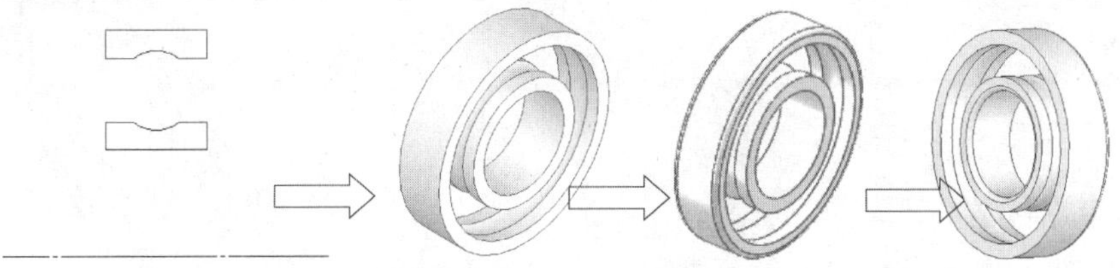
图12-4 轴承内外圈的基本创建过程

视频文件\动画演示\第12章\轴承6315内外圈.mp4

创建步骤

12.2.1 创建内外圈实体

01 新建文件。启动 SOLIDWORKS 2020，单击标准工具栏中的“新建”按钮，单击“零件”按钮，然后单击“确定”按钮，新建一个零件文件。

02 绘制草图。

❶在打开的特征管理器设计树中选择“前视基准面”作为草图绘制平面，单击“草图”面板中的“草图绘制”按钮，进入草图绘制。

❷利用草图绘制工具绘制基体旋转的草图轮廓，并标注尺寸，如图12-5所示。注意，在图中通过坐标原点绘制一条水平中心线作为旋转特征的旋转轴，同时整个草图轮廓关于Y轴对称。

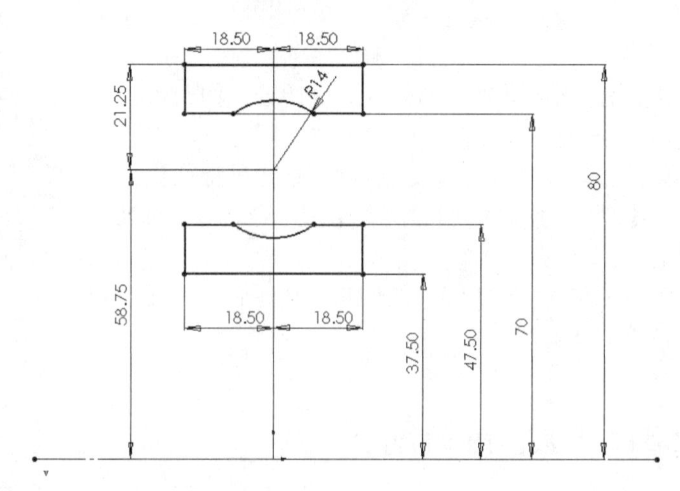

图12-5 绘制基体旋转的草图轮廓

03 旋转创建实体。单击“特征”面板中的“旋转凸台/基体”按钮。在“旋转”属性管理器中设置“旋转类型”为“给定深度”，在文本框中设置旋转角度为 360 度，如图 12-6 所示。因为在草图轮廓中只有一条中心线，所以默认情况下该中心线作为旋转轴，该中心线出现按钮右侧的选择框中。单击“确定”按钮，从而创建旋转特征，如图 12-7 所示。

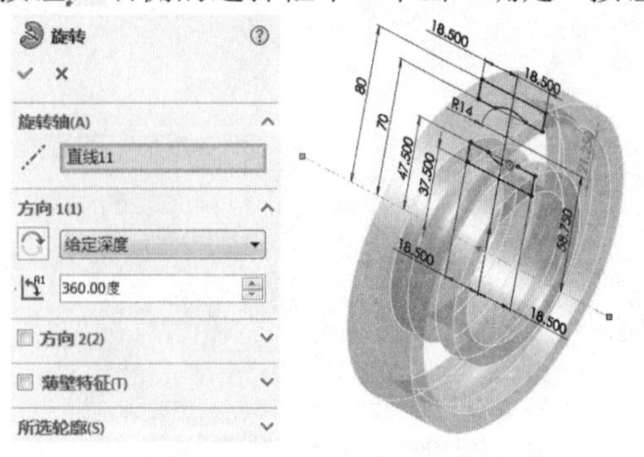

图12-6 设置旋转参数

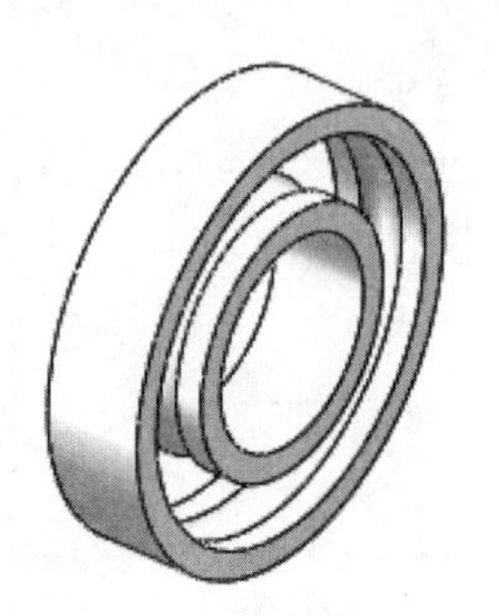

图12-7 创建旋转特征

04 创建轴承外圈圆角。选择轴承外圈的外边线，单击“特征”面板中的“圆角”按钮。在“圆角”属性管理器中指定“圆角类型”为“恒定大小圆角”；在“圆角参数”选项组的圆角“半径”文本框中输入3.5mm，如图12-8所示。单击“确定”按钮，从而创建圆角特征，如图12-9所示。

05 创建轴承内圈倒角。单击“特征”面板中的“倒角”按钮，在“倒角”属性管理器中指定“倒角类型”为“距离-距离”，输入倒角距离为3.5mm，对轴承内圈的内边线进行倒创建操作，创建的倒角特征如图12-10所示。

到此，整个轴承内外圈的设计建模过程就完成了。整个创建过程使用旋转基体的方法建立整个框架，然后通过倒角和圆角的方法对内外圈进行处理。实际上，也可以通过拉伸特征的方法建立整个框架结构，有心的读者可以使用该方法进行建模。需要注意的是，在SOLIDWORKS 2003以后的版本中，零件文件形式中模型可以存在多个互不相交的实体，这个功能的改进可以说是该模型在一个零件文件中完成的基础。

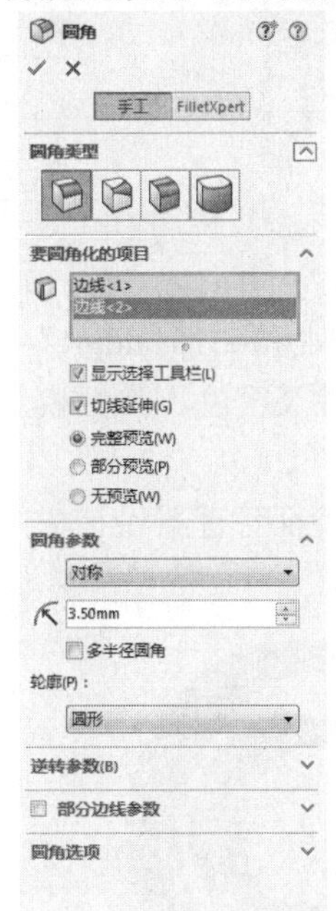

图12-8　设置圆角参数

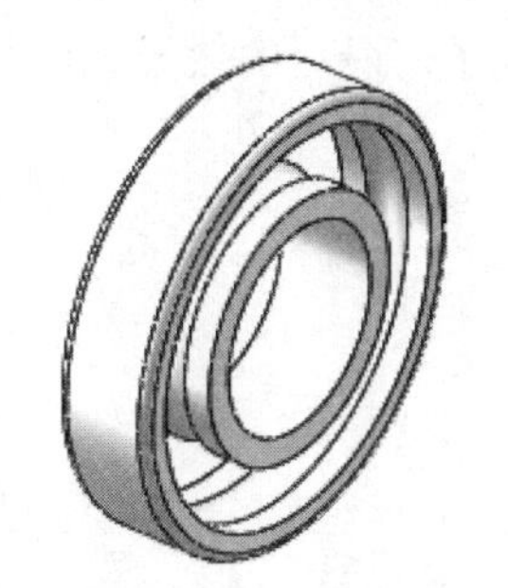

图12-9　创建轴承外圈外边的圆角特征

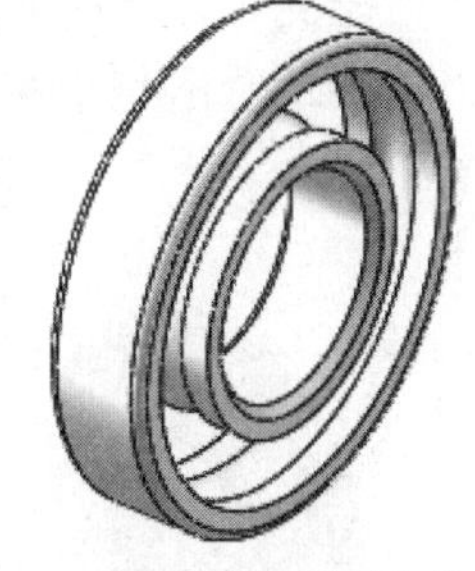

图12-10　创建轴承内圈内边的倒角特征

12.2.2　为轴承内外圈指定材质

SOLIDWORKS 2020中提供的内置材质编辑器可对零件或装配体进行渲染。其内置的材料编辑器还内置了新的材料数据库，使用户能够单独为零件选择材料特性，包括颜色、质地、纹理和物理特性。

下面就为制作好的轴承内外圈模型指定材料：

01 右击特征管理器设计树中的“材质”选项，在弹出的快捷菜单中选择“编辑材料”，系统弹出“材料”对话框。

02 在“材料”列表框中选择 solidworks materials 选项，单击其前面的符号▷，展开此项。

03 在展开的solidworks materials列表中选择“钢”→“合金钢”选项，如图12-11所示。

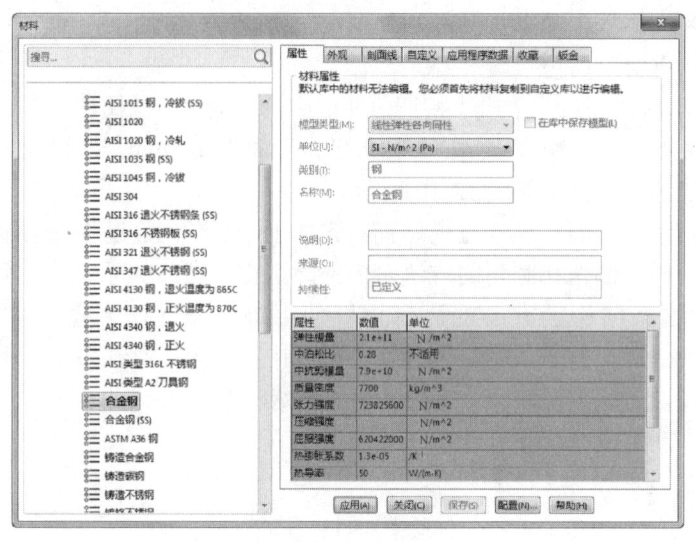

图12-11　指定材质

04 单击“应用”按钮，从而为轴承内外圈指定材料。

05 单击标准工具栏中的“保存”按钮，将零件文件保存为“轴承 6315. sldprt”

在指定好材质后，轴承内外圈模型的颜色、质地、纹理和物理特性（密度、弹性模量、泊松比等）都被确定了。指定材质后的轴承内外圈模型如图12-12所示。

至此，轴承内外圈就制作完成了，最后的效果如图12-13所示。从特征管理器设计树中可以清晰地看出整个零件的建模过程。

图12-12　指定材质后的轴承内外圈模型

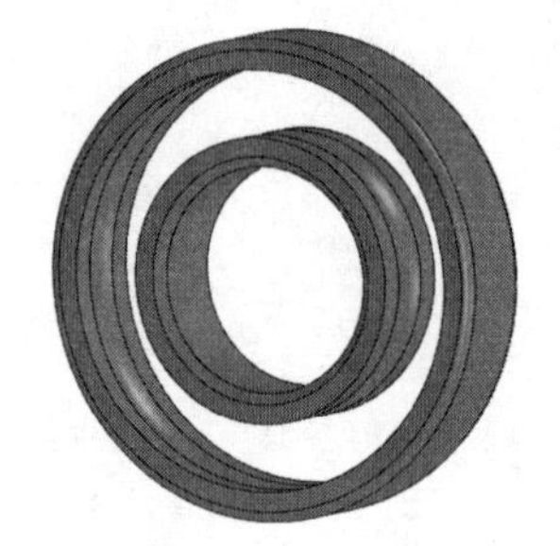

图12-13　轴承内外圈最后的效果

12.3　保持架的创建

保持架用来对轴承中的滚球进行限位，滚球在保持架和轴承内外圈的约束下滚动。保持架的创建过程如图12-14所示。

整个建模过程用到了拉伸、旋转、圆周阵列、切除拉伸、切除旋转特征。这里主要介绍圆周阵列特征功能和切除旋转特征功能。

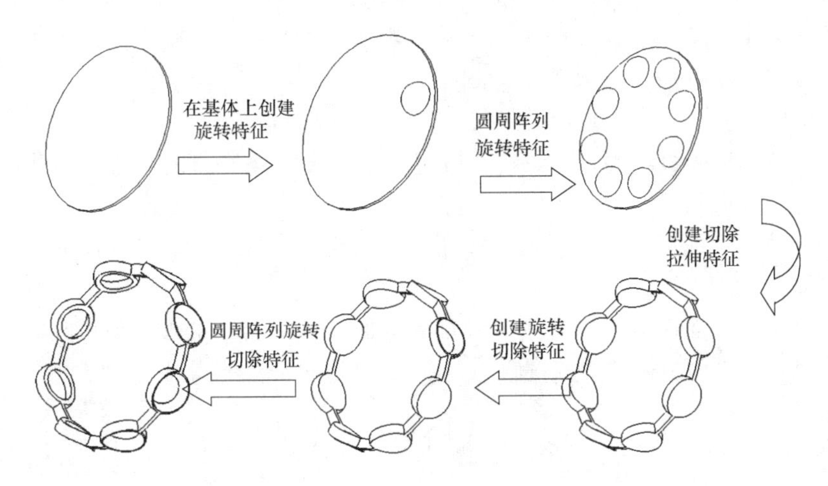

图12-14　保持架的创建过程
视频文件\动画演示\第12章\保持架.mp4

创建步骤

12.3.1　创建球体

01 新建文件。启动 SOLIDWORKS 2020，单击标准工具栏中的“新建”按钮，在弹出的“新建 SOLIDWORKS 文件”对话框中选择“零件”按钮，然后单击“确定”按钮。

02 在打开的特征管理器设计树中选择“前视基准面”作为草图绘制平面，单击“草图”面板中的“草图绘制”按钮，进入草图绘制。

03 绘制圆。利用草图工具以坐标原点为圆心绘制一个直径为160mm的圆，作为拉伸特征的草图轮廓，如图12-15所示。

04 拉伸实体。单击“特征”面板中的“拉伸凸台/基体”按钮，在弹出的“凸台-拉伸”属性管理器中设置“终止条件”为“两侧对称”，拉伸“深度”为 3mm，如图 12-16 所示。单击“确定”按钮，创建一个以“前视基准面”为对称面的前后各拉伸 1.5mm 的圆柱体，如图 12-17 所示。

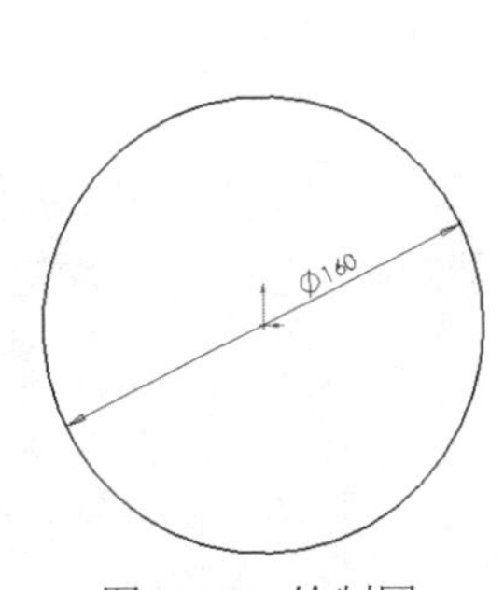

图12-15　绘制圆

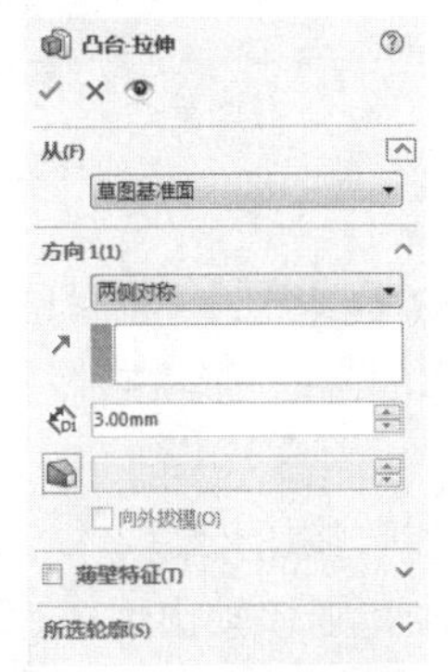

图12-16　设置拉伸参数

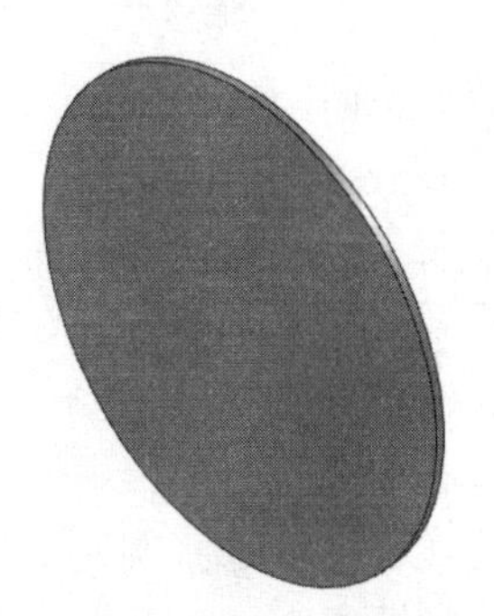

图12-17　创建圆柱体

05 在特征管理器设计树中选择“上视基准面”作为草图绘制平面，单击“草图”面板中的“草图绘制”按钮，进入草图绘制。

06 绘制草图。

❶单击“草图”面板中的“中心线”按钮，绘制一条竖直的中心线，并标注中心线到原点的距离为58.75mm。

❷单击“草图”面板中的“圆形”按钮，绘制一个以坐标（58.75，0）为圆心，直径为30mm的圆。

❸单击“草图”面板中的“剪裁实体”按钮，剪裁掉中心线左侧的半圆。

❹单击“草图”面板中的“直线”按钮，绘制一条将半圆封闭的竖直直线，绘制的旋转草图如图12-18所示。

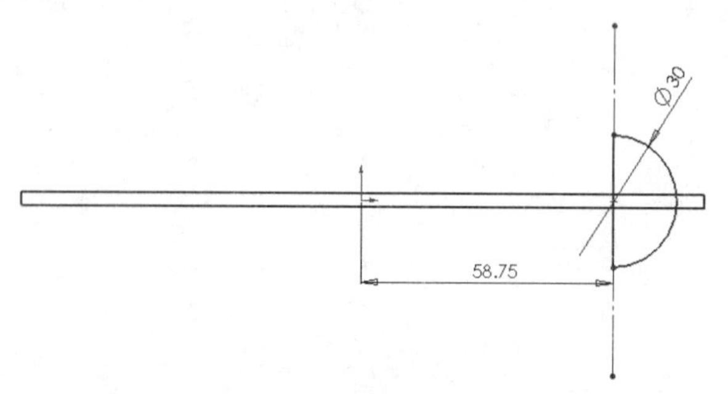

图12-18　绘制的旋转草图

07 旋转创建实体。单击“特征”面板中的“旋转凸台/基体”按钮。由于在草图中只有一条中心线，所以被默认为旋转轴。在弹出的“旋转”属性管理器中设置旋转参数，如图12-19所示。单击“确定”按钮，从而创建旋转特征，如图12-20所示。

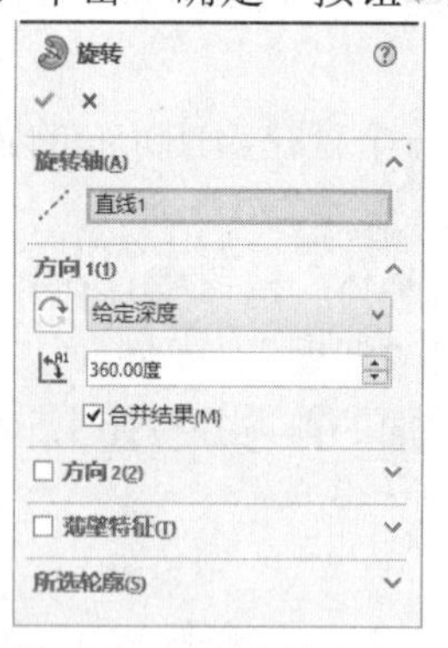

图12-19　设置旋转参数

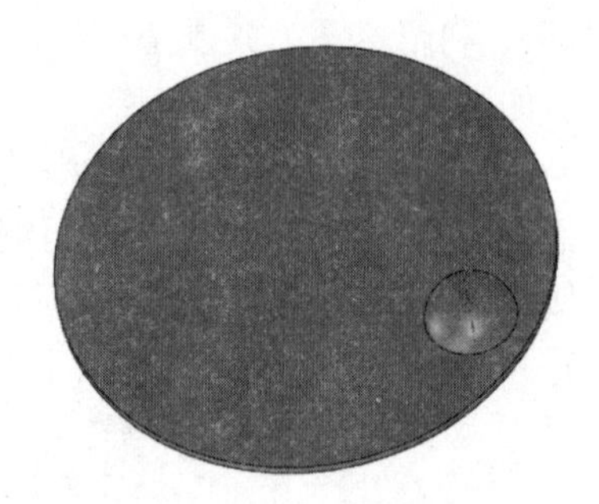

图12-20　创建的球体

08 圆周阵列球体。

❶选择菜单栏中的“视图”→“隐藏/显示”→“临时轴”命令，显示临时轴。在绘图区中可以看到两条临时轴，一条是圆柱基体的临时轴，该轴与坐标系中的Z轴重合，另一条是球体的临时轴。

❷单击“特征”面板中的“圆周阵列”按钮。

❸在绘图区中选择圆柱基体的临时轴，则该轴出现在“阵列（圆周）1”属性管理器中的阵列轴选择框中。

❹在“阵列（圆周1）”属性管理器中选择“等间距”单选按钮，则“角度”中的总角度将默认为360度，所有的阵列特征会等角度均匀分布。

❺在“实例数”文本框中输入8，即为球轴承中滚球的个数。

❻在特征管理器设计树中选择“旋转 1”特征，或者在绘图区中选择球体特征，则选择的特征出现在“要阵列的特征”选择框中，如图 12-21 所示。单击“确定”按钮，从而创建圆周阵列特征，如图 12-22 所示。

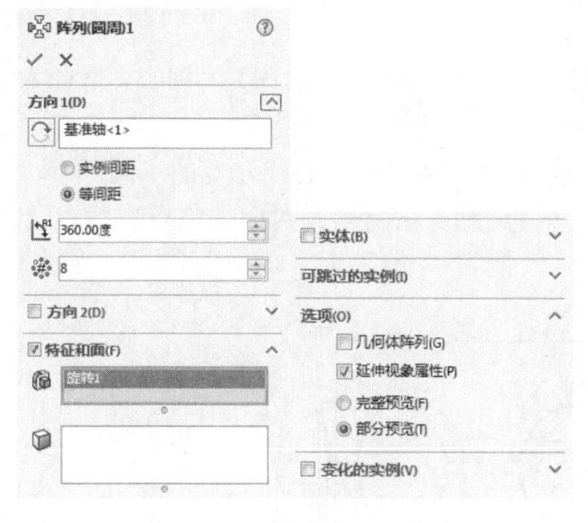

图12-21　设置圆周阵列参数

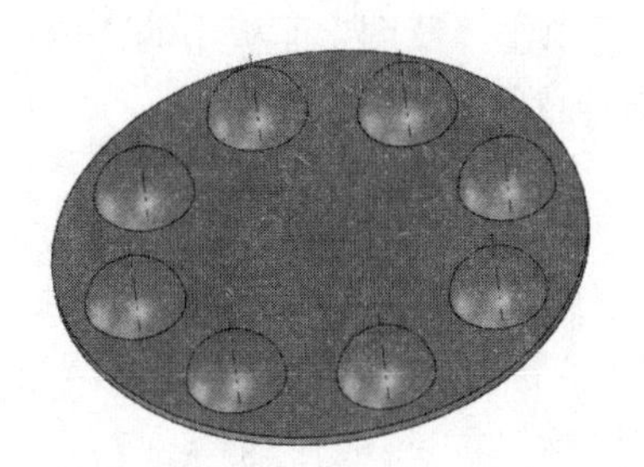

图12-22　创建的球体阵列

12.3.2　切除拉伸实体

01 选择特征管理器设计树中的“前视基准面”作为切除特征的草图绘制平面。

02 绘制草图。单击“草图”面板中的“草图绘制”按钮，在“前视基准面”上绘制草图。单击“草图”面板中的“圆形”按钮，绘制一个以原点为圆心，直径为 125mm 的圆。继续绘制一个以原点为圆心，直径为 110mm 的圆。

03 切除拉伸实体。单击“特征”面板中的“拉伸切除”按钮，在弹出“切除-拉伸”属性管理器中设置切除-拉伸参数，如图 12-23 所示。单击“确定”按钮，创建切除-拉伸特征，如图 12-24 所示。

图12-23　设置切除-拉伸参数

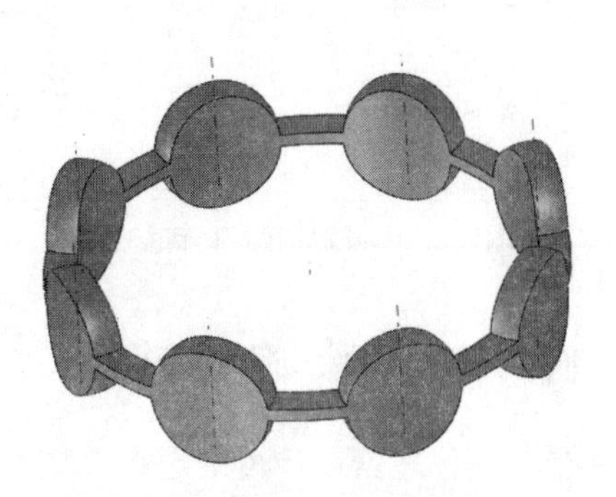

图12-24　创建的切除-拉伸特征

12.3.3 切除旋转实体

01 选择特征管理器设计树中的“上视基准面”作为切除-旋转特征的草图绘制平面。

02 绘制草图。

❶单击“草图”面板中的“草图绘制”按钮，在“上视基准面”上绘制草图。

❷单击“草图”面板中的“中心线”按钮，绘制一条竖直的中心线，并标注中心线到原点的距离为58.75mm。

❸单击“草图”面板中的“圆形”按钮，绘制一个以（58.75，0）为圆心，直径为28mm的圆。

❹单击“草图”面板中的“剪裁实体”按钮，剪裁掉中心线左侧的半圆。

❺单击“草图”面板中的“直线”按钮，绘制一条将半圆封闭的竖直直线，绘制的切除-旋转草图如图12-25所示。

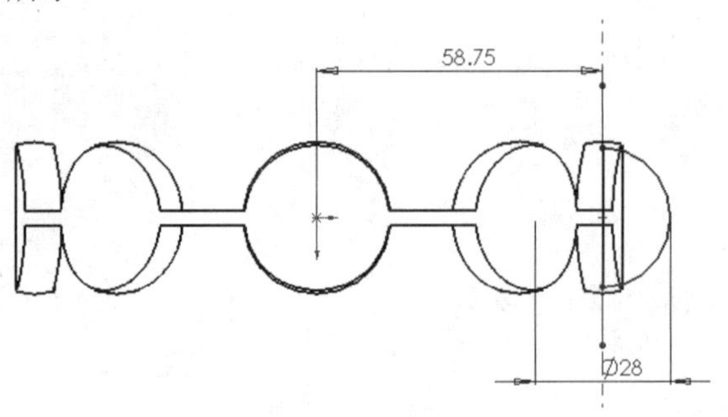

图12-25 绘制的切除旋转草图

03 切除旋转实体。单击“特征”面板中的“旋转切除”按钮。由于在草图中只有一条中心线，所以被默认为旋转轴。在弹出的“切除-旋转”属性管理器中设置切除-旋转参数，如图12-26所示。单击“确定”按钮，从而创建切除-旋转特征，如图12-27所示。

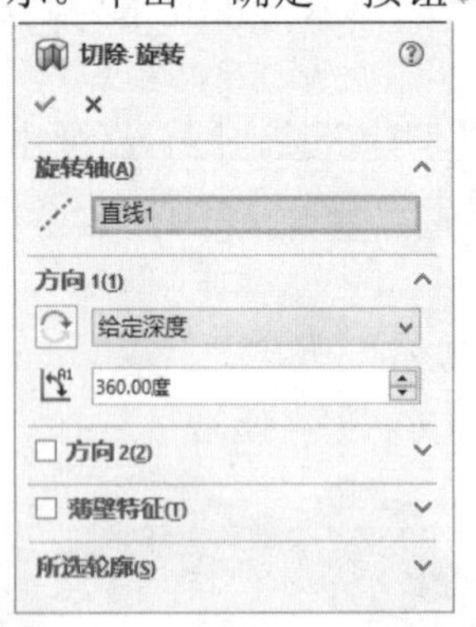

图12-26 设置切除-旋转参数

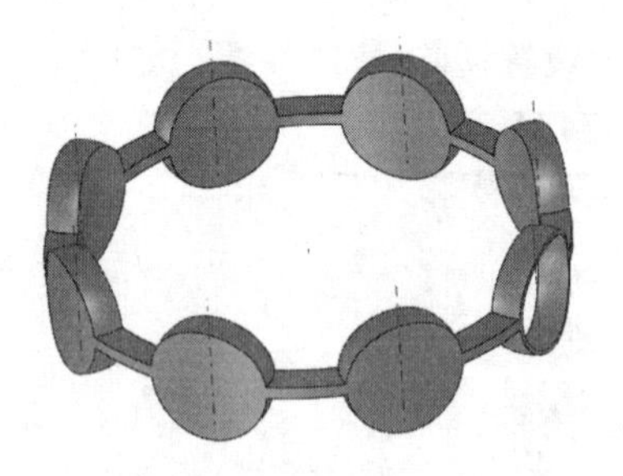

图12-27 创建切除-旋转特征

12.3.4 圆周阵列切除-旋转特征

01 在特征管理器设计树中选择“切除-旋转”特征。

02 圆周阵列特征。

❶单击“特征”面板中的“圆周阵列”按钮。

❷在“阵列（圆周）2”属性管理器中选择“阵列轴”选择框，然后在绘图区中选择圆柱基体的临时轴作为阵列轴。

❸在“阵列（圆周）2”属性管理器中选择“等间距”单选按钮，从而使所有的阵列特征等角度均匀分布。

❹在“实例数”文本框中输入 8，即为球轴承中滚球的个数，如图 12-28 所示。单击“确定”按钮，从而创建圆周阵列特征，如图 12-29 所示。

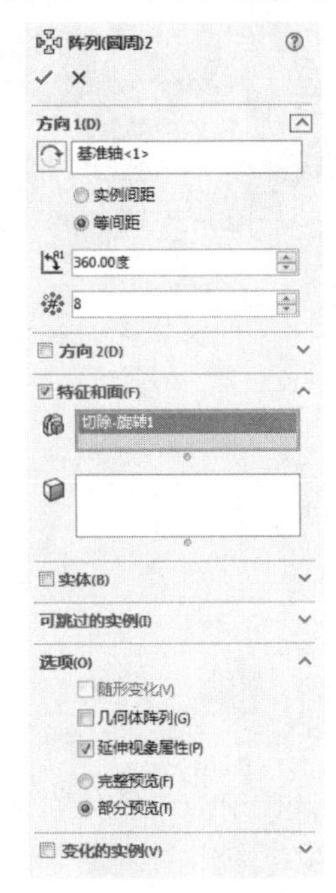

图12-28 设置圆周阵列参数

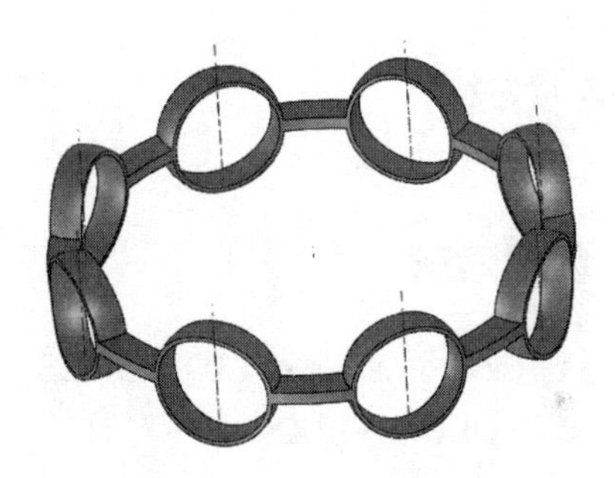

图12-29 圆周阵列切除-旋转特征

至此，保持架的创建就完成了。接下来通过“材料”对话框为保持架赋予“铸造不锈钢”材质。单击标准工具栏中的“保存”按钮，将文件保存为“保持架.sldprt”。

保持架最后的效果如图12-30所示。从特征管理器设计树中可以清晰地看出整个零件的创建过程。

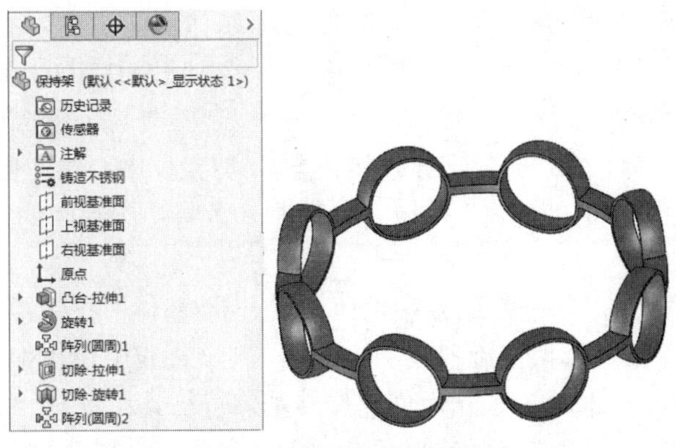

图12-30 保持架的最后效果

12.4 滚球和滚球装配体的创建

首先通过旋转凸台/基体特征创建单个滚球，然后通过将创建的单个滚球插入到新装配体中，通过圆周阵列装配体中的滚球创建滚球装配体。

滚球和滚球装配体的创建过程如图12-31所示。

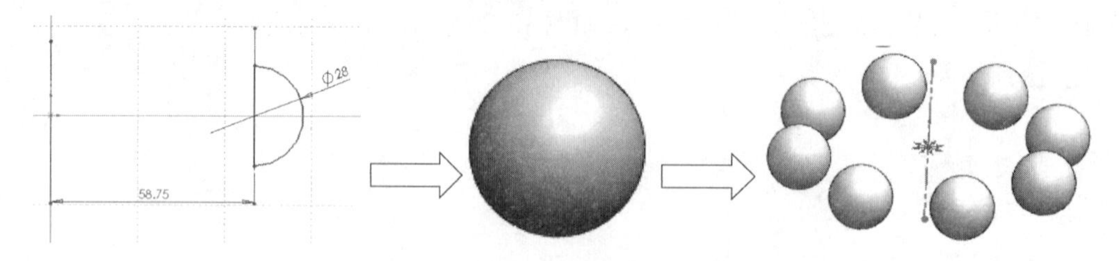

图12-31 滚球和滚球装配体的创建过程

视频文件\动画演示\第12章\滚球.mp4

创建步骤

12.4.1 创建滚球

01 新建文件。启动 SOLIDWORKS 2020，单击标准工具栏中的“新建”按钮，在弹出的“新建 SOLIDWORKS 文件”对话框中选择“零件”选项，单击“确定”按钮，新建一个零件文件。

02 在特征管理器设计树选择“前视基准面”作为草图绘制平面，单击“草图”面板中的“草图绘制”图标，进入草图绘制。

03 绘制草图。

❶单击“草图”面板中的“中心线”按钮，绘制一条竖直的中心线。并标注中心线到原点的距离为58.75mm。这条中心线将作为旋转凸台/基体特征的旋转轴。

❷单击“草图”面板中的“圆形”按钮，绘制一个以（58.75，0）为圆心、直径为28mm的圆。

❸单击“草图”面板中的“剪裁实体”按钮，剪裁掉中心线左侧的半圆。

❹单击“草图”面板中的“直线”按钮，绘制一条将半圆封闭的竖直直线，如图12-32所示。

04 旋转实体。单击“特征”面板中的“旋转凸台/基体”按钮。在“旋转”属性管理器中单击作为旋转凸台/基体特征旋转轴的中心线，则该直线出现在“中心轴”选择框中，作为旋转轴。单击“确定”按钮，从而创建旋转基体特征。

05 在特征管理器设计树选择“前视基准面”作为草图绘制平面，单击“草图”面板中的“草图绘制”按钮，进入草图绘制。

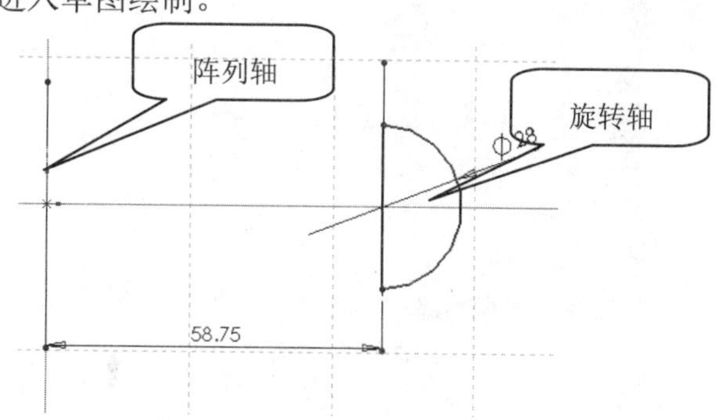

图12-32　绘制旋转草图轮廓

06 绘制中心线。单击“草图”面板中的“中心线”按钮，再绘制一条通过原点的竖直的中心线。这条中心线将作为装配体中的阵列轴，在零件状态中没有其他的作用。

07 单击标准工具栏中的“保存”按钮，将文件保存为“滚球. sldprt”。滚球的最后效果如图 12-33 所示。

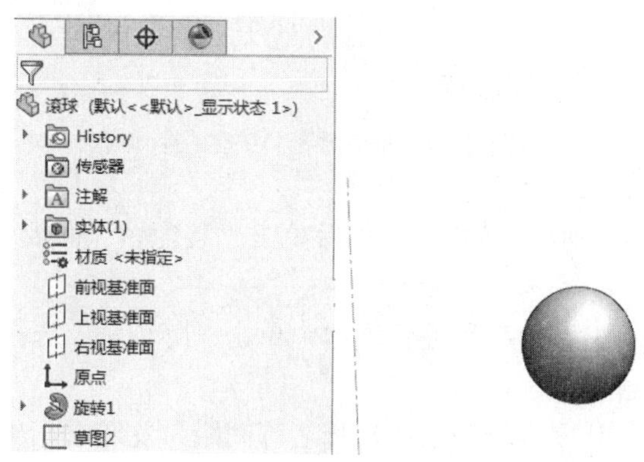

图12-33　滚球的最后效果

12.4.2　创建滚球装配体

滚球装配体的创建是通过阵列滚球的方法来实现的。通过阵列零件的方法，可以很方便地将零件沿圆周、直线创建多个相同的零件。

01 在“滚球. sldprt”零件的编辑模式下，单击标准工具栏中的“从零件/装配体制作装配体”按钮，系统会自动进入“插入零部件”模式中，此时鼠标指针变为形状，如图12-34所示。当利用鼠标拖动零部件到原点时，鼠标指针显示为图12-34中所示的形状。此时释放鼠标，将会确立零部件在装配体中具有以下的状态：

➢　零部件被固定。

➢　零部件的原点与装配体的原点重合。

零部件和装配体基准面对齐这个过程虽非必要，但可以帮助确定装配体的起始方位。

单击“确定”按钮，将“滚球 . sldprt”插入到装配体中。零件的原点及坐标轴与装配体对应的原点和坐标轴重合。此时，插入的滚球显示在特征管理器设计树中。

图12-34　拖动零部件时的指针形状

02 圆周阵列滚球。

❶选择特征管理器设计树中“滚球”，然后单击“装配体”面板中的“圆周零部件阵列”按钮。

❷在弹出的“阵列（圆周）1”属性管理器中单击“阵列轴”选择框，然后在绘图区中选择通过原点的作为阵列轴的轴。

❸在“阵列（圆周）1”属性管理器中选择“等间距”复选框，从而使所有的零件等角度均匀分布。

❹在“实例数”文本框中输入 8，即为球轴承中滚球的个数，具体圆周阵列参数设置如图 12-35 所示。单击“确定”按钮，从而创建圆周阵列零件特征。

03 单击标准工具栏中的“保存”按钮，将文件保存为“滚球装配体.sldasm”，滚球装配体的最后效果如图 12-36 所示。

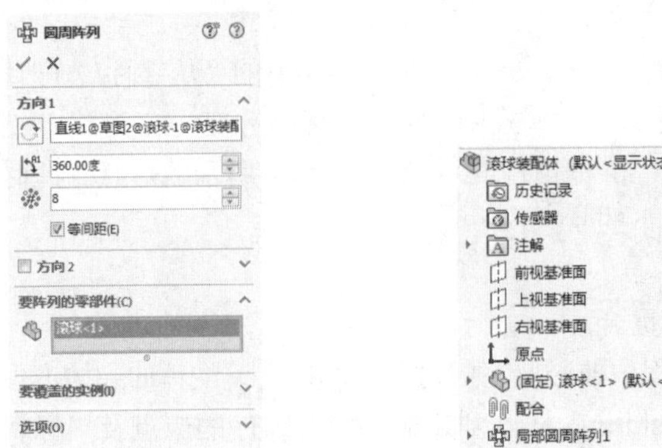

图12-35　设置圆周阵列零件参数

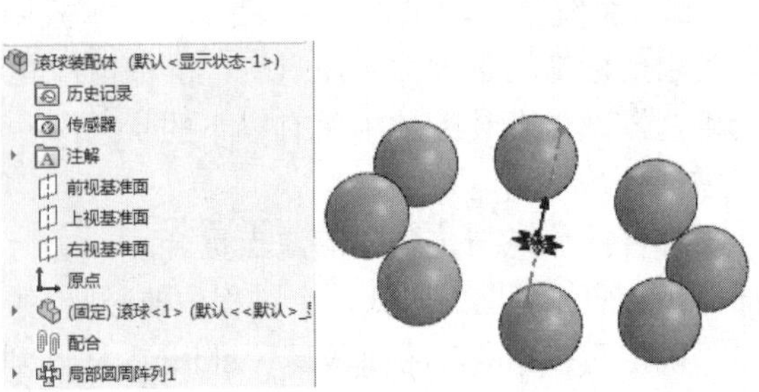

图12-36　滚球装配体的最后效果

12.5　装配轴承

在轴承315的所有零件和子装配体都制作完成后，就需要把所有的零部件组合在一起。

视频文件\动画演示\第12章\装配轴承.mp4

装配步骤

12.5.1　插入零部件

01 单击标准工具栏中的“新建”按钮，在弹出的“新建 SOLIDWORKS 文件”对话框中选择“装配体”。单击“确定”按钮，进入新建的装配体编辑模式。

02 单击“装配体”面板中的“插入零部件”按钮，在弹出的“插入零部件”属性管理器中单击“浏览”按钮。在弹出的“打开”对话框中选择“轴承 6315 内外圈. SLDPRT”所在的文件夹（见图 12-37），选择该文件，单击“打开”按钮。

03 此时被打开的文件“轴承 6315 内外圈. SLDPRT”出现在绘图区中，光标指针变为形状。当利用光标拖动零部件到原点时候，指针变为形状时释放鼠标，从而使零件“轴承 6315 内外圈. SLDPRT”的原点与新装配体原点重合，并将其固定,如图 12-38 所示。

04 单击“装配体”面板中的“插入零部件”按钮，在弹出的“插入零部件”属性管理器中单击“浏览”按钮，并在弹出的“打开”对话框中选择“保持架.SLDPRT”所在的文件夹，并将其打开。

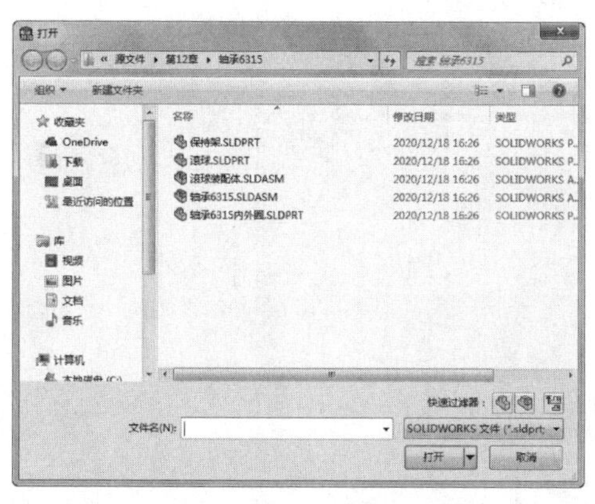

图12-37　选择文件

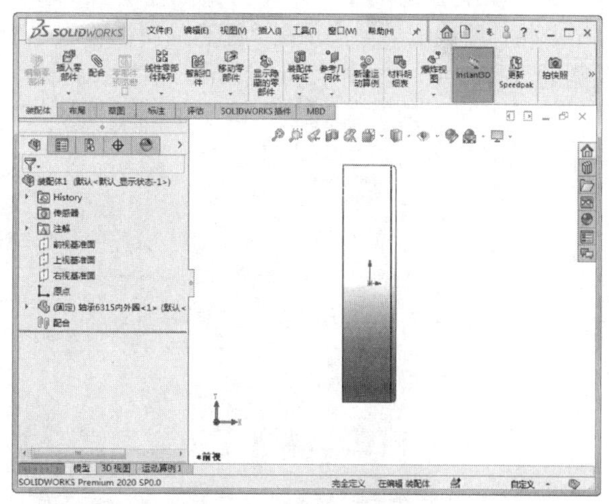

图12-38　“轴承6315”被插入到装配体中并被固定

05 当光标指针变为形状时，将零件“保持架.SLDPRT”插入到装配体中的任意位置。

06 用同样的办法将 “滚球装配体. SLDASM”插入到装配体中的任意位置。

07 单击标准工具栏中的“保存”按钮，将文件保存为“轴承 6315.sldasm”。插入零部件后的装配体如图 12-39 所示。

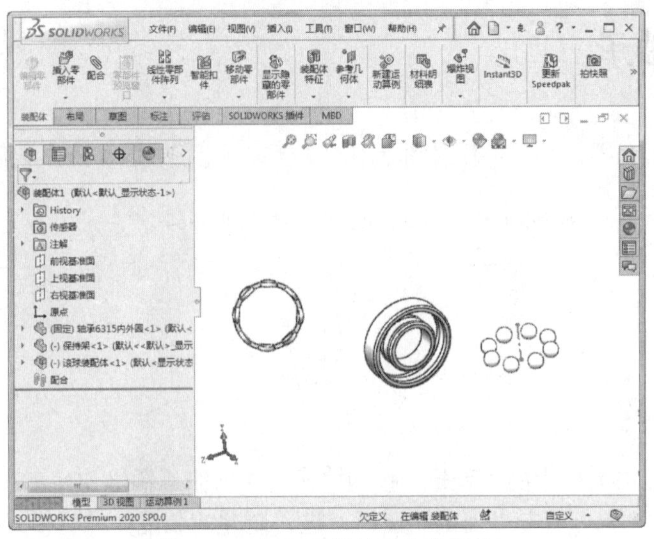

图12-39　插入零部件后的装配体

12.5.2　添加配合关系

通过移动和旋转零部件，将装配体中的零件调整到合适的位置，如图12-40所示。

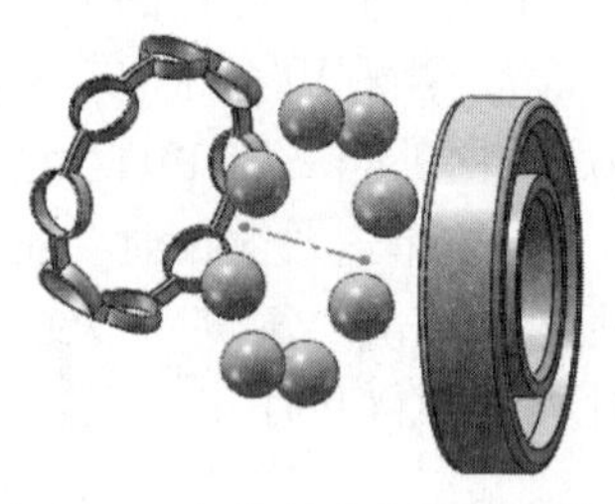

图12-40　在装配体中调整零件到合适的位置

下面就为轴承6315添加配合关系。

首先为滚球装配体和保持架添加配合关系。

01 单击“装配体”面板中的“配合”按钮。在绘图区中选择要配合的实体——保持架的内圆弧面和滚球装配体的中心轴，所选实体会出现在“配合”属性管理器中的按钮右侧的选择框中，如图 12-41 所示。在“标准配合”选项组中，选择“同心轴”选项。单击“确定”按钮，使保持架和滚球装配体的两个中心轴重合。

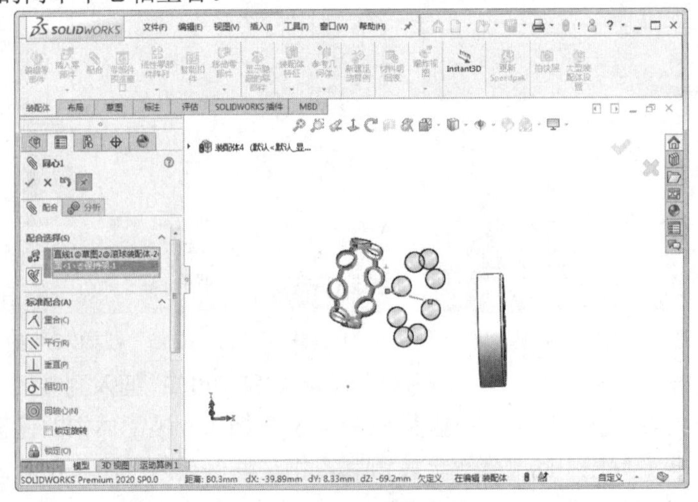

图12-41　选择配合实体

02 单击“装配体”面板中的“配合”按钮，在特征管理器设计树中选择保持架的“前视基准面”和滚球装配体的“上视基准面”。在“标准配合”选项组中，选择“重合”选项。单击“确定”按钮，为所选的两个零部件的基准面赋予重合关系。

03 单击“装配体”面板中的“配合”按钮，在特征管理器设计树中选择保持架的“右视基准面”和滚球装配体的“前视基准面”。在“标准配合”选项组，选择“重合”选项。单击“确定”按钮，为所选的两个零部件的基准面赋予重合关系。

至此，保持架和滚球装配体的装配就完成了，如图12-42所示。

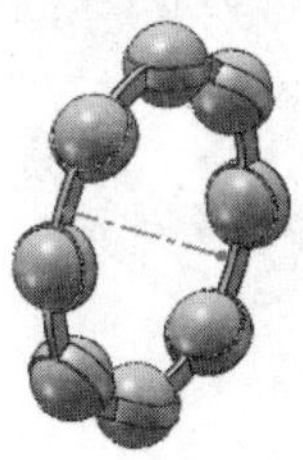

图12-42　装配好的滚球装配体和保持架

04 单击“装配体”面板中的“配合”按钮，在特征管理器设计树中选择保持架的“前视基准面”和轴承 6315 内外圈的“右视基准面”。在“标准配合”选项组中，选择“重合”选项。单击“确定”按钮，为所选的两个零部件的基准面赋予重合关系。

05 单击“装配体”面板中的“配合”按钮，在绘图区中选择轴承 6315 内外圈的中心轴和滚球装配体的中心轴，如图 12-43 所示。在“标准配合”选项组中选择“重合”选项，使轴承 6315 内外圈和保持架同轴，如图 12-44 所示。单击“装配体”面板中的“旋转零部件”按钮，可以自由地旋转保持架，说明装配体还没有被完全定义。要固定保持架，还需要再定义一个配合关系。

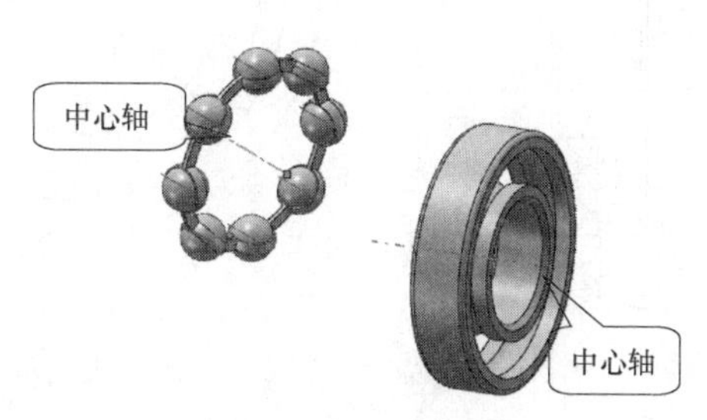

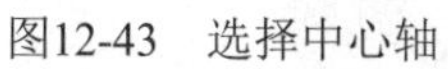

图12-43　选择中心轴

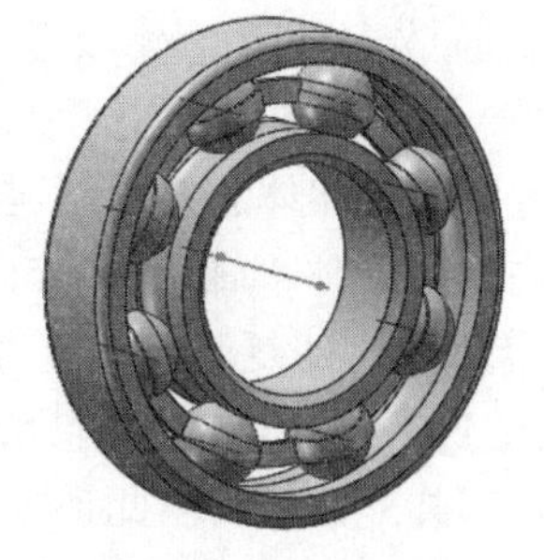

图12-44　中心轴同轴后的效果

06 单击“装配体”面板中的“配合”按钮，在装配管理器设计树中选择保持架的“前视基准面”和轴承 6315 内外圈的“右视基准面”。在“标准配合”选项组中选择“重合”选项。单击“确定”按钮，为所选的两个零部件的基准面赋予重合关系，从而完全定义轴承的装配关系。

07 单击标准工具栏中的“保存”按钮，将装配体保存起来。选择菜单中的“视图”→“隐藏所有类型”命令，将所有草图或参考轴等元素隐藏起来，完成配合关系定义的装配体如图 12-45 所示。

图12-45　完成装配合关系定义的装配体

12.6　轴承 6319 的创建

图12-46所示为轴承6319的二维工程图。

装配体“轴承6319.sldasm”的创建基于装配体“轴承6315.sldasm”及其中的零件，即将装配体“轴承6315.sldasm”中的零件通过编辑草图、特征重定义和动态修改特征的办法创建装配体“轴承6319.sldasm”所需要尺寸的零件，然后通过更新装配体的办法创建新的装配体。

首先将装配体“轴承 6315.sldasm”及其对应的零部件文件复制到另一个文件夹，即“轴承 6319”下。这样做的目的是避免对装配体的重新装配，以及由此带来的装配错误。

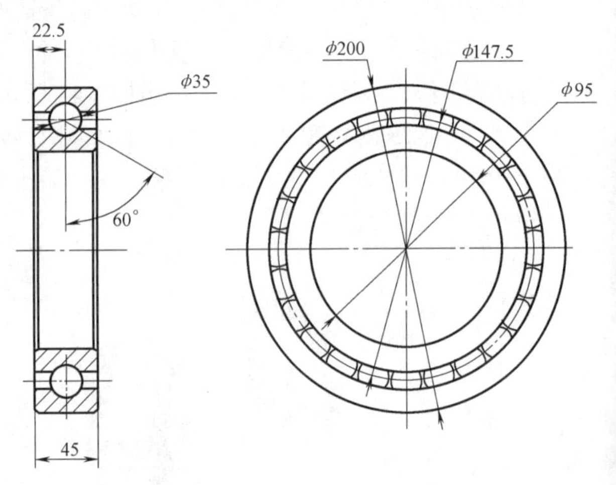

图12-46　轴承6319的二维工程图

视频文件\动画演示\第12章\生成轴承319.mp4

12.6.1　利用“编辑草图”命令修改零件

零件创建后，如果对创建特征的草图需要进行进一步的修改，就需要使用“编辑草图”命令来完成。下面就利用该命令修改零件“滚球.sldprt”，从而使之成为“轴承6319”所需的零件尺寸。

01 在文件夹“轴承6319”中，打开零件“滚球.sldprt”。

02 在特征管理器设计树中右击要编辑的草图，在弹出的快捷菜单中选择“编辑草图”，此时草图进入到编辑状态，将草图的尺寸改变为如图12-47 所示。单击绘图区右上方的“退出草图”按钮，从而完成对草图的修改，零件将自动更新特征。

03 选择菜单栏中的“文件”→“另存为”命令，将新修改的文件保存为“滚球-6319.sldprt”。

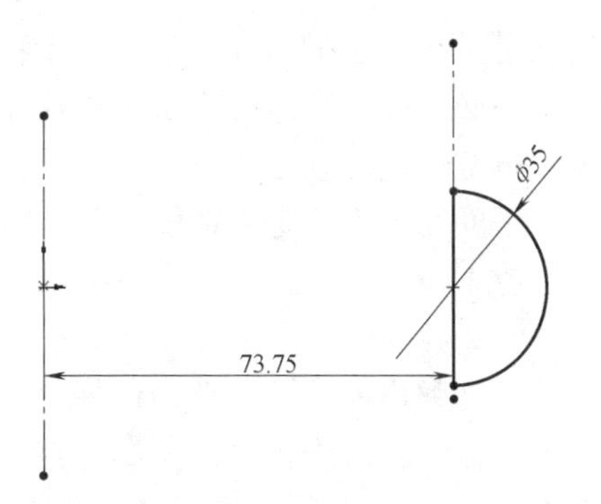

图12-47　改变草图尺寸

12.6.2　更新装配体

文件夹“轴承6319”中的“滚珠装配体.sldasm”中的零件只有“滚球.sldprt”，在该零件改变后，整个滚球装配体也就可以随之更新、改变。

01 在文件夹“轴承6319”中打开“滚珠装配体.sldasm”。

02 右击特征管理器设计树中的“滚球”，在弹出的快捷菜单中选择“替换零部件”。在弹出的“替换”属性管理器中（见图 12-48）单击“浏览”按钮。在“打开”对话框中选择“滚球-6319.sldprt”文件，从而用“滚球-6319.sldprt”替换“滚球.sldprt”。单击“确定”按钮，从而完成零件的替换。

03 选择菜单栏中的“文件”→“另存为”命令，将新修改的装配体保存为“滚球装配体-6319.sldasm”。

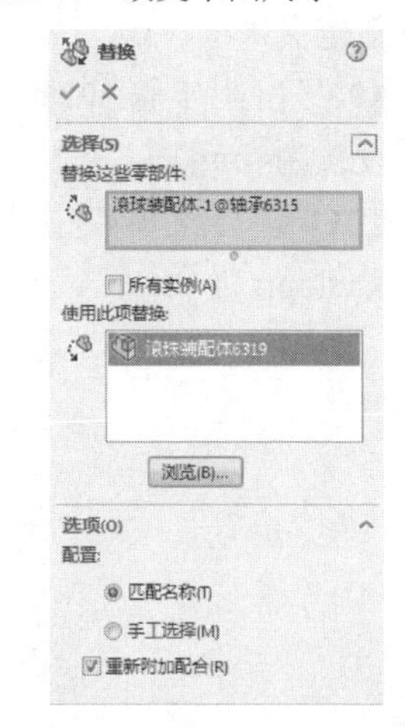

图12-48　“替换”属性管理器

12.6.3　修改特征重定义零件

对轴承6315内外圈，首先利用“编辑草图”命令修改旋转特征的草图轮廓尺寸，然后再利用特征重定义的办法重新定义圆角和倒角特征。

01 在特征管理器设计树中右击“旋转”特征对应的草图，在弹出的快捷菜单中选择“编辑草图”。

02 单击前导视图工具栏中的“正视于”按钮，从而正视于该草图以利于编辑。

03 单击”草图”面板上的“智能尺寸”按钮，修改草图中的各个尺寸，如图 12-49 所示。单击绘图区右上方的“退出草图”按钮，从而完成对草图的修改，零件将自动更新特征。更新草图后的模型如图 12-50 所示。

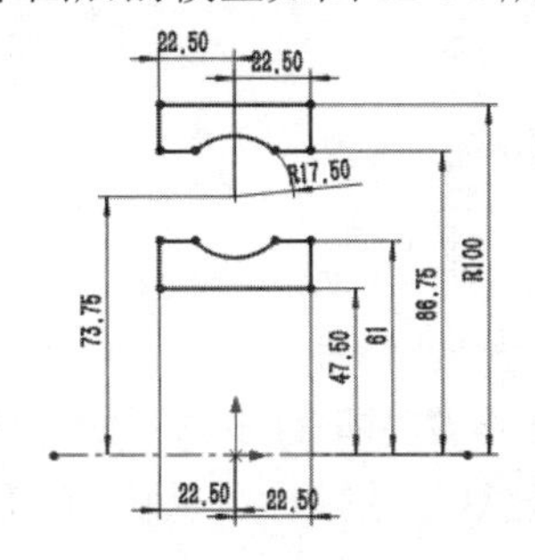

图12-49　修改旋转特征草图尺寸

图12-50　更新草图后的模型

零件特征创建后，用户可以对特征进行多种操作，如删除、重新定义、复制等。特征重定义是频繁使用的一项功能。一个特征创建后，如果用户发现特征的某些地方不符合要求，通常不必删除特征，而可以通过对特征重新定义，然后修改特征的参数，如拉伸特征的深度、圆角特征中处理的边线或半径等。

下面利用重新定义特征，对该零件的圆角特征进行如下操作：

01 在特征管理器设计树或绘图区中选择特征“圆角1”。

02 选择菜单栏中的“编辑”→“定义”命令或右击特征管理器设计树中的特征“圆角1”，并在弹出的快捷菜单中选择“编辑特征”命令。根据特征的类型，系统会弹出相应的属性管理器，此时弹出“圆角”属性管理器。在“圆角”属性管理器中的“圆角半径”文本框中输入 4mm，从而重新定义该特征，如图 12-51 所示。单击“确定”按钮，以接受特征的重新定义。

03 参照步骤 02 ，对特征管理器设计树中“倒角2”的特征进行重新定义。将倒角“距离”设置为4mm。

04 选择菜单栏中的“文件”→“另存为”命令，将新修改的文件保存为“轴承6319内外圈.sldprt”。

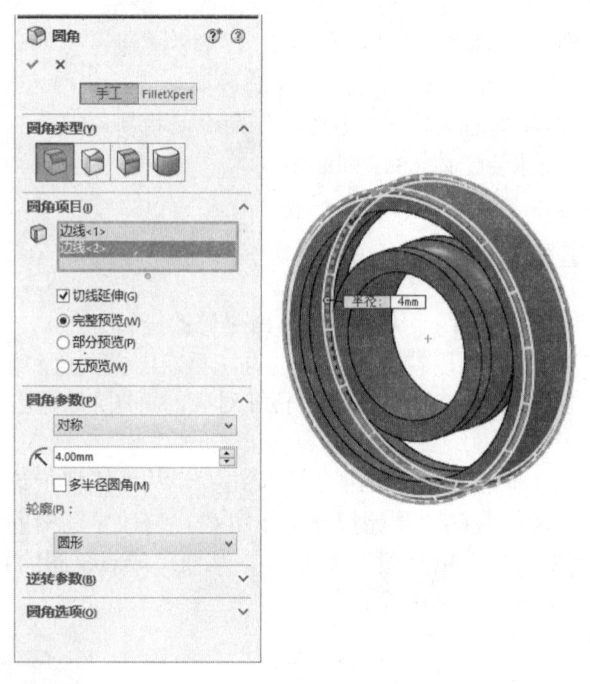

图12-51　重新定义圆角特征

12.6.4　动态修改特征

在零件建模完成后，利用SOLIDWORKS可以随时修改特征的参数（如拉伸特征的深度等），而不必回到特征的重定义状态。通过系统提供的特征修改控标可以移动、旋转和调整拉伸及旋转特征的大小。

01 单击“特征”面板中的“Instant3D”按钮。

02 在特征管理器设计树或绘图区中选择要修改的特征——“凸台-拉伸1”，此时特征修改控标就会出现在特征中。如果双击特征，则可以同时显示特征和对应特征的草图尺寸，如图12-52所示。

03 双击要修改的特征尺寸或草图尺寸，弹出“修改”对话框，如图12-53所示。修改拉伸的草图尺寸为160mm，拉伸深度为4mm。当对特征的修改满意时，在绘图区的空白处单击或按Esc键，取消选择的特征。

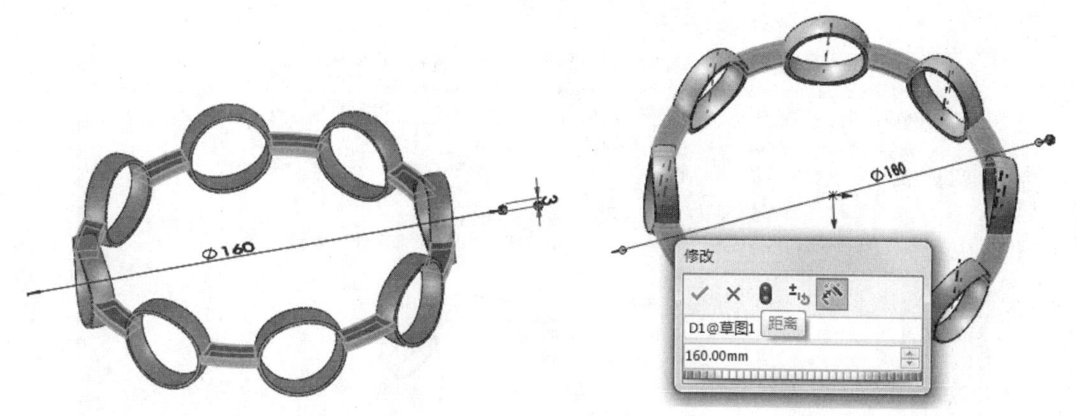

图12-52　显示特征修改控标、特征及草图尺寸　　图12-53　“修改”对话框

04 在特征管理器设计树或绘图区中双击要修改的特征——“旋转1”。将草图尺寸由58.75mm修改为73.75mm，30mm修改为37mm，如图12-54所示。在绘图区的空白处单击，从而完成尺寸的修改。

05 在特征管理器设计树或绘图区中双击要修改的特征——“切除-拉伸1”。将草图尺寸由110mm修改为140mm，120mm修改为155mm；拉伸深度由30mm修改为37mm，如图12-55所示。在绘图区的空白处单击，从而确认尺寸的修改。

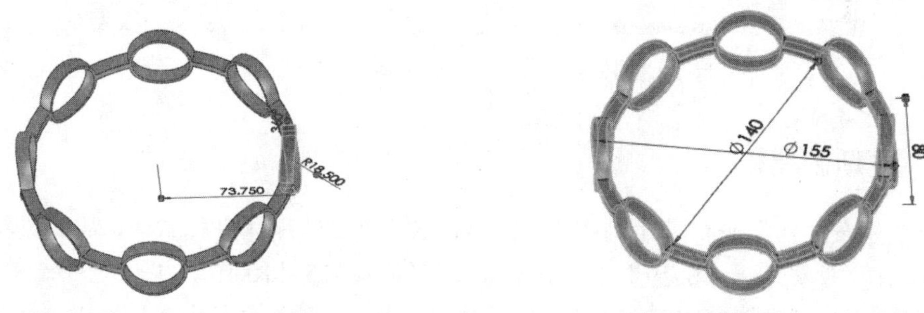

图12-54　修改后的“旋转1”特征的草图尺寸　　图12-55　修改后的“切除-拉伸1”特征的草图尺寸

06 在特征管理器设计树或绘图区中双击要修改的特征——“切除-旋转1”。将草图尺寸由58.75mm修改为73.75mm，28mm修改为35mm，如图12-56所示。

07 在全部修改完特征或对应的草图尺寸后，系统并不会立即更新这种改变。需要单击标准工具栏中的“重建模型”按钮。

08 选择菜单栏中的“文件”→“另存为”命令，将新修改的文件保存为“保持架-6319.sldprt”。修改尺寸并更新后的零件如图 12-57 所示。

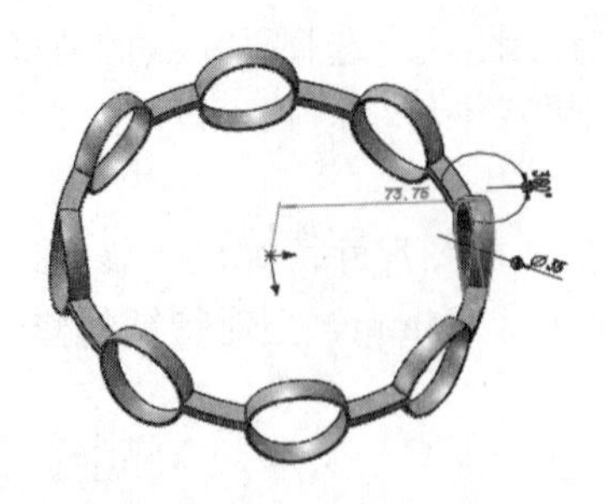

图12-56　修改后的“切除-旋转1”特征的草图尺寸

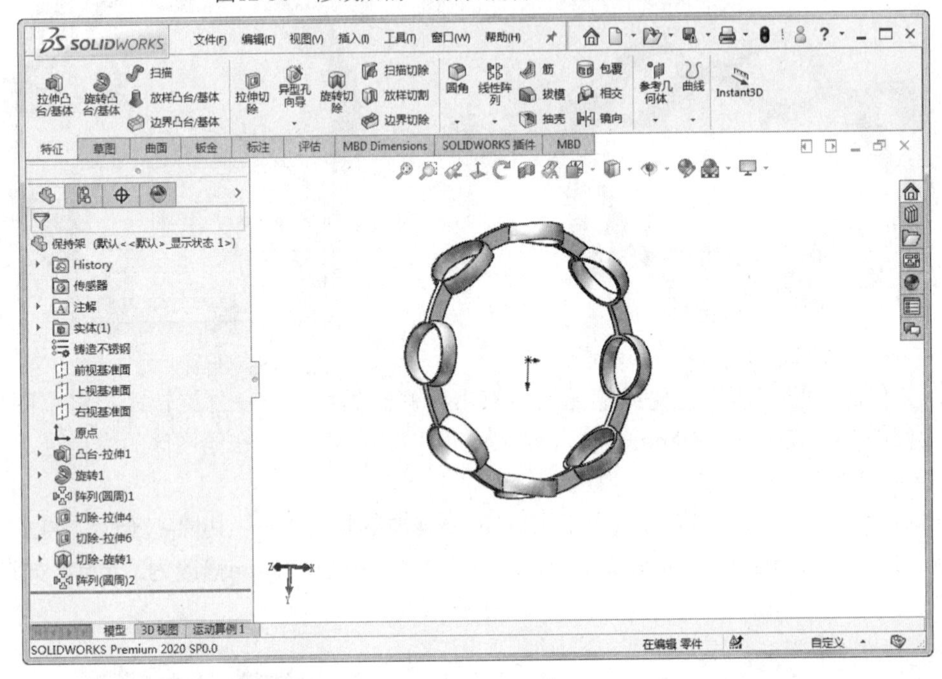

图12-57　修改尺寸并更新后的零件

12.6.5　更新装配体

在完成轴承6319中所有零件尺寸的改变后，就可以对装配体进行重建，从而更新装配体。

01 在文件夹“轴承6319”中打开装配体“轴承6315.sldasm”。

02 在弹出的SOLIDWORKS警示对话框中单击“关闭”按钮。

03 右击特征管理器设计树中的 “轴承6315内外圈.sldprt”，在弹出的快捷菜单中选择“替换零部件”。用新生成的“轴承6319内外圈.sldprt”替换零件“轴承6315内外圈.sldprt”。

04 参照步骤**03**，将 “滚球装配体.sldasm”替换为“滚球装配体-6319.sldasm”；将“保持架.sldasm”替换为“保持架-6319.sldasm”。

05 选择菜单栏中的“文件”→“另存为”命令，将新修改的装配体另存为“轴承6319.sldasm”。

为了验证装配体模型是否进行了准确的更新，需要对装配体进行干涉检查和尺寸的测量。

在一个复杂的装配体中，如果想用视觉来检查零部件之间是否有干涉的情况是件困难的事。SOLIDWORKS可以在零部件之间进行干涉检查，查看所检查到的干涉，并且可以检查与整个装配体或所选的零部件组之间的碰撞与冲突。

01 单击“评估”面板中的“干涉检查”按钮。

02 在弹出的“干涉检查”属性管理器中的“所选零部件”列表框中显示装配体“轴承6319.sldasm”。

03 在“干涉检查”属性管理器中单击“计算”按钮，可在“结果”列表框中看到“无干涉”说明装配体并不存在干涉问题，如图 12-58 所示。单击“取消”按钮✕，从而完成干涉检查。

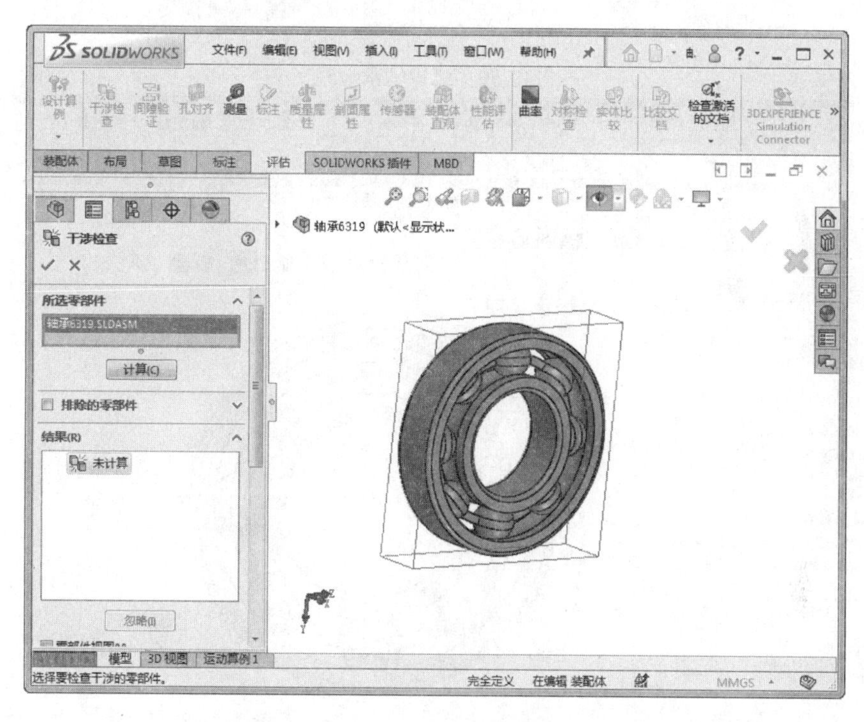

图12-58 干涉检查结果

SOLIDWORKS不仅能完成三维设计工作，还能对所设计的模型进行简单的计算。通过这些计算工具可以测量草图、三维模型、装配体或工程图中直线、点、曲面、基准面的距离、角度、半径和大小，以及它们之间的距离、角度、半径或尺寸。当测量两点之间的距离时，两点的x、y和z距离差值会显示出来。选择顶点或草图点时，则会显示其x、y和z坐标值。

下面就通过测量装配体“轴承6319.sldasm”的尺寸来确认轴承6319尺寸的准确性。

01 单击“评估”面板中的“测量”按钮，弹出“测量”对话框。

02 用鼠标指针选择模型上的测量项目，此时光标指针变为形状。

03 使用测量工具选择轴承的外圈边线。选择的测量项目出现在“所选项目”列表框中，同时显示所得到的测量结果。在其中可以看到，外圈边线的周长为 628.32mm，直径为200mm，如图 12-59 所示。单击“关闭”按钮，关闭对话框。轴承 6319 装配体最后的效果如图 12-60 所示。

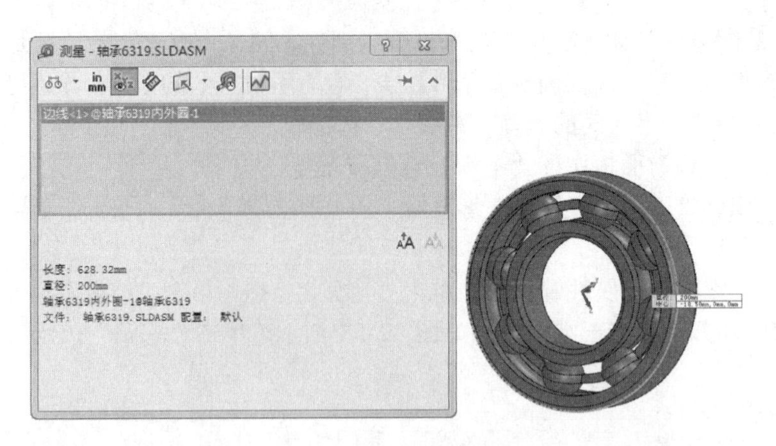

图12-59　测量轴承边线

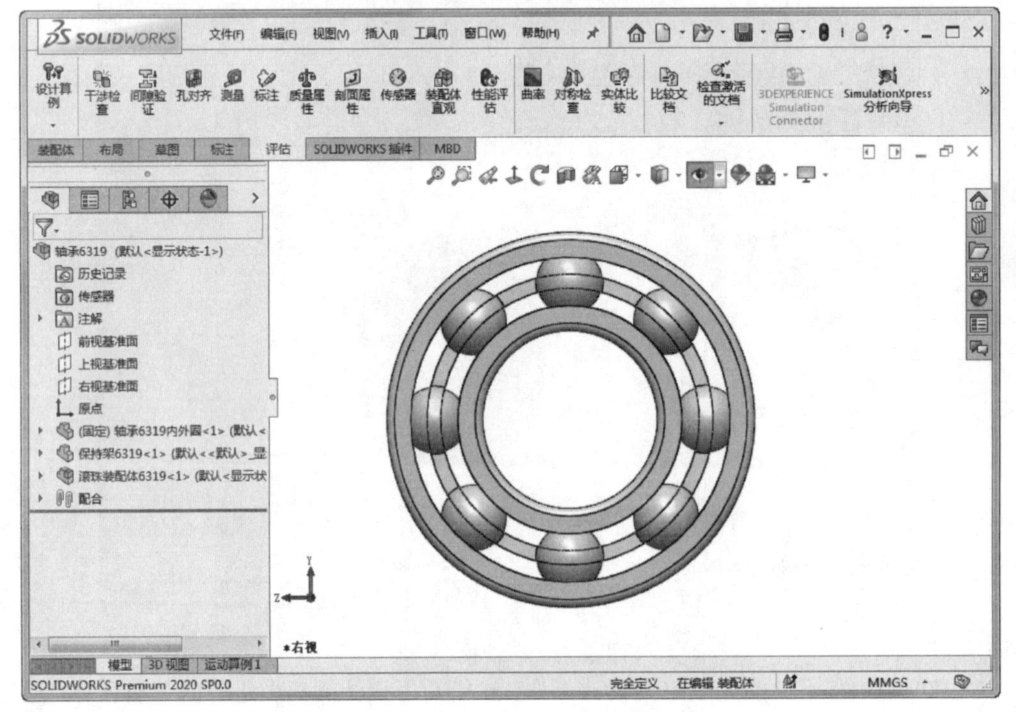

图12-60　轴承6319装配体最后的效果

第13章

齿轮泵装配

本章将学习齿轮泵的装配。在机械设计中，大多数设备都不是由单一的零件组成，而是由许多零件装配而成的，如螺栓螺母等装配而成的紧固件组合、轴类零件（轴承、轴、轴承座）所构成的传动部件等。对于大型、复杂的设备，它们的建模过程通常是先完成每一个零件的建模，然后将各个零件按照设计要求通过装配组合在一起，最后构成完整的模型。

- 齿轮泵轴组件装配
- 总装设计方法
- 创建爆炸视图

13.1 组件装配设计思路及实现方法

零件之间的装配关系实际上就是零件之间的位置约束关系。可以把一个大型的部件装配模型看作是由多个子装配体组成，因而在创建大型的装配模型时，可先创建各个子装配体，即组件装配，再将各个子装配体按照它们之间的相互位置关系进行装配，最终形成完整的装配模型。

组件装配是整机装配的基础。进行组件装配时，合理选取第一个装配零件尤为重要。通常情况下，第一个装配零件应满足以下两个条件：①该零件是整个装配体模型中最为关键的零件；②用户在以后的工作中不会删除该零件。

组件装配的一般步骤如下：

01 建立一个装配体文件（.sldasm），进入零件装配模式。

02 插入第一个零件模型。默认情况下，装配体中的第一个零件是固定的，但用户可以随时将其解除固定。

03 插入其他与装配体有关的零件模型或下一级子装配体（下一级组件）。

04 分析零件之间的装配关系，并建立零件之间的配合关系。

05 重复步骤 03 、 04 ，直到完成所有的零件装配。

06 全部零件装配完毕后，将装配体模型保存。

13.2 齿轮泵轴组件装配

13.2.1 支撑轴组件装配

支撑轴组件的装配相对简单，只要两个组件就可完成装配，其装配过程如图13-1所示。

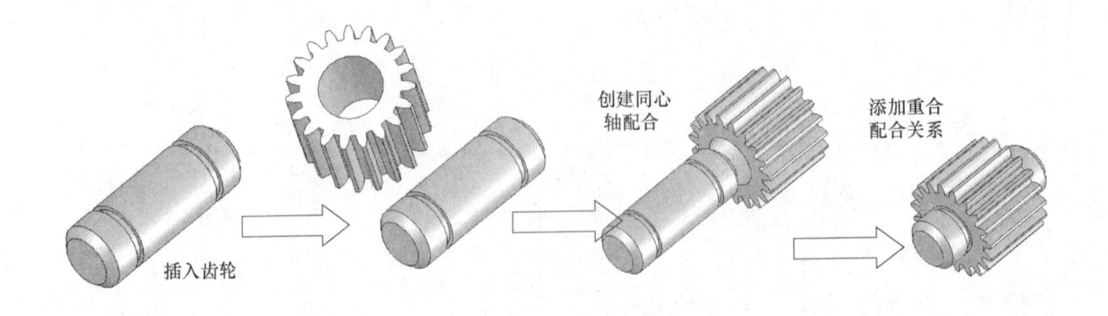

图13-1 齿轮泵支撑轴组件的装配过程

视频文件\动画演示\第13章\齿轮泵支撑轴组件装配.mp4

装配步骤

01 创建新的装配体。启动 SOLIDWORKS 2020。单击标准工具栏中的“新建”按钮，在弹出的“新建 SOLIDWORKS 文件”对话框中选择“装配体”，然后单击“确定”按钮，创建一个新的装配体文件。

02 插入支撑轴。在弹出的“开始装配体”属性管理器中单击“浏览”按钮，选择“支撑轴”，将其插入装配界面，如图13-2所示。

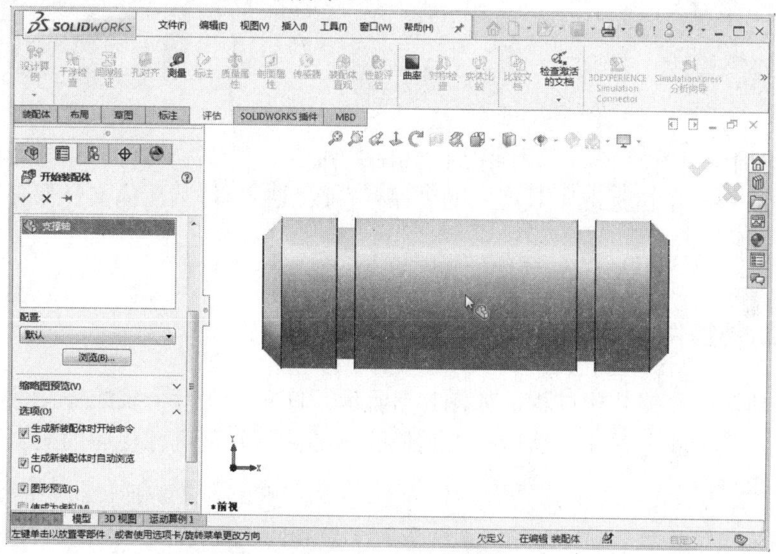

图13-2　插入支撑轴

03 插入圆柱齿轮 2。单击“装配体”面板中的“插入零部件”按钮，在弹出的“插入零部件”属性管理器（见图 13-3）中单击“浏览”按钮，在弹出的“打开”对话框中选择“圆柱齿轮 2”，将其插入装配界面中，如图 13-4 所示。

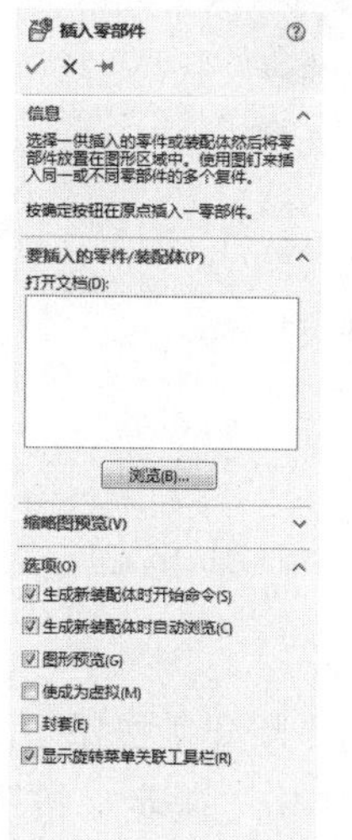

图 13-3　“插入零部件”属性管理器

图 13-4　插入圆柱齿轮 2

04 添加配合关系。单击“装配体”面板中的“配合”按钮，添加配合关系。

❶选择圆柱齿轮2的内孔和支撑轴的圆柱面，添加同轴心配合，如图13-5所示。

❷选择圆柱齿轮2的端面和支撑轴轴肩面（见图13-6），添加重合配合，结果如图13-7所示。

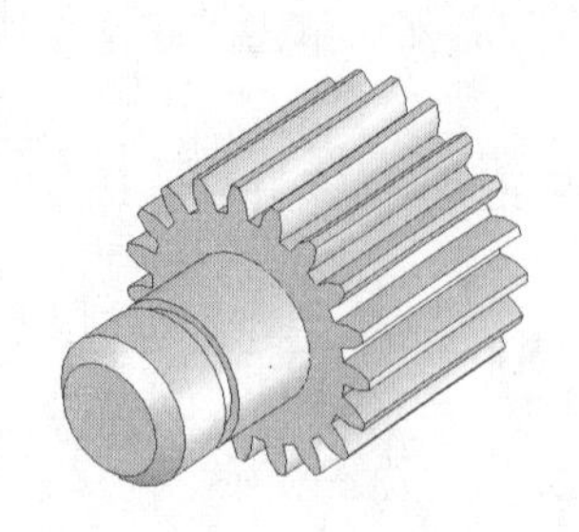
图13-5　添加同轴心配合

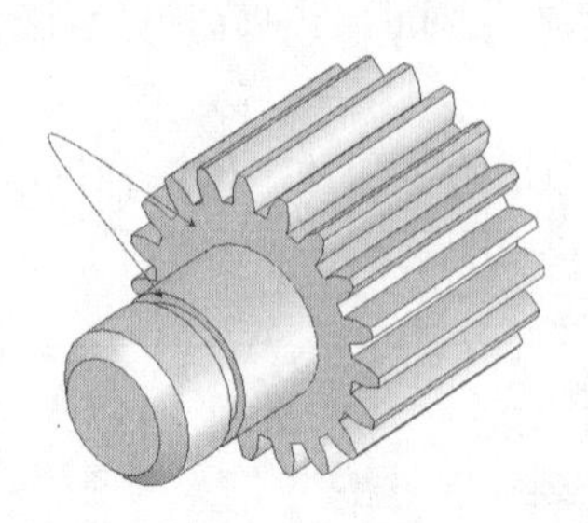
图13-6　选择配合面

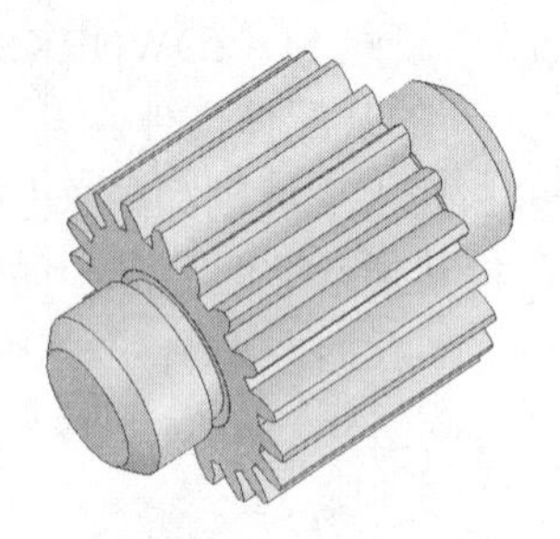
图13-7　添加重合配合

05 保存文件。单击标准工具栏中的“保存”按钮，将装配体文件保存为“支撑轴装配”。

13.2.2　传动轴组件装配

齿轮泵传动轴组件的装配过程，如图13-8所示。首先建立一个装配体文件，将传动轴插入装配界面中，作为固定零件，然后插入其他的零部件，并且进行相应的配合装配；最后将其保存为装配体文件。

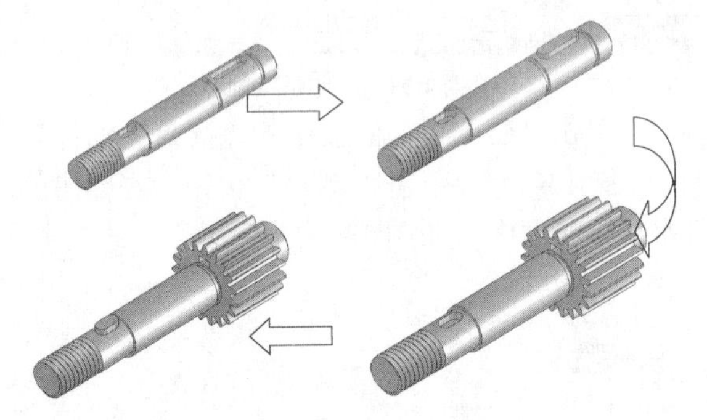
图13-8　齿轮泵传动轴组件的装配过程

视频文件\动画演示\第13章\传动轴组件装配.mp4

装配步骤

01 启动 SOLIDWORKS 2020。单击标准工具栏中的“新建”按钮，在弹出的“新建SOLIDWORKS 文件”对话框中选择“装配体”，然后单击“确定”按钮，创建一个新的装配体文件。

02 系统弹出SOLIDWORKS 2020建立装配体文件界面，并且弹出“开始装配体”属性管理器，如图13-2所示。

03 单击“浏览”按钮，系统弹出“打开”对话框，如图13-9所示。选择前面创建保存的 “传动轴”，这时对话框的浏览区将显示零件的预览效果。

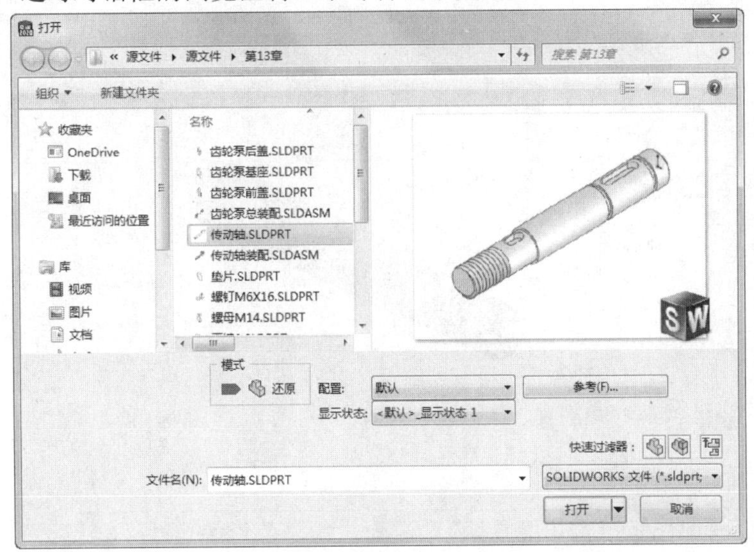

图13-9　“打开”对话框

04 定位传动轴。在“打开”对话框中单击“打开”按钮，系统进入装配界面，光标变为![cursor]。选择菜单栏中的“视图”→“隐藏/显示（H）”→“原点”命令，显示坐标原点。将光标移动至原点位置，光标变为![cursor]形状，如图 13-10 所示。在目标位置单击，将传动轴放入装配体。

第一个插入的零部件是固定的，如图 13-11 所示。如果需要，可以解除固定，将其变为浮动状态。

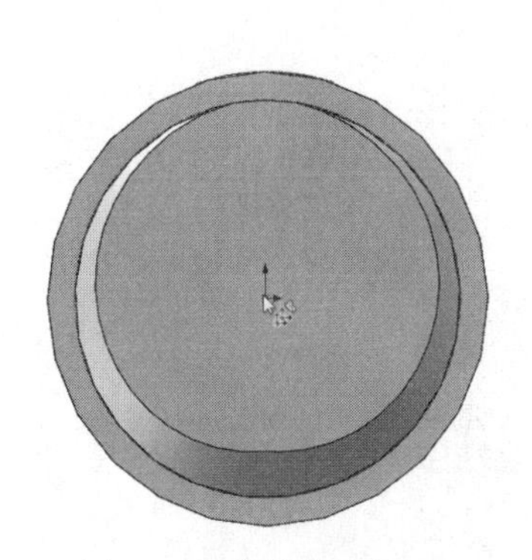

图13-10　定位传动轴

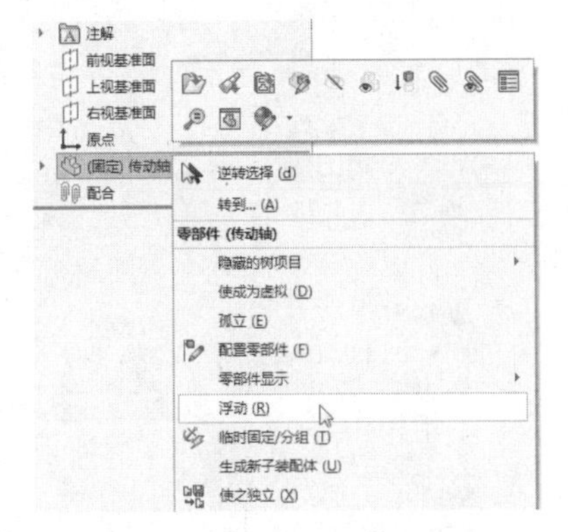

图13-11　零件装配状态

05 插入平键 1 到装配体。单击“装配体”面板中的“插入零部件”按钮![icon]。在弹出的“打开”对话框中选择“平键 1”，将其插入装配体，如图 13-12 所示。

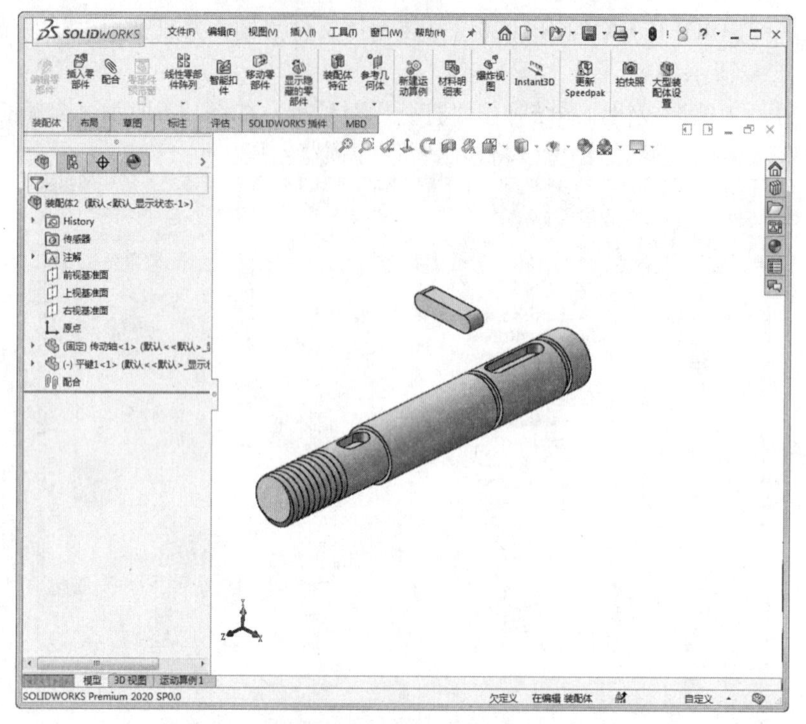

图13-12　插入平键1到装配体

06 添加配合关系。单击“装配体”面板中的“配合”按钮，系统弹出“配合”属性管理器，其中会显示一系列“标准配合”，如图 13-13 所示。

❶选择平键 1 的底面和传动轴键槽的底面作为配合面，如图 13-14 所示。在“配合”属性管理器中选择“重合”，这时系统也会自动判断配合形式。单击“确定”按钮，在“配合”属性管理器中的“配合”列表框中将显示所添加的配合，如图 13-15 所示。

图13-13　“配合”属性管理器

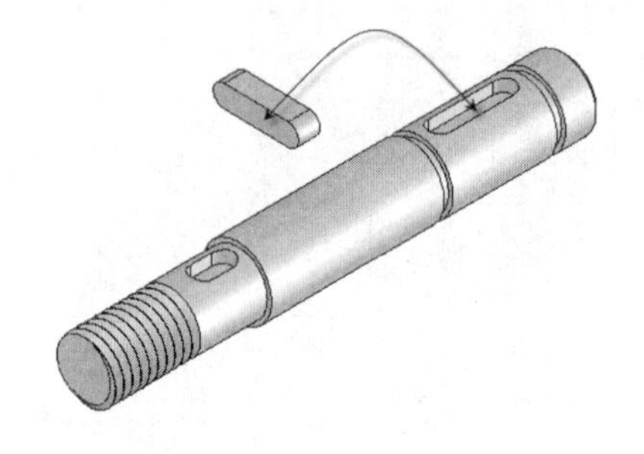

图13-14　选择配合面1

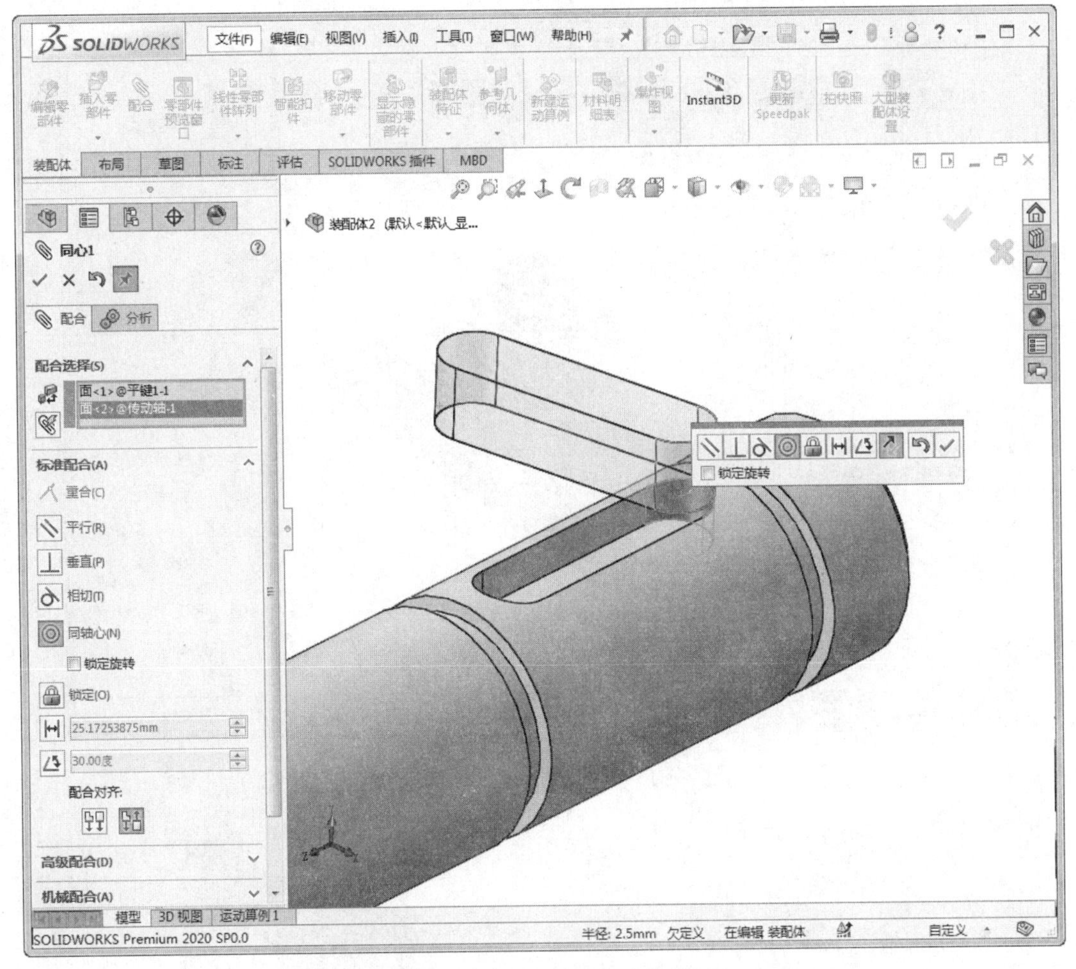

图13-15　添加重合配合关系

❷重复上述操作，使平键1的侧面与键槽的侧面重合，平键的圆弧面和键槽的圆弧面同轴心，如图13-16所示。这时，平键1将被完全定位，在设计树中的零件前的欠定位符号将去除。

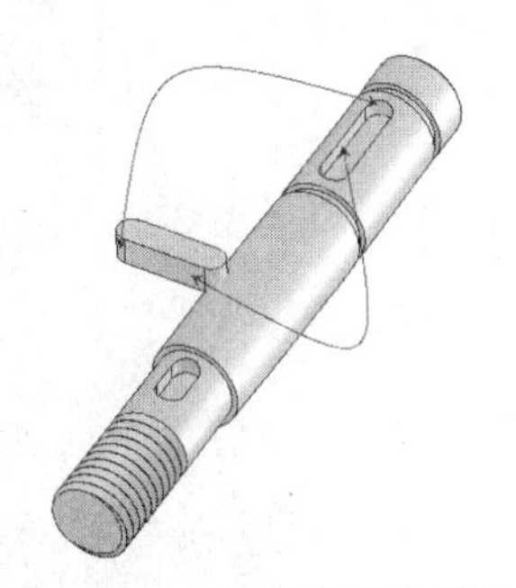

图13-16　添加其他配合关系

07 插入圆柱齿轮 1 到装配体。单击“装配体”面板中的“插入零部件”按钮。在弹出的“打开”对话框中选择“圆柱齿轮 1”，将其插入装配体。这时，圆柱齿轮处于欠定位状态，如图 13-17 所示。

08 添加配合关系。单击“装配体”面板中的“配合”按钮，添加配合关系。

❶选择圆柱齿轮1的内孔和传动轴的圆柱面，添加同轴心配合；单击圆柱齿轮1键槽的侧面和传动轴上平键1的侧面（见图13-18），添加重合配合，对齿轮进行圆周定位，如图13-19所示。

❷选择圆柱齿轮1的端面和传动轴的轴肩面（见图13-20），添加重合配合。对齿轮进行轴向定位，如图13-21所示。

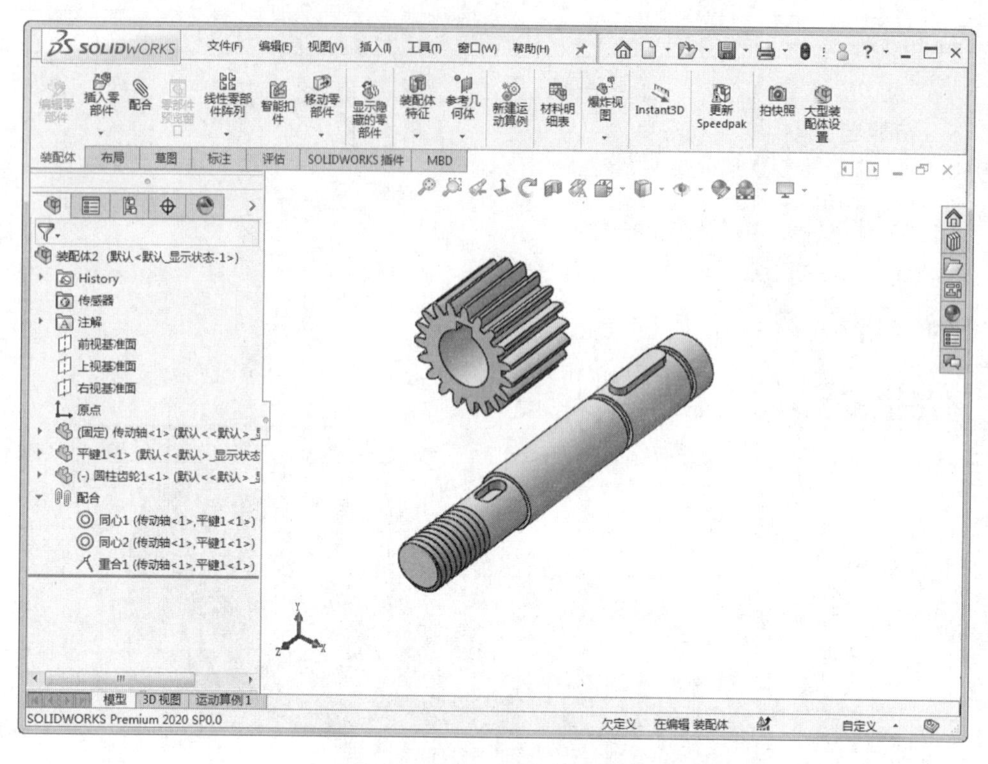

图13-17　圆柱齿轮1的状态

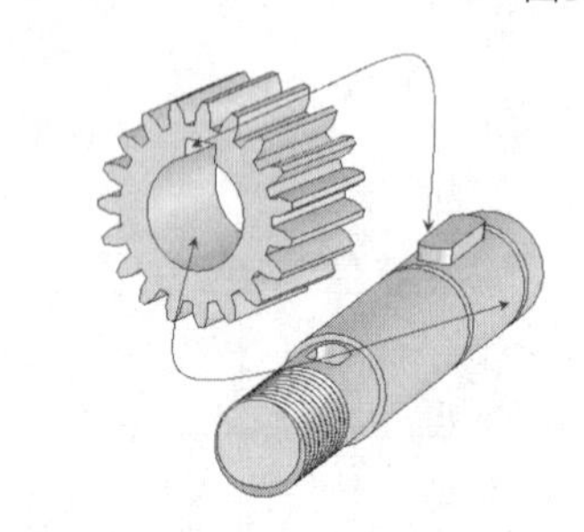
图13-18　选择配合面2

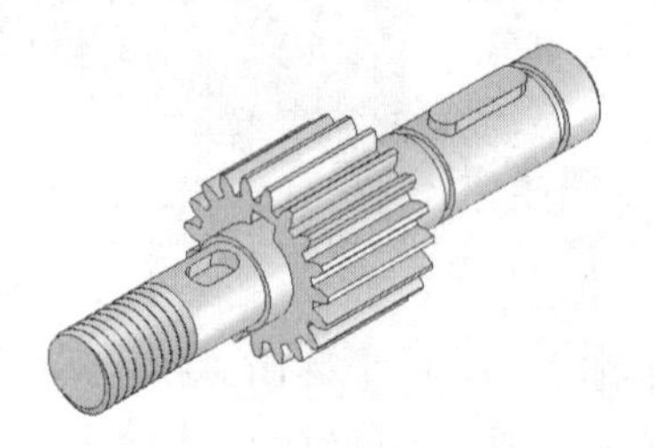
图13-19　齿轮圆周定位

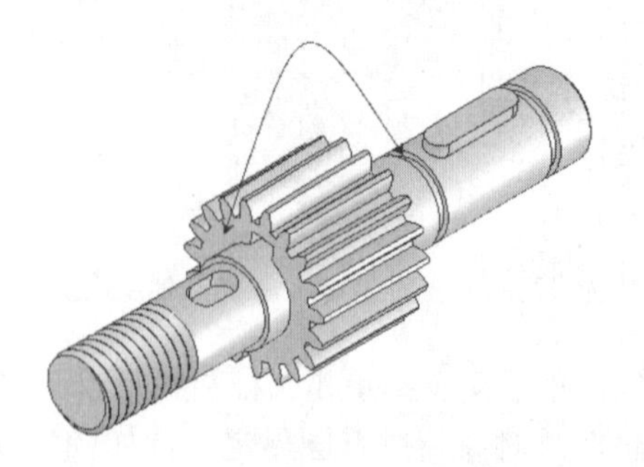
图13-20　选择配合面3

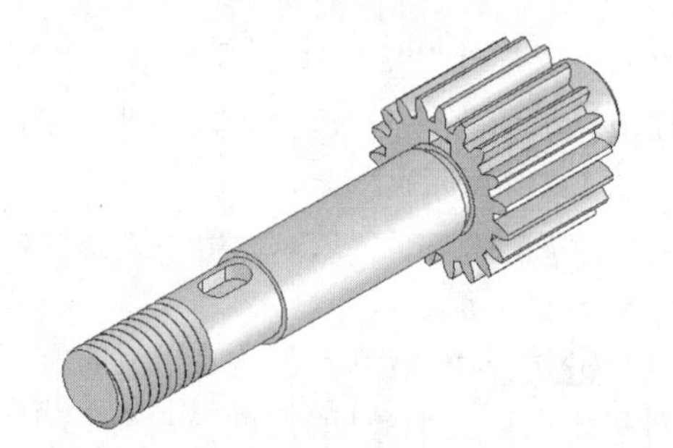
图13-21　齿轮轴向定位

09 插入平键 2 到装配体。单击“装配体”面板中的“插入零部件”按钮。在弹出的“打开”对话框中选择“平键 2”，将其插入装配体。

10 添加配合关系。单击“装配体”面板中的“配合”按钮，添加平键2和传动轴的配合关系，如图13-22所示。

11 保存文件。单击标准工具栏中的“保存”按钮，将装配体文件保存为“传动轴装配”。

图13-22 装配平键2

13.3 总装设计方法

总体装配是三维实体建模的最后阶段，也是建模过程的关键。用户可以使用配合关系来确定零件的位置和方向，可以自下而上设计一个装配体，也可以自上而下地进行设计，或者两种方法结合使用。

所谓自下而上的设计方法，就是先创建零件并将其插入装配体中，然后根据设计要求添加配合关系。该方法是比较传统的方法，因为零件是独立设计的，可以让设计者更加专注于单个零件的设计工作，而不用建立控制零件大小和尺寸的参考关系等复杂概念。

自上而下的设计方法是从装配体开始设计工作，用户可以使用一个零件的几何体来帮助定义另一个零件，或者生成组装零件后才添加加工特征。可以将草图布局作为设计的开端，定义固定的零件位置、基准面等，然后参考这些定义来设计零件。本章将以齿轮泵的总装过程为例，讲述总体装配的实现过程，最后完成齿轮泵的整体建模。齿轮泵的总装过程如图13-23所示。

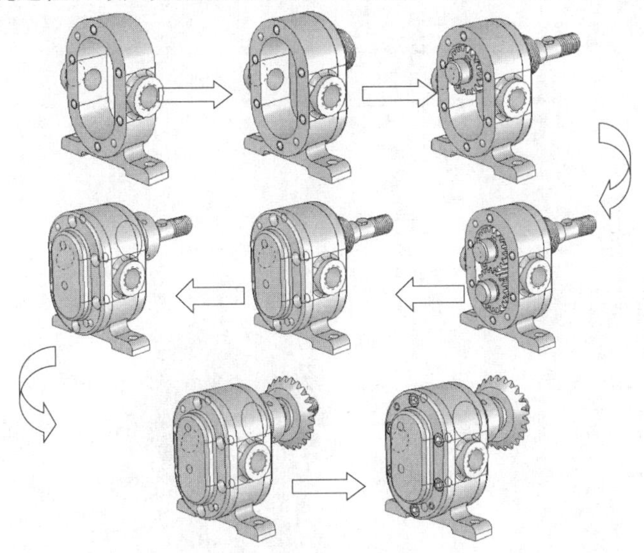

图13-23 齿轮泵的总装过程

视频文件\动画演示\第13章\总装设计方法.mp4

13.3.1 新建装配体并插入齿轮泵基座

01 启动SOLIDWORKS 2020，单击标准工具栏中的“新建”按钮，在弹出的“新建

SOLIDWORKS 文件”对话框中选择“装配体”，然后单击“确定”按钮，创建一个新的装配体文件。

02 系统弹出SOLIDWORKS 2020建立装配体文件界面，并且弹出“开始装配体”属性管理器。单击“浏览”按钮，系统弹出“打开”对话框，如图13-24所示。选择前面创建保存的 “齿轮泵基座”，这时对话框的浏览区将显示零件的预览结果。

03 在“打开”对话框中单击“打开”按钮，系统进入装配界面，光标变为。在目标位置单击，将齿轮泵基座放置入装配体，如图 13-25 所示。

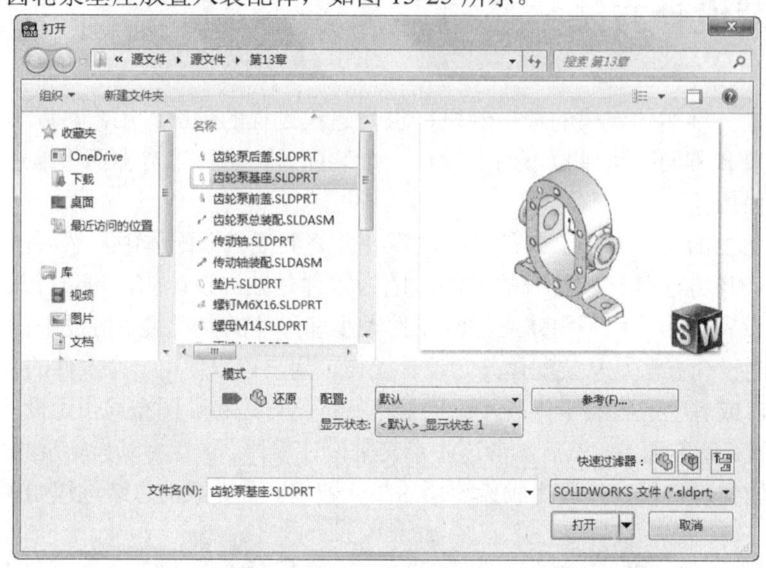

图13-24 “打开”对话框

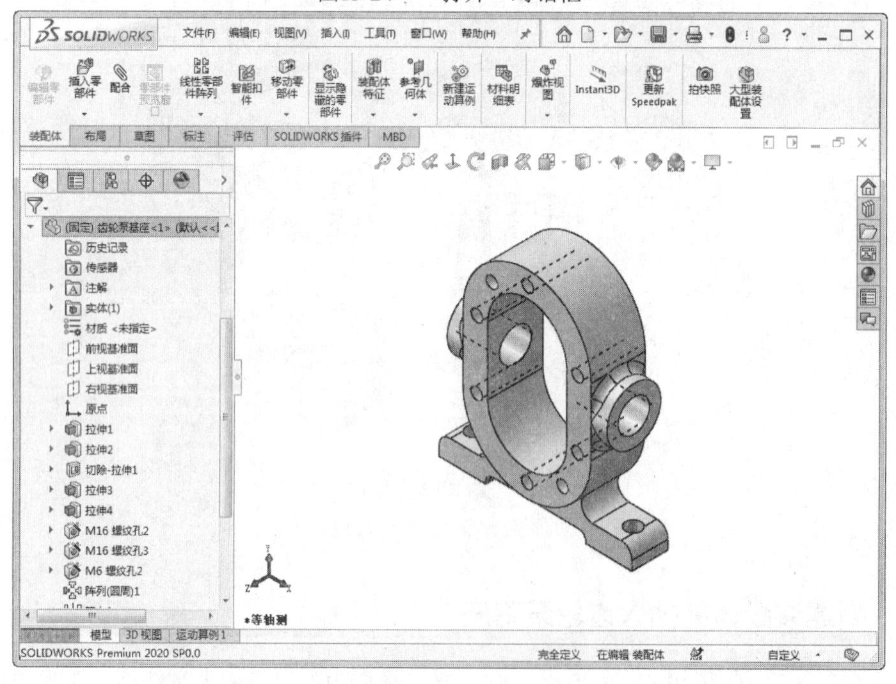

图13-25 定位齿轮泵基座

13.3.2　齿轮泵后盖的装配

01 插入齿轮泵后盖到装配体。单击“装配体”面板中的“插入零部件”按钮。在弹出的“打开”对话框中选择“齿轮泵后盖”，将其插入装配体，如图 13-26 所示。

02 旋转零件。为了便于装配，经常需要移动或旋转零件。单击“装配体”面板中的“移动零部件”按钮或“旋转零部件”按钮，然后用光标拖动需要旋转或移动的零件即可。

03 添加配合关系。单击“装配体”面板中的“配合”按钮，系统弹出“配合”属性管理器。

❶选择齿轮泵基座内腔圆弧面和齿轮泵后盖的轴孔作为同轴心配合面，如图13-27所示。

❷选择齿轮泵后盖的内表面和齿轮泵基座的端面作为重合配合面，如图13-28所示。

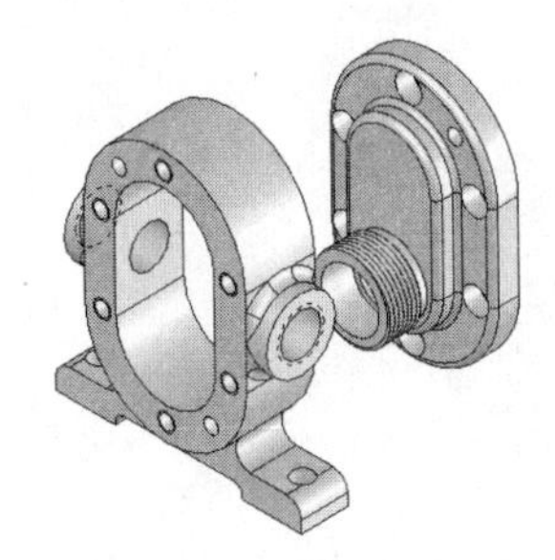

图13-26　插入齿轮泵后盖

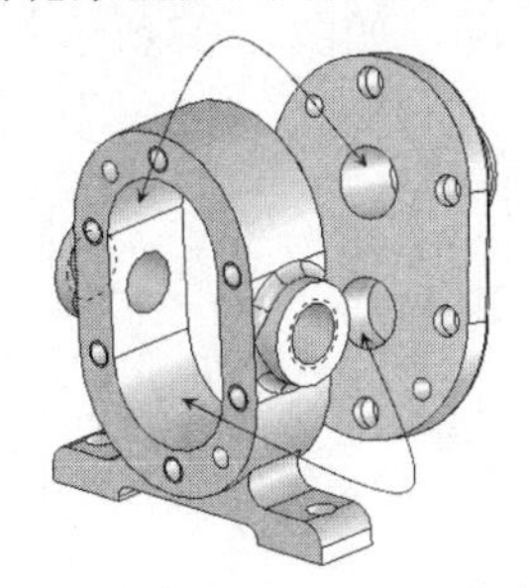

图13-27　选择同轴心配合面

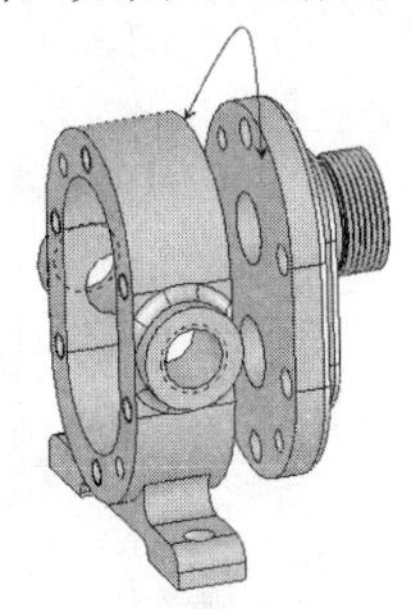

图13-28　选择重合配合面

13.3.3　传动轴的装配

01 插入传动轴子装配体到装配体。单击“装配体”面板中的“插入零部件”按钮。在弹出的“打开”对话框中选择“传动轴装配.SLDASM”，如图 13-29 所示。将其插入装配体，如图 13-30 所示。

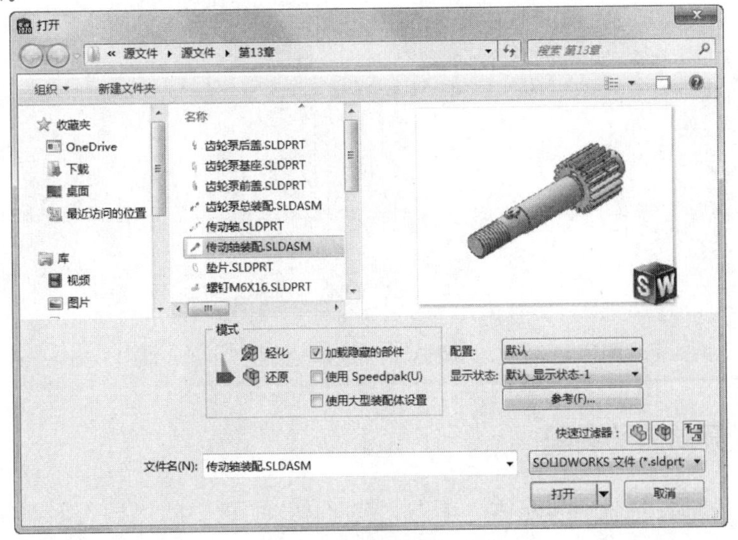

图13-29　选择装配体文件

02 添加配合关系。单击“装配体”面板中的“配合”按钮，添加配合关系。

❶选择传动轴的圆柱面和齿轮泵后盖的内孔作为同轴心配合面如图13-31所示。

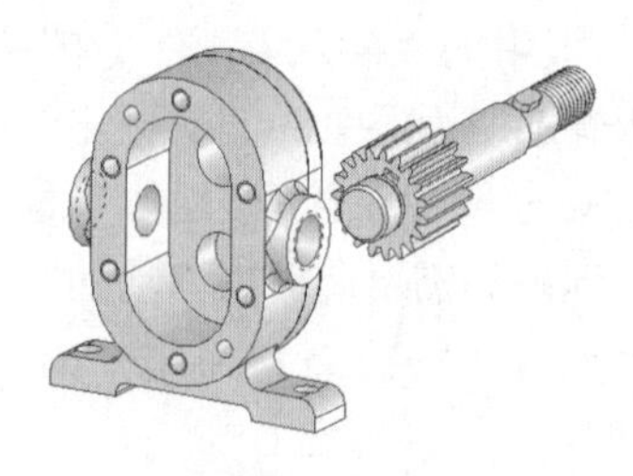

图13-30 插入传动轴子装配体

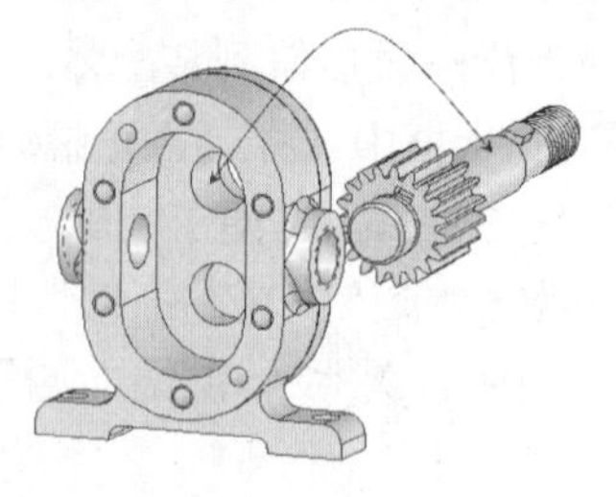

图13-31 选择同轴心配合面

❷选择传动轴装配体中的圆柱齿轮的端面和齿轮泵后盖内侧面，如图13-32所示。添加重合配合，完成传动轴子装配体的装配，如图13-33所示。

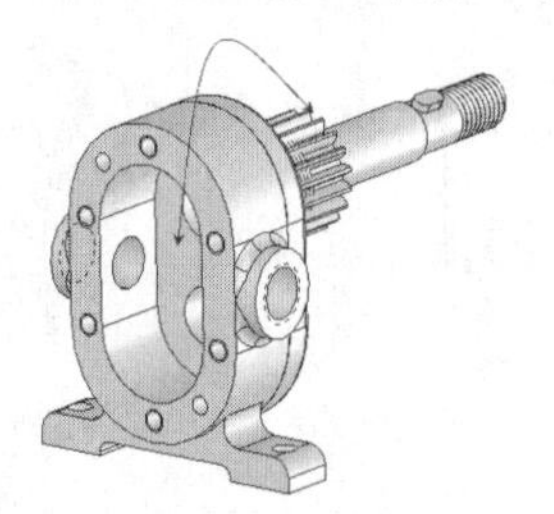

图13-32 选择重合配合面

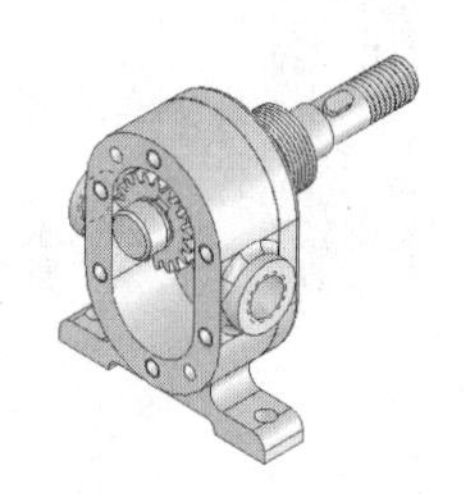

图13-33 装配传动轴子装配体

13.3.4 支撑轴的装配

01 插入支撑轴子装配体到装配体。单击“装配体”面板中的“插入零部件”按钮。在弹出的“打开”对话框中选择“支撑轴装配.SLDASM”，将其插入装配体，如图 13-34 所示。

02 添加配合关系。选择支撑轴的圆柱面和齿轮泵后盖的内孔，添加同轴心配合；选择支撑轴装配体中的圆柱齿轮端面和齿轮泵后盖内侧面，添加重合配合，如图13-35所示。完成支撑轴子装配体的装配，如图13-36所示。

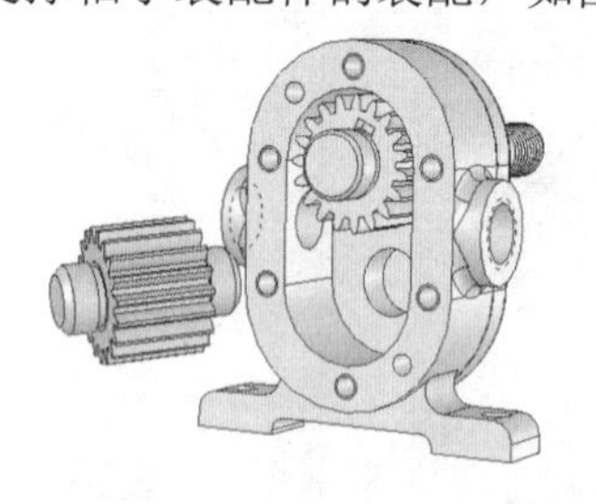

图13-34 插入支撑轴子装配体

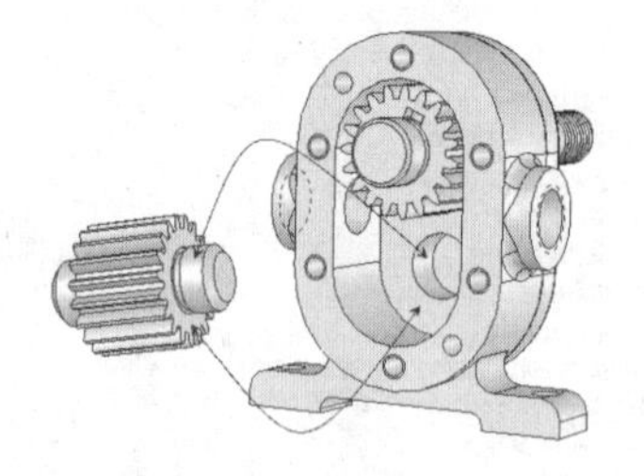

图13-35 选择配合面

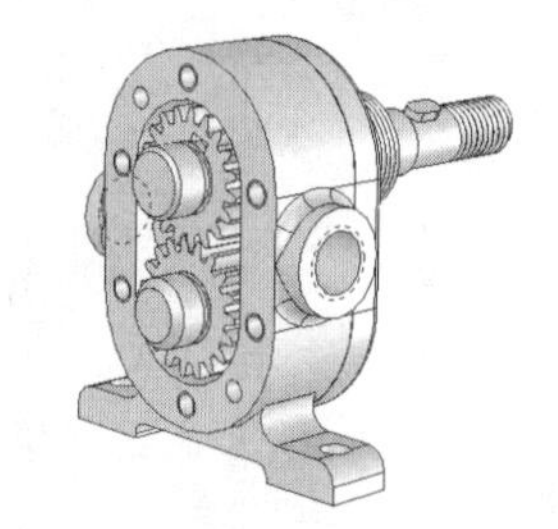

图13-36 装配支撑轴子装配体

13.3.5 齿轮泵前盖的装配

01 插入齿轮泵前盖到装配体。单击“装配体”面板中的“插入零部件”按钮，插入齿轮泵前盖。

02 添加配合关系。选择传动轴的圆柱面和齿轮泵前盖的内孔，添加同轴心配合；选择支撑轴的圆柱面和齿轮泵前盖另外一个内孔，添加同轴心配合；选择齿轮泵前盖的内表面和齿轮泵基座端面，添加重合配合，如图13-37所示。完成齿轮泵前盖的装配，如图13-38所示。

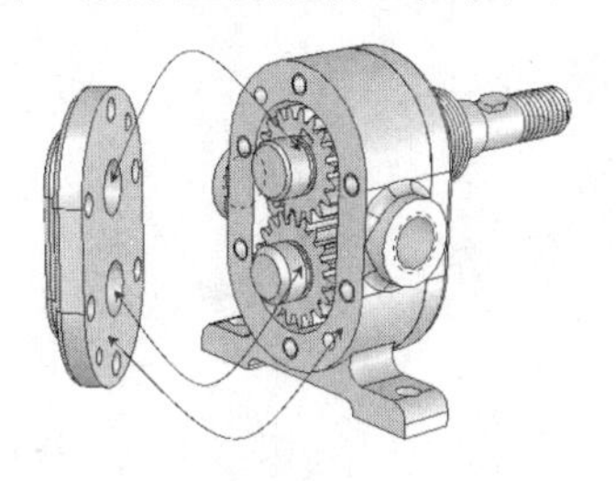

图13-37　添加配合关系

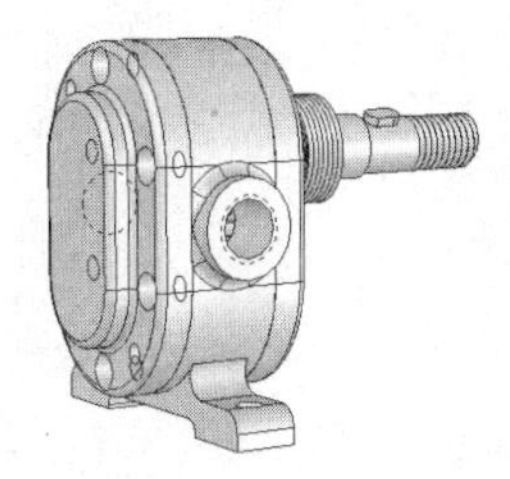

图13-38　装配齿轮泵前盖

13.3.6　压紧螺母、锥齿轮的装配

01 插入压紧螺母到装配体。按照插入零部件的操作方法，将压紧螺母插入装配体。

02 添加配合关系。选择图13-39所示的对应表面，分别添加同轴心和重合配合，完成压紧螺母的装配，如图13-40所示。

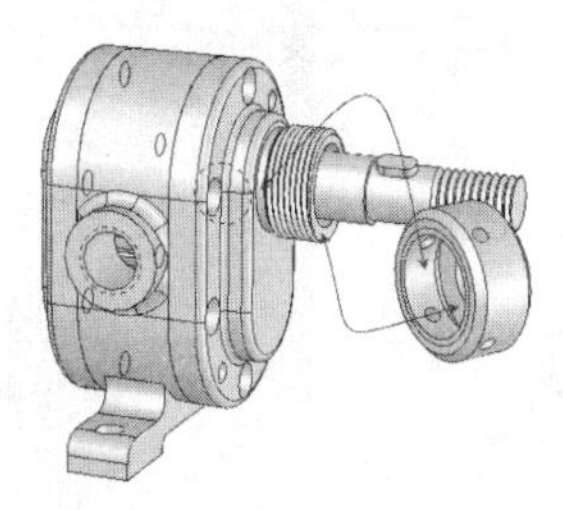

图13-39　选择压紧螺母配合面

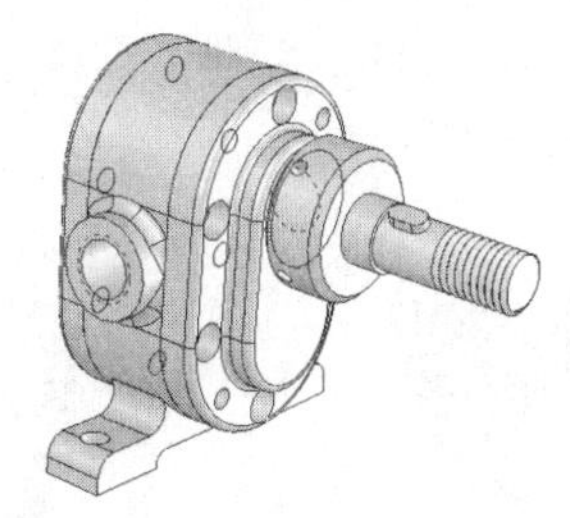

图13-40　装配压紧螺母

03 装配锥齿轮。将锥齿轮插入到装配体，选择图13-41所示的对应表面，分别添加传动轴轴肩和锥齿轮底面的重合配合，传动轴圆柱面和锥齿轮内孔的同轴心配合，平键和键槽侧面的重合配合，完成锥齿轮的装配，如图13-42所示。

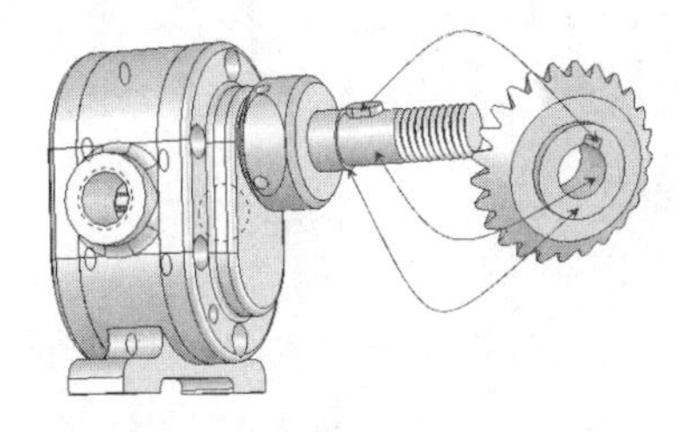

图13-41　选择锥齿轮配合面

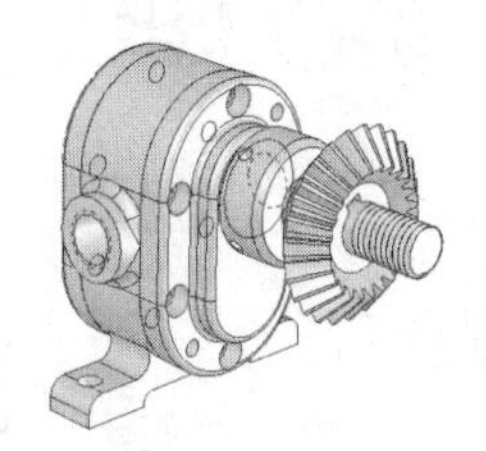

图13-42　装配锥齿轮

13.3.7　密封件、紧固件的装配

01 装配垫片。将垫片插入到装配体，分别添加垫片内孔和传动轴圆柱面的同轴心配合，垫片端面和锥齿轮端面的重合配合，如图13-43所示。

02 装配螺母M14。将螺母M14插入到装配体，分别添加螺母和传动轴的同轴心配合，螺母端面和垫片端面的重合配合，如图13-44所示。

03 装配螺钉 M6×16。将螺钉 M6×16 插入到装配体，分别添加螺钉和螺钉通孔的同轴心配合，螺钉头端面和螺钉通孔台阶面的重合配合，如图 13-45 所示。

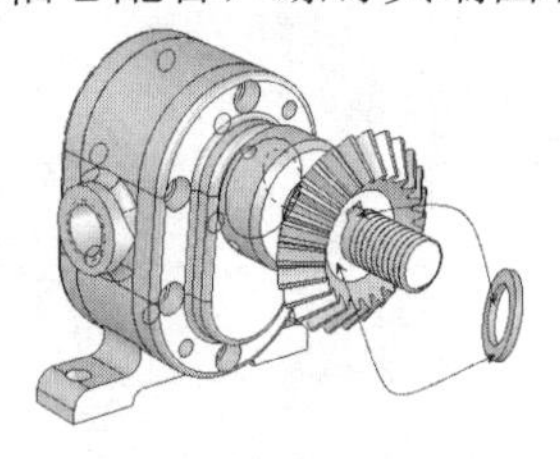

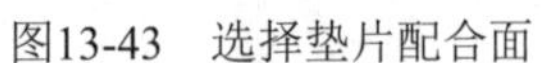

图13-43　选择垫片配合面

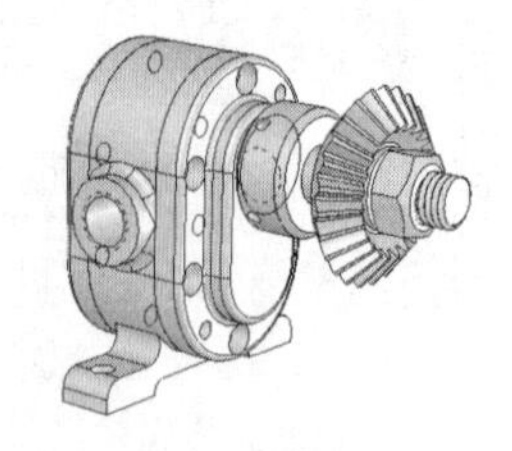

图13-44　装配螺母M14

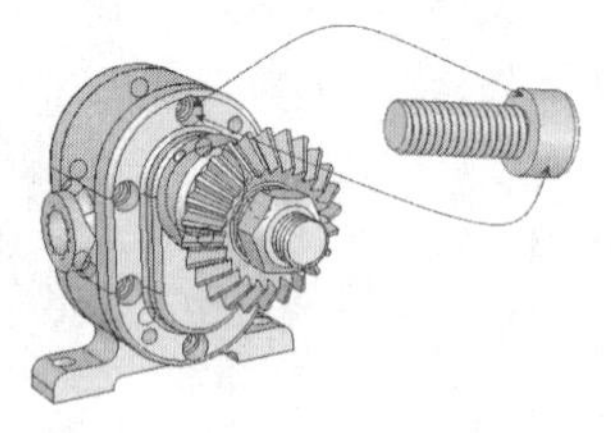

图13-45　选择螺钉配合面

04 装配其他螺钉。在 Feature Manager 设计树中，单击选择螺钉 M6×16，然后按住 Ctrl 键，将螺钉 M6×16 插入装配体，如图 13-46 所示。此操作与单击“装配体”面板中的“插入零部件”按钮操作结果相同。

05 采用上述插入零件方法，插入5个螺钉，将其一一进行装配，如图13-47所示。

06 在齿轮泵的另一侧装配6个螺钉M6×16。

07 装配销。将用于定位的销插入装配体中，插入数量为4个，每侧两个，并且进行装配。

08 保存文件。单击标准工具栏中的“保存”按钮，将装配体文件保存为“齿轮泵总装配”，如图 13-48 所示。

图13-46　插入其他螺钉

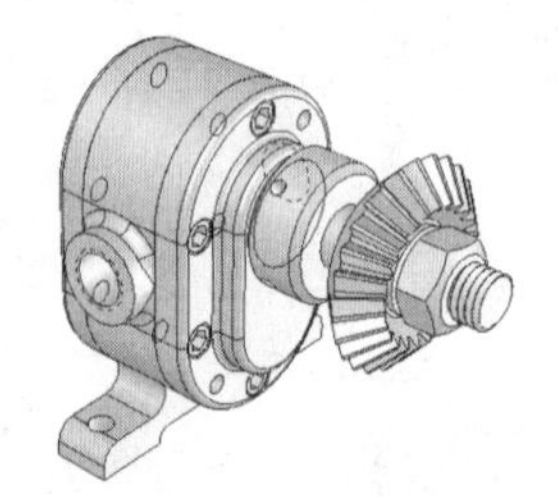

图13-47　装配其他螺钉

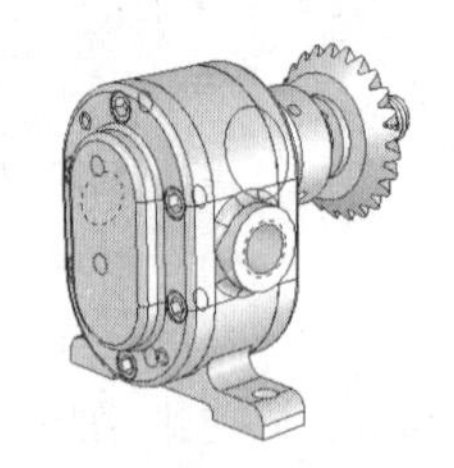

图13-48　装配完成的齿轮泵

13.4　创建爆炸视图

视频文件\动画演示\第13章\创建爆炸视图.avi

创建步骤

01 执行爆炸命令。选择菜单栏中的“插入”→“爆炸视图”命令，系统弹出图13-49所示的“爆炸”属性管理器。单击 “操作步骤”“添加阶梯”及“选项”右侧的箭头，将其展开。

02 爆炸 M14 螺母。单击“添加阶梯”选项组“爆炸步骤零部件”按钮右侧的选择框，然后在绘图区或特征管理器设计树中选择“螺母 M14-1”，按照图 13-50 所示进行参数设置。单击图 13-50 中的“添加阶梯”按钮，完成螺母 M14 的爆炸操作，并生成“爆炸步骤 1”。

图13-49　“爆炸”属性管理器　　　　图13-50　设置爆炸参数1

03 爆炸垫片。单击“添加阶梯”选项组“爆炸步骤零部件”按钮右侧的选择框，在绘图区或特征管理器设计树中选择“垫片-1”，选择绘图区显示爆炸方向坐标中水平向左的Z方向，如图13-51所示。

04 生成爆炸步骤2。按照图13-52中的参数对爆炸进行设置，然后单击图13-52中的“添加阶梯”按钮，完成对垫片的爆炸操作，并生成“爆炸步骤2”，如图13-53所示。

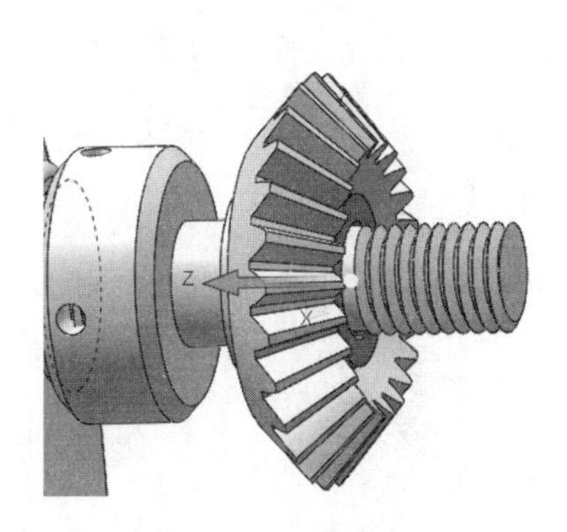

图13-51　选择爆炸方向1　　　　图13-52　设置爆炸参数2

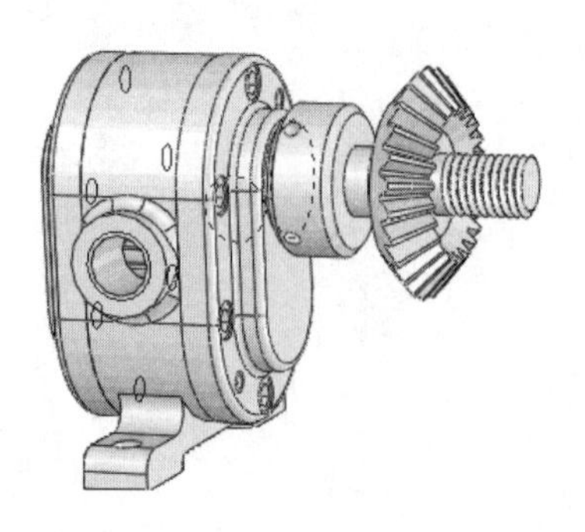

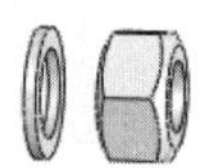

图13-53　垫片爆炸后的视图

05 爆炸锥齿轮。单击“添加阶梯”选项组“爆炸步骤零部件”按钮右侧的选择框，在绘图区或装配体特征管理器设计树中选择“圆锥齿轮-1”，选择绘图区显示爆炸方向坐标向左的方向，如图13-54所示。

06 生成爆炸步骤3。按照图13-55所示参数进行设置，然后单击“添加阶梯”按钮，完成对锥齿轮的爆炸操作，并生成“爆炸步骤3”，如图13-56所示。

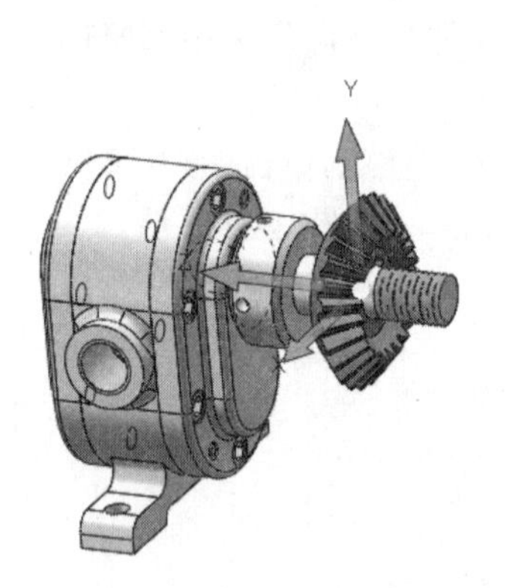

图13-54　选择爆炸方向2

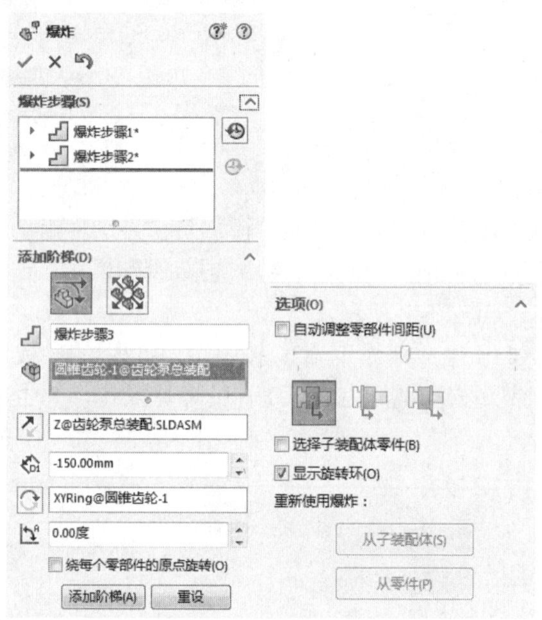

图13-55　设置爆炸参数3

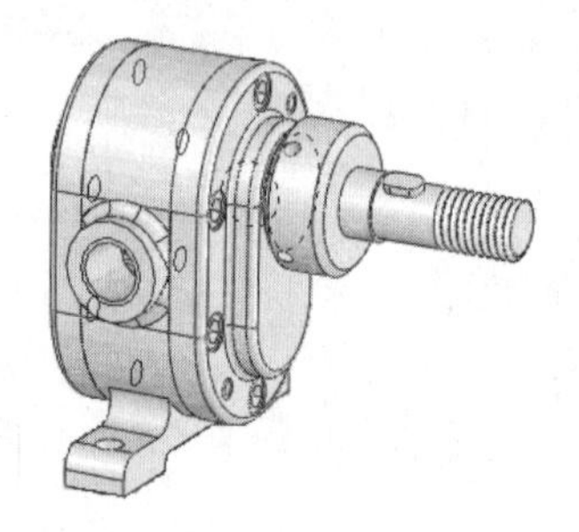

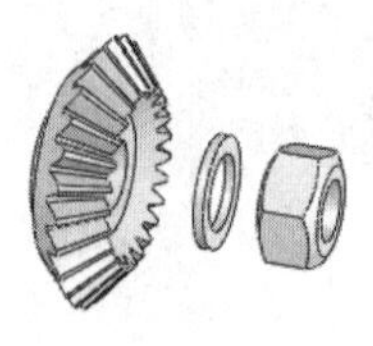

图13-56　锥齿轮爆炸后的视图

07 爆炸压紧螺母。单击“添加阶梯”选项组“爆炸步骤零部件”按钮右侧的选择框，在绘图区或装配体特征管理器设计树中选择“压紧螺母-1”，选择绘图区显示爆炸方向坐标向左的方向，如图13-57所示。

08 生成爆炸步骤4。按照图13-58所示进行参数设置，然后单击“添加阶梯”按钮，完成对压紧螺母的爆炸操作，并生成“爆炸步骤4”，如图13-59所示。

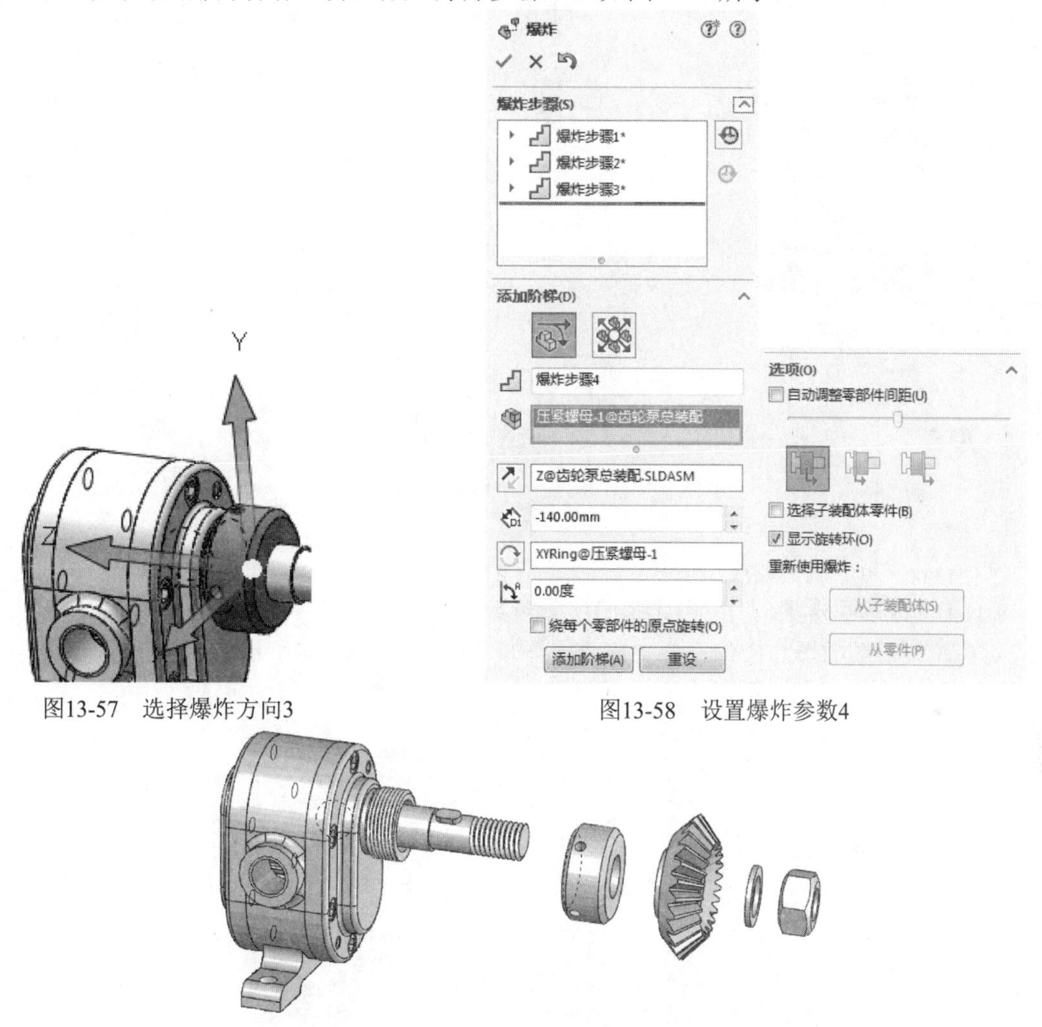

图13-57　选择爆炸方向3

图13-58　设置爆炸参数4

图13-59　压紧螺母爆炸后的视图

09 爆炸齿轮泵后盖上的螺栓。单击“添加阶梯”选项组“爆炸步骤零部件”按钮右侧的选择框，在绘图区选择齿轮泵后盖上的6个螺钉及两个销钉，按照图13-60所示参数进行设置，单击图13-60中的“添加阶梯”按钮，完成对齿轮泵后盖上螺栓的爆炸操作，如图13-61所示，并生成“爆炸步骤5”。

10 爆炸齿轮泵后盖。单击“添加阶梯”选项组“爆炸步骤零部件”按钮右侧的选择框，在绘图区或装配体特征管理器设计树中选择“齿轮泵后盖-2”，选择绘图区显示爆炸方向坐标中水平向左的Z方向，如图13-62所示。

图13-60　设置爆炸参数5

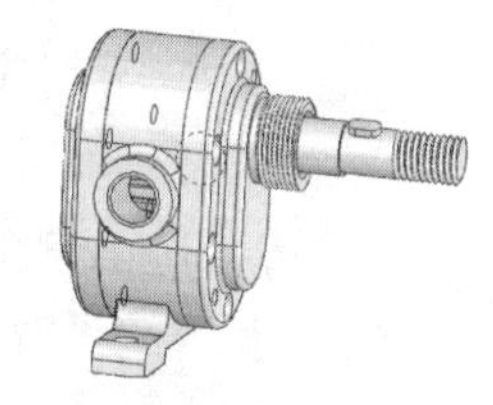

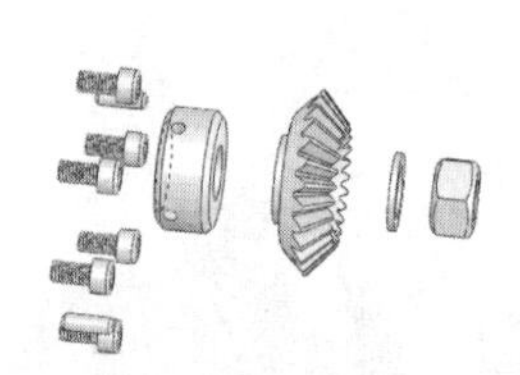

图13-61　齿轮泵后盖上的螺栓爆炸视图

11 生成爆炸步骤6。按照图13-63所示参数进行设置，然后单击“添加阶梯”按钮，完成对齿轮泵后盖的爆炸操作，并生成“爆炸步骤6”，如图13-64所示。

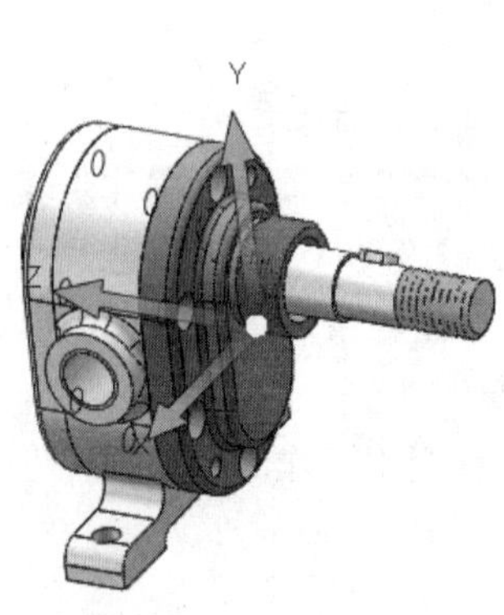

图13-62　选择爆炸方向4

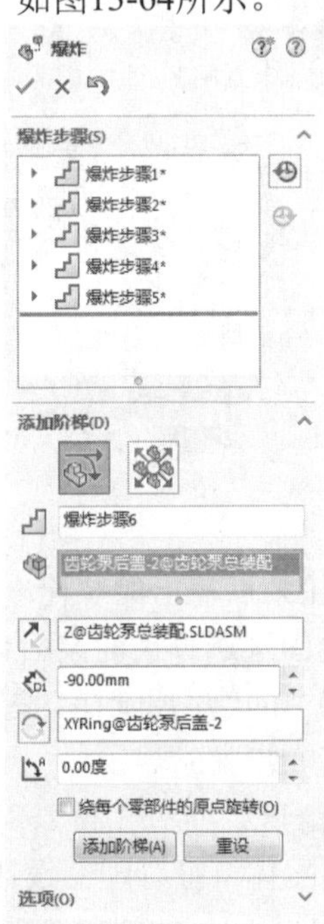

图13-63　设置爆炸参数6

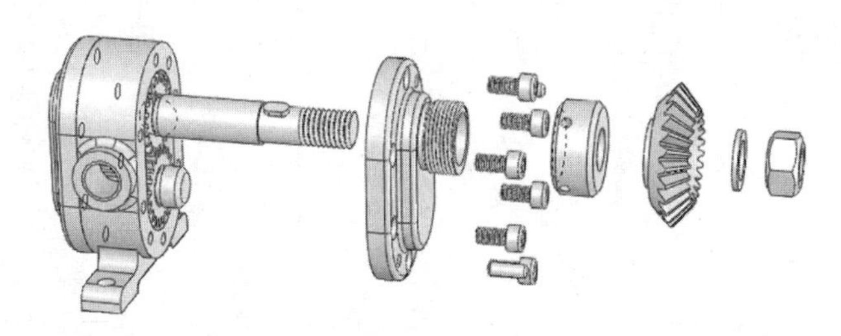

图13-64　齿轮泵后盖爆炸后的视图

12 爆炸齿轮泵前盖上的螺栓。单击“添加阶梯”选项组“爆炸步骤零部件”按钮右侧的选择框，选择齿轮泵前盖上的6个螺钉及两个销钉，选择绘图区显示爆炸方向坐标中水平向左的方向，如图13-65所示。按照图13-66所示参数进行设置，单击“添加阶梯”按钮，完成对齿轮泵前盖上螺栓的爆炸操作，并生成“爆炸步骤7”，如图13-67所示。

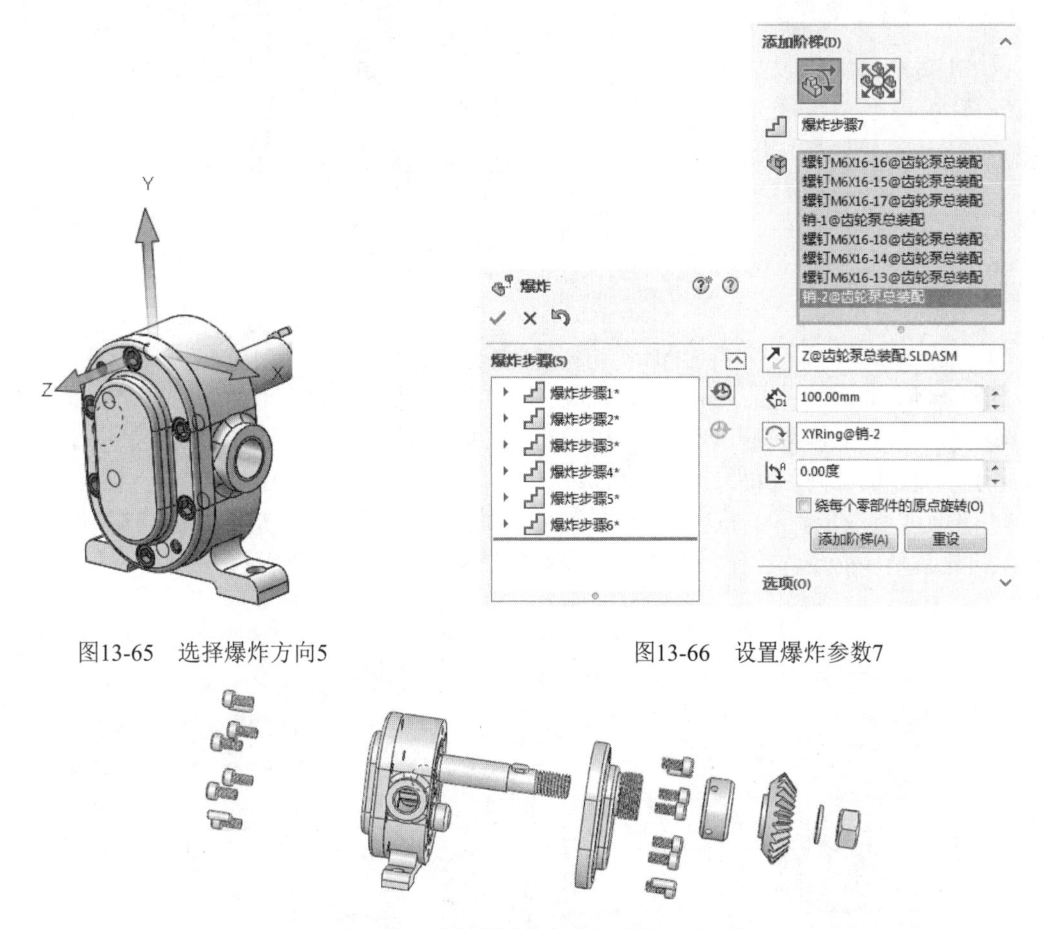

图13-65　选择爆炸方向5

图13-66　设置爆炸参数7

图13-67　齿轮泵前盖上的螺栓爆炸后的视图

13 爆炸齿轮泵前盖。单击“添加阶梯”选项组“爆炸步骤零部件”按钮右侧的选择框，在绘图区或装配体特征管理器设计树中选择“齿轮泵前盖-1”，选择绘图区显示爆炸方向坐标中向左的方向，如图13-68所示。

14 生成爆炸步骤8。按照图13-69所示参数进行设置后，单击“添加阶梯”按钮，完成对齿轮泵前盖的爆炸操作，并生成“爆炸步骤8”，如图13-70所示。

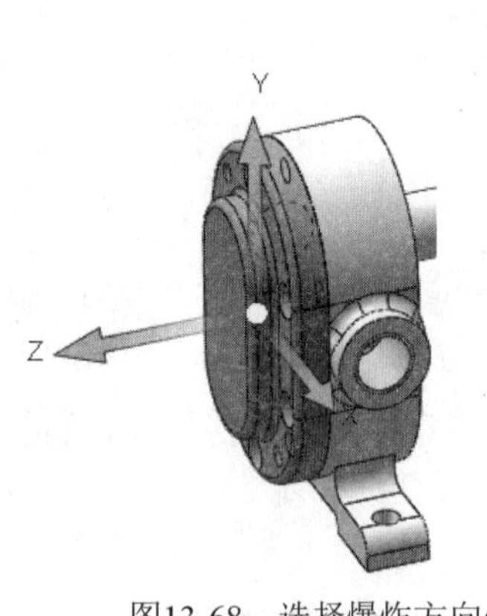

图13-68　选择爆炸方向6

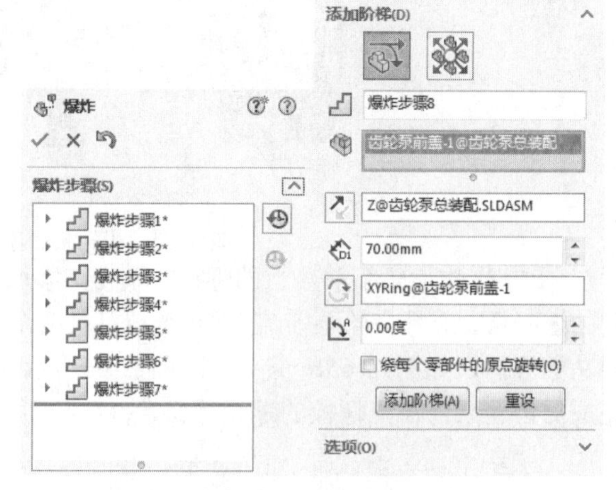

图13-69　设置爆炸参数8

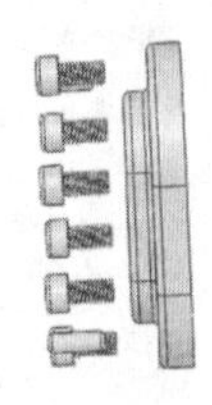

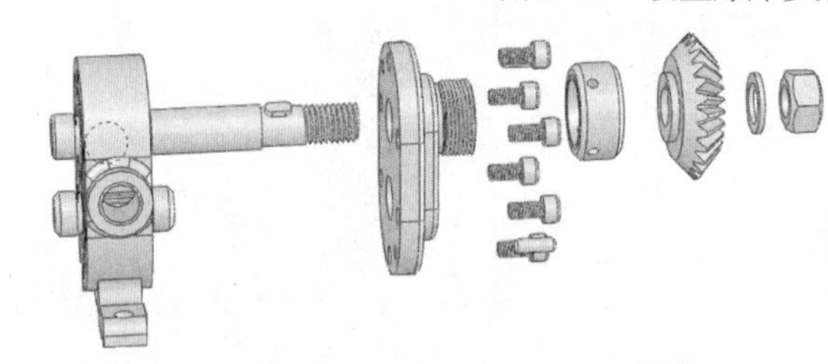

图13-70　齿轮泵前盖爆炸后的视图

15 爆炸齿轮泵基座。单击“添加阶梯”选项组“爆炸步骤零部件”按钮右侧的选择框，在绘图区或装配体特征管理器设计树中选择“齿轮泵基座-1”，选择绘图区显示爆炸方向坐标中水平向左的方向，如图13-71所示。

16 生成爆炸步骤 9。按照图 13-72 所示参数进行设置后，单击“添加阶梯”按钮，完成对齿轮泵基座的爆炸操作，并生成“爆炸步骤 9”，如图 13-73 所示。

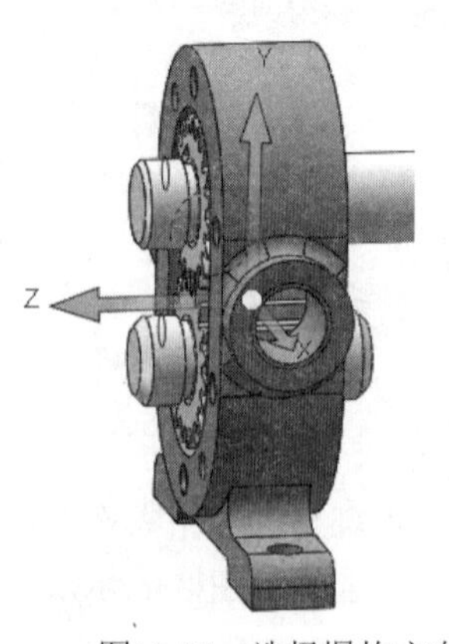

图13-71　选择爆炸方向7

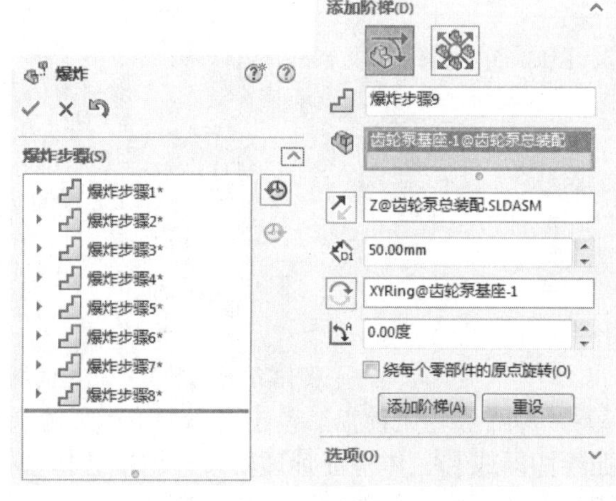

图13-72　设置爆炸参数9

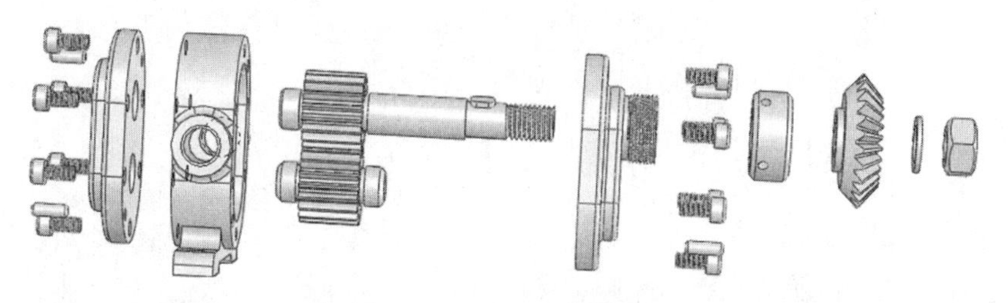

图13-73　齿轮泵基座爆炸后的视图

17 爆炸支撑轴装配组件。单击“添加阶梯”选项组“爆炸步骤零部件”按钮右侧的选择框，在绘图区或装配体特征管理器设计树中选择“支撑轴装配组件-1”，选择绘图区显示爆炸方向坐标中向上的方向，如图13-74所示。

18 生成爆炸步骤10。按照图13-75所示参数进行设置后，单击“添加阶梯”按钮，完成对支撑轴装配组件的爆炸操作，并生成“爆炸步骤10”，最终的爆炸视图如图13-76所示。

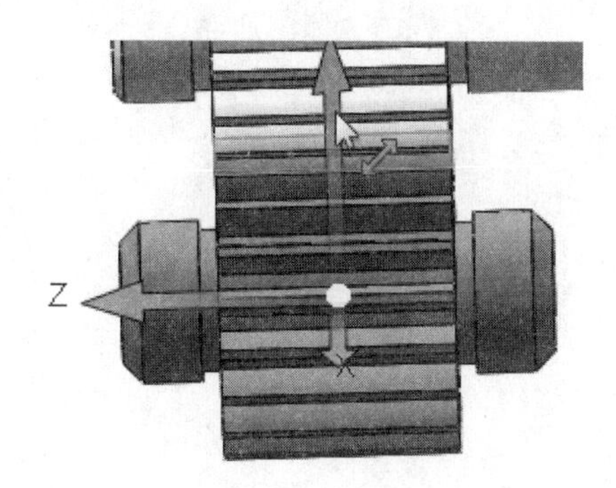

图13-74　选择爆炸方向8

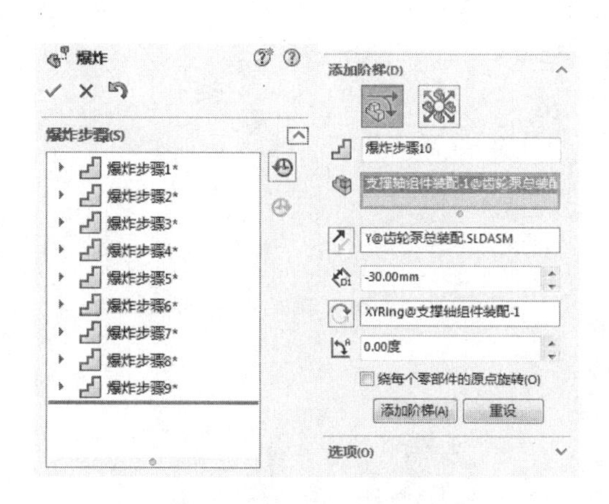

图13-75　设置爆炸参数10

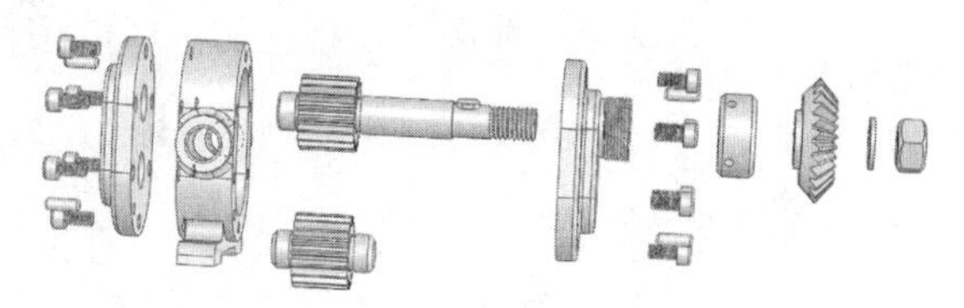

图13-76　最终的爆炸视图

第14章 工程图基础

工程图在产品设计过程中是很重要的，它一方面体现了设计结果，另一方面也是指导生产的参考依据。在许多应用场合，工程图起到了方便设计人员之间的交流，提高工作效率的效果。在工程图方面，SOLIDWORKS提供了强大的功能，用户可以很方便地借助零件或三维模型创建所需的各个视图，以及剖视图、局部放大视图等。

学习要点

- 工程图的生成方法
- 生成视图
- 操纵视图
- 注解的标注
- 分离工程图

14.1　工程图的生成方法

默认情况下，SOLIDWORKS 在工程图和零件或装配体三维模型之间提供全相关的功能，全相关意味着无论什么时候修改零件或装配体的三维模型，所有相关的工程视图将自动更新，以反映零件或装配体的形状和尺寸变化；反之，当在一个工程图中修改一个零件或装配体尺寸时，系统也将自动地将相关的其他工程视图及三维零件或装配体中的相应尺寸加以更新。

在安装SOLIDWORKS软件时，可以设定工程图与三维模型间的单向链接关系，这样当在工程图中对尺寸进行了修改时，三维模型并不更新。如果要改变此选项的话，需要重新安装一次软件。

此外，SOLIDWORKS 提供了多种类型的图形文件输出格式，包括最常用的DWG和DXF格式，以及其他几种常用的标准格式。

工程图包含一个或多个由零件或装配体生成的视图。在生成工程图之前，必须先保存与它有关的零件或装配体的三维模型。

要生成新的工程图，可做如下操作：

01 启动 SOLIDWORKS 2020，单击标准工具栏中的“新建”按钮。

02 在“新建 SOLIDWORKS 文件”对话框中选择“工程图”，如图 14-1 所示。

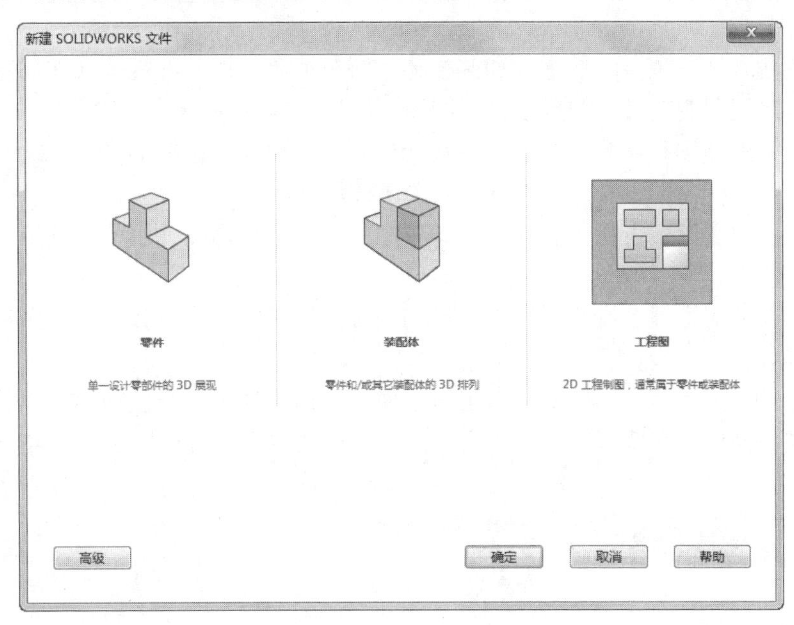

图14-1　新建工程图

03 单击“确定”按钮进入工程图编辑状态。

“工程图”窗口（见图 14-2）中也包括特征管理器设计树，它与零件和装配体窗口中的特征管理器设计树相似，包括项目层次关系的清单。每张图纸有一个图标，每张图纸下有图纸格式和每个视图的图标。项目图标旁边的符号▸表示它包含相关的项目，单击它将展开所有的项目并显示其内容。

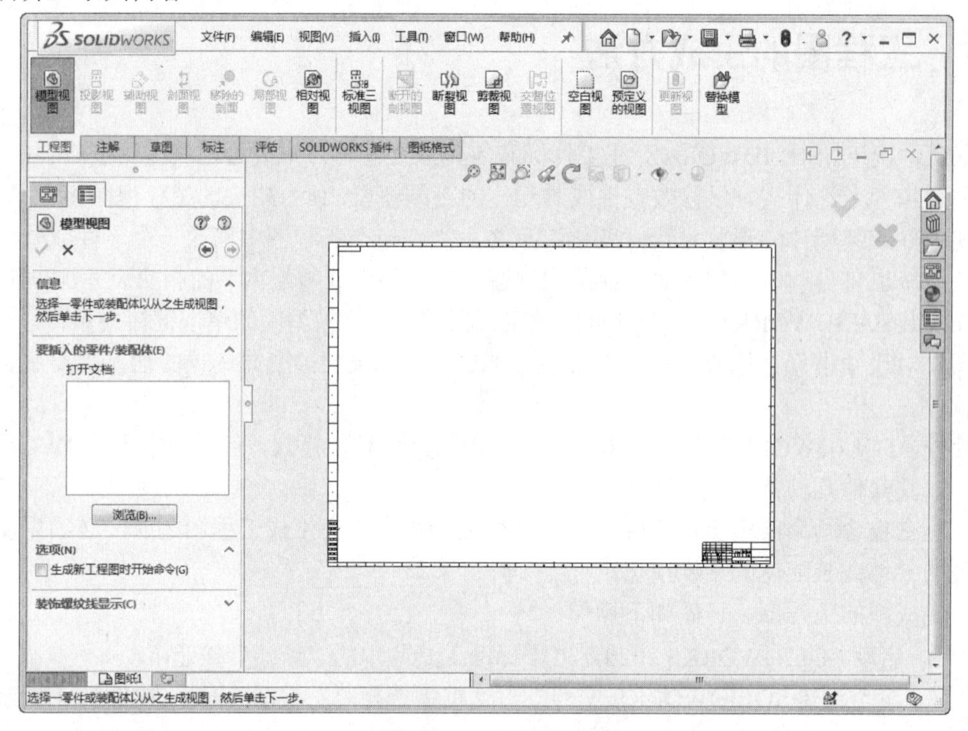

图14-2　工程图窗口

标准视图包含视图中显示的零件和装配体的特征清单，派生的视图（如局部或剖视图）包含不同的特定视图的项目（如局部视图图标、剖切线等）。

工程图窗口的顶部和左侧有标尺，标尺会标示图纸中鼠标指针的位置。选择“视图”→“用户界面”→“标尺”命令，可以打开或关闭标尺。

如果要放大视图，右击特征管理器设计树中的视图名称，在弹出的快捷菜单中选择“放大所选范围”命令。

用户可以在特征管理器设计树中重新排列工程图文件的顺序，在绘图区中拖动工程图到指定的位置。

工程图文件的扩展名为.slddrw。新工程图使用所插入的第一个模型的名称。保存工程图时，模型名称作为默认文件名出现在“另存为”对话框中，并带有扩展名.slddrw。

14.2　定义图纸格式

SOLIDWORKS提供的图纸格式不符合任何标准，用户可以自定义工程图格式，以符合本单位的标准格式。

要定义工程图格式，可做如下操作：

01 右击“工程图”上的空白区域，或者右击特征管理器设计树中的“图纸格式”按钮 。

02 在弹出的快捷菜单中选择“编辑图纸格式”命令。

03 双击标题栏中的文字，即可修改文字。同时在“注释”属性管理器的“文字格式”选项组（见图14-3）中可以修改对齐方式、文字旋转角度和字体等属性。

图14-3　“注释”属性管理器

04 如果要移动线条或文字，单击该项目后将其拖动到新的位置。

05 如果要添加线条，则单击“草图”面板中的“直线”按钮╱，然后绘制线条。

06 在特征管理器设计树中右击“图纸1”，在弹出的快捷菜单中选择“属性”按钮。

07 在弹出的“图纸属性”对话框（见图14-4）中进行如下设定：

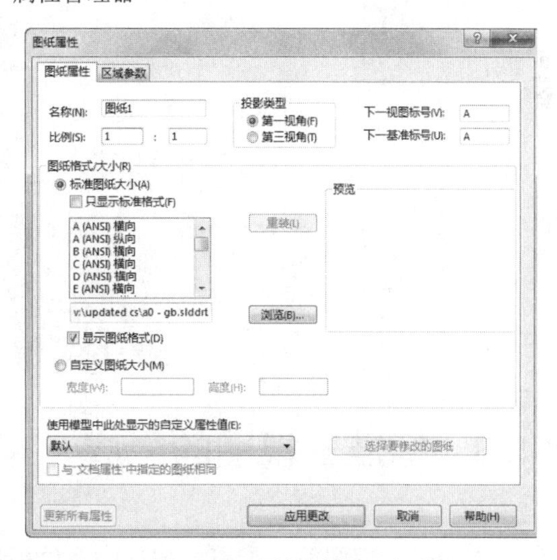

图14-4　“图纸属性”对话框

- 在“名称”文本框中输入图纸的标题。
- 在“标准图纸大小”列表框中选择一种标准纸张（如A4、B5等）。如果选择了“自定义图纸大小”，则在下方的“宽度”和“高度”文本框中指定纸张的大小。
- 在“比例”文本框中指定图纸上所有视图的默认比例。
- 单击“浏览”按钮，可以使用其他图纸格式。
- 在“投影类型”选项组中选择“第一视角”或“第三视角”。

- 在“下一视图标号”文本框中指定下一个视图要使用的英文字母代号。
- 在“下一基准标号”文本框中指定下一个基准标号要使用的英文字母代号。

如果图纸上显示了多个三维模型文件，在“使用模型中此处显示的自定义属性值”下拉列表框中选择一个视图，工程图将使用该视图包含模型的自定义属性。

08 单击“应用更改”按钮，关闭对话框。

要保存图纸格式，可做如下操作：

01 选择菜单栏中的“文件”→“保存图纸格式”命令，系统会弹出“保存图纸格式”对话框，如图14-5所示。

02 如果要替换SOLIDWORKS提供的标准图纸格式，则单击“标准图纸大小”单选按钮，然后在下拉列表框中选择一种图纸格式。单击“确定”按钮，图纸格式将被保存在<安装目录>\data下。

03 如果要使用新的名称保存图纸格式，则单击“标准图纸大小”单选按钮。单击“浏览”按钮，选择图纸格式保存的目录，然后输入图纸格式名称。

04 单击“保存”按钮，关闭对话框。

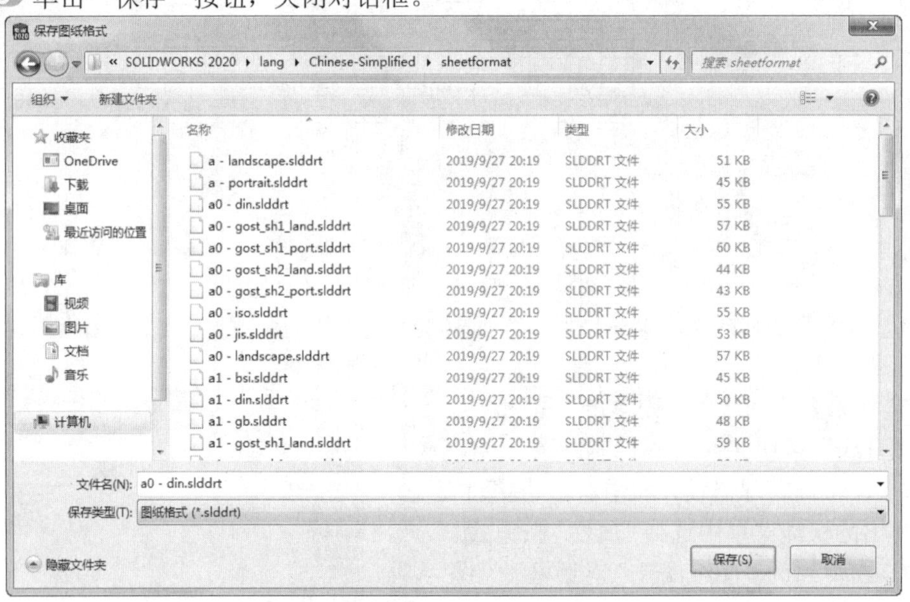

图14-5 “保存图纸格式”对话框

14.3 标准三视图的生成

在创建工程图前，应根据零件的三维模型，考虑和规划零件视图，如工程图由几个视图组成，是否需要剖视图等。考虑清楚后，再进行零件视图的创建工作，否则如同用手工绘图一样，可能创建的视图不能很好地表达零件的空间关系，给其他用户的识图、看图造成困难。

标准三视图指从三维模型的主视、侧视、俯视3个正交角度投影生成3个正交视图，如图14-6所示。

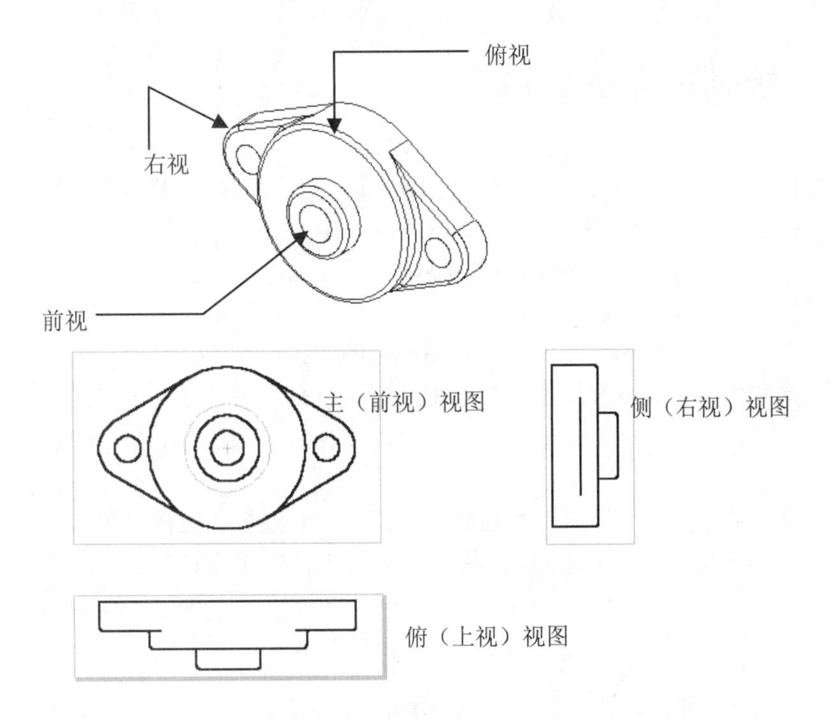

图14-6　标准三视图

在标准三视图中，主视图与俯视图及侧视图有固定的对齐关系。俯视图可以竖直移动，侧视图可以水平移动。SOLIDWORKS生成标准三视图的方法有多种，这里只介绍常用的两种方法。

用标准方法生成标准三视图的操作如下：

01 打开零件或装配体文件，或者打开包含所需模型视图的工程图文件。

02 新建一张工程图。

03 单击“工程图”面板中的“标准三视图”按钮。此时光标指针变为形状。

04 在“标准视图”属性管理器的“信息”列表框中提供了4种选择模型的方法：

- 选择一个包含模型的视图。
- 从另一窗口的特征管理器设计树中选择模型。
- 从另一窗口的绘图区中选择模型。
- 在“工程图”窗口右击，在快捷菜单中选择“从文件中插入”命令。

05 选择“窗口”→“文件”命令，进入到零件或装配体文件中。

06 利用步骤 **04** 中的一种方法选择模型，系统会自动回到工程图文件中，并将三视图放置在工程图中。

如果不打开零件或装配体模型文件，用标准方法生成标准三视图的操作如下：

01 新建一张工程图。

02 单击“工程图”面板中的“标准三视图”按钮。

03 在弹出的“标准三视图”属性管理器中单击“浏览”按钮。

04 在弹出的“打开”对话框中浏览到所需的模型文件，单击“打开”按钮，标准三视图便会放置在绘图区中。

14.4 模型视图的生成

标准三视图是最基本也是最常用的工程图，但它所提供的视角十分固定，有时不能很好地描述模型的实际情况。SOLIDWORKS提供的模型视图解决了这个问题。通过在标准三视图中插入模型视图，可以从不同的角度生成工程图。

要插入模型视图，可做如下操作：

01 单击“工程图”面板中的“模型视图”按钮。

02 和生成标准三视图中选择模型的方法一样，在零件或装配体文件中选择一个模型。

03 当回到工程图文件中时，光标指针变为 形状，用光标拖动一个视图方框表示模型视图的大小。

04 在“模型视图”属性管理器的“方向”选项组中选择视图的投影方向。

05 在图纸的空白位置单击，从而在工程图中放置模型视图，如图14-7所示。

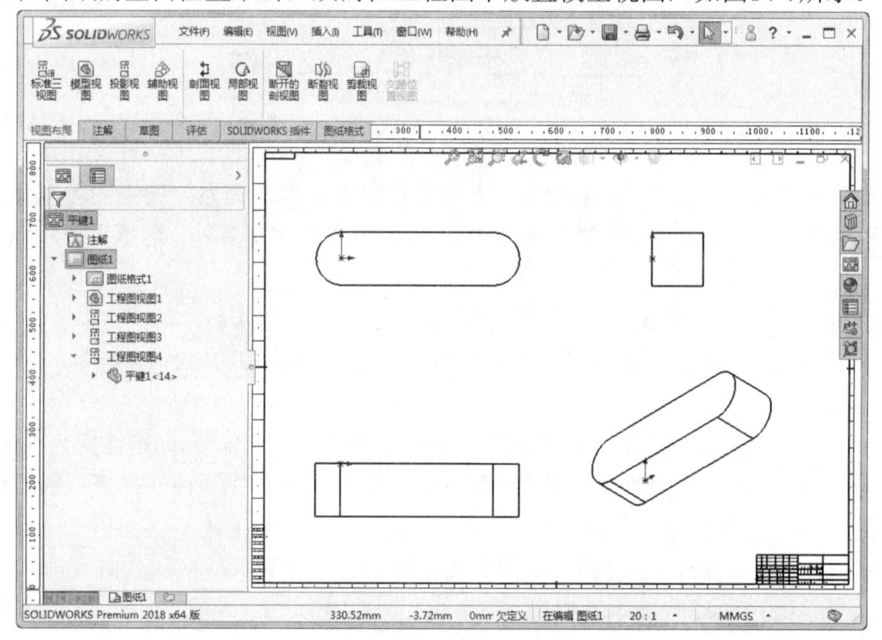

图14-7　放置模型视图

06 如果要更改模型视图的投影方向，则双击“方向”选项组中的视图方向。

07 如果要更改模型视图的显示比例，则选择“使用自定义比例”单选按钮，然后输入显示比例。

08 单击“确定”图标，完成模型视图的插入。

14.5 派生视图的生成

派生视图指从标准三视图、模型视图或其他派生视图中派生出来的视图，包括剖面视图、旋转剖视图、投影视图、辅助视图、局部视图和断裂视图等。

14.5.1　生成剖面视图

剖面视图指用一条剖切线分割工程图中的一个视图，然后从垂直于生成的剖面方向投影得到的视图，如图14-8所示。

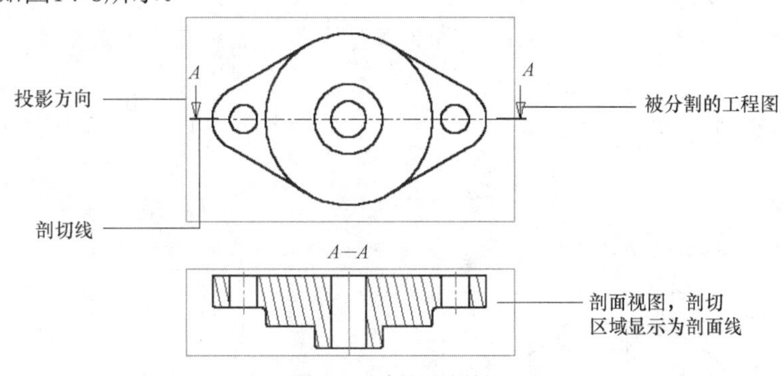

图14-8　剖视图举例

要生成一个剖面视图，可做如下操作：

01 打开要生成剖面视图的工程图。

02 单击“工程图”面板中的“剖面视图”按钮。

03 弹出图14-9所示的“剖面视图辅助”属性管理器。在该属性管理器中选择“切割线”类型，此时光标显示为，将切割线放置到图中要剖切的位置。

04 将光标移动到适当的位置单击，则剖切视图被放置在工程图中。

05 在“剖面视图A-A”属性管理器（见图14-10）中设置具体参数。

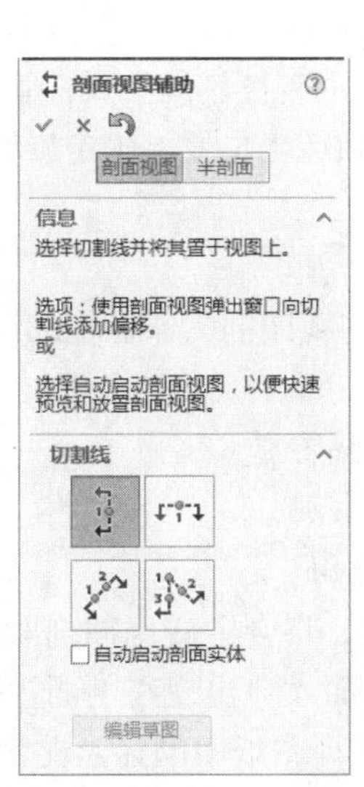
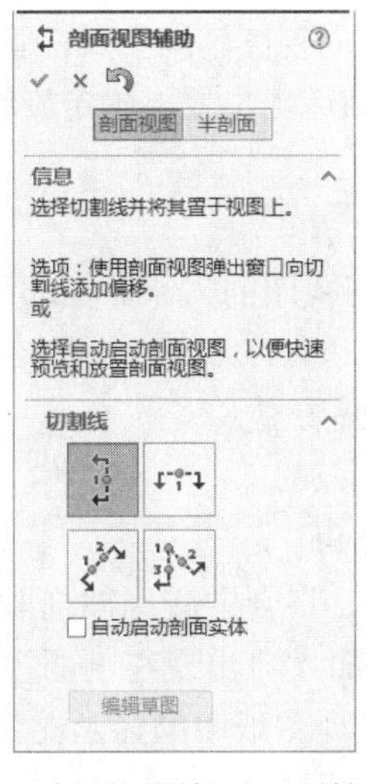

图14-9　“剖面视图辅助”属性管理器

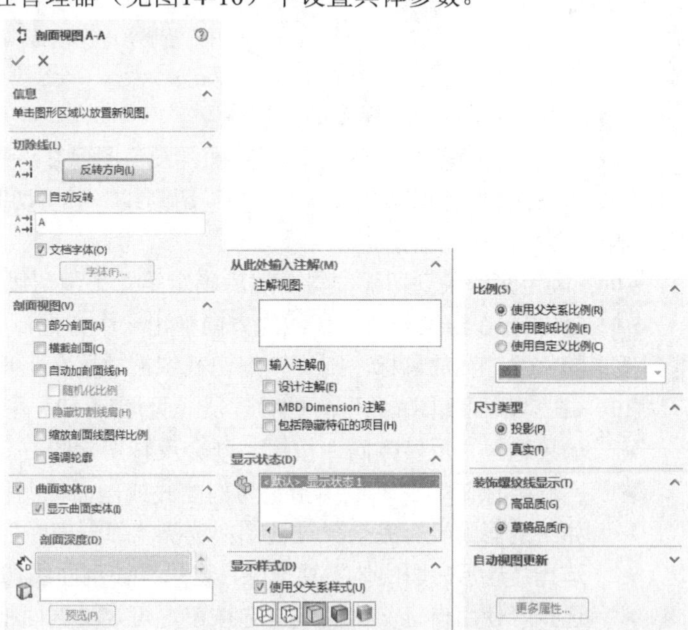

图14-10　“剖面视图A-A”属性管理器

➢ 如果单击“反转方向”按钮，则会反转切除的方向。

➢ 在名称文本框中指定与剖面线或剖面视图相关的字母。

➢ 如果剖面线没有完全穿过视图，选择“部分剖面”复选框，将会生成局部剖面视图。

➢ 选择“显示曲面实体”复选框，则只有被剖面线切除的曲面才会出现在剖面视图上。

选择“使用自定义比例”单选按钮，可定义剖面视图在工程图中的显示比例。

06 单击“确定”按钮✔，完成剖面视图的插入。

新剖面是由原实体模型计算得来的，如果模型更改，此视图将随之更新。

14.5.2 生成旋转剖视图

旋转剖视图中的剖切线是由两条具有一定角度的线段组成。系统从垂直于剖切方向投影生成剖面视图，如图14-11所示。

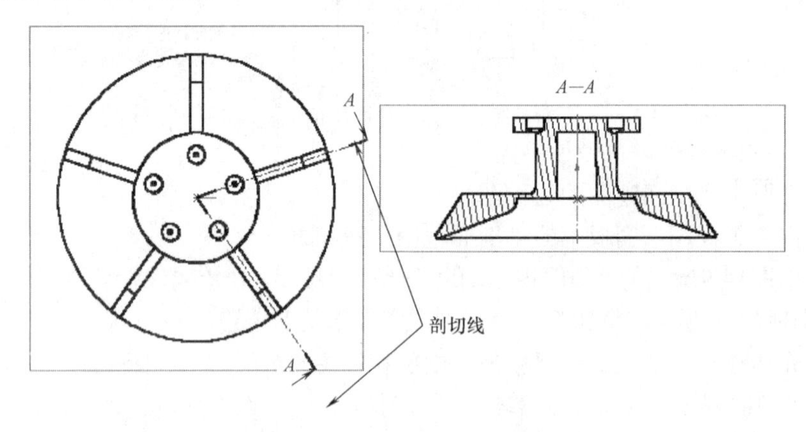

图14-11 旋转剖视图举例

要生成旋转剖切视图，可做如下操作：

01 打开要生成剖面视图的工程图。

02 单击“工程图”面板中的“剖面视图”图标，弹出“剖面视图辅助”属性管理器。

03 在该属性管理器中选择“旋转”切割线，将切割线放到适当位置，确定旋转剖视图的中心。

04 确定第一条剖切线位置，然后确定第二条剖切线位置。

05 系统会在沿第一条剖切线的方向弹出一个方框，显示剖切视图的大小。拖动这个方框到适当的位置，释放鼠标，则旋转剖切视图被放置在工程图中。

06 在“剖面视图A-A”属性管理器（见图14-12）中设置具体参数：

➢ 如果选择“反转方向”按钮，则会反转切除的方向。

➢ 在“名称”文本框中指定与剖面线或剖面视图相关的字母。

➢ 如果剖面线没有完全穿过视图，选择“部分剖面”复选框，将会生成局部剖面视图。

➢ 选择“显示曲面实体”复选框，将只有被剖面线切除的曲面才会出现在剖面视图上。

➢ 选择“使用自定义比例”单选按钮，可定义剖面视图在工程图纸中的显示比例。

07 单击“确定”按钮✔，完成旋转剖视图的插入。

14.5.3　生成投影视图

投影视图是通过从正交方向对现有视图投影生成的视图，如图14-13所示。

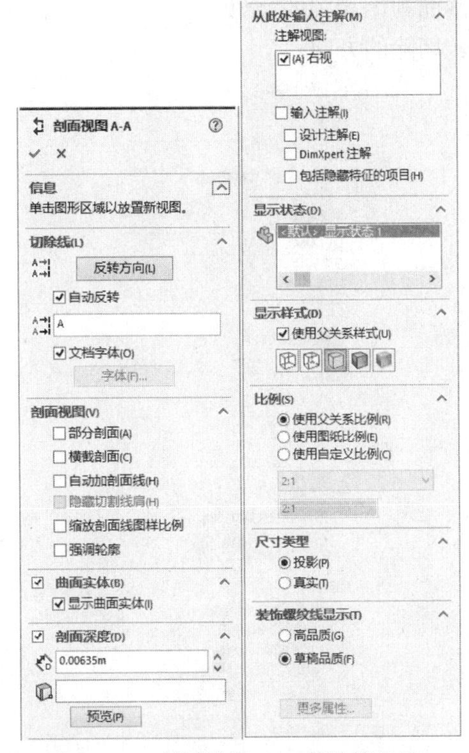

图14-12　“剖面视图A-A”属性管理器

投影视图

投影视图

图14-13　投影视图举例

要生成投影视图，可做如下操作：

01 单击“视图布局”面板中的“投影视图”按钮。

02 在工程图中选择一个要投影的工程视图。

03 系统将根据光标指针在所选视图的位置决定投影方向。可以从所选视图的上、下、左、右4个方向生成投影视图。

04 系统会在投影的方向弹出一个方框，显示投影视图的大小。拖动这个方框到适当的位置，释放鼠标，则投影视图被放置在工程图中。

05 单击“确定”按钮✔，生成投影视图。

14.5.4　生成辅助视图

辅助视图类似于投影视图，它的投影方向垂直所选视图的参考边线，如图14-14所示。

要插入辅助视图，可做如下操作：

01 单击“工程图”面板中的“辅助视图”按钮。

02 选择要生成辅助视图的工程视图上的一条直线作为参考边线，参考边线可以是零件的边线、侧影轮廓线、轴线或所绘制的直线。

03 系统会在与参考边线垂直的方向弹出一个方框，显示辅助视图的大小。拖动这个方框到适当的位置，释放鼠标，则辅助视图被放置在工程图中。

04 在“辅助视图”属性管理器中（见图14-15）设置具体参数。

- 在“名称”文本框中指定与剖面线或剖面视图相关的字母。
- 如果选择“反转方向”复选框，则会反转切除的方向。

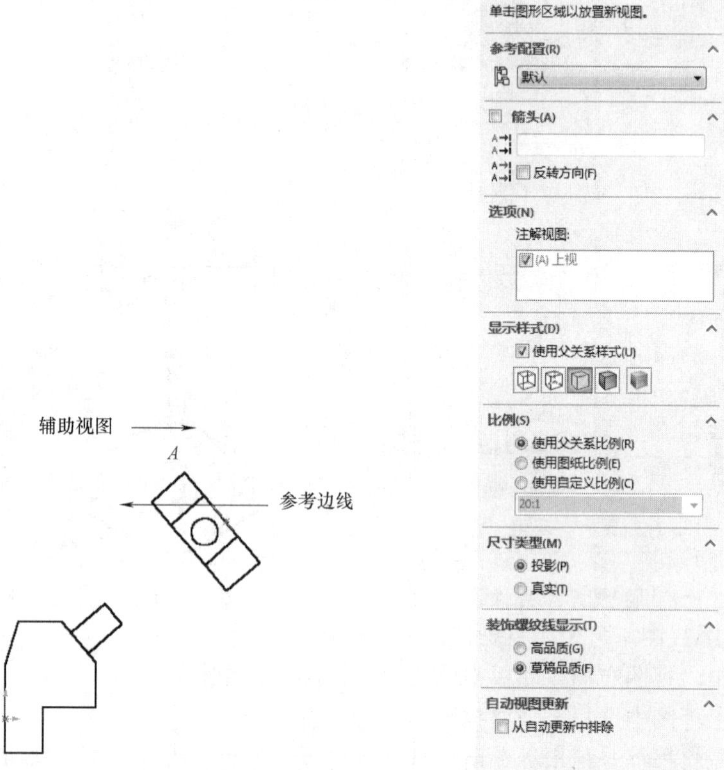

图14-14　辅助视图举例　　图14-15　“辅助视图”属性管理器

05 单击“确定”按钮✔，生成辅助视图。

14.5.5　生成局部视图

可以在工程图中生成一个局部视图，用于放大显示视图中的某个部分，如图14-16所示。局部视图可以是正交视图、三维视图或剖面视图。

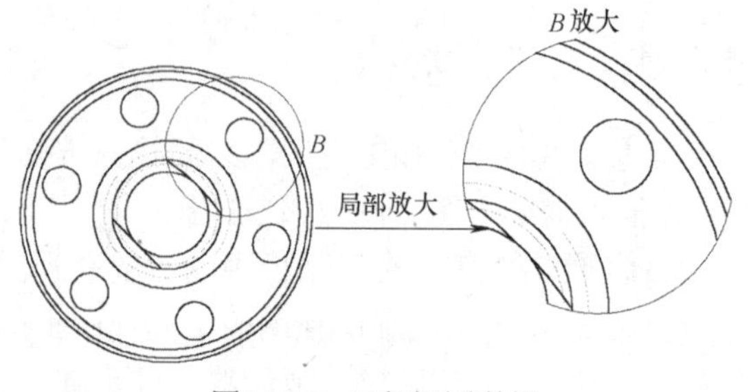

图14-16　局部视图举例

要生成局部视图，可做如下操作：

01 打开要生成局部视图的工程图。

02 单击“工程图”面板中的“局部

视图”按钮。

03 此时，“草图”面板中的“圆形”按钮被激活。利用它在要放大的区域绘制一个圆。

04 系统弹出局部视图，拖动这个视图到适当的位置，则局部视图被放置在工程图中。

05 在“局部视图1”属性管理器（见图14-17）中设置具体参数。

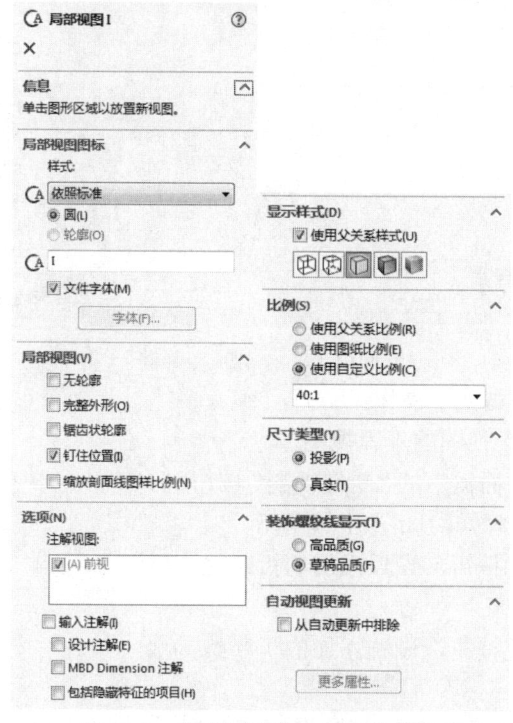

图14-17 “局部视图1”属性管理器

- 样式：在该下拉列表框中选择局部视图图标的样式，有“依照标准”“断裂圆”“带引线”“无引线”和“相连”5 种样式。
- 标号：在此文本框中输入与局部视图相关的字母。
- “完整外形”：选择此复选框，则系统会显示局部视图中的轮廓外形。
- “钉住位置”：选择此复选框，在改变派生局部视图的视图大小时，局部视图将不会改变大小。
- “缩放剖面线图样比例”：选择此复选框，将根据局部视图的比例来缩放剖面线图样的比例。

06 单击“确定”按钮，生成局部视图。

此外，局部视图中的放大区域还可以是其他任何的闭合图形。方法是首先绘制用来作放大区域的闭合图形，然后单击“视图布局”面板中的“局部视图”按钮，其余的步骤相同。

14.5.6 生成断裂视图

工程图中有一些截面相同的长杆件（如长轴、螺纹杆等），这些零件在某个方向的尺寸比其他方向的尺寸大很多，而且截面没有变化。因此，可以利用断裂视图将零件用较大比例显示在工程图上，如图14-18所示。

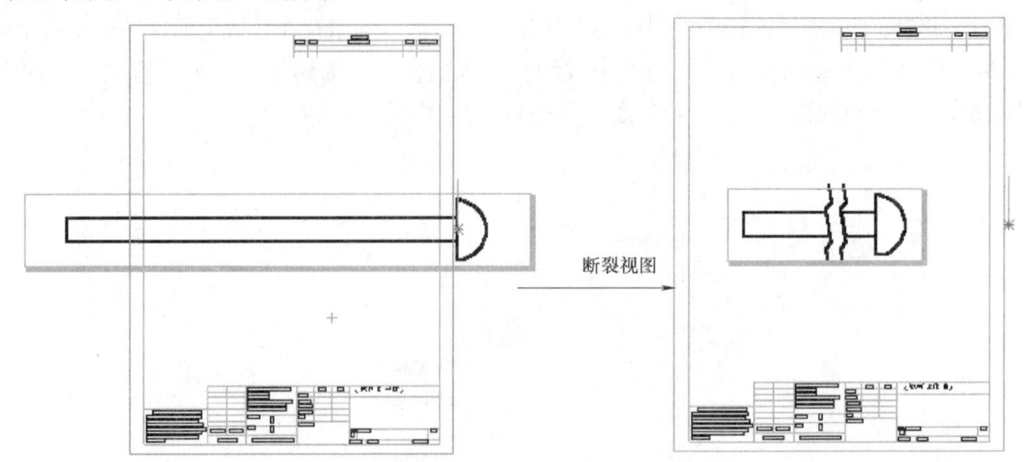

图14-18　断裂视图举例

要生成断裂视图，可做如下操作：

01 选择要生成断裂视图的工程视图。

02 单击“工程图”面板中的“断裂视图”按钮，弹出“断裂视图”属性管理器，如图14-19所示。

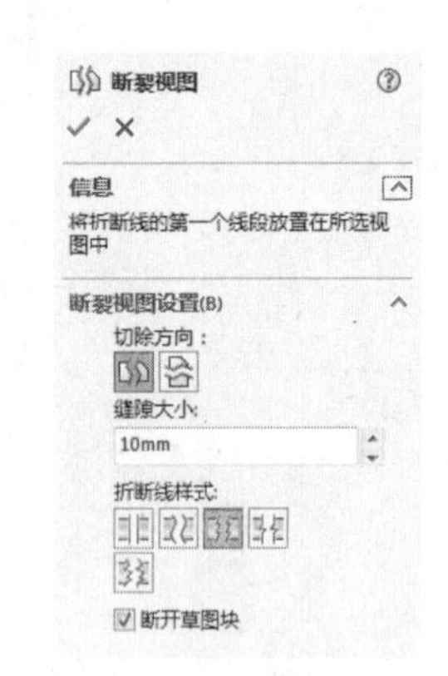

图14-19　“断裂视图”视图管理器

- 按钮：单击此按钮，设置添加的折断线为竖直方向。
- 按钮：单击此按钮，设置添加的折断线为水平方向。
- “缝隙大小”：设置两条折断线之间的距离。
- “折断线样式”：在列表框中选择折断线的样式，包括“直线切断”“曲线切断”“锯齿线切断”“小锯齿线切断”和“锯齿状切除”5 种。

03 将折断线拖动到希望生成断裂视图的位置。

04 单击“确定”按钮，生成断裂视图。

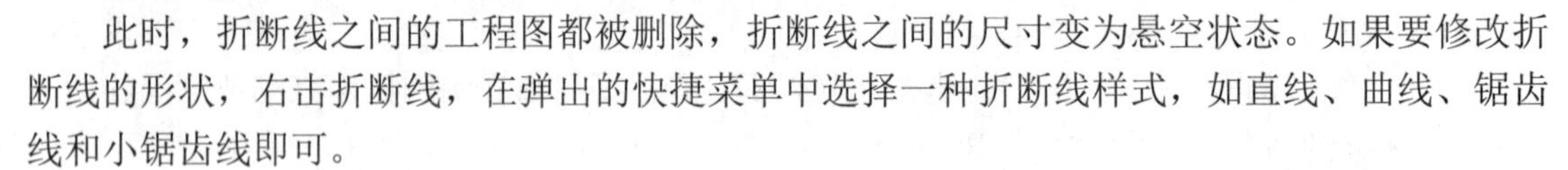
此时，折断线之间的工程图都被删除，折断线之间的尺寸变为悬空状态。如果要修改折断线的形状，右击折断线，在弹出的快捷菜单中选择一种折断线样式，如直线、曲线、锯齿线和小锯齿线即可。

14.6　操纵视图

在14.5节中的派生工程视图中，许多视图的生成位置和角度都受到其他条件的限制（如辅助视图的位置与参考边线相垂直）。有时，用户需要自己任意调节视图的位置和角度，以及显示和隐藏，SOLIDWORKS就提供了这项功能。此外，SOLIDWORKS还可以更改工程图中的线型、线条颜色等。

14.6.1　移动和旋转视图

当光标指针移到视图边界上时，光标指针变为✥形状，表示可以拖动该视图。如果移动的视图与其他视图没有对齐或约束关系，可以拖动它到任意的位置。

如果视图与其他视图之间有对齐或约束关系，若要任意移动视图应做如下操作：

01 选择要移动的视图。

02 选择菜单栏中的“工具”→“对齐工程图视图”→“解除对齐关系”命令。

03 选择该视图，即可以拖动它到任意的位置。

SOLIDWORKS提供了两种旋转视图的方法，一种是绕所选边线旋转视图，另一种是绕视图中心点以任意角度旋转视图。

要绕边线旋转视图：

01 在工程图中选择一条直线。

02 选择菜单栏中的“工具”→“对齐工程图视图”→“水平边线”命令或“工具”→“对齐工程图视图”→“竖直边线”命令。

03 此时视图会旋转，直到所选边线为水平或竖直状态，如图14-20所示。

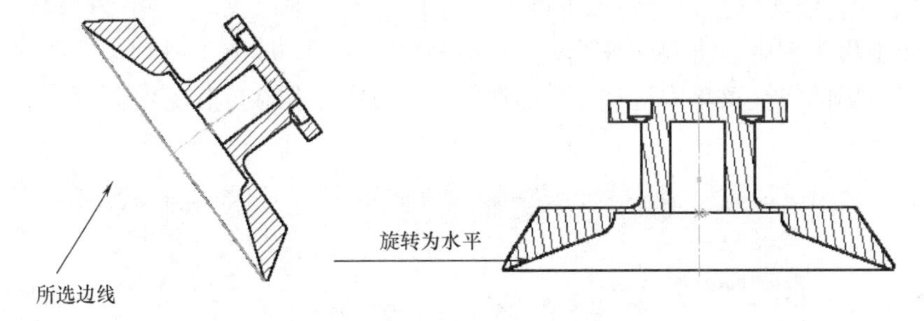

图14-20　旋转视图

要围绕中心点旋转视图：

01 选择要旋转的工程视图。

02 单击“视图前导”工具栏中的“旋转”按钮，系统会弹出“旋转工程视图”对话框，如图14-21所示。

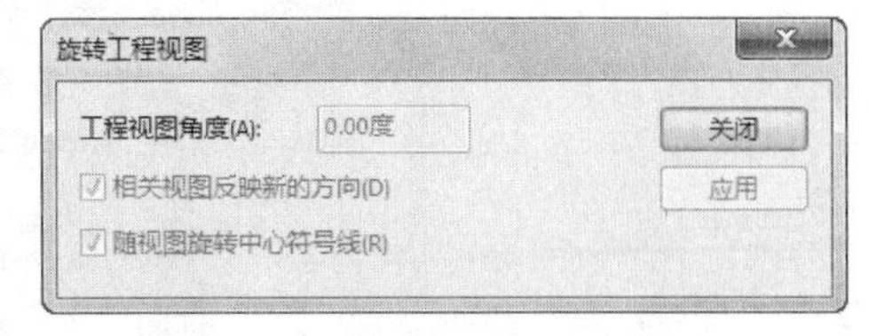

图14-21　“旋转工程视图”对话框

03 使用以下方法旋转视图。在“旋转工程视图”对话框中的“工程视图角度”文本框中输入旋转的角度；使用光标直接旋转视图。

04 如果在“旋转工程视图”对话框中选择了“相关视图反映新的方向”复选框，则与该视图相关的视图将随着该视图的旋转做相应的旋转。

05 如果选择了“随视图旋转中心符号线”复选框，则中心符号线将随视图一起旋转。

14.6.2　显示和隐藏

在编辑工程图时，可以使用“隐藏视图”命令来隐藏一个视图。隐藏视图后，可以使用

“显示视图”命令再次显示此视图。当用户隐藏了具有从属视图（如局部、剖面或辅助视图等）的父视图时，可以选择是否一并隐藏这些从属视图。再次显示父视图或其中一个从属视图时，同样可选择是否显示相关的其他视图。

要隐藏或显示视图，可做如下操作：

01 在特征管理器设计树或绘图区中右击要隐藏的视图。

02 在弹出的快捷菜单中选择“隐藏”命令，隐藏视图。

03 如果要查看工程图中隐藏视图的位置，但不显示它们，则选择菜单栏中的“视图”→“隐藏/显示”→“被隐藏的视图”命令，此时被隐藏的视图显示图 14-22 所示的形状。

04 如果要再次显示被隐藏的视图，则右击被隐藏的视图，在弹出的快捷菜单中选择命令“显示”即可。

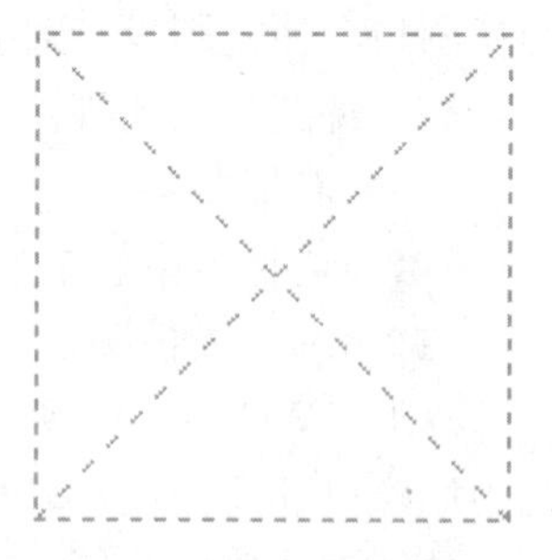

图14-22　被隐藏的视图形状

14.6.3　更改零部件的线型

在装配体中，为了区别不同的零件，可以改变每一个零件边线的线型。

要改变零件边线的线型，可做如下操作：

01 在工程视图中右击要改变线型的零件中的任一视图。

02 在弹出的快捷菜单中选择“零部件线型”命令，系统会出现“零部件线型”对话框，如图14-23所示。

图14-23　“零部件线型”对话框

03 取消选择“使用文件默认值”复选框。

04 选择一个边线样式。

05 在对应的“线条样式”和“线粗”下拉列表框中选择线条样式和线条粗细。

06 重复步骤 04 、 05 ，直到为所有边线类型设定线型。

07 如果选择“从选择”单选按钮，则会将此边线类型设定应用到该零件视图和它的从属视图中。

08 如果选择“所有视图”单选按钮，则将此边线类型设定应用到该零件的所有视图。

09 如果零件在图层中，可从“图层”下拉列表框中选择相应选项，以改变零件边线的图层。

10 单击“确定”按钮，关闭对话框，应用边线类型设定。

14.6.4　建立图层

图层是一种管理素材的方法，可以将图层看作是重叠在一起的透明塑料纸，假如某一图层上没有任何可视元素，就可以透过该层看到下一层的图像。用户可以在每个图层上生成新的实体，然后指定实体的颜色、线条粗细和线型，还可以将标注尺寸、注解等项目放置在单一图层上，避免它们与工程图实体之间的干涉。SOLIDWORKS还可以隐藏图层，或者将实体从一个图层上移动到另一图层。

要建立图层，可做如下操作：

01 选择菜单栏中的“视图”→“工具栏”→“图层”命令，打开“图层”工具栏，如图14-24所示。

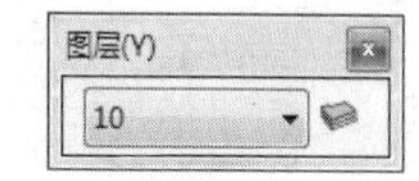

图14-24　“图层”工具栏

02 单击“图层属性”图标，打开“图层”对话框，如图14-25 所示。

03 在“图层”对话框中单击“新建”按钮，则在对话框中建立一个新的图层。

04 双击“名称”，指定图层的名称。

05 双击“说明”，然后输入该图层的说明文字。

06 在“开关”一栏中有一个“灯泡”按钮，要隐藏该图层，单击该按钮，“灯泡”变为灰色，图层上的所有实体都被隐藏起来；要重新打开图层，再次单击该“灯泡”按钮。

07 如果要指定图层上实体的线条颜色，单击“颜色”按钮，在弹出的“颜色”对话框（见图14-26）中选择颜色。

08 如果要指定图层上实体的线条样式或厚度，则单击“样式”或“厚度”栏，然后从弹出的清单中选择想要的样式或厚度。

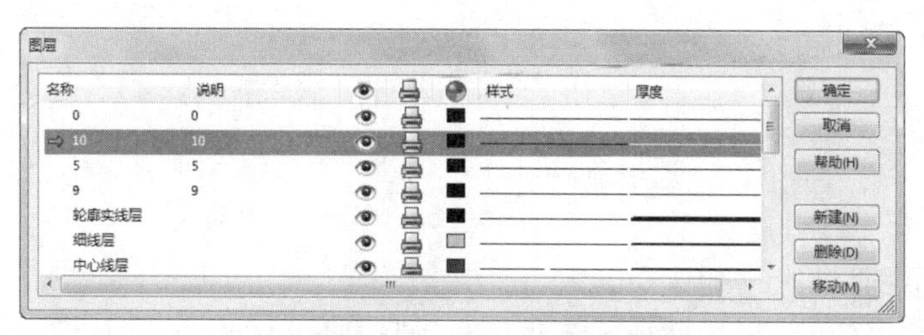

图14-25　“图层”对话框

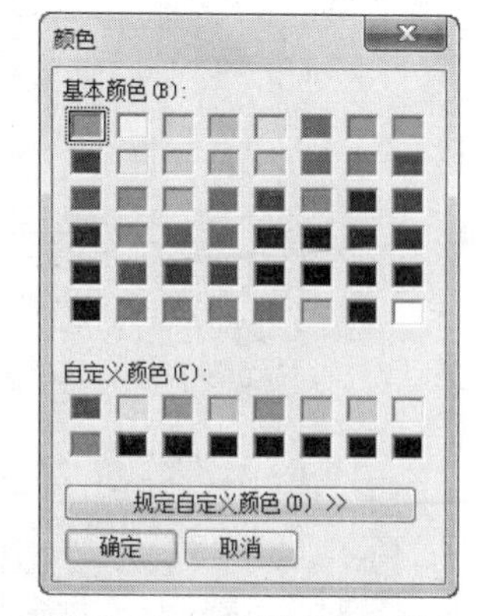

图14-26　“颜色”对话框

09 如果建立了多个图层，可以使用“移动”按钮来重新排列图层的顺序。

10 单击“确定”按钮，关闭对话框。

建立了多个图层后，只要在“图层”工具栏中的“图层”下拉列表框中选择图层，就可以切换到相应的图层。

14.7 注解的标注

如果在三维零件模型或装配体中添加了尺寸、注释或符号，则在将三维模型转换为二维工程图的过程中，系统会将这些尺寸、注释等一起添加到图中。在工程图中，用户可以添加必要的参考尺寸、注释等，这些注释和参考尺寸不会影响零件或装配体文件。

工程图中的尺寸标注是与模型相关联的，模型中的更改会反映在工程图中。通常用户在创建每个零件特征时生成尺寸，然后将这些尺寸插入各个工程视图中。在模型中更改尺寸会更新工程图，反之，在工程图中更改插入的尺寸也会更改模型。用户可以在工程图文件中添加尺寸，但是这些尺寸是参考尺寸，并且是从动尺寸；参考尺寸显示模型的测量值，但并不驱动模型，也不能更改其数值。但是当更改模型时，参考尺寸会相应更新。当压缩特征时，特征的参考尺寸也随之被压缩。

默认情况下，插入的尺寸显示为黑色，包括零件或装配体文件中显示为蓝色的尺寸（如拉伸深度）。参考尺寸显示为灰色，并带有括号。

14.7.1 标注注释

为了更好地说明工程图，有时要用到注释，如图14-27所示。注释可以包括简单的文字、符号或超文本链接。

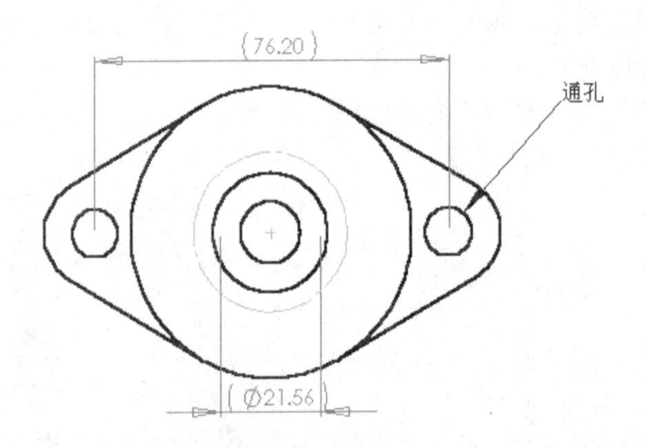

图14-27 注释举例

要生成注释，可做如下操作：

01 单击“注解”面板中的“注释”按钮A。

02 在“注释”属性管理器的“引线”选项组中选择引导注释的引线和箭头类型。

03 在“注释”属性管理器的“文字格式”选项组中设置注释文字的格式。

04 拖动鼠标指针到要注释的位置，释放鼠标。

05 在绘图区中输入注释文字，如图14-28所示。

06 单击“确定”按钮✔，完成注释。

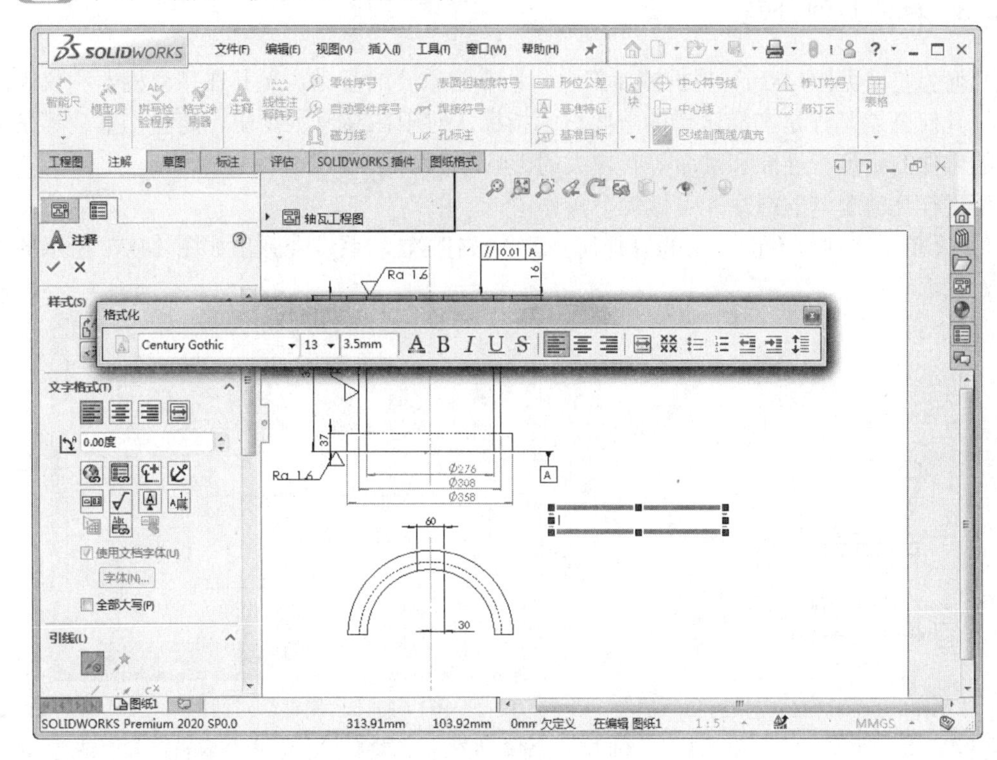

图14-28　添加注释文字

14.7.2　标注表面粗糙度

表面粗糙度符号√用来表示加工表面上的微观几何形状特性，它对于机械零件表面的耐磨性、疲劳强度、配合性能、密封性、流体阻力及外观质量等都有很大的影响。

要插入表面粗糙度符号，可做如下操作：

01 单击“注解”面板中的“表面粗糙度符号”按钮√。

02 在弹出的“表面粗糙度”属性管理器中设置表面粗糙度的属性，如图14-29所示。

03 在绘图区中单击，以放置表面粗糙符号。

04 可以不关闭属性管理器，设置多个表面粗糙度符号到图形上。

05 单击“确定”按钮✔，完成表面粗糙度的标注。

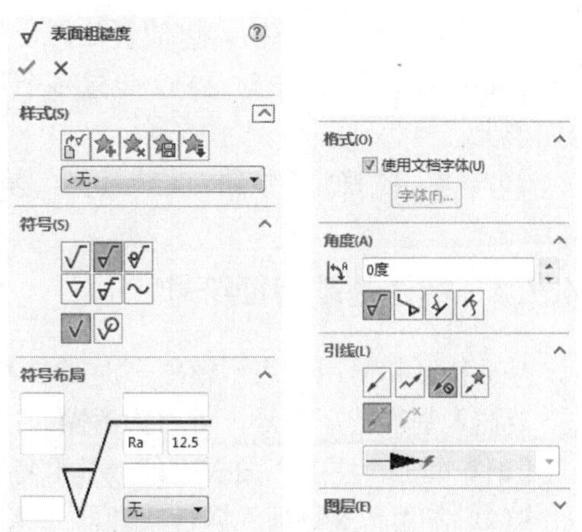

图14-29　设置表面粗糙度属性

14.7.3 标注几何公差

几何公差（见图14-30）是机械加工中一项非常重要的基础，尤其在精密机器和仪表的加工中，几何公差是评定产品质量的重要技术指标，对于在高速、高压、高温、重载等条件下工作的零件的精度、性能和寿命等有较大的影响。

要进行几何公差的标注，可做如下操作：

01 单击“注解”面板中的“几何公差”按钮，系统会弹出如图 14-31 所示的“属性”对话框。

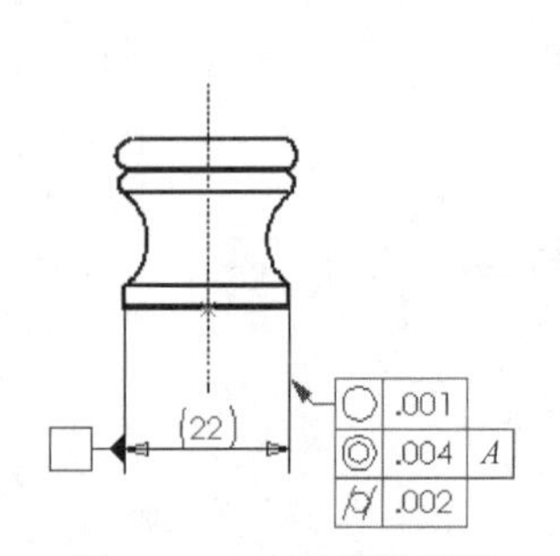

图14-30 几何公差举例

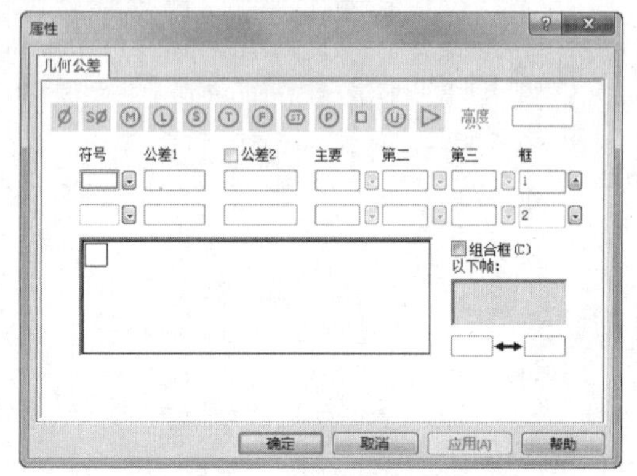

图14-31 “属性”对话框

02 在“属性”对话框中的“符号”下拉列表中选择公差符号。

03 在“几何公差”属性对话框中的“公差”文本框中输入几何公差值。

04 设置好的几何公差会在“几何公差”属性对话框中显示，如图14-32所示。

05 在绘图区中单击，以放置几何公差。

06 可以不关闭该对话框，设置多个几何公差到图形上。

07 单击“确定”按钮，完成几何公差的标注。

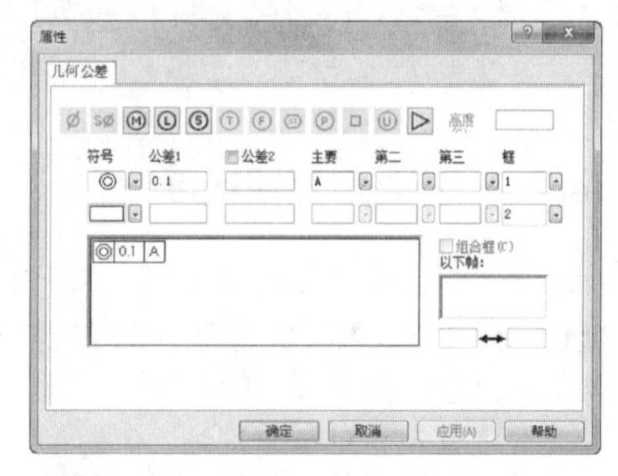

图14-32 “几何公差”属性对话框

14.7.4 标注基准特征符号

基准特征符号用来表示模型平面或参考基准面，如图14-33所示。

要插入基准特征符号，可做如下操作：

01 单击“注解”面板中的“基准特征”按钮。

02 在“基准特征”属性管理器（见图14-34）中设置属性。

03 在绘图区中单击，以放置符号。

04 可以不关闭该属性管理器，设置多个基准特征符号到图形上。

05 单击“确定”按钮，完成基准特征符号的标注。

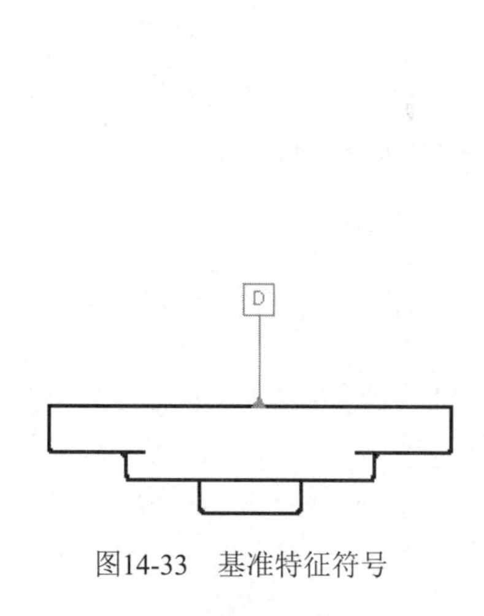

图14-33　基准特征符号

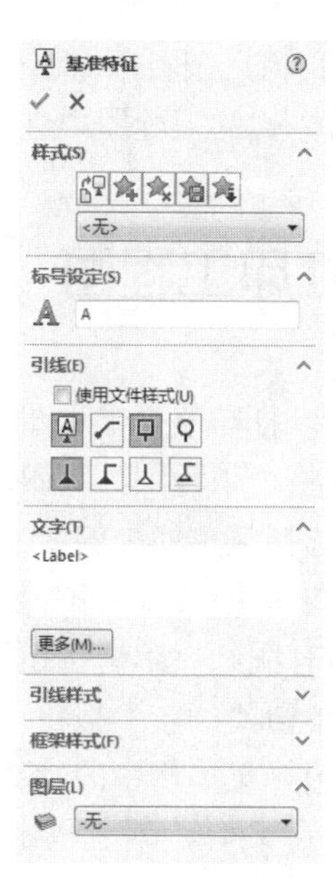

图14-34　“基准特征”属性对话框

14.8　分离工程图

分离工程图无须将三维模型文件装入内存，即可打开并编辑工程图。用户可以将RapidDraft工程图传送给其他的SOLIDWORKS用户而不传送模型文件。分离工程图的视图在模型的更新方面也有更多的控制。当设计组的设计员编辑模型时，其他的设计员可以独立地在工程图中进行操作，对工程图添加细节及注解。

由于内存中没有装入模型文件，以分离模式打开工程图的时间将大幅缩短。因为模型数据未被保存在内存中，所以有更多的内存可以用来处理工程图数据，这对大型装配体工程图来说是很大的性能改善。

要转换工程图为分离工程图格式，可做如下操作：

01 单击标准工具栏中的“打开”按钮。

02 在“打开”对话框中选择要转换为分离格式的工程图。

03 单击“打开”按钮，打开工程图。

04 单击标准工具栏中的“保存”按钮，选择“保存类型”为“分离的工程图”，如图 14-35 所示。保存并关闭文件。

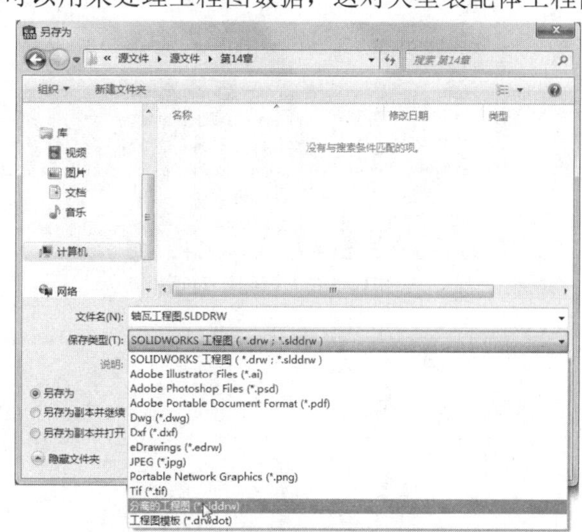

图14-35　保存为分离的工程图

05 打开该工程图，此时工程图已经被转换为分离格式的工程图。

在分离格式的工程图中进行的编辑方法与普通格式的工程图基本相同，在此不再赘述。

14.9 打印工程图

用户可以打印整个工程图，也可以只打印图中所选的区域。

要打印整个工程图，可做如下操作：

01 选择菜单栏中的“文件”→“打印”命令。

02 在弹出的“打印”对话框（见图14-36）中设置打印属性。在“打印范围”选项组中选择“所有图纸”单选按钮。

03 单击“确定”按钮，开始打印。

04 选择菜单栏中的“文件”→“打印”命令。

05 在“打印”对话框中的“打印范围”选项组中选择“当前荧屏图像”单选按钮，并勾选“选择”复选框。

06 单击“确定”按钮，打开“边界”对话框，如图14-37所示。

07 选择比例因子以应用于所选区域。

08 在绘图区中拖动选择框，选择要打印的区域。

09 单击“确定”按钮，开始打印所选区域。

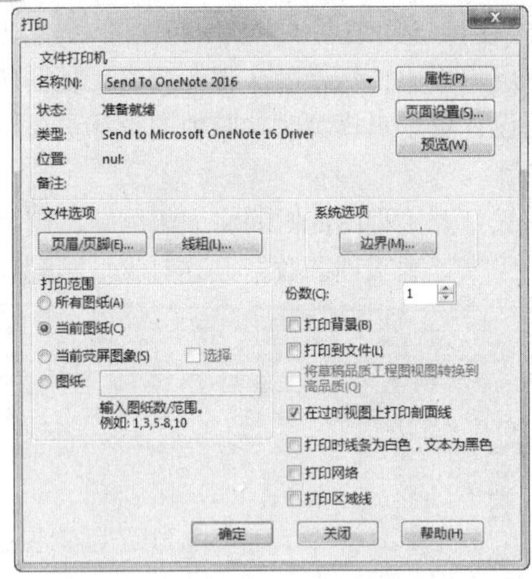

图14-36 “打印”对话框

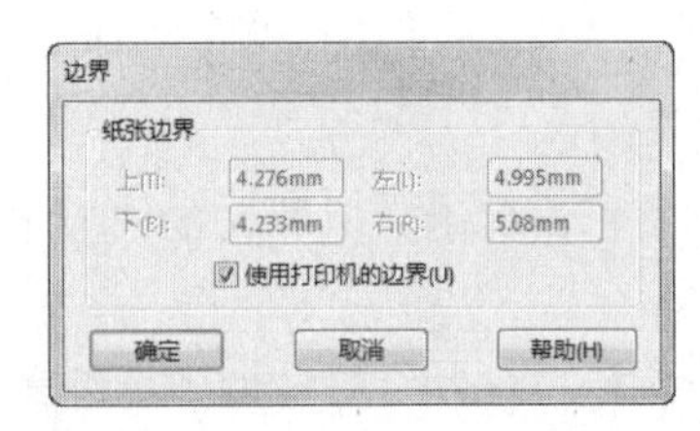

图14-37 “边界”对话框

第15章

齿轮泵工程图

工程图不仅能表达设计思想，还有组织生产、检验最终产品的作用，并且要存档。工程图的设计虽然复杂，可它的作用却是很大的。

本章将以齿轮泵工程图绘制为例，帮助用户进一步掌握工程图创建的相关方法与技巧，体会工程图在具体工程设计中的应用。

- 支撑轴工程图的创建
- 齿轮泵前盖工程图的创建
- 装配工程图的创建

15.1 工程图的设计思路及实现方法

虽然SOLIDWORKS可以使用二维几何绘制工具创建工程图，但将三维的零件图或装配体图变成二维的工程图在应用中最普遍，这也是三维软件的优势所在。本章将详细讲述将三维零件图或装配体图变成二维工程图的方法和技巧。

三维工程图包含一个或多个由零件或装配体生成的视图。创建工程图之前，必须先保存与它有关的零件或装配体。通常情况下，也可以从零件或装配体文件内创建工程图。

创建二维工程图的一般步骤如下：

01 建立一个工程图文件（.SLDDRW），进入工程图模式。

02 设置“图纸格式 / 大小” 等多种选项自定义工程图，以满足公司的标准及打印机或绘图机的要求。

03 调入零件或装配体的模型，即要创建工程图的原三维零件或装配体。在SOLIDWORKS中调入后将自动进入“模型视图”窗口。

04 选择合适的表达方式来创建二维工程图，其中包括标准三视图、模型视图、相对视图等。

05 创建基本视图后，为更清楚、更准确地表达工程图，可创建派生的视图。

06 添加参考尺寸、其他注解及材料明细栏。在工程图中添加的注解和参考尺寸不会影响零件或装配体文件。

15.2 支撑轴工程图的创建

零件是组成机器或部件的基本单位。每一台机器或部件都是由许多零件按一定的装配关系和技术要求装配起来的。要生产出合格的机器或部件，必须首先制造出合格的零件。而零件又是根据零件图来进行制造和检验的。零件图是用来表示零件结构形状、大小及技术要求的图样，是直接指导制造和检验零件的重要技术文件。机器或部件中，除标准件外，其余零件一般均应绘制零件图。

一张完整的零件图一般应具有下列内容：

1）一组视图。用以完整、清晰地表达零件的结构和形状。

2）全部尺寸。用以正确、完整、清晰、合理地表达零件各部分的大小和各部分之间的相对位置关系。

3）技术要求。用以表示或说明零件在加工、检验过程中所需的要求，如尺寸公差、形状和位置公差、表面粗糙度、材料、热处理、硬度及其他要求。技术要求常用符号或文字来表示。

4）标题栏。标准的标题栏由更改区、签字区、其他区、名称及代号区组成。一般填写零件的名称、材料标记、阶段标记、重量、比例、图样代号、单位名称，以及设计、制图、审核、工艺、标准化、更改、批准等人员的签名和日期等内容。

本实例是将齿轮泵支撑轴（见图15-1）的机械零件转化为工程图。

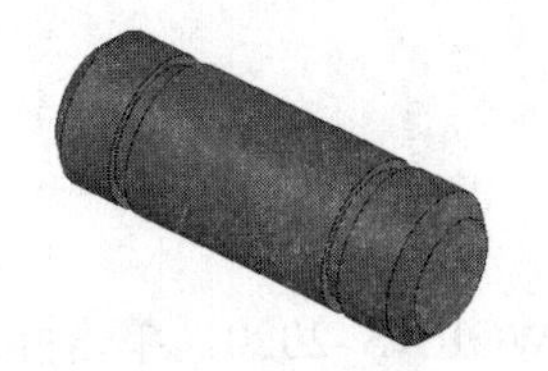

图15-1　支撑轴

支撑轴工程图的创建过程如图15-2所示。

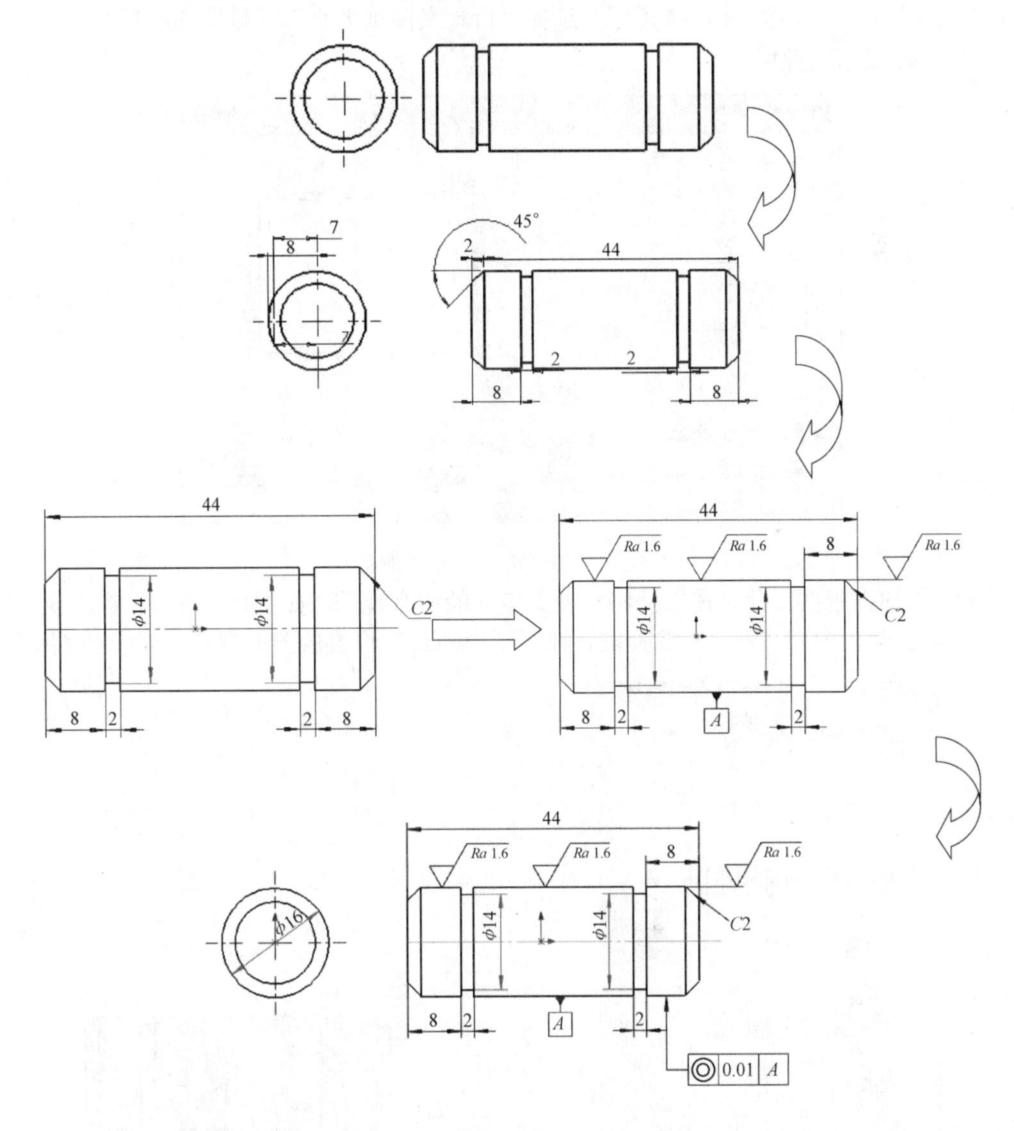

图15-2　支撑轴工程图的创建过程

视频文件\动画演示\第15章\支撑轴零件工程图的创建.mp4

创建步骤

15.2.1 创建视图

01 打开文件。启动 SOLIDWORKS 2020，单击标准工具栏中的“打开”按钮，在弹出的“打开”对话框中选择将要转化为工程图的零件文件。

02 设置图纸。单击文件工具栏中的“从零件/装配图制作工程图”按钮，弹出“图纸格式/大小”对话框，如图15-3所示。选择“自定义图纸大小”并设置图纸尺寸，单击“确定”按钮，完成图纸设置。

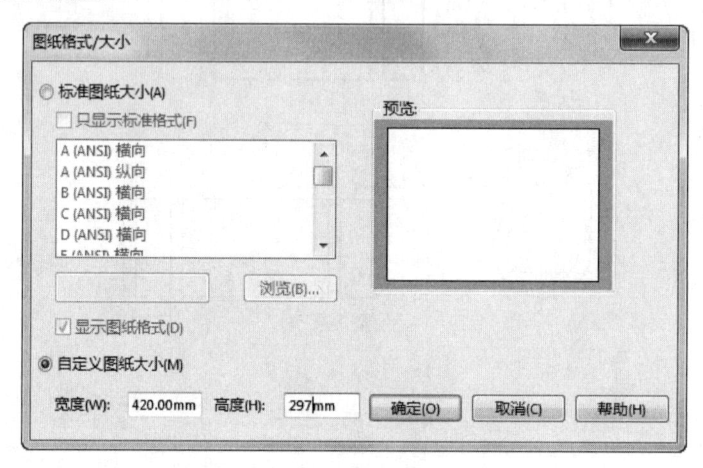

图15-3 “图纸格式/大小”对话框

03 创建前视图。此时在右侧将出现此零件的所有视图，如图15-4所示。将前视图拖动到绘图区，会弹出图15-5所示的放置框。在图纸中的合适位置放置前视图，如图15-6所示。

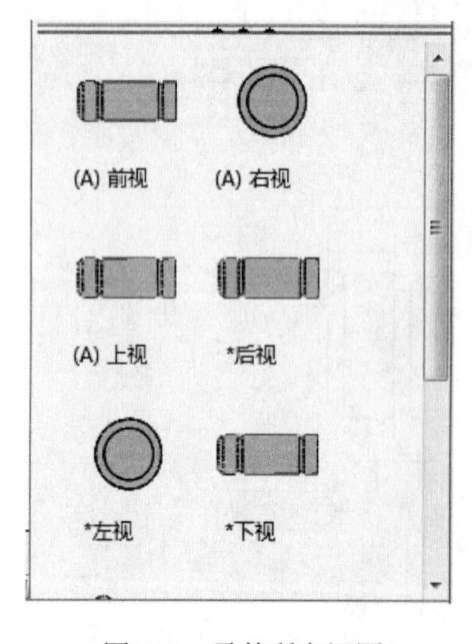

图15-4 零件所有视图

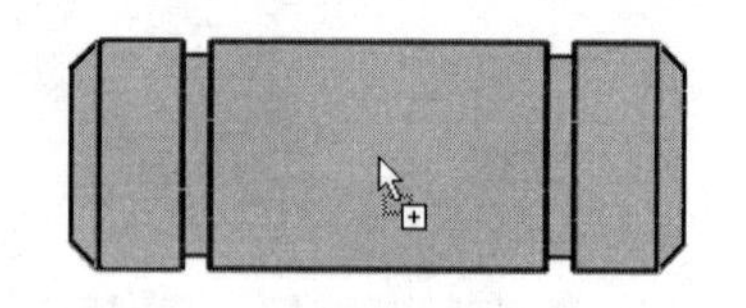

图15-5 前视图放置框

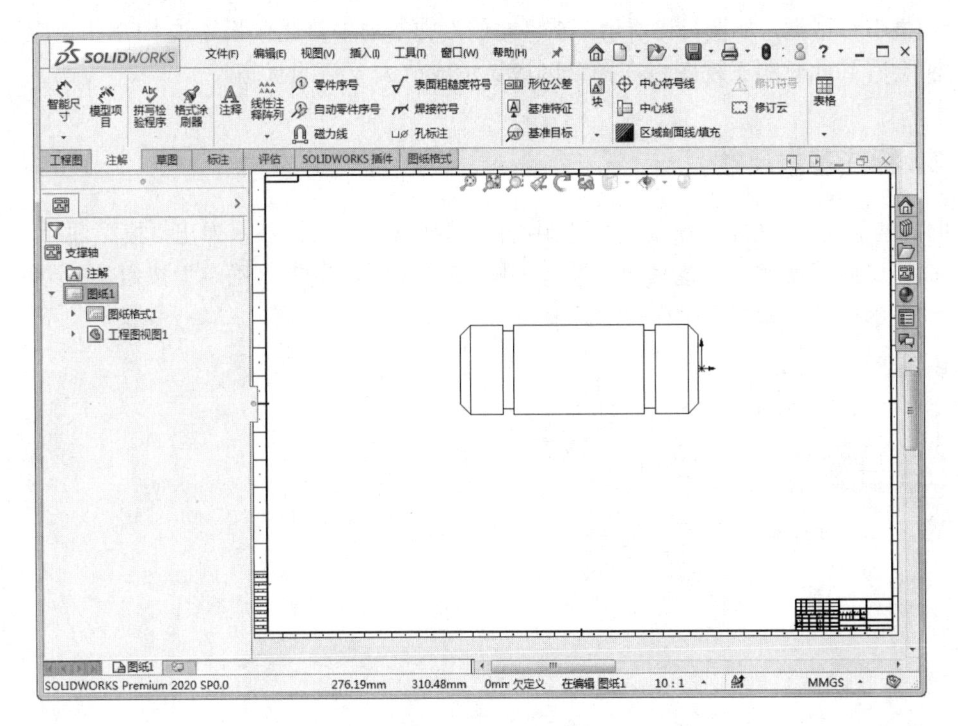

图15-6　放置前视图

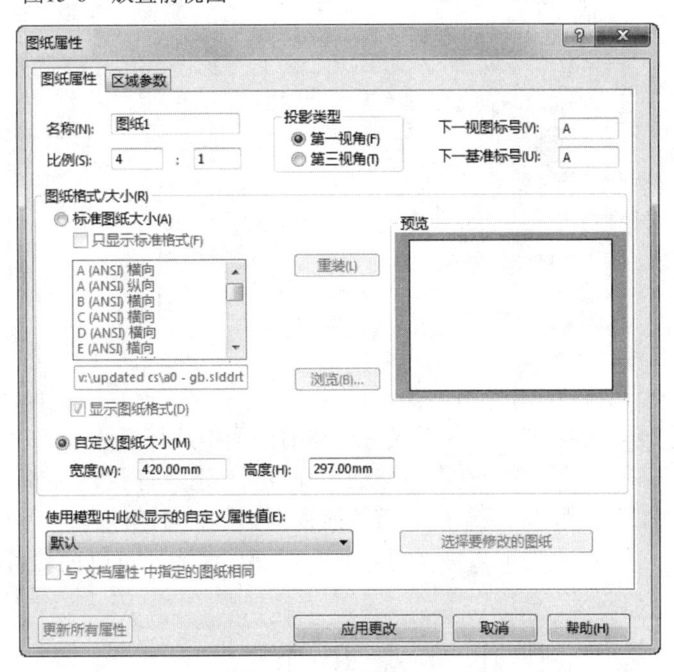

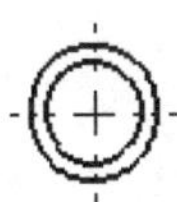

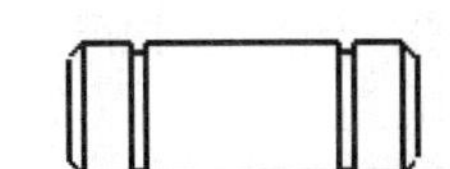

图15-7　视图相对位置

图15-8　“图纸属性”对话框

04 创建右视图。利用同样的方法，在图纸中的合适位置放置右视图（由于该零件图比较简单，故上视图没有标出），相对位置如图15-7所示。

05 在“工程图”窗口中的空白区域右击，在弹出的快捷菜单中选择“属性”，弹出

"图纸属性"对话框，如图15-8所示。在"比例"文本框中将比例设置成4:1单击"应用修改"按钮，将会看到此时的三视图将在图纸区域显示成放大一倍的状态。

15.2.2　标注基本尺寸

01 显示尺寸。单击"注解"面板中的"模型项目"按钮，弹出"模型项目"属性管理器。在该属性管理器中设置具体参数，如图 15-9 所示，单击"确定"按钮✔，这时会在视图中自动显示尺寸，如图 15-10 所示。

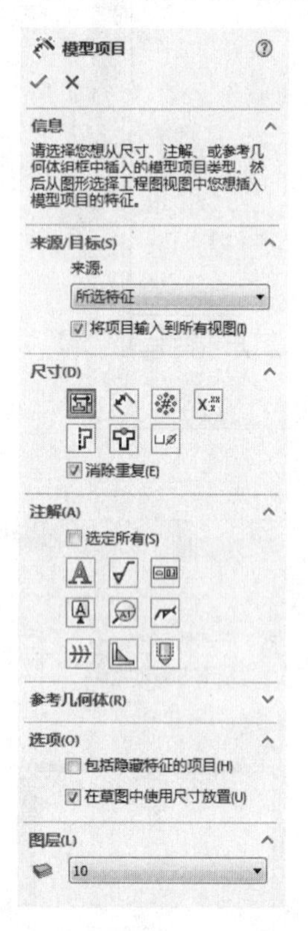

图15-9　设置模型项目参数

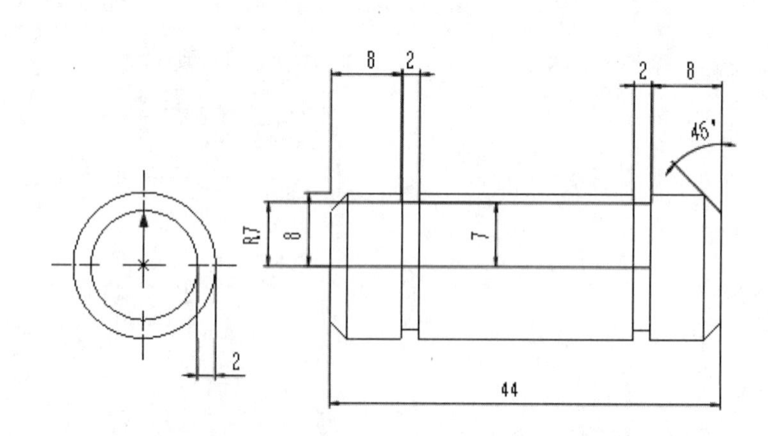

图15-10　显示尺寸

02 调整前视图尺寸。在前视图中选择要移动的尺寸，按住鼠标左键移动光标位置，即可在同一视图中动态地移动尺寸位置。选择将要删除多余的尺寸，然后按Delete键即可将多余的尺寸删除，调整尺寸后的前视图如图15-11所示。

03 调整右视图尺寸。利用同样的方法可以调整右视图，如图15-12所示。

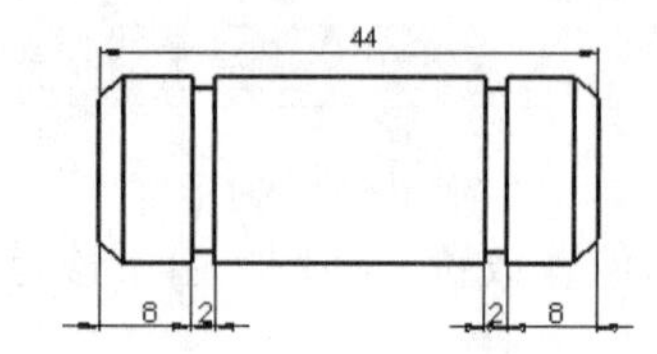

图15-11　调整尺寸后的前视图

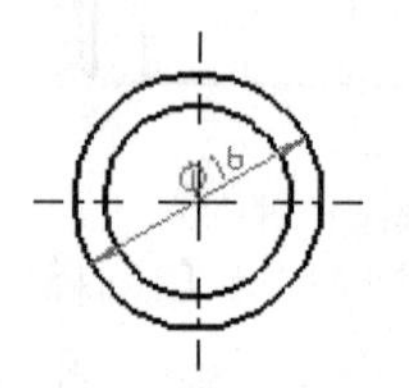

图15-12　删除尺寸后的右视图

04 绘制中心线。单击“草图”面板中的“中心线”，在前视图中绘制中心线，如图 15-13 所示。

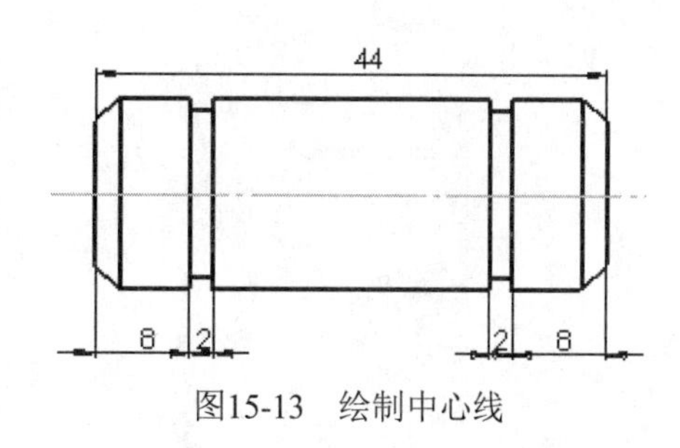

图15-13　绘制中心线

05 标注尺寸。单击“草图”面板中的“智能尺寸”按钮和“倒角尺寸”按钮，标注视图中的尺寸。在标注过程中将不符合国标的尺寸删除。在标注尺寸时将会弹出“尺寸”属性管理器，如图 15-14 所示。在这里可以修改尺寸的公差，符号等。如要在尺寸前加直径符号，只需在“标注尺寸文字”列表框内<DIM>前单击，在下面选取直径符号Ø即可，如图 15-15 所示。

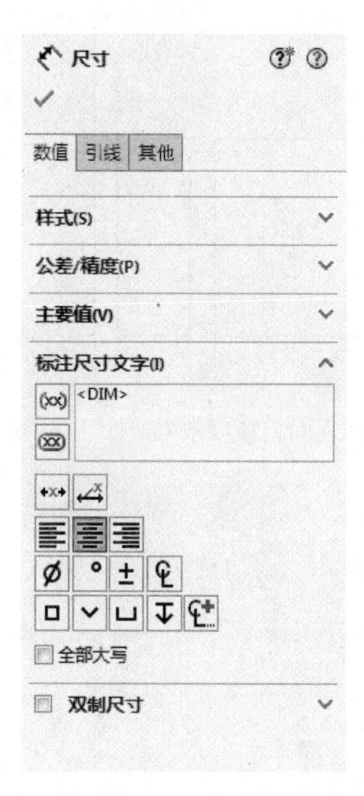

图15-14　“尺寸”属性管理器

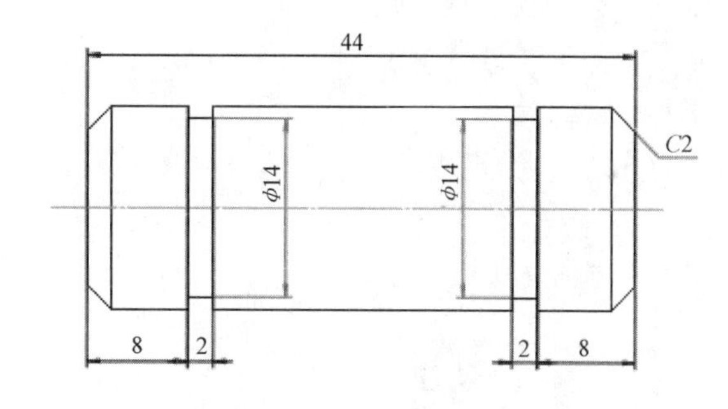

图15-15　标注尺寸

15.2.3　标注表面粗糙度和几何公差

01 标注表面粗糙度。单击“注解”面板中的“表面粗糙度符号”按钮，弹出“表面粗糙度”属性管理器，如图 15-16 所示。在该属性管理器中设置各参数，移动光标到需要标注表面粗糙度的位置，单击即可完成标注，单击“确定”按钮，表面粗糙度即可标注完成。下表面的标注需要设置“角度”为 180 度，标注表面粗糙度效果如图 15-17 所示。

02 标注基准特征。单击“注解”面板中的“基准特征”按钮，弹出“基准特征”属性管理器，如图 15-18 所示。在该属性管理器中设置各参数。设置完成后，移动光标到需要添加基准特征的位置单击，然后拖动鼠标到合适的位置再次单击即可完成标注，单击“确定”按钮，即可在图中添加基准符号，如图 15-19 所示。

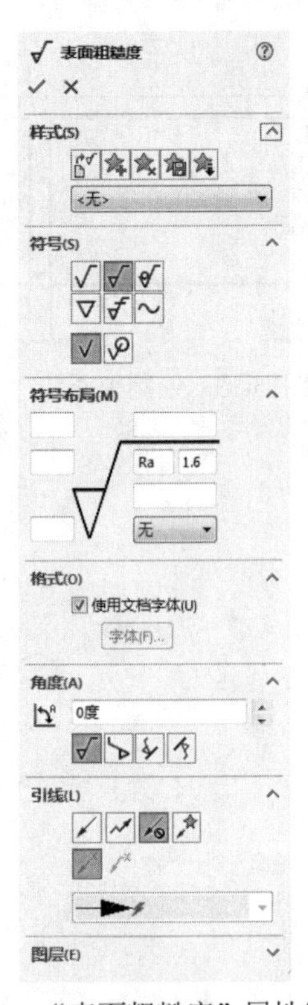

图15-16 “表面粗糙度”属性管理器

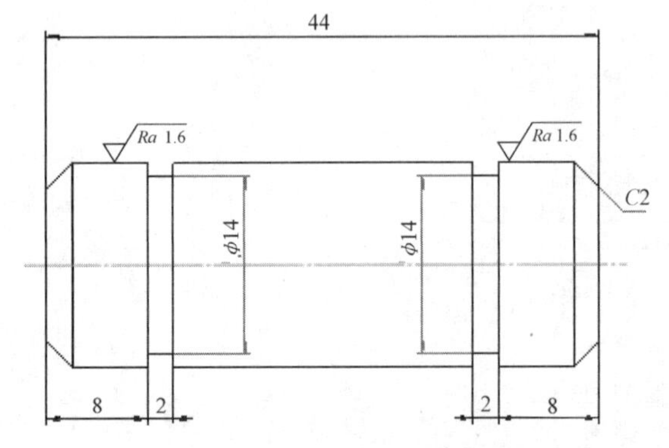

图15-17 标注表面粗糙度效果

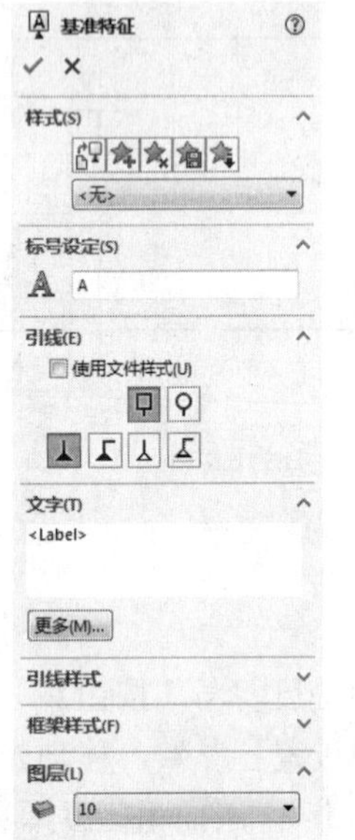

图15-18 “基准特征”属性管理器

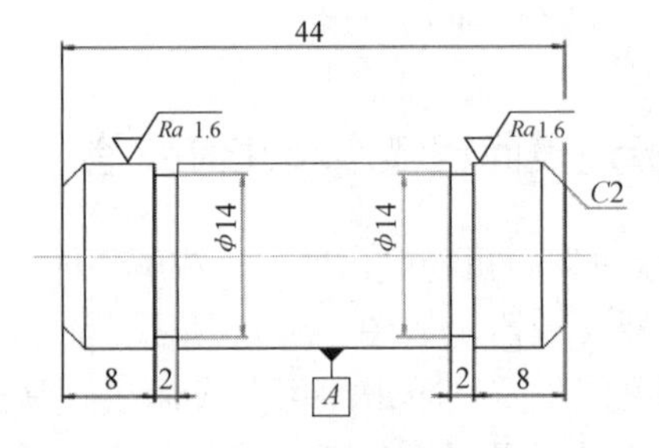

图15-19 添加基准符号

03 标注几何公差。单击“注解”面板中的“几何公差”按钮，弹出“几何公差”属性管理器及“属性”对话框，在属性管理器中设置各参数，如图 15-20 所示，在“属性”对话框中设置各参数，如图 15-21 所示。设置完成后，移动光标到需要添加几何公差的位置单击即可完成标注。单击“确定”按钮✔，即可在图中添加几何公差符号，如图 15-22 所示。

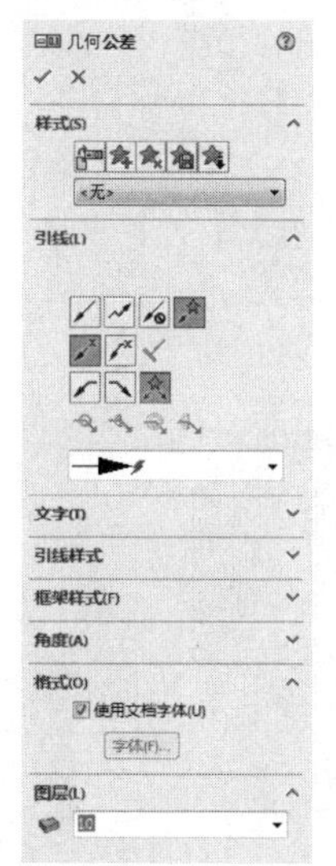

图15-20 “几何公差”属性管理器

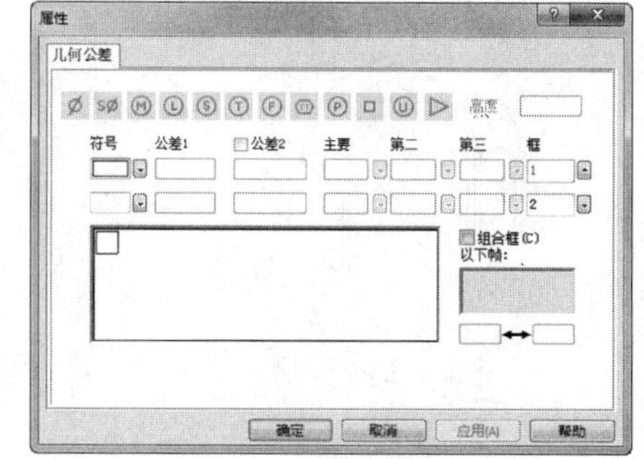

图15-21 “属性”对话框

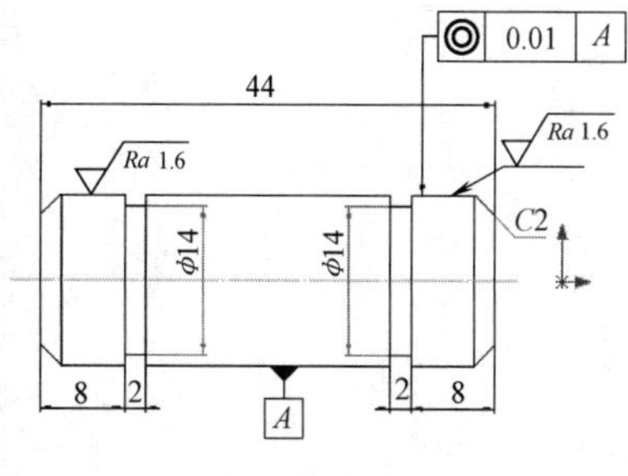

图15-22 添加几何公差

04 添加箭头。选择前视图中的所有尺寸线，如图 15-23 所示。在“尺寸”属性管理器“尺寸界线/引线显示”的“箭头”下拉列表中选择实心箭头，如图 15-24 所示。单击“确定”按钮✓，更改尺寸属性后的前视图如图 15-25 所示。

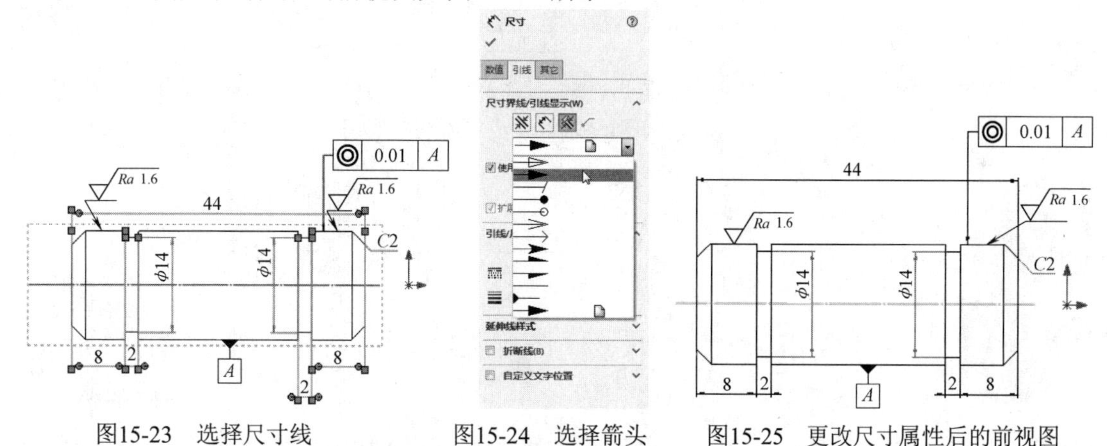

图15-23 选择尺寸线 图15-24 选择箭头 图15-25 更改尺寸属性后的前视图

05 利用同样的方法修改右视图中尺寸的属性，最终可以得到图15-26所示的支撑轴工程图。

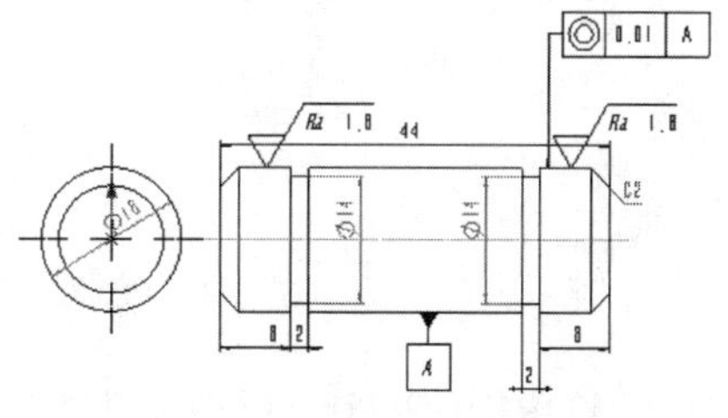

图15-26 支撑轴工程图

15.3 齿轮泵前盖工程图的创建

本实例是将图15-27所示的齿轮泵前盖转化为工程图。

齿轮泵前盖工程图的创建过程如图15-28所示。

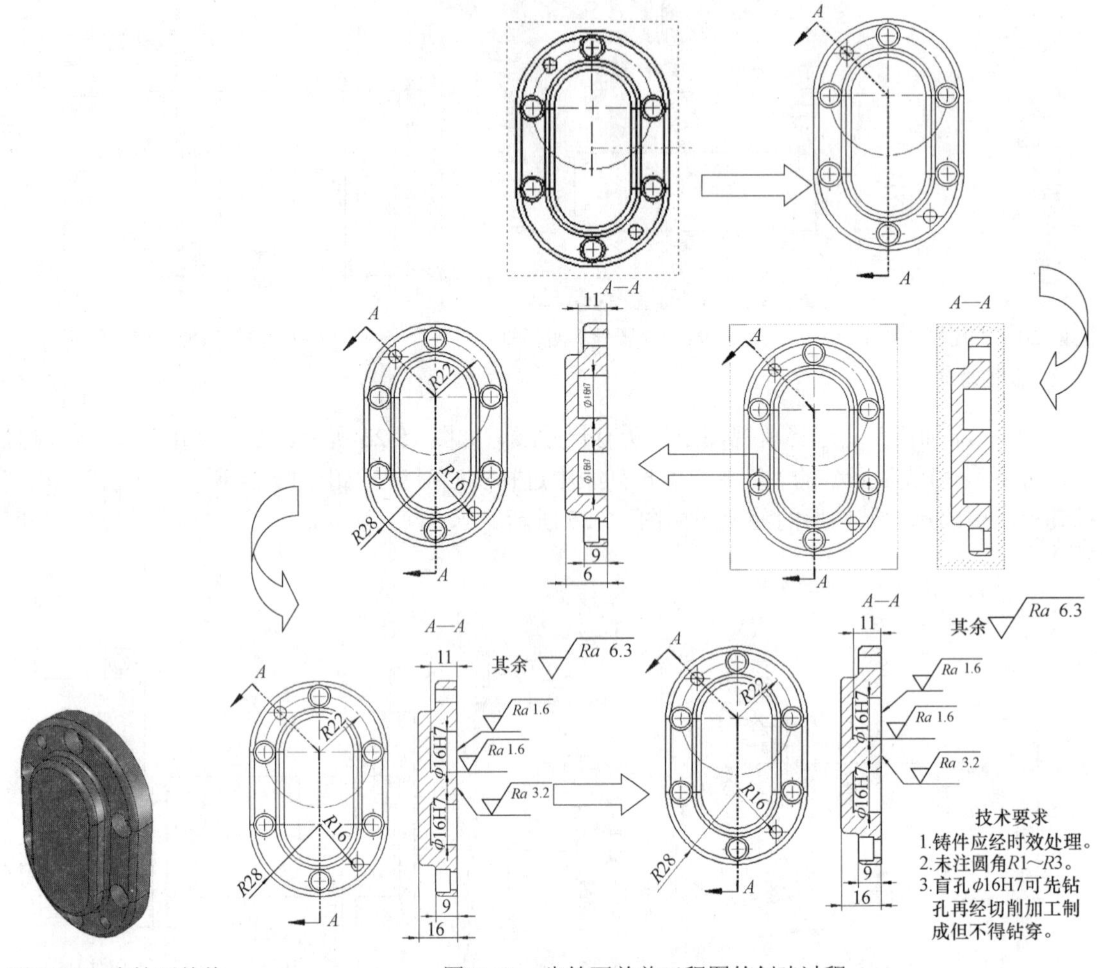

图15-27　齿轮泵前盖

图15-28　齿轮泵前盖工程图的创建过程

视频文件\动画演示\第15章\齿轮泵前盖工程图的创建.mp4

创建步骤

15.3.1 创建视图

01 打开文件。启动 SOLIDWORKS 2020。单击标准工具栏中的“打开”按钮，在弹出的“打开”对话框中选择将要转化为工程图的零件文件。

02 图纸设置。单击标准工具栏中的“从零件/装配图制作工程图”按钮，弹出“图纸格式/大小”对话框，如图 15-29 所示。选择“标准图纸大小”并设置图纸尺寸。单击“确定”按钮，完成图纸设置。

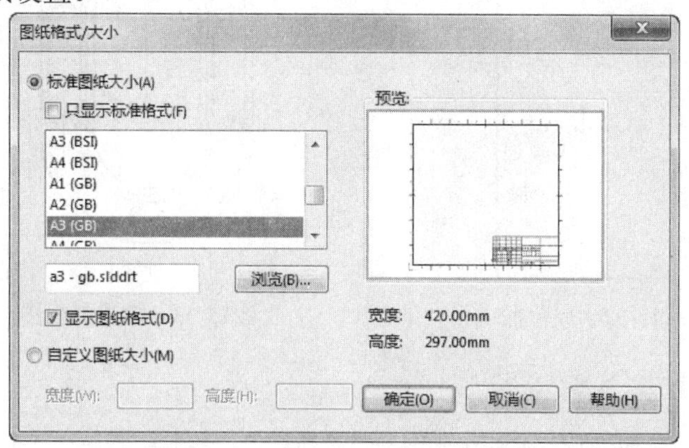

图15-29　“图纸格式/大小”对话框

03 插入模型视图。单击“工程图”面板中的“模型视图”按钮，弹出“模型视图”属性管理器，如图 15-30 所示。选择完成后，单击“模型视图”中的“下一步”按钮，这时会进入模型视图参数设置，如图 15-31 所示。此时在绘图区，会弹出图 15-32 所示的放置框。在图纸中的合适位置放置前视图，如图 15-33 所示 。

图15-30　“模型视图”属性管理器　　　　图15-31　设置模型视图参数

04 剖切视图。单击“工程图”面板中的“剖面视图”按钮，在“剖面视图辅助”属性管理器中选择“切割线”类型为“旋转”，在绘图区绘制图 15-34 所示的剖切线。在图纸中的合适位置放置剖视图（由于该零件图比较简单，故上视图没有标出），如图 15-35 所示。

05 单击“草图”面板中的“中心线”按钮，在前视图中绘制中心线，如图 15-36 所示。

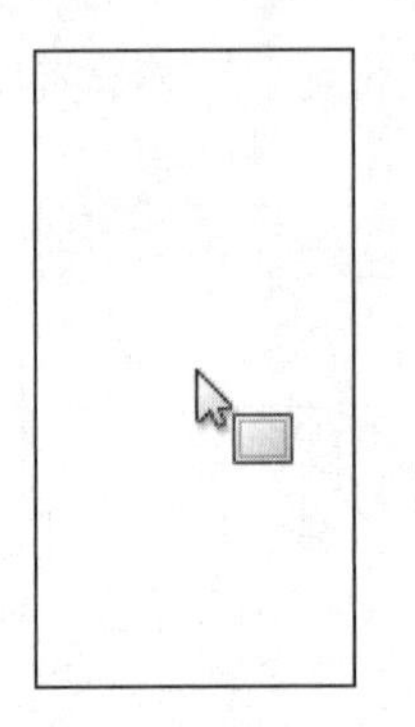

图15-32　放置框

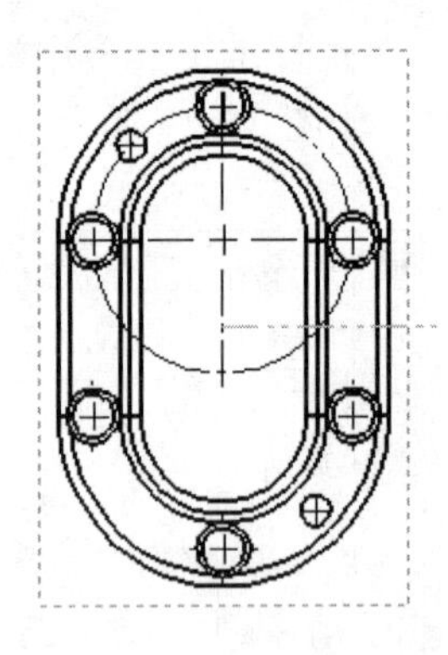

图15-33　放置前视图

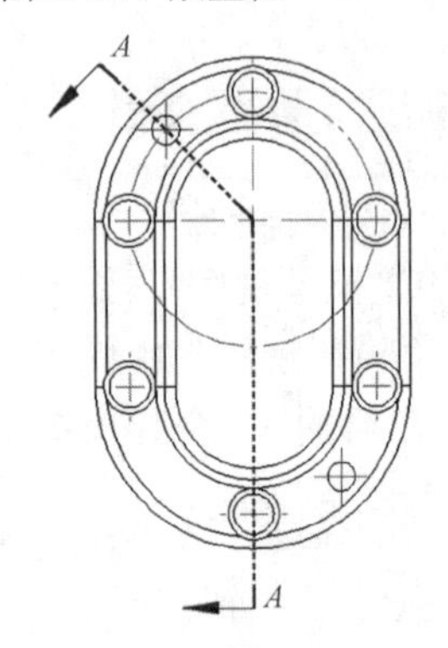

图15-34　绘制剖切线

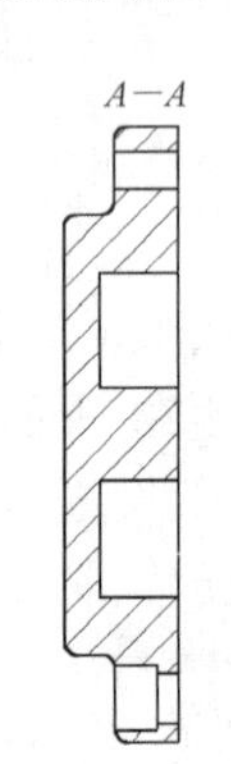

图15-35　剖视图

15.3.2　标注基本尺寸

单击“草图”面板中的“智能尺寸”按钮，标注视图中的尺寸，如图15-37所示。

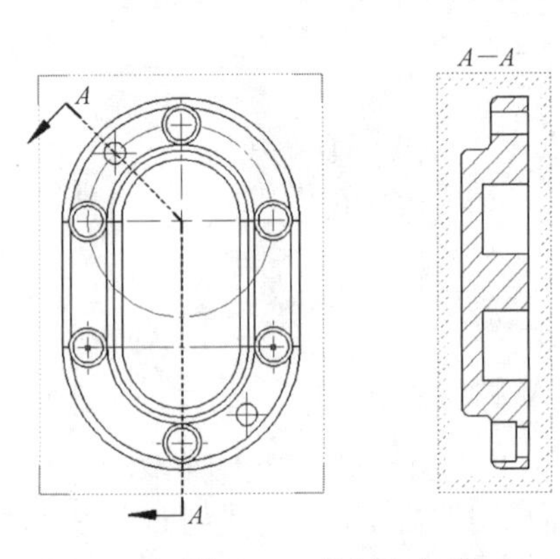

图15-36　绘制中心线

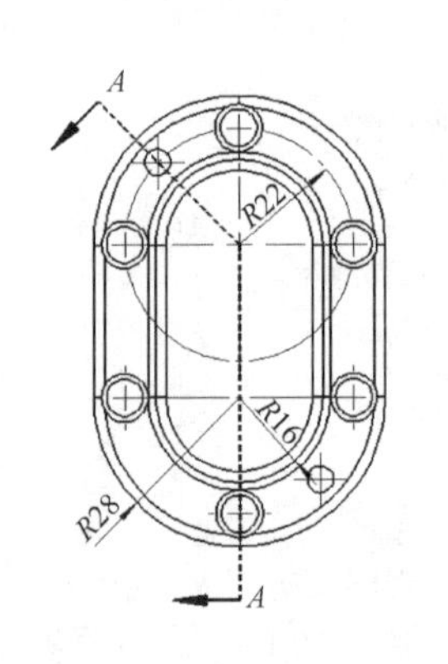

图15-37　标注尺寸

 **注意**

在添加或修改尺寸时，单击要标注尺寸的几何体。当在模型周围移动指针时，会显示尺

寸的预览。根据指针相对于附加点的位置，系统将自动捕捉适当的尺寸类型（水平、竖直、线性、径向等）。当预览显示所需的尺寸类型时，可通过右击来锁定此类型。最后单击以放置尺寸。

15.3.3　标注表面粗糙度和几何公差

01 标注表面粗糙度。单击“注解”面板中的“表面粗糙度符号”按钮，弹出“表面粗糙度”属性管理器，如图 15-38 所示。在该属性管理器中设置各参数。设置完成后，移动光标到需要标注表面粗糙度的位置，单击即可完成标注。单击“确定”按钮，表面粗糙度即可标注完成，如图 15-39 所示。

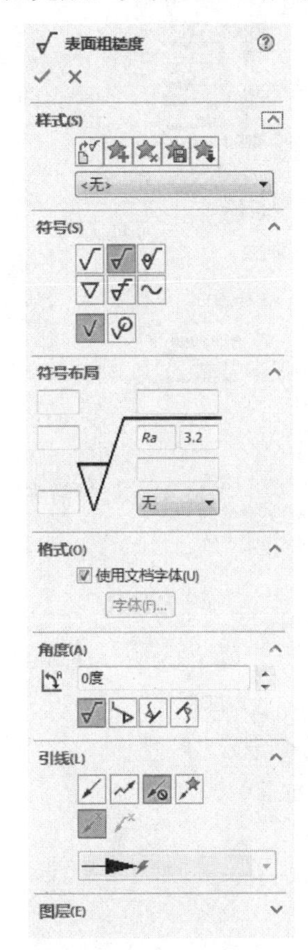

图15-38　“表面粗糙度”属性管理器

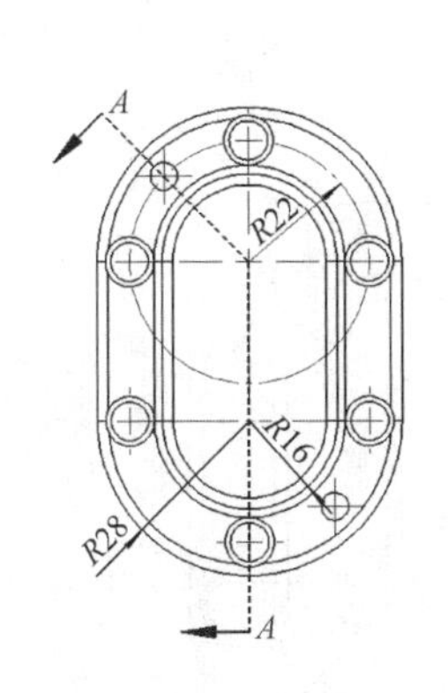

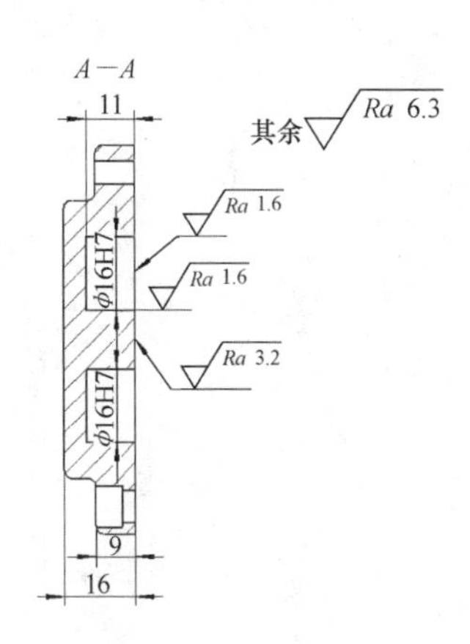

图15-39　标注表面粗糙度

02 修改尺寸。选择视图中的所有尺寸线，如图 15-40 所示。在“尺寸”属性管理器“尺寸界线/引线显示”的“箭头”下拉列表中选择实心箭头，如图 15-41 所示。单击“确定”按钮，更改尺寸属性后的视图如图 15-42 所示。

注意

可以将带有引线的表面粗糙度符号拖到任意位置。如果将没有引线的符号附加到一条边

线，然后将它拖离模型边线，则将生成一条延伸线。若想使表面粗糙度符号锁定到边线，可从除最底部控标以外的任何地方拖动符号。

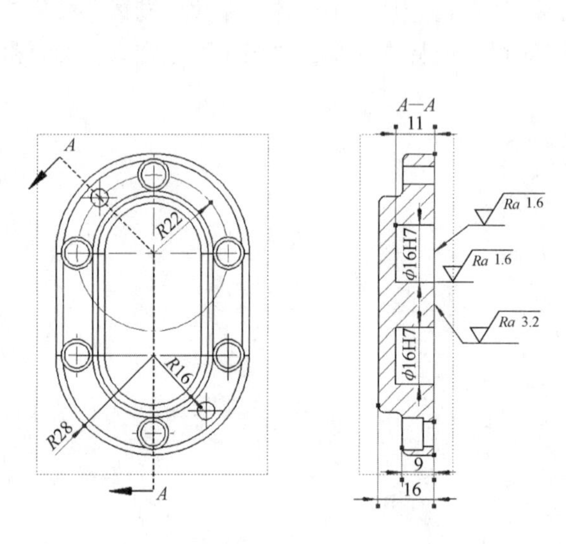

图15-40　选择尺寸线

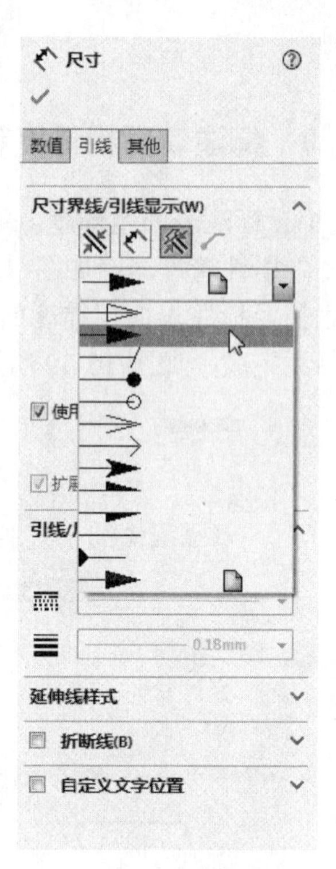

图15-41　选择箭头

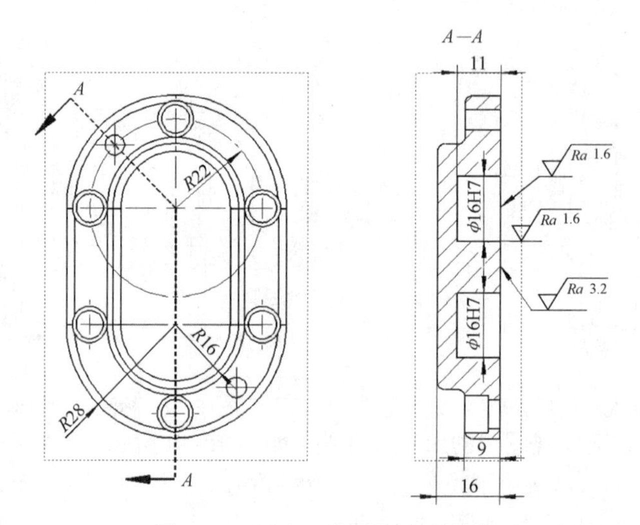

图15-42　更改尺寸属性后的视图

03 添加技术要求。单击“注解”面板中的“注释”按钮A，为工程图添加注释部分，如图 15-43 所示。至此，齿轮泵前盖工程图创建完毕。

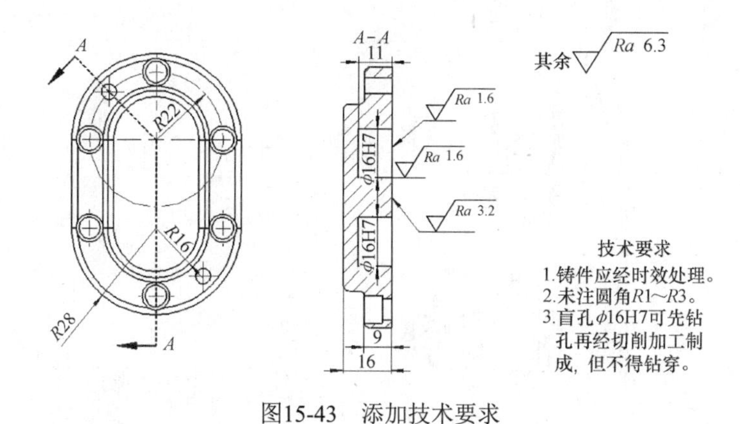

图15-43　添加技术要求

15.4　装配工程图的创建

装配图通常用来表达机器或部件的工作原理及零件、部件间的装配关系，是机械设计和生产中的重要技术文件之一。在产品设计中，一般先根据产品的工作原理图画出装配草图，由装配草图整理成装配图；然后再根据装配图进行零件设计，并画出零件图。在产品制造中，装配图是制订装配工艺规程、进行装配和检验的技术依据。在机器使用和维修时，也需要通过装配图来了解机器的工作原理和构造。

一张完整的装配图一般应具有下列内容：

1）一组视图。表达组成机器或部件的零件的形状及它们之间的相互位置关系，机器或部件的工作原理。

2）必要的尺寸。标出装配体的总体尺寸、性能尺寸、装配尺寸、安装尺寸及其他重要尺寸。

3）技术要求。用来表示对部件质量、装配、检测、调整和安装、使用等方面的要求。

4）标题栏。用来表示零部件的名称、数量，以及与设计和生产管理有关的内容。

5）零件的序号和明细栏。把各个零件按一定顺序进行编号，并在标题栏上方列出明细栏，按序号把各个零件的名称、材料、数量、规格等项注写下来，有利于装配图的阅读和生产管理。

本实例是将齿轮泵总装配体（见图15-44）转化为装配工程图。

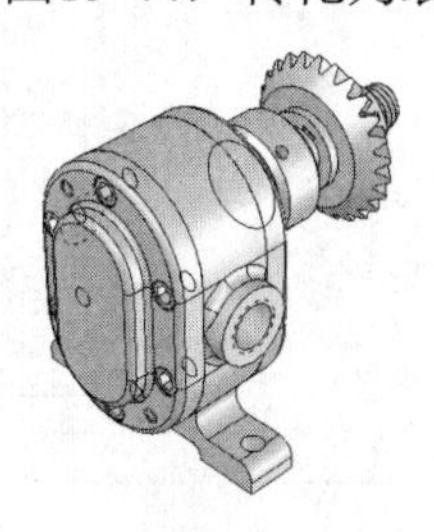

图15-44　齿轮泵总装配体

装配工程图的创建过程与支撑轴工程图的创建过程和步骤基本相同，其创建过程如图15-45所示。

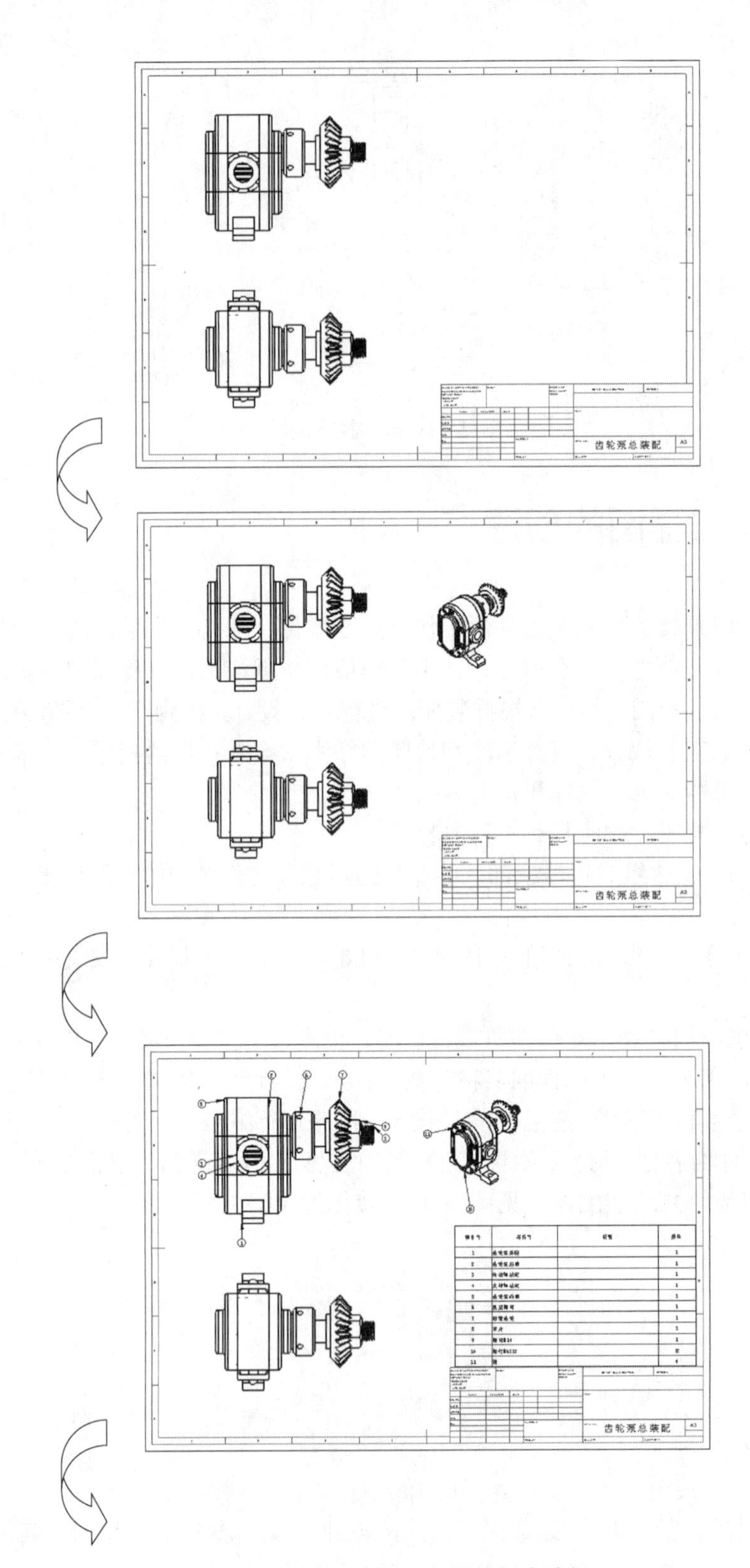

图15-45　齿轮泵装配工程图的创建过程

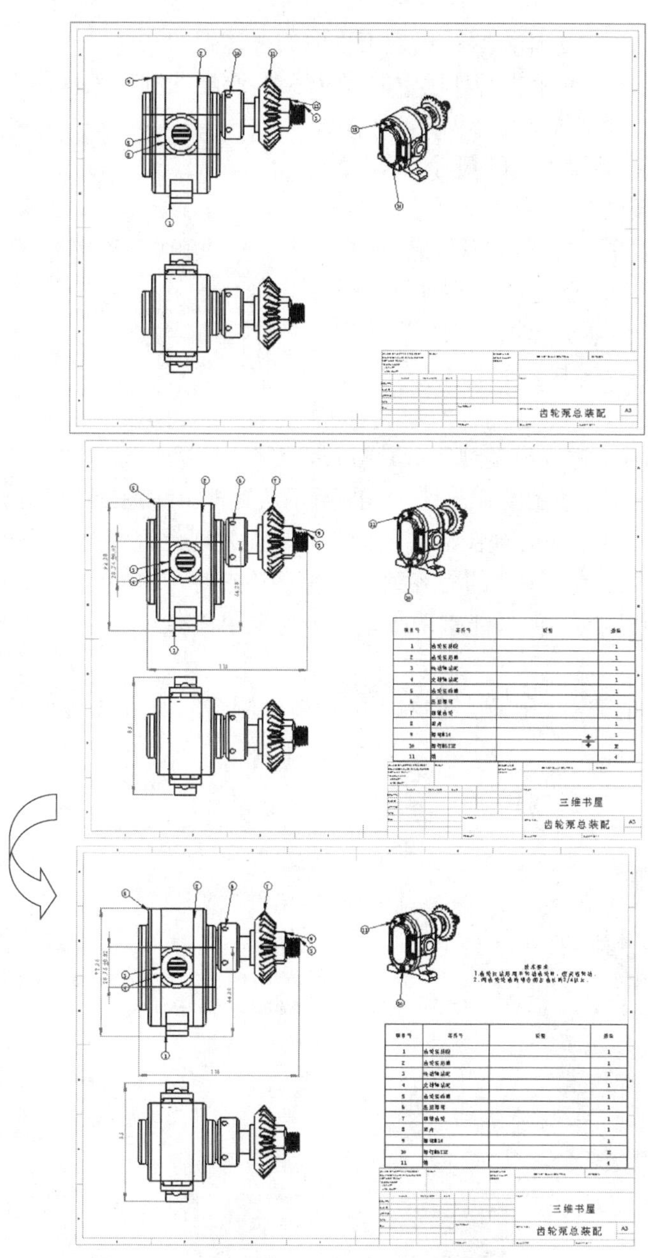

图15-45 齿轮泵装配工程图的创建过程（续）

视频文件\动画演示\第15章\装配工程图的创建.mp4

15.4.1 创建视图

01 打开文件。启动 SOLIDWORKS 2020。单击标准工具栏中的“打开”按钮，在弹出的“打开”对话框中选择将要转化为工程图的总装配图文件。

02 图纸设置。单击标准工具栏中的“从零件/装配图制作工程图”按钮，此时会弹出“图纸格式/大小”对话框，如图 15-46 所示。选择“标准图纸大小”并设置图纸尺寸。单击“确定”按钮，完成图纸设置。

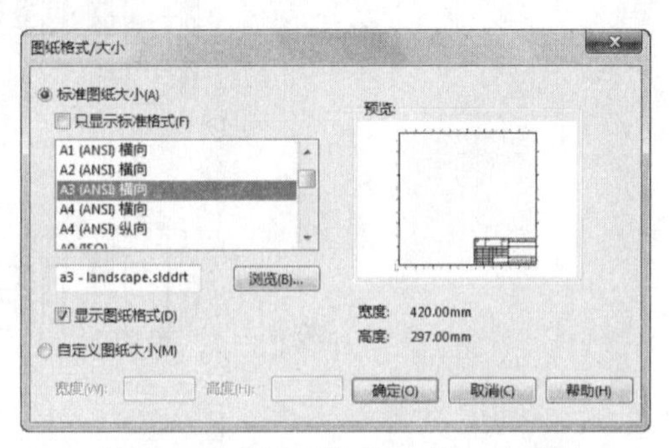

图15-46 “图纸格式/大小”对话框

03 创建前视图。单击“工程图”面板中的“模型视图”按钮，弹出“模型视图”属性管理器，如图 15-47 所示。单击“浏览”按钮，在弹出的“选择”对话框中选择要生成工程图的齿轮泵总装配图。选择完成后单击“模型视图”中的“下一步”按钮，进行模型视图参数设置，如图 15-48 所示。此时在绘图区弹出图 15-49 所示放置框。在图纸中的合适位置放置前视图，如图 15-50 所示。在放置完前视图后将鼠标下移，会发现上视图的预览会跟随鼠标指针出现（前视图与其他两个视图有固定的对齐关系。当移动它时，其他的视图也会跟着移动时。其他两个视图可以独立移动，但只能水平或垂直于前视图移动）。选择合适的位置放置上视图，如图 15-51 所示。

04 利用同样的方法，在图纸的右上方放置轴测图，如图15-52所示。

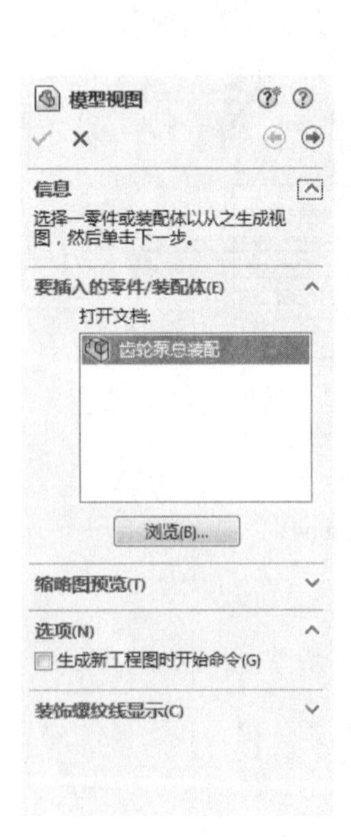

图15-47 “模型视图”属性管理器

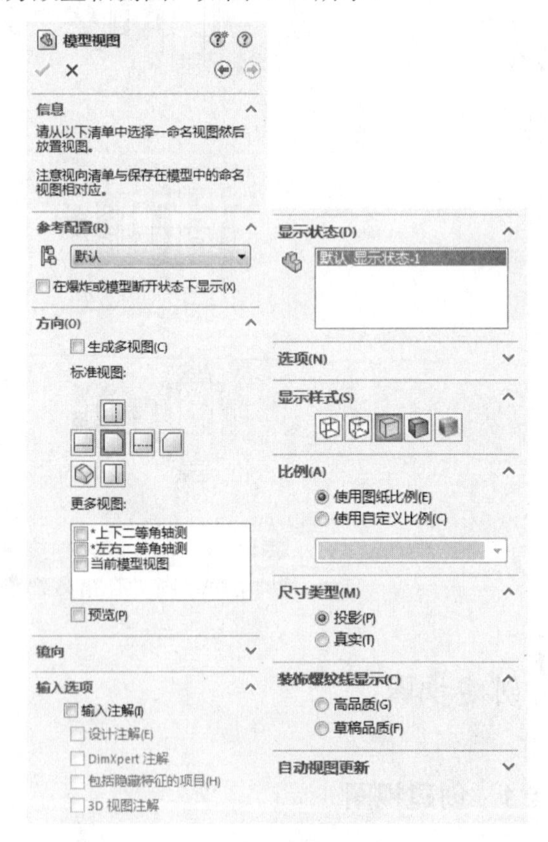

图15-48 设置模型视图参数

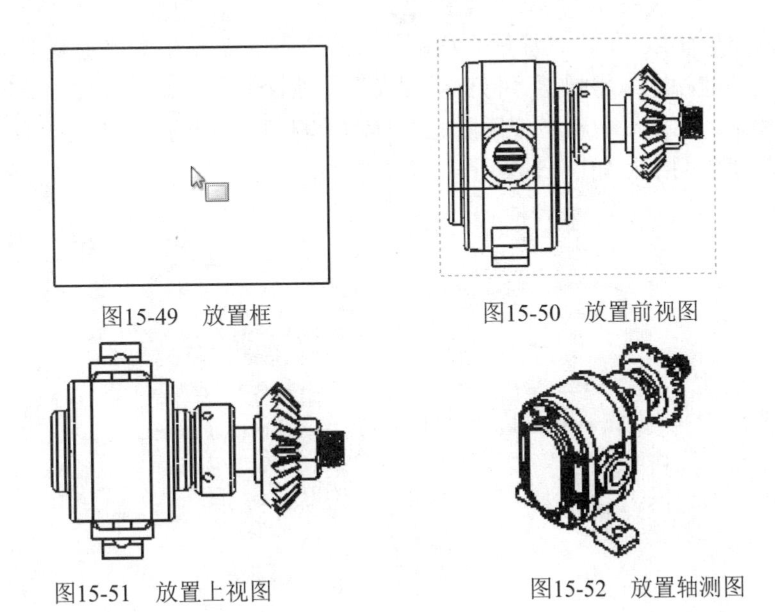

图15-49　放置框　　图15-50　放置前视图

图15-51　放置上视图　　图15-52　放置轴测图

15.4.2　创建明细栏

01 添加序号。单击“注解”面板中的“自动零件序号”按钮，在绘图区选择前视图和轴测图，将自动生成零件的序号，零件序号会插入到适当的视图中，不会重复。在弹出的“自动零件序号”属性管理器中可以设置零件序号的布局、样式等，如图 15-53 所示。自动生成的零件序号如图 15-54 所示。

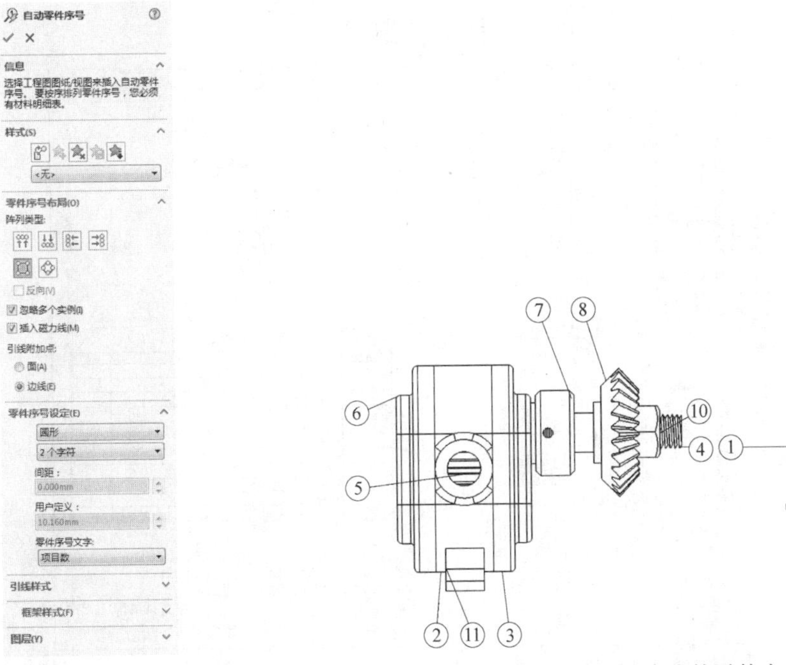

图15-53　设置自动零件序号参数　　图15-54　自动生成的零件序号

02 创建明细栏。单击“注解”面板“表格”下拉菜单中的“材料明细表”按钮，选择刚才创建的前视图，将弹出“材料明细表”属性管理器，设置参数如图15-55所示。单击“确定”按钮✓，在图纸中将出现跟随光标移动的材料明细栏，在图框的右下角单击，确定为定位点。创建的明细栏如图15-56所示。

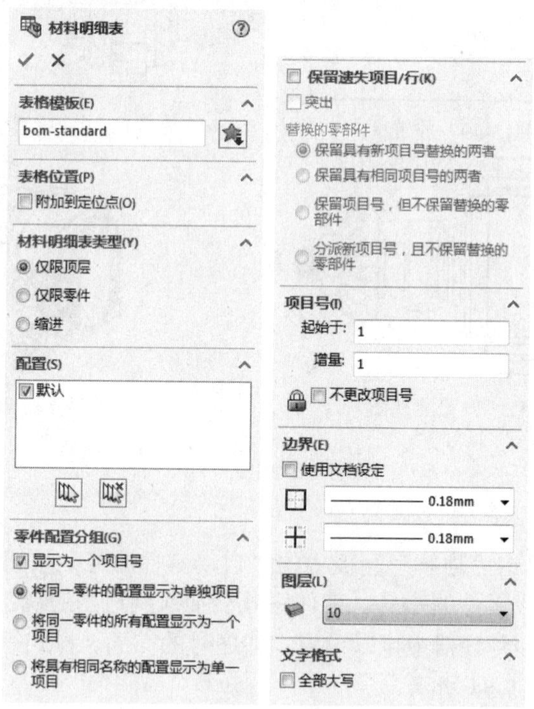

图15-55　设置材料明细表参数

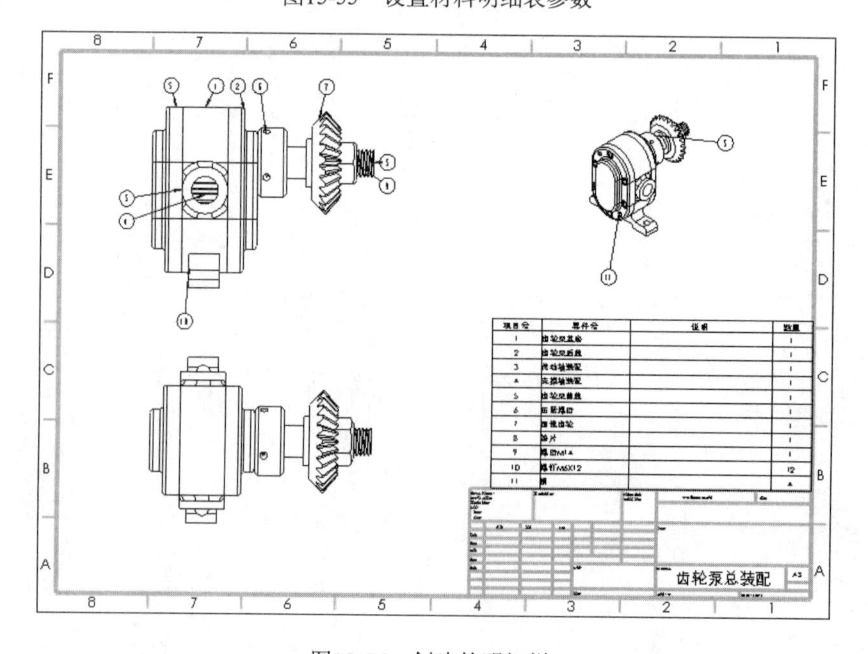

图15-56　创建的明细栏

15.4.3　标注尺寸和技术要求

01 标注尺寸。单击“草图”面板“显示/删除几何关系”下拉菜单中的“智能尺寸”按钮，标注视图中的尺寸，如图 15-57 所示。选择视图中的所有尺寸线，在“尺寸”属性管理器 “尺寸界线/引线显示”的“箭头”下拉列表中选择实心箭头，如图 15-58 所示。单击“确定”按钮，修改尺寸属性后的视图如图 15-59 所示。

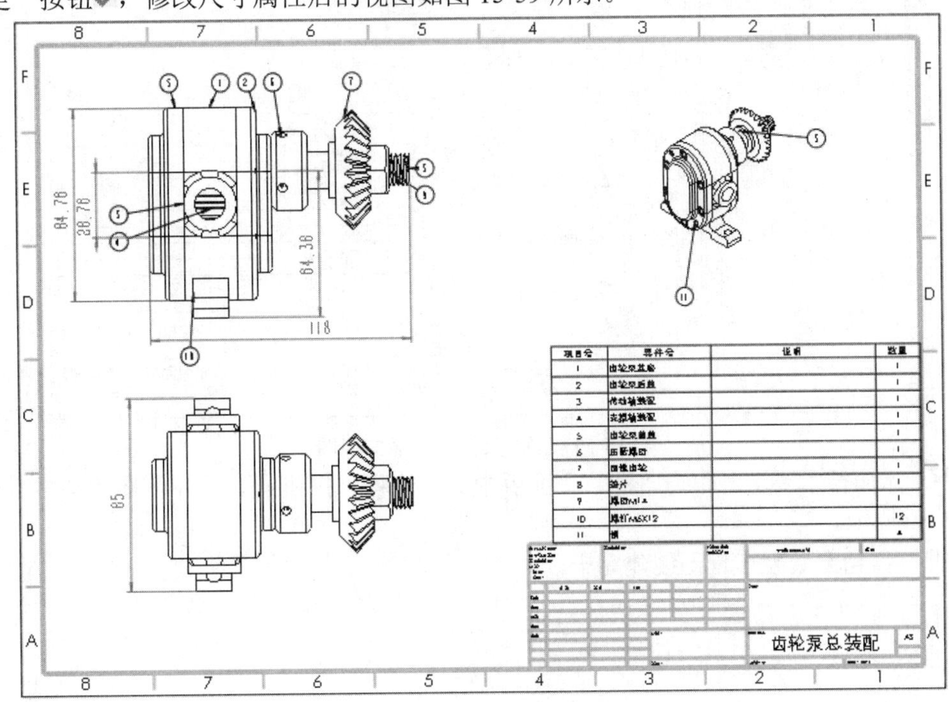

图15-57　标注尺寸

图15-58　选择箭头

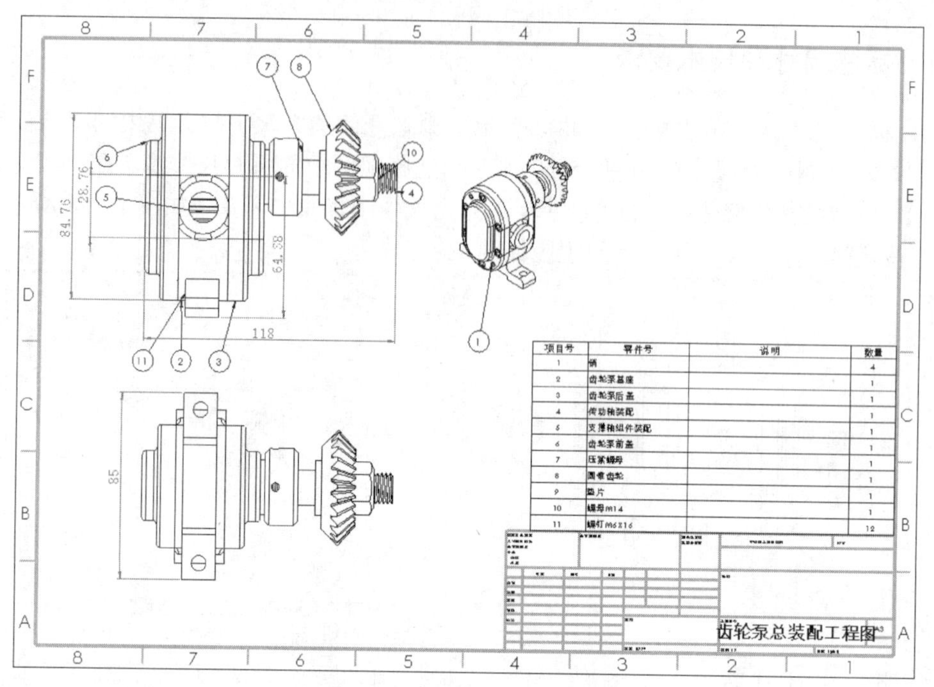

图15-59　更改尺寸属性后的视图

02 添加技术要求。单击“注解”面板中的“注释”按钮A。为工程图添加技术要求，如图 15-60 所示。

至此，齿轮泵装配工程图创建完毕。

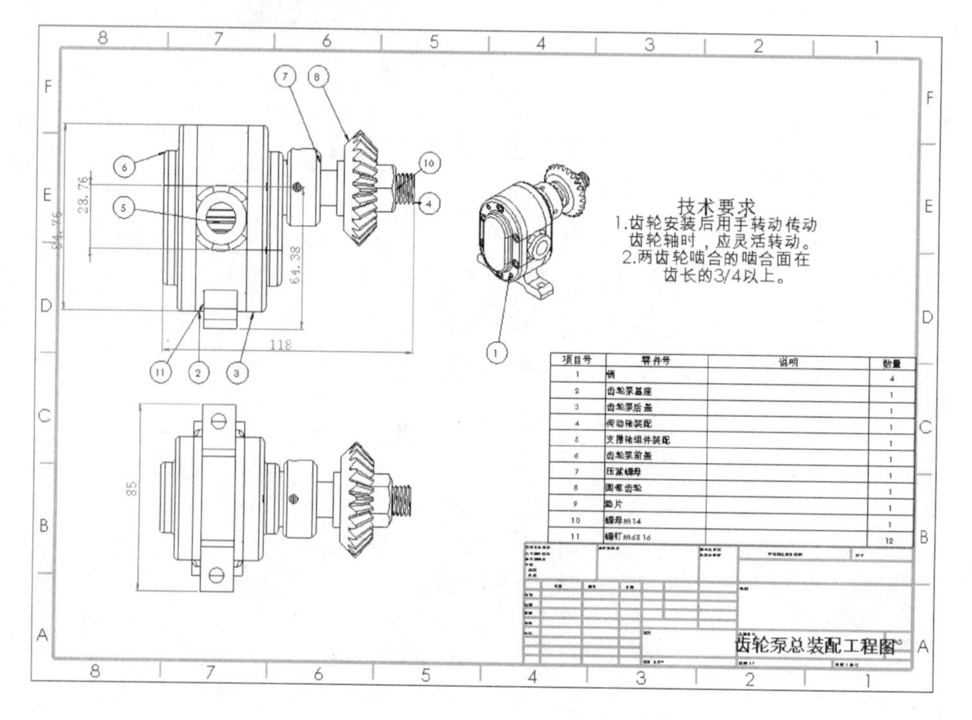

图15-60　添加技术要求

第16章

运动仿真

本章介绍虚拟样机技术及运动仿真，对其常用工具进行了详细介绍，并利用一个阀门凸轮机构，说明SOLIDWORKS Motion 2020的具体使用方法。

学习要点

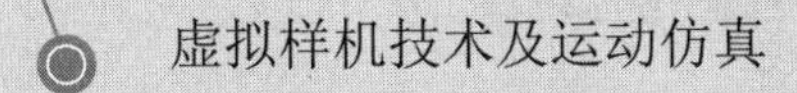

- 虚拟样机技术及运动仿真
- Motion 分析运动算例
- 阀门凸轮机构

16.1 虚拟样机技术及运动仿真

16.1.1 虚拟样机技术

图 16-1 表明了虚拟样机技术在企业开展新产品设计和生产活动中的地位。进行产品三维结构设计的同时，运用分析仿真软件（CAE）对产品工作性能进行模拟仿真，发现设计缺陷，再根据分析仿真结果，用三维设计软件对产品设计结构进行修改。重复上述仿真、找错、修改的过程，不断对产品设计结构进行优化，直至达到一定的设计要求。

虚拟产品开发有如下三个特点：

➢ 以数字化方式进行新产品的开发。

➢ 开发过程涉及新产品开发的全生命周期。

➢ 虚拟产品的开发是开发网络协同工作的结果。

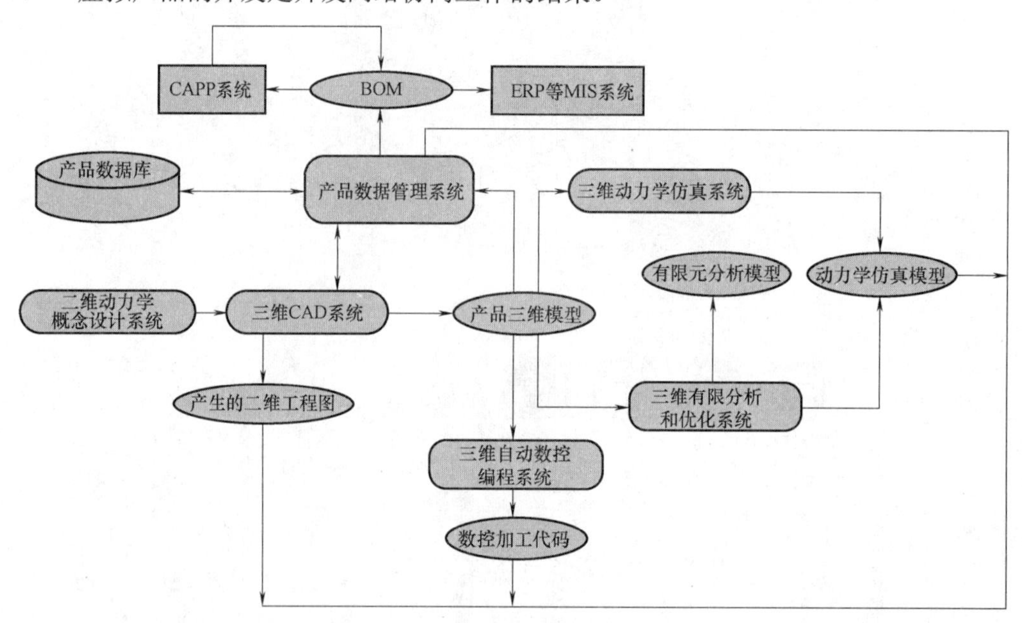

图 16-1　虚拟样机设计、分析仿真、设计管理、制造生产一体化解决方案

为了实现上述的三个特点，虚拟样机的开发工具应具有如下 4 个技术功能：

➢ 采用数字化的手段对新产品进行建模。

➢ 以产品数据管理（PDM）/产品全生命周期（PLM）的方式控制产品信息的表示、储存和操作。

➢ 产品模型的本地/异地的协同技术。

➢ 开发过程的业务流程重组。

传统的仿真一般是针对单个子系统的仿真，而虚拟样机技术则是强调整体的优化，它通过虚拟整机与虚拟环境的耦合，对产品多种设计方案进行测试、评估，并不断改进设计方案，直到获得最优的整机性能；而且，传统的产品设计方法是一个串行的过程，各子系统（如整机结构、液压系统、控制系统等）的设计都是独立的，忽略了各子系统之间的动态交互与协同求解，因此设计的不足往往到产品开发的后期才被发现，从而造成严重浪费。运用虚拟样机技术可以快速地建立包括控制系统、液压系统、气动系统在内的多体动力学虚拟样机，实现产品的并行设计，可在产品设计初期及时发现问题、解决问题，把系统的测试分析作为整个产品设计过程的驱动。

16.1.2　数字化功能样机及机械系统动力学分析

在虚拟样机的基础上，人们又提出了数字化功能样机（Functional Digital Prototy ping）的概念，这是在 CAD/CAM/CAE 技术和一般虚拟样机技术的基础之上发展起来的。其理论基础为计算多体系动力学、结构有限元理论、其他物理系统的建模与仿真理论，以及多领域物理系统的混合建模与仿真理论。该技术侧重于在系统层次上的性能分析与优化设计，并通过虚拟试验技术，预测产品性能。基于多体系统动力学和有限元理论，解决产品的运动学、动力学、变形、结构、强度和寿命等问题，而基于多领域的物理系统理论，解决较复杂产品的机-电-液-控等系统的能量流和信息流的耦合问题。

数字化功能样机的内容如图 16-2 所示。它包括计算多体系统动力学的运动/动力特性分析、有限元疲劳理论的应力疲劳分析、有限元非线性理论的非线性变形分析、有限元模态理论的振动和噪声分析、有限元热传导理论的热传导分析，基于有限元大变形理论的碰撞和冲击的仿真、计算流体动力学分析、液压/气动的控制仿真，以及多领域混合模型系统的仿真等。

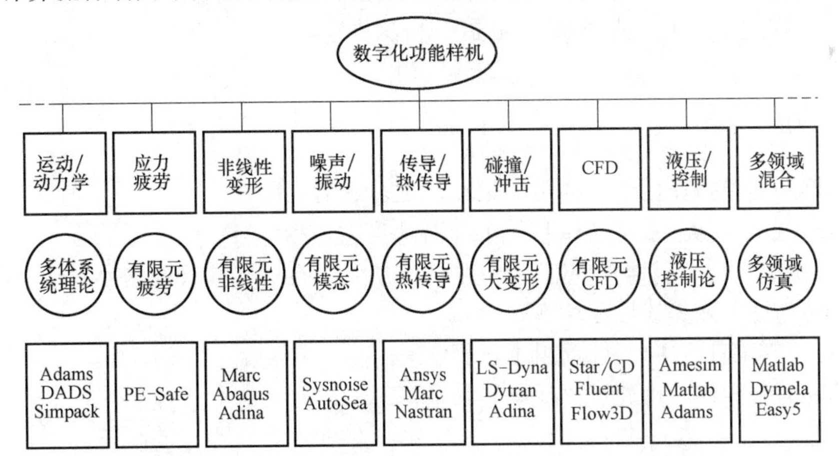

图 16-2　数字化功能样机的内容

多个物体通过运动副的连接便组成了机械系统，系统内部有弹簧、阻尼器、制动器等力学元件的作用，系统外部受到外力和外力矩的作用，以及驱动和约束。物体分柔性和刚性，而实际上的工程研究对象多为混合系统。机械系统动力学分析和仿真主要是为了解决系统的运动学、动力学和静力学问题，其过程主要包括：

➢　物理建模。用标准运动副、驱动/约束、力元和外力等要素抽象出与实际机械系统具有一致性的物理模型。

➢ 数学建模。通过调用专用的求解器生成数学模型。

➢ 问题求解。迭代求出计算解。

实际上，在软件操作过程中，数学建模和问题求解过程都是软件自动完成的，内部过程并不可见，最后系统会给出曲线显示、曲线运算和动画显示过程。

美国MDI（Mechanical Dynamics Inc.）最早开发了ADAMS（Automatic Dynamic Analysis of Mechanical System）软件ADAMS，应用于虚拟仿真领域，后被美国的MSC公司收购为MSC.ADAMS。SolidWorks Motion正是基于ADAMS解决方案引擎创建的。通过SOLIDWORKS Motion，可以在CAD系统构建的原型机上查看其工作情况，从而检测设计的结果，如电动机尺寸、连接方式、压力过载、凸轮轮廓、齿轮传动率、运动零件干涉等设计中可能出现的问题，进而修改设计，得到进一步优化了的结果。同时，SOLIDWORKS Motion用户界面是SOLIDWORKS界面的无缝扩展，它使用SOLIDWORKS数据存储库，不需要SOLIDWORKS数据的复制/导出，给用户带来了方便性和安全性。

16.2 Motion分析运动算例

在SOLIDWORKS 2020中，SOLIDWORKS Motion比之前版本的Cosmos Motion大大简化了操作步骤，所建装配体的约束关系不用再重新添加，只需使用建立装配体时的约束即可。新的SOLIDWORKS Motion是集成在运动算例中的，运动算例是SOLIDWORKS中对装配体模拟运动的统称，运动算例不更改装配体模型或其属性运动算例，包括动画、基本运动与Motion分析，在这里我们重点讲解Motion分析的内容。

16.2.1 马达

运动算例马达模拟作用于实体上的运动，由马达所应用。

01 单击MotionManager工具栏上的“马达”按钮。

02 弹出“马达”属性管理器，如图16-3所示。在该属性管理器“马达类型”选项组中选择“旋转马达”或“线性马达”。

03 在“零部件/方向”选项组中选择要做动画的表面或零件，可通过“反向”按钮来调节。

04 在“运动”选项组“类型”下拉列表中选择运动类型，包括“等速”“距离”“振荡”和“函数编制程序”。

➢ 等速：马达速度为常量。在下方文本框中输入速度值。

➢ 距离：马达以设定的距离和时间帧

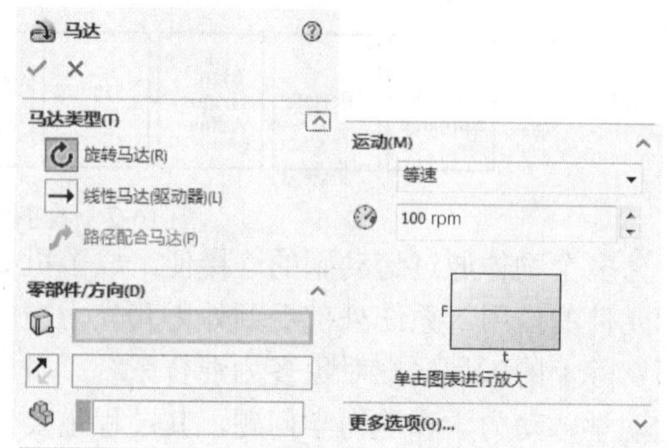

图16-3 “马达”属性管理器

运行，为“位移”“开始时间”及“持续时间”输入值，如图 16-4 所示。

➢ 振荡：为“振幅”和“频率”输入值，如图 16-5 所示。

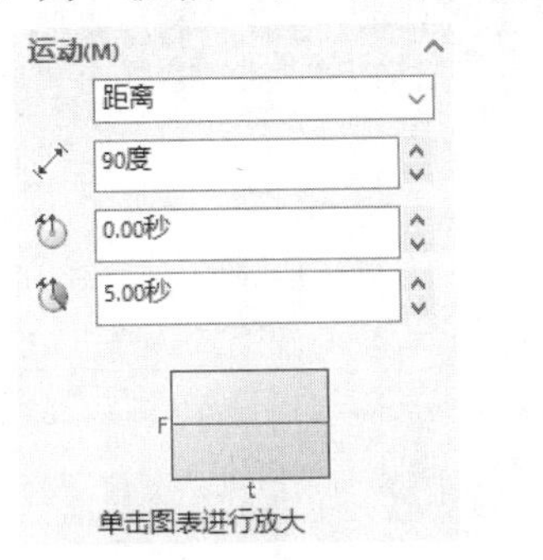

图16-4　“距离”运动

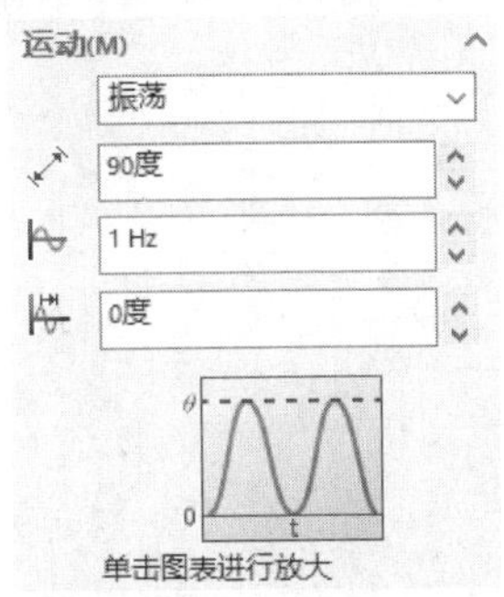

图16-5　“振荡”运动

➢ 线段：选定线段（位移、速度、加速度），为插值时间和数值设定值。“函数编制程序”对话框的“线段”选项卡如图 16-6 所示。

➢ 数据点：输入表达数据（位移、时间、立方样条曲线）。“函数编制程序”对话框的“数据点”选项卡如图 16-7 所示。

➢ 表达式：选取马达运动表达式所应用的变量（位移、速度、加速度）。“函数编制程序”对话框的“表达式”选项卡如图 16-8 所示。

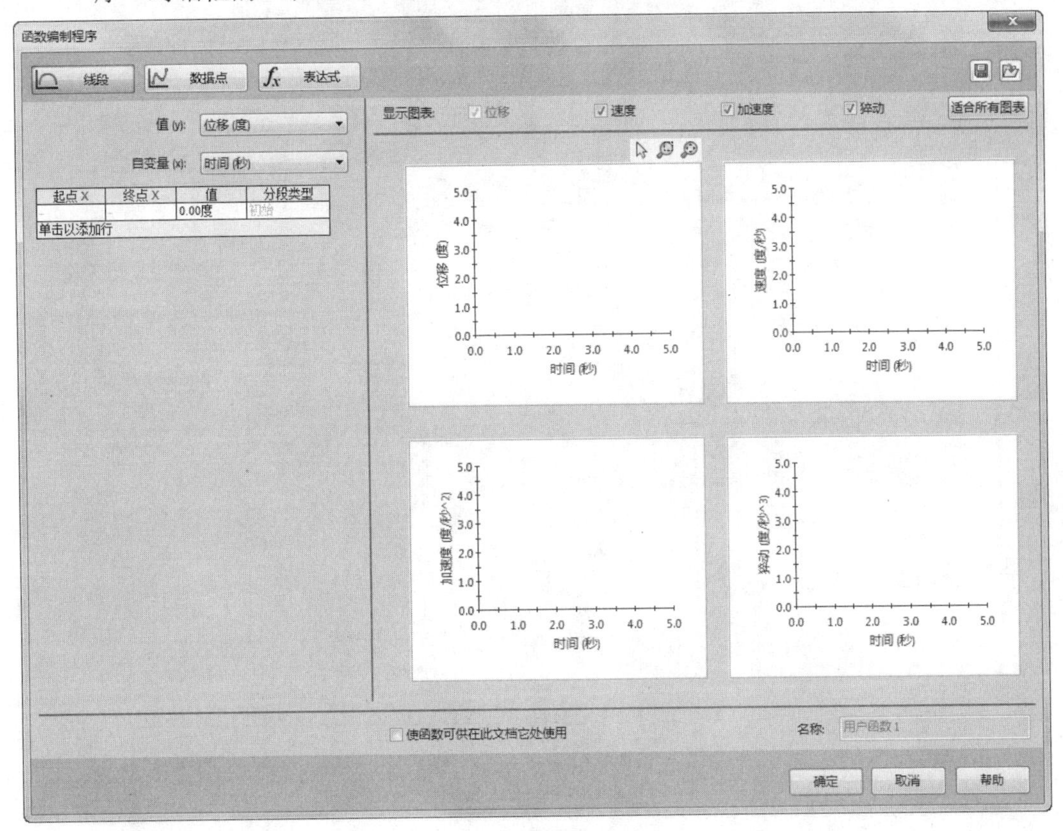

图 16-6　“线段”选项卡

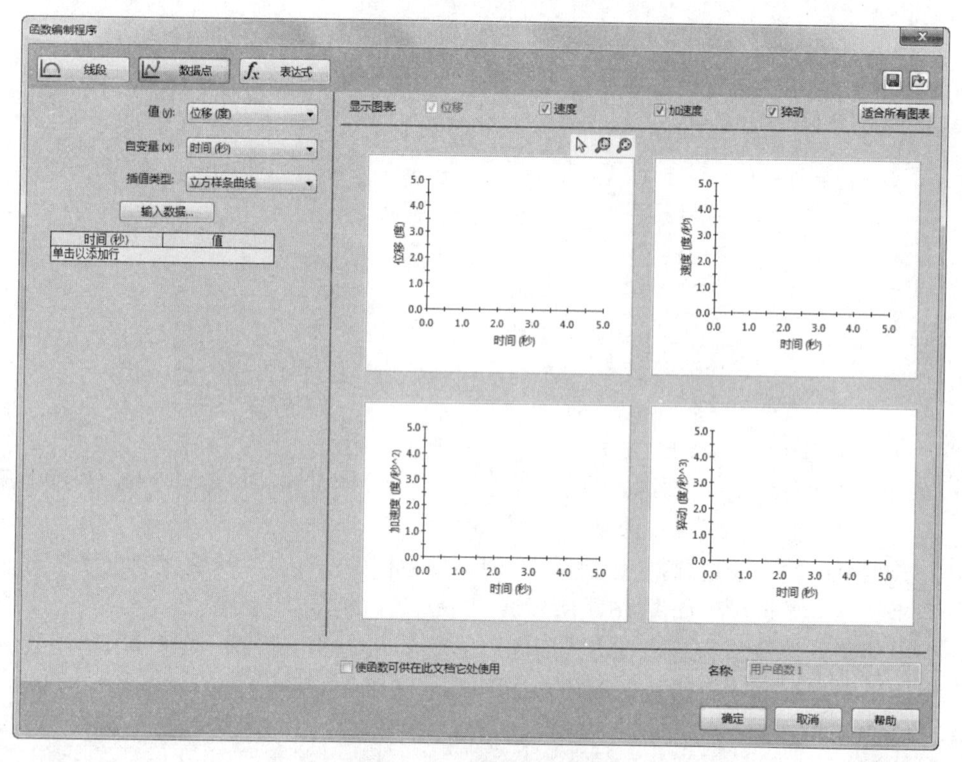

图 16-7　“数据点”选项卡

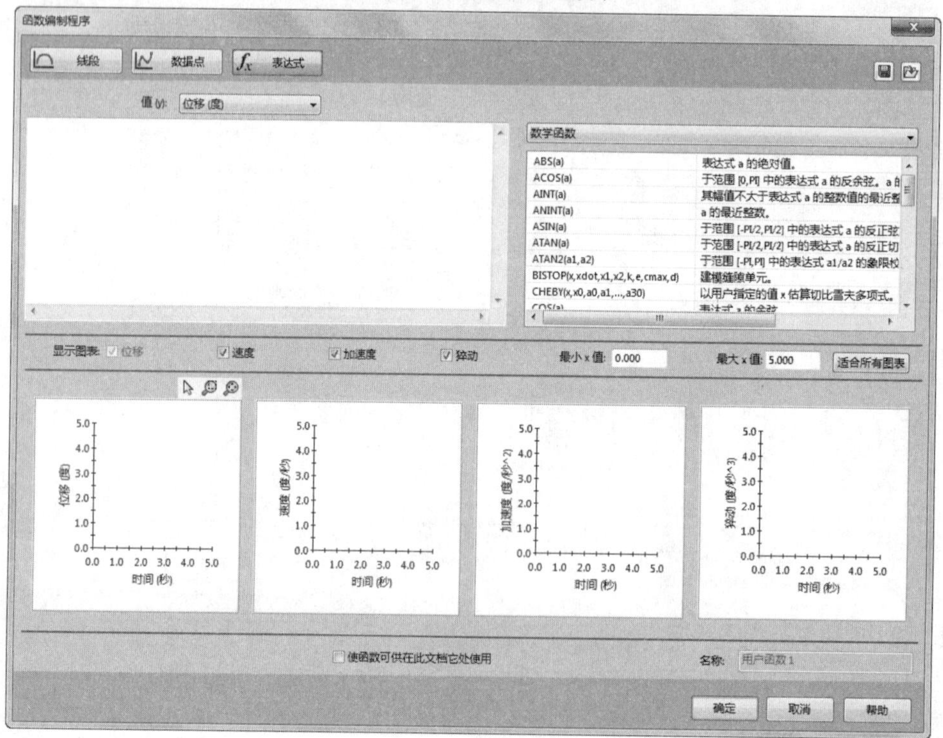

图 16-8　“表达式”选项卡

05 单击“马达”属性管理器中的“确定”按钮✔，动画设置完毕。

16.2.2　弹簧

弹簧为通过模拟各种弹簧类型的效果而绕装配体移动零部件的模拟单元。属于基本运动，在计算运动时需考虑质量。要对零件添加弹簧，可按如下步骤操作：

01 单击 MotionManager 工具栏中的“弹簧”按钮，弹出“弹簧”属性管理器。

02 在“弹簧”属性管理器中选择“线性弹簧”类型，在绘图区选择要添加弹簧的两个面，如图 16-9 所示。

03 在“弹簧”属性管理器中设置其他参数，单击“确定”按钮✔，完成弹簧的创建。

04 单击 MotionManager 工具栏中的“计算”按钮，计算模拟。MotionManager 界面如图 16-10 所示。

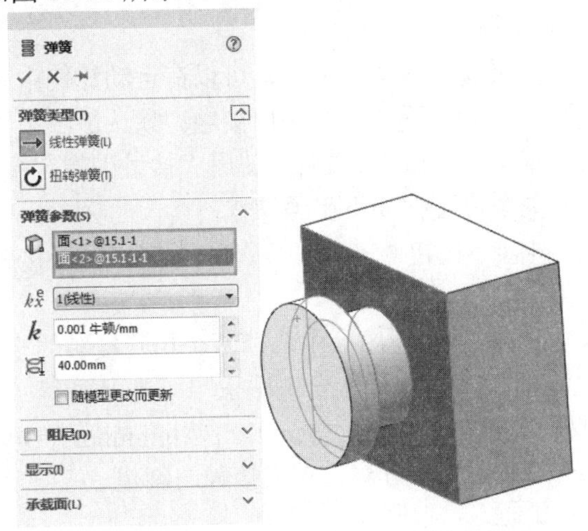

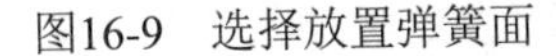
图16-9　选择放置弹簧面

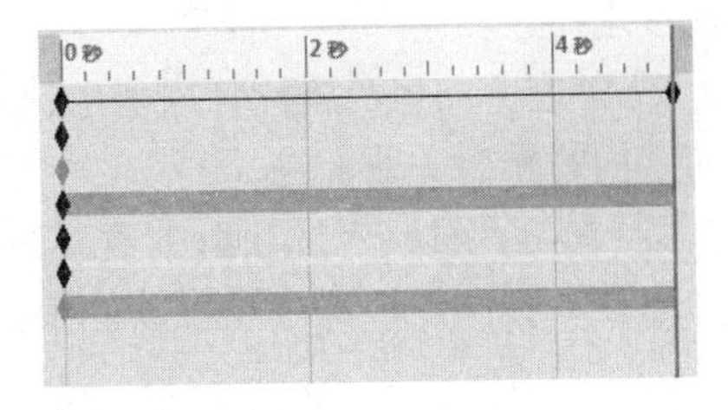

图16-10　MotionManager界面

16.2.3　阻尼

如果对动态系统应用了初始条件，系统会以不断减小的振幅振动，直到最终停止，这种现象称为阻尼效应。阻尼效应是一种复杂的现象，它以多种机制（如内摩擦和外摩擦、轮转的弹性应变材料的微观热效应及空气阻力）消耗能量。要在装配体中添加阻尼的关系，可按如下步骤操作：

01 单击 MotionManager 工具栏中的“阻尼“按钮，弹出图 16-11 所示的“阻尼”属性管理器。

02 在“阻尼”属性管理器中选择“线性阻尼”，然后在绘图区选择零件上弹簧或阻尼一端所附加的面或边线，此时在绘图区中被选中的特征将高亮显示。

03 在“阻尼力表达式指数”和“阻尼常数”中可以选择和输入基于阻尼的函数表达式，单击“确定” ✔，完成阻尼的创建。

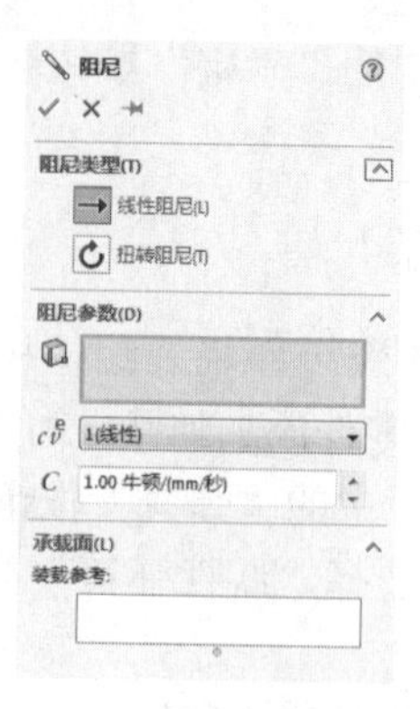

图 16-11 “阻尼”属性管理器

16.2.4 接触

接触仅限基本运动和运动分析，如果零部件碰撞、滚动或滑动，可以在运动算例中建模零部件接触，还可以使用接触来约束零件在整个运动分析过程中保持接触。默认情况下零部件之间的接触将被忽略，除非在运动算例中配置了“接触”。如果不使用“接触”指定接触，零部件将彼此穿越。要在装配体中添加接触的关系，可按如下步骤操作：

01 单击 MotionManager 工具栏中的“接触“按钮，弹出图 16-12 所示的“接触”属性管理器。

02 在“接触”属性管理器中选择“实体”，然后在绘图区中选择两个相互接触的零件，添加它们的配合关系。

03 在“材料”选项组中更改两个“材料类型”为 Steel（Dry）与 Aluminum（Dry），在“接触”属性管理器中设置其他参数。单击“确定”按钮，完成接触的创建。

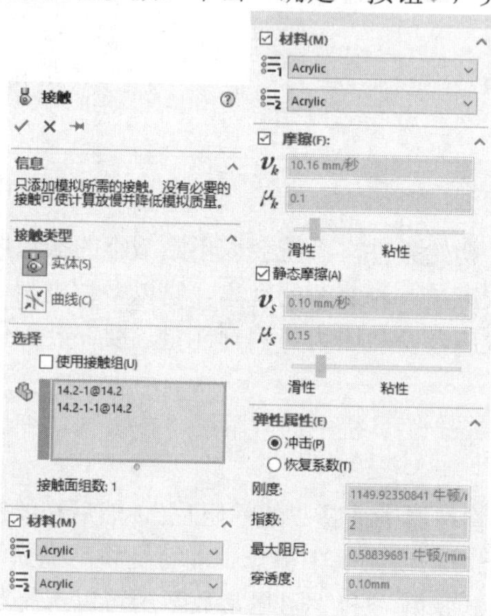

图 16-12 “接触”属性管理器

16.2.5　力

对任何方向的面、边线、参考点、顶点和横梁应用均匀分布的力、力矩或扭矩，以供在结构算例中使用。

操作步骤如下：

01 单击MotionManager工具栏中的“力”按钮，弹出图 16-13 所示的“力/扭矩”属性管理器，如图 16-14 所示

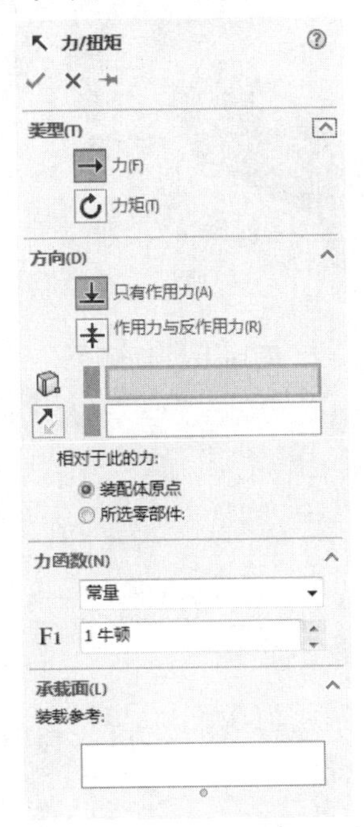

图16-13　“力/扭矩”属性管理器

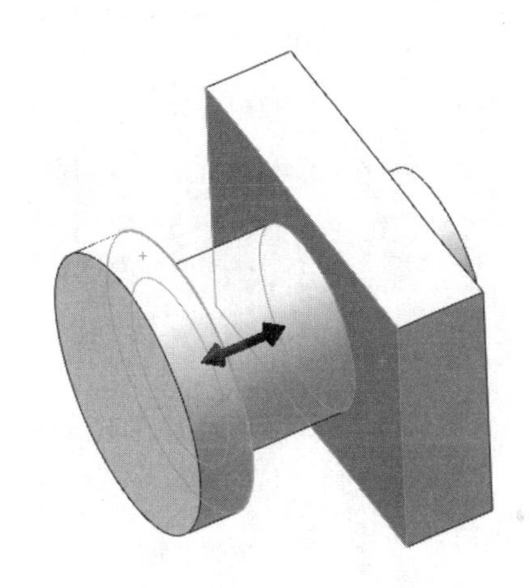

图16-14　选择作用力面和反作用力面

02 在“力/扭矩”属性管理器中选择“力”类型，单击“作用力与反作用力”按钮，在绘图区选择作用力面和反作用力面。

“力/扭矩”属性管理器中的选项说明：

1）类型。

- 力：指定线性力。
- 力矩：指定扭矩。

2）方向。

- 只有作用力：为单作用力或扭矩指定参考特征和方向。
- 作用力与反作用力：为作用与反作用力或扭矩指定参考特征和方向。

03 在“力/扭矩”属性管理器中设置其他参数，如图 16-15 所示。单击“确定”按钮，完成力的创建。

04 在时间线视图中设置时间点为 0.1s，设置播放速度为 5s。

05 单击MotionManager工具栏中的“计算”按钮，计算模拟。单击“从头播放”按钮，动画如图 16-16 所示。MotionManager界面如图 16-17 所示。

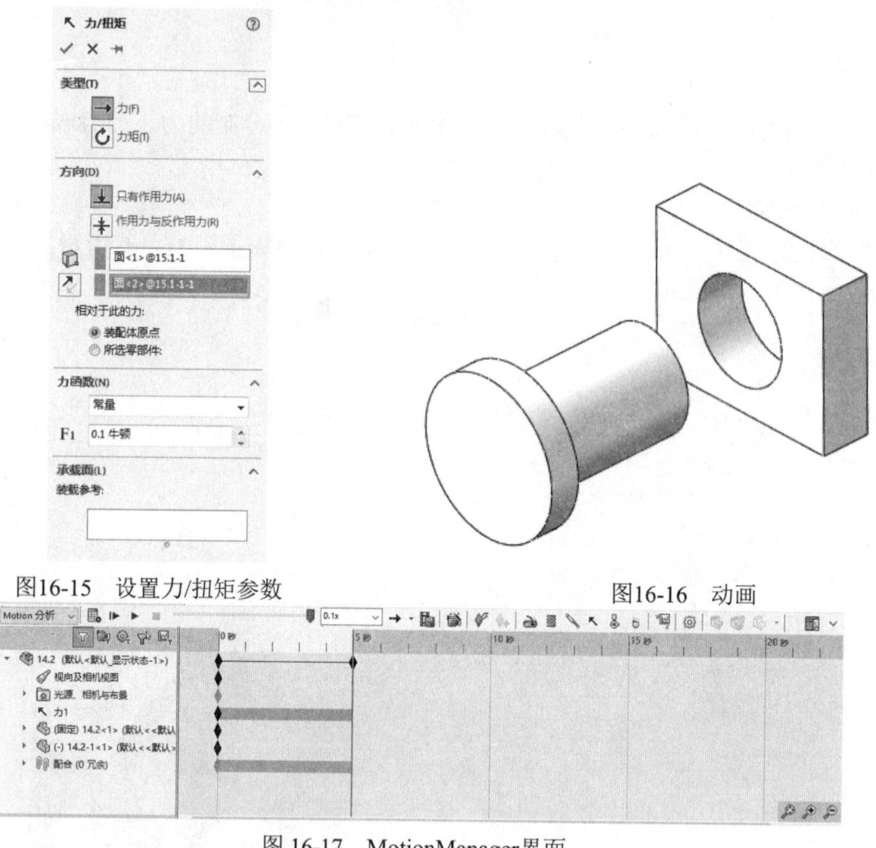

图16-15 设置力/扭矩参数

图16-16 动画

图 16-17 MotionManager界面

16.2.6 引力

引力（仅限基本运动和运动分析）为一通过插入模拟引力而绕装配体移动零部件的模拟单元。要对零件添加引力的关系，可按如下步骤操作：

01 单击 MotionManager 工具栏中的“引力”按钮，弹出“引力”属性管理器，如图 16-18 所示。

02 在“引力”属性管理器中选择 Z 轴，可单击“反向”按钮，调节方向，也可以在绘图区选择线或面作为引力参考。

03 在“引力”属性管理器中设置其他参数，单击“确定”按钮，完成引力的创建。

04 单击 MotionManager 工具栏中的“计算”按钮，计算模拟。MotionManager 界面如图 16-19 所示。

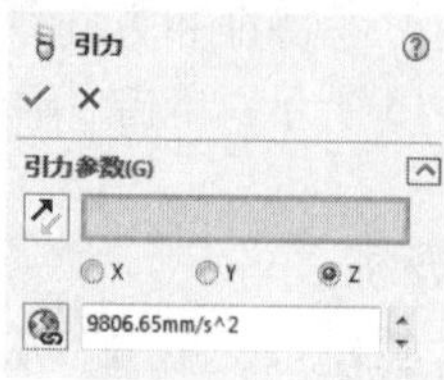

图 16-18 设置

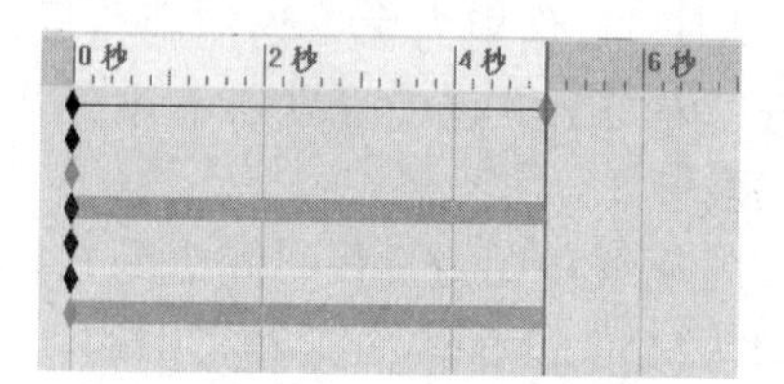

图 16-19 MotionManager 界面

16.3　综合实例——阀门凸轮机构

本例用以说明用 SOLIDWORKS Motion 来解决间歇接触问题，并以 3D 接触的方式来保证摇杆始终与凸轮的接触。其结构如图 16-20 所示。

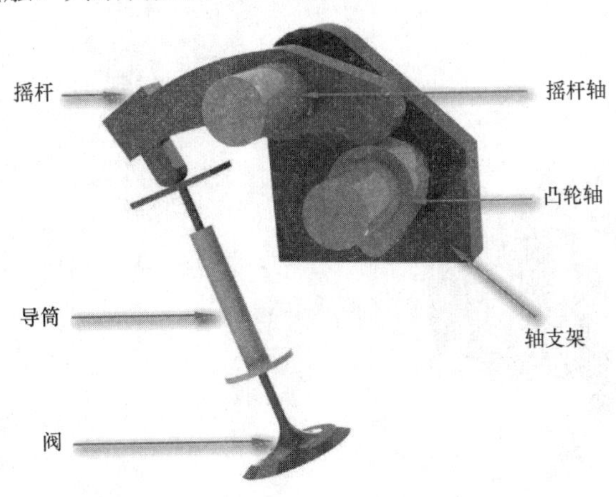

图 16-20　阀门凸轮机构的结构
视频文件\动画演示\第 16 章\阀门凸轮机构.mp4

分析步骤

16.3.1　调入模型设置参数

01 加载装配体模型。

❶加载装配体文件，“valve_cam.sldasm”。该文件位于“阀门凸轮机构”文件夹。

❷单击绘图区下方的“运动算例 1”标签，切换到“运动算例”界面。

❸在“算例类型”列表中选择“Motion 分析”。

02 添加马达。

❶单击 MotionManager 工具栏中的“马达”按钮，系统弹出 “马达”属性管理器。

❷在“马达”属性管理器的“马达类型”中选择“旋转马达”，为阀门凸轮机构添加旋转类型的马达。

❸首先单击“马达位置”右侧的选择框，然后在绘图区选择凸轮轴向外伸出的圆柱为添加的马达位置，如图 16-21 所示。

❹马达的方向采用默认的逆时针方向。在“运动”选项组中选择“类型”为“等速”，马达的“转速”为 1200r/min。完成马达参数设置，如图 16-22 所示。

❺单击“确定”按钮，完成马达的添加。

03 添加弹簧。

❶单击 MotionManager 工具栏中的“弹簧”按钮，系统弹出“弹簧”属性管理器。

❷在“弹簧”属性管理器的“弹簧类型”中选择“线性弹簧”，为阀门凸轮机构添加线性弹簧。

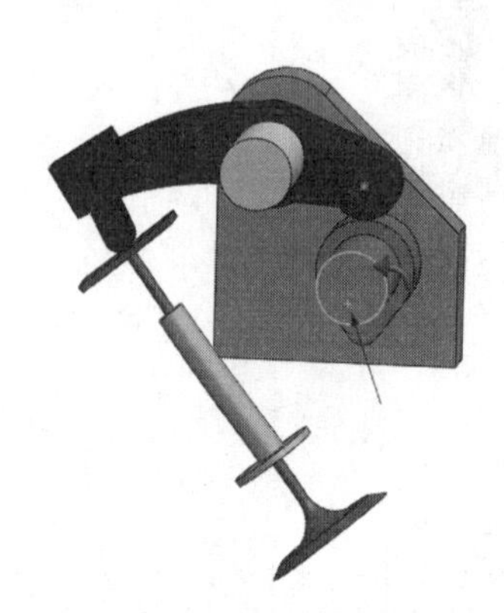

图 16-21　添加马达位置

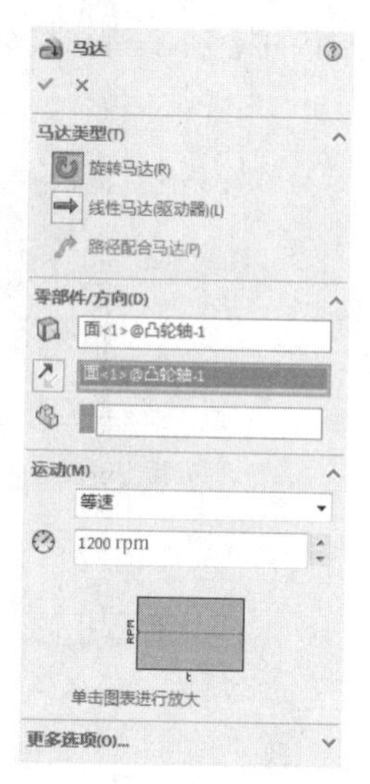

图 16-22　设置马达参数

❸首先单击“弹簧端点”右侧的选择框，然后在绘图区选择导筒的外缘边线和阀的底面为添加的弹簧位置，如图 16-23 所示。

❹在“弹簧参数”选项组中设置 k 为 0.10N/mm，弹簧的“自由长度”为 60.00mm。

❺打开“显示”选项组，输入“弹簧圈直径”为 10mm，“圈数”为 5，“丝径”为 2.5mm，完成弹簧参数设置如图 16-24 所示。

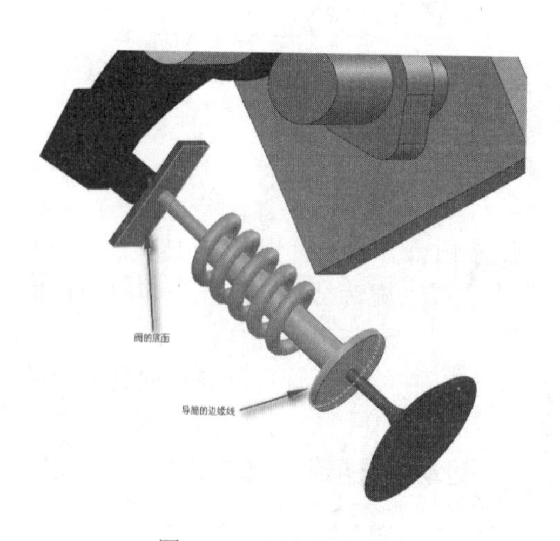

图16-23　添加弹簧位置

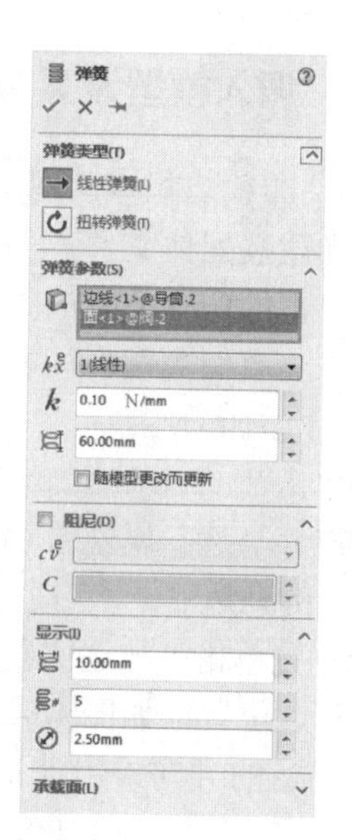

图16-24　设置弹簧参数

❻单击“确定”按钮✔，完成弹簧的添加。

04 添加实体接触。

❶单击 MotionManager 工具栏中的“接触”按钮，系统弹出 “接触”属性管理器。

❷在“接触”属性管理器的“接触类型”中选择“实体”，为阀门凸轮机构添加实体接触。

❸首先单击“零部件”右侧的选择框，然后在绘图区选择凸轮轴和摇杆，如图 16-25 所示。

❹在“材料”选项组中单击“材料类型”下拉列表，选择 Steel（Dry）和 Steel（Greasy），其余参数采用默认的设置，如图 16-26 所示。

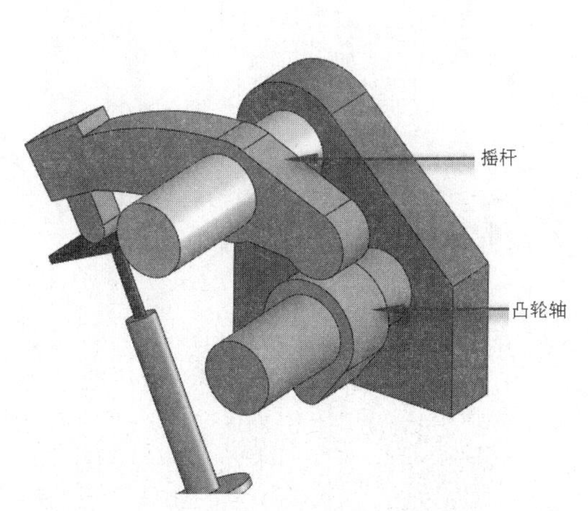

图16-25 选择接触零件1

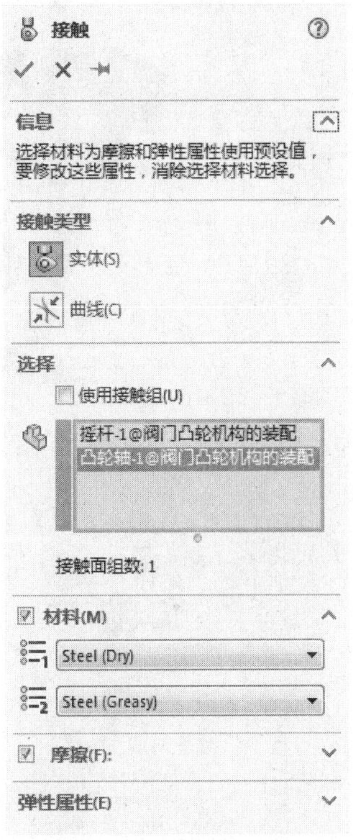

图16-26 设置接触参数1

❺单击“确定”按钮✔，添加实体接触 1。

❻单击 MotionManager 工具栏中的“接触”按钮，系统弹出“接触”属性管理器。

❼在“接触”属性管理器的“接触类型”中选择“实体”，为阀门凸轮机构添加实体接触。

❽首先单击“零部件”右侧的选择框，然后在绘图区选择阀和摇杆，如图 12-27 所示。

❾在“材料”选项组中单击“材料类型”下拉列表，选择 Steel（Dry）和 Steel（Greasy），其余参数采用默认的设置，如图 16-28 所示。

❿单击“确定”按钮✔，添加实体接触 2。

⓫添加完所有的模型驱动与约束后的 MotionManager 界面如图 16-29 所示。

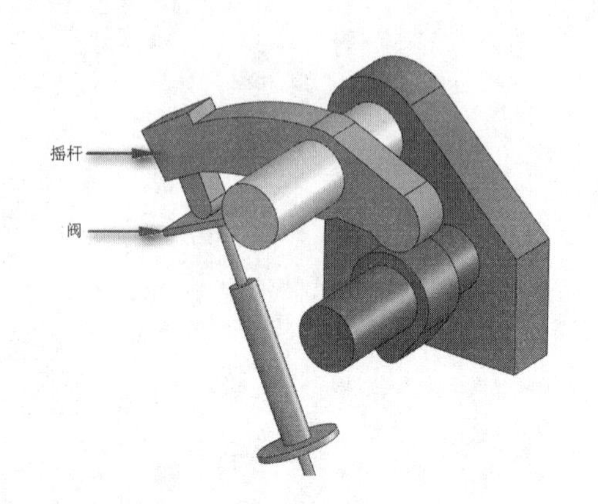

图16-27　选择接触零件2

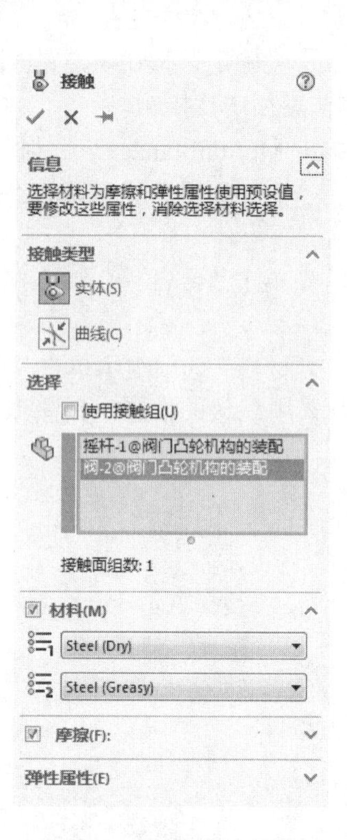

图16-28　设置接触参数2

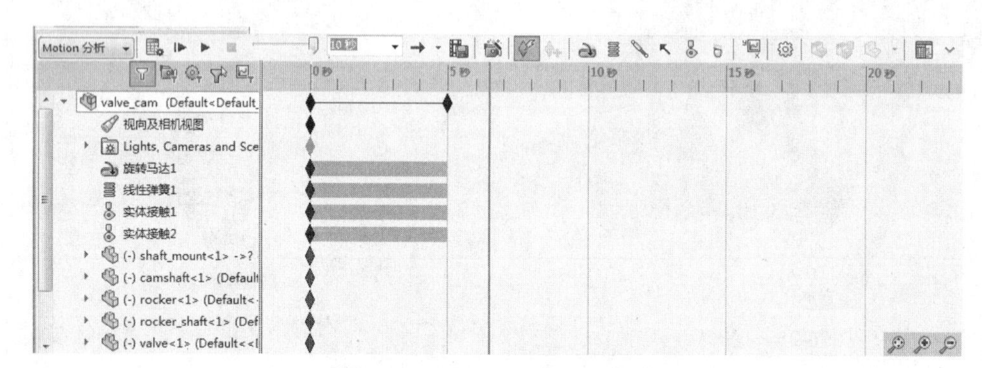

图 16-29　MotionManager 界面

16.3.2　仿真求解

当完成模型动力学参数的设置后，就可以仿真求解题设问题。

01 仿真参数设置及计算。

❶单击 MotionManager 工具栏中的“运动算例”按钮⚙，系统弹出的“运动算例属性”属性管理器。

❷在“Motion 分析”选项组中设置“每秒帧数”为 1500，其余参数采用默认的设置，如图 16-30 所示。

❸在 MotionManager 界面的右下方单击“放大”按钮，直到时间栏放大到精度为 0.1s，并将时间栏的长度拉到 0.1s，如图 16-31 所示。

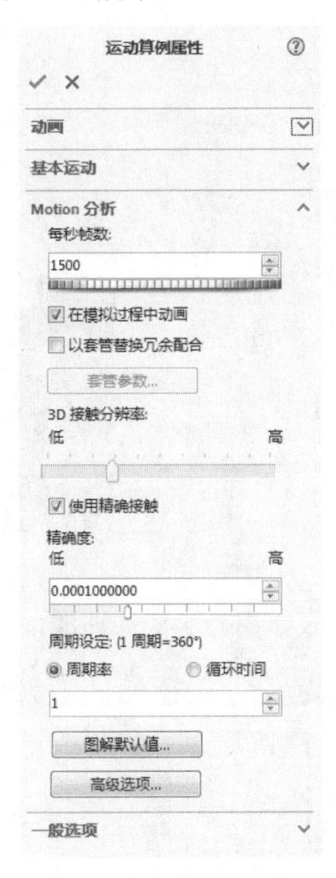

图 16-30　设置运动算例属性参数

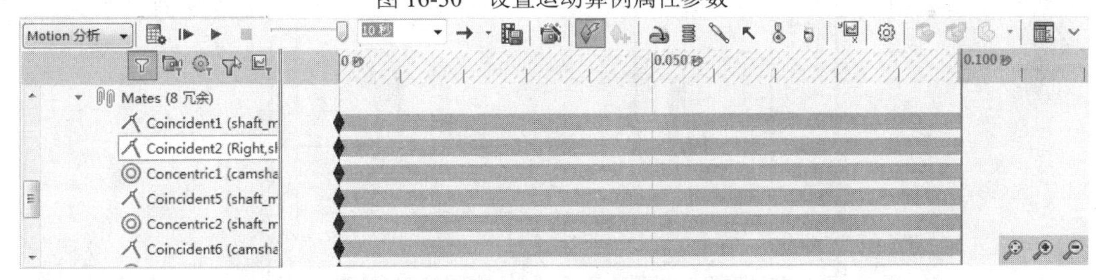

图16-31　设置时间栏

❹在 MotionManager 工具栏“播放速度” 1x 下拉菜单中选择播放速度为 10s。

❺单击 MotionManager 工具栏中的“计算”按钮，对曲柄滑块机构进行仿真求解计算。

02 添加结果曲线。计算完成后对分析的结果进行后处理，分析计算的结果和进行图解。

❶单击 MotionManager 工具栏中的“结果和图解”按钮，系统弹出图 16-32 所示的“结果”属性管理器。

❷单击“结果”选项组中“选取类别”下三角按钮，选择分析的类别为“力”；单击“选取子类别”下三角按钮，选择分析的子类别为“接触力”；单击“选取结果分量”下三角按钮，选择分析的结果分量为“幅值”。单击“面”右侧的选择框，然后在绘图区选取进行接触

的摇杆面和凸轮轴面，如图 16-33 所示。

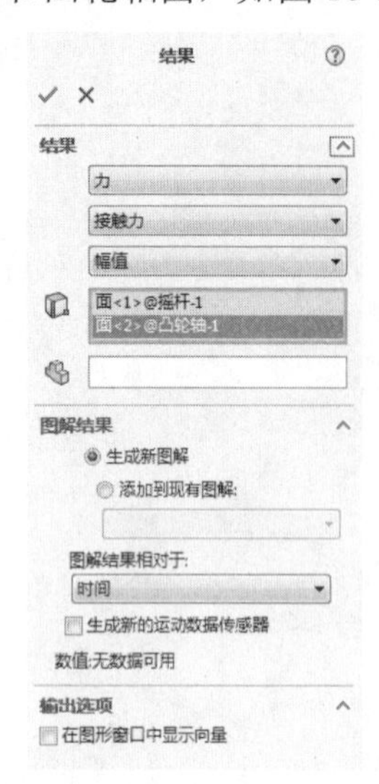

图16-32 “结果”属性管理器

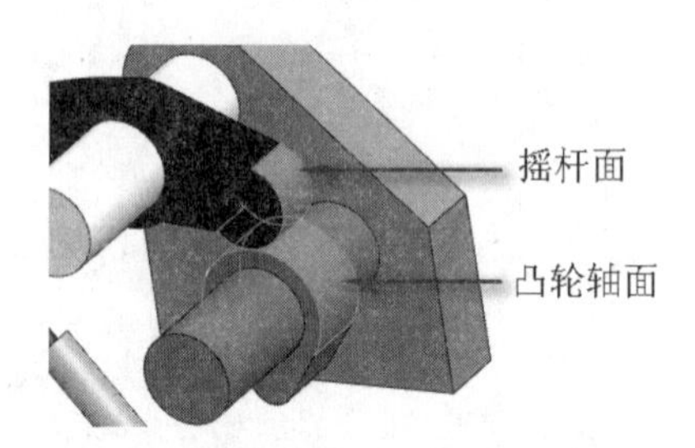

图16-33 选择接触面

❸单击“确定”按钮✔，生成反作用力 5-时间曲线，如图 16-34 所示。

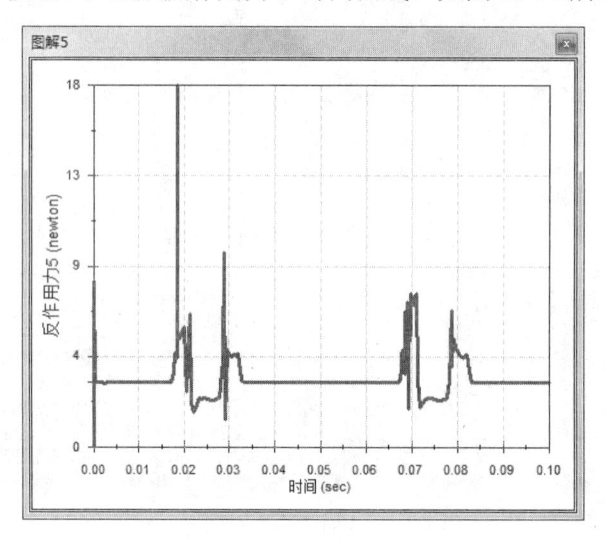

图 16-34 反作用力 5-时间曲线

16. 3. 3 优化设计

通过观察上一步骤生成的摇杆面和凸轮轴面的反作用力 5-时间曲线，我们发现在 0.03s 与 0.08s 附近有比较大的力的变化，设计中需要对参数进行修改，以达到最优的方案。

01 复制方案。

❶双击 SOLIDWORS 2020 界面左下方的“运动算例 1”标签，将其重命名为 1200RPM。

❷右击刚重命名的 1200RPM 标签，在弹出的快捷菜单中选择“复制”命令。

❸将新复制得到的“运动算例 1”重命名为 2000 RPM。

02 更改马达参数。

❶在 MotionManager 界面的右下方单击“放大”按钮，直到时间栏放大到精度为 0.1s，并检查时间栏的长度是否在 0.1s，并且将时间点竖线拉到 0s 处（更改 0s 处的马达参数）。

❷在 MotionManager 设计树中用右击“旋转马达 2”，然后选择“编辑特征”。

❸在“马达”属性管理器中展开“运动”栏，将马达“转速”更改为 2000r/min。

❹单击“确定”按钮，更改马达参数，如图 16-35 所示。

❺单击 MotionManager 工具栏中的“计算”按钮，对更改马达转速后的曲柄滑块机构进行仿真求解计算。

❻在 MotionManager 设计树中用右击“图解 2<反作用力 2>”，然后选择“显示图解”，生成新的反作用力 2-时间曲线 1，如图 16-36 所示。

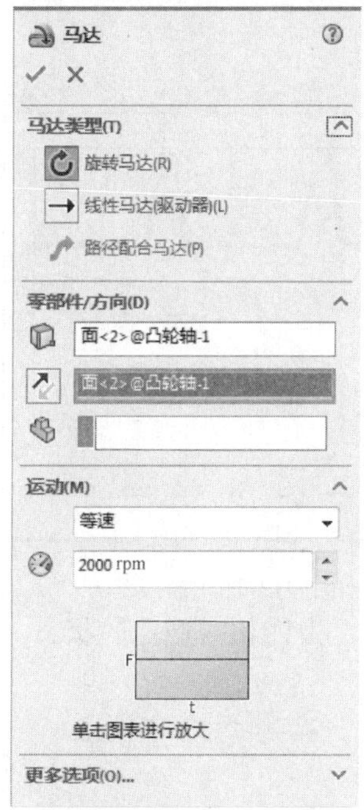

图16-35　更改马达参数

图16-36　反作用力2-时间曲线1

03 更改弹簧参数。由于反作用力在一段时间内为零，所以图解显示弹簧强度不足以保留更高转速的运动。通过观察绘图区中曲柄滑块机构的模拟运动情况，发现在运动中某些时刻摇杆会失去与凸轮的接触，如图 16-37 所示。这是因为马达转速太快，可以通过调整弹簧来对这种情况进行控制。

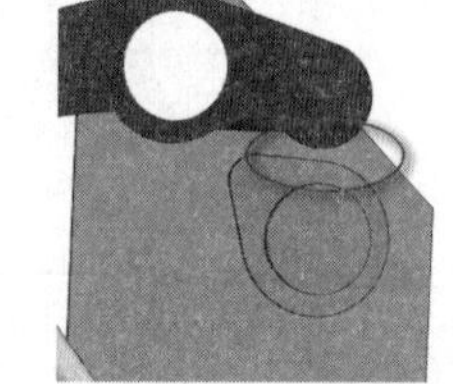

图 16-37　摇杆失去与凸轮的接触

❶将时间点竖线拉到 0s 处。

❷在 MotionManager 设计树中用右击“线性弹簧 2”，然后选择“编辑特征”。

❸在“弹簧”属性管理器中展开“弹簧参数”栏，将 k 更改为 1N/mm，如图 16-38 所示。

❹单击“确定”按钮，生成新的弹簧。

❺单击 MotionManager 工具栏中的“计算”按钮，对更改弹簧参数后的曲柄滑块机构进行仿真求解计算。

❻在 MotionManager 设计树中用右击“图解 2<反作用力 2>”，然后选择“显示图解”，生成新的反作用力 2-时间曲线 2，如图 16-39 所示。

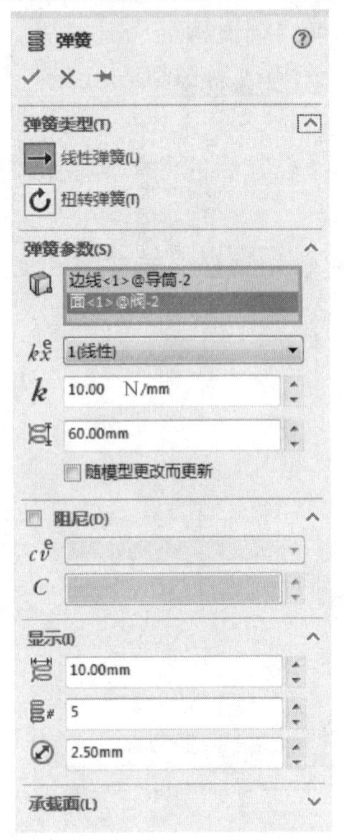

图16-38 更改弹簧参数

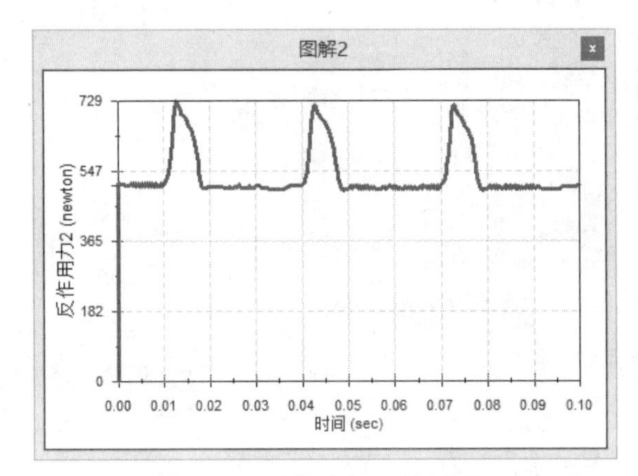

图16-39 反作用力2-时间曲线2

通过生成的摇杆面和凸轮轴面的反作用力-时间曲线可以看到，力为相对稳定的状态。

第 17 章

有限元分析

本章介绍有限元法和自带的有限元分析工具SOLIDWORKS SimulationXpress 及 SOLIDWORKS Simulation。根据不同学科和工程应用，分别采用实例说明SOLIDWORKS Simulation 2020的应用，进一步使用户加深对SOLIDWORKS Simulation 2020功能模块的理解。

- SOLIDWORKS SimulationXpress 应用——手轮应力分析
- 梁的弯扭问题
- 杆系稳定性计算
- 轴承载荷下的零件应力分析
- 疲劳分析
- 轴承座应力和频率分析

17.1 有限元法

有限元法是随着电子计算机的发展而迅速发展起来的一种现代计算方法。它是 20 世纪 50 年代首先在连续体力学领域——飞机结构静、动态特性分析中应用的一种有效的数值分析方法，随后很快广泛应用于求解热传导、电磁场、流体力学等连续性问题。

简单地说，有限元法就是将一个连续的求解域（连续体）离散化,即分割成彼此用节点（离散点）互相联系的有限个单元，在单元体内假设近似解的模式，用有限个节点上的未知参数表征单元的特性；然后用适当的方法，将各个单元的关系式组合成包含这些未知参数的代数方程，得出各节点的未知参数，再利用插值函数求出近似解。它是一种有限的单元离散某连续体然后进行求解的一种数值计算的近似方法。

由于单元可以被分割各种形状和大小不同的尺寸，所以它能很好地适应复杂的几何形状、复杂的材料特性和复杂的边界条件，再加上它有成熟的大型软件系统支持，使它已成为一种非常受欢迎的、应用极广的数值计算方法。

有限元法发展到今天，已成为工程数值分析的有力工具。特别是在固体力学和结构分析的领域内，有限元法取得了巨大的进展，利用它已经成功地解决了一大批有重大意义的问题，很多通用程序和专用程序投入了实际应用。同时，有限单元法又是仍在快速发展的一个科学领域，它的理论、特别是应用方面的文献经常而大量地出现在各种刊物和文献中。

17.2 有限元分析法（FEA）的基本概念

有限元模型是真实系统理想化的数学抽象。图 17-1 所示为有限元模型对真实系统理想化后的数学抽象。

真实系统

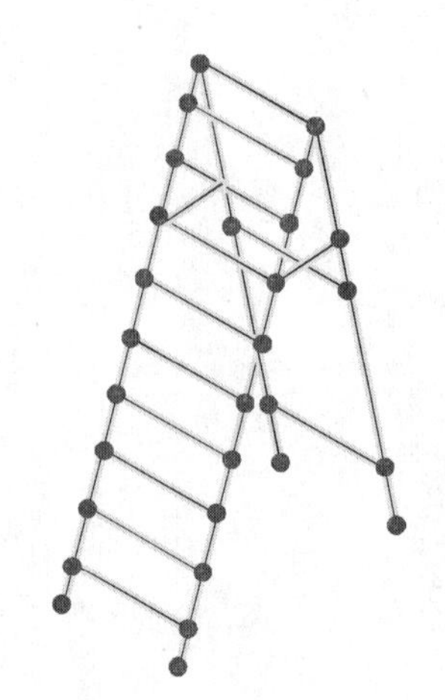

有限元模型

图 17-1　对真实系统理想化后的有限元模型

在有限元分析中，如何对模型进行网格划分，以及网格的大小都直接关系到有限元求解结果的正确性和精度。

进行有限元分析时，应该注意以下事项：

01 制定合理的分析方案。

- 对分析问题力学概念的理解。
- 结构简化的原则。
- 网格疏密与形状的控制。
- 分步实施的方案。

02 目的与目标明确。

- 初步分析还是精确分析。
- 分析精度的要求。
- 最终需要获得的是什么。

03 不断地学习与积累经验。

利用有限元分析问题时的简化方法与原则：划分网格时，主要考虑结构中对结果影响不大、但建模又十分复杂的特殊区域的简化处理，同时需要明确进行简化对计算结果带来的影响是有利还是不利的。对于装配体的有限元分析，首先需明确装配关系。对于装配后不出现较大装配应力，同时结构变形时装配处不发生相对位移的连接，可采用两者之间连为一体的处理方法，但连接处的应力是不准确的，这一结果并不影响远处的应力与位移。如果装配后出现较大应力或结构变形时装配处发生相对位移的连接，需要按接触问题处理。图 17-2 所示为有限元法与其他课程之间的关系。

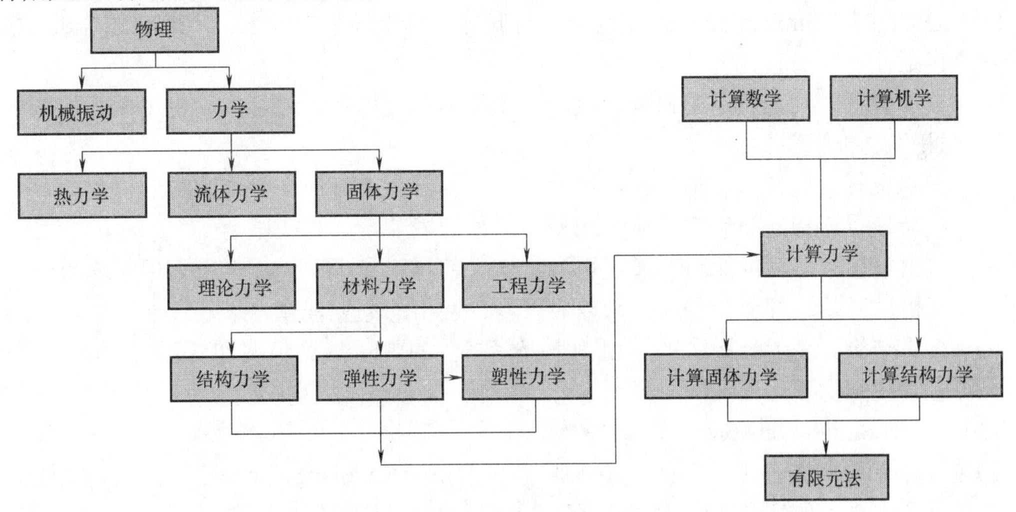

图 17-2　有限元法与其他课程之间的关系

17.3　SOLIDWORKS SimulationXpress 应用——手轮应力分析

SOLIDWORKS 为用户提供了初步的应力分析工具——SOLIDWORKS SimulationXpress，

利用它可以帮助用户判断目前设计的零件是否能够承受实际工作环境下的载荷，它是 SOLIDWORKS Simulation Works 产品的一部分。SOLIDWORKS SimulationXpress 利用设计分析向导为用户提供了一个易用的、一步一步的设计分析方法。设计分析向导要求用户提供用于零件分析的信息，如材料、约束和载荷，这些信息代表了零件的实际应用情况。

下面通过研究一个手轮零件的应力分析来说明 SOLIDWORKS SimulationXpress 的应用，如图 17-3 所示。

手轮在安装座的位置安装轮轴，形成一个对手轮的一个“约束”。当转动摇把旋转手轮时，有一个作用力作用在手轮轮辐的摇把安装孔上，这就是“载荷”。这种情况下，会对轮辐造成什么影响呢？轮辐是否弯曲？轮辐是否会折断？这些问题不仅依赖于手轮所采用的材料，而且还依赖于轮辐的形状、大小以及载荷的大小。

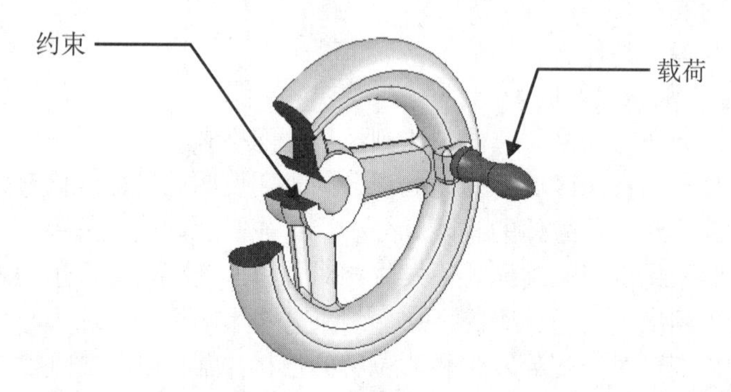

图 17-3　手轮受力分析

SOLIDWORKS SimulationXpress 设计分析向导可以指导用户一步一步地完成分析步骤，这些步骤包括：

- 选项设置。设置通用的材料、载荷和结果的单位体系，还可以设置用于存放分析结果的文件位置。
- 夹具设置。选择面，指定分析过程中零件的约束信息——零件固定的位置。
- 载荷设置。指定导致零件应力或变形的外部载荷，如力或压力。
- 材料设置。从标准的材料库或用户自定义的材料库中选择零件所采用的材料。
- 分析。开始运行分析程序，可以设置零件网格的划分程度。
- 查看结果。显示分析结果，如最小安全系数（FOS）、应力情况和变形情况，这个步骤有时也称为“后处理”。

01 启动 SimulationXpress。

❶选择菜单栏中的“工具”→“Xpress 产品”→“SimulationXpress”命令，如图 17-4 所示。或者单击“评估”面板中的“SimulationXpress 分析向导”按钮，SimulationXpress 分析向导随即开启，如图 17-5 所示。

❷单击按钮图 17-5 中的“选项”，弹出“SimulationXpress 选项”对话框中，如图 17-6 所示。从“单位系统”下拉列表框中选择“公制”，并单击按钮，打开“浏览文件夹”对话框，设置分析结果要存储的文件夹，单击“确定”按钮，完成选项的设置。

❸单击按钮图 17-5 中的“下一步”，进入“夹具”标签，如图 17-7 所示。

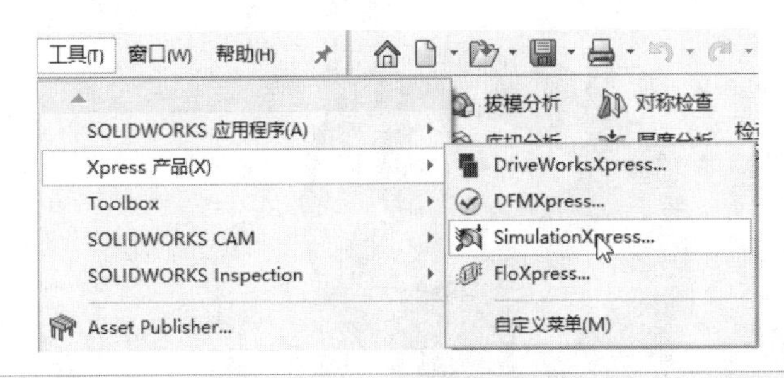

图 17-4　启动 SimulationXpress

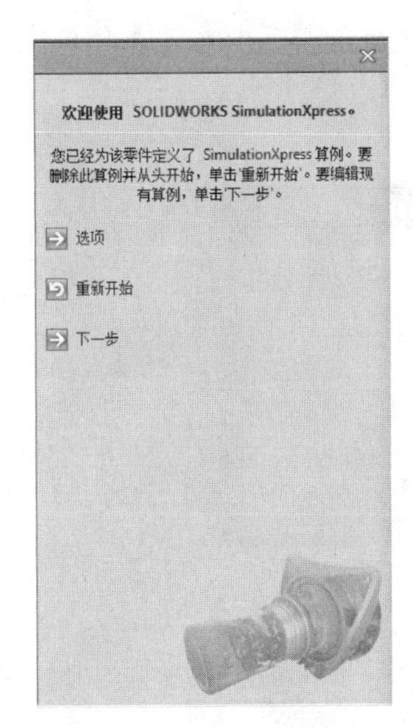

图17-5　SimulationXpress 分析向导

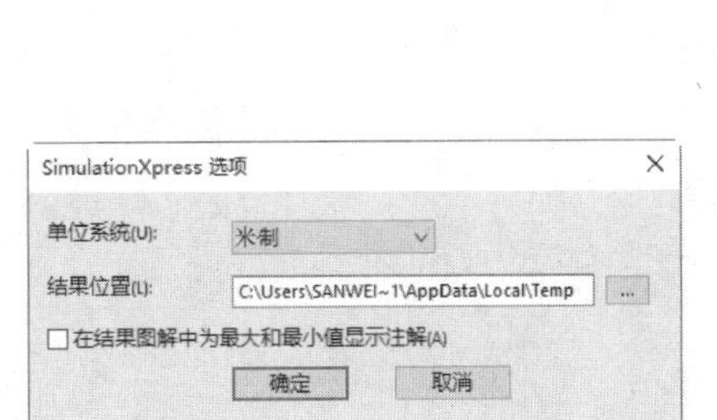

图17-6　设置选项

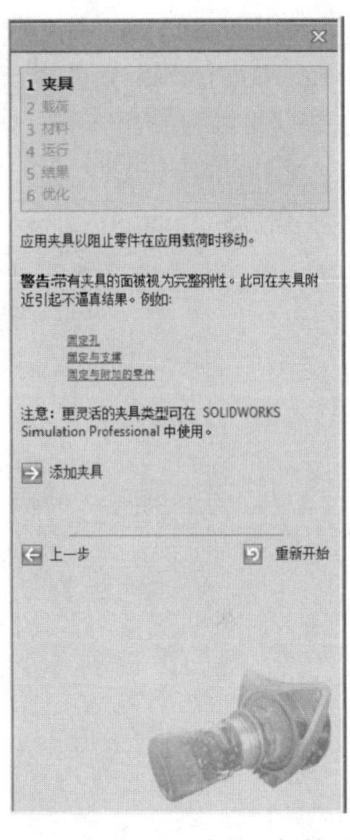

图17-7　“夹具”标签

02 设置夹具。

❶“夹具”标签用来设置约束面。零件在分析过程中应保持不动，夹具约束就是用于“固定”零件的。在分析中可以有多组夹具约束，每组约束中也可以有多个约束面，但至少有一个约束面，以防由于刚性实体运动而导致分析失败。

❷单击按钮“添加夹具”，弹出“夹具”属性管理器,并在绘图区中选择手轮安装座上轴孔的 4 个面，单击“确定”按钮✓，完成夹具约束面的设置,如图 17-8 所示。系统会自动创建一个名称为“固定 1”的夹具约束。添加完夹具约束后的 SimulationXpress Study 算例树如图 17-9 所示。

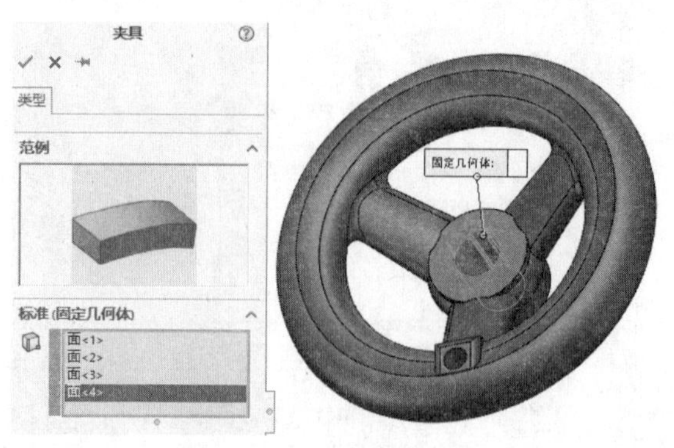

图 17-8　设置约束面

SimulationXpress Study (-默认-)
手轮
夹具
固定-1
外部载荷

图 17-9　SimulationXpressStudy 算例树

❸用户可以在“夹具”标签中添加、编辑或删除约束，如图 17-10 所示尽管 SOLIDWORKS SimulationXpress 允许用户建立多个约束组，但这样做没有太多的价值，因为分析过程中，这些约束组将被组合到一起进行分析。

❹单击按钮“下一步”，进入“载荷”标签，如图 17-11 所示。如果正确完成了上一个步骤，SimulationXpress 分析向导的相应标签上会显示一个“通过”符号✔。

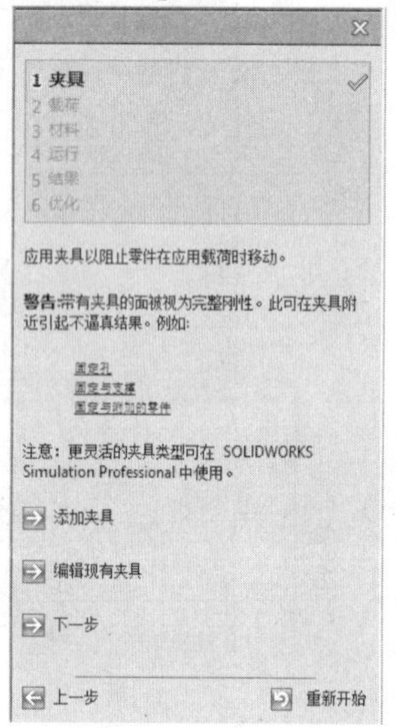

图17-10　管理夹具约束

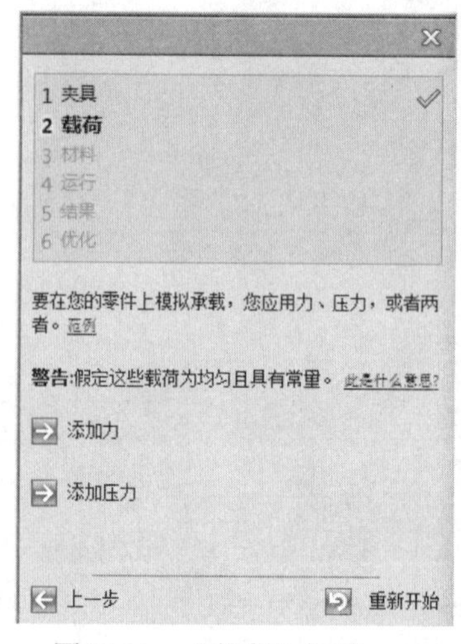

图17-11　“载荷”标签

03 设置载荷。

❶利用“载荷”标签，用户可以在零件的表面上添加外部力和压力。SOLIDWORKS SimulationXpress 中指定的作用力值将分别应用于每一个表面。例如，如果选择了 3 个面，并指定作用力的值为 500N，那么总的作用力大小将为 1500N，即每一个表面都受到 500N 的作用力。

❷选择作用于手轮上的载荷类型为“添加力”，在绘图区中选择圆轮上手柄的安装孔面。选择“选定的方向”单选按钮，然后从特征管理器设计树中选择“前视基准面”作为参考基准面；在力的“大小”文本框中输入 300N；选择“反向”复选框，如图 17-12 所示。此时可以在“载荷”标签中添加、编辑或删除载荷，如图 17-13 所示。

图17-12　设置力的参数

图17-13　管理载荷

04 设置材料。

❶当完成上一个步骤设定后，单击“下一步”按钮后 SimulationXpress 分析向导会进入到下一标签，如图 17-14 所示。

❷单击“选择材料”按钮，可以从系统提供的标准材料库中选择材料。在材料库文件中选择手轮的材料为“铁”→“可锻铸铁”，单击“应用”按钮，将材质应用于被分析零件，如图 17-15 所示。

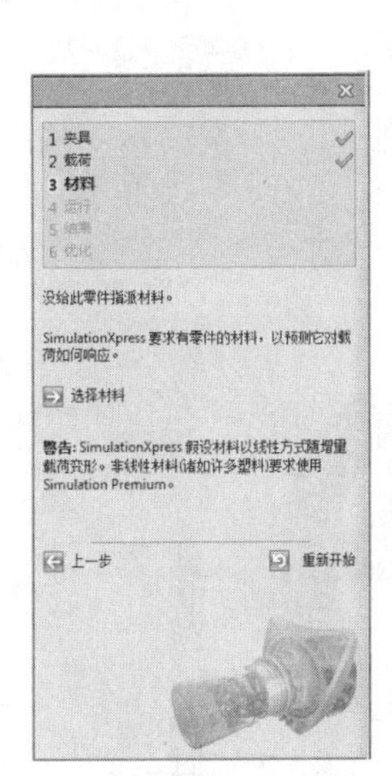

图17-14　“材料”标签

图17-15　设置零件材料

❸经过以上步骤后，SOLIDWORKS SimulationXpress 已经收集到了进行零件分析所必

需的信息，现在可以计算位移、应变和应力。单击“下一步”按钮，界面提示可以进行分析，如图 17-16 所示。

05 运行分析。在“分析”标签中单击“运行模拟”按钮，开始零件分析。这时将弹出一个“网络进展”窗口，显示分析过程和利用的时间,如图 17-17 所示。

06 查看结果。

❶可以通过“结果”标签显示零件分析的结果，如图 17-18 所示。在此标签中可以是播放动画、停止动画。观察后单击“是，继续”按钮，弹出图 17-19 所示的对话框。默认的分析结果显示是安全系数（FOS），该系数是材料的屈服强度与实际应力的比值。SOLIDWORKS Simulation Xpress 使用最大等量应力标准来计算安全系数分布。此标准表明，当等量应力（von Mises 应力）达到材料的屈服强度时，材料开始屈服。屈服强度是材料的力学属性。SOLIDWORKS SimulationXpress 对某一点安全系数的计算是屈服强度除以该点的等量应力。

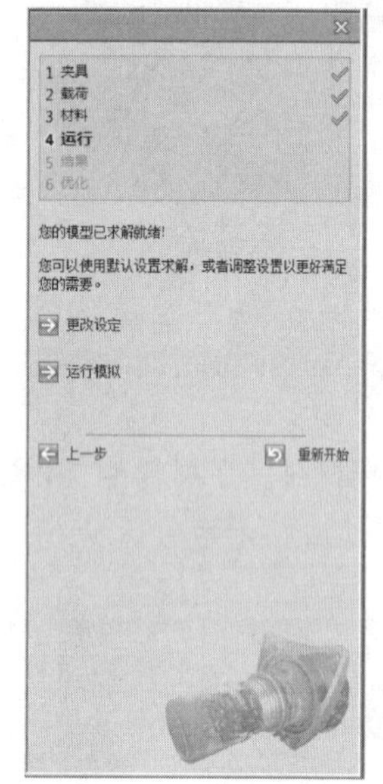

图17-16　可以进行分析

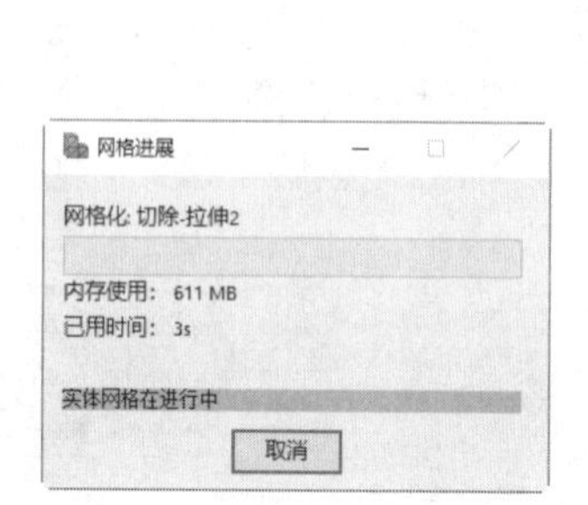

图17-17　分析过程

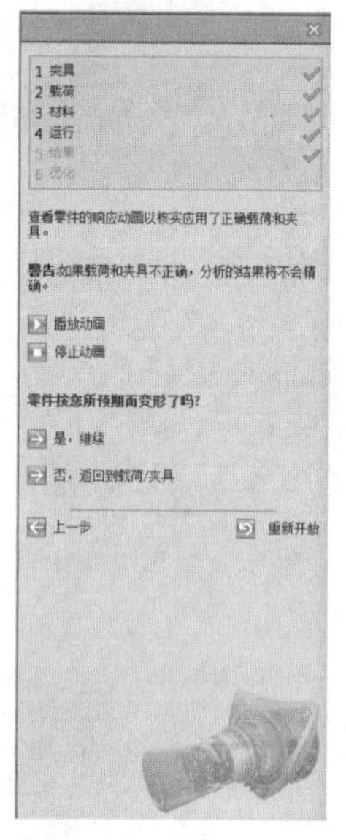

图17-18　“结果”标签

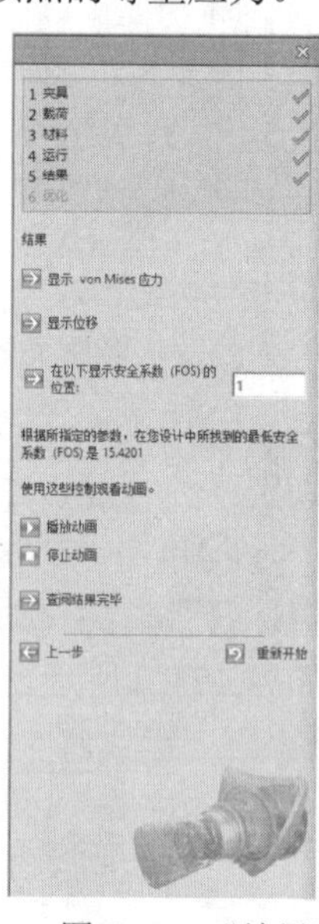

图17-19　“结果”对话框

❷可以通过安全系数，检查零件设计的是否合理。

- 某位置的安全系数小于1.0，表示该位置的材料已屈服，设计不安全。
- 某位置的安全系数为1.0，表示该位置的材料刚开始屈服。
- 某位置的安全系数大于1.0，表示该位置的材料尚未屈服。

❸显示应力分布。单击“显示 von Mises 应力”按钮，零件的应力分布云图显示在绘图区中。单击“播放”按钮，可以动画的形式播放零件的应力分布情况；单击“停止”按钮，停止动画播放，如图 17-20 所示。

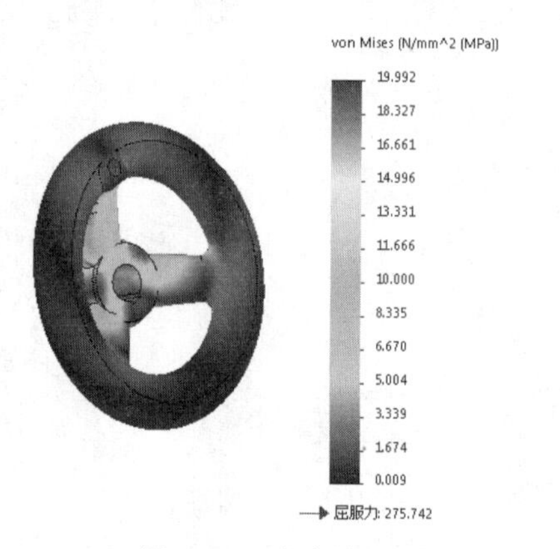

图17-20　应力结果

❹显示位移。显示零件的变形云图，同样可以播放、

停止零件的变形云图。

❺生成报告结果。单击“查询结果完毕”按钮，进入报告结果部分，如图 17-21 所示。可以保存一份结果的报表来进行存档。

➢ 生成报表：生成 Word 格式的分析报告，生成的报告可以在最初设置的结果存放文件夹下找到，如图 17-22 所示。

➢ eDrawings 分析结果：可以通过 SOLIDWORKS eDrawings 打开报告,如图 17-23 所示。单击“生成 eDrawings 文件”按钮，弹出“另存为”对话框，选择要保存的路径，并保存 SOLIDWORKS SimulationXpress 分析数据。

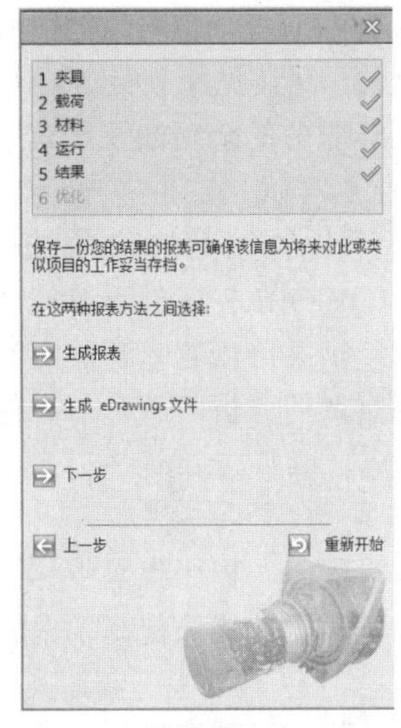

图17-21　设置报告参数

图17-22　Word格式的分析报告

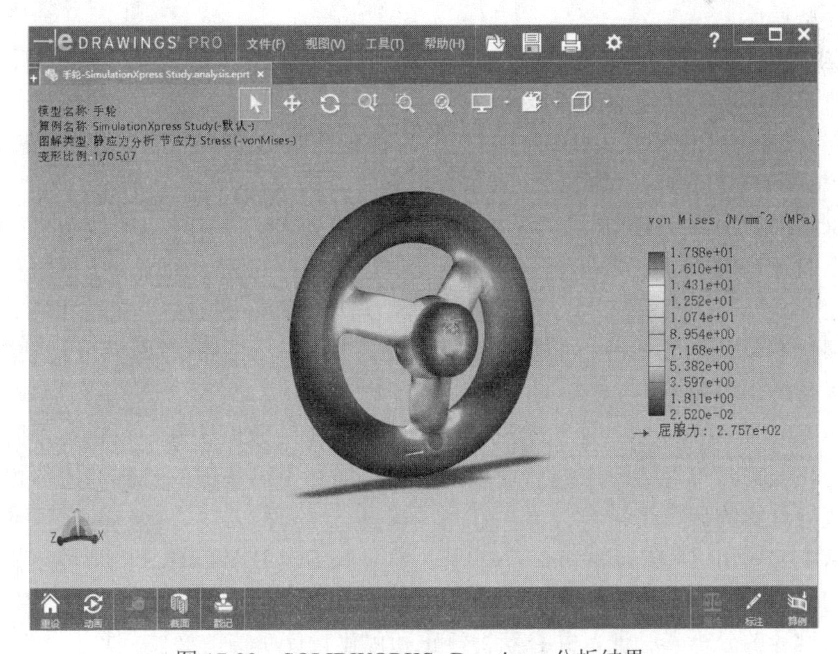

图 17-23　SOLIDWORKS eDrawings 分析结果

17.4 SOLIDWORKS Simulation 2020 的功能和特点

Structurra1 Research and Analysis Corporation（简称 SRAC）创建于 1982 年，是一个全力发展有限元分析软件的公司，公司成立的宗旨是为工程界提供一套高品质且具有技术领先、价格低廉，并能为大众所接受的有限元软件。

1998 年，SRAC 公司着手对有限元分析软件进行以 Parasolid 为几何核心、以 Windows 视窗界面为平台，给使用者提供操作简便的友好界面，包含实体建构能力的前、后处理器的有限元分析软件——GEOSTAR。GEOSTAR 根据用户的需要可以单独存在，也可以与所有基于 Windows 平台的 CAD 软件达到无缝集成。这项全新标准的出台，最终结果就是 SRAC 公司开发出了为计算机三维 CAD 软件的领导者——SOLIDWORKS 服务的全新嵌入式有限元分析软件——SOLIDWORKS Simulation。

SOLIDWORKS Simulation 使用 SRAC 公司开发的、当今世界上领先的有限元分析算法——快速有限元算法（FFE），完全集成在 Windows 环境，并与 SOLIDWORKS 软件无缝集成。测试表明，快速有限元算法提升了传统算法 50～100 倍的解题速度，并降低磁盘存储空间，只需原来的 5%就够了。更重要的是，它在计算机上就可以解决复杂的分析问题，节省使用者在硬件上的投资。

SRAC 公司的快速有限元算法比较出色的原因如下：

1）参考以往的有限元求解算法的经验，以 C++语言重新编写程序，程序代码中尽量减少循环语句，并且引入当今世界范围内软件程序设计新技术的精华，因此极大提高了求解器的速度。

2）使用新的技术开发、管理其资料库，使程序在读、写、打开、保存资料及文件时，能够大幅提升速度。

3）按独家数值分析经验，搜索所有可能的预设条件组合（经大型复杂运算测试无误者）来解题，所以在求解时快速而能收敛。

SRAC 公司为 SOLIDWORKS 提供了三个插件，分别是 SOLIDWORKS Motion、COSMOSFloWorks 和 SOLIDWORKS Simulation。

- SOLIDWORKS Motion：是一个全功能运动仿真软件，可以对复杂机械系统进行完整的运动学和动力学仿真，得到系统中各零部件的运动情况，包括位移、速度、加速度和作用力及反作用力等，并以动画、图形、表格等多种形式输出结果，还可将零部件在复杂运动情况下的复杂载荷情况直接输出到主流有限元分析软件中，以做出正确的强度和结构分析。
- COSMOSFloWorks：是一个流体动力学和热传导分析软件，可以在不同雷诺数范围内，建立跨声速、超声速和亚声速的可压缩和不可压缩的气体和流体模型，以确保获得真实的计算结果。
- SOLIDWORKS Simulation：为设计工程师在 SOLIDWORKS 的环境下提供比较完整的分析手段。凭借先进的快速有限元技术，工程师能非常迅速地实现对大规模的复杂设计的分析和验证，并且获得修正和优化设计所需的必要信息。

SOLIDWORKS Simulation 的基本模块可以对零件或装配体进行静力学分析、固有频率和模态分析、失稳分析和热应力分析等。

➢ 静力学分析：算例零件在只受静力情况下的应力、应变分布。
➢ 固有频率和模态分析：确定零件或装配的造型与其固有频率的关系，在需要共振效果的场合，如超声波焊接扬声器、音叉，获得最佳设计效果。
➢ 失稳分析：当压应力没有超过材料的屈服极限时，薄壁结构件发生的失稳情况。
➢ 热应力分析：在存在温度梯度情况下，零件的热应力分布情况，以及算例热量在零件和装配中的传播。
➢ 疲劳分析：预测疲劳对产品全生命周期的影响，确定可能发生疲劳破坏的区域。
➢ 非线性分析：用于分析橡胶类或塑料类的零件或装配体的行为，还用于分析金属结构在达到屈服极限后的力学行为，也可用于考虑大扭转和大变形，如突然失稳。
➢ 间隙/接触分析：在特定载荷下两个或更多运动零件间的相互作用，如在传动链或其他机械系统中接触间隙未知的情况下分析应力和载荷传递。
➢ 优化：在保持满足其他性能判据（如应力失效）的前提下，自动定义最小体积设计。

17.5　SOLIDWORKS Simulation 2020 的启动

1）选择“工具”→“插件”命令。

2）在弹出的“插件”对话框中（见图 17-24），选择 SOLIDWORKS Simulation，并单击“确定”按钮。

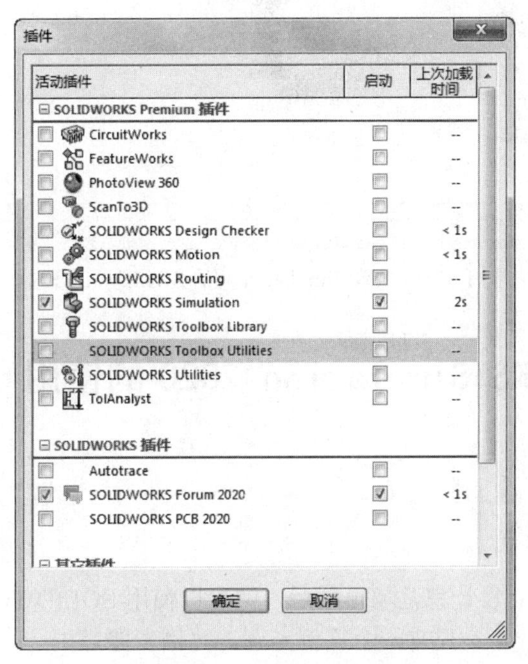

图 17-24　“插件”对话框

3）在 SOLIDWORKS 的菜单栏中添加了一个新的菜单 Simulation，如图 17-25 所示。当 SOLIDWORKS Simulation 生成新算例后，在管理程序窗口的下方会出现 SOLIDWORKS Simulation 的管理设计树，绘图区的下方出现新算例的标签栏。

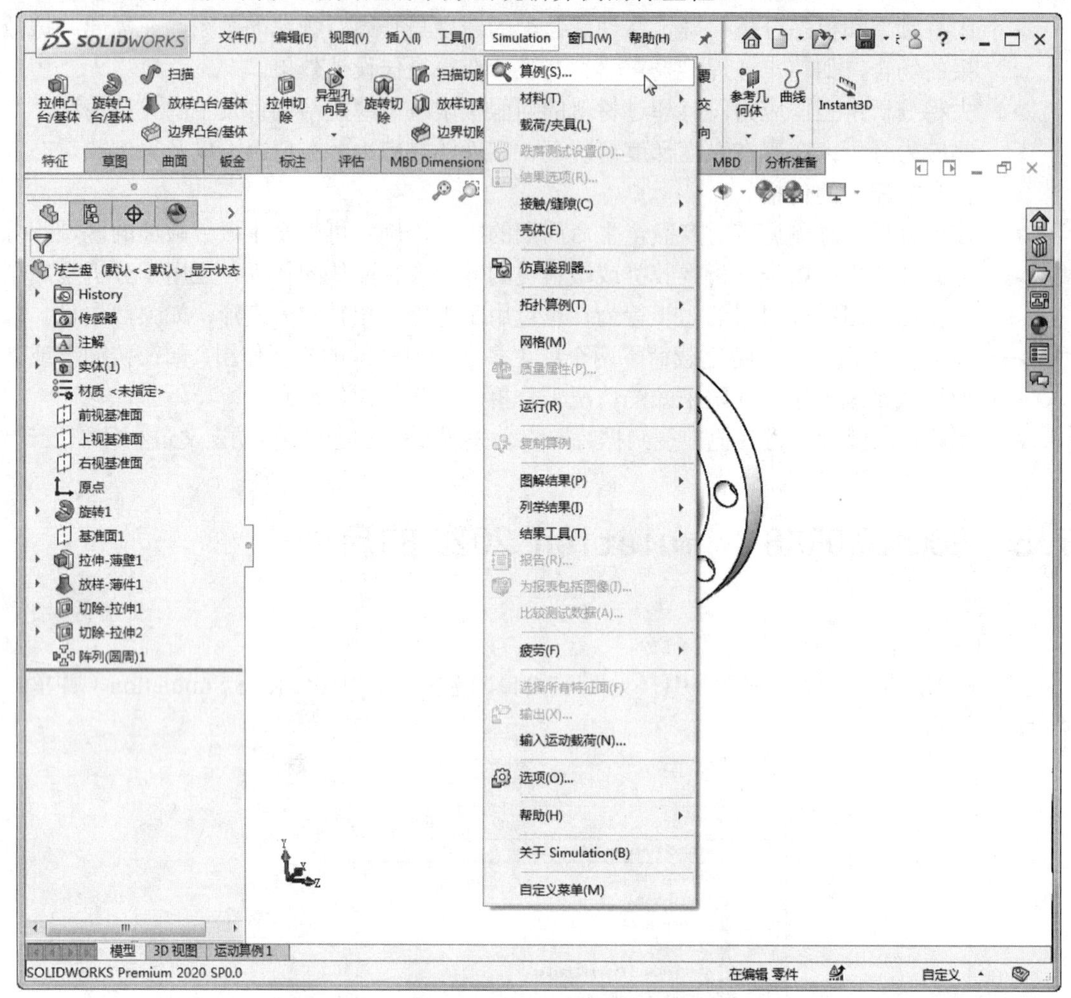

图 17-25　加载 Simulation 后的 SOLIDWORKS

17.6　SOLIDWORKS Simulation 2020 的使用

17.6.1　算例专题

在用 SOLIDWORKS 设计完几何模型后，就可以使用 SOLIDWORKS Simulation 对其进行分析。分析模型的第一步是建立一个算例专题。算例专题是由一系列参数所定义，这些参数完整地描述了该物理问题的有限元模型。

当对一个零件或装配体进行分析时，关键是要研究零件或装配体在不同工作条件下的不同反应。这就要求运行不同类型的分析，试验不同的材料或指定不同的工作条件，每个算例专题都描述其中的一种情况。

一个算例专题的完整定义包括以下几方面：

- 分析类型和选项。
- 材料。
- 载荷和约束。
- 网格。

要确定算例专题，可按如下步骤操作：

01 单击“Simulation”面板中的“新算例”按钮，或者选择“Simulation”→“算例”命令，如图 17-26 所示。

02 在弹出的“算例”属性管理器中，定义“名称”和“类型”，如图 17-27 所示。

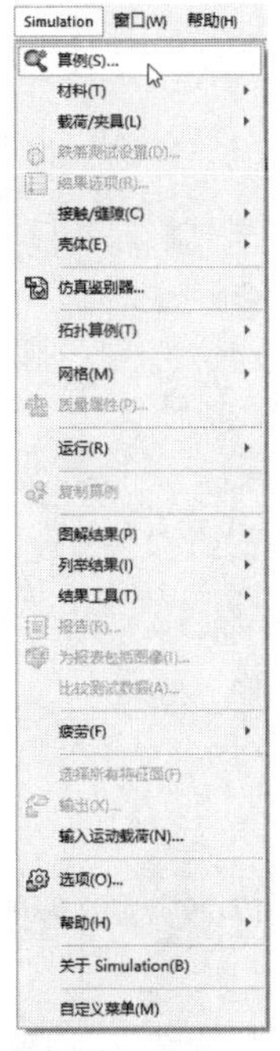

图 17-26　新算例

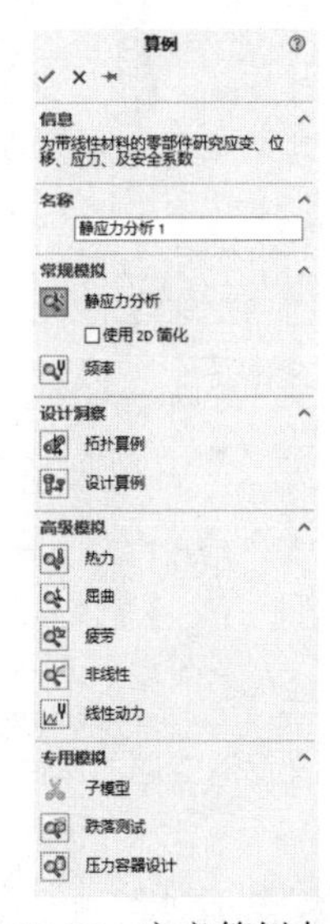

图 17-27　定义算例专题

03 SOLIDWORKS Simulation 的基本模块提供了多种分析类型。

- 静应力分析：可以计算模型的应力、应变和变形。
- 频率：可以计算模型的固有频率和模态。
- 屈曲：计算危险的屈曲载荷，即屈曲载荷分析。
- 热力：计算由于温度、温度梯度和热流影响产生的应力。
- 跌落测试：模拟零部件掉落后的变形和应力分布。
- 疲劳：计算材料在交变载荷作用下产生的疲劳破坏情况。
- 非线性：为带有如橡胶之类非线性材料的零部件研究应变、位移、应力。

- 线性动力：使用频率和模式形状来研究对动态载荷的线性响应。
- 压力容器设计：在压力容器设计算例中，将静应力分析算例的结果与所需因素组合。每个静应力分析算例都具有不同的一组可以生成相应结果的载荷。
- 子模型：不可能获取大型装配体或多实体模型的精确结果，因为使用足够小的元素大小可能会使问题难以解决。使用粗糙网格或拔模网格解决装配体或多实体模型后，子模型算例允许使用高品质网格或更精细的网格，增加选定实体的求解精确度。

04 在 Simulation 模型树中新建的“算例”上面右击，选择“属性”，打开“静应力分析”对话框。在相应的选项卡中进一步定义它的属性，如图 17-28 所示。每一种分析类型都对应不同的属性。

05 定义完算例专题后，单击“确定”按钮✔。

在定义完算例专题后，就可以进行下一步的工作了，此时在 Simulation 的模型树中可以看到定义好的算例专题，如图 17-29 所示。

图17-28　定义算例专题的属性

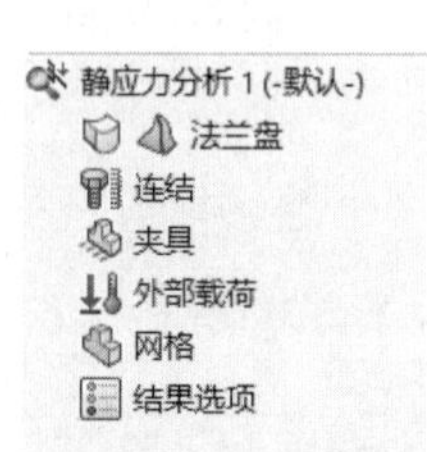

图17-29　定义好的算例专题出现在Simulation模型树中

17.6.2　定义材料属性

在运行一个算例专题前，必须要定义好指定的分析类型所对应的材料属性。在装配体中，每一个零件可以是不同的材料。对于网格类型是“使用曲面的外壳网格”的算例专题，每一个壳体可以具有不同的材料和厚度。

要定义材料属性，可按如下步骤操作：

01 在 Simulation 的管理设计树中选择要定义材料属性的算例专题，并选择要定义材料属性的零件或装配体。

02 选择“Simulation”→“材料”→“应用材料到所有”命令，或者右击要定义材料属性的零件或装配体，在弹出的快捷菜单中选择“应用材料到所有”命令，或者单击

“Simulation”面板中的“应用材料到所有”按钮☰。

03 在弹出的“材料”对话框中选择一种方式定义材料属性，如图 17-30 所示：

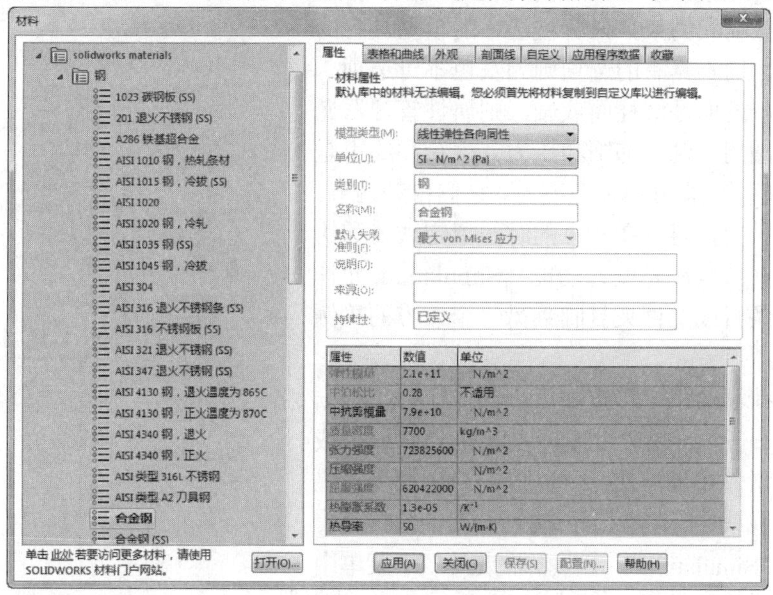

图 17-30　定义材料属性

- 使用 SOLIDWORKS 中定义的材质：如果在建模过程中已经定义了材质，此时在“材料”对话框中会显示该材料的属性。如果选择了该选项，则定义的所有算例专题都将选择这种材料属性。
- 自定义材料：可以自定义材料的属性，用户只要单击要修改的属性，然后输入新的属性值即可。对于各向同性的材料，弹性模量和泊松比是必须被定义的变量。如果材料的应力产生是因为温度变化引起的，则材料的传热系数必须被定义。如果在分析中要考虑重力或离心力的影响，则必须定义材料的密度。对于各向异性材料，则必须要定义各个方向的弹性模量和泊松比等材料属性。

04 在“材料属性”选项组中，可以定义材料的类型和单位。其中，在“模型类型”下拉列表中可以选择“线性弹性各向同性”，即各向同性材料，也可以选择“线性弹性各向异性”，即各向异性材料。在“单位”下拉列表中可选择“SI”，即国际单位、“寸制”和“米制”单位体系。

05 单击“应用”按钮，就可以将材料属性应用于算例专题了。

17.6.3　载荷和约束

在进行有限元分析时，必须模拟具体的工作环境对零件或装配体规定边界条件（位移约束）和施加对应的载荷，即实际的载荷环境必须在有限元模型上定义出来。

如果给定了模型的边界条件，则可以模拟模型的物理运动；如果没有指定模型的边界条件，则模型可以自由变形。边界条件必须给以足够的重视，有限元模型的边界既不能欠约束，也不能过约束。加载的位移边界条件可以是零位移，也可以是非零位移。

每个约束或载荷条件都以按钮的方式在载荷/制约文件夹中显示。Simulation 提供了一个智能的属性管理器来定义载荷和约束。只有被选中的模型具有的选项才被显示，而不具有的选项则为灰色不可选项。例如，如果选择的面是圆柱面或轴，则属性管理器允许定义半径、圆周、轴向抑制和压力。载荷和约束是和几何体相关联的，当几何体改变时，它们自动调节。

在运行分析前，可以在任意的时候指定载荷和约束。运用拖动（或复制粘贴）功能，Simulation 允许在模型树中将条目或文件夹复制到另一个兼容的算例专题中。

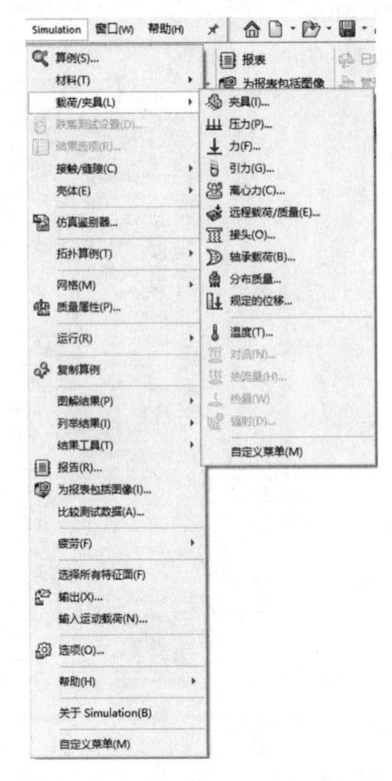

图17-31 “载荷/夹具”子菜单

要设定载荷和约束，可按如下步骤操作：

01 选择一个面或边线或顶点，作为要加载或约束的几何元素。如果需要，可以按住 Ctrl 键选择更多的顶点、边线或面。

02 在“Simulation”→“载荷/夹具”子菜单中选择一种加载或约束类型，如图 17-31 所示。

03 在对应的载荷或约束属性管理器中设置相应的选项、数值和单位。

04 单击“确定”按钮✔，完成载荷或约束的设定。

17.6.4 网格的划分和控制

有限元分析提供了一个可靠的数字工具，用于进行工程设计分析。首先，要建立几何模型；然后，将模型划分为许多具有简单形状的小块（单元），这些小块通过节点（node）连接，这个过程称为网格划分。有限元分析程序将整体模型视为一个网状物，这个网是由离散的互相连接在一起的单元构成的。精确的有限元结果很大程度上依赖于网格的质量，通常来说，优质的网格决定优秀的有限元结果。

网格质量主要靠以下几点保证：

- 网格类型：在定义算例专题时，针对不同的模型和环境，选择一种适当的网格类型。
- 适当的网格参数：选择适当的网格大小和公差，可以做到节约计算资源和时间与提高精度的完美结合。
- 局部的网格控制：对于需要精确计算的局部位置，采用加密网格可以得到比较好的结果。

在定义完材料属性和载荷/约束后，就可以划分网格了。要划分网格，可按如下步骤操作：

01 单击“Simulation”控制面板“运行此算例”下拉菜单中的“生成网格”按钮，或者在 Simulation 的管理设计树中右击“网格”按钮，然后在弹出的快捷菜单中选择 “生成网格”命令。

02 在弹出的“网格”属性管理器中划分网格，设置网格的大小和公差，如图 17-32 所示。

03 单击“确定”按钮，程序会自动划分网格。

如果需要对零部件局部应力集中的地方或对结构比较重要的部分进行精确地计算，就要对这个部分进行网格的细分。Simulation 本身会对局部几何形状变化较大的地方进行网格的细化，但有时用户需要手动控制网格的细化程度。

要手动控制网格的细化程度，可按如下步骤操作：

01 选择“Simulation”→“网格”→“应用控制”命令。

02 选择要手动控制网格的几何实体（可以是线或面），此时所选几何实体会出现在“网格控制”属性管理器中的“所选实体”选择框中，如图 17-33 所示。

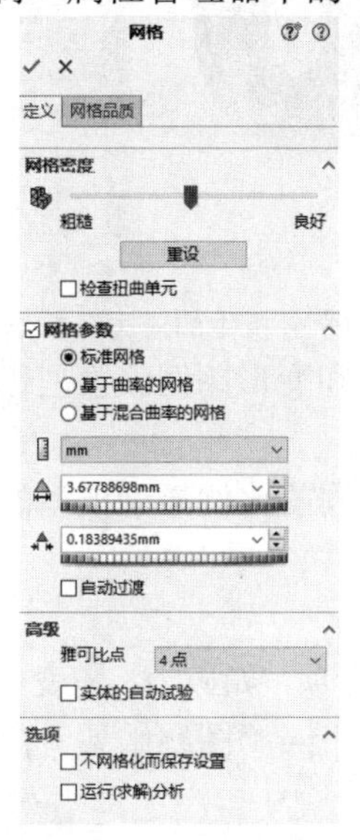

图17-32　划分网格

图17-33　“网格控制”属性管理器“所选实体”选择框

03 在“网格参数”选项组的“网格大小”文本框中输入数值。这个参数指步骤 02 中所选几何实体最近一层网格的大小。

04 在“网格梯度”文本框中输入数值，即相邻两层网格的放大比例。

05 单击“确定”按钮后，在 Simulation 的管理设计树中的网格文件夹下会出现控制按钮。

06 如果在手动控制网格前已经自动划分了网格，需要重新对网格进行划分。

17.6.5　运行分析与观察结果

1）在 Simulation 的管理设计树中选择要求解的有限元算例专题。

2）单击“Simulation” 面板中的“运行此算例”按钮，或者在 Simulation 的管理设计树中右击要求解的算例专题按钮，然后在弹出的快捷菜单中选择“运行”命令。

3）系统会自动弹出调用的解算器对话框。对话框中显示解算器的求解进度、时间、内存使用情况等，如图 17-34 所示。

4）如果要中途停止计算，则单击“取消”按钮；如果要暂停计算，则单击“暂停”按钮。

运行分析后，系统自动为每种类型的分析生成一个标准的结果报告。用户可以通过在管理设计树中单击相应的输出项，观察分析的结果。例如，程序为静力学分析产生 5 个标准的输出项，在 Simulation 的管理设计树中对应的算例专题中会出现对应的 5 个文件夹，即应力、位移、应变、变形和设计检查。单击这些文件夹下对应的图解按钮，就会以图的形式显示分析结果，如图 17-35 所示。

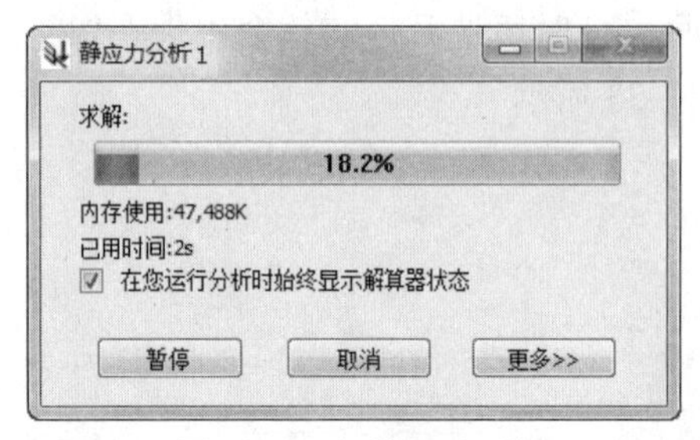

图17-34　解算器对话框

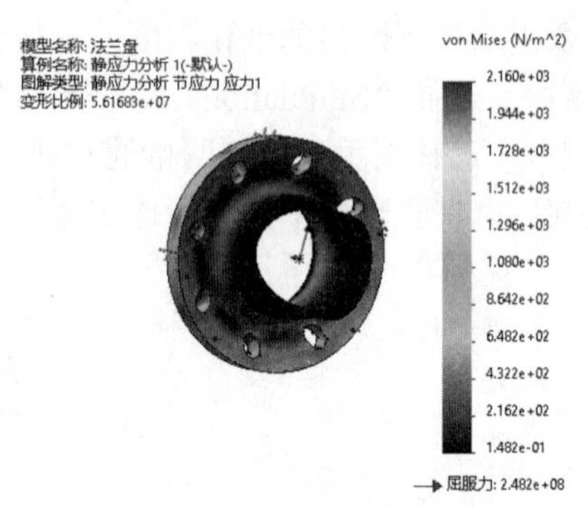

图17-35　静力学分析中的应力分析结果

在显示结果中的左上方会显示模型名称、算例名称、图解类型和变形比例。模型也会以不同的颜色表示应力、应变等的分布情况。

为了更好地表达出模型的有限元分析结果，Simulation 会以不同的比例显示模型的变形情况。

用户也可以自定义模型的变形比例，具体操作步骤如下：

01 在 Simulation 的管理设计树中右击要改变变形比例的输出项，如应力、应变等，在弹出的快捷菜单中选择 “编辑定义”命令，或者选择“Simulation”→“图解结果”命令，在下一级子菜单中选择要更改变形比例的输出项。

02 在弹出的相应的属性管理器中，选择更改应力图解选项，如图 17-36 所示。

03 在“变形形状”中选择“用户定义”单选按钮，然后在按钮右侧的文本框中输入变形比例。

04 单击“确定”按钮，关闭该属性管理器。

对于每一个输出项，根据物理结果可以有多个对应的物理量显示。图 17-37 中的应力结果中显示的是 von mises 应力，还可以显示其他类型的应力，如不同方向的正应力、切应力等。在图 17-36 所示的“显示”选项组中按钮右侧的下拉列表中可以选择更改应力显示的物理量。

Simulation 除了可以图解的形式表达有限元分析结果，还可将分析结果以数值的形式表示。具体操作步骤如下：

❶在 Simulation 的管理设计树中选择算例专题。

❷选择“Simulation”→“列举结果”命令，在下一级子菜单中选择要显示的输出项。子菜单共有 5 项，分别为位移、应力、应变、模式和热力。

❸在弹出的对应的属性管理器中设置要显示的“数量”属性，这里选择“应力”，如图 17-37 所示。

❹每一个输出项都对应不同的设置，这里不再赘述。

❺单击“确定”按钮✓后，会自动列出分析结果的数值列表，如图 17-38 所示。

图17-36　设定变形比例　　图17-37　列表显示应力

节	X (mm)	Y (mm)	Z (mm)	ON (N/mm^2 (MPa
8664	-49.2404	8.68241	752.929	1.20863e+001
8671	-50	0	752.929	1.18553e+001
10699	46.9846	17.101	752.929	1.18491e+001
299	50	-4.37114e-006	743.857	1.18396e+001
10693	50	-4.37114e-006	752.929	1.18044e+001
8663	-46.9846	17.101	752.929	1.17754e+001
555	-46.9846	17.101	743.857	1.17731e+001
8658	-43.3013	25	752.929	1.17436e+001
8669	-49.2404	-8.6824	752.929	1.17391e+001

图17-38　数值列表

❻单击“保存”按钮，可以将数值结果保存到文件中。在弹出的“另存为”对话框中可以选择将数值结果保存为文本文件或 Excel 文件。

17.7　梁的弯扭问题

17.7.1　问题描述

本节分析图 17-39 所示的圆形截面悬臂梁的弯扭组合变形。

一根长度为 762mm，R 为 50mm 的实心圆截面梁，一端固定在水平面上，另一端作用有水平集中力 F=1100N 和一个逆时针的扭矩 M=1000N · m。已知弹性模量 $E=2.0\times10^{11}$Pa，泊松比 NUXY=0.3。

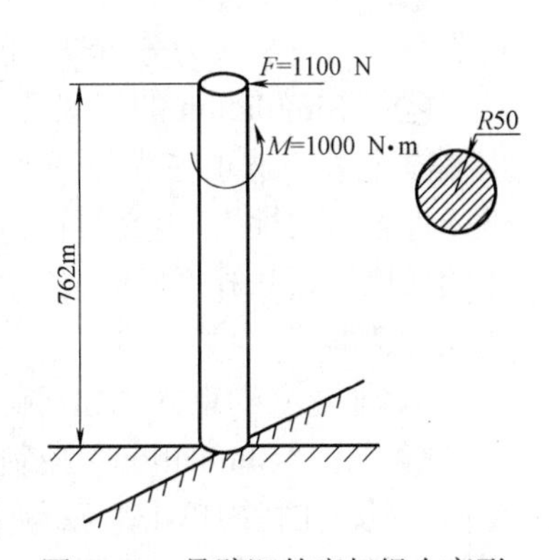

图17-39　悬臂深的弯扭组合变形

17.7.2　建模

01 启动 SOLIDWORKS 2020，选择菜单栏中的“文

件”→“新建”命令，或者单击标准工具栏中的“新建”按钮，在弹出的“新建 SOLIDWORKS 文件”对话框中选择“零件”，单击“确定”按钮。

02 在特征管理器设计树中选择“前视基准面”，将其作为草绘平面。单击“草图绘制”按钮，进入草图绘制。

03 单击“圆形”按钮，绘制一圆。

04 单击“智能尺寸”按钮，标注该圆的直径为 100mm。绘制的草图如图 17-40 所示。

05 单击“拉伸凸台/基体”按钮，定义“终止条件”为“给定深度”；拉伸“深度”为 762mm，具体参数设置如图 17-41 所示。

06 单击“确定”按钮，完成梁的建模。

07 单击“保存”按钮，将文件保存为“梁.sldprt”。

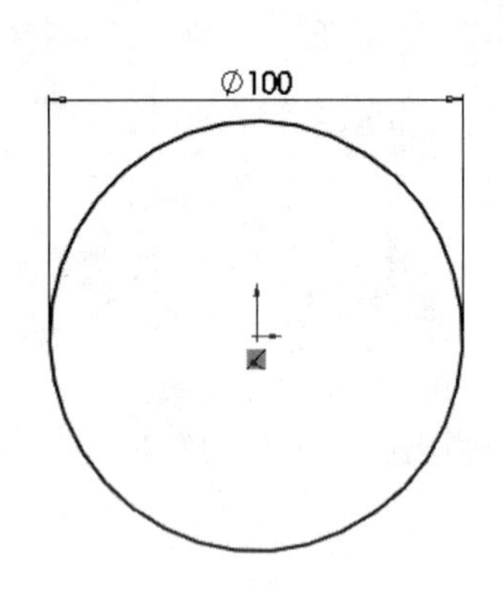

图 17-40　绘制的草图

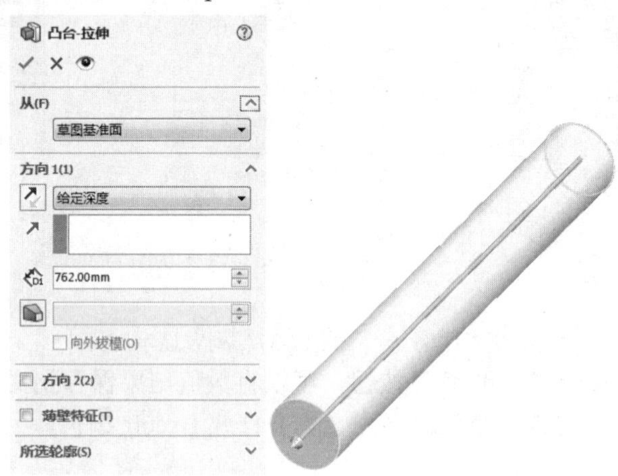

图 17-41　设置拉伸参数

17.7.3　分析

01 建立算例并定义材料。

❶单击“新算例”按钮，打开“算例”属性管理器。定义“名称”为“弯扭组合”，“分析类型”为“静应力分析”，如图 17-42 所示。单击“确定”按钮，关闭对话框。

❷在 Simulation 的管理设计树中“弯扭组合（-默认-）”右击“梁”按钮，选择“应用/编辑材料”选项，打开“材料”对话框。创建“自定义塑料”，设置“模型类型”为“线性弹性各向同性”；定义材料的“名称”为“梁”；定义材料的“弹性模量”为 2.07E+11Pa，“泊松比”为 0.3，“屈服强度”为 29200000N/m^2，如图 17-43 所示。单击“应用”按钮，关闭该对话框。

02 建立约束并施加载荷。

❶单击“Simulation”控制面板中的“夹具”按钮，在模型窗口右侧弹出“Simulation 顾问”栏，在栏中单击“添加夹具。”，然后选择梁的端面作为约束元素。选择夹具类型为“固定几何体”，如图 17-44 所示。

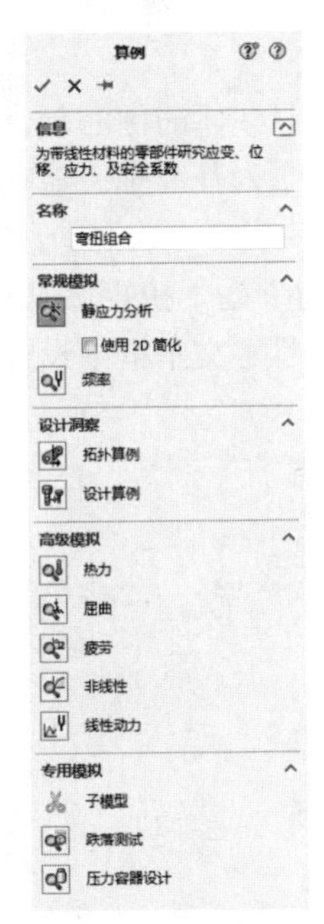

图17-42　定义算例

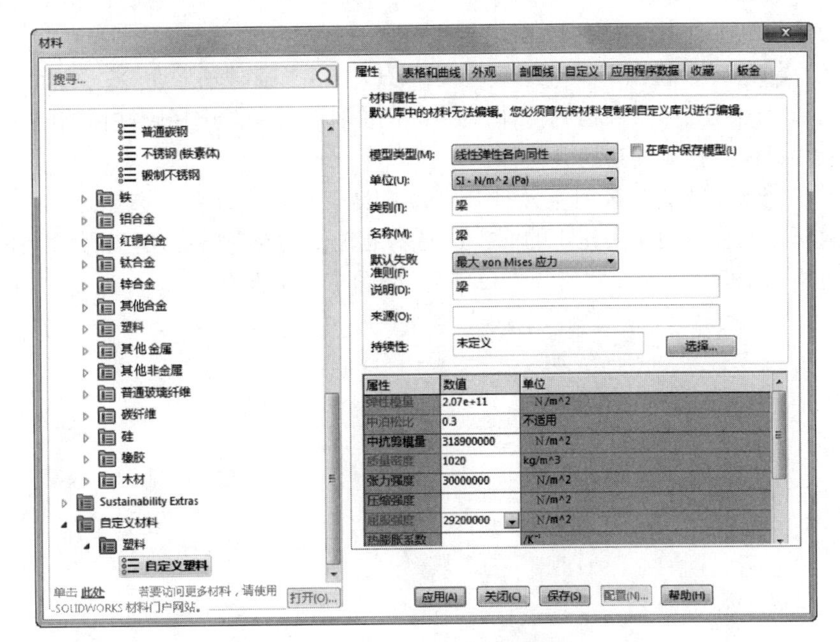

图17-43　定义材料属性

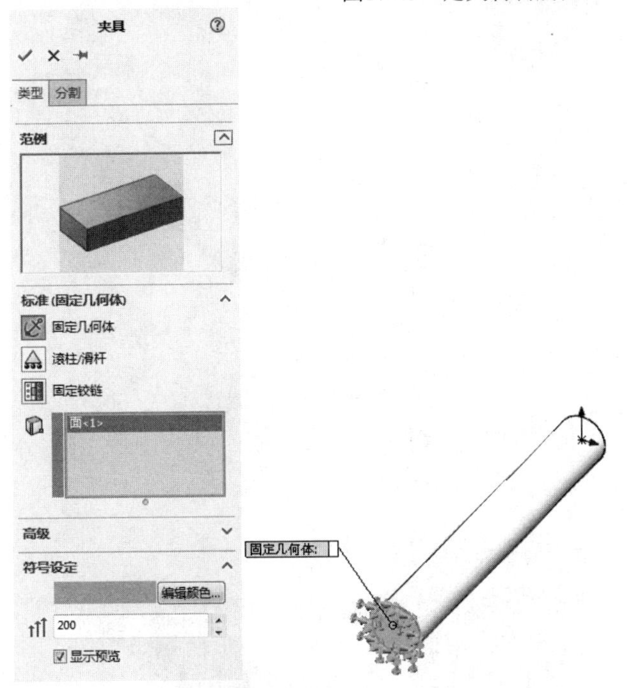

图 17-44　约束梁

❷单击“确定”按钮✓，完成梁的固支约束。

❸选择梁的另一端边线，单击“力”按钮⊥，打开“力/扭矩”属性管理器。选择力的“类型”为“力”。

❹单击“选定的方向”单选按钮，在特征管理器技术树中选择“右视基准面”作为参考面；在“力”的选项组中单击“垂直于基准面”按钮，激活右侧的文本框，并在其中输入

力的值为 1100N，如图 17-45 所示。

❺选择“视图”→“隐藏/显示（H）”→“临时轴”命令，从而显示圆柱体的中心轴。选择“插入”→“参考几何体”→“基准轴”命令，选择圆柱体的临时轴作为基准轴。该基准轴可作为扭矩的参考几何体。

❻单击“力”按钮，打开“力/扭矩”属性管理器。选择力的“类型”为“扭矩”；选择梁的圆柱面作为扭矩的面；选择基准轴作为参考轴；在“正常力/扭矩”文本框中设置扭矩为 1000N·m，并勾选“反向”，如图 17-46 所示。

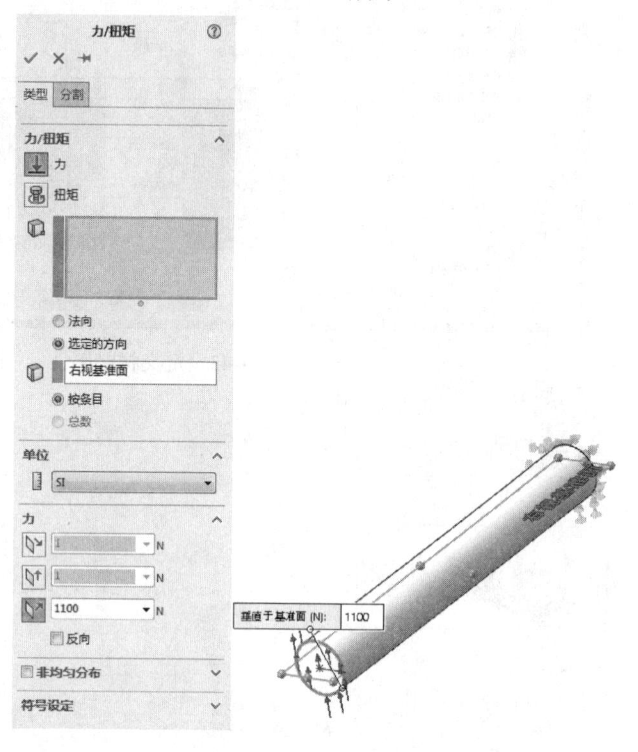

图 17-45　定义力载荷

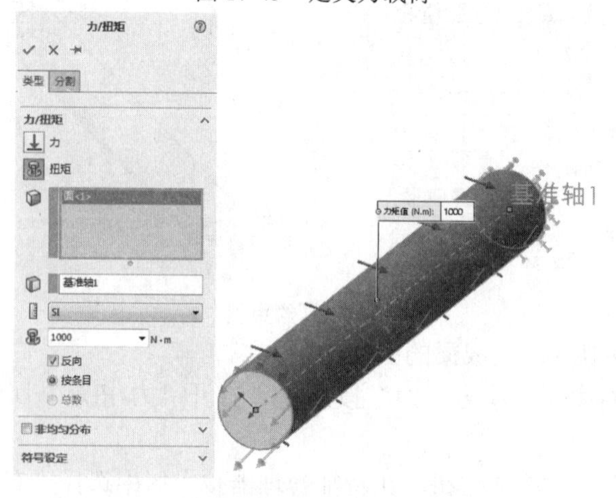

图 17-46　定义扭矩载荷

❼单击"确定"按钮✔，完成力和扭矩载荷的定义。

03 划分网格并运行。

❶选择"Simulation"→"网格"→"生成（C）..."命令，打开"网格"属性管理器。保持网格的默认粗细程度。

❷单击"确定"按钮✔，开始划分网格。划分网格后的梁如图 17-47 所示。

❸单击"运行此算例"按钮，运行分析。

04 观察结果。双击 Simulation 的管理设计树中"结果"文件夹下的"应力 1"按钮，观察梁在给定约束和弯扭组合载荷下梁的应力分布云图，如图 17-48 所示。

图 17-49、图 17-50 所示为弯扭组合载荷下梁的位移、应变分布云图。

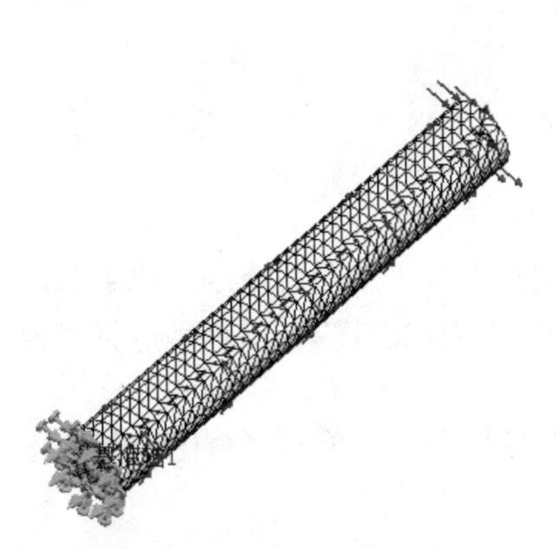

图 17-47 划分网格后的梁

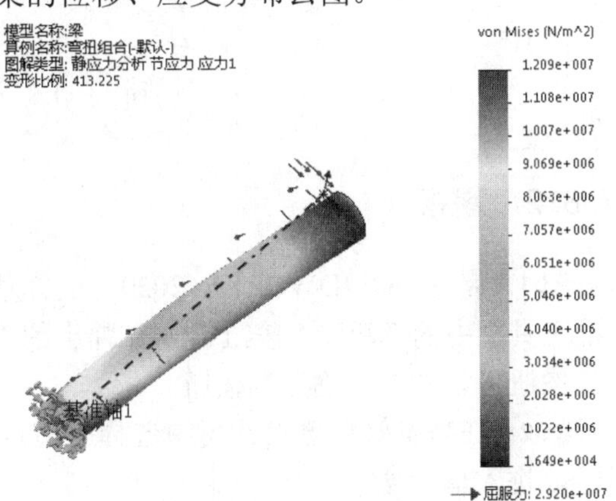

图 17-48 弯扭组合载荷下梁的应力分布云图

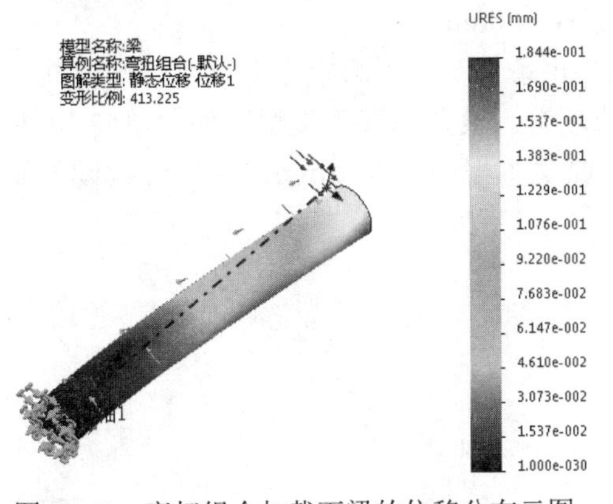

图 17-49 弯扭组合加载下梁的位移分布云图

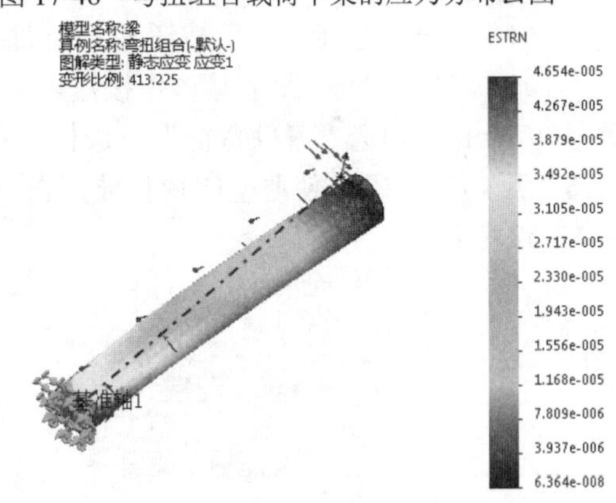

图 17-50 弯扭组合加载下梁的应变分布云图

17.8 杆系稳定性计算

17.8.1 问题描述

本节分析图 17-51 所示的杆系结构中二力杆的受压失稳问题。

一根长度为 176mm、外径 R 为 8mm、内径 r 为 6mm、材料为 ABS 塑料的空心杆，一端固支，另一端受与杆轴线重合的压力 F=1000N。求解该空心杆是否会发生受压失稳，在多大压力下该空心杆会出现失稳情况。

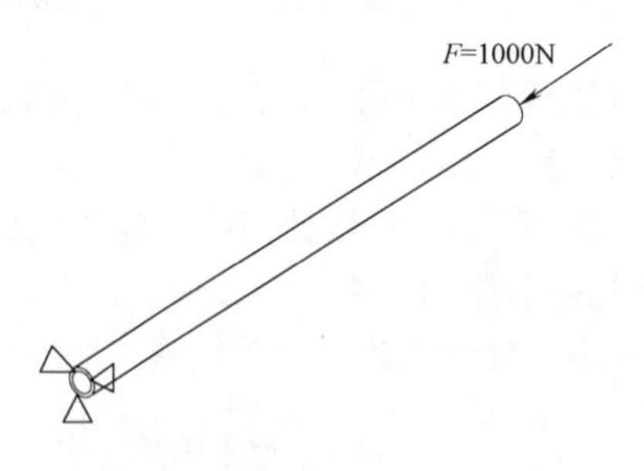

图 17-51　二力杆受压情况

17.8.2　建模

01 启动 SOLIDWORKS 2020，选择菜单栏中的“文件”→“新建”命令，或者单击标准工具栏中的“新建”按钮，在弹出的“新建 SOLIDWORKS 文件”对话框中选择“零件”按钮，单击“确定”按钮。

02 在特征管理器设计树中选择“前视基准面”作为草绘平面。单击“草图绘制”按钮，进入草图绘制。

03 单击“圆形”按钮，绘制一圆。

04 单击“智能尺寸”按钮，标注该圆的直径为 8mm。

05 单击“拉伸凸台/基体”按钮，定义“终止条件”为“给定深度”；拉伸“深度”为 176mm；勾选“薄壁特征”复选框，激活该选项组。设置薄壁“类型”为“单向”，并单击“反向”按钮使薄壁向内拉伸；在“壁厚”文本框中输入 1mm，具体参数设置如图 17-52 所示。

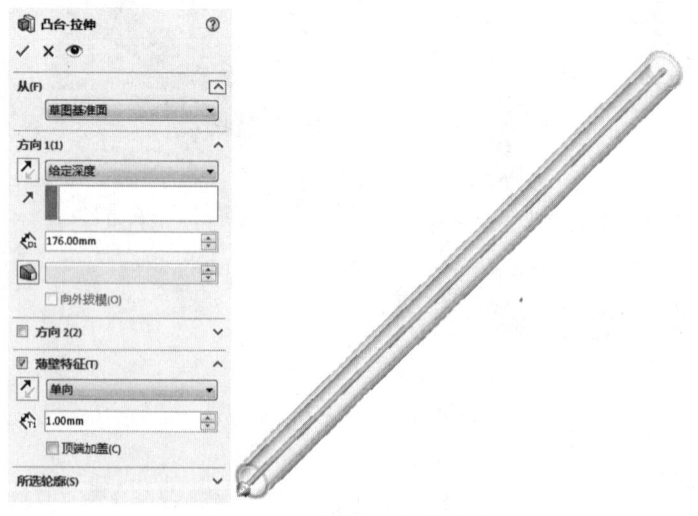

图 17-52　设置薄壁拉伸参数

06 单击“确定”按钮✔，创建薄壁拉伸特征。

07 选择“编辑”→“外观”→“材质”命令，打开“材料”对话框。选择模型的材质为“塑料”→“ABS”，如图 17-53 所示。

08 单击“应用”按钮，完成模型材质的赋予。

09 单击“保存”按钮，将文件保存为“ABS 空心杆.sldprt”。

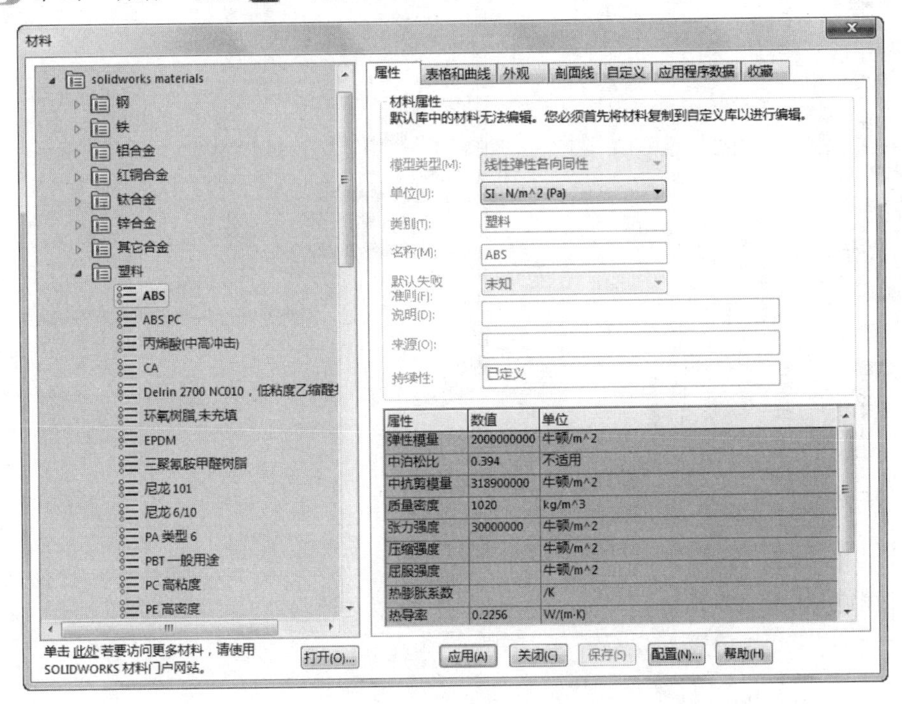

图 17-53 赋 ABS 材质到模型

17.8.3 分析

01 建立算例。

❶单击“新算例”按钮，打开“算例”属性管理器。定义“名称”为“屈服分析”；“分析类型”为“屈曲”，如图 17-54 所示。单击“确定”按钮✔，关闭该属性管理器。

❷在 Simulation 的管理设计树中新建的“屈服分析（-默认-）”上右击，选择“属性”，打开“屈曲”对话框。在“选项”选项卡中选择“使用软弹簧使模型稳定”复选框，如图 17-55 所示。

❸在 Simulation 的管理设计树中可以看到模型已经被赋予了 SOLIDWORKS 自带的 ABS 塑料的材料特性。

02 加载。

❶单击“力”按钮，打开“力/扭矩”属性管理器。设置加载力的“类型”为“力”；在绘图区中选择空心杆的端面作为力的加载面；并在“力值”中设置力的大小为 1000N，具体参数设置如图 17-56 所示。

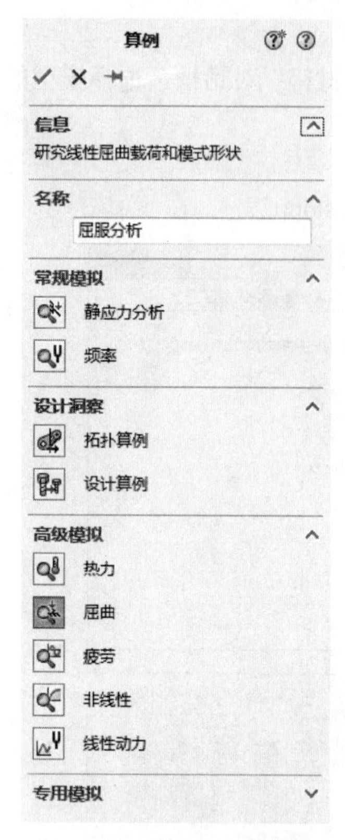

图17-54 定义算例

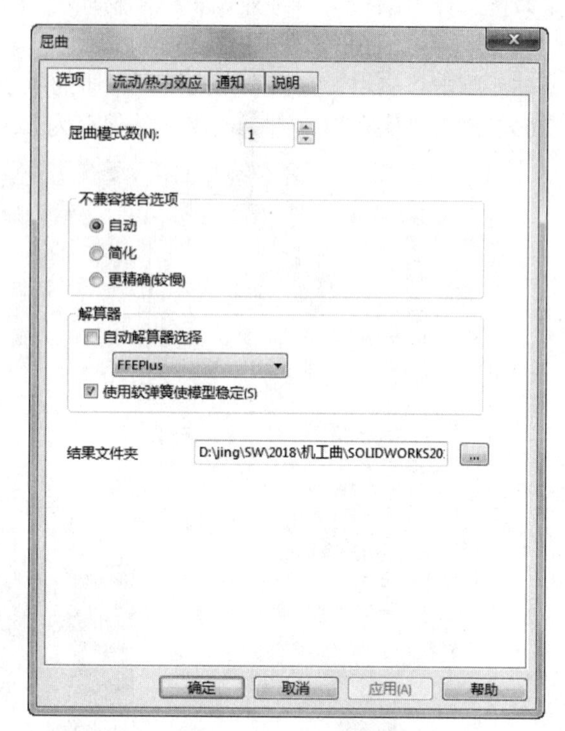

图17-55 定义屈曲属性

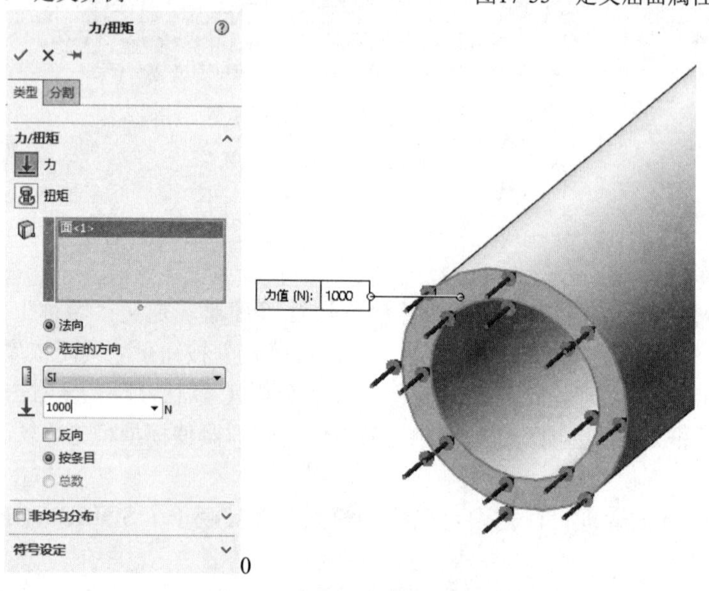

图 17-56 设置力的参数

❷单击“确定”按钮✔，完成一端的压力载荷添加。

❸单击“夹具顾问”按钮，弹出“Simulation 顾问”栏，在栏中单击“添加夹具”按钮，然后在绘图区中选择空心杆的另一端面，添加固定几何体约束，如图 17-57 所示。

❹单击“确定”按钮✔，完成固定约束的添加。

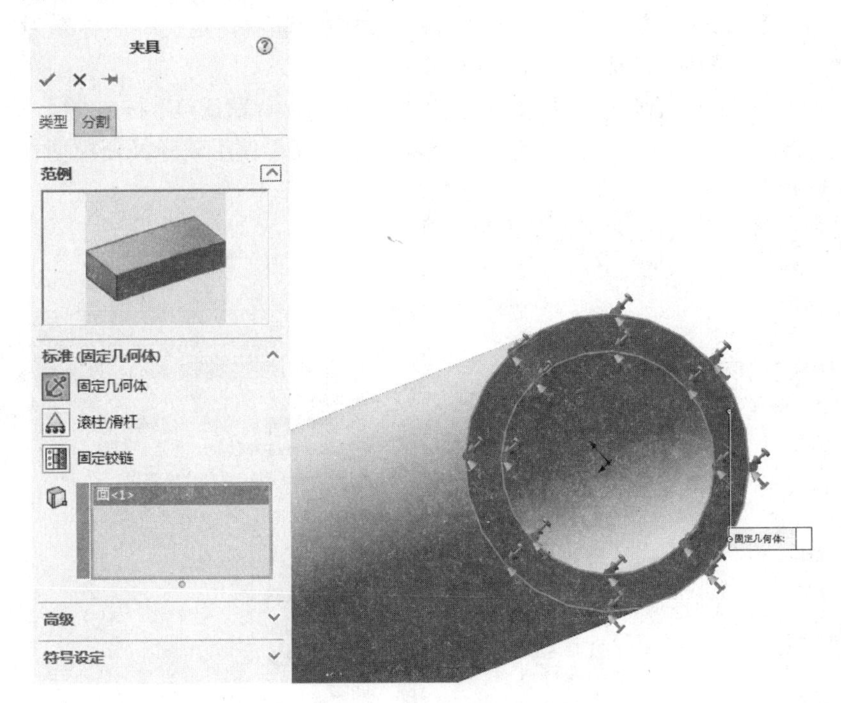

图 17-57　设置另一端面的固定约束

03 划分网格并运行。

❶单击“生成网格”按钮，打开“网格”属性管理器。保持网格的默认粗细程度。

❷单击“确定”按钮✔，开始划分网格，划分网格后的空心杆如图 17-58 所示。

❸单击“运行此算例”按钮，运行分析。

04 观察结果。

❶双击 Simulation 的管理设计树中“结果”文件夹下的“振幅 1”按钮，观察梁在给定约束和弯扭组合载荷下的振幅分布云图，如图 17-59 所示。

图中左上方显示计算得出的弯曲载荷因子 BLF（Buckling Load Factor）=0.022223,即临界弯曲载荷 CBL（Critical buckling loads）=1000N×BLF=22.223N。

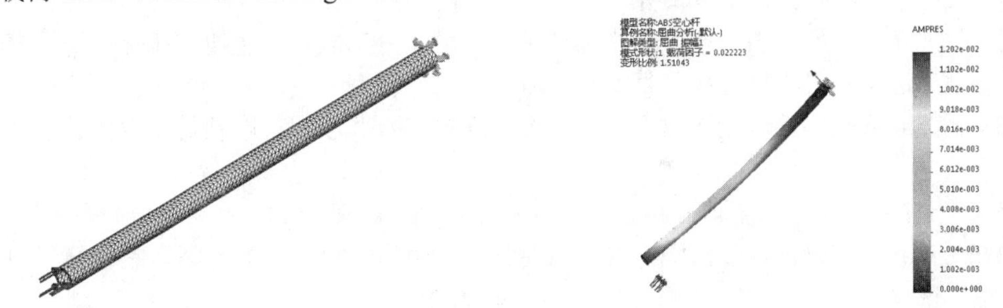

图17-58　划分网格后的空心杆　　　图17-59　振幅分布云图

❷计算表明，空心杆在 F=1000N 的压力载荷下会发生受压失稳。当 F=22.223N 时，空心杆即可能发生失稳情况。

05 计算失稳情况下空心杆的应力。

❶单击“新算例”按钮，打开“算例”属性管理器。定义“名称”为“应力分析”，“分析类型”为“静应力分析”，如图 17-60 所示。

❷右击 Simulation 管理设计树中新建的“应力分析（-默认-）”按钮，选择“属性”，打开“静应力分析”对话框。在“选项”选项卡中选择“使用软弹簧使模型稳定”复选框，如图 17-61 所示。

❸单击“确定”按钮，关闭该对话框。

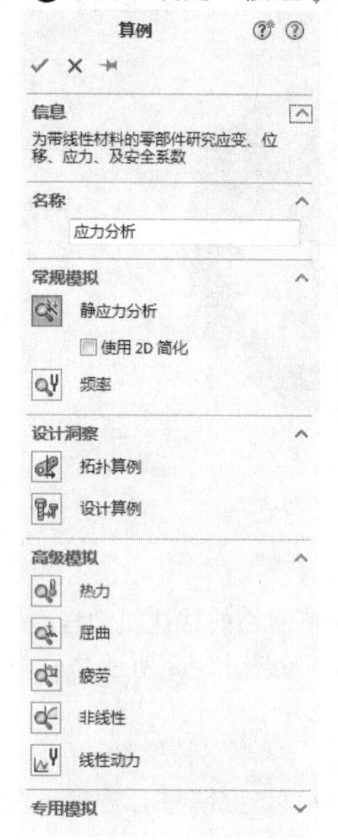

图 17-60　定义应力分析

图 17-61　设置静应力分析参数

❹分别右击“屈服分析”模型树中的“夹具”和“外部载荷”按钮，在弹出的快捷菜单中选择“复制”选项，如图 17-62 所示。

❺分别右击“应力分析”模型树中的“夹具”和“外部载荷”按钮，在弹出快捷菜单中选择“粘贴”选项。将约束与载荷复制到“应力分析”算例中。

❻右击 Simulation 管理设计树“应力分析”算例中的“力-1”，在快捷菜单中选择“编辑定义”选项。

❼在“力/扭矩”属性管理器中将力的大小由 1000N 改变为 21N。

❽在 Simulation 管理设计树中右击“屈曲分析”中的“网格”按钮，在快捷菜单中选择“复制”选项。

❾右击 Simulation 管理设计树中“应力分析”中的“网格”按钮，在快捷菜单中选择“粘贴”选项。

❿单击“运行此算例”按钮，运行静态分析。

运行完分析后，双击 Simulation 管理设计树中“结果”文件夹下的“应力 1”按钮，观察梁在给定约束和载荷下的应力分布云图，如图 17-63 所示。

综合以上结果来看，空心杆在受沿轴线的压应力情况下首先发生失稳变形，在这之前不会出现强度破坏。因此，空心杆的受压失稳是设计中主要考虑的问题。

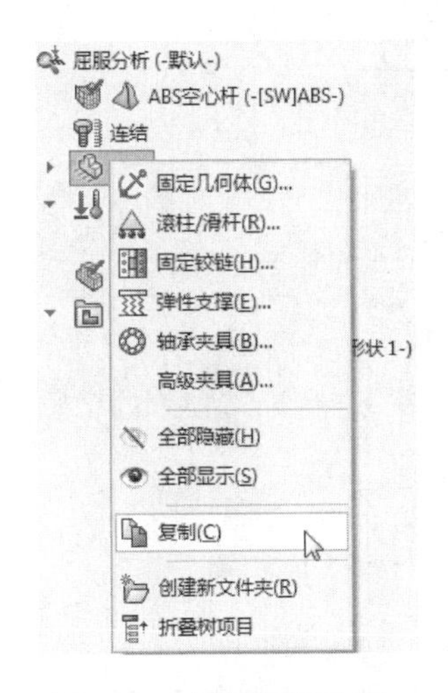

图17-62　复制载荷/约束

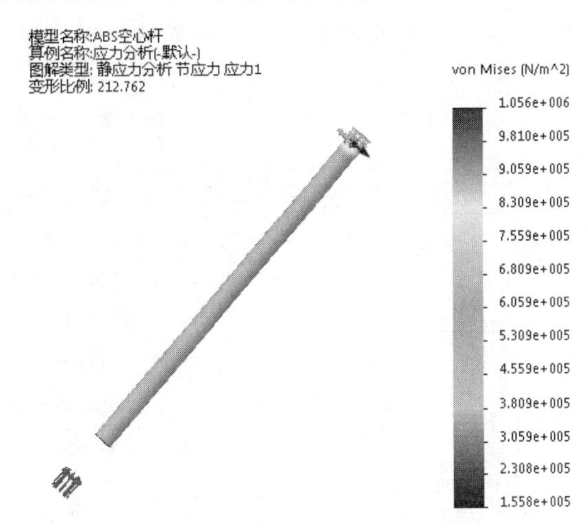

图17-63　在失稳前的应力分布云图

17.9　轴承载荷下的零件应力分析

17.9.1　问题描述

本节分析转轮在轴承载荷作用下的应力分布及变形情况。

转轮半径为 160mm，厚度为 40mm，受 5000N 的轴承载荷作用，如图 17-64 所示。转轮材料为铝合金，计算转轮的应力分布及变形情况。

17.9.2　建模

01 启动 SOLIDWORKS 2020，选择菜单栏中“文件”→“新建”命令，或者单击标准工具栏中的“新建”按钮，在弹出的“新建 SOLIDWORKS 文件”对话框中选择“零件”按钮，单击“确定”按钮。

02 在特征管理器设计树中选择“前视基准面”作为草绘平面。单击“草图绘制”按钮，进入草图绘制。

03 单击“中心线”按钮，绘制一条通过坐标原点的水平中心线。

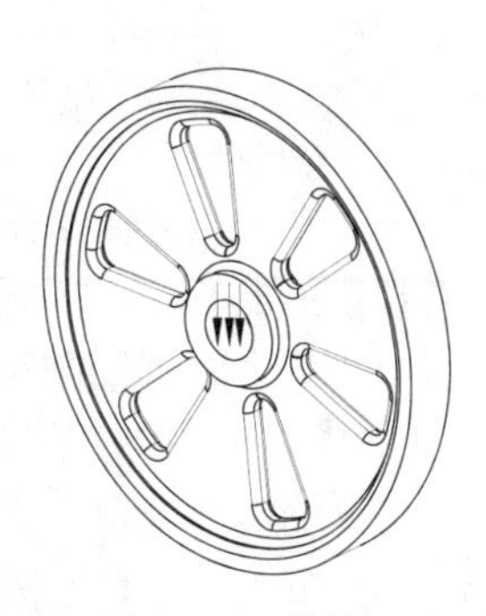

图 17-64　转轮

04 单击“直线”按钮，绘制转轮的旋转轮廓，并利用“智能尺寸”工具标注其尺寸，如图17-65所示。

05 单击“旋转凸台/基体”按钮，以草图中的水平中心线作为“旋转轴”，设置旋转“角度”为360度，如图17-66所示。

06 单击“确定”按钮，完成旋转特征的创建。

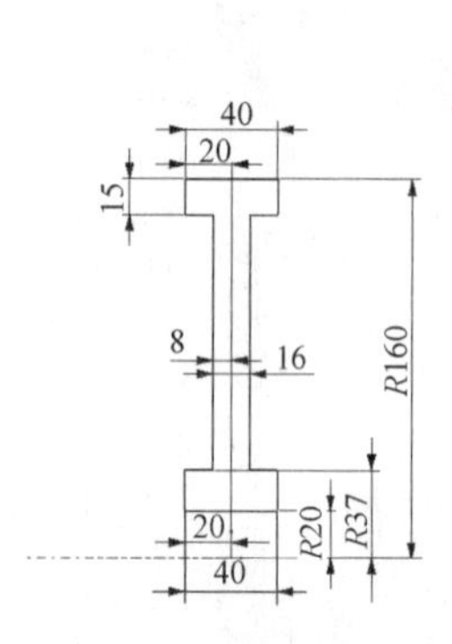

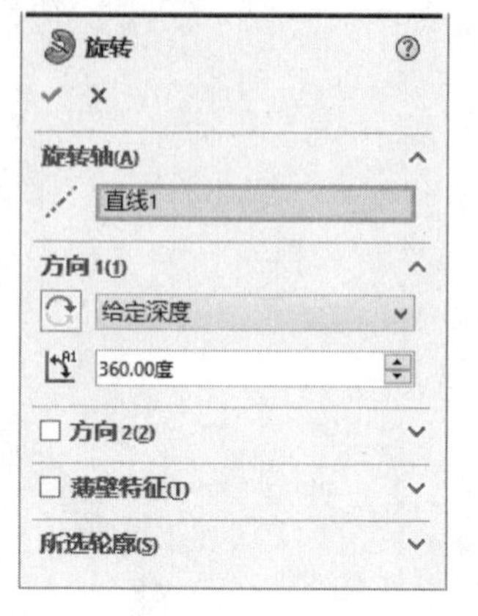

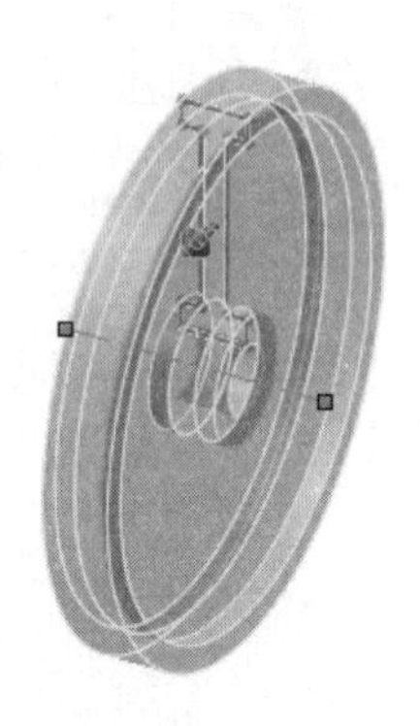

图17-65　绘制转轮的旋转轮廓　　图17-66　设置旋转参数

07 选择转轮的轮毂面作为草图绘制平面，利用“圆形”按钮和“直线”按钮绘制转轮的切除轮廓，并利用“智能尺寸”工具标注其尺寸，如图17-67所示。

08 单击“拉伸切除”按钮，设置“终止条件”为“完全贯穿”，如图17-68所示。

09 单击“确定”按钮，完成切除-拉伸特征创建。

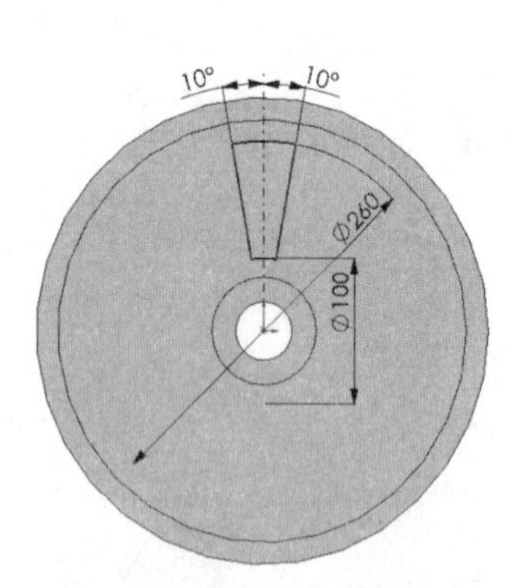

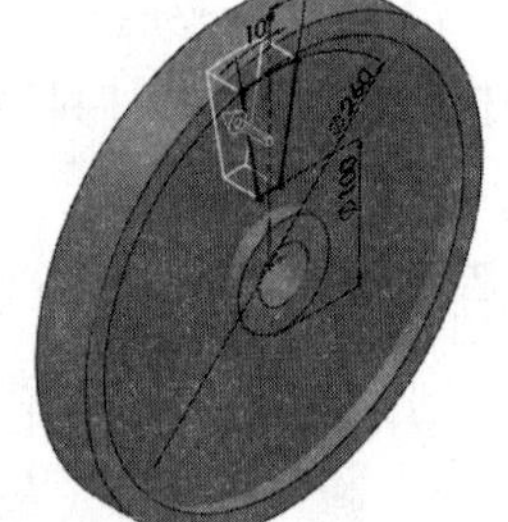

图17-67　绘制转轮的切除轮廓　　图17-68　设置切除-拉伸参数

10 单击“圆角”按钮，设置圆角半径为5mm，对切除孔进行修饰，如图17-69所示。

11 单击“圆周阵列”按钮，选择切除孔特征及其修饰特征作为阵列特征，选择旋转特征的中心轴作为“阵列轴”；设置阵列的“实例数”为6；选择“等间距”单选按钮。

12 单击“确定”按钮，圆周阵列切除孔，如图17-70所示。

13 单击“圆角”按钮，设置圆角半径为5mm，对转轮进行修饰，如图17-71所示。

图 17-69　修饰后的转轮切除孔

图 17-70　阵列切除孔

图 17-71　修饰后的转轮

14 在特征管理器设计树中选择“右视基准面”作为草图绘制平面。单击“草图绘制”按钮，进入草图绘制。

15 单击“直线”按钮，绘制一条通过坐标原点的水平直线。

16 选择 “插入”→“曲线”→“分割线”命令，选择转轮的轴孔圆柱面作为“要分割的面”。

17 单击“确定”按钮，创建轴孔圆柱面分割线，如图 17-72 所示。将转轮的轴孔圆柱面分割为两个面，从而为轴承载荷的施加创造条件。

18 在特征管理器设计树中选择“上视基准面”作为草图绘制平面。单击“草图绘制”按钮，进入草图绘制。

19 单击“直线”按钮，绘制一条通过坐标原点的水平直线。

20 选择“插入”→“曲线”→“分割线”命令，选择转轮外侧的圆柱面作为“要分割的面”。

21 单击“确定”按钮，创建转轮外侧圆柱面上的分割线，如图 17-73 所示。

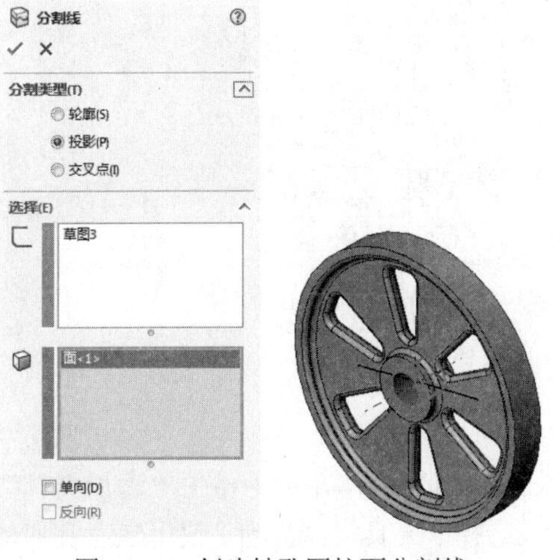

图 17-72　创建轴孔圆柱面分割线

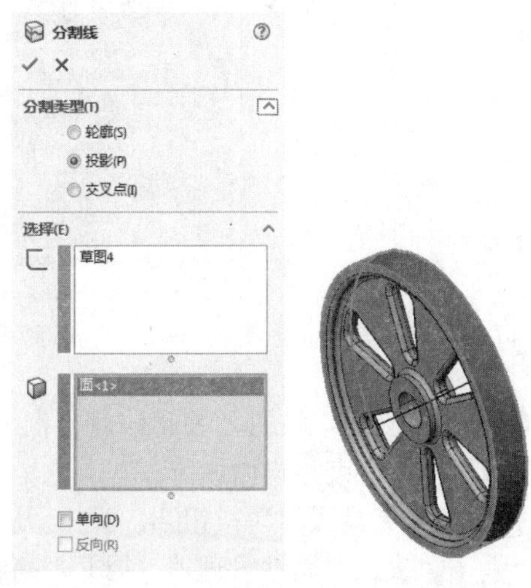

图 17-73　创建转轮外侧圆柱面上的分割线

22 选择 “插入”→“参考几何体”→“基准轴”命令，打开“基准轴”属性管理器。在绘图区中选择转轮的旋转轴，单击“确定”按钮，创建“基准轴 1”作为将来约束的参考几何体。

23 单击“保存”按钮，将文件保存为“转轮.sldprt”。

17.9.3 分析

01 建立算例。

❶单击“新算例”按钮，打开“算例”属性管理器。定义“名称”为“轴承载荷分析”，“分析类型”为“静应力分析”，如图 17-74 所示。

❷右击 Simulation 管理设计树中新建的“轴承载荷分析”，选择“属性”，打开“静应力分析”对话框。在“选项”选项卡中选择“使用软弹簧使模型稳定”复选框。

❸在 Simulation 管理设计树中单击“转轮”按钮，单击“应用材料”按钮，打开“材料”对话框。选择“选择材料来源”为“Solidworks Materials”，选择材料为“铝合金”→“1060 合金”，材料的属性显示在右侧的“材料属性”列表框中，如图 17-75 所示。

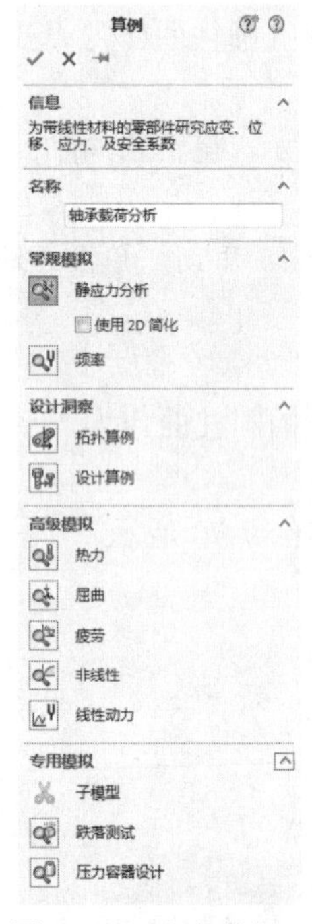

图 17-74 定义算例

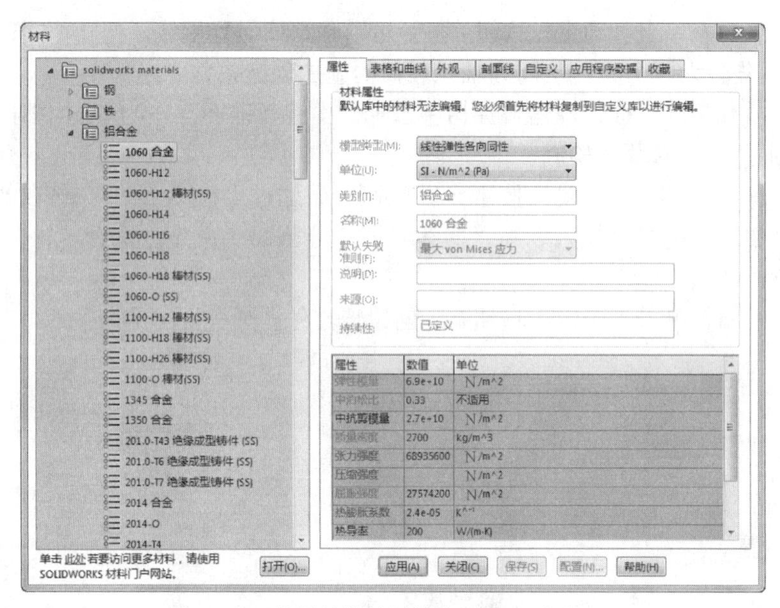

图 17-75 设置转轮的材料为“1060 合金”

❹单击“应用”按钮，关闭该对话框。

02 建立约束并施加载荷。

❶单击“夹具顾问”按钮，弹出“Simulation 顾问”栏，在栏中单击“添加夹具”按钮，打开“夹具”属性管理器。展开“高级”栏，选择“夹具类型”为“使用参考几何体”；单击按钮右侧的选择框，在绘图区中选择转轮外侧圆柱面上生成的分割线作为要约束的边线；单击按钮，在绘图区中选择“基准轴 1”作为参考几何体。在“平移”选项组中单击“径向”按钮，激活右侧的文本框，并设置径向的位移为 0；单击 “圆周”按钮，激活右侧的文本框，设置圆周旋转的约束为 0，如图 17-76 所示。

❷选择“插入”→“参考几何体”→“坐标系”命令，打开“坐标系”属性管理器。单击“Y 轴”中的“反向”按钮，将默认坐标系的 Y 轴反向；单击“Z 轴”选择框，在绘图区中选择“基准轴 1”作为 Z 轴方向。

❸单击“确定”按钮，创建新的参考坐标系，如图 17-77 所示。

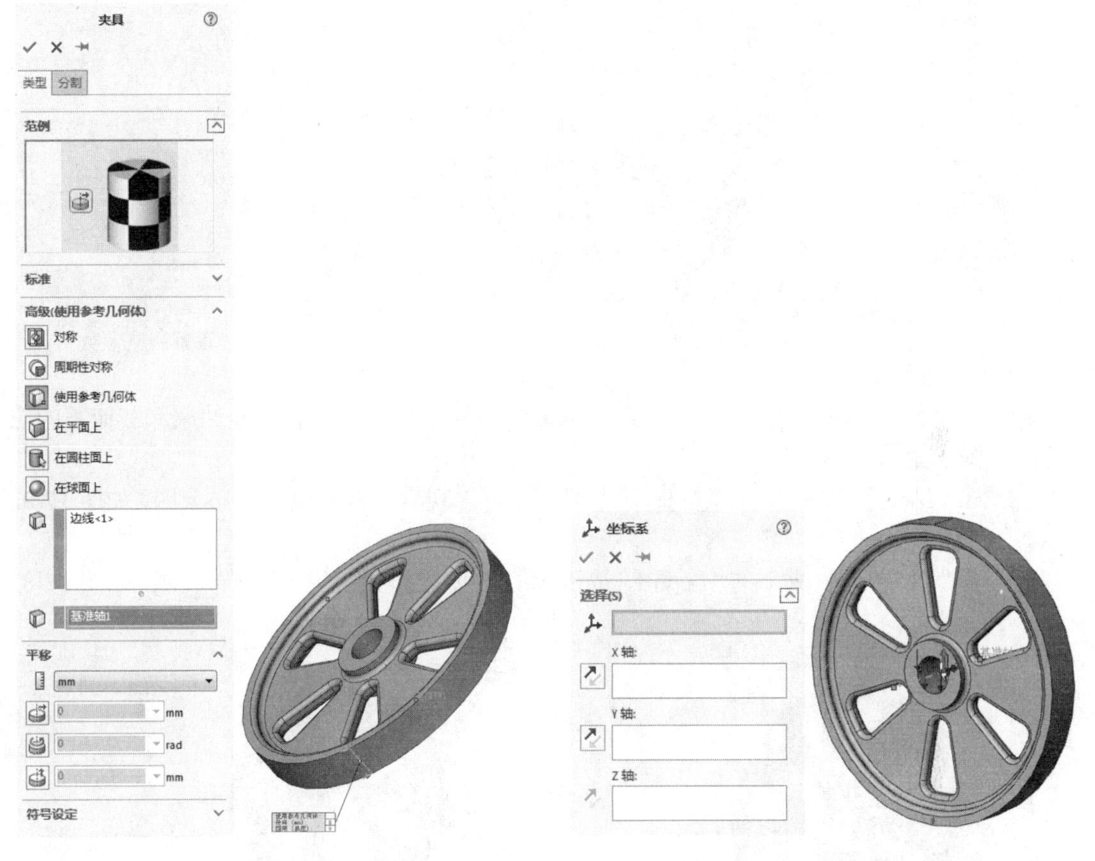

图 17-76　定义转轮的约束　　　　图 17-77　创建新的参考坐标系

❹单击“轴承载荷”按钮，打开“轴承载荷”属性管理器。单击“轴承载荷的圆柱面”按钮右侧的选择框，在绘图区中选择轴孔圆柱面的下半面作为轴承载荷的圆柱面；单击“选择坐标系”按钮右侧的选择框，在绘图区的特征管理器设计树中选择新生成的“坐标系 1”作为参考坐标系；在“轴承载荷”选项组目中单击“Y-方向”按钮，从而激活右侧文本框，设置 Y 方向的力为 650N。

❺单击“确定”按钮，创建轴承载荷，如图 17-78 所示。

03 划分网格并运行。

❶单击“生成网格”按钮，打开“网格”属性管理器。

❷设置“网格密度”为“良好”；在“高级”选项组中，选择“雅可比点”为“16 点”，即 16 点的单元格，如图 17-79 所示。

❸单击“确定”按钮，开始划分网格。划分网格后的转轮模型如图 17-80 所示。

❹单击“运行此算例”按钮，Simulation 则调用解算器进行有限元分析。

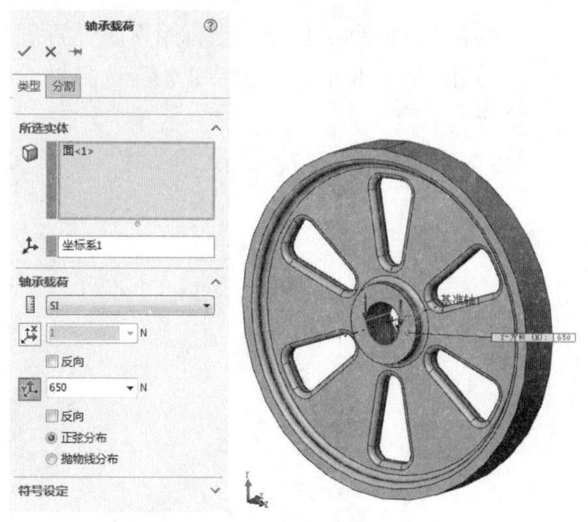

图17-78　设置轴承载荷

网格
网格密度
粗糙
良好
重设
网格参数
高级
雅可比点
16 点
草稿品质网格
实体的自动试验
选项
不网格化而保存设置
运行(求解)分析

图17-79　设置网格参数

04 观察结果。

❶双击“结果”文件夹下的“应力 1”按钮，可以观察转轮在给定约束和载荷下的应力分布云图，如图 17-81 所示。

❷双击“结果”文件夹下的“位移 1”按钮，可以观察转轮的位移分布云图，如图 17-82 所示。

❸双击“结果”文件夹下的“应变 1”按钮，可以观察转轮的应变分布云图，如图 17-83 所示。

图17-80　划分网格后的转轮模型

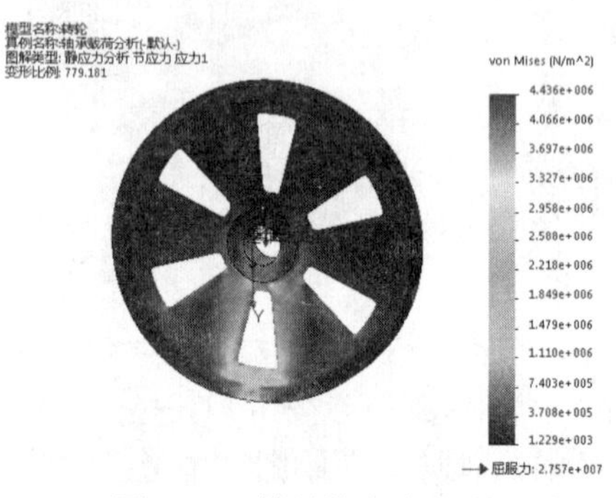

图17-81　转轮的应力分布云图

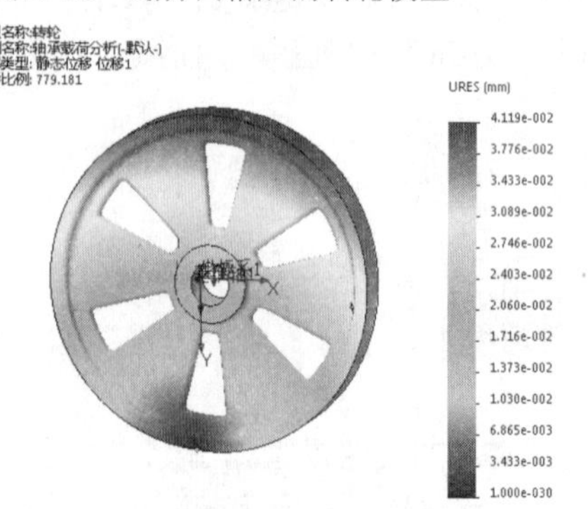

图17-82　转轮的位移分布云图

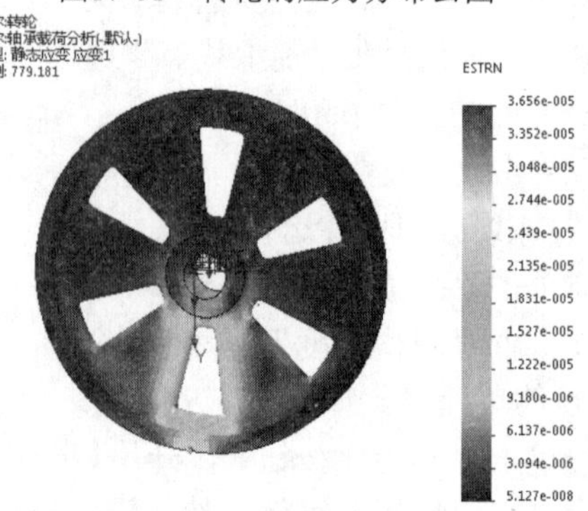

图17-83　转轮的应变分布云图

17.10　疲劳分析

17.10.1　问题描述

本例计算一个高速旋转的轴在工作载荷下的疲劳寿命问题。高速轴的受力情况如图 17-84 所示，以 10r/s 的速度旋转。

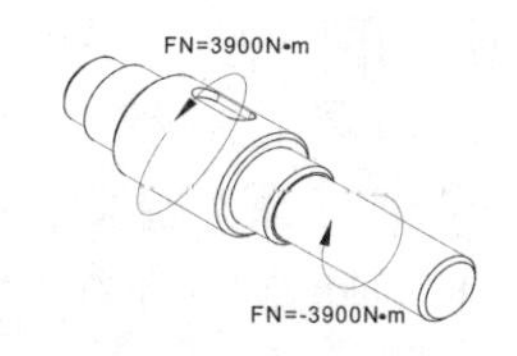

图 17-84　高速轴的受力情况

在计算前，首先要了解疲劳强度和疲劳极限这两个概念。

材料在交变载荷作用下产生的破坏称为疲劳破坏。实践证明，疲劳破坏与静载荷条件下的破坏完全不同，从外部观察疲劳破坏的特点主要有：

❶疲劳破坏时，最大应力一般低于材料的强度极限或屈服极限，甚至低于弹性极限。

❷疲劳取决于一定的应力范围的循环次数，而与载荷作用时间无关。除高温外，加载速度的影响是次要的。

❸一般金属材料都有一个安全范围，称为疲劳极限。若应力值低于此极限值时，不论循环次数多少，均不会产生疲劳破坏。

❹任何凹槽、缺口、表面缺陷和不连续部分，包括表面粗糙度等因素，均都能显著地降低应力范围。

❺循环次数一定时，产生疲劳所必须的应力范围通常随加载循环平均拉应力的增加而降低。

❻静载荷作用下表现为韧性或脆性的材料，在交变载荷作用下均表现为无明显塑性变形的脆性突然断裂。

17.10.2　建模

启动 SOLIDWORKS 2020，选择菜单栏中的“文件”→“打开”命令或单击标准工具栏中的“打开”，在弹出的“打开”对话框中选择“高速轴.sldprt”模型。单击“打开”按钮，打开高速轴模型，如图 17-85 所示。

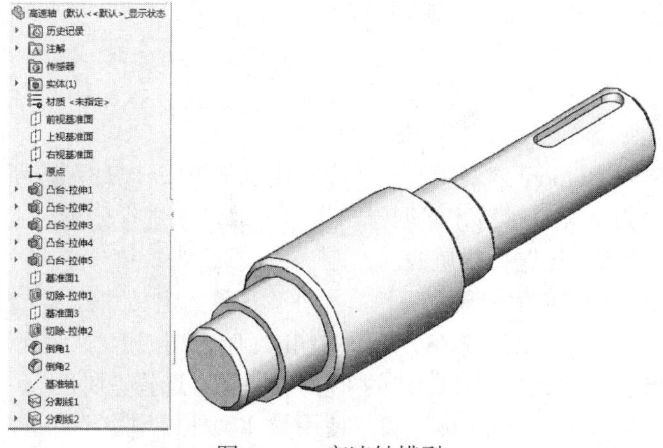

图 17-85　高速轴模型

为了加载方便，这里需要添加几条参考实体及曲线。

01 选择“插入”→“参考几何体”→“基准轴”命令，或者单击“基准轴”按钮。打开“基准轴”属性管理器。

02 在绘图区中选择轴的旋转中心作为参考实体，如图 17-86 所示。

03 单击“确定”按钮✓，创建基准轴。

04 在特征管理器设计树”中选择“上视基准面”作为草图绘制平面。单击“草图绘制”按钮，进入草图绘制。

05 单击“矩形”按钮，在轴的加载垫块位置绘制一矩形。

06 选择“插入”→“曲线”→“分割线”命令，设置“分割类型”为“投影”，在绘图区选择轴的圆柱面作为要分割的面，如图 17-87 所示。

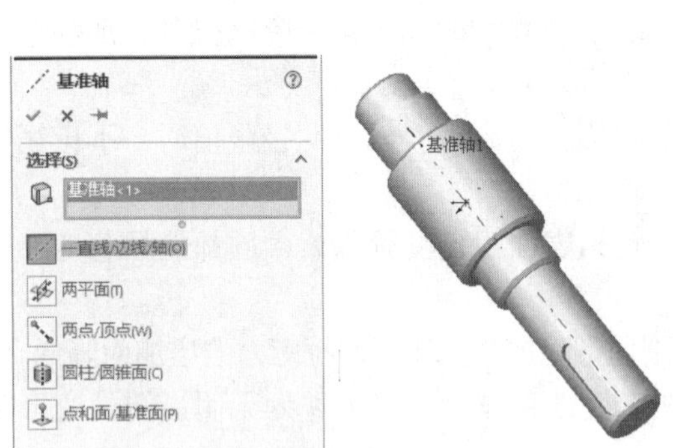

图 17-86　定义基准轴

图 17-87　设置分割线参数

07 单击“确定”按钮✓，创建“分割线 1”。

08 在特征管理器设计树”中选择“上视基准面”作为草图绘制平面。单击“草图绘制”按钮，进入草图绘制。

09 单击“矩形”按钮，在轴的另一加载垫块位置绘制一矩形。

10 使用“分割线”命令在轴的另一加载端创建另一条“分割线”。

11 单击“保存”按钮，将高速轴保存。

17.10.3　分析

SOLIDWORKS Simulation 必须基于一个静态计算结果来计算疲劳，所以首先要计算高速轴在工作状态下的受力情况，然后才能创建一个疲劳算例来进行分析。

01 建立静态算例并设置材料属性。

❶单击“新算例”按钮，打开“算例”属性管理器。定义“名称”为“静力分析”；“分析类型”为“静应力分析”，如图 17-88 所示。单击“确定”按钮✓，关闭该属性管理器。

❷右击 Simulation 管理设计树中新建的“静力分析”，选择“属性”，打开“静应力分析”对话框。确保“解算器”为“FFEPlus”和“使用软弹簧使模型稳定”选项被选中。

❸单击“确定”按钮，关闭该对话框。

❹在 Simulation 管理设计树中选择“高速轴”按钮，单击“应用材料”按钮☰，打开“材料”对话框。设置“选择材料来源”为“solidworks materials”，选择已经定义好的“锻制不锈钢”，如图 17-89 所示。

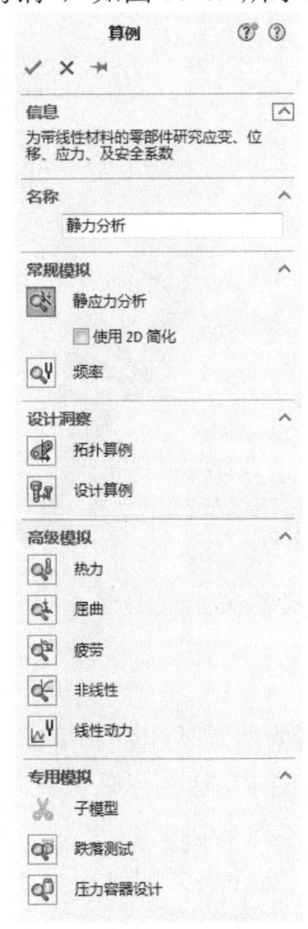

图 17-88　定义算例

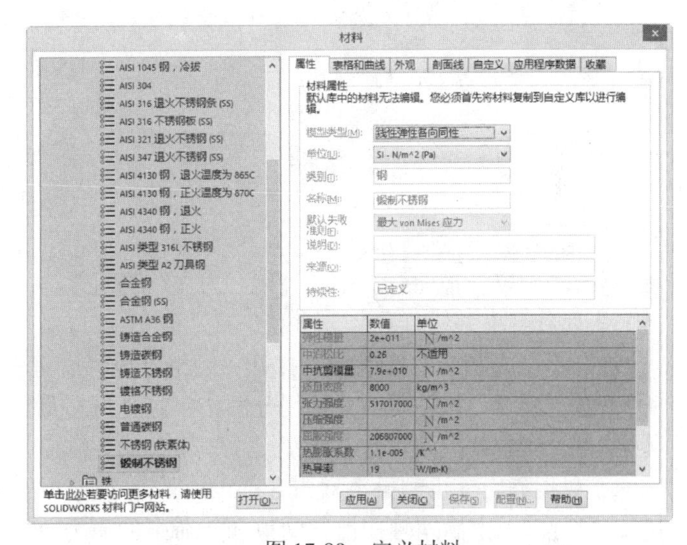

图 17-89　定义材料

❺单击“应用”按钮，关闭该对话框。

02 建立约束并施加载荷。

❶单击“力”按钮⊥，打开“力/扭矩”属性管理器。选择施加力的“类型”为“扭矩”；单击按钮▢右侧的选择框，在绘图区中选择高速轴的“分割线 1”所划分的曲面；选择“基准轴 1”作为参考轴；在“正常力/扭矩”文本框中设置扭矩为 3900N·m，勾选“反向”复选框，如图 17-90 所示。

❷单击“力”按钮⊥，打开“力/扭矩”属性管理器。选择施加力的“类型”为“扭矩”；单击按钮▢右侧的选择框，在绘图区中选择高速轴的“分割线 2”所划分的曲面；选择“基准轴 1”作为参考轴；在“正常力/扭矩”文本框中设置扭矩为 3900N·m，勾选“反向”复选框。

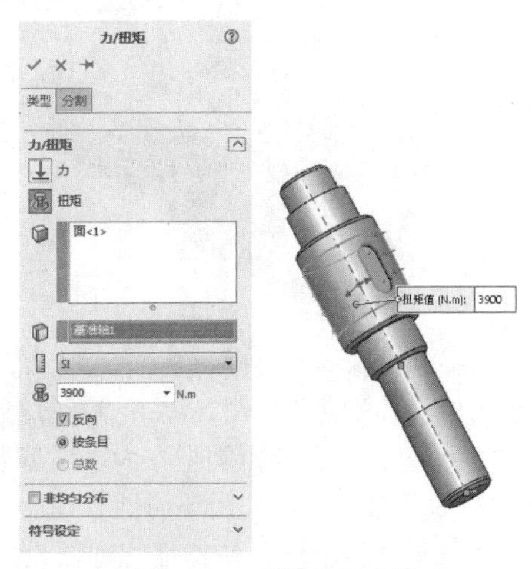

图 17-90　设置扭矩参数

❸单击“确定”按钮✓，完成“力-2”的创建，如图 17-91 所示。

❹单击“离心力”按钮，打开“离心力”属性管理器。选择“基准轴 1”作为离心力的参考轴；设置旋转“角速度”为 628rad/s，如图 17-92 所示。

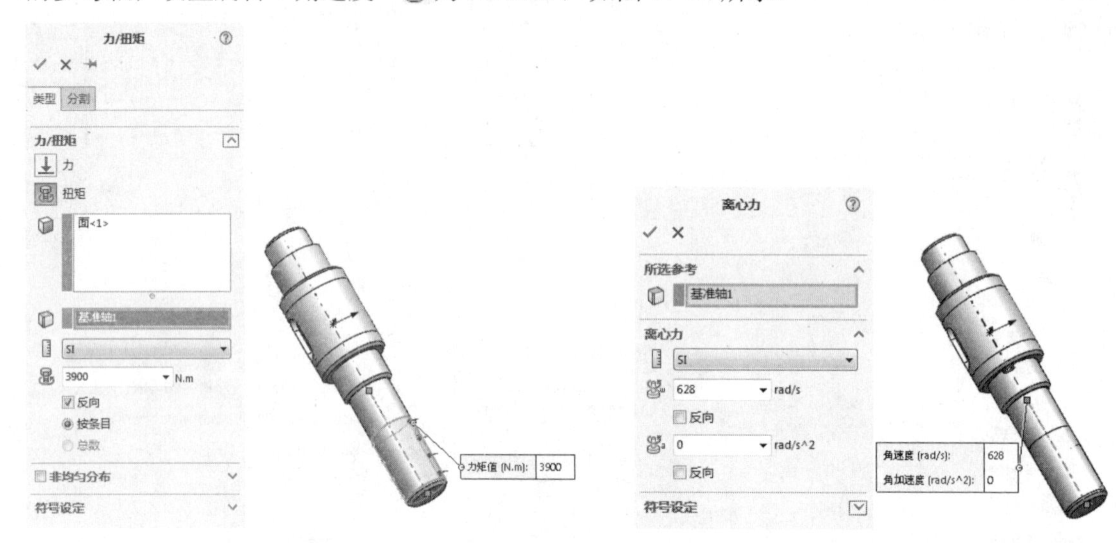

图 17-91　创建“力-2”　　　　图 17-92　设置离心力参数

❺单击“确定”按钮✓，完成“离心力-1”的创建。

03 划分网格并运行。

❶单击“生成网格”按钮，打开“网格”属性管理器。保持网格的默认粗细程度。

❷单击“确定”按钮✓，开始划分网格，划分网格后的高速轴如图 17-93 所示。

❸单击“运行此算例”按钮，运行分析。

04 观察静力分析结果。双击 Simulation 管理设计树中“结果”文件夹下的“应力 1”按钮，则可以观察高速轴在给定约束和载荷下的应力分布云图，如图 17-94 所示。

从图 17-94 中可以看到，轴的大部分区域的应力水平都在屈服极限以下，只有少数部分超过了屈服极限，但仍然没有超过拉伸极限。

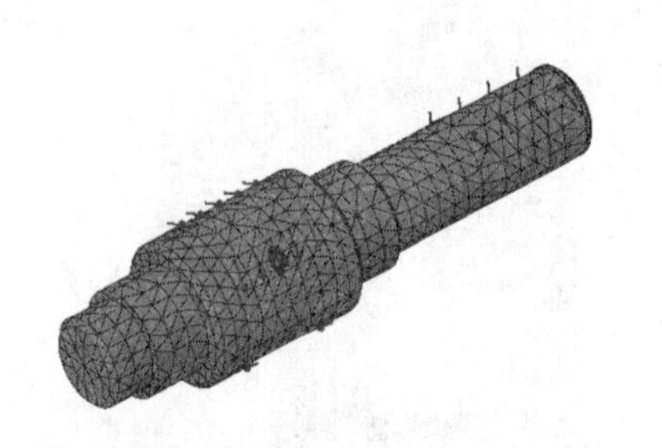

图17-93　划分网格后的高速轴

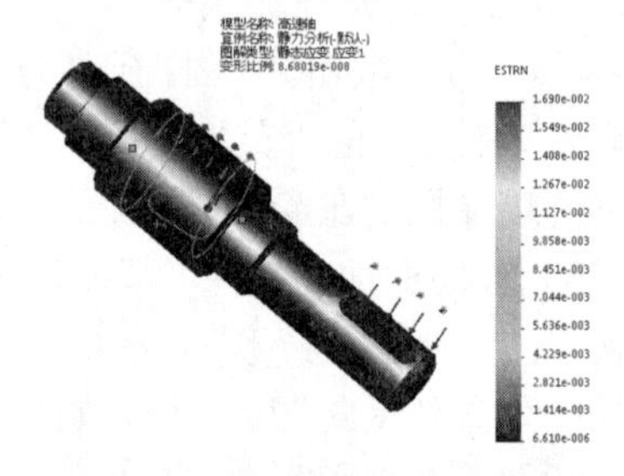

图17-94　高速轴的应力分布云图

05 定义疲劳算例。单击“新算例”按钮，打开“算例”属性管理器。定义“名称”为“疲劳分析”；“分析类型”为“疲劳”；在疲劳算例中网格类型失效，如图 17-95 所示。单击“确定”按钮✓，关闭该属性管理器。

06 添加事件。在特征管理器设计树中右击“负载”按钮，在弹出的快捷菜单中选择“添加事件”命令，打开“添加事件”属性管理器。在“周期”按钮右侧的文本框中设置循环次数为 1000000；在“负载类型”按钮右侧的文本框中输入“完全反转（LR=-1）”。由于整个模型只有一个静态算例，故在“研究相关联”按钮右侧选项中只有一个“静力分析”，如图 17-96 所示。

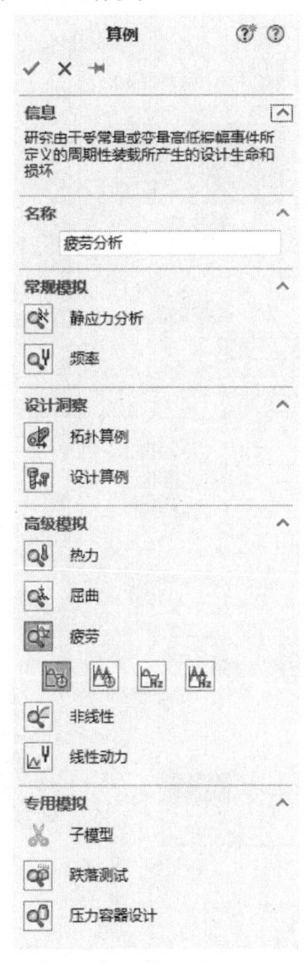

图17-95　定义疲劳算例

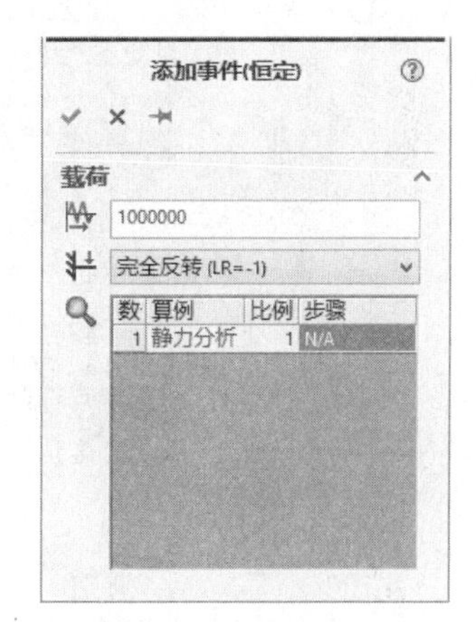

图17-96　添加事件

07 定义 *S-N* 曲线。评价材料疲劳强度特性的传统方法是在一定的外加交变载荷下或在一定的应变幅度下测量无裂纹光滑试样的断裂循环次数（周期），以获得应力-循环次数曲线，即 *S-N* 曲线。

材料的每一条 *S-N* 曲线都基于外加交变载荷的应力比，不同应力比下的 *S-N* 曲线也不同。在一个应力循环中，交变应力变化规律可以用应力循环中的最小应力与最大应力之比表示，即

$$R=\frac{\sigma_{\min}}{\sigma_{\max}}$$

R 为交变应力的循环特性或应力比，下表列出了几种典型的交变应力循环特性。

交变应力循环特性

交变应力类型	对称循环	脉动循环	静载应力
σ_{max} 与 σ_{min} 的关系	$\sigma_{max}=-\sigma_{min}$	$\sigma_{max}\neq0$　$\sigma_{min}\neq0$	$\sigma_{max}=\sigma_{min}$
循环特性或应力比	$R=-1$	$R=0$	$R=+1$

❶在 Simulation 管理设计树中选择“高速轴”，单击“应用材料”按钮☰，打开“材料”对话框选择“疲劳 S-N 曲线”选项卡，定义材料的疲劳曲线，如图 17-97 所示。

❷单击“视图”按钮，可以观察定义的 S-N 曲线，如图 17-98 所示。

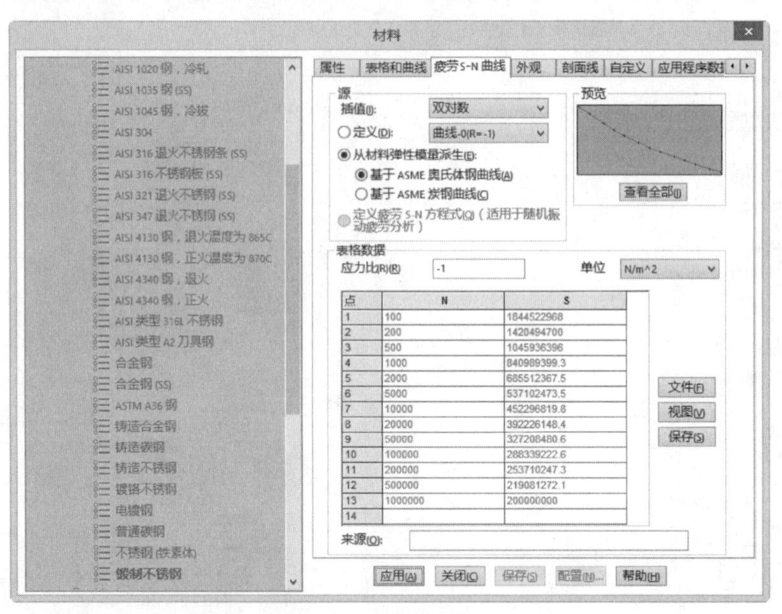

点	N	S
1	100	1844522968
2	200	1420494700
3	500	1045936396
4	1000	840989399.3
5	2000	685512367.5
6	5000	537102473.5
7	10000	452296819.8
8	20000	392226148.4
9	50000	327208480.6
10	100000	288339222.6
11	200000	253710247.3
12	500000	219081272.1
13	1000000	200000000
14		

图 17-97　定义疲劳曲线参数

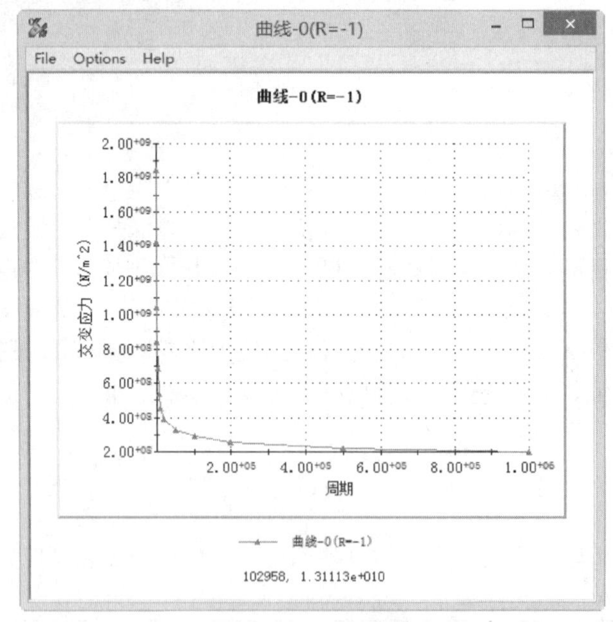

图17-98　定义的S-N曲线

08 定义疲劳强度缩减因子。一般构件就是根据 *S-N* 曲线进行设计和选择材料的。但在实践中发现，对于重要的受力构件，即便是根据疲劳强度再考虑一安全系数后进行设计，仍然能够产生过早的破坏。这就是说，设计可靠性不能因为有了 *S-N* 曲线就会得到充分地保证。出现这种情况的主要原因是评定材料疲劳特性所用的试样与实际构件之间存在着根本的差异，即 *S-N* 曲线是用表面经过精心抛光并无任何宏观裂纹的光滑试样通过试验得出的，所谓“疲劳极限”是试样表面不产生疲劳裂纹（或不再扩展的微小疲劳裂纹）的最高应力水平。但实际情况并非如此，经过加工和使用过程中的构件由于种种原因，如非金属夹渣、气泡、腐蚀坑、锻造和轧制缺陷、焊缝裂纹、表面刻痕等都会产生各种形式的裂纹。含有这种裂纹的构件在承受交变载荷作用时，表面裂纹会立即开始扩展，最后导致灾难性的破坏。

Simulation 使用“疲劳强度缩减因子（Kf）”来解决实际情况疲劳破坏与 *S-N* 曲线（理想状态）的矛盾。

疲劳强度缩减因子的设置范围为 0～1。Simulation 在调用 *S-N* 曲线前会首先读取疲劳强度缩减因子 Kf，用 *N*（一定 *S* 下的极限应力）除以疲劳强度缩减因子 Kf，从而降低引起疲劳断裂时对应的 *S*（循环次数），如图 17-99 所示。

❶在特征管理器设计树中右击“疲劳分析”，在弹出的快捷菜单中选择“属性”命令，打开“疲劳-恒定振幅”对话框。在“疲劳强度缩减因子”文本框中输入 0.9，如图 17-100 所示。

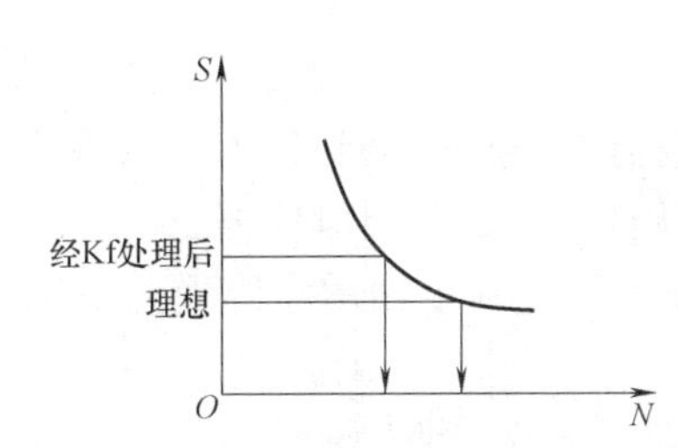

图17-99　疲劳缩减因子对*S-N*曲线的影响

图17-100　设置疲劳强度缩减因子

❷单击“确定”按钮，关闭该对话框。

09 运行并观察结果。

❶单击“运行此算例”按钮，调用解算器进行疲劳计算。

❷双击 Simulation 管理设计树中“结果”文件夹下的“结果 1（-损坏-）”按钮，则可以观察高速轴在指定 1000000 次往复循环后的破坏分布云图，如图 17-101 所示。

破坏图解指云图上列出每个节点的累积疲劳损伤因子。假设构件承受不稳定载荷，即在应力为 σ_1 时循环 N_1 次，在应力为 σ_2 时循环 N_2 次等，依次类推。这种累积疲劳损伤的理论是

迈因纳（Miner）规则，即

$$\frac{n_1}{N_1}+\frac{n_2}{N_2}+\cdots\cdots+\frac{n_i}{N_i}=C \quad i=1,2,3,\cdots。$$

式中，n_i 为应力 σ 作用的次数；N_i 为应力 σ 作用下破坏循环次数；C 为与材料和应力作用情况有关的使用系数，由试验确定，一般为 0.7～2.2。

❸右击“结果”文件夹下的“结果 1（-损坏-）”按钮，在弹出的快捷菜单中选择“编辑定义”，打开“疲劳图解”属性管理器，如图 17-102 所示。在“图解类型”中可以选择观察疲劳的其他图解。

➢ 生命：列出每个节点引起疲劳破坏所需要的循环次数。

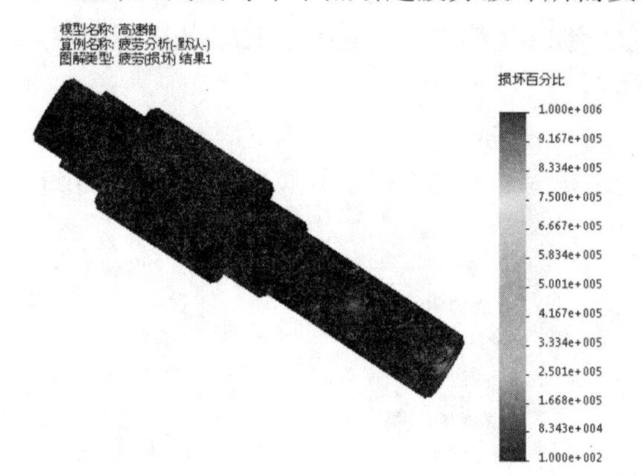

图17-101　高速轴的破坏分布云图

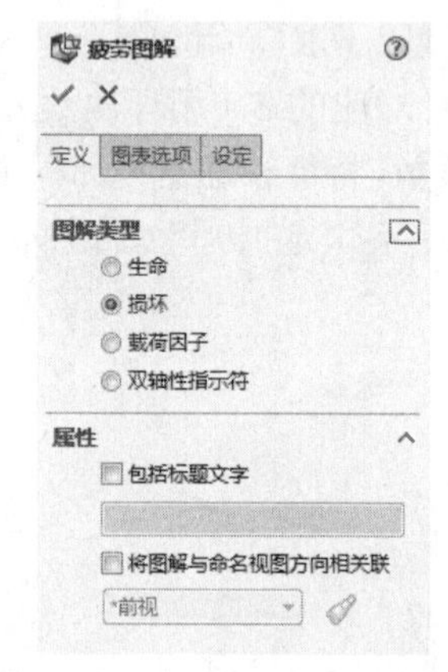

图17-102　“疲劳图解”属性管理器

➢ 载荷因子：列出每个节点对应节点实际应力与极限强度应力的比值，即安全系数。

➢ 双轴性指示符：列出每个节点最小主应力与最大主应力的比值。

17.11　轴承座应力和频率分析

本实例要对图 17-103 所示的轴承系统中的轴承座进行综合分析，要计算出轴承座的应力分布情况和轴承座的固有频率，从而为轴承座的进一步优化设计提供科学依据。

首先对轴承座进行受力分析。根据零件的使用条件，这里确定轴承座的受力情况如图 17-104 所示。

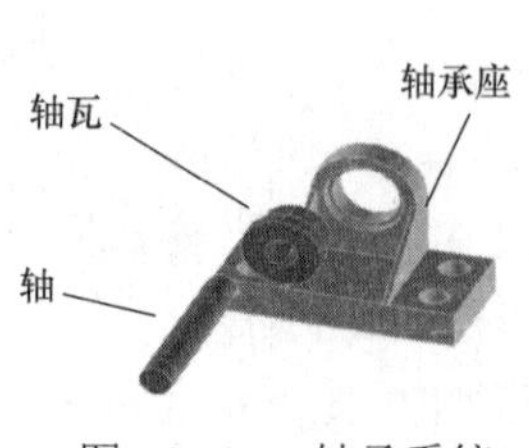

图 17-103　轴承系统

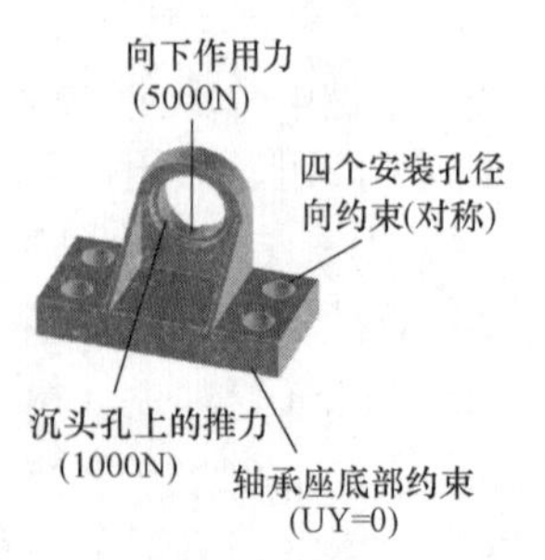

图 17-104　轴承座的受力情况

01 建立算例。在这个实例中，首先要确定轴承座在施加载荷情况下的应力分布和大小，其次要确定轴承座的固有频率，从而为优化设计提供科学依据。因此，需要建立两个算例，其分析类型分别为静应力分析和频率。

❶单击打开按钮，打开目标零件文件“轴承座.sldprt”。

❷单击“Simulation”面板中的“新算例”按钮，或者选择“Simulation”→“算例”。

❸在弹出的“算例”属性管理器中，定义“名称”和“分析类型”，如图 17-105 所示。建立“静力学分析”和“固有频率”算例，依次为“静应力分析”和“频率”类型。

❹进入 Simulation 管理设计树，如图 17-106 所示。

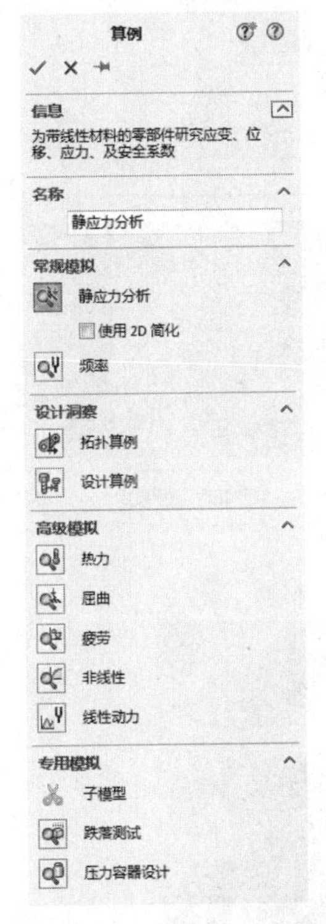

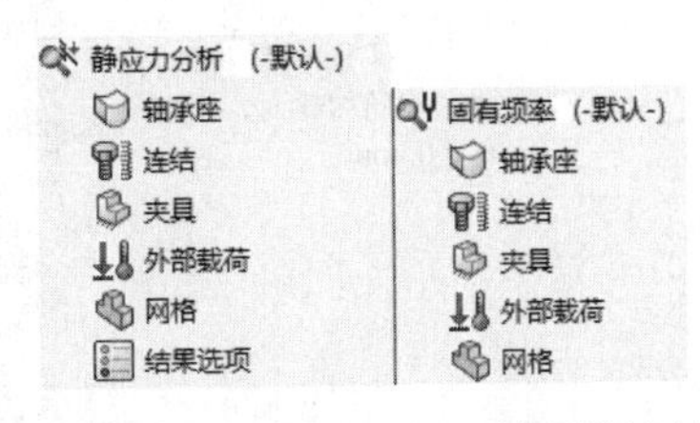

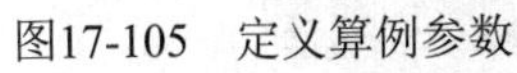
图17-105　定义算例参数

图17-106　Simulation管理设计树

02 定义模型材料。Simulation 提供了 4 种定义模型材料的方法，本例将使用 Simulation 材质库中提供的材料。

❶单击 Simulation 管理设计树中的“轴承座”按钮，进入特征管理器设计树。

❷选择命令“编辑”→“外观”→“材质”，或者右击特征管理器设计树中的“材质”按钮，在弹出的快捷菜单中选择“应用/编辑材料”。

❸在“材料”对话框中定义模型的材质为“AISI 1020”合金钢，如图 17-107 所示。

❹单击“应用”按钮，关闭该对话框。

03 建立约束并施加载荷。为了在轴承孔的下半部分施加 5000N 的径向压力（这是由于受重载的轴承受到支承作用而产生的），需应用薄壁-拉伸特征创建一个基本不影响模型特征的加载面，用来加载载荷，如图 17-108 所示。

❶选择“Simulation”面板中的“夹具顾问”下拉菜单中的“固定几何体”选项，或选

择菜单栏中的“Simulation”→“载荷/夹具”→“夹具”命令。

❷选择轴承座上的 4 个沉头孔的内表面，在“高级”选项组中选择“在圆柱面上”。

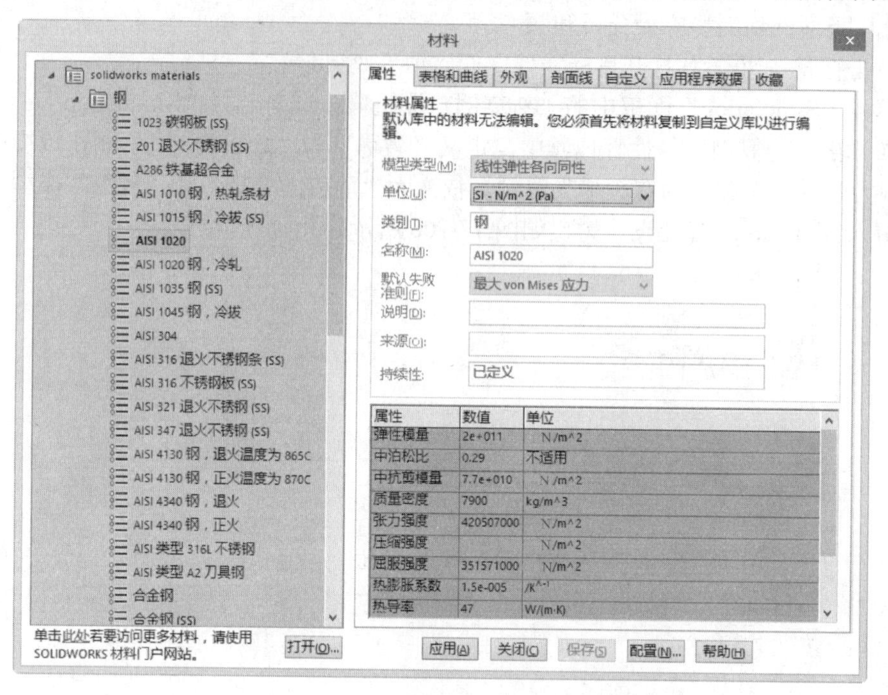

图 17-107　在“材料”对话框中定义材质

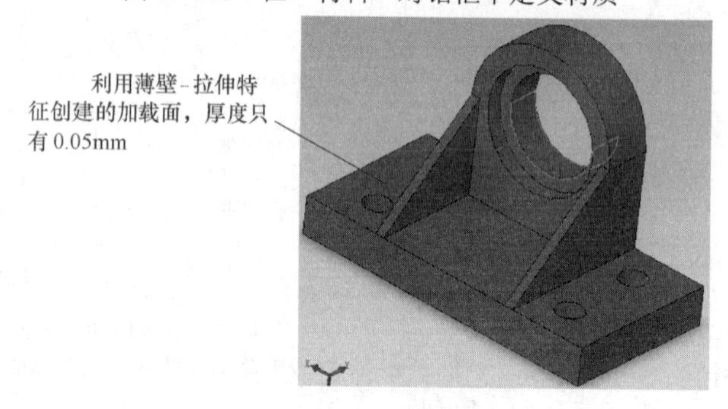

图 17-108　创建加载面

❸单击“夹具”属性管理器 “平移”选项组中的“径向”按钮，然后在右侧的文本框中定义轴向上的位移为 0mm；单击“轴”按钮，在右侧的文本框中定义径向位移为 0mm，定义沉头孔的约束，如图 17-109 所示。

❹单击“确定”按钮✔按钮，关闭“夹具”属性管理器。

❺选择前面创建的加载面，然后单击“Simulation”面板中“外部载荷顾问”下拉菜单中的“压力”按钮。

❻在“压力”属性管理器中选择压力“类型”为“使用参考几何体”，在按钮右侧的下拉列表中选择“垂直于基准面”。

❼单击按钮右侧的选择框，在特征管理器设计树中选择“前视基准面”作为参考面。

图 17-109　定义沉头孔的约束

❽在“压强值”项目组中设置“单位”为 N/mm^2（MPa），“大小”为 $5000N/m^2$，如图 17-110 所示。

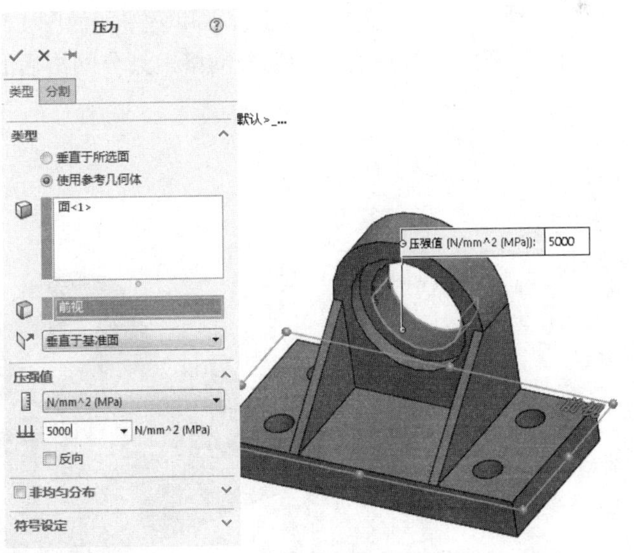

图 17-110　设置向下的作用力

❾单击“确定”按钮按钮，关闭“压力”属性管理器。

❿重复步骤❺～❾，设置沉头孔上 $1000N/m^2$ 的推力，如图 17-111 所示。

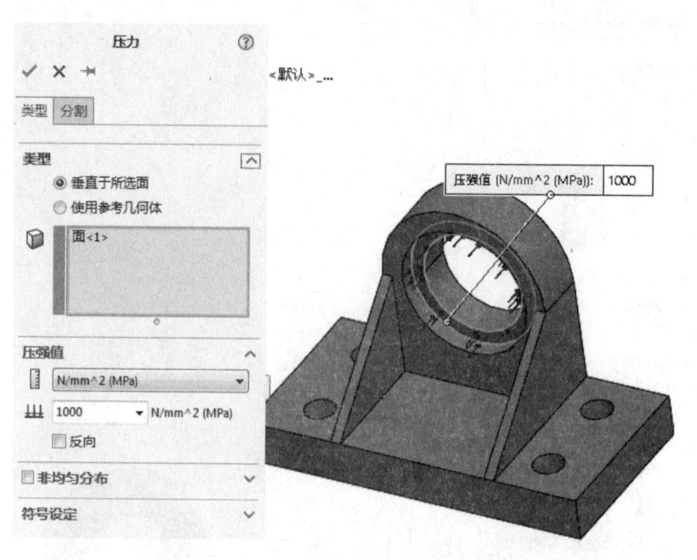

图 17-111　设置沉头孔上的推力

⑪在 Simulation 的管理设计树中选择静力学分析算例中的约束。

⑫右击，在弹出的快捷菜单中选择 “复制”。

⑬在 Simulation 的管理设计树中右击固有频率算例中的“夹具”按钮，在弹出的快捷菜单中选择“粘贴”，将静力学分析中的载荷和约束复制到固有频率算例中。

04 生成网格和运行分析。在定义完算例、材料属性和载荷/约束后就需要对模型进行划分网格的工作。

❶在 Simulation 的管理设计树中选择“静应力分析”，单击“Simulation”面板中的“生成网格”按钮。

❷在弹出的“网格”属性管理器中设置网格的大小和公差，如图 17-112 所示。

❸单击“确定”按钮✔按钮后，程序会自动划分网格。划分网格后的轴承座如图 17-113 所示。

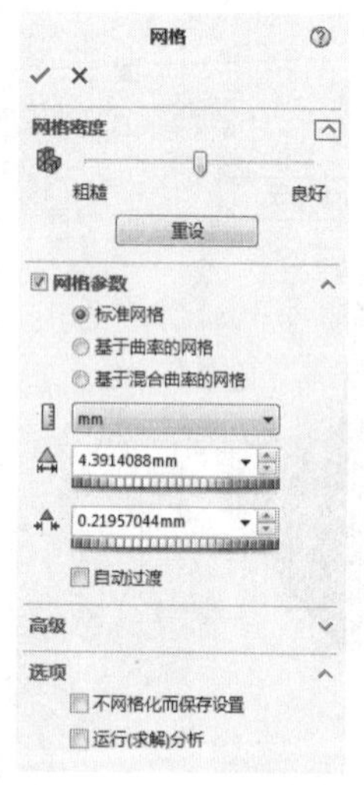

图17-112　设置网格参数

图17-113　划分网格后的轴承座

❹单击“Simulation”面板中的“运行此算例”按钮，运行分析。当计算分析完成后，在 Simulation 模型树中的静力学分析算例专题下将出现对应的结果文件夹。

❺在 Simulation 的管理设计树中选择固有频率分析算例，重复步骤❶～❹，完成频率分析。

05 查看结果。在分析完有限元模型后，需要对计算结果进行分析，以使其成为进一步设计的依据。

首先查看静力学分析结果。在 Simulation 的管理设计树中单击静力学分析算例专题中的“应力”文件夹下的图解按钮，即可在绘图区中看到轴承座的应力分布云图，如图 17-114 所示。

图 17-114 中红颜色的区域代表应力比较大的地方，蓝颜色的区域代表应力较小的地方。从应力分布云图中可以看出，轴承座在施加载荷情况下的 Von Mises 应力比较小，最大应力约为 5.123×10^4Pa，远远小于轴承座材料合金钢的屈服极限（3.516×10^8Pa）。由此可见，轴承座的初步设计裕度过大，应该进一步减薄轴承座的底座和轴承孔，同时加强筋的作用对轴承座的承力很有效。

图 17-114　轴承座的应力分布云图

在 Simulation 的管理设计树中单击固有频率分析算例专题中的“位移”文件夹下的图解钮，即可在绘图区中看到轴承座在一阶固有频率下的振动变形情况，如图 17-115 所示。

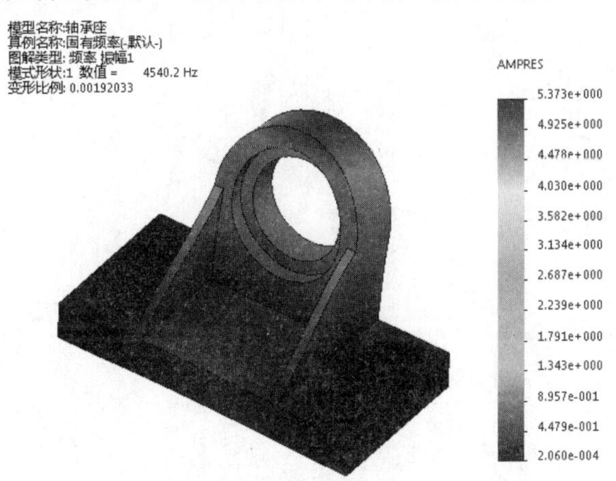

图 17-115　轴承座在一阶固有频率下的振动变形情况

选择“Simulation”→“列举结果”→“模式”，在弹出的“列举模式”窗口框中可以看到轴承座的前 5 阶固有频率，如图 17-116 所示。

模式号	频率(rad/秒)	频率(赫兹)	周期(秒)
1	28527	4540.2	0.00022025
2	38410	6113.1	0.00016358
3	65708	10458	9.5623e-005
4	67566	10753	9.2994e-005
5	74921	11924	8.3864e-005

图 17-116　轴承座的前 5 阶固有频率

第 18 章 流场分析

本章介绍了流场分析的基本原理和实现过程，并利用球阀设计及电子设备散热两个分析实例，说明了SOLIDWORKS Flow Simulation 2020的具体使用方法。

- SOLIDWORKS Flow Simulation 基础
- 球阀设计实例
- 电子设备散热问题

18.1 SOLIDWORKS Flow Simulation 基础

1. SOLIDWORKS Flow Simulation的应用领域

SOLIDWORKS Flow Simulation 作为一种 CFD 分析软件，在流体流动和传热分析领域有着广泛的应用背景。典型的应用场合如下：

➢ 流体流动的内流和外流。
➢ 定常和非定常流动。
➢ 可压缩和不可压缩流动（在用一个项目中没有混合）。
➢ 自由、强迫和混合对流。
➢ 考虑边界层的流动，包括粗糙壁面的影响。
➢ 层流和湍流流动。
➢ 多组分流动和多体固体。
➢ 多种情况下流固的热传导。
➢ 多孔介质流动。
➢ 非牛顿流体流动问题。
➢ 可压液体流动问题。
➢ 两相（液体和固体颗粒）流动问题。
➢ 水蒸气的等体积压缩问题，以及对流动和传热的影响。
➢ 作用于移动或旋转壁面的流动问题。

2. SOLIDWORKS Flow Simulation的使用流程

CFD 软件的使用有其固定的流程，SOLIDWORKS Flow Simulation 也不例外。

01 确定求解几何区间和物性特征。用来描述问题的几何区间和物理特征极大地影响着计算的结果。在求解前的建模工作中需要对问题进行一定的简化，即判断一些 SOLIDWORKS Flow Simulation 无法引入到计算过程中的工程问题参数的影响。

❶如果问题包含运动的物体，那么就要考虑物体的运动对计算结果的影响；如果物体的运动对结果影响很大，那么就要考虑使用准静态方法。

❷如果问题包含若干种类的流体和固体，那么就要考虑这些组分之间化学反应对计算结果的影响。如果化学反应有一定作用，即化学反应的速率很高，而且反应得到的物质很多，那么可以考虑把反应结果当作另外一种物质考虑到计算过程之中。

❸如果问题包含多种流体，如气体和液体，那么就要考虑其界面存在的重要性，并进行处理。因为 SOLIDWORKS Flow Simulation 在计算过程中并不考虑液气界面的存在。

02 构建 SOLIDWORKS Flow Simulation 求解项目。

❶将实际的工程问题简化，剔除大量占用计算资源的约束，如在考察壁面特性时一般假定为绝对光滑或具有相同的表面粗糙度特性。

❷为模型加入辅助特征，如流入和流出通道。

❸指定 SOLIDWORKS Flow Simulation 项目的类型，如问题类型（内流或外流），流体和固体的物性，计算域的边界、边界条件和初始化条件、流体的子区域、旋转区域，基于体积或表面积的热源、风扇条件等。

❹指定关注的物理参数作为 SOLIDWORKS Flow Simulation 项目的求解目标，这类参数可以是全局的也可以是局部的参数，从而在计算后考察其在求解过程中的变化情况。

03 问题求解。

❶划分网格。可以使用系统自动生成的计算网格，也可以在其基础之上手工调整网格的特性，如全局精细或局部精细网格。这些将对求解时间和精度有绝对的影响。

❷求解，并监测求解过程。

❸用图表的形式观察计算结果。

❹考察计算结果的可靠性和准确性。

3. SOLIDWORKS Flow Simulation的网格技术

为了在计算机上求得数学模型的解，必须使用离散方法将数学模型离散成数值模型，主要包括计算空间的离散和物理方程的离散。

常用的物理方程离散方法有：有限差分法、有限体积法和有限单元法。SOLIDWORKS Flow Simulation 对物理方程的离散采用的方法是有限体积法。

对空间离散的方法就是所谓网格生成过程，用离散的网格来代替整个物理空间。网格生成是数值模拟的基础。提高网格质量、减少人工成本、易于编写程序、提高收敛速度是高效求解算法的几个主要目标。

目前，普遍应用的主要有贴体网格法、块结构化网格法和非结构化网格法。贴体网格法是通过变换，把物理平面的不规则区域变换成计算平面的规则区域的一种计算方法。这种方法的优点是整个计算域为结构化网格，程序编写容易；离散方程的求解算法比较简单、成熟、收敛较快，但其网格生成的算法、技巧与具体的几何形状有关，不易做到自动生成，而且对于特别复杂的区域，往往难以生成高质量的网格。块结构化网格法把一个复杂的计算区域分成若干比较简单的块，每一块内均采用各自的结构化网格。它可以大大减轻单个区域生成网格的难度，生成高质量的网格，但对于特别复杂的区域，整个区域的分块工作需要大量的人工干预，最终生成网格的质量相当程度上依赖于工作人员的经验水平，而且块交界面处需要进行大量的信息交换，程序编写比较复杂。非结构化网格法是在有限元方法的影响之下，于最近十几年发展起来的。该法可根据计算问题的特点自由布置网格系统，对任何复杂的区域，均可获得高质量的网格，并且可以实现网格生成自动化，但非结构化网格的生成算法多采用四面体网格，对于大纵横比的计算问题，非结构化网格法需要布置较多的网格才能保证网格的质量，而且非结构化网格法的程序组织及编写也比结构化网格法复杂，离散方程收敛较慢。现有的方法各有优势，但也都存在需要改进之处，它们都未能同时满足高效求解算法的几个要求。

自适应直角坐标网格方法是近年来发展起来的一种能较好处理复杂外形的计算方法。该方法概念简单易懂，易于生成高质量的网格，控制方程形式简单、不易发散，而且其自适应的特性可以最大限度地减少人工干预成本。自适应直角坐标网格方法是在原始的均匀直角坐标网格基础上，根据物面外形和物理量梯度场的特点，在边界附近及物理量梯度较大的局部区域内不断进行网格细化，因此可以用足够细密的阶梯形边界来逼近曲线边界，并在物理量梯度较大处用较细密网格获得较高精度。只要不断进行网格细化，该方法可以以任意精度模拟边界曲线，而且该方法网格建立简单省时、网格加密容易。

SOLIDWORKS Flow Simulation 正是采用的这种自适应直角坐标网格方法，又称自适应直角网格，并以人工干预的方法来控制网格的生成和局部细化过程。

18.2 球阀流场分析实例

本例通过对一个球阀装配体的内部流场计算，说明 SOLIDWORKS Flow Simulation 的基本使用方法。同时，给出了在零件结构变化的情况下，SOLIDWORKS Flow Simulation 是如何工作的。

视频文件\动画演示\第 18 章\球阀流场分析实例.mp4

01 打开 SOLIDWORKS 模型。

❶打开“Ball Valve.SLDASM”，该文件位于“球阀”文件夹内。打开后的球阀如图 18-1 所示。

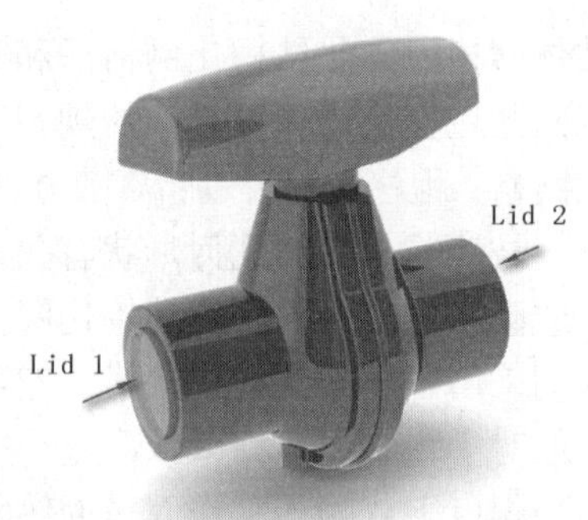

图 18-1　球阀

❷在 SOLIDWORKS 特征管理器设计树中选择 Lid 1 和 Lid 2，观察 Lids（盖子）。Lids 是用来定义出口和入口条件的边界。

02 构建 SOLIDWORKS Flow Simulation 项目。

❶单击“Flow Simulation”面板中的“向导”命令，打开“向导-项目名称”对话框。

❷设置“项目名称”为 Ball Valve，如图 18-2 所示。

图 18-2　创建新的项目名称

SOLIDWORKS Flow Simulation 会创建新的配置文件，并存储在新建的文件夹里。

❸单击“下一步”按钮，进行下一步操作。

❹选择计算的单位制，本例选为 SI。注意，在完成项目向导设置后，仍然可以通过配置的方法来改变 SOLIDWORKS Flow Simulation 的单位系统，如图 18-3 所示。

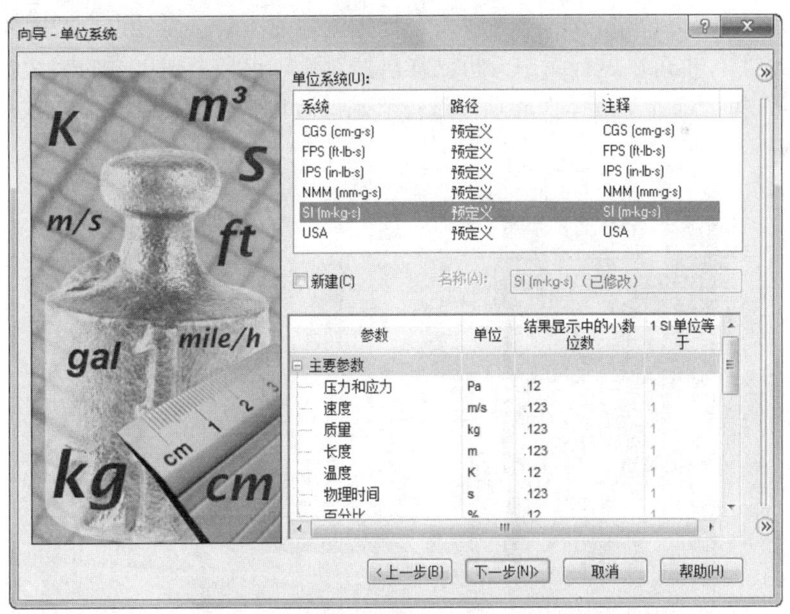

图 18-3　选择计算的单位制

SOLIDWORKS Flow Simulation 会创建一些预先定义好的单位系统，也可以定义自己的单位系统，然后来回切换。

❺单击“下一步”按钮，进行下一步操作。

❻将“分析类型”设定为“内部”，同时不选择任何的“物理特征”，如图 18-4 所示。

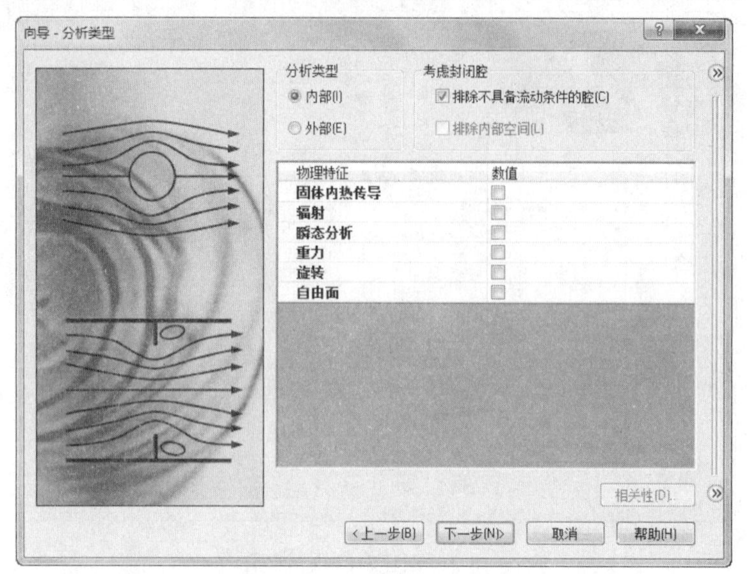

图 18-4　设置分析类型

这里要分析的是在结构内部的流动，与之相对应的是外部流动，同时选择了“排除不具备流动条件的腔”，即忽略了空穴的作用。

❼单击“下一步”按钮，进行下一步操作。

SOLIDWORKS Flow Simulation 不仅仅会计算流体的流动，而且也会把固体的传热条件考虑进去，如辐射，也可以进行瞬态分析。在自然对流时也会考虑重力的因素。

❽在 Fluids 树上选择“液体”选项，选择“水（液体）”。可以通过双击或单击“添加”实现，如图 18-5 所示。

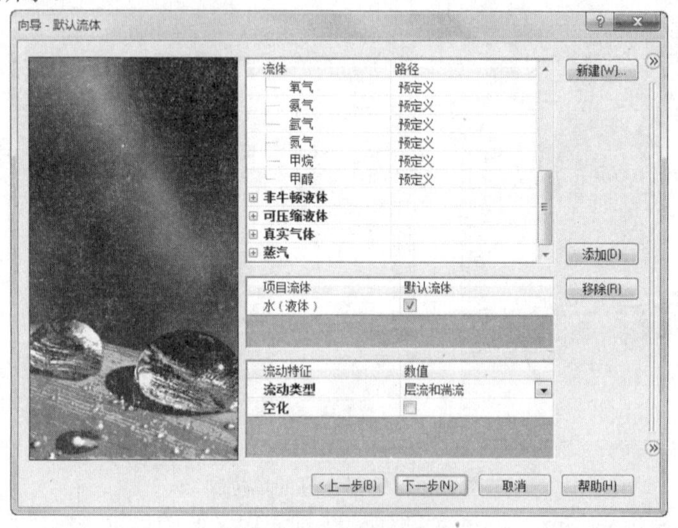

图 18-5　选择项目流体

SOLIDWORKS Flow Simulation 可以在一个算例中分析多种性质的流体，但流体之间必须通过固壁隔离开来，只有同种流体才可以混合。

❾单击“下一步”按钮，进行下一步操作。

SOLIDWORKS Flow Simulation 能够分析的流动类型有仅湍流、仅层流，以及层流和湍流的混合状态，也可以用来计算不同 Mach 数条件的可压缩流体。

❿单击“下一步”按钮，接受默认的壁面条件，如图 18-6 所示。

图 18-6　设置壁面条件

由于我们并不关心流体流经固壁的传热条件，所以选择接受绝热壁面。可以自行定义壁面表面粗糙度值，表示为真实的壁面边界条件，其定义为表面粗糙度的 Rz 值。

⓫单击“下一步”按钮，接受默认的初始条件，如图 18-7 所示。

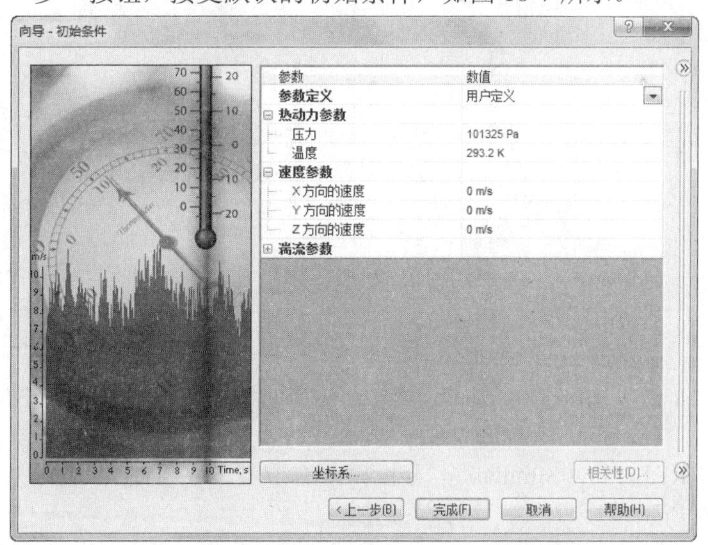

图 18-7　设置初始条件

这里定义的是 p、v、T 的初始条件。实际上，初始值与最终的计算值越接近，计算时间就越短。这里并不知道数值结果的最终值，所以接受默认设置。

⓬单击“完成”按钮，SOLIDWORKS Flow Simulation 完成了一个新的配置的创建，单击设计树中的“配置”按钮，就可以看到 Ball Valve 配置已经被创建了，如图 18-8 所示。

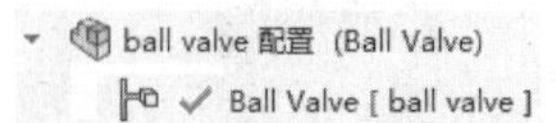

图 18-8 创建 Ball Valve 配置

⓭单击图 18-9 所示的按钮进入 SOLIDWORKS Flow Simulation Analysis Tree，打开所有的节点。

在下面的流程中会定义分析内容，也正如在 SOLIDWORKS 特征管理器中构建实体特征进行设计的过程。

可以通过在任何时候选择显示或隐藏关系的内容。在“计算域”节点右击，选择“隐藏”，即可隐藏计算域的黑色线框，如图 18-10 所示。

03 设置边界条件。边界条件是求解区域的边界上所求解的变量值，或者是其对时间和位置的导数情况。变量可以是压力、质量或速度。

❶单击“剖面视图”按钮，打开“剖面视图”属性管理器。按图 18-11 所示打开相应的剖视图。

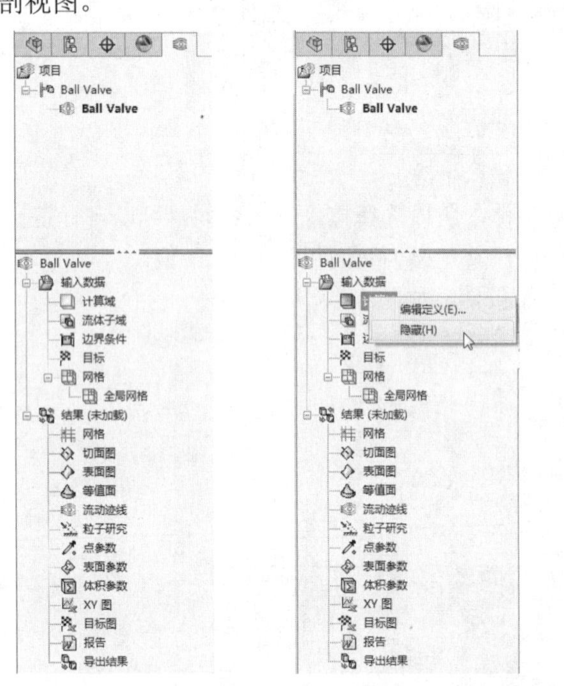

图 18-9 Flow Simulation 分析树　　图 18-10 隐藏计算区域的黑色线框　　图 18-11 打开剖视图

在 SOLIDWORKS Flow Simulation 分析树中右击“边界条件”，选择“插入边界条件”选项，如图 18-12 所示。

❷在“边界条件”属性管理器的“表面”选择框中选择 Lid-1 的内侧面。

❸单击“流动开口”按钮，在列表框中选择“入口质量流量”。在“流动参数”选项组中设置“质量流量垂直于面”$\dot{m}$为 0.5kg/s，如图 18-13 所示。

❹单击“确定”按钮✔，完成设置，“入口质量流量 1”节点会出现在“边界条件”节点下，如图 18-14 所示。

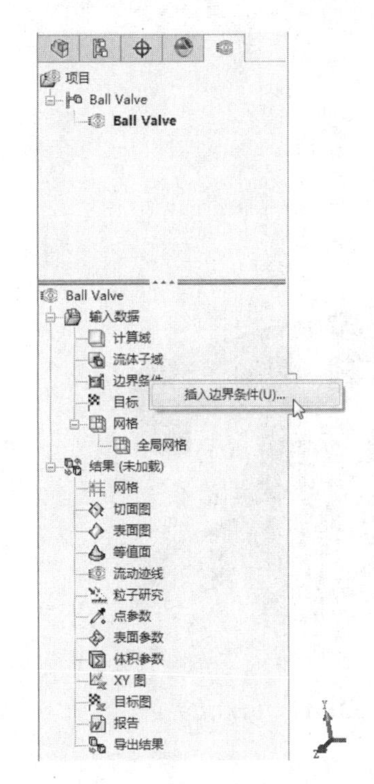

图18-12　选择“插入边界条件”选项

图18-13　定义流入边界条件

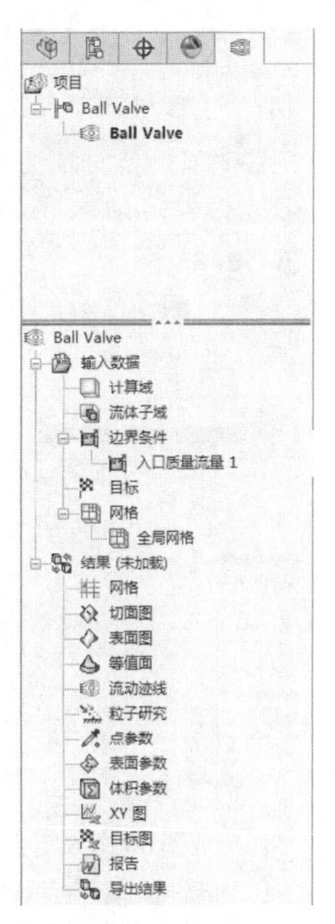

图18-14　设置“入口质量流量1”节点

因为流体的流动具有质量守恒的特性，这里不必再另外定义阀体的流出边界条件，默认为与流入相同。另外，需要定义出口条件，即出口压力。

❺如图 18-15 所示，选择 Lid-2 的内侧面。

❻在 SOLIDWORKS Flow Simulation 分析树中，右击“边界条件”，选择“插入边界条件”命令。

❼选择“压力开口”，并以“静压”作为边界条件类型，如图 18-16 所示。

❽单击“确定”按钮✔，就会看到“静压 1”节点加入到“边界条件”节点下。

这样就完成了对 SOLIDWORKS Flow Simulation 出口边界条件的定义——流体以出口标准大气压的形式流出阀体，如图 18-17 所示。

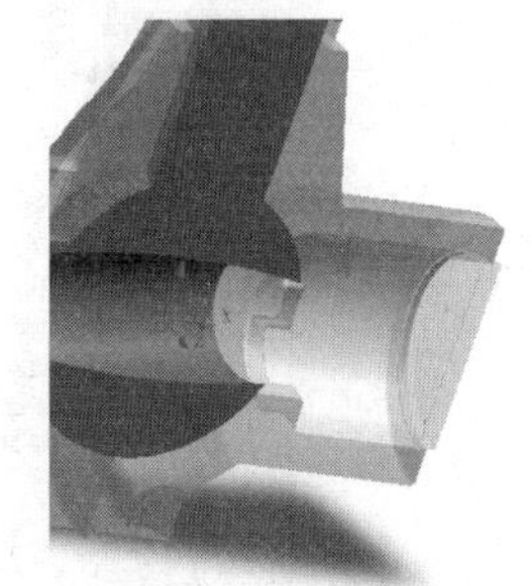

图 18-15　选择 Lid-2 的内侧面

04 定义求解目标。

❶右击 SOLIDWORKS Flow Simulation 分析树中的“目标”节点图标，选择“插入表面目标”选项，如图 18-18 所示。

❷在 SOLIDWORKS Flow Simulation 分析树中选择“入口质量流量 1”，表明求解目标应用的截面位置。

在“表面目标”属性管理器“参数”表的“静压”行选择“平均值”。另外，注意“用于控制目标收敛”已经被选中，表明将会使用定义的求解目标作为收敛控制，如图 18-19 所示。

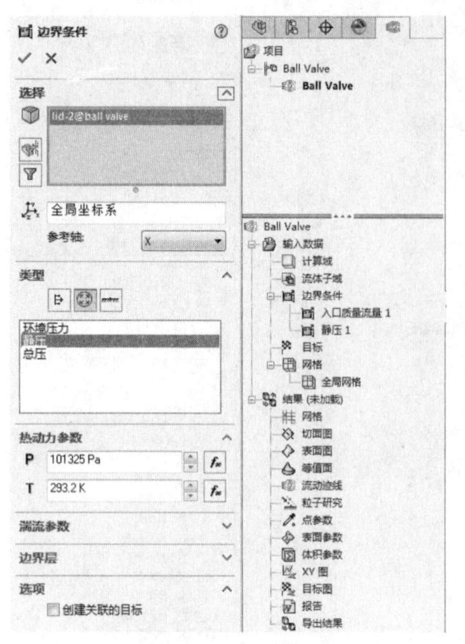

图18-16　定义出口边界条件

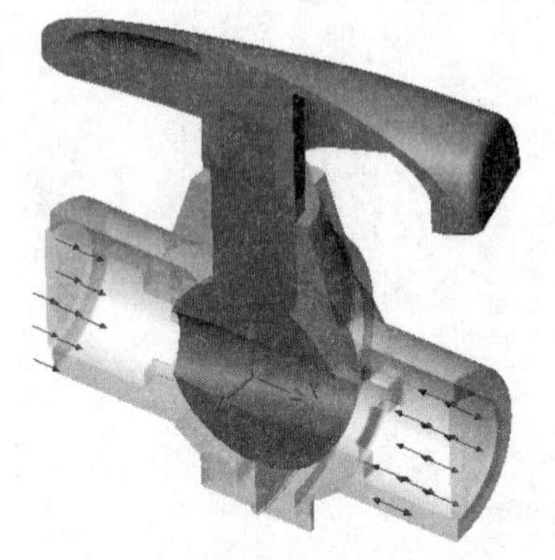

图18-17　出口边界条件

图18-18　选择“插入表面目标”选项

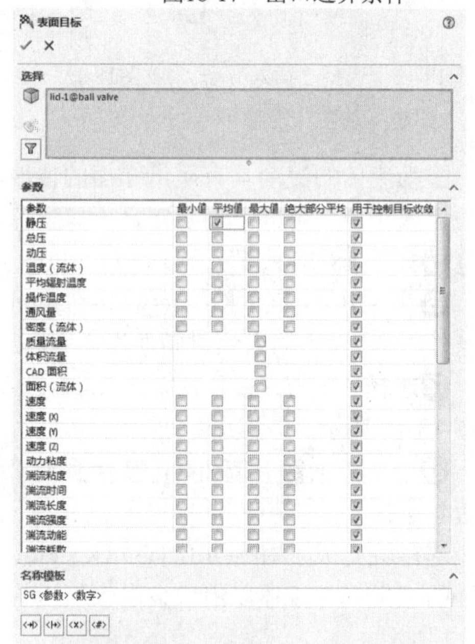

图18-19　定义“表面目标”参数

如果“用于控制目标收敛”未被选中，则该变量不会影响迭代过程的收敛性，而是用作“监视变量”，从而提供求解过程的额外信息，同时不会影响求解的结果和解算时间。

❸单击“确定”按钮✓，则在“目标”节点下出现“SG 平均值静压 1”作为求解目标，如图 18-20 所示。

求解目标表明了用户对某种类型变量的关切程度。通过对求解变量目标的定义，求解器了解了变量的重要程度。在全部求解区间内定义的目标变量称为全局目标（Gloabal Goals），在局部选定的区间定义的目标变量称为壁面目标（Surface Goals），或者称为体积目标。另外，可以定义平均值、最大值或最小值及表达式作为求解目标。

❹选择“文件”→“保存”。

05 求解计算。

❶单击“Flow Simulation”面板中的“运行”按钮。弹出“运行”对话框，如图 18-21 所示。

❷采用默认设置，单击“运行”。按钮

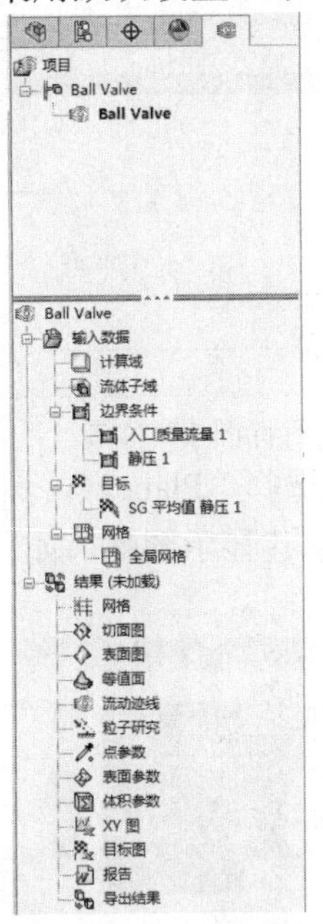

图18-20　“SG 平均值静压1”作为求解目标

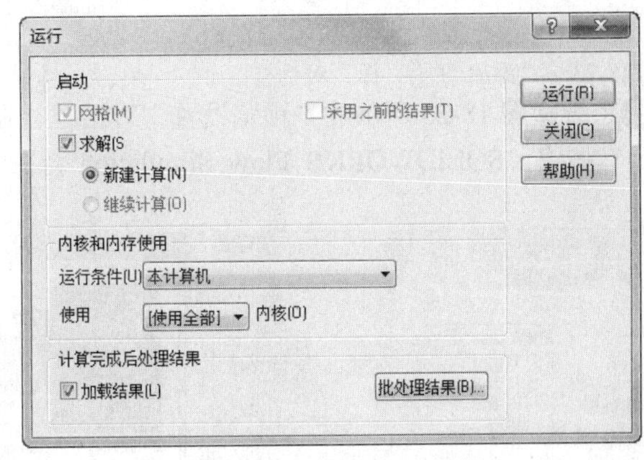

图18-21　“运行”对话框

06 监视求解过程。弹出图 18-22 所示的“求解器”窗口。这就是求解过程的监视窗口；左侧的“信息”窗口显示的是正在进行的求解过程，右侧的“日志”窗口则是计算资源的信息提示。

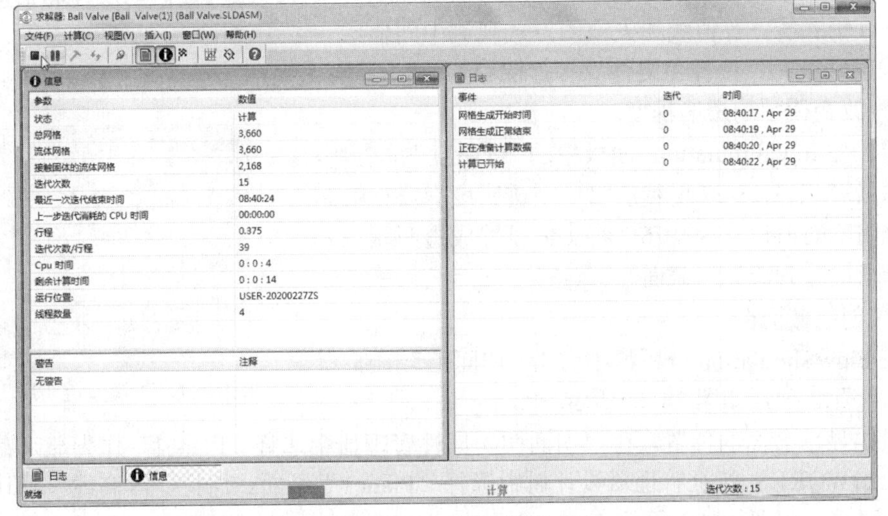

图18-22　“求解器”窗口

❶在计算未完成之前单击“求解器”窗口中的“暂停”按钮，然后单击“插入目标图”按钮，弹出“添加/移除目标”对话框，如图 18-23 所示。

❷勾选“SG 平均值静压 1”，单击“确定”按钮。

❸系统弹出图 18-24 所示的“目标图 1”窗口，列出了每一个设置的求解目标。这里可以观测到计算的当前值和迭代次数。

❹单击“求解器”窗口中的“插入预览”按钮。

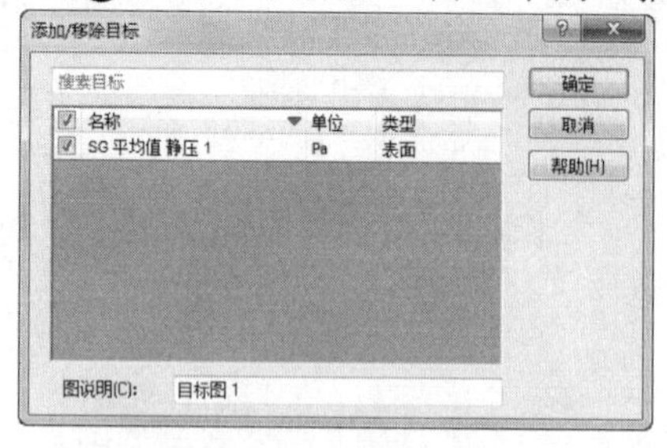

图 18-23 “添加/移除目标”对话框

图 18-24 “目标图 1”窗口

❺系统弹图 18-25 所示的“预览设置”对话框。在“平面名”选择“Plane2”，然后单击“确定”按钮。SOLIDWORKS Flow Simulation 会在 Plane2 平面创建显示图解，如图 18-26 所示。

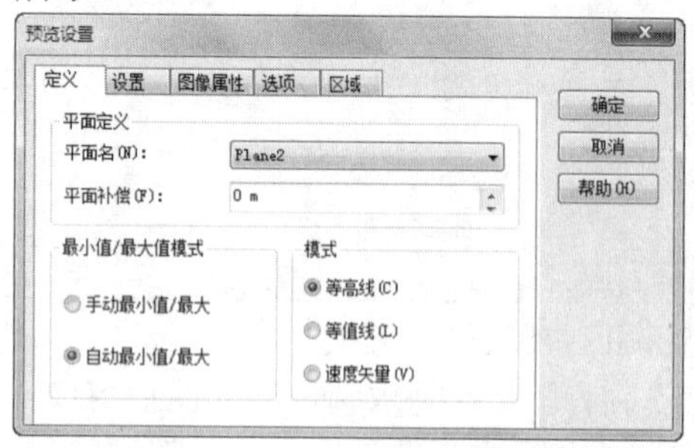

图 18-25 “预览设置”对话框

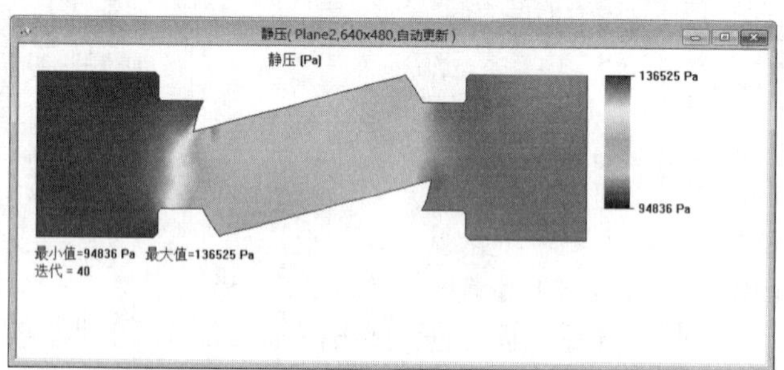

图 18-26 显示图解

可以在计算过程中看到结果。这可以帮助确定边界条件的正确性，以及计算初期的计算结果。可以轮廓线、等值线和矢量的方式观测中间值。

❻求解结束时，选择“文件”→“保存”。

07 改变模型的透明程度。

❶单击“Flow Simulation”面板中的“透明度”按钮。

❷系统弹出图 18-27 所示的“模型透明度”对话框。将模型透明度的值设置为 0.76。将实体设置成透明状态，就可以清晰地看到流动的截面。

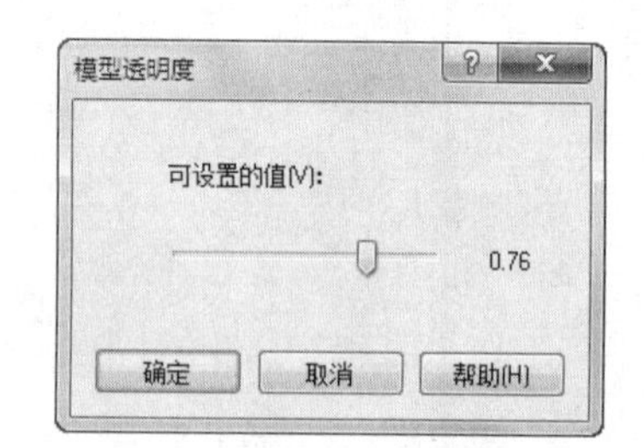

图18-27 “模型透明度”对话框

08 创建截面图。

❶在 FlowSimulation 分析树中右击“切面图”按钮，选择“插入”选项，如图 18-28 所示。

❷设定显示截面的位置。在“切面图”属性管理器中选择“Plane1”作为显示截面，也可在 SOLIDWORKS 特征管理器设计树中选择“Plane1”平面。保持“等高线”默认选项，即显示轮廓线，如图 18-29 所示。

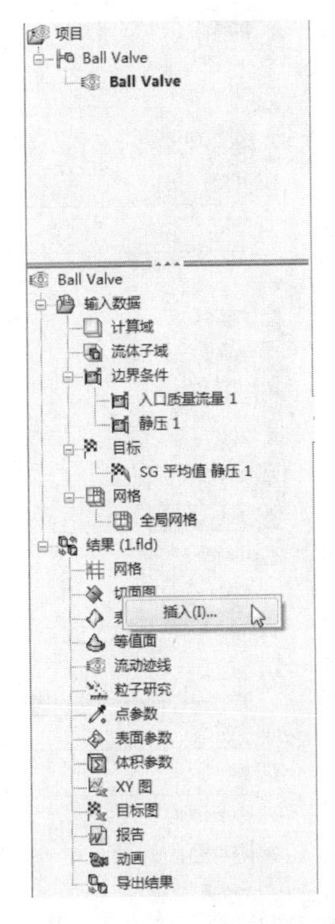

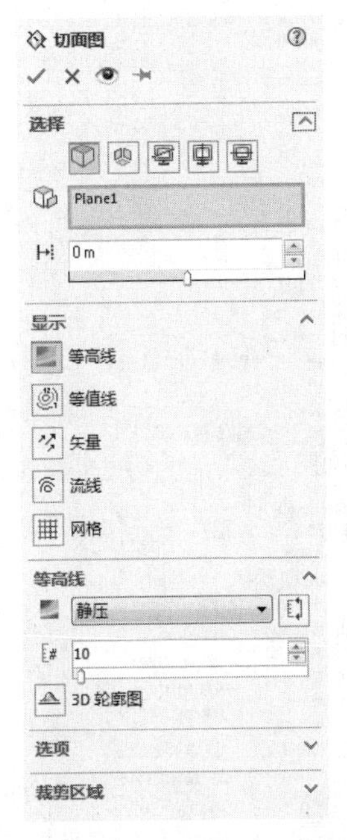

图18-28　选择“插入”选项　　　　图18-29　设定显示截面的位置

❸单击“确定”按钮✔，创建的截面图如图 18-30 所示。

可以任何的 SOLIDWORKS 平面作为结果的截面位置，显示方法可以是轮廓线、等值线和矢量等。

❹对图线做进一步的设置。双击显示区左侧的颜色比例，弹出如图 18-31 所示的“刻度标尺”属性管理器。

在这里可以设置需要显示的变量和用来显示数值结果的颜色数量。

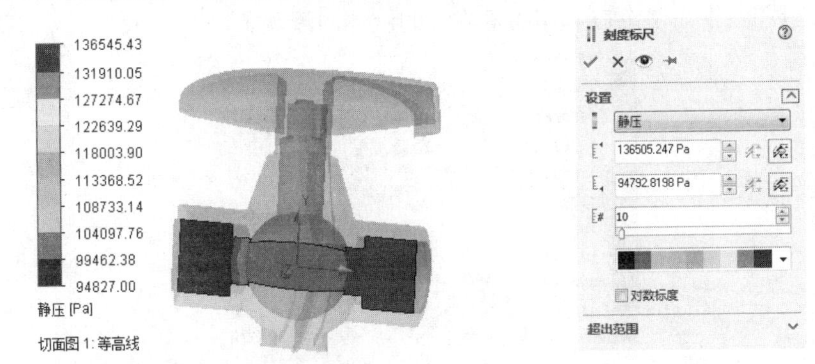

图18-30　创建的截面图　　　　图18-31　“刻度标尺”属性管理器

❺右击“切面图”节点下的“切面图 1”，选择“编辑定义”选项，如图 18-32 所示。

❻在“切面图 1”属性管理器中将“显示”改为“矢量”，如图 18-33 所示。

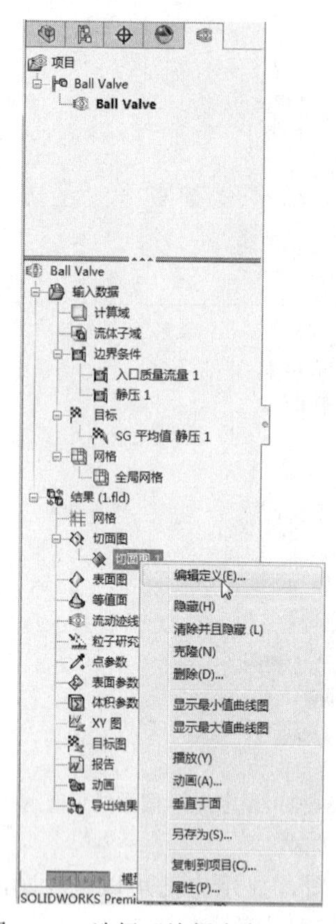

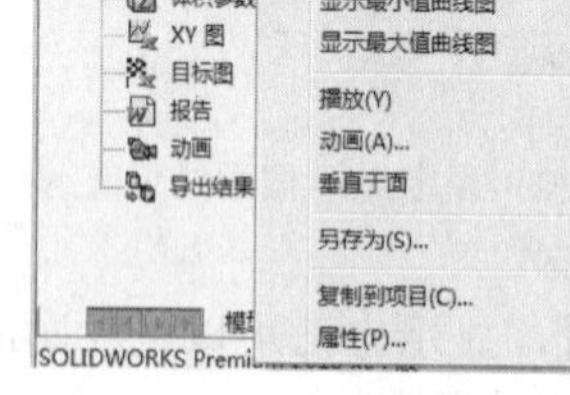

图18-32　选择“编辑定义”选项

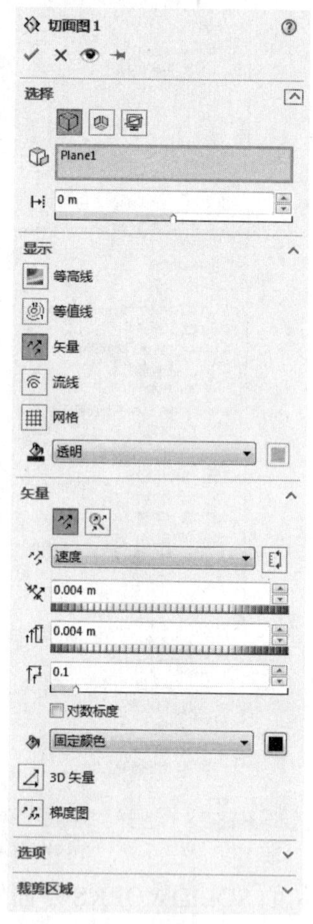

图18-33　更改显示方式

❼单击“确定”按钮✔，矢量显示效果如图 18-34 所示。

在“刻度标尺”对话框中的“矢量”选项中可以改变矢量箭头的大小。在“切面图”属性管理器中的“矢量”选项组中可以改变矢量线的间距。

在矢量显示图线下，注意在球阀尖角附近的流体回流现象。

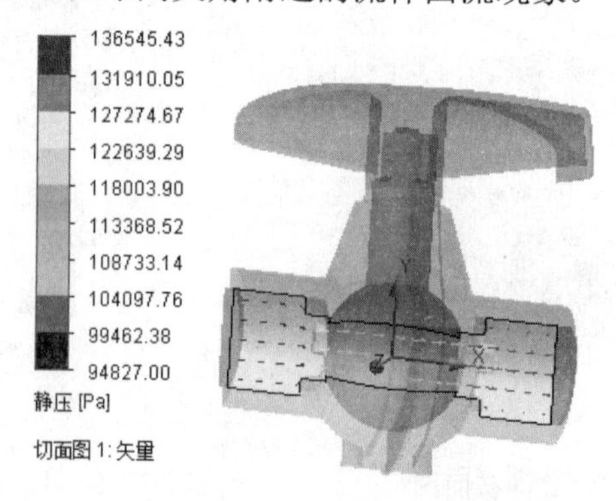

图 18-34　矢量显示效果

09 创建表面图。

❶右击“切面图”节点下的“切面图 1”，选择“隐藏”选项。

❷右击“表面图”，选择“插入”选项，如图 18-35 所示。

❸在“表面图”属性管理器中勾选“使用所有面”复选框，选择“等高线”，如图 18-36 所示。

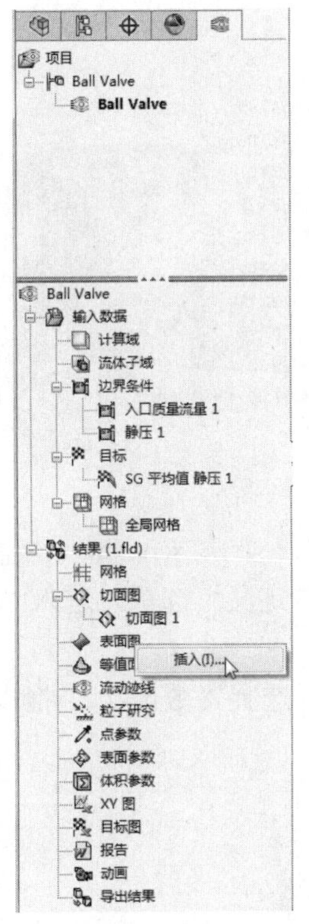

图18-35　选择“插入”选项

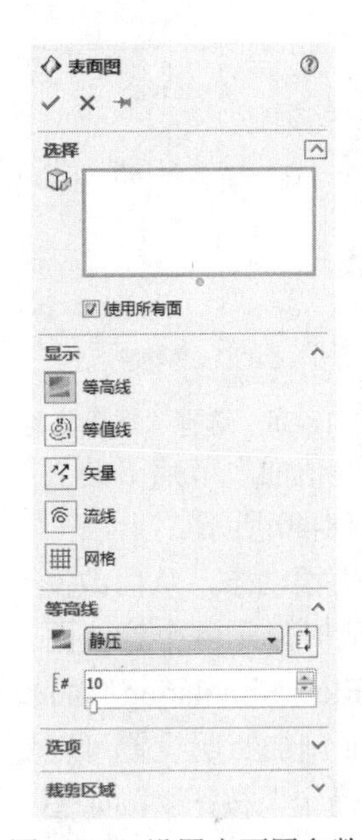

图18-36　设置表面图参数

表面图的设置和截面图类似。

❹单击“确定”按钮✓，就可以得到表面图了。

图 18-37 所示为压力在所有与流体接触壁面上的分布情况。也可以单独显示某处曲面上的局部压力分布情况。

10 创建等值面。

❶右击“表面图”节点下的“表面图 1”，选择“隐藏”选项。

❷右击“等值面”图标，选择“插入”选项，如图 18-38 所示。在打开的“等值面”属性管理器中设置相应的参数，就可以得到图 18-39 所示的等值面。

等值面是 SOLIDWORKS Flow Simulation 创建的三维曲面。该曲面表明，通过该曲面的变量具有相同的数值。变量的类型和颜色显示可以在“刻度标尺”对话框中进行设置。

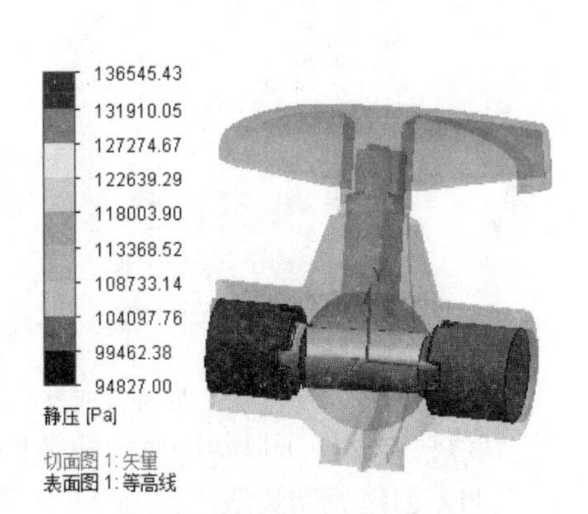

图 18-37　压力分布情况

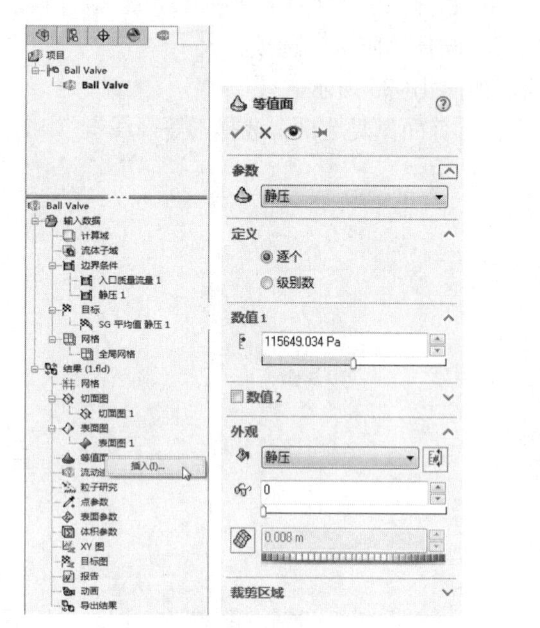

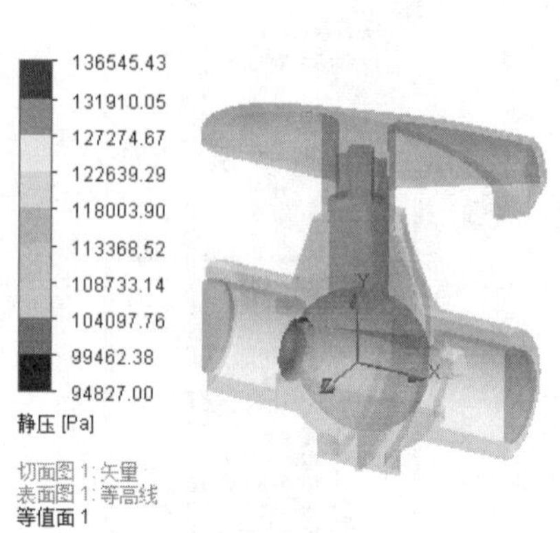

图18-38　选择“插入”选项　　　　图18-39　等值面

❸右击“等值面”节点下的“等值面 1”，选择“编辑定义”选项，进入“等值面”属性管理器，如图 18-40 所示。

❹拖曳数值滚动条，从而改变显示的压力数值。可以选择“数值 2”，拖曳“数值 2”的参数滚动条，同时显示两个等值面。

❺单击“Flow Simulation”面板中的“照明”按钮。

对三维曲面施加照明设置可以更好地观察曲面。

❻单击“确定”按钮✔，如图 18-41 所示。

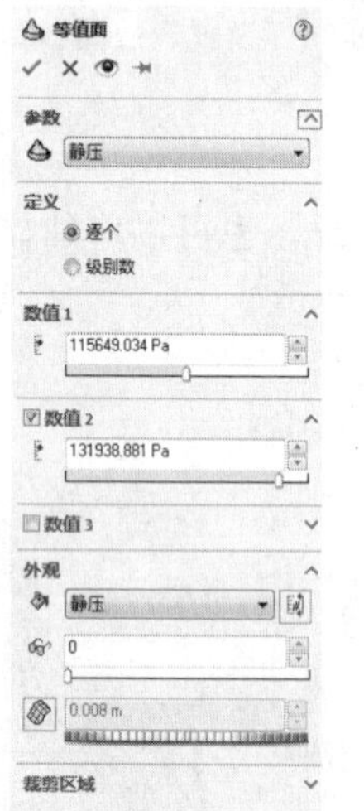

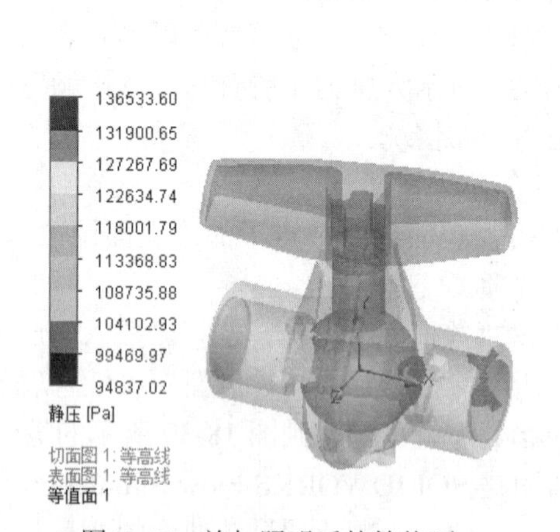

图18-40　“等值面”属性管理器　　　　图18-41　施加照明后的等值面

等值三维曲面可以帮助确定流体的压力和速度等变量在何处达到了一个确定的值。

11 创建流动迹线。

❶右击“等值面”，选择“隐藏”选项。

❷右击“流动迹线”，选择“插入”选项，如图 18-42 所示。

❸在 Flow Simulation 分析树中选择“边界条件”→“静压 1”，如图 18-43 所示。

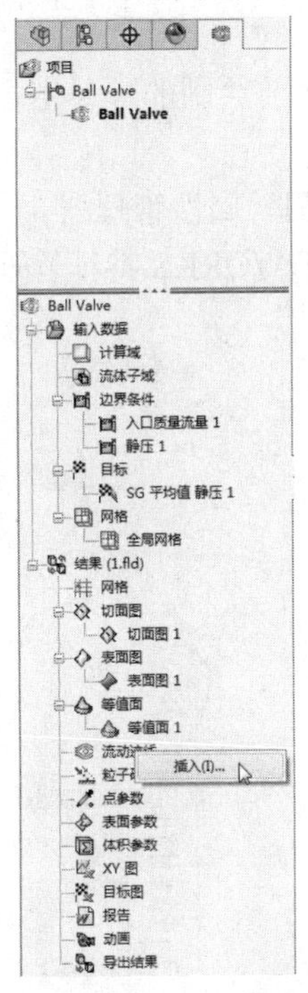

图18-42　选择“插入”选项

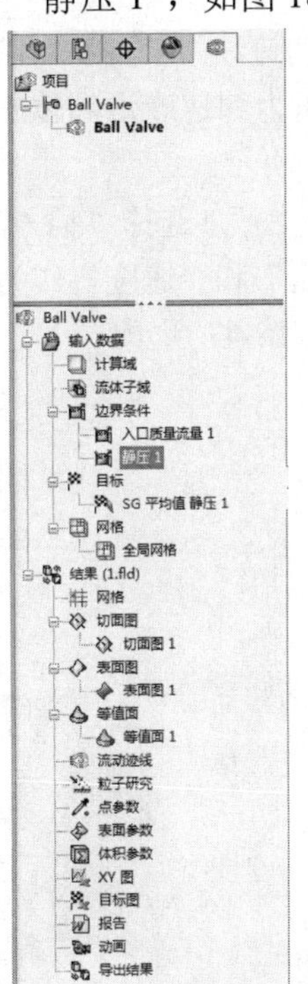

图18-43　选择“静压1”选项

❹在“流动迹线”属性管理器中选择 Lid-2 的内侧壁面，将“点数”改为 16，如图 18-44 所示。

❺单击“确定”按钮✔，则显示流动迹线，如图 18-45 所示。

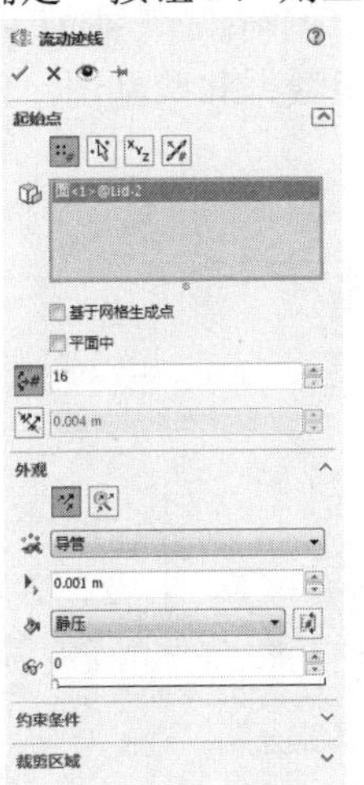

图18-44　设置流动迹线参数

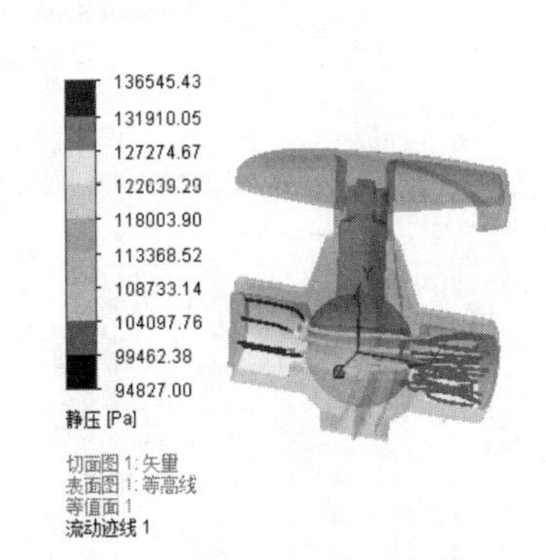

图18-45　流动迹线

可以通过 Excel 记录变量的变化对流动迹线的影响。另外，也可以保存流动迹线。

计算结果表明，在 Lid-2 的内侧壁面有流体同时流入和流出的现象。一般来讲，在同一截面上如果同时存在流入和流出，计算结果的准确性将受到影响。解决方法是在出口处增加管道，从而增大计算求解的区间，以解决在出口存在旋涡的问题。

12 创建 XY 图。

❶右击“流动迹线”，选择“隐藏”选项。

下面将创建压力和速度沿阀体的分布情况，数值沿之前绘制的一条由多条线段组成曲线分布，如图 18-46 所示。

❷右击“XY 图”，选择“插入”选项，打开“XY 图”属性管理器。

❸选择“静压”和“速度”作为物理参数。从 SOLIDWORKS 特征管理器设计树中选择“Sketch1”，如图 18-47 所示。

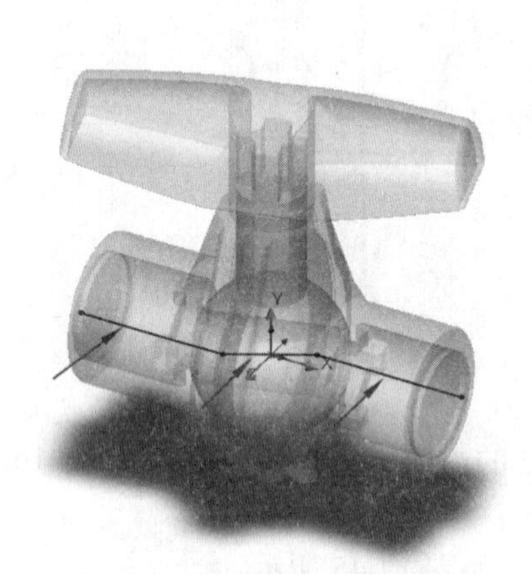

图18-46　多条线段组成曲线

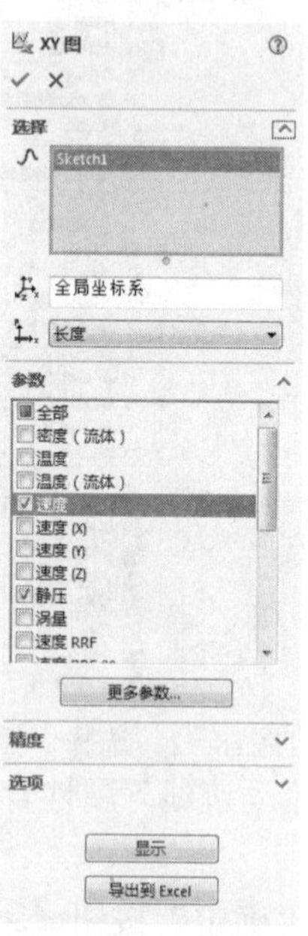

图18-47　设置XY图参数

❹单击“显示”按钮，MS Excel 自动开启，并产生两组数据和两副图，分别显示了压力和速度的分布曲线，如图 18-48 和图 18-49 所示。

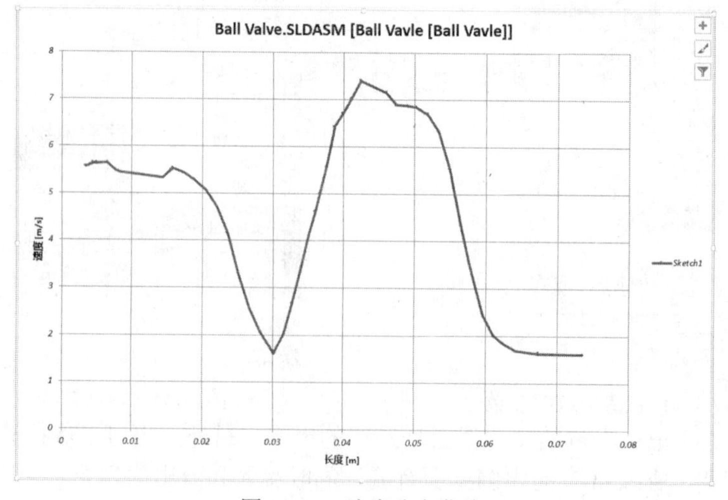

图 18-48　速度分布曲线

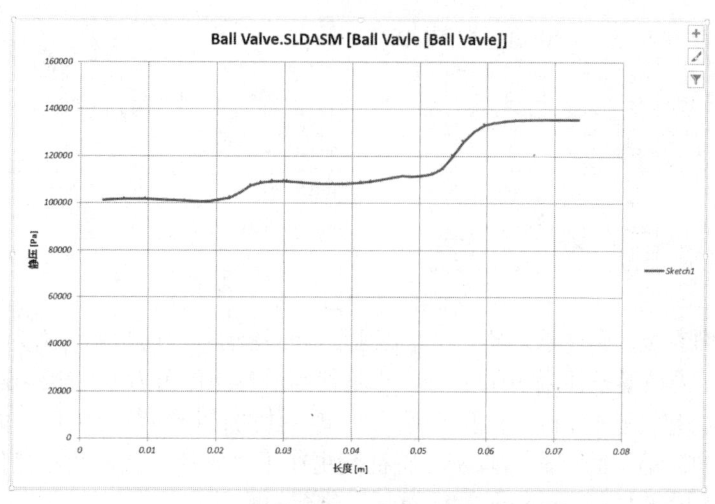

图 18-49　压力分布曲线

注意，这里的压力和速度分布都是沿着 Sketch1 分布的。

13 创建表面参数。表面参数给出了与流体接触固壁的压力、力和热通量等参数值。这里关注的是压力沿着阀体的压力降。

❶右击“表面参数”，选择“插入”选项，如图 18-50 所示。

❷在 SOLIDWORKS Flow Simulation 分析树中选择“入口质量流量 1”，如图 18-51 所示。

❸在弹出的“表面参数”属性管理器（见图 18-52）中选择 Lid-1 的内侧壁面，选择“参数”中的“全部”，单击“显示”按钮。

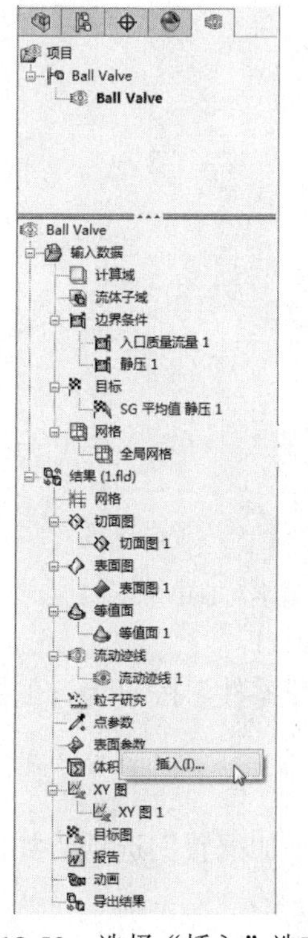

图18-50　选择“插入”选项

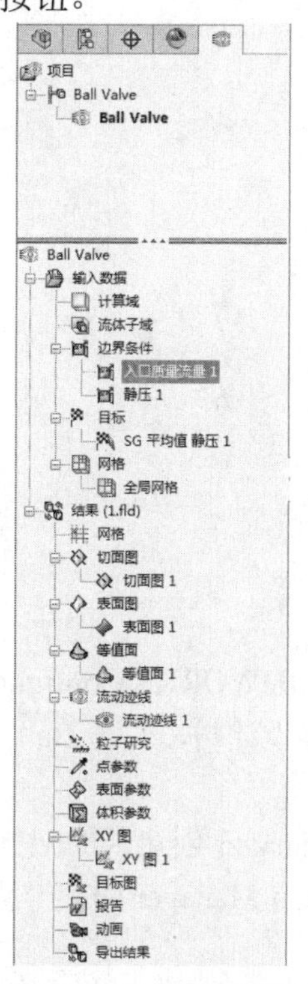

图18-51　选择“入口质量流量1”选项

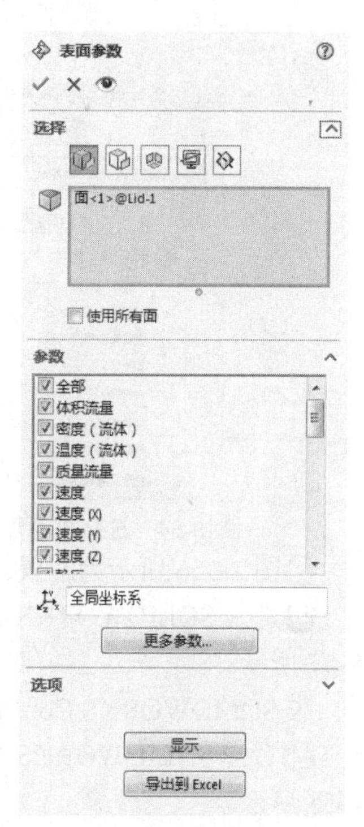

图18-52　“表面参数”属性管理器

❹在绘图区下方弹出 Local 页，如图 18-53 所示。

局部参数	最小值	最大值	平均值	绝大部分平均	表面面积 [m^2]
静压 [Pa]	122733.17	122829.66	122769.80	122769.80	0.0003
密度（流体） [kg/m^3]	997.56	997.56	997.56	997.56	0.0003
速度 [m/s]	1.609	1.609	1.609	1.609	0.0003
速度 (X) [m/s]	1.609	1.609	1.609	1.609	0.0003
速度 (Y) [m/s]	0	0	0	0	0.0003
速度 (Z) [m/s]	3.662e-15	6.688e-15	5.740e-15	5.740e-15	0.0003
温度（流体） [K]	293.20	293.20	293.20	293.20	0.0003
相对压力 [Pa]	21408.17	21504.66	21444.80	21444.80	0.0003

整体参数	数值	X 方向分量	Y 方向分量	Z 方向分量	表面面积 [m^2]
质量流量 [kg/s]	0.5000				0.0003
体积流量 [m^3/s]	0.0005				0.0003
表面面积 [m^2]	0.0003	0.0003	4.7271e-20	9.6465e-19	0.0003
绝对总焓率 [W]	618427.869				0.0003
均匀性指数 [ ]	1.0000000				0.0003
面积（流体） [m^2]	0.0003				0.0003

图 18-53 Local 页

❺关闭“表面参数”属性管理器。注意，这里显示流动入口的平均压力为 122769.8Pa，而开始定义的出口压力边界条件为 101325Pa，于是得到沿着阀体压力差为 224094.8Pa 的结论。

14 球阀的参数变更分析。这里将说明如果零件的特征参数变更后，如何有效快捷地重新分析新生成的流场空间问题。本例的特征变更在于对阀体添加圆角角操作。

在 SOLIDWORKS Configuration Manager 创建新的配置。

❶右击 SOLIDWORKS Configuration Manager 的根节点，选择“添加配置”，如图 18-54 所示。

❷在“添加配置”属性管理器的“配置名称”文本框中输入 Ball Valve 2，如图 18-55 所示。

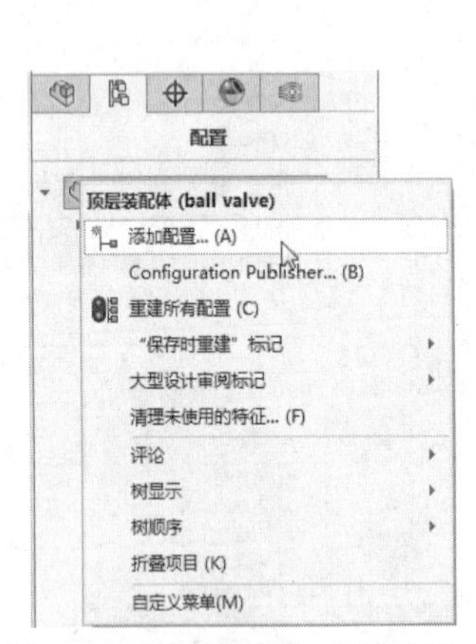

图18-54 选择“添加配置”选项

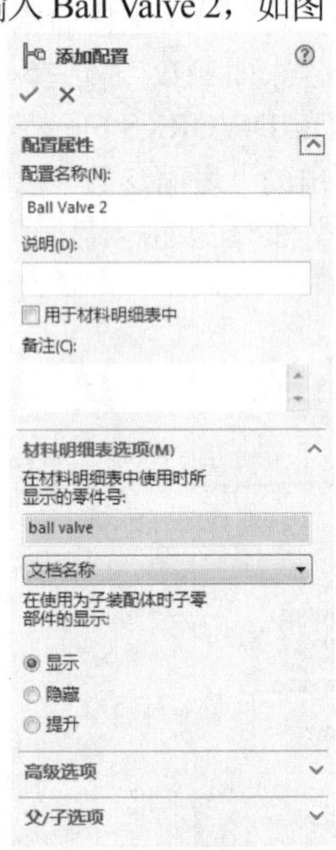

图18-55 输入配置名称Ball Valve2

❸图 18-56 所示为配置完成的 SOLIDWORKS Configuration Manager1。

❹进入 SOLIDWORKS 特征管理器设计树，右击 Ball，选择“打开零件”按钮，如图 18-57 所示。

在 SOLIDWORKS Configuration Manager 创建新的配置。

❺右击 SOLIDWORKS Configuration Manager 的根节点，选择“添加配置”选项，如图 18-58 所示。

❻如图 18-59 所示，在“配置名称”文本框中输入 Ball 2 作为新的配置名称。

❼图 18-60 所示为配置完成的 SOLIDWORKS Configuration Manager2。

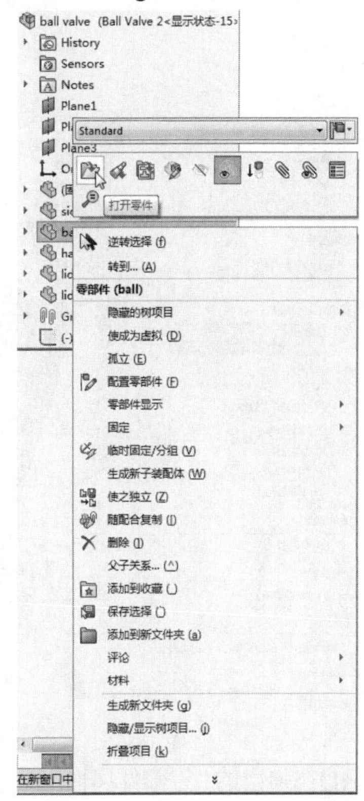

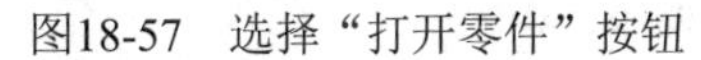

图18-56 配置完成的SOLIDWORKS Configuration Manager1　　图18-57 选择“打开零件”按钮

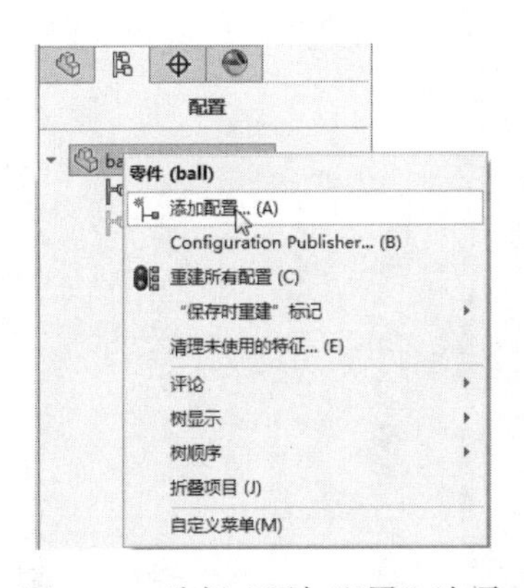

图18-58 选择“添加配置”选项

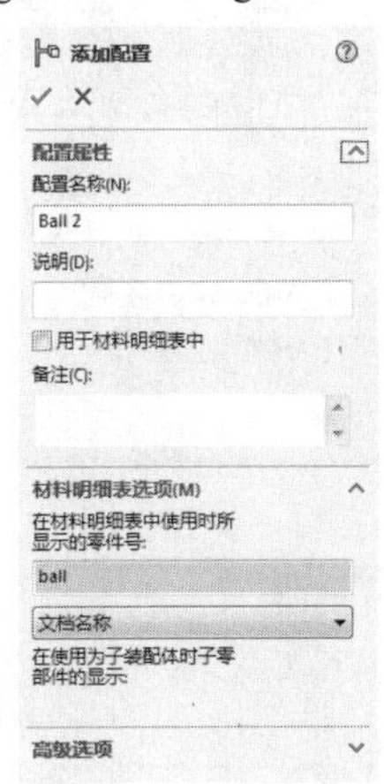

图18-59 输入配置名称Ball2

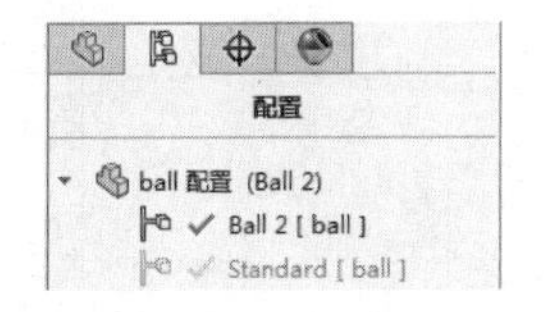

图18-60 配置完成的SOLIDWORKS Configuration Manager2

❽如图 18-61 所示，为曲面添加半径为 1.5mm 的圆角。

❾保存 Ball（零件）后，返回 SOLIDWORKS 特征管理器设计树。右击 Ball，选择“零部件属性”按钮，如图 18-62 所示。

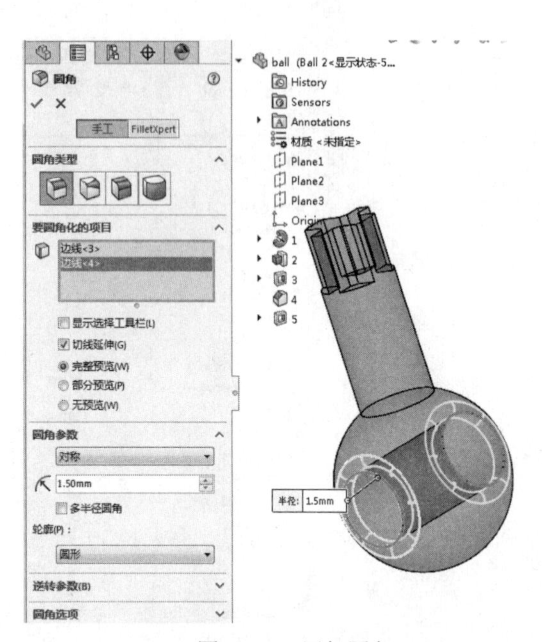

图 18-61　添加圆角　　　　图 18-62　选择“零部件属性”按钮

⑩在弹出的“零部件属性”对话框（见图 18-63）的“所参考的配置”列表框中选择“Ball 2”，如图 18-63 所示。

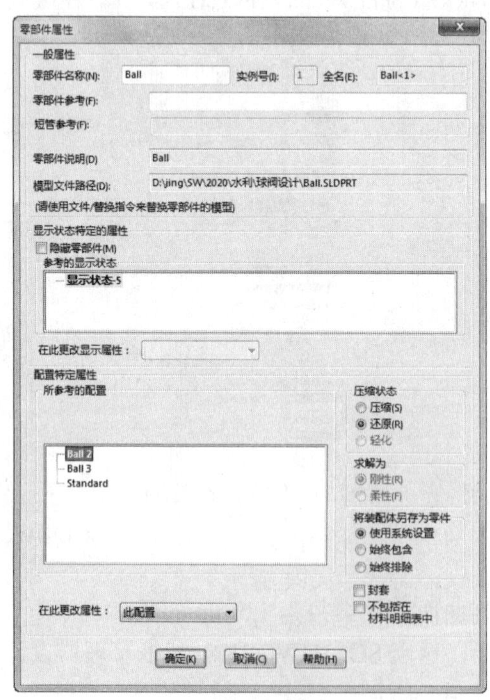

图 18-63　“零部件属性”对话框

⓫单击“确定”按钮，关闭该对话框。

这样就用新创建的具有圆角特征的球阀代替了原来的配置，下面要做的就是重新利用 Flow Simulation 求解这个装配体的流场特性，并将新的求解图表和之前的结论进行比较。

⓬右击 SOLIDWORKS Configuration Manager 的 Ball Valve 节点，选择“显示配置”，如图 18-64 所示。切换回没有圆角的配置。

(15) 克隆项目。

❶单击“Flow Simulation”面板中的 “克隆项目”按钮。

❷在“克隆项目”属性管理器的“要添加的项目配置”的下拉列表选择“选择”选项，在“配置”列表框中选择“Ball Valve 2”，如图 18-65 所示。

❸单击“确定”按钮✓，完成从 Ball Valve 到 Ball Valve 2 配置的一个克隆。所有之前在 Ball Valve 输入的条件也都被克隆过来，而不必再手工创建。可以对 Ball Valve 2 进行新的条件，如新的边界条件设置，同时不会影响 Ball Valve 的现有结果。

(16) SOLIDWORKS Flow Simulation 参数变更分析。下面介绍在结构条件不变的情况下，当物理参数发生变化，如质量流动速率改为 0.75kg/s 时如何进行分析。

❶单击“Flow Simulation”面板中的“克隆项目”按钮。

❷在“克隆项目”属性管理器的“要添加的项目配置”的下拉列表选择“新建”选项，在“项目名称”文本框中输入 Ball Valve 3，如图 18-66 所示。

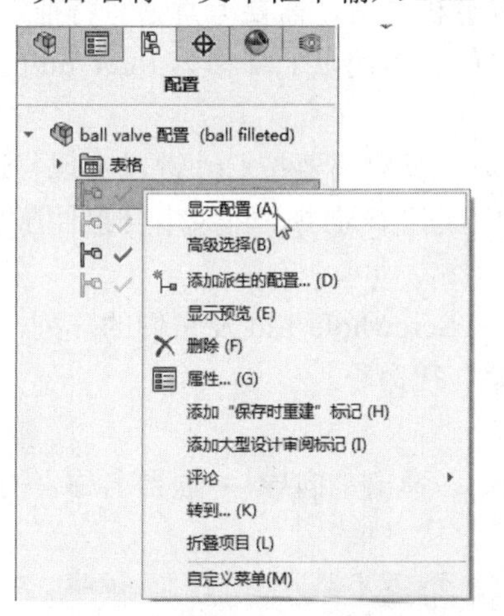

图18-64　选择“显示配置”选项

图18-65　设置克隆项目参数

图18-66　设置克隆项目参数

这样就完成Ball Valve 3配置的创建。所有之前在Ball Valve 输入的条件也都被克隆过来，而不必再手工创建。可以在 Ball Valve 3 进行新的条件的设置，如将质量流动速率改为 0.75kg/s，然后按照前面介绍的方法求解问题并分析结果。

18.3　电子设备散热分析实例

本例进行了一个电子设备的内部流场计算，并考虑了固体的热传导问题。电子设备散热模型如图 18-67 所示。

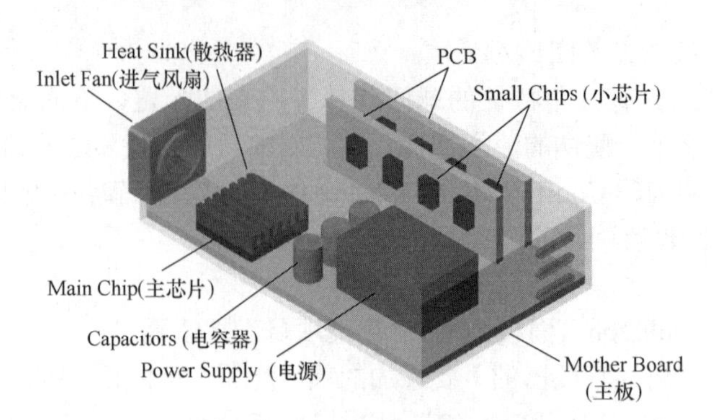

图 18-67　电子设备散热模型

视频文件\动画演示\第 18 章\电子设备散热分析实例.mp4

分析步骤

01 打开 SOLIDWORKS 模型。打开“Enclosure Assembly.SLDASM”文件，该文件位于“电子设备散热”文件夹内。

02 修改模型。一般在做 CFD 分析时会忽略一些过于细节的特征，如一些小零件结构或装配结构。同样在进行 SOLIDWORKS Flow Simulation 分析之前，需要考察哪些特征是不需要的，并忽略它。这样可以大大节约计算资源和计算时间。本例以 Fan 作为 Inlet lid 的边界条件，而风扇过于复杂，需要忽略它。

❶在特征管理器设计树中选择 Screw 组和 Fan 装配体，选择时需要按 Ctrl 键以实现复选。

❷在选择的项目上右击，在弹出的快捷菜单中选择“压缩”命令。将风扇及组件压缩，如图 18-68 所示。

❸在特征管理器设计树中选择 Inlet Lid、Outlet Lid 和 Screwhole Lid 及它们的阵列，在选择的项目上右击，在弹出的快捷菜单中选择“解除压缩”命令。

03 构建 SOLIDWORKS Flow Simulation 项目。

❶单击“Folw Simulation”面板中的“向导”按钮。弹出“向导 – 项目名称”对话框，如图 18-69 所示。

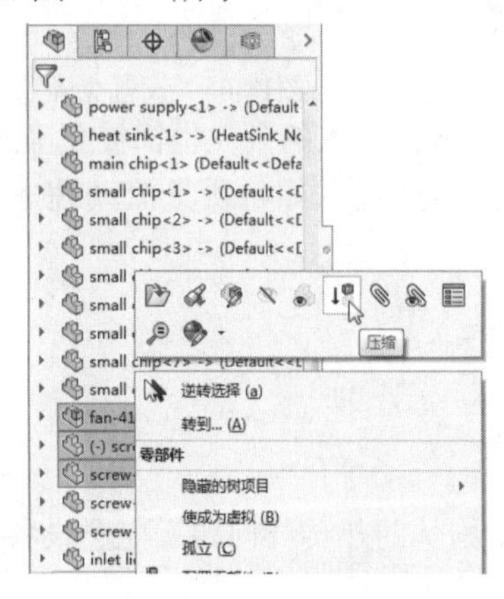

图18-68　压缩风扇及组件

图18-69　“向导 - 项目名称”对话框

❷单击“新建”按钮，创建新的配置，定义“配置名称”为 Inlet Fan。

❸单击“下一步”按钮，系统弹出“向导-单位系统”对话框。

❹创建计算单位制。勾选“新建”复选框，则在工程数据库中保存了一个新的单位系统，“名称”为“USA (已修改)”，如图 18-70 所示。

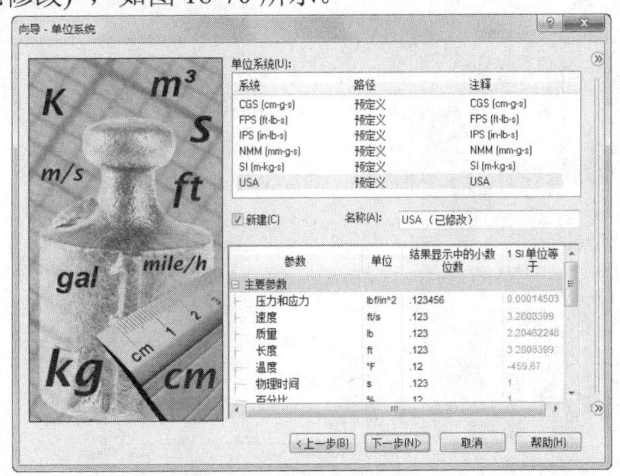

图 18-70　选择计算的单位制

在 SOLIDWORKS Flow Simulation 会创建一些预先定义好的单位系统，但一般使用自己定义的单位系统会更加方便。可以通过直接修改工程数据库或在项目向导中的操作来创建所需的单位系统。

❺在“长度”的“单位”下拉列表中，选择“英寸[in]”作为长度的单位，如图 18-71 所示。

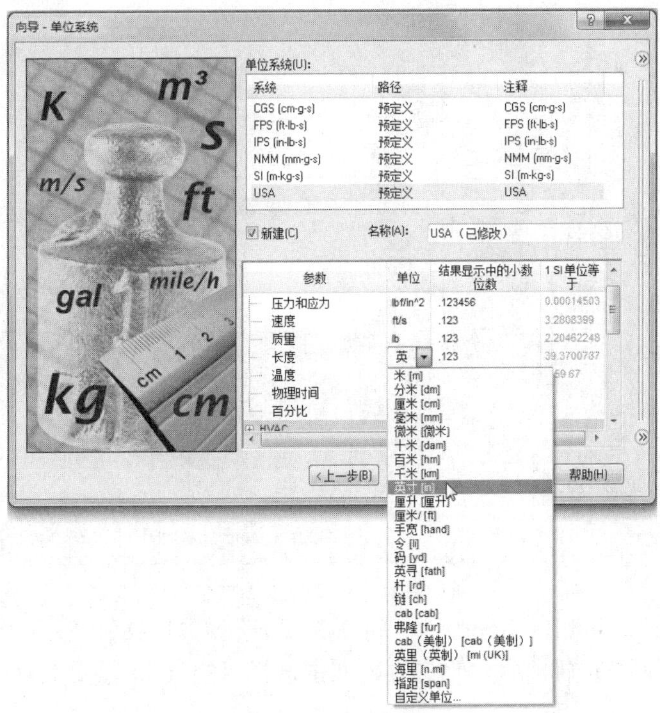

图 18-71　选择长度的单位

❻在“参数”列中打开“热量”组，将“动能”的单位改为 N·mm，将“热通量”的单位改为 W/m²，如图 18-72 所示。

❼单击“下一步”按钮，系统弹出“向导-分析类型”对话框。

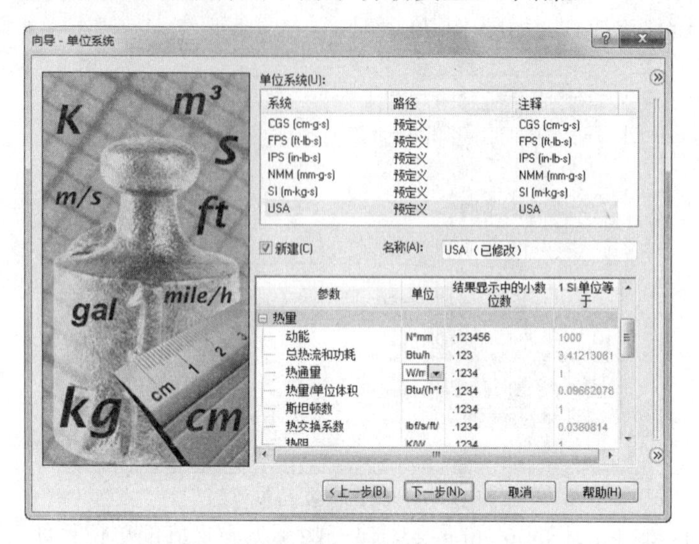

图 18-72　更改单位

❽将“分析类型”设定为“内部”，在“物理特征”列中勾选“固体内热传导”选项，如图 18-73 所示。

这里所关心的是热量从若干电子元器件中产生后在设备空间中耗散的过程，所以勾选了“固体内热传导”选项。

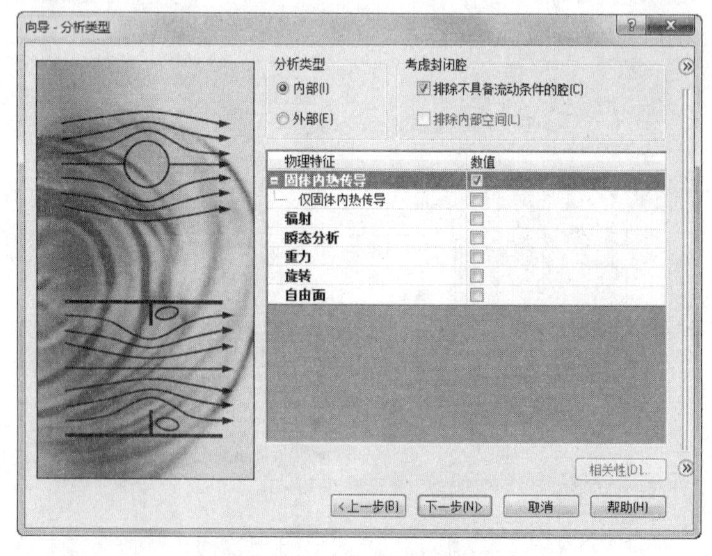

图 18-73　设定分析类型

❾单击“下一步”按钮，系统弹出“向导-默认流体”对话框。

❿在“流体”列中选择“气体”选项，双击选择“空气”，接受其默认值，如图 18-74 所示。

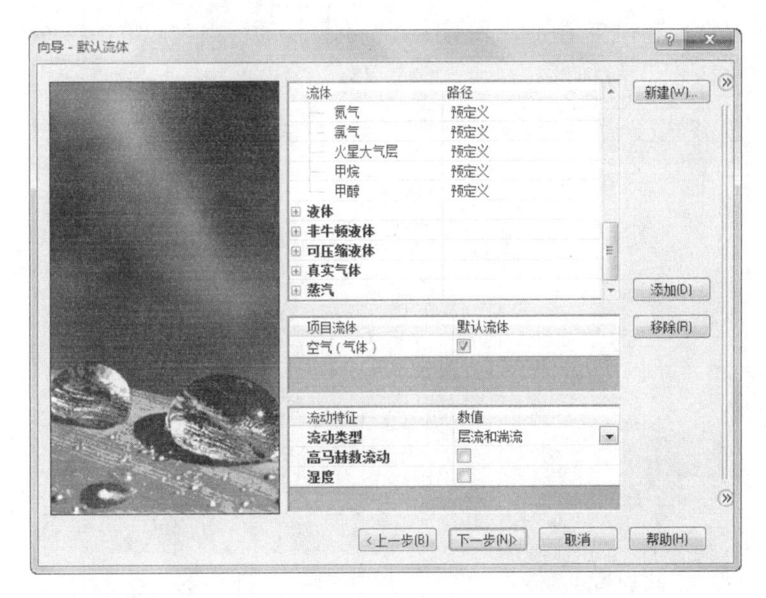

图 18-74　选择空气介质

⓫单击“下一步”按钮，系统弹出“向导-默认固体”对话框。

⓬选择“合金”→“不锈钢 321”，并对默认固体赋值，完成固体材料的定义，如图 18-75 所示。

图 18-75　定义固体材料

在这里，SOLIDWORKS Flow Simulation 对所有的固体赋予了相同的材料属性。可以在创建项目后对不同的固体结构赋予不同的材料属性。

⓭单击“下一步”按钮，系统弹出“向导-壁面条件”对话框。

⓮接受默认的壁面条件，如图 18-76 所示。

由于我们并不关心流体流经固体壁面的传热条件，所以选择接受“绝热壁面”，表明壁面是绝热的。

可以自行定义壁面粗糙度值 Rz，表示为真实的壁面边界条件。单击“下一步”按钮，系统弹出“向导-初始条件”对话框。

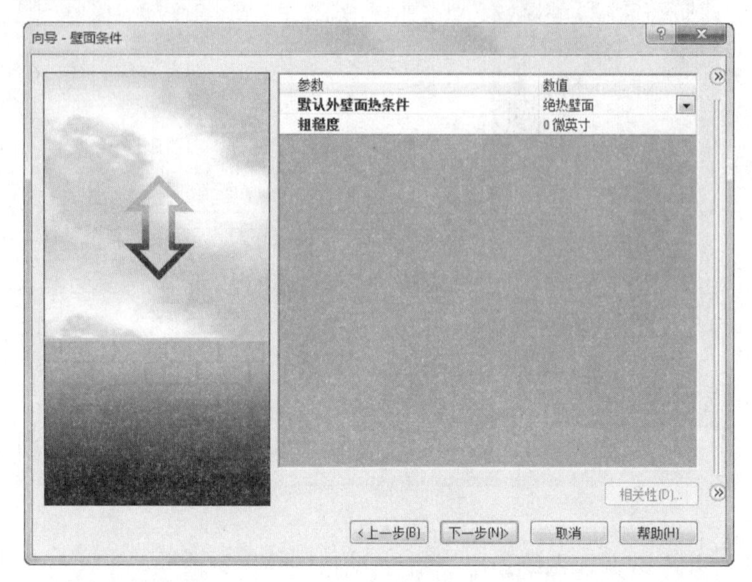

图 18-76　定义壁面条件

⑮由于初始值与最终的计算值越接近，计算时间就越短。这里我们根据常理做出判断，将“热动力参数”下的“温度”设置为 50℉，将“固体参数”下的“初始固体温度”设置为 50℉，如图 18-77 所示。

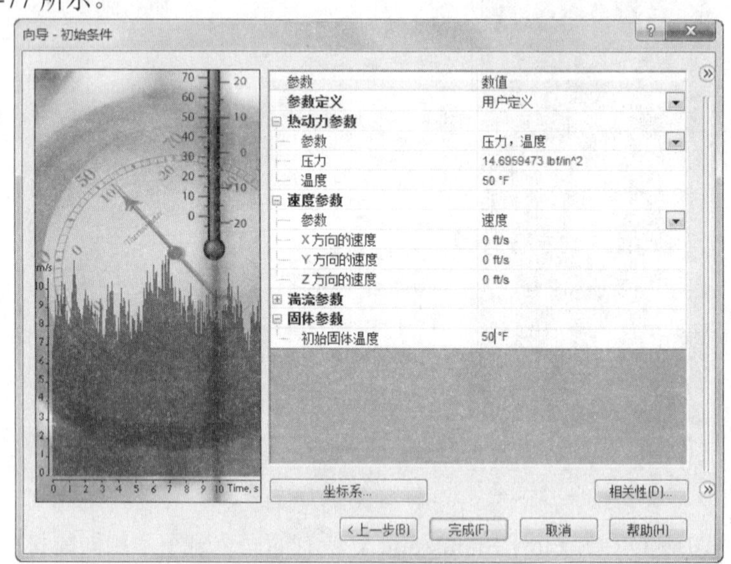

图 18-77　设置温度参数

⑯单击“完成”按钮，创建一个新的配置。

⑰在 Flow Simulation 分析树中右击“计算域”,选择“隐藏”选项，隐藏计算区域的黑色线框。

04 定义风扇。风扇（Fan）实际上是边界条件之一，可以在没有被边界条件和源相指定的固壁上设置。可以在模型出口处创建的盖子（Lids）上创建风扇，也可以在流动区间内部设置风扇，这种风扇称为内部风扇（Inernal Fans）。风扇是一种产生体积或质量流动的理想设备，其性能依赖于选定的流入面和流出面的静压差。在工程数据库中定义了风扇的性能曲线，曲线是体积流动速率或质量流动速率相对于静压差的函数。

一般在有风扇设置的求解问题中需要知道风扇的性能。如果在工程数据库中找不到相应的风扇性能曲线，那就需要自定义。

❶选择菜单栏中的“工具”→“Flow Simulation（O）”→“插入”→“风扇”命令，系统弹出“风扇”属性管理器，如图 18-78 所示。

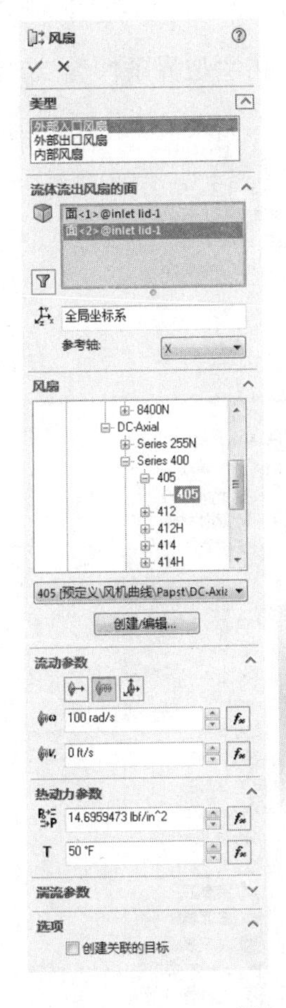

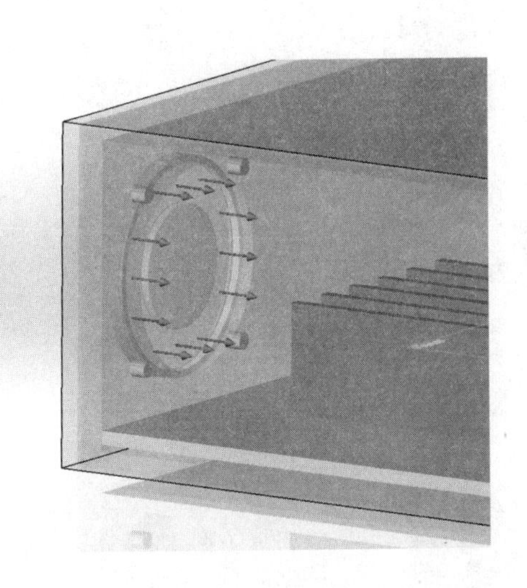

图 18-78　“风扇”属性管理器

❷选择“外部入口风扇”作为风扇“类型”。

❸选择“Inlet Lid-1”的内表面作为“可应用的面”。

❹接受“全局坐标系”作为参考坐标系统（Coordinate System）。

❺选择“x”方向作为参考轴。

❻单击“风扇”中的“预定义”，从数据库中选择“风机曲线”。如图 18-78 所示，选 405 选项，在“风机曲线”中选择“Papst”→“DC-Axial”→“Series 400”→“405”→“405”选项。

❼展开“流动参数”，选择“旋转”形式。

❽设置“入口处的角速度”为 100rad/s，接受“入口处的径向速度”为 0 ft/s 的默认值。

当指定为旋涡流动（swirling flow）时，需要设置坐标系和参考轴，说明坐标系的圆点和旋涡的圆点重合，旋涡的方向矢量同参考轴的方向（参考轴）。

❾展开“热动力参数”，确认“环境压力”是否为大气压力的数值。

❿单击“确定”按钮，则在 SOLIDWORKS Flow Simulation 分析树的“风扇”节点下创建了一个名为“外部入口风扇 1”的风扇，如图 18-79 所示。

05 定义边界条件。

❶在 SOLIDWORKS Flow Simulation 分析树中，右击“边界条件”，选择“插入边界条件”选项，如图 18-80 所示。

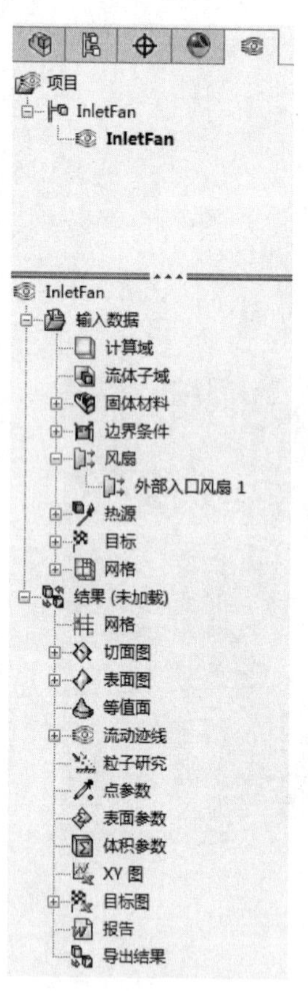

图 18-79 创建“外部入口风扇 1”的风扇

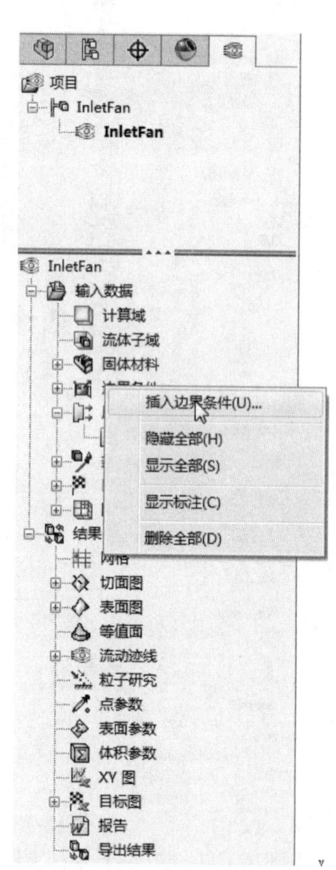

图 18-80 选择“插入边界条件选项”

❷在“边界条件”属性管理器中选择全部流出盖子（outlet lids）的内侧面。

❸选择“压力开口”，并以“环境压力”作为边界条件类型，如图 18-81 所示。

❹单击“确定”按钮，完成边界条件设置，“环境压力 1”节点会出现在“边界条件”节点下。

06 定义热源。

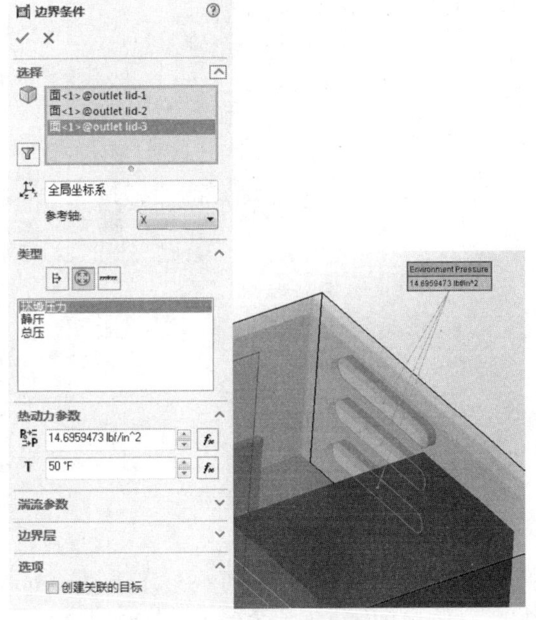

图 18-81　定义边界条件

❶选择菜单栏中的“工具”→“Flow Simulation（O）”→“插入”→“体积热源”命令。

❷在特征管理器设计树中选择“Main Chip-1”作为该体积热源的应用对象。

❸“参数”中的“热源类型”采取默认的“热功耗”。

❹在“Q”文本框中输入 5W，如图 18-82 所示。

❺完成后，在 SOLIDWORKS Flow Simulation 分析树的“热源”节点下创建了一个名为“VS 热功耗 1”的热源。直接单击，将其重新命名为“Main Chip”，如图 18-83 所示。

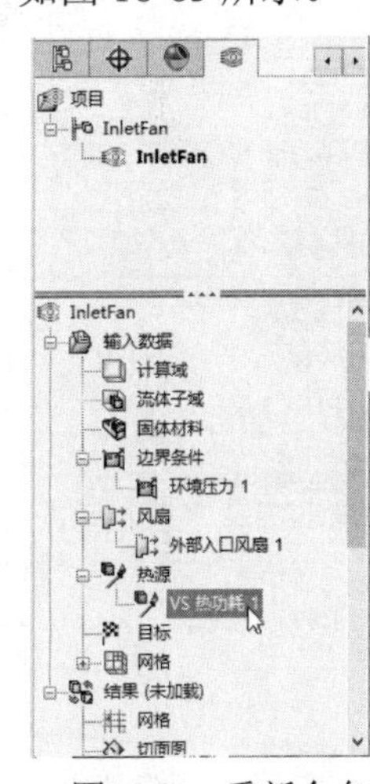

图18-82　设置Main Chip体积热源参数　　　　图18-83　重新命名

❻右击 SOLIDWORKS Flow Simulation 分析树中的“热源”节点，选择“插入体积热源”选项，如图 18-84 所示。

❼在特征管理器设计树中选择三个 Capacitor。

❽选择“热源类型”为“温度”。

❾在“T”文本框中输入 100℉，如图 18-85 所示。

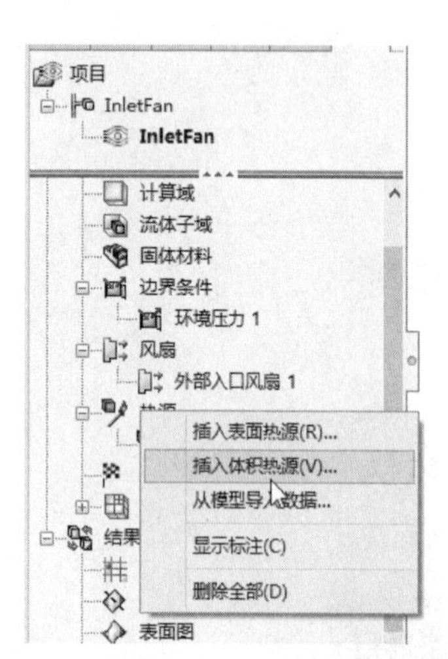

图 18-84　选择“插入体积热源”选项

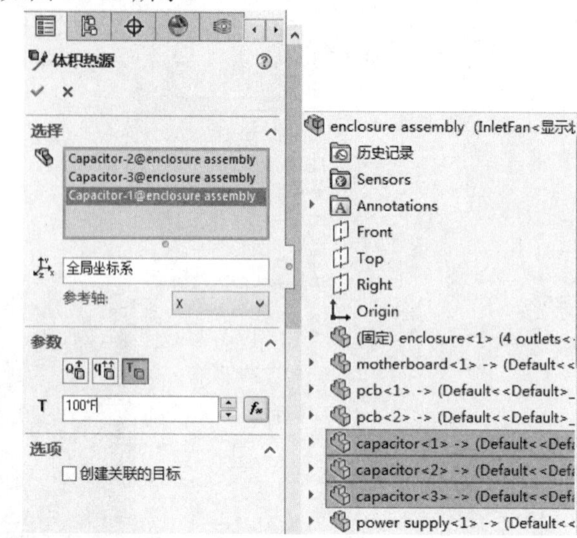

图 18-85　设置 Capacitors 体积热源参数

❿完成后，则在“热源”节点下创建了一个名为“VS 温度 1”的热源。直接单击，将其重新命名为 Capacitors。

⓫按照同样的操作步骤，将全部的 Small Chip 作为该体积热源的应用对象，设置“热源类型”为“热功耗”，，在“Q”文本框中输入 4W，如图 18-86 所示。将 Power Supply 作为该体积热源的应用对象，设置“热源类型”为“温度”，在“T”文本框中输入 120℉。，如图 18-87 所示。

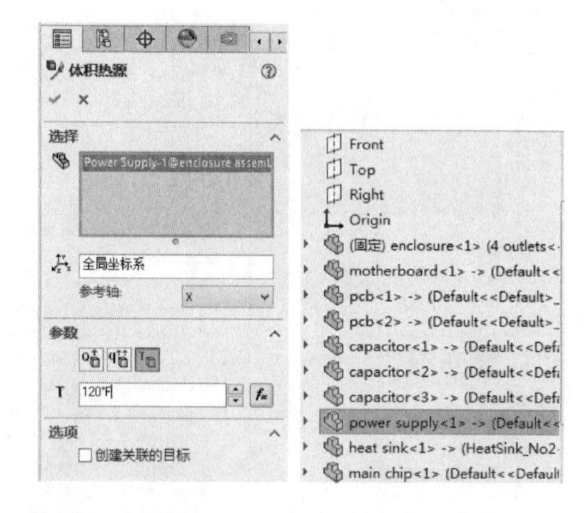

图 18-86　设置 Small Chip 体积热源参数　　图 18-87　设置 Power Supply 体积热源参数

⓬将芯片的热源重新命名为 Small Chips，电源的热源重新命名为 Power Supply，如图 18-88 所示。

⓭选择“文件”→“保存”。

07 创建新材料。芯片的材料是环氧树脂（Epoxy），但 SOLIDWORKS Flow Simulation

的工程数据库中没有这个材料，需要用户自己定义。

❶单击“Flow Simulation”面板中的“工程数据库”按钮，弹出“工程数据库”对话框，如图 18-89 所示。

图 18-88　重新命名

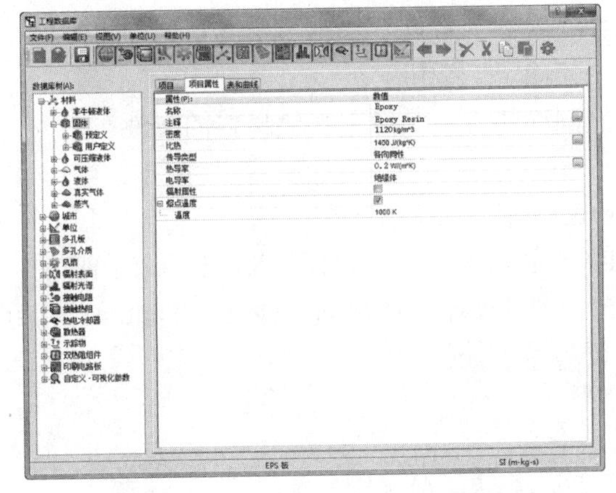

图 18-89　“工程数据库”对话框

❷在“数据库树”中选择“材料”→“固体”→“用户定义”，然后单击工具栏上的“新建”按钮。

❸在“项目属性”选项卡中设置物理参数如下：

名称 ＝Epoxy。

注释 ＝Epoxy Resin。

密度 ＝1120 kg/m^3。

比热容 ＝1400 J/(kg・K)。

热导率 ＝0.2 W/(m・K)。

熔点温度 ＝1000 K。

❹单击“保存”按钮。

08 定义固体的材料属性。

❶选择菜单栏中的“工具”→“Flow Simulation（O）”→“插入”→“固体材料”命令，如图 18-90 所示。

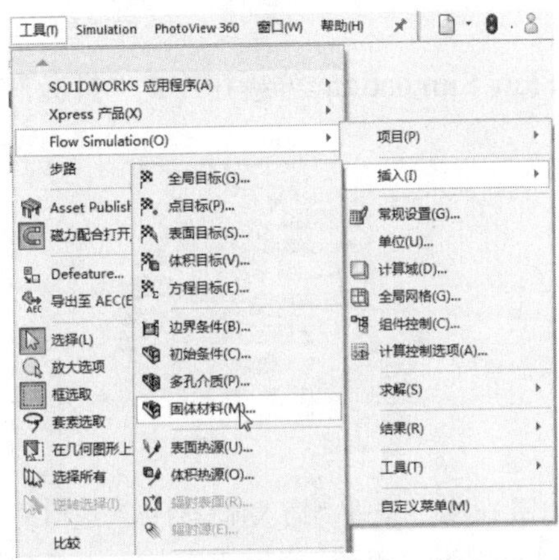

图 18-90　选择“固体材料”命令

❷在特征管理器设计树中选择“MotherBoard”“PCB-1”，“PCB-2”，作为定义固体材料的应用对象。

❸从数据库中选择所需的材料特性，如图 18-91 所示。

❹选择“固体”节点下“用户定义”的 Epoxy。

❺单击“确定”按钮✔。

❻按照同样的方法，指定其他材料的属性。

chips = 硅。

head sink = 铝。

4 Lids = 尼龙-6。这里有 1 个入口和 3 个出口的盖子，如图 18-92 所示。注意，有两个出口盖子在特征管理器设计树的“DerivedPattern1”节点下。

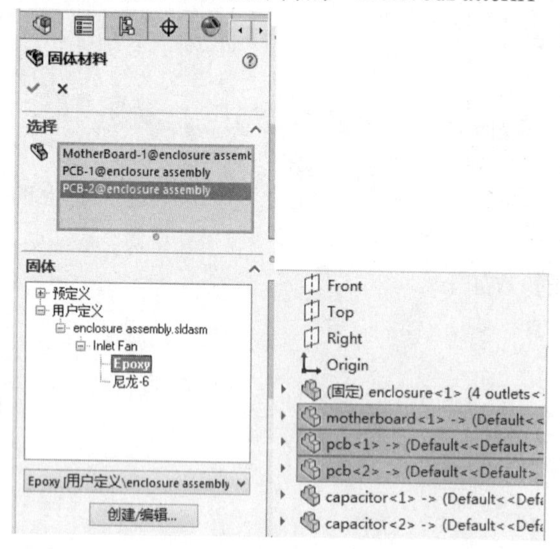

图18-91　选择材料

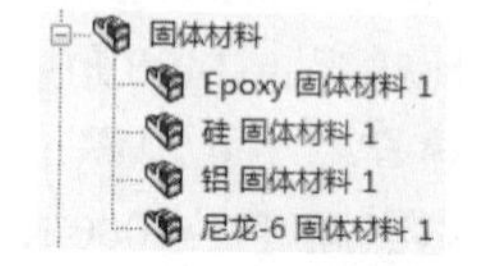

图18-92　指定其他材料的属性

❼重新命名。

❽选择“文件”→“保存”。

09 定义求解目标。这里要设置三种求解目标，分别为体积目标、壁面目标及全局目标。

（1）设置体积目标

❶右击 SOLIDWORKS Flow Simulation 分析树中的“目标”节点，选择“插入体积目标”选项，如图 18-93 所示。

图 18-93　选择“插入体积目标”选项

❷选择 SOLIDWORKS Flow Simulation 分析树中的 Small Chips 节点。

❸在“参数”表的“温度（固体）”行选择“最大值”。另外，“用于控制目标收敛”已经被选择，表明将会使用定义的求解目标作为收敛控制，如图 18-94 所示。

图 18-94　设置 Small Chips 体积目标参数

❹单击“确定”按钮✔，在“目标”节点下就新创建了名为“VG 最大值 温度（固体）1”的节点。

❺右击新创建的“VG 最大值 温度（固体）1”的节点，选择“属性”选项，如图 18-95 所示。重新命名为“VG Small Chip 最大温度”，如图 18-96 所示。

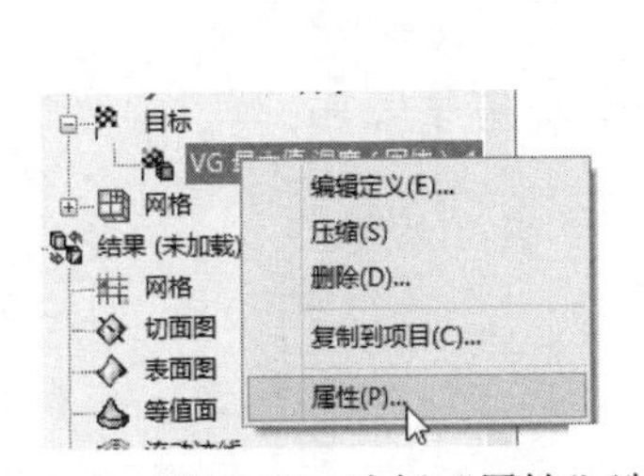

图18-95　选择“属性”选项

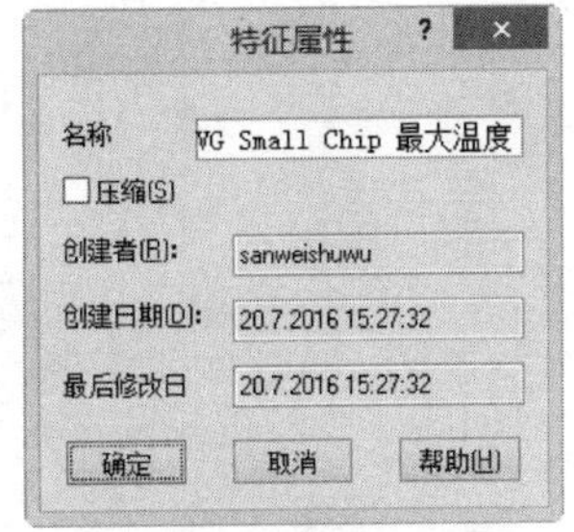

图18-96　重新命名

❻右击 SOLIDWORKS Flow Simulation 分析树中的“目标”节点，选择“插入体积目标”。

❼选择 SOLIDWORKS Flow Simulation 分析树中的 Main Chips 节点。

❽在“参数”表的“温度（固体）”行选择“最大值”，如图 18-97 所示。

❾单击“确定”按钮✔，重新命名自动生成的“VG 最大值 温度（固体）1”节点为“VG Chip 最大温度”。

（2）设置壁面目标

❶右击 SOLIDWORKS Flow Simulation 分析树中的“目标”节点，选择“插入表面目标”选项，如图 18-98 所示。

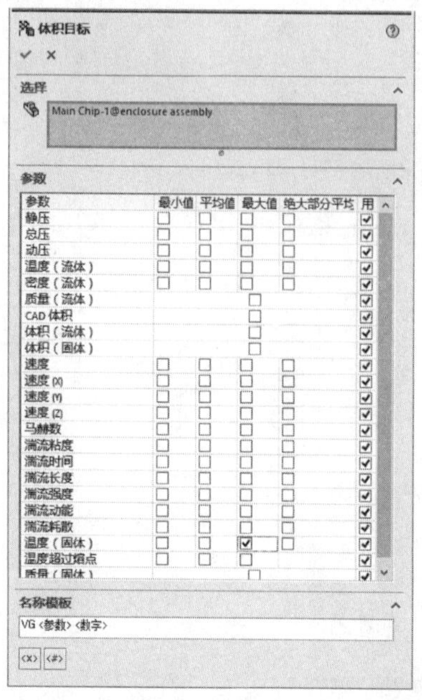

图18-97 设置Main Chips体积目标参数

图18-98 选择“插入表面目标”选项

❷选择 SOLIDWORKS Flow Simulation 分析树中的“外部入口风扇 1”节点。

❸在“参数”表的“静压”行选择“平均值”。另外，“用于控制目标收敛”已经被选择，表明将会使用定义的求解目标作为收敛控制。

❹从“名称模板”中移除 <数字>字段，如图 18-99 所示。

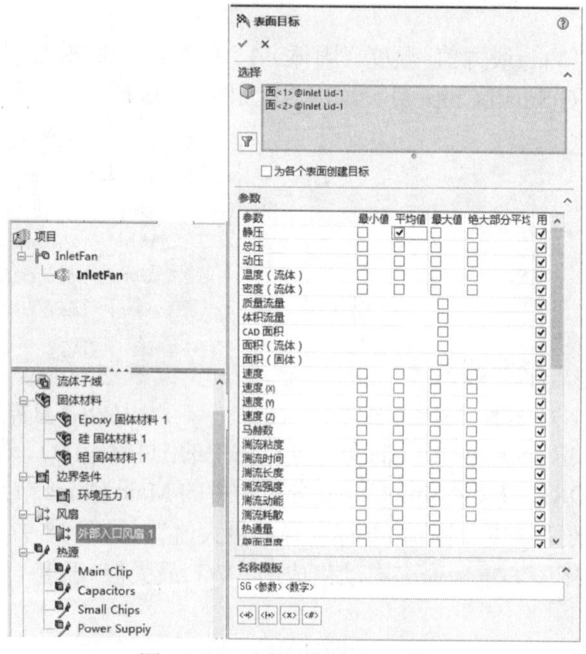

图 18-99 设置表面目标参数 1

❺单击“确定”按钮✔，自动生成新的压力目标节点“SG 平均值静压”。

❻右击 SOLIDWORKS Flow Simulation 设计树中的“目标”节点，选择“插入表面目标”选项。

❼选择 SOLIDWORKS Flow Simulation 设计树中的“环境压力 1”节点。

❽在“参数”表选择“质量流量”。另外，“用于控制目标收敛”已经被选择，表明将会使用定义的求解目标作为收敛控制，如图 18-100 所示。

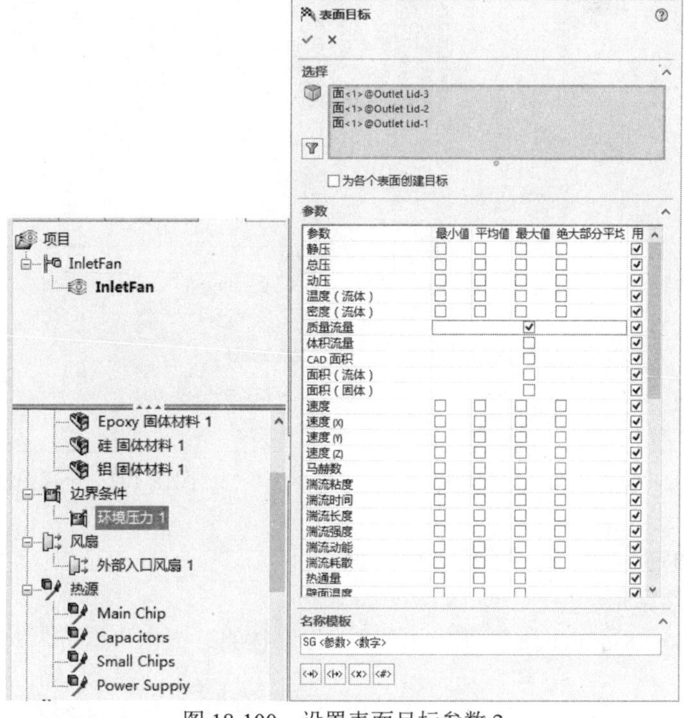

图 18-100　设置表面目标参数 2

❾单击“出口”按钮，从名称模板中移除 <数字>字段。

❿单击“确定”按钮✔，自动生成新的压力目标节点“SG 出口质量流量 1”。

（3）设置全局目标

❶右击 SOLIDWORKS Flow Simulation 分析树中的“目标”节点，选择“插入全局目标”选项，如图 18-101 所示。

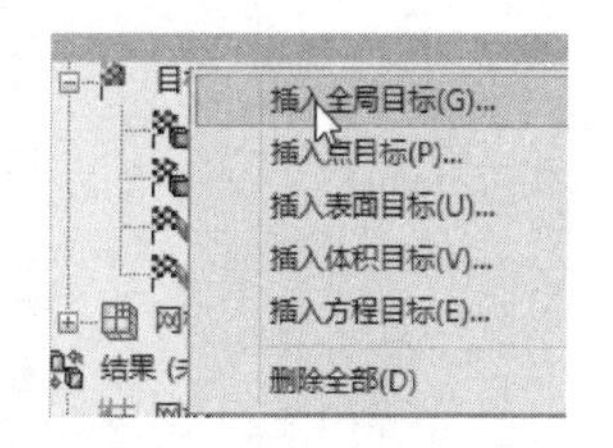

图18-101　选择“插入全局目标”选项

❷在“参数”表的“静压”行选择“平均值”; 在“温度(流体)”行选择“平均值”，如图 18-102 所示。另外，“用于控制目标收敛”已经被选择，表明将会使用定义的求解目标作为收敛控制。

❸从“名称模板”中移除 <数字>字段，然后单击“确定”按钮✔，则自动生成“GG 平均值 静压”和“GG 平均值 温度（流体）”节点。

❹选择“文件”→“保存”，完成目标设置。

10 设定几何分辨率。

❶单击“Flow Simulation”面板中的“全局网格”按钮。

❷接受默认的初始网格级别设置。“类型”选择“自动”，同时输入 0.15in 作为“最小缝隙尺寸”如图 18-103 所示。

图18-102　设置全局目标参数

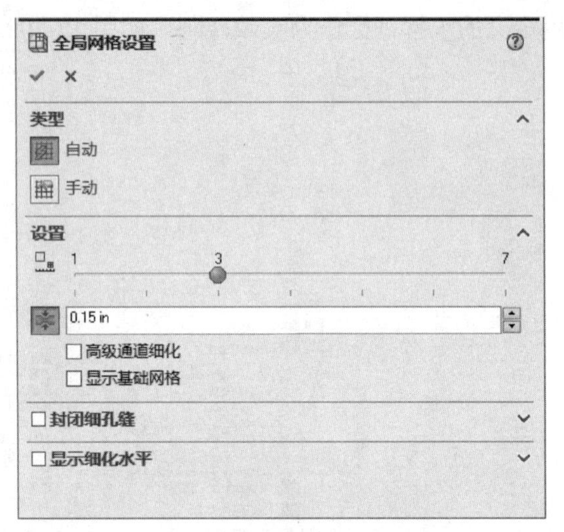

图18-103　全局网格设置

❸单击“确定”按钮，完成设置。

(11) 求解计算。

❶单击“Flow Simulation”面板中的“运行”按钮，弹出“运行”对话框，如图 18-104 所示。

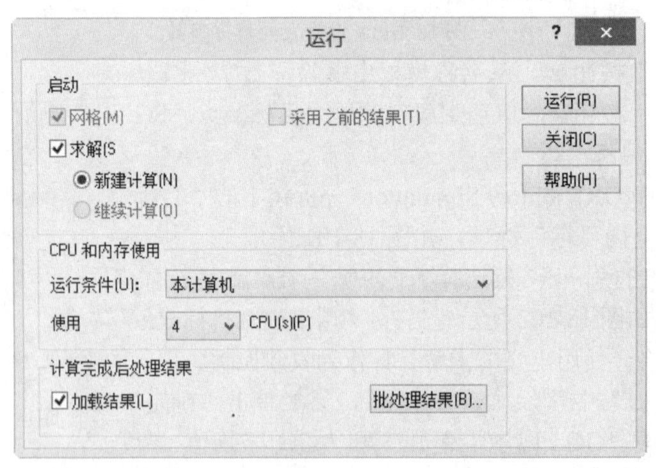

图 18-104　“运行”对话框

❷采用默认设置，单击“运行”按钮。图 18-105 所示为计算过程中不同变量的收敛速度。从中可以看出，不同的求解目标具有不同的收敛速度。如果只是关注某种目标的求解结果，则可提前结束求解过程。

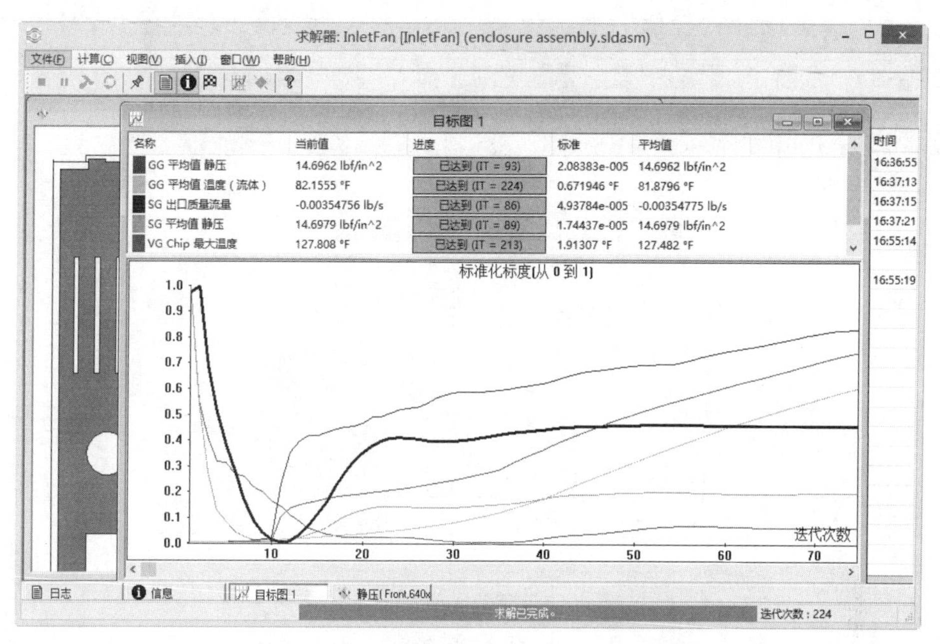

图 18-105　计算过程中不同变量的收敛速度

12 查看求解目标的结果。在这里可以查看之前预设置的求解目标的求解结果，并可以看到计算收敛的最后结果，这样可以对计算结果有一个充分的判断。

❶右击 SOLIDWORKS Flow Simulation 分析树中的“目标图”节点，选择“插入”选项，如图 18-106 所示。

❷在“目标图”属性管理器的“图的目标”中选择“全部”，如图 18-107 所示。

图18-106　选择“插入”选项

图18-107　设置目标图参数

❸单击“显示”按钮，生成一个 Excel 的表格，给出求解目标的计算结果，如图 18-108 所示。由图 18-108 可以看到，“main chips”的最高温度为 126.14℉，“small chips”的最高温度为 153.66℉。

❹单击“确定”按钮。

摘要

目标名称	单位	数值	平均值	最小值	最大值	进度 [%]	用于收敛	增量	标准
GG 平均值 静压	[lbf/in^2]	14.696226	14.696226	14.696226	14.696227	100	是	2.948098e-007	0.000018
GG 平均值 温度（流体）	[° F]	78.97	78.72	78.41	78.97	100	是	0.56	0.57
SG 平均值 静压	[lbf/in^2]	14.697704	14.697704	14.697703	14.697705	100	是	3.145057e-007	0.000013
SG 出口质量流量	[lb/s]	-0.0039	-0.0039	-0.0039	-0.0039	100	是	6.9442e-007	4.8129e-005
VG Small Chip最大值温度	[° F]	153.64	153.33	152.71	153.66	100	是	0.45	2.95
VG Chip最大温度	[° F]	126.14	125.67	124.82	126.14	100	是	0.89	1.86

总表

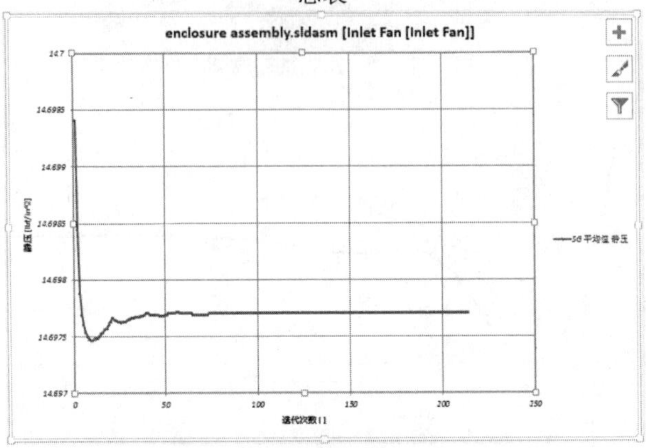

静压 图表

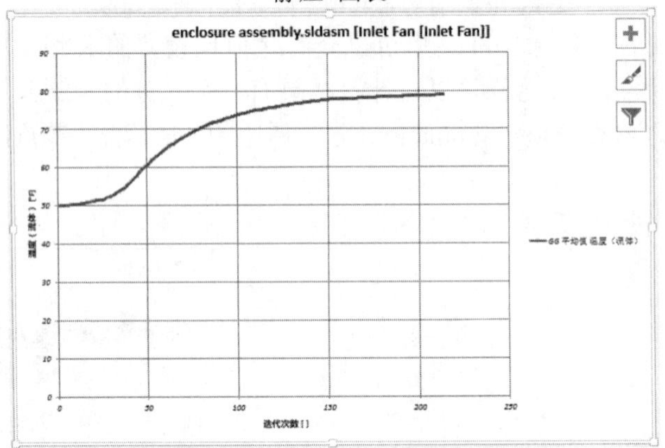

GG 平均值 温度（流体）图表

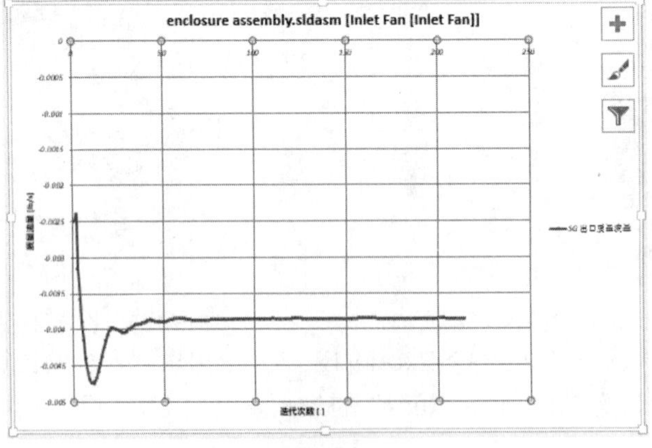

SG 出口质量流量 图表

图 18-108 计算结果

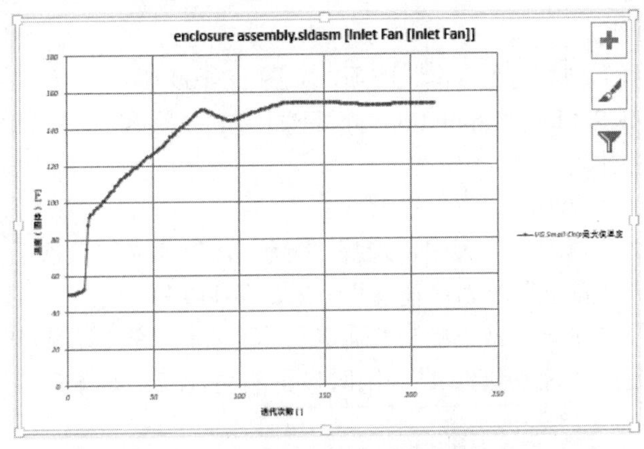

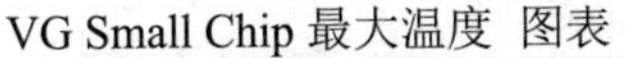
VG Small Chip 最大温度　图表

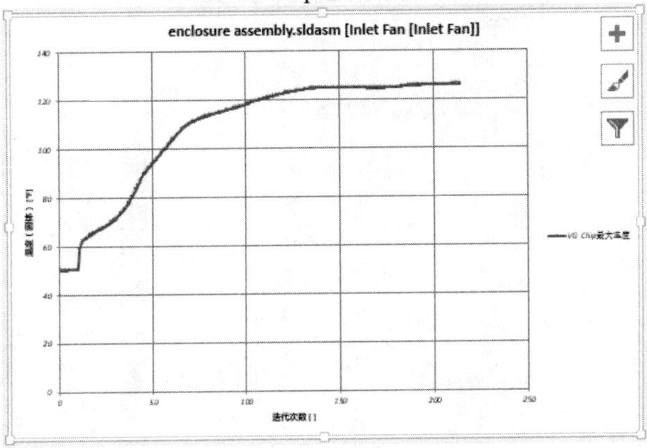

VG Chip最大温度　图表

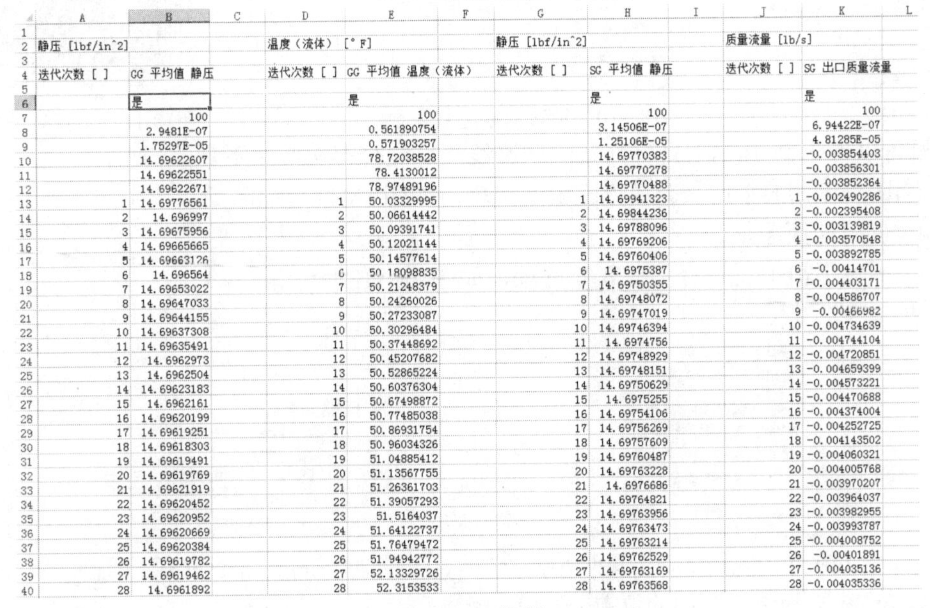

	A	B	C	D	E	F	G	H	I	J	K	L
1												
2	静压 [lbf/in^2]			温度（流体）	[°F]		静压 [lbf/in^2]			质量流量 [lb/s]		
3												
4	迭代次数 [ ]	GG 平均值 静压		迭代次数 [ ]	GG 平均值 温度（流体）		迭代次数 [ ]	SG 平均值 静压		迭代次数 [ ]	SG 出口质量流量	
5												
6		是			是			是			是	
7		100			100			100			100	
8		2.9481E-07			0.561890754			3.14506E-07			6.94422E-07	
9		1.75297E-05			0.571903257			1.25106E-05			4.81285E-05	
10		14.69622607			78.72038528			14.69770383			-0.003854403	
11		14.69622551			78.4130012			14.69770278			-0.003856301	
12		14.69622671			78.97489196			14.69770488			-0.003852364	
13	1	14.69776561		1	50.03329995		1	14.69941323		1	-0.002490286	
14	2	14.696997		2	50.06614442		2	14.69844236		2	-0.002395408	
15	3	14.69675956		3	50.09391741		3	14.69788096		3	-0.003139819	
16	4	14.69665665		4	50.12021144		4	14.69769206		4	-0.003570548	
17	5	14.69663126		5	50.14577614		5	14.69760406		5	-0.003892785	
18	6	14.696564		6	50.18098835		6	14.6975387		6	-0.00414701	
19	7	14.69653022		7	50.21248379		7	14.69750355		7	-0.004403171	
20	8	14.69647033		8	50.24260026		8	14.69748072		8	-0.004586707	
21	9	14.69644155		9	50.27233087		9	14.69747019		9	-0.00466982	
22	10	14.69637308		10	50.30296484		10	14.69746394		10	-0.004734639	
23	11	14.69635491		11	50.37448692		11	14.6974756		11	-0.004744104	
24	12	14.6962973		12	50.45207682		12	14.69748929		12	-0.004720851	
25	13	14.6962504		13	50.52865224		13	14.69748151		13	-0.004659399	
26	14	14.69623183		14	50.60376304		14	14.69750629		14	-0.004573221	
27	15	14.6962161		15	50.67498872		15	14.6975255		15	-0.004470688	
28	16	14.69620199		16	50.77485038		16	14.69754106		16	-0.004374004	
29	17	14.69619251		17	50.86931754		17	14.69756269		17	-0.004252725	
30	18	14.69618303		18	50.96034326		18	14.69757609		18	-0.004143502	
31	19	14.69619491		19	51.04885412		19	14.69760487		19	-0.004060321	
32	20	14.69619769		20	51.13567755		20	14.69763228		20	-0.004005768	
33	21	14.69621919		21	51.26361703		21	14.6976686		21	-0.003970207	
34	22	14.69620452		22	51.39057293		22	14.69764821		22	-0.003964037	
35	23	14.69620952		23	51.5164037		23	14.69763956		23	-0.003982955	
36	24	14.69620669		24	51.64122737		24	14.69763473		24	-0.003993787	
37	25	14.69620384		25	51.76479472		25	14.69763214		25	-0.004008752	
38	26	14.69619782		26	51.94942772		26	14.69762529		26	-0.00401891	
39	27	14.69619462		27	52.13329726		27	14.69763169		27	-0.004035136	
40	28	14.6961892		28	52.3153533		28	14.69763568		28	-0.004035336	

Plot Data 数据

图 18-108　计算结果（续）

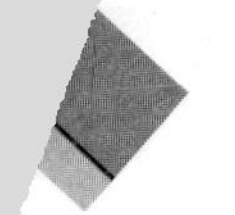

13 创建流动迹线。

❶右击“流动迹线”，选择“插入”选项，如图 18-109 所示。

❷在 SOLIDWORKS Flow Simulation 分析树中选择“外部入口风扇 1”，这样就选择了 Inlet Lid 零件的内侧壁面。

❸将“点数”改为 200。

❹在“绘制轨迹线”下拉列表中，选择“导管”，尺寸采取默认。

❺将“参数”从“静压”改为“速度”，如图 18-110 所示。

❻在“流动迹线”属性管理器中单击“确定”按钮，在 SOLIDWORKS Flow Simulation 分析树中则出现新创建的“流动迹线 1”，同时显示流动轨迹，如图 18-111 所示。

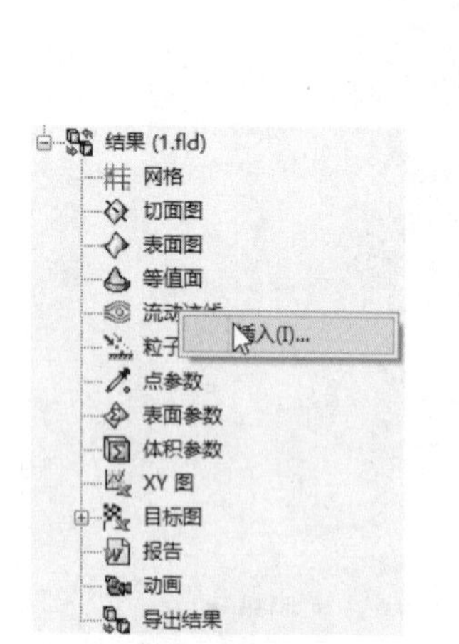

图18-109　选择插入

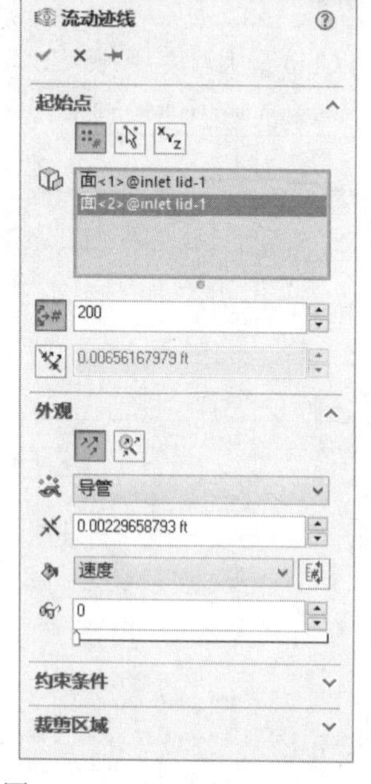

图18-110　设置流动迹线参数

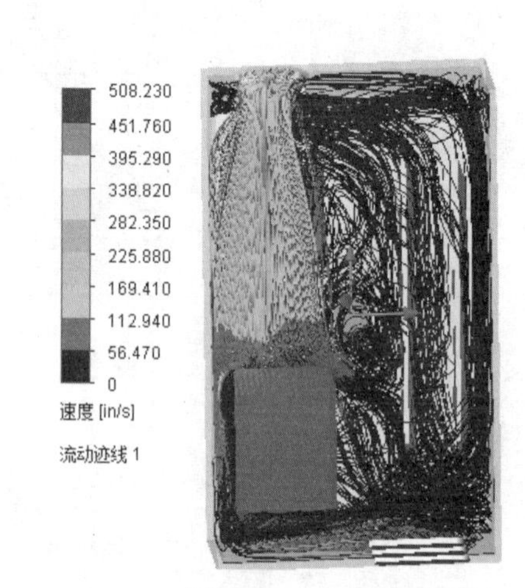

图18-111　流动轨迹

这里可以看出 PCB(2)上只有几条流动迹线，可能会存在散热不良的情况。

❼右击“流动迹线 1”，选择“隐藏”选项，如图 18-112 所示。

14 创建切面图。

❶右击“切面图”，选择“插入”选项，如图 18-113 所示。

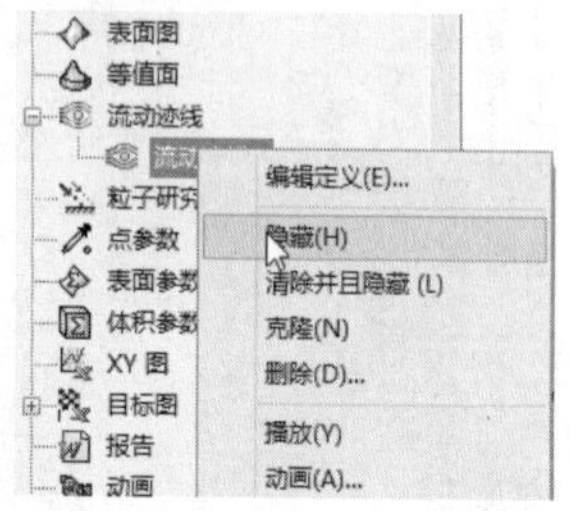

图 18-112　左键单击“隐藏”选项

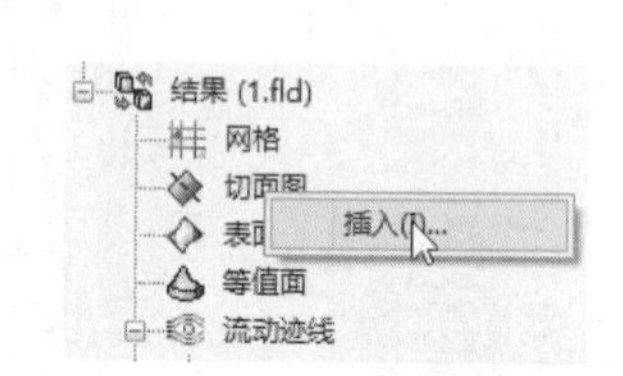

图 18-113　选择“插入”选项

❷以 Front 平面作为截面的位置。

❸将“级别数”设定为 30，如图 18-114 所示。

❹在“切面图”属性管理器中单击“确定”按钮✔则在 SOLIDWORKS Flow Simulation 分析树中出现了新创建的“切面图 1”。

❺以“上视图”的方式显示流场图。可以看到风扇附近和出口处的高速区，以及 PCB 和电容附近的低速区域。如图 18-115 所示为显示的温度场。

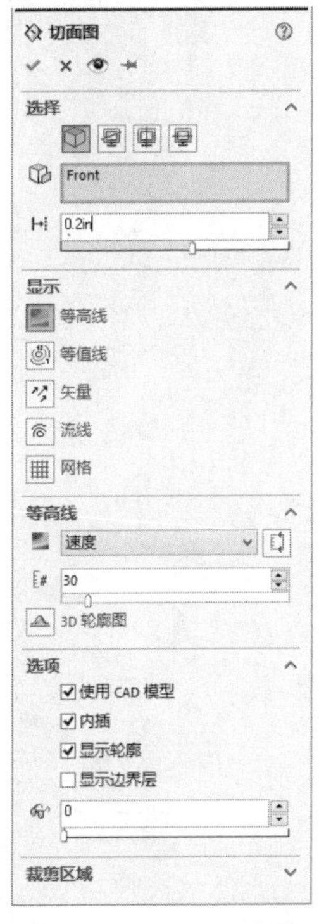

图18-114　设置切面图参数

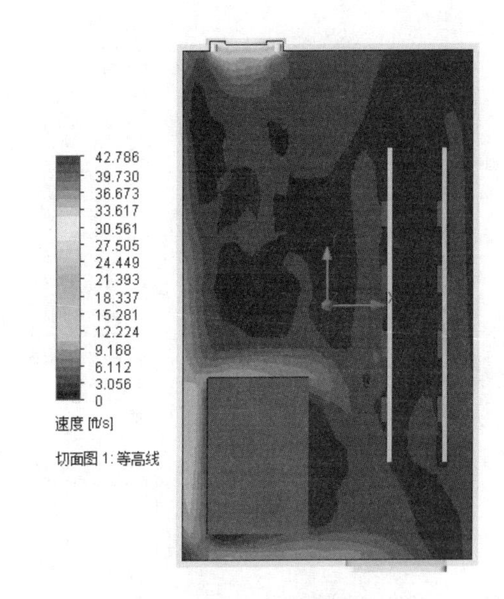

图18-115　显示的温度场

❻双击视图左侧的颜色图标，则弹出“刻度标尺”属性管理器。

❼将“参数”从“速度”改为“温度”。

❽将“最小值”设置为 50℉，“最大值”设置为 120 ℉，如图 18-116 所示。

❾单击“确定”按钮✔。

❿右击“切面图 1”，选择“编辑定义”选项，如图 18-117 所示。

图 18-116　设置刻度标尺参数

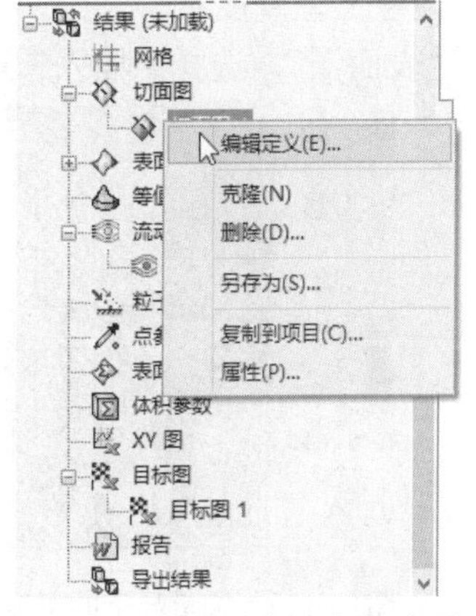

图 18-117　选择“编辑定义”选项

⑪选择“矢量”选项，将“偏移”设置为-0.2 in，如图 18-118 所示。

⑫将“间距”设置为 0.015 in，“箭头大小”改为 0.02 in，如图 18-118 所示。

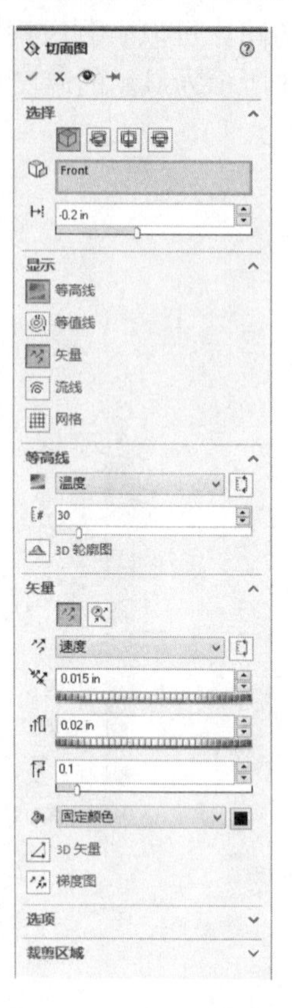

图 18-118　设置切面图

⑬单击“确定”按钮，矢量显示的温度场如图 18-119 所示。

⑭观察计算结果后，右击“切面图 1”，选择“隐藏”选项。

由图 18-119 可以看出，矢量箭头越大的地方温度低，矢量箭头小的地方温度较高。因为矢量箭头本身代表着流场速度的大小。速度高的地方，散热好，温度自然较低。

15 创建壁面温度图。

❶右击“表面图”，选择“插入”选项，如图 18-120 所示。

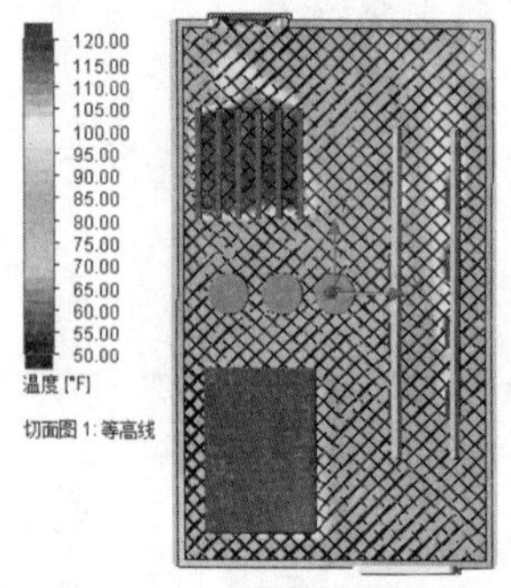

图18-119　矢量显示的温度场

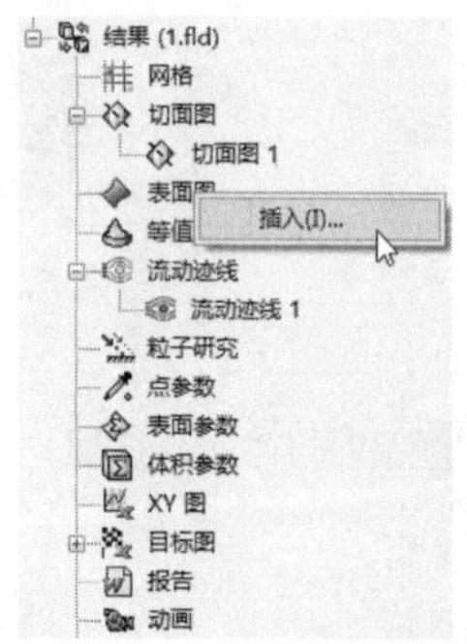

图18-120　选择“插入”选项

❷按住 Ctrl 键，在 SOLIDWORKS Flow Simulation 分析树中选择 Heat Sink-Aluminum 节点和 Chips-Silicon 节点，作为表面的应用对象。

❸单击“确定”按钮✔。

❹重复步骤❶、❷，选择 Power Supply 和 Capacitors 选项，单击“确定”按钮✔。设置表面图参数，如图 18-121 所示。创建的壁面温度图如图 18-122 所示。

由图 18-122 可以看出，在电路板上的不同颗粒的散热分布情况，后排远离风扇位置的芯片颗粒的温度明显高于接近风扇位置处的芯片颗粒。

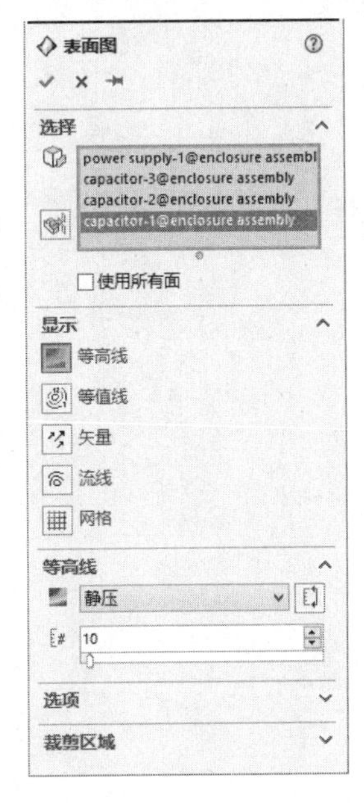

图18-121　设置表面图参数

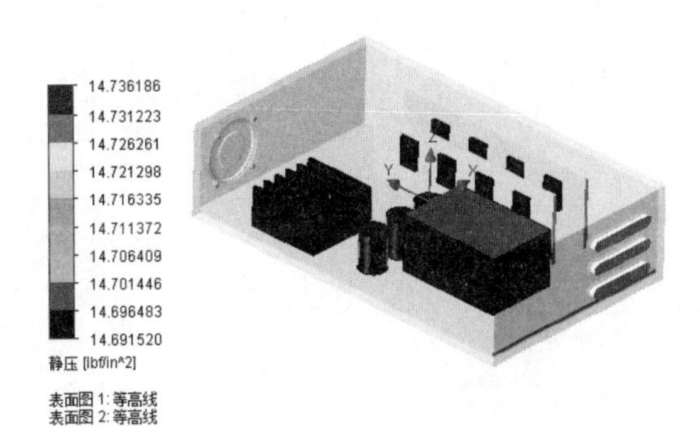

图18-122　壁面温度图